U0948924

建筑工程施工与验收系列手册

建筑地基基础工程施工与验收手册

徐　伟　郭晓民　主　编
王美华　胡晓依　副主编

中国建筑工业出版社

图书在版编目(CIP)数据

建筑地基基础工程施工与验收手册/徐伟，郭晓民主编. —北京：中国建筑工业出版社，2006

(建筑工程施工与验收系列手册)

ISBN 7-112-07991-8

Ⅰ. 建… Ⅱ. ①徐…②郭… Ⅲ. ①地基—基础(工程)—工程施工—技术手册②地基—基础(工程)—工程验收—技术手册

Ⅳ. TU753-62

中国版本图书馆 CIP 数据核字(2005)第 161207 号

建筑工程施工与验收系列手册

建筑地基基础工程施工与验收手册

徐 伟 郭晓民 主 编

王美华 胡晓依 副主编

*

中国建筑工业出版社出版、发行(北京西郊百万庄)

新 华 书 店 经 销

北京天成排版公司制版

北京同文印刷有限责任公司印刷

*

开本：787×1092 毫米 1/16 印张：31¼ 字数：775 千字

2006 年 2 月第一版 2006 年 2 月第一次印刷

印数：1－3500 册 定价：**58.00** 元

ISBN 7-112-07991-8

(13944)

(邮政编码 100037)

本社网址：http：//www.cabp.com.cn

网上书店：http：//www.china-building.com.cn

本书依据《建筑工程施工质量验收统一标准》（GB 50300—2001）、《建筑地基基础工程施工质量验收规范》（GB 50202—2002）及相关专业技术和验收规范编写而成，包括建筑基础分部的大部分施工质量控制与验收的技术内容。

全书共分9章，即总论、地基施工与质量验收、土石方工程施工与质量验收、基坑围护、桩基础、混凝土基础施工与质量验收、砌体基础施工与质量验收、地下防水施工与质量验收、建筑地基基础工程质量检测方法等。

本书可供建筑施工企业技术人员使用，也可供监理人员及大专院校相关专业师生学习参考。

* * *

责任编辑：郦锁林
责任设计：赵明霞
责任校对：董纪丽　刘　梅

前　言

随着我国经济建设的持续发展和人民生活水平的不断提高，在建的建设工程规模日趋扩大，建(构)筑物的高度不断增加，其基础的结构形式、施工方法及深度和体量都有很大的发展，同时，我国自 2002 年开始陆续执行新的工程质量验收统一标准和各专业工程质量验收规范，要求建(构)筑物地基基础的施工技术不断发展并与之相适应。基于土木工程施工领域的上述需要，我们依据《建筑工程施工质量验收统一标准》(GB 50300—2001)、《建筑地基基础工程施工质量验收规范》(GB 50202—2002)及相关专业技术和验收规范编写而成。本书包括了建筑基础分部的大部分施工质量控制和验收的技术内容。

全书共分 9 章。第 1 章为总论，介绍建(构)筑物基础分部质量验收包含的内容，其中有基础分部验收程序、表式和备案管理的基础性工作；第 2 章介绍各种地基处理方法和质量验收标准；第 3 章介绍土方工程(含开挖、填筑)施工和质量验收标准；第 4 章介绍深基础工程施工方法与质量验收标准；第 5 章、第 6 章、第 7 章分别介绍桩基础、混凝土基础和砌体基础工程施工与质量验收标准；第 8 章介绍地下防水工程施工与质量验收标准；第 9 章介绍桩基础、深基础支护、基础结构混凝土和建筑砂浆、建筑材料等质量检测方法。在第 2 章至第 8 章中按照一般规定、材料和机具要求、施工要点和质量控制要点、质量验收标准顺序进行编写。

本书由徐伟、郭晓民担任主编，王美华、胡晓依担任副主编，参加编写的人员有王青娥、宋红英、张婉琴、龚时捷、李孟、常建新、盛荣辉，龚其根。

由于编写时间仓促，编写人员水平有限，疏漏、错误之处难免，祈请读者不吝指正。

本手册编写过程中得到了各编写者所在单位的领导和有关专家的支持和帮助，在此表示衷心的感谢。

目　录

1 总 论

1-1 概 述

随着我国经济建设的发展，我国的建设工程项目越来越多，规模也越来越大，国家为了加强对建设工程的质量管理制定了许多法律、法规。特别是我国发布《中华人民共和国建筑法》和《建设工程管理条例》以后，国家按照有关法律、法规和有关规范对建设工程的质量进行管理。自2001年以来，建设部已颁布《建筑工程施工质量验收统一标准》(GB 50300—2001)和14个专业施工质量验收规范，并相继正式实施。

《建筑工程施工质量验收统一标准》和新版建设工程施工质量验收规范将有关建筑工程的施工及验收规范和其工程质量检验评定标准合并，组成新的工程质量验收规范体系，实际上是重新建立一个技术标准体系。《建筑工程施工质量验收统一标准》对各个规范的使用建立统一标准，统一建筑工程质量的验收方法、程序和质量指标。

在新标准中坚持了“验评分离、强化验收、完善手段、过程控制”的指导思想。

新标准的内容分两部分。第一部分，规定了房屋建筑各专业工程施工质量验收规范编制的统一准则。为了统一房屋工程各专业施工质量验收规范的编制，对检验批、分项、分部(子分部)、单位(子单位)工程的划分、质量指标的设置和要求、验收程序与组织都提出了原则要求，统一了各验收规范的内容、质量指标和宽严程度等；第二部分，直接规定了单位工程的验收，即从单位工程的划分和组成，质量指标的设置，到验收程序都做了具体规定。

新标准要求与各专业新的验收规范配套使用。如验收规范中的施工工艺部分由工法、工艺标准和技术规程、行业标准等组成，检测方法标准由各专业的试验规程、现场检测方法等进行支持和内容组成。

《建筑地基基础工程施工质量验收规范》(GB 50202—2002)规定了在基础分部中土方、基坑、桩基、地下防水、混凝土基础、砌体基础、钢结构和劲钢混凝土子分部工程和各子分部中各分项工程施工的质量验收要求和标准。

在《建筑地基基础工程施工质量验收规范》中提出的基本规定为：①在地基基础工程施工前，必须具备完备的地质勘察资料及工程附近管线、建筑物、构筑物和其他公共设施的构造情况，必要时，应作施工勘察和调查以确保工程质量及临近建筑的安全；②施工单位必须具备相应专业资质，并应建立完善的质量管理体系和质量检验制度；③从事地基基础工程检测及见证试验的单位，必须具备省级以上(含省、自治区、直辖市)建设行政主管部门颁发的资质证书和计量行政主管部门颁发的计量认证合格证书；④地基基础工程是分部工程，根据现行国家标准《建筑工程施工质量验收统一标准》(GB 50300—2001)规定，划分为若干个子分部工程，如地基处理、桩基、基坑开挖子分部工程；⑤施工过程中出现异常情况时，应停止施工，由监理或建设单位组织勘察、设计、施工等有关单位共同分析情况，解决问题，消除质量隐患，并应形成文件资料。

本书根据《建筑工程施工质量验收统一标准》(GB 50300—2001)和《建筑地基基础工程施工质量验收规范》(GB 50202—2002)以及相关专业验收标准和技术规范对基础部分的施工内容进行编写。

1-2　基础分部工程的划分

建筑地基与基础内容较多，根据《建筑工程施工质量验收统一标准》(GB 50300—2001)将基础分部划分为表 1-1 所示的建筑基础子分部工程、分项工程形式。

基础分部划分　　表 1-1

分部工程	子分部工程	分项工程
地基与基础	无支护土方	土方开挖、土方回填
	有支护土方	排桩，降水、排水，地下连续墙、锚杆、土钉墙、水泥土桩、沉井与沉箱，钢及混凝土支撑
	地基处理	灰土地基、砂和砂石地基、碎砖三合土地基，土工合成材料地基，粉煤灰地基，重锤夯实地基，强夯地基，振冲地基，砂桩地基，预压地基，高压喷射注浆地基，土和灰土挤密桩地基，注浆地基，水泥粉煤灰碎石桩地基，夯实水泥土桩地基
	桩　基	锚杆静压桩及静力压桩，预应力离心管桩，钢筋混凝土预制桩，钢桩，混凝土灌注桩(成孔、钢筋笼、清孔、水下混凝土灌注)
	地下防水	防水混凝土，水泥砂浆防水层，卷材防水层，涂料防水层，金属板防水层，塑料板防水层，细部构造，喷锚支护，复合式衬砌，地下连续墙，盾构法隧道；渗排水、盲沟排水，隧道、坑道排水；预注浆、后注浆，衬砌裂缝注浆
	混凝土基础	模板、钢筋、混凝土，后浇带混凝土，混凝土结构缝处理
	砌体基础	砖砌体，混凝土砌块砌体，配筋砌体，石砌体
	劲钢(管)混凝土	劲钢(管)焊接，劲钢(管)与钢筋的连接，混凝土
	钢 结 构	焊接钢结构、栓接钢结构，钢结构制作，钢结构安装，钢结构涂装

地基基础工程内容除有土方工程、基坑工程、桩基工程和地基工程外，还涉及到砌体、混凝土、钢结构、地下防水工程以及各种相应原材料、土工、桩基检测等有关内容，验收时，除应符合本规范的规定外，尚应符合相关规范的规定。

1-3　建筑地基基础分部质量验收

1-3-1　工程质量验收和验收准备工作

1-3-1-1　工程质量验收

建设工程的验收分单位工程质量验收以及分部、子分部、分项和检验批质量验收。

1. 检验批验收

(1) 检验批是工程验收的最小单位，是分项工程乃至整个建筑工程质量验收的基础。

检验批是施工过程中条件相同并有一定数量的材料、构配件或安装项目，由于其质量基本均匀一致，因此可以作为检验的基础单位，并按批验收。

(2) 检验批质量验收有两个方面内容：1)资料检查；2)主控项目检验和一般项目检验。

质量控制资料反映了检验批从原材料到最终验收的各施工工序的操作依据，检查情况以及保证质量所必须的管理制度等。对其完整性的检查，实际是对过程控制的确认，这是检验批合格的前提。

检验批的合格质量主要取决于对主控项目和一般项目的检验结果。

(3) 检验批合格质量应符合规定：主控项目和一般项目的质量经抽样检验合格；具有完整的施工操作依据、质量检查记录。

1) 主控项目是对检验批的基本质量起决定性影响的检验项目，必须全部符合验收规范的规定。主控项目不允许有不符合要求的检验结果，如有不符合，则本检验批不合格。主控项目是保证工程安全和使用功能的重要检验项目，是对安全、卫生、环境保护和公众利益起决定性作用的检验项目，是确定该检验批主要性能的。如果达不到规定的质量指标，降低要求就相当于降低该工程项目的性能指标，就会严重影响工程的安全性能。如混凝土的强度等级是保证混凝土结构工程强度的重要性能，降低混凝土强度等级，将会影响到结构工程的安全。

2) 主控项目内容主要包括：

① 重要材料、构件及配件、成品及半成品、设备性能及附件的材质、技术性能等。需要检查产品出厂合格证和有关生产许可证及检测报告中的数据和结果，如水泥、钢材、防水材料和钢筋混凝土预制品的质量。

② 结构的强度、刚度和稳定性等检测报告结果。如混凝土、砂浆的强度、管道的试压等。要检查测试记录或试验报告，其数据及项目要符合设计要求和相应验收规范规定。

③ 一些重要的允许偏差项目，必须控制在允许偏差限值之内。

3) 一般项目是除主控项目以外的检验项目，规范的条文也是要求其达到验收规范规定的允许偏差范围，一般项目虽不像主控项目那样重要，但对工程安全、使用功能和工程的外观有较大影响。这些项目在验收时，一般根据规范要求进行抽查验收，要求其质量指标都必须达到验收规范要求。

4) 一般项目内容主要包括：

① 允许有一定偏差的项目。用数据规定验收标准，可以有个别偏差范围，最多不超过 20% 的检查点可以超过允许偏差值，但也不能超过允许值的150%。

② 对不能确定偏差值而又允许出现一定缺陷的项目，则以缺陷的数量来区分。如砖砌体灰缝宽度。

③ 一些无法定量的而采用定性的项目。如防水混凝土中的混凝土表面质量、金属防水板的焊缝质量。

2. 分项工程验收

(1) 分项工程的验收在检验批的基础上进行。它由一个或多个检验批组成。需将有关的检验批验收结果汇集构成分项工程的验收结果。

（2）分项工程合格质量的条件：构成分项工程的各检验批的验收资料文件完整，并且均已验收合格，则分项工程验收合格。

3. 分部、子分部工程验收

（1）子分部工程的质量验收是在该子分部所含各分项工程质量验收的基础上进行。而分部工程质量的验收是在其所含质量验收的基础上进行。

（2）子分部工程的各分项工程必须已验收合格且相应的质量控制资料文件必须完整，这是验收的基本条件。

（3）分部工程质量验收合格条件为：

1）各子分部工程质量验收合格。

2）地基与基础分部工程有关安全及功能的检验和抽样检测结果应符合有关规定。这需要检查各规范中规定的检测的项目是否都进行了验收、各项检测记录（报告）的内容、数据是否符合要求（包括检测项目的内容，检测用的检测方法标准、检测结果的数据是否达到规定的标准）、资料的检测程序、有关取样人、检测人、审核人、试验负责人，以及加盖公章、签字是否齐全等。

3）观感质量验收结果为"好"与"一般"。

4. 观感质量验收

（1）关于观感质量验收，这类检查往往难以定量，只能以观察、触摸或简单量测的方式进行，并由个人的主观印象判断，检查结果并不给出" 合格 "或"不合格 "的结论，而是综合给出质量评价（好、一般、差）。对于" 差 "的检查点应通过返修处理等进行整改和其他措施进行补救。

（2）观感质量验收标准为：

1）如果没有较明显达不到要求的，就可以评为一般；

2）如果某些部位质量较好，细部处理到位，就可评为好；如果有的部位达不到要求，或有明显的缺陷，不能进行检测的项目但又不影响安全或使用功能的，则评为差。评为差的项目能进行返修的应进行返修，不能返修的只要不影响结构安全和使用功能的可通过验收。有影响安全或使用功能的项目，不能评价，应修理后再评价。

5. 竣工验收

单位工程质量验收也称质量竣工验收，是建筑工程投入使用前的最后一次验收，也是最重要的一次验收。

（1）验收合格的条件有五个：

1）构成单位工程的各分部工程应该合格。

2）有关的资料文件应完整。

3）涉及安全和使用功能的分部工程应进行检验资料的复查。不仅要全面检查其完整性（不得有漏检缺项），而且对分部工程验收时补充进行的见证抽样检验报告进行复核。

4）对主要使用功能进行抽查。使用功能的检查是对建筑工程和设备安装工程最终质量的综合检验，也是用户最为关心的内容。因此，在分项、分部工程验收合格的基础上，竣工验收时再作全面检查。抽查项目是在检查资料文件的基础上由参加验收的各方人员商定，并用计量、计数的抽样方法确定检查部位。检查要求，按有关专业工程施工质量验收标准的要求进行。

5）由参加验收的各方人员共同对工程进行观感质量检查。

（2）对工程质量验收不符合规范要求的处理：

1）经返工重做或更换器具、设备的检验批应重新进行验收，返工重做包括全部或局部推倒重来及更换设备、器具等的处理，处理或更换后，应重新按程序进行验收。

2）经有资质的检测单位检测鉴定能够达到设计要求的检验批，应予以验收，如混凝土试块不够时。

3）经有资质的检测单位检测鉴定达不到设计要求，但经原设计单位核算认可能够满足结构安全和使用功能的检验批，可予以验收。一般情况下，规范标准给出了满足安全和功能的最低限度要求，而设计往往在此基础上留有一些余量。可能出现不满足设计要求而符合相应规范标准的要求的情况。这需要由设计单位出具正式的认可证明，由注册结构工程师签字，并加盖单位公章。并由设计单位承担质量责任。

4）经返修或加固处理的分项、分部工程，虽改变外形尺寸但仍能满足安全使用要求，可按技术处理方案和协商文件进行验收。对某项质量指标达不到验收规范的要求，若经法定检测单位检测鉴定以后认为达不到规范标准的相应要求，原设计单位经过验算，结论也达不到设计要求时，即不能满足最低限度的安全储备和使用功能，则必须按一定的技术方案进行加固处理，使之能保证其满足安全使用的基本要求。这样会造成一些永久性的缺陷，如改变结构外形尺寸，影响一些次要的使用功能等。为了避免社会财富更大的损失，在不影响安全和主要使用功能条件下，可按处理技术方案和协商文件进行验收。经过建设单位、施工单位、监理单位、设计单位等共同协商，同意进行加固补强，并明确加固费用的来源和加固后的验收标准等事宜，并由原设计单位出具加固技术方案，进行施工加固后，按协商文件验收，同时按协议由责任方承担经济损失或赔偿。

5）通过返修或加固处理仍不能满足安全使用要求的分项工程、(子)分部工程、单位(子单位)工程，严禁验收，必须拆除重新施工。

1-3-1-2　验收准备工作

1. 检验批和分项工程

检验批和分项工程验收前应做好以下准备工作。

（1）该检验批和分项工程已按设计要求施工完成；

（2）使用的原材料资料合格、齐全，且经过监理审核；

（3）施工过程发生的质量整改已全部完成且验收合格；

（4）该检验批和分项工程的隐蔽验收记录完整、准确；

（5）施工单位内部已通过班组和项目部质量员自检，自检合格，并做好准备验收的内容的质量验收记录。

2. 基础分部(子分部)工程验收

（1）该分部(子分部)内容已按设计要求施工完成；

（2）该分部(子分部)使用的原材料资料合格、齐全，所有材料和设备的复试资料、检验报告合格、齐全，试块资料合格、齐全；

（3）该分部(子分部)工程的所有分项工程质量都已验收合格；

（4）该分部(子分部)工程的所有资料(包括竣工图)合格、齐全，且经过监理审核；

（5）施工单位技术质量管理部门已通过对该分部(子分部)工程质量自检，自检合格，施工单位向建设单位和监理单位提交该分部(子分部)工程验收申请报告和施工单位的自评报告，监理根据施工过程的监理情况和设计要求、规范规定编写监理评估报告；

(6) 建设单位在验收前3个工作日将验收时间、地点及验收组名单通知本工程的质量监督机构监督工程师。

1-3-2 验收程序和组织

1-3-2-1 检验批和分项的验收

检验批和分项工程是建筑工程质量的基础，因此，所有检验批和分项工程均应由监理工程师或建设单位项目技术负责人组织验收。验收前，施工单位先填好“检验批和分项工程的质量验收记录”(有关监理记录和结论不填)，并由项目专业质量检验员和项目专业技术负责人分别在检验批和分项工程质量检验记录中相关栏目签字，然后由监理工程师组织，严格按规定程序进行验收。

1-3-2-2 基础分部(子分部)工程验收组织和验收人员

根据《建设工程管理条例》，工程监理实行总监理工程师负责制，因此，分部工程应由总监理工程师(建设单位项目负责人)组织进行验收。

验收组织由总监理工程师(建设单位技术负责人)负责实施地基与基础分部工程质量验收工作，质量监督机构实施监督。

验收小组由总监理工程师(建设单位技术负责人)任组长。验收组人员包括由建设单位项目现场管理人员，勘测单位和设计单位设计负责人，施工单位的项目经理、单位技术质量负责人，监理单位现场监理人员和有关专家组成。

1-3-2-3 地基与基础分部工程验收程序

(1) 由验收组长主持验收会议，安排验收程序。

(2) 建设单位、施工单位、勘测和设计单位、监理单位分别汇报本工程项目地基与基础分部的工程概况、施工过程材料使用和工程质量情况以及执行国家法律、法规和工程建设强制性标准情况及执行设计要求情况。

(3) 由验收小组组长确定验收检查的内容(部位根据图纸随机确定)和相应的验收检查人员。

(4) 验收小组根据组长的分派进行分组检查(资料、实物等)。

(5) 验收小组集中，各分组汇报检查情况，组长进行汇总并形成验收意见，填写《分项分部工程质量验收证明书》；验收人员分别签字、盖章，在3d内报监督机构(质量监督站)备存。

(6) 验收小组在验收过程中如发现一些需一般整改的工程质量问题，可形成初步验收结果，同时列出需整改的内容，验收人员签字。验收小组责成责任单位进行整改，明确整改完成的时间，由监理单位(或建设单位)负责复查，整改完成后，经复查验收合格符合要求后盖章，在3d内报监督机构(质量监督站)备存。

(7) 如验收小组在验收过程中发现一些质量严重问题，达不到验收标准，验收小组应宣布本次验收无效，要求责任单位整改，整改完成后施工单位按照分部工程质量验收程序重新进行验收申报。

1-3-3 验收内容和验收记录

1-3-3-1 检验批和分项工程质量验收内容。

1. 质量控制资料

(1) 检查工程施工中所用的原材料的质量保证资料，原材料的复试报告、配合比报告；

(2) 检查施工图(要有出图章和通过审图)；

(3) 检查隐蔽工程验收记录，施工记录。

2. 工程实物质量

(1) 检查实物施工与施工设计图是否相一致；

(2) 施工有否违反验收标准和国家强制性规范要求的地方；

(3) 检查实物工程质量的主控项目和一般项目，并与验收标准进行对比等。

1-3-3-2 分部(子分部)工程质量验收内容。

1. 质量控制资料

(1) 检查工程施工中所用的原材料和设备的质量保证资料；

(2) 检查检验批和分项工程质量验收记录，要重点检查钢筋、混凝土试块和砂浆试块测试报告和质量汇总结果；

(3) 检查分部工程设计图、技术会审记录、技术修改单和技术复核单、分部工程竣工图等。

2. 工程实物质量

(1) 检查实物施工与分部工程竣工图是否相一致，施工有否违反验收标准和国家强制性规范要求的地方；

(2) 对实物工程的混凝土、砌体进行实测，对主要轴线进行测量；

(3) 重点检查混凝土强度和抗渗性、砌体砂浆强度和灰缝饱满度、密实度、钢筋保护层厚度、轴线偏差和标高偏差。

3. 观感质量检查

对工程全面检查，核实质量控制资料，检查分项、分部工程验收正确性，对分项工程中不能检查的项目进行检查。

1-3-3-3 验收记录

基础分部的验收记录分“分项工程检验批验收记录表”，“分项工程检验批验收记录表”，“子分部工程验收记录”，“基础分部工程验收记录”和“基础分部工程质量验收证明书”。在工程开工前，本工程的总监理工程师(建设单位项目负责人)对施工现场质量管理情况进行验收的“施工现场质量管理检查记录表”。

1. 施工现场质量管理检查记录表

本表的表头部分和检查项目及内容由施工单位项目负责人填写，检查结论由总监理工程师(建设单位项目负责人)填写。填写要求见表 1-2。

(1) 表头部分

填写参与工程建设各方责任主体的全称和工程名称的全称(与合同或招投标文件中的工程名称一致)，填写当地建设行政主管部门批准发给的施工许可证(开工证)的编号。

填写参与工程建设各方责任单位项目负责人应与合同或协议书相一致。并具有规定的专业岗位证书。

施工现场质量管理检查记录表　　表 1-2

开工日期：　年　月　日

工程名称			施工许可证(开工证)	
建设单位			项目负责人	
设计单位			项目负责人	
监理单位			总监理工程师	
施工单位		项目经理		项目技术负责人

序　号	项　目	内　容
1	现场质量管理制度	
2	质量责任制	
3	主要专业工种操作上岗证书	
4	分包方资质与对分包单位的管理制度	
5	施工图审查情况	
6	地质勘察资料	
7	施工组织设计、施工方案及审批	
8	施工技术标准	
9	工程质量检验制度	
10	搅拌站及计量设置	
11	现场材料、设备存放与管理	
检查结论：	总监理工程师(建设单位项目负责人) 年　月　日	

(2) 检查项目部分填写

填写各项检查项目文件的名称或编号，并将文件附在表的后面供总监理工程师检查，检查后将文件归还施工单位。

现场质量管理制度栏。主要填图纸会审、班组技术交底、施工组织设计编制审批程序、工序交接、质量检查评定制度，质量奖罚措施，以及内部质量例会制度及质量问题处理制度等。

质量责任制栏。填写质量负责人的分工，各项质量责任的落实规定，定期检查及有关人员奖罚制度等。

主要专业工种操作上岗证书栏。填测量工，起重、塔吊等垂直运输司机，钢筋、混凝土、机械、焊接、防水工等建筑工种以及电工、管道等安装工种的上岗证。

分包方资质与对分包单位的管理制度栏。检查专业承包单位的资质，总承包单位管理分包单位的制度。

施工图审查情况栏。检查建设行政主管部门出具的施工图审查批准书及审查机构出具的审查报告。施工图审查也可以分阶段进行。

地质勘察资料栏。检查勘察单位的资质，检查地质勘察报告和地下部分施工方案制定等情况。

施工组织设计、施工方案及审批栏。检查施工组织设计、施工方案内容，对本工程的针对性措施，编制、审核、批准程序。

施工技术标准栏。施工单位编制的企业标准应不低于国家质量验收标准。施工技术标准要有批准程序，由企业的总工程师、技术负责人或管理者代表审查批准，有批准日期、执行日期、企业标准编号及标准名称。

工程质量检验制度栏。包括原材料、设备进场检验制度，施工过程的试验报告，竣工后的抽查检测计划。可列入施工组织设计中一项内容。

搅拌站及计量设置栏。检查工地搅拌站的计量设施的精确度、管理制度等内容。预拌混凝土或安装专业就没有这项内容。

现场材料、设备存放与管理栏。检查材料、设备存放情况和管理制度。

(3) 检查项目填写内容

直接将有关资料的名称写上，资料较多时，也可填资料编号和注明份数。填表时间，是在开工之前，由总监理工程师(建设单位项目负责人)对施工现场进行检查验收后进行。如检查验收不合格，施工单位必须限期改正，否则，不许开工。

2. 检验批质量验收记录表(见表 1-3)

检验批质量验收记录　　　　表 1-3

<table>
<tr><td colspan="2">工程名称</td><td></td><td>分项工程名称</td><td></td><td>验收部位</td><td></td></tr>
<tr><td colspan="2">施工单位</td><td></td><td>专业工长</td><td></td><td>项目经理</td><td></td></tr>
<tr><td colspan="2">分包单位</td><td></td><td>分包项目经理</td><td></td><td>施工班组长</td><td></td></tr>
<tr><td colspan="2">施工执行标准
名称及编号</td><td colspan="5"></td></tr>
<tr><td colspan="2">检查项目</td><td>质量验收规范的规定</td><td colspan="3">施工单位检查评定记录</td><td>监理(建设)
单位验收记录</td></tr>
<tr><td rowspan="5">主控项目</td><td>1</td><td></td><td colspan="3"></td><td></td></tr>
<tr><td>2</td><td></td><td colspan="3"></td><td></td></tr>
<tr><td>3</td><td></td><td colspan="3"></td><td></td></tr>
<tr><td>4</td><td></td><td colspan="3"></td><td></td></tr>
<tr><td>5</td><td></td><td colspan="3"></td><td></td></tr>
<tr><td rowspan="5">一般项目</td><td>1</td><td></td><td colspan="3"></td><td></td></tr>
<tr><td>2</td><td></td><td colspan="3"></td><td></td></tr>
<tr><td>3</td><td></td><td colspan="3"></td><td></td></tr>
<tr><td>4</td><td></td><td colspan="3"></td><td></td></tr>
<tr><td>5</td><td></td><td colspan="3"></td><td></td></tr>
<tr><td colspan="2">施工单位
检查评定结果</td><td colspan="5">项目专业质量检查员　　　　年　月　日</td></tr>
<tr><td colspan="2">监理(建设)
单位验收结论</td><td colspan="5">监理工程师(建设单位项目专业技术负责人)　　　　年　月　日</td></tr>
</table>

(1) 表的名称及编号

分项工程检验批验收表的名称、检验批表的编号按质量验收规范进行编排。

分项工程检验批表的编号统一为 8 位数的数码编号，写在表的右上角，前 6 位数字均印在表上，后留二个“□”。其编号规则为：

前边两个数字是分部工程的代码，01～09，地基与基础为 01，主体结构为 02，建筑装饰装修为 03，建筑屋面为 04，建筑给水排水及采暖为 05，建筑电气为 06，智能建筑为 07，通风与空调为 08，电梯为 09；第 3、4 位数字是子分部工程的代码，如桩基为 04、地下防水为 05，具体见表；第 5 和第 6 位数字是分项工程的代码，如灰土地基为 01、土工合成材料地基为 03；后二位(第 7、8 位数字)为检验批的顺序号。如地基与基础分部工程，地下防水子分部工程，防水混凝土分项工程，其检验批表的编号为 010501 □□，第一个检验批编号为：01050101。

有些项目可能在两个分部工程中出现，这在同一个表上就有 2 个分部工程及相应子分部工程的编号：如砖砌体分项工程在地基与基础和主体结构中都有，砖砌体分项工程检验批的表编号为：010701 □□、020301 □□。

在验收时，将分项工程划分为几个不同的检验批来验收。如混凝土结构子分部工程的混凝土分项工程，分为原材料、配合比设计、混凝土施工 3 个检验批来验收。在验收记录表下有数字“(Ⅰ)”、“(Ⅱ)”或“(Ⅲ)”。

(2) 表头部分的填写

单位(子单位)工程名称。按中标通知书或合同文件上的单位工程名称填写。分部(子分部)工程名称，按验收规范划定的分部(子分部)名称填写。验收部位是指一个分项工程中的检验批的抽样范围，如地下一层①～⑤轴线砖砌体。

施工单位、分包单位、项目经理填写应与中标通知书或施工承包合同相一致。有分包单位时，也应填写分包单位全称，分包单位的项目经理。

施工执行标准名称及编号。填写企业标准(操作工艺、工艺标准、工法等)标准名称及编号。注意企业的标准不能低于国家规范标准，企业标准应有编制人、批准人、批准时间、执行时间、标准名称及编号。

(3) 质量验收规范的规定栏

填写具体的质量验收规范的规定和质量要求，表中已有验收规范中主控项目、一般项目的全部内容。但由于表格的地方小，多数指标不能将全部内容填写下，所以，只将质量指标归纳、简化描述或将规范条文号填写上，作为检查内容提示。这些表要根据验收标准和验收规范的原文作为依据进行填写。

(4) 主控项目、一般项目施工单位检查评定记录

对定量项目直接填写检查的数据；对定性项目，当符合规范规定时，采用打“√”的方法标注，当不符合规范规定时，采用打“×”的方法标注；有混凝土、砂浆强度等级的检验批，填写试块编号，等试块试验报告出来后，对检验批进行判定，并在分项工程验收时进一步进行强度评定及验收；对既有定性又有定量的项目，各个子项目质量均符合规范规定时，采用打“√”的方法标注，当不符合规范规定时，采用打“×”的方法标注，无此项内容的打“/”来标注；对一般项目合格比例有要求的项目，应是其中带有数据的定量项目，同时定性项目必须基本达到。对定量项目都必须有 80% 以上(混凝土保护层为

90%)检测点的实测数值达到规范规定要求。其余 20% 按各专业施工质量验收规范规定，不能大于 150%，钢结构为 120%。

施工单位检查评定记录栏的填写，有数据的项目将实际测量的数值填入格内，超企业标准的数字，而没有超过国家验收规范的用“○”将其圈住；对超过国家验收规范的用“△”圈住。

(5) 监理(建设)单位验收记录

监理人员在检验批验收时，对主控项目、一般项目应逐项进行验收。对符合验收规范规定的项目，填写“合格”或“符合要求”，对不符合验收规范规定的项目，暂不填写，待处理后再验收，但应做标记。

(6) 施工单位检查评定结果

施工单位自行检查评定合格后，应注明“主控项目全部合格，一般项目满足规范规定要求”。

专业工长(施工员)和施工班、组长栏目由本人签字，以示承担责任。专业质量检查员代表企业逐项检查评定，专业质量检查员检查评定合格后将表填好签字后，交监理工程师(建设单位项目专业技术负责人)验收。

(7) 监理(建设)单位验收结论

主控项目、一般项目验收合格，混凝土、砂浆试件强度待试验报告出来后判定，其余项目已全部验收合格后，由专业监理工程师(建设单位专业技术负责人)签证“同意验收”和签名，填好验收时间。

3. 分项工程质量验收记录表(见表 1-4)

分项工程质量验收记录　**表 1-4**

工程名称		结构类型		检验批数	
施工单位		项目经理		项目技术负责人	
分包单位		分包单位负责人		分包项目经理	
序号	检验批部位	施工单位检查评定结果	监理(建设)单位验收结论		
1					
2					
3					
4					
5					
6					
7					
8					
检查结论	项目专业技术负责人 年　月　日		验收结论	监理工程师 (建设单位项目专业技术负责人) 年　月　日	

分项工程是在检验批验收合格的基础上进行，通常起一个归纳整理的作用，是一个统计表，没有实质性验收内容。但要注意三点：一是检查检验批是否将整个工程覆盖了，有没有漏掉的部位；二是检查有混凝土、砂浆强度要求的检验批，到龄期后能否达到规范规定；三是将检验批的资料统一和整理登记。

在表上填上所验收分项工程的名称，检验批部位、区段。施工单位检查评定结果一栏由施工单位项目专业质量检查员填写，专业技术负责人进行检查，并给出合格评价和签字后，交监理单位进行验收。

监理单位的专业监理工程师(或建设单位的专业负责人)进行逐项审查，同意的项填写“合格或符合要求”，不同意项暂不填写，待整改处理后再验收，但应在表上做标记。注明验收和不验收的意见，如同意验收则签字确认，不同意验收要指出存在问题和要求整改意见、完成整改时间。

4. 基础分部(子分部)工程质量验收记录表(见表 1-5，表 1-6)

子分部工程质量验收记录　　**表 1-5**

工程名称		结构类型		层数	
施工单位		技术部门负责人		质量部门负责人	
分包单位		分包单位负责人		分包技术负责人	
序号	子分部工程名称	检验批数	施工单位检查评定	验收意见	
1					
2					
3					
4					
5					
	质量控制资料				
	结构实体检验报告				
	观感质量验收				
验收单位	分包单位	项目经理		年　月　日	
	施工单位	项目经理		年　月　日	
	勘察单位	项目负责人		年　月　日	
	设计单位	项目负责人		年　月　日	
	监理(建设)单位	总监理工程师 (建设单位项目负责人)		年　月　日	

基础分部工程质量验收记录 **表 1-6**

工程名称		结构类型		层数	
施工单位		技术部门负责人		质量部门负责人	
分包单位		分包单位负责人		分包技术负责人	
序号	子分部工程名称	检验批数	施工单位检查评定	验收意见	
1					
2					
3					
4					
5					
	质量控制资料				
	结构实体检验报告				
	观感质量验收				
验收单位	分包单位	项目经理		年 月 日	
	施工单位	项目经理		年 月 日	
	勘察单位	项目负责人		年 月 日	
	设计单位	项目负责人		年 月 日	
	监理(建设)单位	总监理工程师 (建设单位项目负责人)		年 月 日	

基础分部(子分部)工程验收由分项工程的实物工程质量、质量控制资料、安全、功能项目的检查验收和观感质量的验收组成。

先由施工单位对该分部(子分部)工程自检评定合格后，将自评报告和验收表填写好后向监理单位(建设单位)申请验收。由总监理工程师(建设单位技术负责人)组织施工项目经理及技术负责人、勘察设计单位项目负责人进行验收，并按验收表的要求进行记录。

(1) 表头部分

表名要填好分部工程或子分部工程名称。

表头部分的工程名称填写工程全称。

结构类型按设计文件进行填写。层数应分别注明地下和地上的层数。施工单位填写单位全称。技术部门负责人及质量部门负责人填写施工单位的技术部门及质量部门负责人。

有分包单位时，填分包单位名称全称和本项目的项目负责人及项目技术负责人。

(2) 验收内容

分项工程。按分项工程第一个检验批施工先后的顺序，将各分项工程名称填写上，在第二格栏内分别填写各分项工程实际的检验批数量，并附检验批记录表。施工单位检查评定栏，填写施工单位自行检查评定的结果。注意有全高垂直度或总的标高的检验项目的应进行检查验收。当符合规范规定时，打"√"标注，当不符合规范规定时，打"×"标注。有"×"的项目不能交给监理单位或建设单位验收，应自己进行整改达到合格后再提交验收。由总监理工程师(建设单位技术负责人)组织审查，在符合要求后，在验收意见栏内签注"同意验收"意见。

质量控制资料。施工单位按工程质量控制资料核查记录表中的相关内容来确定所验收的分部(子分部)工程的质量控制资料项目，按资料核查的要求，逐项进行核查。能基本反映工程质量情况，达到保证结构安全和使用功能的要求，即可通过验收。全部验收项目都通过，即可在施工单位检查评定栏内打"√"，标注检查验收合格。后送监理单位(建设单位)验收，总监理工程师组织审查，在符合要求后，在验收意见栏内签注"同意验收"意见。

(3) 安全和功能检验(检测)报告

这个项目是指单位工程竣工抽样检测的项目，能在分部(子分部)工程中检测的，尽量放在分部(子分部)工程中检测。检测内容按表"单位(子单位)工程安全和功能检验资料核查及主要功能抽查记录"中相关内容确定核查和抽查项目。

施工单位自己核查的重点为：在开工之前确定的检测项目是否都已进行；每个检测项目的检测方法、程序是否符合有关标准规定；检测报告的结果是否达到规范的要求；检测报告的审批程序签字是否完整。

审查通过后，施工单位在检查评定栏内打"√"，标注检查合格。由项目经理送监理单位(建设单位)验收，监理单位总监理工程师(建设单位技术负责人)组织人员进行审查，符合要求后，在验收意见栏内签注"同意验收"意见。

(4) 观感质量验收

分部工程观感质量验收实际上不单单是外观质量，还有试运转验收，能够检查的地方都要检查到。由施工单位项目经理组织施工单位技术质量人员进行现场检查，经检查合格后，再请监理单位(建设单位)进行验收。

总监理工程师(建设单位技术负责人)组织验收小组人员验收，在听取验收小组检查人员意见的基础上，总监理工程师确定质量评价(好、一般、差)，参加各方负责人共同进行签认。

(5) 基础分部验收签字。按表列参与工程建设责任单位的有关人员应亲自签名，以示负责。勘察单位由项目负责人亲自签认；设计单位由项目负责人签认；施工总承包单位由项目经理签认，分包单位由分包项目经理签认。监理单位由总监理工程师签认验收。如果按规定不委托监理单位的工程，可由建设单位项目专业负责人签认验收。

1-3-3-4　地基基础分部质量验收记录附表

地基基础各子分部工程与分项工程相关表见表 1-7。具体分项工程检验批质量验收记录表见附录 A。

地基基础各子分部工程与分项工程相关表　　**表 1-7**

序号	分项工程名称		01 无支护土方	02 有支护土方	03 地基及基础处理	04 桩基	05 地下防水	06 混凝土基础	07 砌体基础	08 劲钢(管)混凝土	09 钢结构
1	土方开挖	010101	●								
2	土方回填	010102	●								
3	排桩墙支护(Ⅰ)(Ⅱ)	010201		●							
4	降水与排水	010202		●							
5	地下连续墙(Ⅰ)(Ⅱ)	010203		●							
6	锚杆及土钉墙支护	010204		●							
7	加筋水泥土桩墙支护	010205		●							
8	沉井与沉箱	010206		●							
9	钢或混凝土支撑	010207		●							
10	灰土地基	010301			●						
11	砂和砂石地基	010302			●						
12	土工合成材料地基	010303			●						
13	粉煤灰地基	010304			●						
14	强夯地基	010305			●						
15	振冲地基	010306			●						
16	砂桩地基	010307			●						
17	预压地基	010308			●						
18	高压喷射注浆地基	010309			●						
19	土和灰土挤密桩复合地基	010310			●						
20	注浆地基	010311			●						
21	水泥粉煤灰碎石桩复合地基	010312			●						
22	夯实水泥土桩复合地基	010313			●						
23	水泥土搅拌桩地基	010314			●						
24	静力压桩工程	010401				●					
25	预应力管桩工程	010402				●					
26	混凝土预制桩(钢筋骨架)工程(Ⅰ)(Ⅱ)	010403				●					
27	钢桩工程(Ⅰ)(Ⅱ)	010404				●					
28	混凝土灌注桩工程(Ⅰ)(Ⅱ)	010405				●					
29	防水混凝土	010501					●				

续表

子分部工程 分项工程			01	02	03	04	05	06	07	08	09
			无支护土方	有支护土方	地基及基础处理	桩基	地下防水	混凝土基础	砌体基础	劲钢(管)混凝土	钢结构
序号	名　称										
30	水泥砂浆防水层	010502					●				
31	卷材防水层	010503					●				
32	涂料防水层	010504					●				
33	金属板防水层	010505					●				
34	塑料板防水层	010506					●				
35	细部构造	010507					●				
36	锚喷支护	010508					●				
37	复合式砌筑	010509					●				
38	地下连续墙	010510					●				
39	盾构法隧道	010511					●				
40	渗排水、盲沟排水	010512					●				
41	隧道、坑道排水	010513					●				
42	预注浆、后注浆	010514					●				
43	衬砌裂缝注浆	010515					●				
44	模板(安装、预制构件、拆除)(Ⅰ)(Ⅱ)(Ⅲ)	010601，020101						●			
45	钢筋(加工、连接)(Ⅰ)(Ⅱ)	010602，020102						●			
46	混凝土(原材料及配合比施工)(Ⅰ)(Ⅱ)	010603，020103						●			
47	现浇结构(结构、基础)(Ⅰ)(Ⅱ)	010604，020105						●			
48	砖砌体	010701，020301							●		
49	混凝土小型空心砌块砌体	010702，020302							●		
50	石砌体	010704，020303							●		
51	配筋砖砌体	010703，020305							●		
52	钢结构焊接(Ⅰ)(Ⅱ)	010901，020401									●
53	紧固件连接	010902，020402									●
54	钢零(部)件加工	010903，020403									●
55	防腐涂料涂装	010905，020410									●
56	防火涂料涂装	010906，020411									●

注：有●号者为该子分部工程所含的分项工程。

1-4 建设工程验收备案管理

1-4-1 竣工验收备案依据

为了加强建设工程质量的监督，明确工程建设参与各方的质量责任和义务，国务院在2000年1月30日发布《建设工程质量管理条例》(国务院第279号令)，在该条例中规定建设工程实行竣工备案制。为了完善竣工验收备案制，建设部在2000年4月7日颁发《房屋建筑工程和市政基础设施工程竣工验收备案管理暂行办法》(建设部第78号部长令)、2000年6月30日发布《房屋建筑工程和市政基础设施工程竣工验收暂行规定》(建建〔2000〕142号)，在这两个文件中规定竣工验收备案程序、备案方法和竣工验收规定。

1-4-2 组织竣工验收条件

(1) 完成工程设计文件的全部内容和合同约定的各项内容，工程质量达到了竣工标准。

(2) 施工单位在工程完工后，应对工程质量进行全面检查，确认工程质量符合法律、法规和工程建设强制性标准规定，符合设计文件及合同要求，并向建设单位提交《施工单位工程质量竣工报告》(合格证明书)。

(3) 勘察、设计单位对勘察、设计文件及实施过程中由设计单位参加签署的更改原设计的资料进行了检查，确认勘察、设计符合国家规范、标准要求，施工单位的工程质量达到设计要求，并向建设单位提交《勘察单位工程质量检查报告》(合格证明书)和《设计单位工程质量检查报告》(合格证明书)。

(4) 监理单位在施工单位自评合格，勘察、设计单位认可的基础上，对竣工工程质量进行了检查并核定合格质量等级，并向建设单位提交《监理单位工程质量评估报告》(合格证明书)。

(5) 有完整的技术档案和施工管理资料。全面落实建设部(建办〔2001〕103号文)《关于认真贯彻国务院第279号令和建设部第78号令切实加强工程档案管理工作的通知》的规定。

(6) 建设单位已按合同约定支付工程款，有工程款支付证明。

(7) 施工单位签署了工程质量保修书。

(8) 规划行政主管部门应对工程是否符合规划设计要求进行检查，并出具认可文件。

(9) 要有公安消防、环保等部门出具的认可文件或者准许使用文件。

(10) 建设行政主管部门及其委托的建设工程质量监督机构等有关部门要求整改的质量问题全部整改完毕。

1-4-3 竣工验收备案程序

(1) 建设工程满足竣工验收条件后，建设单位应在工程竣工验收7个工作日前向建设工程质量监督站申领《房屋建筑工程和市政基础设施工程竣工验收备案表》和《建设工程竣工验收报告》，并同时将竣工验收时间、地点及验收组成员名单书面通知监督站。

(2) 监督站审查该工程竣工验收10项条件和资料是否符合要求，符合要求的发给建设单位《房屋建筑工程和市政基础设施工程竣工验收备案表》和《建设工程竣工验收报告》。

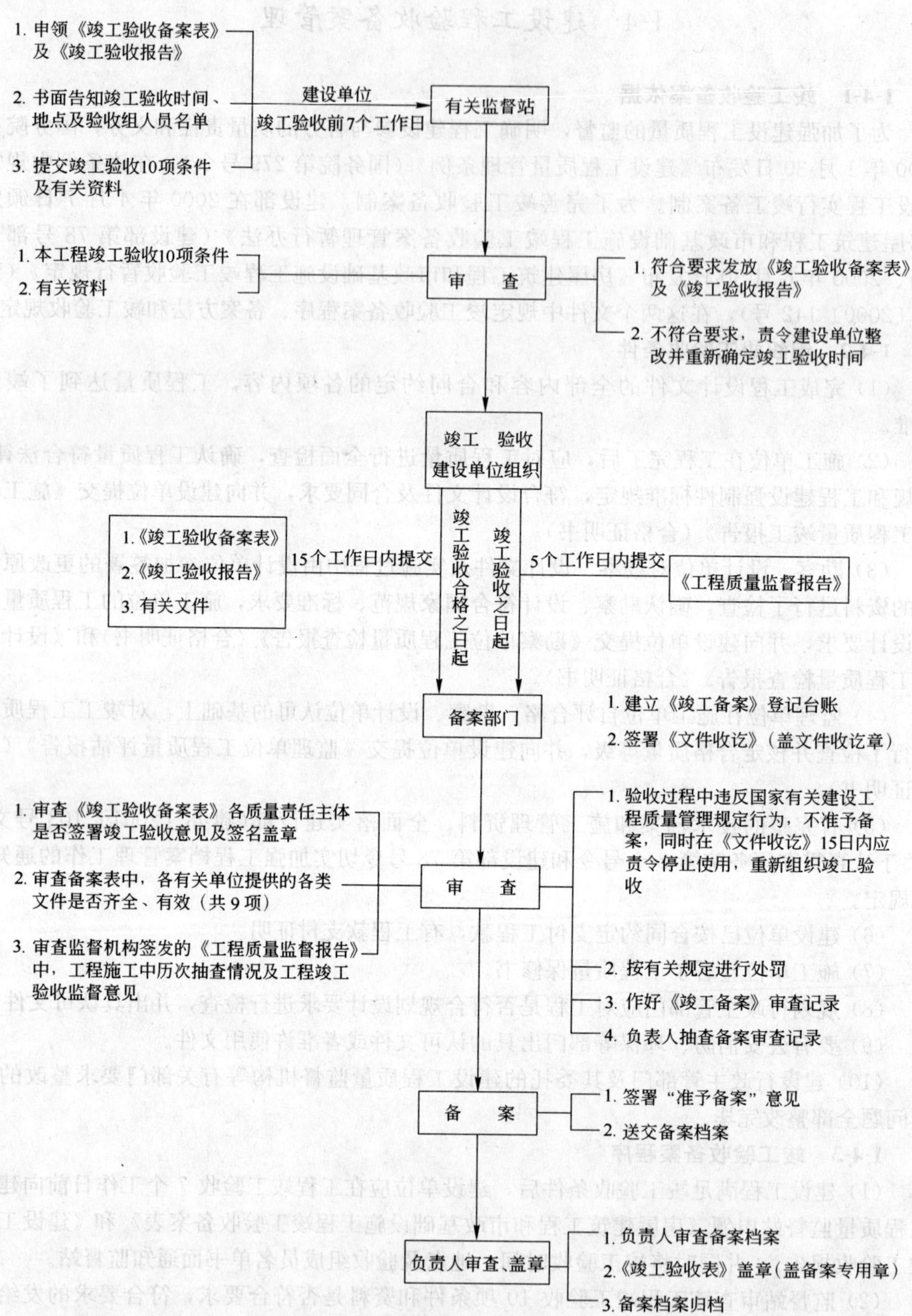
1. 申领《竣工验收备案表》
及《竣工验收报告》
2. 书面告知竣工验收时间、
地点及验收组人员名单
3. 提交竣工验收10项条件
及有关资料
建设单位
竣工验收前7个工作日
有关监督站
1. 本工程竣工验收10项条件
2. 有关资料
审　查
1. 符合要求发放《竣工验收备案表》
及《竣工验收报告》
2. 不符合要求，责令建设单位整
改并重新确定竣工验收时间
竣工　验收
建设单位组织
1.《竣工验收备案表》
2.《竣工验收报告》
3. 有关文件
15个工作日内提交
竣工验收合格之日起
竣工验收之日起
5个工作日内提交
《工程质量监督报告》
备案部门
1. 建立《竣工备案》登记台账
2. 签署《文件收讫》(盖文件收讫章)
1. 审查《竣工验收备案表》各质量责任主体
是否签署竣工验收意见及签名盖章
2. 审查备案表中，各有关单位提供的各类
文件是否齐全、有效（共9项）
3. 审查监督机构签发的《工程质量监督报告》
中，工程施工中历次抽查情况及工程竣工
验收监督意见
审　查
1. 验收过程中违反国家有关建设工
程质量管理规定行为，不准予备
案，同时在《文件收讫》15日内应
责令停止使用，重新组织竣工验
收
2. 按有关规定进行处罚
3. 作好《竣工备案》审查记录
4. 负表人抽查备案审查记录
备　案
1. 签署"准予备案"意见
2. 送交备案档案
负责人审查、盖章
1. 负责人审查备案档案
2.《竣工验收表》盖章(盖备案专用章)
3. 备案档案归档

图 1-1　竣工备案程序

(3) 建设单位组织竣工验收，监督站对竣工验收实施监督。

(4) 工程竣工验收合格后，建设单位应及时提出工程竣工验收报告。

(5) 建设单位应当自竣工验收合格之日起 15 个工作日内，依照《房屋建筑工程和市政基础设施工程竣工验收备案管理暂行办法》的规定，向竣工备案部门备案。

(6) 建设单位办理工程竣工验收备案。

(7) 备案部门收到建设单位报送的竣工验收备案文件后，验证文件齐全，在工程竣工验收备案表上签署文件收讫(图 1-1)。

1-4-4 备案基础性工作

1. 建设工程报建表

(1) 建设工程报建表由建设单位负责填写和申报(表 1-8)。

××市建设工程报建表 **表 1-8**

报建编号：

建设单位			法定代表人	
建设单位地址			电　　话	
建设工程名称			投资性质	
建设地点			联系人	
批准文件	立项文件		文号 1	
	批准机关		批准日期	
总投资额	万元：其中外资(币种：　　) 万元			
计划开工日期			计划竣工日期	
建设工程筹建情况：		其他需要说明的情况：		
建设单位(盖章) 法定代表人(盖章) 年　月　日		管理部门(盖章) 经办人(审核人) 年　月　日		

(2) 办理建设工程报建手续的条件为：建设工程立项的批准文件；银行出具的建设资金落实证明。建设单位在办理建设工程报建手续后可以进行工程勘察、设计发包、扩初设计报批和办理规划许可证。

2. 建设工程质量监督申报表

(1) 建设工程质量监督申报表由建设单位填写和申报，施工单位协助(表 1-9)。

(2) 建设工程质量监督申报所需要的有下列条件：

1) 项目立项审批文件，扩初设计批文，规划许可证；

2) 勘测、设计、施工、监理单位中标通知书、合同；

建设工程质量监督申报表　　　　表 1-9

工程概况	建设单位全称			联系人	
	建设工程名称			电　话	
	建设工程地址				
	建筑面积	平方米	建安工作量		万元
	项目主要内容				
	结构			层　次	
	计划开、竣工日期				
	工期	计算工期　天	合同工期　天	定额工期	天
	质量目标管理		现场质量管理人员	联系电话	
项目准备资料	项目立项批文			文　号	
	扩初设计批文			文　号	
	规划许可证号				
	勘察、设计合同				
	监理合同				
	施工合同				
	中标通知书				
	施工经营登记				
	出图专用章				
	建筑施工图审查				
参建单位资质	勘察设计单位			资质等级	
	监理单位			资质等级	
	施工总包单位			资质等级	
	施工单位			资质等级	
参建单位签章	勘察、设计单位公章 法定代表人 签章　　　日期		监理单位公章 法定代表人 签章　　　日期		
申报单位签章	建设单位公章 项目法定代表人 签章　　　申报日期		施工单位(总包)公章 法定代表人 签章　　　日期		
质量监督机构	审核意见 公章 审核人　　承办人　　日期				

3）勘察、设计、施工、监理单位资质证书；

4）施工图设计文件审查意见；

5）其他规定需要的文件资料。

本表由建设单位向质量监督机构领取和申报。经质量监督机构审核合格后签发《建设工程质量监督书》。

本表一式三份，监督机构、建设单位、施工单位各一份。建设单位凭《建设工程质量监督书》向建设行政管理部门申领建设工程施工许可证。

3. 建设工程施工许可申请表

(1) 本申请表见表 1-10～表 1-13。表 1-10 为工程简要说明，表 1-11 为建设单位提供的文件或证明材料情况。

建筑工程施工许可申请表 **表 1-10**

工程简要说明 编 号

建设单位名称		所有制性质	
建设单位地址		电 话	
法定代表人		领 证 人	
工 程 名 称			
建 设 地 点			
合 同 价 格	万元；其中外币(币种) 万元		
建 设 规 模			
结 构 类 型			
合同开工日期		合同竣工日期	
施工总包单位		施工分包单位	
申请单位 法定代表人(签章) 年 月 日			单位(盖章)

建设单位提供的文件或证明材料情况 表 1-11

建设工程用地许可证	填写文件或证明材料的编号
建设工程规划许可证	
拆迁许可证或施工现场是否具备施工条件	
中标通知书及施工合同	
施工图纸及技术资料	
施工组织设计	
监理合同或建设单位工程技术人员情况	
质量、安全监督手续	
资金保函或证明	
其他资料	
审查意见 (发证机关盖章) 经办人 审查人 年 月 日	

建设工程质量人员从业资格审查表 表 1-12

单位工程名称								
	职 务	姓名	专业与技术职称	岗位证书及编号	职 务	姓名	专业与技术职称	岗位证书及编号
施工单位	项目经理				安全员			
	技术负责人				取样员			
	专职质量员							
	施工员				施工单位(章)			
	技术员							
监理单位	项目总监				电气管理			
	监理工程师				见证员			
	管道监理				监理单位(章)			
勘察设计单位	勘察项目负责人				建筑师			
	设计项目负责人				结构工程师			
	勘察技术负责人				勘察设计单位(章)			
	设计技术负责人							
建设单位	项目负责人				管理人员			
	管理人员				建设单位(章)			
审查意见								

项目质量监督工程师____________ 年 月 日

表 1-13

分项、分部工程质量验收证明书

单位工程名称＿＿＿＿＿＿＿＿＿＿＿＿＿＿
建筑面积＿＿＿＿＿＿＿＿＿＿＿＿＿＿
结构类型＿＿＿＿＿＿＿＿＿＿＿＿＿＿
施工单位名称＿＿＿＿＿＿＿＿＿＿＿＿＿＿
分项、分部工程名称＿＿＿＿＿＿＿＿＿＿＿＿＿＿

××市建设工程质量监督总站制

<table>
<tr><td rowspan="5">质量验收意见</td><td>施工单位意见

总工程师　　　　　　　　　　　　年　月　日
项目经理　　　　　　　　　　　　年　月　日
施工企业质量部门章</td></tr>
<tr><td>勘察单位意见

勘察项目负责人　　　　　　　　　　勘察单位部门章
年　月　日</td></tr>
<tr><td>设计单位意见

设计项目负责人　　　　　　　　　　设计单位部门章
年　月　日</td></tr>
<tr><td>监理单位意见

监理单位部门章
总监理工程师　　　　　　　　　　年　月　日</td></tr>
<tr><td>建设单位意见

项目负责人　　　　　　　　　　　　年　月　日
建设单位部门章</td></tr>
<tr><td colspan="2">质量监督站

____________分项(部)工程质量验收证明收到
经办人　　　　　　　　　　　　　　年　月　日
监督站部门章</td></tr>
</table>

(2) 申请施工许可证的资料要求有：

1) 建设工程用地许可证；

2) 建设工程规划许可证；

3) 资金入账证明或保函；

4) 工地现场“三通一平”的有关证明；

5) 施工中标通知书、施工承包合同和廉洁协议；

6) 监理中标通知书、监理合同；

7) 施工图审查意见；

8) 建设工程质量、安全监督手续(监督书)；

9) 施工组织设计；

10) 法律、法规等规定的其他资料。

如果申请被批准，建设行政管理部门签发“建设工程施工许可证”。有了施工许可证，施工单位就可以向总监理工程师申请开工，总监理工程师审核各种施工手续、施工现场准备条件和施工技术准备条件，符合开工条件后签发开工报告，施工单位可以进入正常施工。反之，不允许进行施工。

4. 建设工程质量人员从业资格审查表(表 1-12)

本表由建设单位负责填写和申报，各建设工程参加单位协助。质量监督部门对表中的人员资格进行审核。

1-4-5 施工过程备案要点

(1) 各项设计资料、施工资料和监理资料的及时、真实和完整；

(2) 分项、分部工程质量验收证明书(表 1-13)：

1) 由建设单位负责申报，各单位参加填写。

2) 在质量验收意见施工单位栏中，由施工单位总工程师、项目经理签名，盖施工单位质量管理部门图章；一要明确经自查，该分项(分部)工程质量符合：我国现行的法律、法规要求；我国现行工程建设强制性标准要求；设计文件要求；施工合同要求；质保资料有效齐全要求。二要自评质量等级。

3) 设计单位在验收意见栏中，由设计项目负责人签署验收意见和签名，盖设计单位部门章；应明确经检查，该分项(分部)工程质量符合：我国现行的法律、法规要求；我国的现行工程建设强制性标准要求；设计文件要求(包括设计变更要求)；工程质量缺陷处理(或质量事故处理)、设计处理要求。

4) 监理单位由总监理工程师填写验收意见和签名，盖监理项目章。一要明确经检查，该分项(分部)工程质量符合：我国现行的法律、法规要求；我国的现行工程建设强制性标准要求；设计文件要求；工程质量缺陷处理(或质量事故处理)，施工单位已按设计方案处理；质保资料有效齐全。二要核定质量等级或是否同意下道工序施工。

5) 建设单位由项目负责人填写验收意见和签名。一要明确由谁组织验收；验收人员组织形式、验收程序、执行标准、验收内容是否正确。二要明确经验收，该分项(分部)工程质量符合：我国现行的法律、法规要求；我国的现行工程建设强制性标准要求；设计文件要求；施工合同要求；质保资料有效齐全要求。三要确认质量等级或是否同意下道工序施工。

2　地基施工与质量验收

2-1　一　般　规　定

（1）建筑物地基的施工应具备下述资料：

1）岩土工程勘察资料；

2）临近建筑物和地下设施类型、分部及结构质量情况；

3）工程设计图纸、设计要求及需达到的标准、检验手段。

（2）砂、石子、水泥、钢材、石灰、粉煤灰等原材料的质量、检验项目、批量和检验方法，应符合国家现行标准的规定。

（3）地基施工结束，宜在一个间歇期后，进行质量验收，间歇期由设计确定。

（4）在选择地基处理方案前，应完成下列工作：

1）搜集详细的工程地质、水文地质及地基基础设计资料等；如果资料不全，需作补充勘察和必要的调查研究，以保证所选择方案的正确性；

2）根据工程的设计要求和采用天然地基存在的主要问题，确定地基处理的目的、处理范围和处理后要求达到的各项技术经济指标等；

3）结合工程情况，了解本地区地基处理经验和施工条件以及其他地区相似场地上同类工程的地基处理经验和使用情况等；

4）调查邻近建筑、地下工程和有关管线等情况；

5）了解建筑场地的环境情况。

（5）合理选择地基处理方案，不仅可以保证工程质量、加快工程建设进度、而且能节省大量资金和三材。因此，在选择地基处理方案时，应考虑上部结构、基础和地基的共同作用，并经过技术经济比较，选用地基处理方案或加强上部结构和地基处理相结合的方案。

（6）地基处理方法的确定宜按下列步骤进行：

1）根据结构类型、荷载大小及使用要求，结合地形地貌、地层结构、土质条件、地下水特征、环境情况和对临近建筑的影响等因素，初步选定几种可供考虑的地基处理方案；

2）对初步选定的各种地基处理方案，分别从加固原理、适用范围、预期处理效果、材料来源及消耗、机具条件、施工进度和对环境的影响等方面进行技术经济分析和对比，选择最佳的地基处理方法，必要时也可选择两种或多种地基处理措施组成的综合处理方法。

3）对已选定的地基处理方法，宜按建筑物安全等级和场地复杂程度，在有代表性的场地上进行相应的现场试验或试验性施工。其目的是为了调试机械设备，确定施工工艺、用料及配合比等各项施工参数，检验预期加固设计参数和处理效果，为验证加固效果所进行的载荷试验，其施加载荷应不低于设计载荷的 2 倍。如达不到设计要求时，应查找原因采取措施或修改设计。

(7) 由于地基处理是一项隐蔽工程，地基处理技术人员应掌握所承担工程的地基处理目的、加固原理、技术要求和质量标准等。施工中应有专人负责质量控制和监测，并做好施工记录。当出现异常情况时，必须及时会同有关部门妥善解决。

(8) 按地基变形设计或应作变形验算且需进行地基处理的建筑物或构筑物，应对处理后的地基进行变形验算。

(9) 受较大水平荷载或位于斜坡上的建筑物及构筑物，当建造在处理后的地基上时，应进行地基稳定性验算。

(10) 经地基处理的建筑，应在施工期间进行沉降和位移的观测，对重要的或对沉降有严格限制的建筑，尚应在使用期间继续进行沉降观测。沉降和位移的观测周期，应根据观测目的、工程要求、变形速率等具体情况而定。对于现行国家标准《建筑地基基础设计规范》(GB 50007—2001)规定需要进行地基变形计算的建筑物或构筑物，经地基处理后，应进行沉降观测，直至沉降达到稳定为止。

(11) 对灰土地基、砂和砂石地基、土工合成材料地基、粉煤灰地基、强夯地基、注浆地基、预压地基，其竣工后的结果(地基强度或承载力)必须达到设计要求的标准。各种指标的检验方法可按国家现行行业标准《建筑地基处理技术规范》(JGJ 79—2002)的规定执行。每单位工程的检验数量不应少于 3 点；1000m^2 以上工程，每 100m^2 至少应有 1 点；3000m^2 以上工程，每 300m^2 至少应有 1 点；每一独立基础下至少应有 1 点，基槽每 20 延米应有 1 点。

(12) 对水泥土搅拌桩复合地基、高压喷射注浆桩复合地基、砂桩地基、振冲桩复合地基、土和灰土挤密桩复合地基、水泥粉煤灰碎石桩复合地基及夯实水泥土桩复合地基，桩是主要的检验对象，首先应检验桩的质量，检查方法可按国家现行行业标准《建筑工程基桩检测技术规范》(JGJ 106)的规定执行。其承载力检验数量为总数的 0.5%～1%，但不应少于 3 处。有单桩强度检验要求时，数量为总数的 0.5%～1%，但不应少于 3 根。

(13) 除以上两条指定的主控项目外，其他主控项目及一般项目可随意抽查，但复合地基中的水泥土搅拌桩、高压喷射注浆桩、振冲桩、土和灰土挤密桩、水泥粉煤灰碎石桩及夯实水泥土桩至少应抽查 20%。

(14) 经处理后的地基，当按地基承载力确定基础底面积及埋深而需要对本规范确定的地基承载力标准值进行修正时，基础宽度的地基承载力修正系数应取零，地基埋深的地基承载力修正系数应取 1.0。经处理后的地基，当在受力层范围内仍存在软弱下卧层时，尚应验算下卧层的地基承载力。对水泥土类桩复合地基尚应根据修正后的复合地基承载力特征值，进行桩身强度验算。

(15) 复合地基载荷试验应符合下列规定：

1) 复合地基载荷试验用于测定承压板下应力主要影响范围内复合土层的承载能力和变形参数。复合地基载荷试验承压板应具有足够的刚度。单桩复合地基载荷试验的承压板可用圆形或方形，面积为一根桩承担的处理面积；多桩复合地基载荷试验的承压板可用方形或矩形，其尺寸按实际桩数所承担的处理面积确定。桩的中心(或形心)应与承压板中心保持一致，并与荷载作用点相重合。

2）承压板底面积标高应与桩顶设计标高相适应。承压板底面下宜铺设粗砂或中砂垫层，垫层厚度取 50～150mm，桩身强度高时宜取大值。试验标高处的试坑长度和宽度，应不小于承压板尺寸的 3 倍。基准梁的支点应设在试坑之外。

3）试验前应采取措施，防止试验场地地基土含水量变化或地基土扰动。以免影响试验结果。

4）加载等级可分为 8～12 级。最大加载压力不应小于设计要求压力值的 2 倍。

5）每加一级荷载前后均应各读记承压板沉降量一次，以后每半小时读记一次。每一小时内沉降量小于 0.1mm 时，即可加下一级荷载。

6）当出现下列现象之一时可停止试验：

① 沉降急剧增大，土被挤出或承压板周围明显的隆起；

② 承压板的累计沉降量已大于宽度或直径的 6%；

③ 当达不到极限荷载，而最大加载压力已大于设计要求压力值的 2 倍时。

7）卸载等级可为加载等级数的一半，等量进行，每卸一级，间隔半小时，读记回弹量，待卸完全部荷载后间隔 3h 读记总回弹量。

8）试验点的数量不应少于 3 点，当满足其极差不超过平均值的 30%时，可取其平均值为复合地基承载力特征值。

2-2　灰 土 地 基

灰土地基是将基础底下一定范围内的软弱土层挖去，然后分层用一定比例石灰土（熟石灰与土的体积比一般为 3∶7 或 2∶8，也可以根据具体土质研究和设计来确定石灰土配合比，如土∶生石灰粉重量比＝1∶0.06）回填夯实或压实而成。

灰土地基具有一定的强度、承载力，也具有水稳定性和抗渗性，可作为结构辅助层。

灰土地基具有施工工艺简单、建筑材料取用方便、工程费用较低、施工质量易控的特点，是一种在建筑和市政工程广泛使用的地基加固方法。

适于加固处理的厚度一般为 1～3m 的软弱土、湿陷性黄土、杂填土等，通过土质换填，改变湿陷性土层、杂填土层沉降量大和不均匀、承载力低、水稳定性差等特点，还可用作结构的辅助防渗层。

2-2-1　一般规定

（1）灰土土料、石灰或水泥（当水泥替代灰土中的石灰时）等材料及配合比应符合设计要求，灰土应搅拌均匀；

（2）施工过程中应检查分层铺设的厚度、分段施工时上下两层的搭接长度、夯实时加水量、夯压遍数、压实系数；

（3）施工结束后，应对灰土地基进行检验，灰土地基的各项指标应达到质量验收标准（表 2-2）。

2-2-2　材料和机具要求

2-2-2-1　材料要求

1. 土料

(1) 灰土中的土料一般选用就地挖出的黏性土，也可以选用 $I_p>4$(I_p 为塑性指数)的粉土，不宜使用块状黏土和砂质粉土，土中不得有松软杂质和杂物(有机物、杂填土等)；土质应过筛，土粒应小于 15mm。

(2) 土料要送实验室检验。

2. 石灰

(1) 用Ⅲ级以上的新鲜块灰，在使用前 1～2d 进行消解并过筛，其颗粒不得大于 5mm，且不应夹有未熟化的生石灰块料和其他杂质，同时，化解的石灰不能有过多的水分；

(2) 可以根据设计要求，选用优质的袋装生石灰粉；

(3) 石灰应送实验室进行复试，其 CaO(氧化钙)、MgO(氧化镁)含量要满足规范要求，具体参看 JC/T 478《建筑石灰及其试验方法》和《建筑生石灰》JC/T 479、《建筑生石灰粉》JC/T 480 和《建筑消石灰粉》JC/T 481。

2-2-2-2　机具要求

(1) 人工夯实采用石夯、木夯；

(2) 小型夯实机械一般采用蛙式打夯机、柴油打夯机和电动打夯机；

(3) 工程较大的灰土地基夯实采用 6～12t 压路机(带振动为 4～6t)；

(4) 拌合：少量采用人工，工程较大时采用机械拌合(如铲运机)；

(5) 挖机和运输车：用于摊铺。

2-2-3　施工准备

(1) 配合比：根据施工设计确定；

(2) 对现场情况进行调查，摸清加固地基位置的土质；

(3) 技术准备：编好施工组织设计，确定施工范围和边上坡度(根据地基加固的厚度、石灰土的压力扩散角等来确定)、施工顺序，根据所选的机具和设计要求达到的密实度，确定每层石灰土的厚度；

(4) 做石灰土的击实试验，确定现场灰土的最佳含水量和击实曲线；

(5) 做试验段，确定每层的虚铺系数、夯实遍数或压实遍数。

2-2-4　施工工艺要点

(1) 施工工艺流程：清表验槽→原土压实→灰土拌合→摊铺第一层→压实→验收合格后铺第二层→压实→第三层→……→整体验收合格。

(2) 要把原地面上草、杂物等进行清理，把有淤泥、积水、软土层、松土坑等挖干净；同时做好防雨、排水保护措施，使灰土地基施工在基槽(坑)在无积水的状态下进行。

(3) 对原土进行验槽，并做隐蔽验收记录。

(4) 灰土地基施工前，用打夯机或压路机对原土基夯实或压实，最少不得小于 2 遍。

(5) 按设计配合比拌制石灰土，拌合好的灰土应均匀、颜色一致，根据灰土实验报告控制好含水量，一般控制在最佳含水量的±2%范围内(也可以根据击实曲线来确定能满足密实度要求的含水量变化范围)，如含水量过高或过低时，应进行翻晒或洒水湿润，石灰土要随拌随用。

(6) 分层铺填灰土时，要按试铺段确定的每层铺填厚度和虚铺系数、夯实遍数或压实遍数进行施工，遍数不得小于 4 遍，铺填厚度也可以参考表 2-1 的数据。

灰土最大虚铺厚度　　**表 2-1**

夯实机具	重量(kN)	虚铺厚度(mm)	备　注
石夯、木夯	0.4～0.8	200～250	人力送夯，落距 400～500mm，一夯压半夯
轻型夯实机械	1.2～4.0	200～250	蛙式夯机、柴油夯机、电动夯机
压路机	60～120	200～300	双轮

(7) 灰土分段施工时，不得在墙角、柱基及承重墙下接缝，上下二层的接缝距离要大于 500mm，接缝处应压实，并做成直槎，见图 2-1(*a*)。当二层灰土地基高度不一时，应在交接处作成阶梯状，每阶宽要大于 500mm，见图 2-1(*b*)；对作辅助防渗层的灰土，应将地下水位以下的结构进行包围，并做好接缝处理，在做接缝时，每层虚土从留缝处向前多铺 500mm，压实时应重叠 300mm 以上；做接缝时，要将接缝切整齐(垂直切下)后，再做下一段。

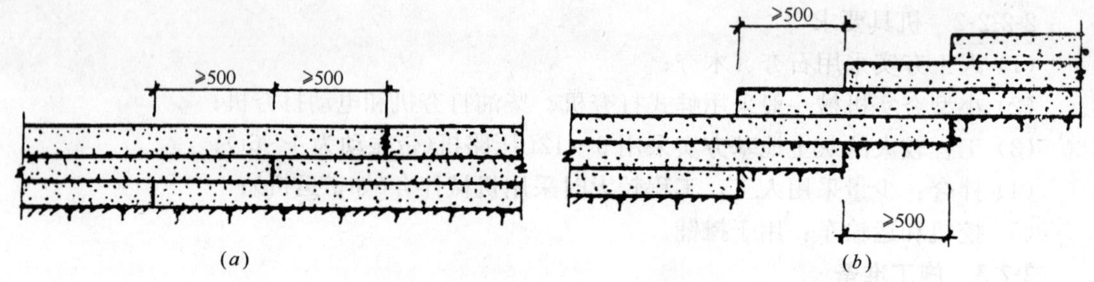

图 2-1　灰土分层施工接缝处理

(*a*)分层平接法；(*b*)阶梯式接缝方法

(8) 拌好的灰土应及时用完。

(9) 及时进行每层的验收，以保证及时铺填下一层灰土。

(10) 压实好的灰土要进行 30d 的养护，不得上重载或车辆在上通行，不得受水浸泡，养护好后及时进行上面基础施工。

(11) 下雨前用塑料薄膜进行覆盖，如受到大雨淋浸，要将表面松土层挖掉，补土压实。

(12) 当温度低于 0℃，有冰冻时和基层土有冻土时，不得进行施工；已施工好的要采取保温措施(如覆盖等)，有冻土块时，要挖出来进行清理。

2-2-5　施工质量监督

(1) 施工准备工作。检查施工用的原材料质量(石灰的质量证明书、复试报告)是否合格；检查施工中配合比控制方法；检查机械到位情况(吨位、是否完好等)；检查测量定位和每层厚度控制方法；检查施工现场的排水措施能满足施工中下雨不积水的要求。

(2) 清表验槽的质量验收。清表要彻底，不得留有杂物和有机杂质等，淤泥、松土等已处理好。

(3) 每层灰土夯实或压实后，及时进行密实度检测，密实度满足设计要求后才能进入下一层灰土施工。

(4) 施工中每层的接缝处理和接缝施工质量、不同地基高度处台阶施工质量要做到重点监控。

(5) 每一层施工完后，灰土表面应平整，无松散、起皮和裂缝现象。

2-2-6 质量验收标准和质量检查方法

2-2-6-1 质量验收标准

灰土地基的质量验收标准见表 2-2。

灰土地基质量验收标准 表 2-2

项	序	检查项目	允许偏差或允许值		检查方法
			单位	数值	
主控项目	1	地基承载力	设计要求		按规定方法
	2	配合比	设计要求		按拌合时间的体积比
	3	压实系数	设计要求		现场实测
一般项目	1	石灰粒径	mm	≤5	筛分发
	2	土料有机质含量	%	≤5	试验室焙烧法
	3	土颗粒粒径	mm	≤5	筛分发
	4	含水量(与要求的最优含水量比较)	%	±2	烘干法
	5	分层厚度偏差(与设计要求比较)	mm	±50	水准仪

2-2-6-2 质量控制

(1) 灰土每层密实度检查可以采用贯入仪和环刀法进行，检验方法见第 9-1 节。

(2) 检验点数量为：对大型基坑，每 50～100m² 抽查一点，总数至少一点；对基槽和沟，每长 10～20m 检查一点；每个独立柱基检查应不少于一点。取样的垂直部位在每层表面以下 2/3 厚度处，同时，还应根据实夯的可靠性随机取样抽查。

(3) 灰土地基承载力测试(根据设计要求)，方法见第 9-1 节。

(4) 资料要求：

1) 验槽记录；

2) 石灰质量保证书、石灰复试报告；

3) 施工设计说明和设计图纸，配合比，施工组织设计；

4) 石灰土的击实实验报告(最佳含水量、最佳干密度)；

5) 每层质量验收记录；

6) 每层密实度实验报告；

7) 地基承载力测试报告。

2-3 砂和砂石地基

砂垫层和砂石垫层地基是用夯(压)实的砂或垫层替换基础下部一定厚度的软土层，以起到提高基础下地基强度、承载力，减少沉降量的作用。其特点是由于其材料透水性好，软弱土层受压后，垫层可作为良好的排水面，使基础下面的孔隙水压力迅速消散，加速软弱土层的排水固结，并提高其强度，而且砂垫层材料孔隙大，不易产生毛细管现象，因此可防止寒冷地区土中结冻造成冻胀，也可消除膨胀土的胀缩作用。

砂垫层和砂石垫层地基适于处理 2.5m 以内软弱透水性强的黏性土地基，但不宜用于加固湿陷性黄土地基及渗透系数极小的黏性土地基。

2-3-1　一般规定

(1) 砂(砂石)垫层适用于中小型建筑工程的浜、塘、沟等的局部处理。

(2) 砂(砂石)垫层材料中严禁混入垃圾。

(3) 填筑前应清除杂草、树根等杂物以及表层耕土；在明浜、水槽、水田地区还应清除淤泥及腐殖土；

(4) 填筑区须防止地表水和地下水渗入，并须排除积水。

(5) 砂(砂石)垫层的施工质量检验必须分层进行。应在每层的压实系数符合设计要求后，铺填上层土。

2-3-2　材料、构造要求及机具要求

2-3-2-1　材料要求

(1) 砂垫层和砂石垫层所用材料系砂或砂石混合物。宜选用碎石、卵石、角砾、圆砾、砾砂、粗砂、中砂或石屑(粒径小于 2mm 的部分不应超过总重的 45%)。

(2) 砂宜用颗粒级配良好、质地坚硬的中砂或粗砂，当用细砂、粉砂(粒径小于 0.075mm 的部分不超过总重的 9%)时，应掺入不少于总重 30%的粒径 20～50mm 的卵石(或碎石)，且要分布均匀。砂中不得含有杂草、树根等有机物，含泥量应小于 5%，兼作排水垫层时，含泥量不得超过 3%。自然级配的砂砾石(或卵石碎石)的混合物，粒径应在 50mm 以下，其含量应在 50%以内，不得含有植物残体、垃圾等杂物，含泥量小于 5%。对湿陷性黄土地基，不得选用砂石等透水材料。

2-3-2-2　构造要求

(1) 砂、砂石垫层的厚度一般为 0.5～2.5m，大于 2.5m 的则不够经济，具体根据作用在垫层处的土重压力及附加压力之和，应不大于软弱土层的承载力设计值。

(2) 垫层的顶宽应较基础底面每边大 0.4～0.5m，或从垫层底面两侧向上按当地经验的要求放坡，大面积垫层常按自然倾斜角控制。

(3) 当采用碎石(或卵石)作垫层时，在基底及四周应作一层 300mm 厚以及土层范围内的水文地质条件来确定。中砂或粗砂砂框，以防在压力作用下表层软土发生局部破坏。

2-3-2-3　机具要求

根据所选用的施工方法不同，采用的施工机具及要求也不同。砂和砂石垫层的施工方法主要有三种：机械碾压法、重锤夯实法和平板振动法。

(1) 机械碾压法

机械碾压法是采用压路机、推土机、羊足碾或其他压实机械来压实地基土。对于采用各种施工机具，在分层回填碾压的每层铺填厚度及压实遍数，可按表 2-3 选用。

当地基下是以黏性土为主的软弱土时，宜采用平碾或羊足碾，对于狭窄场地、边角及

垫层的每层铺填厚度及压实遍数　　**表 2-3**

施工设备	平碾 (8～12t)	羊足碾 (5～16t)	蛙式夯 (200kg)	振动碾 (8～15t)	振动压实机 (2t，振动力 98kg)
每层铺填厚度 (mm)	200～300	200～350	200～250	600～1300	1200～1500
每层压实遍数	6～8	8～16	3～4	6～8	10

接触带可用蛙式夯实机。

为保证有效压实深度，机械碾压速度应控制在：平足碾为 2km/h，羊足碾 3km/h，振动碾为 2km/h，振动压实机 0.5km/h。

(2) 重锤夯实法

重锤夯实法是用起重机械将夯锤提升到一定高度，然后自由落锤，不断重复夯击以加固地基。其施工机具主要有起重机械、夯锤、钢丝绳和吊钩等。

重锤夯实法适用于地下水位距地表 0.8m 以上稍湿的黏性土、砂土、湿陷性黄土、杂填土和分层填土。

当直接用钢丝绳悬吊夯锤时，吊车的起重能力一般应大于锤重的 3 倍，采用脱钩夯锤时，起重能力应大于夯锤重量的 1.5 倍。夯锤宜采用圆台形，直径 1.0～1.5m，C20 钢筋混凝土制成。锤重宜大于 2t，锤底单位静压力宜为 15～20kPa。

夯实法施工前，应检查基坑中土的含水量，并根据试验结果决定是否需要加水；还要在建筑物场地附近试夯以确定最少夯实遍数及总下沉量。

(3) 平板振动法

平板振动法是用振动压实机来处理无黏性土、透水性好的地基的方法。采用这种方法进行施工时，要先进行试振，得出稳定下沉量与时间的关系，确定振实时间。振实范围是从基础边缘放出 0.6m 左右，先振基槽两边后振中间。

2-3-3 施工工艺要点

砂垫层和砂石垫层的施工过程可分解为以下三个阶段：

2-3-3-1 准备阶段

(1) 在施工开始前，应根据所采用的施工方法，做好垫层的设计即确定垫层断面的合理厚度及宽度，编制垫层铺筑的施工组织设计，并做相关试验得出现场砂和砂石的最佳含水量，从而确定夯实(压实)遍数或振实时间。

(2) 开挖基坑时，要避免扰动坑底软弱土层，因此可先保留 200mm 厚土层暂不挖去，待铺砂前再挖至设计标高。

(3) 铺筑前，要先验槽，浮土要清除，边坡要稳定。基坑两侧附近如有低于基坑的孔洞、沟、井、墓穴等，应在未做地基前加以填实。

(4) 当地下水位较高或在饱和的软弱地基上铺设垫层时，应加强基坑内及外侧四周的排水工作，防止砂垫层泡水引起砂的流失，保持基坑边坡的稳定。或采取降低地下水位的措施，使地下水位降低到基坑底 500mm 以下。

(5) 冬期施工时，不得采用夹有冰块的砂石作垫层，应采取措施防止砂石内水分冻结。

(6) 人工级配的砂、石材料，铺填前，应按级配将砂、卵石拌合均匀。

2-3-3-2 铺设阶段

(1) 砂垫层和砂石垫层的底面宜铺设在同一标高上，如果深度不同时，施工应按先深后浅的顺序施工，土面应挖成阶梯或斜坡搭接。见图 2-2。

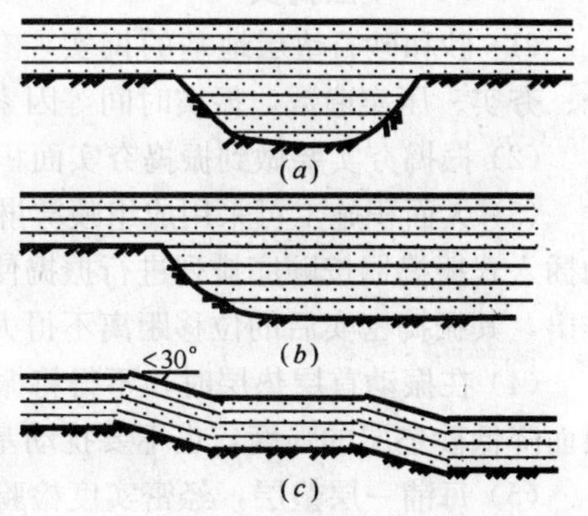

图 2-2 砂和砂石垫层分层铺设

(2) 分段施工时，接头应作成斜坡，每层错开0.5～1.0m，并应充分捣实。

(3) 垫层应分层铺设，分层捣实，并应采用标桩控制每层砂垫层的铺设厚度。每层的铺设厚度、砂石最佳含水量控制及施工机具、方法的选用参见表2-4。

砂垫层和砂石垫层铺设厚度及施工最佳含水量　　表2-4

捣实方法	每层铺设厚度(mm)	施工时最佳含水量(%)	施工要点	备注
平振法	200～250	15～20	用平板式振动器反复振捣，往复次数以简易测定密实度合格为准 振动器移动时，每行应搭接1/3，以防振动面积不搭接	不宜使用干细砂或含泥量较大的砂所铺筑的地基
插振法	振捣器插入深度	饱和	用插入式振捣器 插入点间距可根据机械振幅大小决定 不应插至下卧黏性土层 插入振捣完毕后所留的孔洞应用砂填实	不宜使用干细砂或含泥量较大的砂所铺筑的地基
水撼法	250	饱和	注水高度应超过每次铺筑面积 用钢叉振撼捣实插入点间距为100mm 钢叉分四齿，齿的间距80mm，长300mm，木柄长90mm	湿陷性黄土、膨胀土、细砂地基上不得使用
夯实法	150～200	8～12	用木夯或机械夯 木夯重40kg，落距400～500mm 一夯压半夯全面夯实	适用于砂石垫层
碾压法	250～350	8～12	6～12t压路机往复碾压	适用于大面积施工的砂和砂石垫层地基

(4) 垫层铺设时，严禁扰动垫层下卧层及侧壁的软弱土层，防止被践踏、受冻或受浸泡而降低其强度。若垫层下有厚度较小的淤泥时，可先在软弱土面上堆填块石、片石等，然后将其压入以置换出软弱土，再作垫层。

(5) 排水砂石层可用人工铺设，也可用推土机、压路机来铺设。

(6) 垫层铺设完毕应立即进行下道工序施工，严禁推车及人在砂层上行走。

2-3-3-3　垫层捣实

(1) 砂和砂石垫层地基的捣实，有振实、夯实、压实等方法。其捣实效果与填土成分、夯实、压实遍数，振实时间等因素有关，具体应通过试验确定。

(2) 振捣夯实要做到振捣夯实面积有1/3交叉重叠，防止漏振、漏夯、漏压。

(3) 大面积施工可采用成组喷雾淋水器均匀喷水使砂层达到饱和状态，然后用成组电动插入式振捣器按顺序排列进行振捣使其密实，最后由地下暗沟将密实砂层中多余的水分排出，其振捣密实后的位移距离不得大于单一振动器振动有效半径的1.4倍。

(4) 在振动首层垫层时，不得将振动棒插入原土层或基槽边坡，以避免软土混入砂垫层而降低砂垫层的强度，也不要扰动基坑四侧的土，以免影响和降低地基强度。

(5) 每铺一层垫层，经密实度检验合格后方可进行上一层的施工。

(6) 垫层竣工验收合格后，应及时进行基础施工与基坑回填。

2-3-4 质量检验与验收

2-3-4-1 质量检验标准

砂和砂石地基的质量验收标准应符合表 2-5。

砂及砂石地基质量检验标准 表 2-5

项	序	检查项目	允许偏差或允许值		检查方法
			单位	数值	
主控项目	1	地基承载力	设计要求		按规定方法
	2	配合比	设计要求		检查拌合时的体积比或重量比
	3	压实系数	设计要求		现场实测
一般项目	1	砂石料有机质含量	%	≤5	焙烧法
	2	砂石料含泥量	%	≤5	水洗法
	3	石料粒径	mm	≤100	筛分法
	4	含水量(与最优含水量比较)	%	±2	烘干法
	5	分层厚度(与设计要求比较)	mm	±50	水准仪

2-3-4-2 质量检验

(1) 砂和砂石垫层地基施工质量检验的主控项目有：砂和砂石地基原材料配合比的检验、压实系数的检验及施工结束后地基承载力的检验。

(2) 配合比检验时采用检查拌合时的体积比或重量比，检验结果应符合设计要求。

(3) 压实系数的检验是通过现场实测，也须符合设计要求。

(4) 地基承载力的检验则按规定的方法进行检验，必须满足设计要求。

(5) 砂和砂石垫层地基施工质量检验的一般项目有：砂石料有机质含量、砂石料含泥量、石料粒径、含水量及分层厚度。

(6) 砂石料中有机质含量不得超过 5%，用焙烧法检测；砂石料含泥量用水洗法检测，其值应小于 5%；用筛分法检查石料粒径，应小于 100mm，用烘干法检查含水量，其结果与最佳含水量相比，偏差不得超过 2%；分层厚度用水准仪检测，与设计要求相比，偏差不得超过 50mm。

(7) 砂垫层每层夯(振)实后，用环刀取样试验或贯入仪测试时，取样点应位于每层厚度的 2/3 深度处，密实度应达到设计要求或中密标准，及孔隙比不应小于 0.65，干密度不小于 1.55～1.60t/m^3。测定方法采用容积不小于 200cm^3 的环刀取样，如为砂砾(卵)石垫层，则在其中设纯砂检验点，在同样条件下，用环刀取样检验。通过环刀取样，检验夯实后每层的平均压实系数符合设计要求后才能铺上一层。

(8) 贯入度测定方法应先将垫层表面的砂刮去 3cm 左右，并用贯入仪、钢筋或钢叉等以贯入度大小检查砂垫层的质量。钢筋贯入是用直径 20mm、长 1250mm 的平头钢筋，距离砂面 700mm 自由落下，检验点距离不得大于 4m，插入深度以不大于通过试验所确定的贯入度数值为合格。或用水撼法使用的钢叉，距离砂层面 500mm 自由落下，插入深度不大于根据该砂的控制干密度测定的深度为合格。每层测定完毕应绘制成图，把每个检验点的贯入数据记于图上。

(9) 对于检验点数量的要求，采用环刀法检验时，每单位工程不应少于 3 点，大基坑每 50～100m² 不少于 1 个检验点；基槽每 10～20m 不少于 1 个检验点；每个单独柱基不少于 1 个点。采用贯入仪或动力触探检验垫层的施工质量时，每分层检验点的间距应小于 4m。

(10) 竣工验收采用载荷试验检验垫层承载力时，每个单体工程不宜少于 3 点；对于大型工程则应按单体工程的数量或工程的面积确定检验点数。

(11) 验收资料同灰土地基。

2-4　土工合成材料地基

土工合成材料加固地基系在软弱地基中或边坡上埋设土工织物作为加筋，使之形成弹性复合土体，起到排水、反滤、隔离、加固和补强等方面的作用，以提高土体承载力，减少沉降和增加地基的稳定。最常用的土工合成材料为土工织物。图 2-3 为土工织物加固方法的几种应用。

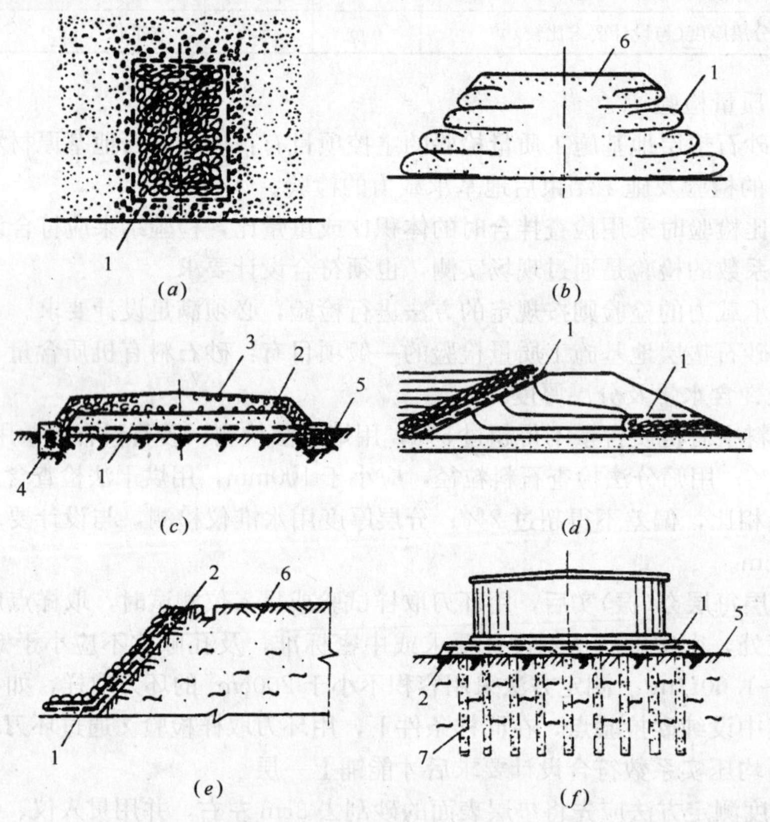

图 2-3　土工织物加固的应用

(a)排水；(b)稳定路基；(c)稳定边坡或护坡；(d)加固路堤；(e)土坝反滤；(f)加速地基沉降

1—土工织物；2—砂垫；3—道渣；4—渗水盲沟；5—软土层；6—填土或填料夯实；7—砂井

土工织物质地柔软，重量轻，整体连续性好；施工方便，抗拉强度高，没有显著的方向性，各向强度基本一致；弹性、耐磨、耐腐蚀性、耐久性和抗微生物侵蚀性好，不易霉烂和虫蛀；而且，土工织物具有毛细作用，内部具有大小不等的网眼，有较好的渗透性(水平向 $1\times10^{-1}\sim1\times10^{-3}$ cm/s)和良好的疏导作用，水可竖向、横向排出。材料为工厂制品，材质易保证，施工简单，造价较低，与砂垫层相比可节省大量砂石材料，节省费用1/3 左右。

适用于加固软弱地基或边坡，作为加筋使形成复合地基，以加速土的固结，提高土体强度，提高地基稳定性。用于公路、铁路路基作加强层，防止路基翻浆、下沉；用于堤岸边坡，可使结构坡角加大，又能充分压实；作挡土墙后的加固，可代替砂井。此外，还可用于河道和海港岸坡的防冲，水库、渠道的防渗以及土石坝、灰坝、尾矿坝与闸基的反滤层和排水层，可取代砂石级配良好的反滤层，达到节约投资、缩短工期、保证安全使用的目的。

2-4-1 土工合成材料

土工合成材料系采用聚酯纤维(涤纶)、聚丙纤维(腈纶)和聚丙烯纤维(丙纶)等高分子化合物(聚合物)经加工后合成。一般用无纺织成的，系将聚合物原料投入经过熔融挤压喷出纺丝，直接平铺成网，然后用粘合剂粘合(化学方法或湿法)、热压粘合(物理方法或干法)或针刺结合(机械方法)等方法将网联结成布。土工织物产品因制造方法和用途不一，其宽度和重量的规格变化甚大，用于岩土工程的宽度由 2～18m；重量大于或等于 0.1kg/m^2；开孔尺寸(等效孔径)为 0.05～0.5mm，导水性不论垂直向或水平向，其渗透系数 $k\geqslant10^{-2}$ cm/s(相当于中、细砂的渗透系数)；抗拉强度为 10～30kN/m(高强度的达 30～100kN/m)。

2-4-2 施工工艺要点

(1) 铺设土工织物前，应将基土表面压实、修整平顺均匀，清除杂物、草根，表面凹凸不平的可铺一层砂找平。当作路基铺设，表面应有 4%～5%的坡度，以利排水。

(2) 铺设应从一端向另一端顺序进行，端部应先铺填，中间后铺填，端部必须精心铺设锚固，铺设松紧应适度，防止绷拉过紧或褶皱，同时需保持连续性、完整性。避免过量拉伸超过其强度和变形的极限而发生破坏、撕裂或局部顶破等。在斜坡上施工，应注意均匀和平整，并保持一定的松紧度；避免石块使其变形超出聚合材料的弹性极限；在护岸工程坡面上铺设时，上坡段土工织物应搭在下坡段土工织物上。

(3) 土工织物连接一般可采用搭接、缝合、胶合或 U 形钉钉接等方法，如图 2-4 所示。采用搭接时，应有足够的宽(长)度，一般为 0.3～0.9m，在坚固和水平的路基，一般为 0.3m，在软的和不平的地面，则需 0.9m；在搭接处尽量避免受力，以防移动；缝合采用缝合机面对面或折叠缝合，用尼龙线或涤纶线，针距 7～8mm，缝合处的强度一般可达织物强度的 80%；胶结法是用胶粘剂将两块土工织物胶结在一起，最少搭接长度为 100mm，胶合后应停 2h 以上，其接缝处的强度与土工织物的原强度相同；用 U 形钉连接是每隔 1.0m 用一 U 形钉插入连接，其强度低于缝合法和胶结法。由于搭接和缝合法施工简便，一般多用之。

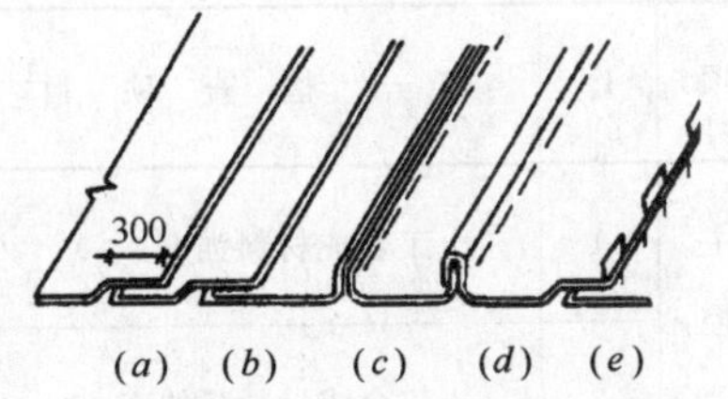

图 2-4 土工织物连接方法
(a)搭接；(b)胶合；
(c)、(d)缝合；(d)钉接

(4) 为防止土工织物在施工中产生顶破、穿刺、擦伤和撕破等，一般在土工织物下面宜设置砾石或碎石垫层，在其上面设置砂卵石护层，其中碎石能承受压应力，土工织物承受拉应力，充分发挥织物的约束作用和抗拉效应，铺设方法同砂、砾石垫层。

(5) 铺设一次不宜过长，以免下雨渗水难以处理，土工织物铺好后应随即铺设上面砂石材料或土料，避免长时间曝晒和暴露，使材料劣化。

(6) 土工织物用于作反滤层时应连续铺设，不得出现扭曲、褶皱和重叠。土工织物上抛石时，应先铺一层 30mm 厚卵石层，并限制高度在 1.5m 以内，对于重而带棱角的石料，抛掷高度应不大于 50cm。

(7) 土工织物上铺垫层时，第一层铺垫厚度应在 50cm 以下，用推土机铺垫时，应防止刮土板损坏土工织物，在局部不应加过重集中应力。

(8) 铺设时，应注意端头位置和锚固，在护坡坡顶可使土工织物末端绕在管子上，埋设于坡顶沟槽中，以防土工织物下落；在堤坝，应使土工织物终止在护坡块石之内，避免冲刷时加速坡脚冲刷成坑。

(9) 对于有水位变化的斜坡，施工时，直接难置于土工织物上的大块石之间的空隙，应填塞或设垫层，以避免水位下降时，上坡中的饱和水因来不及渗出形成显著水位差，使土挤向没有压载空隙，引起土工织物鼓胀而造成损坏。

(10) 现场施工中发现土工织物受到损坏时，应立即修补好。

2-4-3　质量控制与检验

2-4-3-1　质量控制

(1) 施工前，应对土工合成材料的物理性能(单位面积的质量、厚度、密度)、强度、延伸率以及所用的土、砂石料等进行检验。土工合成材料以 $100m^2$ 为一批，每批抽查5%。砂石料的质量要求同砂垫层。

(2) 施工过程中应检查清基、回填料铺设厚度、平整度、土工合成材料的铺设方向、接缝搭接长度或缝接状况、土工合成材料与结构的连接状况等。

2-4-3-2　质量检验

土工合成材料地基质量检验标准见表 2-6。

土工合成材料地基质量检验标准　　表 2-6

项	序	检查项目	允许偏差或允许值		检查方法
			单位	数值	
主控项目	1	土工合成材料强度	%	≤5	置于夹具上做拉伸试验(结果与设计标准相比)
	2	土工合成材料延伸率	%	≤3	置于夹具上做拉伸试验(结果与设计标准相比)
	3	地基承载力	设计要求		按规定方法
一般项目	1	土工合成材料搭接长度	mm	≥300	用钢尺量
	2	土石料有机质含量	%	≤5	焙烧法
	3	层面平整度	mm	≤20	用 2m 靠尺
	4	每层铺设厚度	mm	±25	水准仪

2-5 粉煤灰地基

粉煤灰地基是对软弱土地基采用的换填加固技术之一。

粉煤灰是燃煤电厂的工业废物，是一种以硅、铝氧化物为主的人工火山灰质材料，化学成分随着煤种、燃烧工况和收尘方式不同而变化。实践证明，粉煤灰是一种良好的地基处理材料资源，用做垫层材料时，类似于砂质粉土，具有良好的地基强度和压缩变形模量，能满足工程设计的技术要求；并且在产生可观的经济效益的同时，又能带来良好的环保效益和社会效益。但粉煤灰是轻质、松散、毫无黏性的工业弃料，可否用作填料，须通过试验验证。

用粉煤灰做垫层有以下特点：

(1) 粉煤灰自重轻，可降低对下卧土层的压力，减少沉降；

(2) 粉煤灰垫层击实性能好，在施工过程中达到设计密实度要求的含水量容易控制，施工质量容易保证；

(3) 粉煤灰垫层遇水后强度会降低，影响其承载力；

(4) 垫层施工过程中，压实时及压实初期其渗透系数较大，但随着龄期增加，渗透性能减弱；

(5) 粉煤灰抗液化能力比砂质粉土强；

(6) 在粉煤灰铺筑层中铺设金属构件时，宜采用适当的防腐措施，如涂沥青或采用镀锌管等措施。

粉煤灰垫层的主要作用是提高地基承载力、减少建筑物的地基压缩变形量、加速软土层的排水固结。粉煤灰垫层适用于厂房、机场、道路、港区陆域和堆场等大中型工程的大面积填筑。

2-5-1 一般规定

(1) 粉煤灰垫层地基可用于堆场、小型建筑物和构筑物等的换填垫层；

(2) 粉煤灰垫层上宜覆土 0.3～0.5m；

(3) 粉煤灰垫层中采用掺加剂时，应通过试验确定其性能及适用条件；

(4) 作为建筑物垫层的粉煤灰应符合有关放射标准的要求；

(5) 粉煤灰垫层中的金属构件、管网宜采取适当防腐措施，大量使用粉煤灰时，应考虑对地下水和土壤的环境影响。

2-5-2 材料要求

(1) 粉煤灰中含有 SiO_2、Al_2O_3、Fe_2O_3，总量越高越好，颗粒宜粗，烧失量宜低，含 SO_3 宜小于 0.4%，以免对地下金属管道等具有一定腐蚀性。粉煤灰中严禁混入植物、生活垃圾及其他有机杂质。

(2) 粉煤灰压实后的承载力标准值能否达到工程要求是可否用作垫层材料的关键。压实试验中，发现粉煤灰的含水率与压实质量有密切关系，因此，一般对粉煤灰的含水率有严格要求。粉煤灰进场时，其含水量应控制在 31%±2%范围内。

2-5-3 施工工艺要点

(1) 垫层铺设前，应清除地基垃圾，排除表面积水；平整场地并用 8t 压路机预压两遍，使地基土密实。

(2) 在软土地基上铺筑时，应先铺 20cm 左右厚的粗砂或高炉干渣，以免表层土体扰动，同时有利于下卧土层的排水固结，并切断毛细水上升。

(3) 在地下水位以下施工时，应采取排水或降水措施，严禁在饱和和浸水下施工，更不宜用水沉法施工。

(4) 垫层应分层铺设与碾压，用机动夯铺设时，其分层厚度可为 200～300mm，夯完后厚度为 150～200mm；用压路机铺设时，厚度可取为 300～400mm，压实后为 250mm 左右。

(5) 由于粉煤灰是轻质、松散、无黏性的工业弃料，用振动压路机碾压不但对本层压实效果不好，且有可能扰动下一层已压实的粉煤灰层；另因采用自然状态的粉煤灰含水率偏高，且易产生“橡皮土”现象，所以，也不宜采用大吨位的压路机碾压，一般采用小吨位的普通压路机进行碾压。

(6) 对于小面积基坑、槽垫层，可用人工分层摊铺，用平板振动器和蛙式打夯机压实，每次振(夯)板应重叠 1/2～1/3 板，往复压实由二侧向四周进行，夯实不少于 3 遍。大面积垫层用推土机摊铺，先用推土机预压两遍，然后用 8～12t 普通压路机碾压，施工时，压轮重叠 1/2～1/3 轮宽，往复碾压，一般碾压 4～6 遍。

(7) 粉煤灰铺设含水量应控制在与最佳含水量的偏差不得超过 2%；当含水量过大时，需摊铺沥干后再碾压。

(8) 粉煤灰铺设后，应于当天压完；如果压实时含水量过低，呈松散状态，则应洒水湿润再碾压密实，洒水的水质不得含有油质，pH 值应为 6～9。

(9) 当粉煤灰的含水率接近饱和(约 70%)时夯实或碾压易出现“橡皮土“现象，由于粉煤灰渗水性好，多余的水分较易蒸发，若气温较高且工期允许，应暂停压实，可采取将垫层开槽、翻松、晾晒或换灰等方法处理。

(10) 每层铺完经检验合格后，应及时铺筑上层，以防干燥、松散、起尘、污染环境，并应严禁车辆在其上面行驶，粉煤灰垫层上宜覆土 0.3～0.5m。全部垫层铺完经检验合格后，应及时浇筑混凝土垫层；以防止日晒、雨淋等破坏。

(11) 冬期施工，最低气温不得低于 0℃。

2-5-4　质量检验与验收

2-5-4-1　质量检验标准

粉煤灰垫层地基质量检验标准见表 2-7 所示。

粉煤灰垫层地基质量检验标准　　表 2-7

项	检查项目	允许偏差或允许值		检查方法
		单位	数值	
主控项目	压实系数	设计要求		现场检测
	地基承载力	设计要求		按规定方法
一般项目	粉煤灰粒径	mm	0.001～2.000	过筛
	氧化铝及二氧化硅含量	%	≥70	试验室化学分析
	烧失量	%	≤12	试验室焙烧法
	每层铺筑厚度	mm	±50	水准仪
	含水量(与最佳含水量比较)	%	±2	取样后试验室确定

2-5-4-2 质量控制

(1) 粉煤灰地基施工前应检查粉煤灰材料，并对基槽清底状况、地质条件予以检验。

(2) 施工过程中应检查铺筑厚度、碾压遍数、施工含水量控制、搭接区碾压程度、压实系数等。

(3) 粉煤灰的施工质量检验可用环刀法、贯入仪、静力触探、轻型动力触探或标准贯入试验检验。

(4) 粉煤灰垫层的施工质量检验必须分层进行。应在每层的压实系数符合设计要求后铺填上层土。

(5) 采用环刀法检验粉煤灰垫层的施工质量时，取样点应位于每层厚度的 2/3 深度处。检验点数量，对大基坑每 50～100m^2 不应少于 1 个检验点；对基槽每 10～20m 不应少于 1 个点；每个独立柱基不应少于 1 个点。采用贯入仪或动力触探检验粉煤灰垫层的施工质量时，每分层检验点的间距应小于 4m。

(6) 竣工验收采用载荷试验检验垫层承载力时，每个单体工程不宜少于 3 点；对于大型工程则应按单体工程的数量或工程的面积确定检验点数。

2-6 强 夯 地 基

强夯地基是指用起重机械(起重机或起重机配三角架、龙门架)将大吨位(一般 10～40t)夯锤起吊到 6～30m 高度后，自由落下，给地基土以强大的冲击能量夯击，使土中出现冲击波和很大的冲击应力，迫使土层孔隙压缩，土体局部液化，在夯击点周围产生裂隙，形成良好的排水通道。空隙水和气体逸出，使土粒重新排列，经时效压密达到固结，从而提高地基承载力，降低其压缩性的一种有效的地基加固方法，也是我国目前最为常用和最经济的深层地基处理方法之一。

强夯地基加固特点是：使用工地常备简单设备；施工工艺、操作简单；土粒结合紧密，有较高的结构强度；工效高，施工速度快(一套设备每月可加固 5000～10000m^2 地基)，较换土回填和桩基缩短工期一半；节省加固原材料；施工费用低，节省投资，比换土回填节省 60%费用，与预制桩加固地基相比可节省投资 50%～70%，与砂桩相比可节省投资 40%～50%，同时耗用劳力少和现场施工文明等。

强夯地基适用的土质范围广；加固效果显著，可取得较高的承载力，一般地基强度可提高 2～5 倍；变形沉降量小，压缩性可降低 2～10 倍，加固影响深度可达 6～10m。

2-6-1 一般规定

(1) 适用于加固处理碎石土、砂土、低饱和度的粉土与黏性土、湿陷性黄土、杂填土和素填土等地基。对高饱和度的粉土与黏性土等地基，当采用在夯坑内回填块石、碎石或其他粗颗粒材料进行强夯置换时，应通过现场试验确定其适用性。

(2) 强夯施工前，应在施工现场有代表性的场地上选取一个或几个试验区，进行试夯或试验性施工。试验区数量应根据建筑场地复杂程度、建设规模及建筑类型确定。

(3) 为避免强夯振动对周边设施的影响，施工前必须对附近建筑物进行调查，必要时采取相应的防振或隔振措施。施工时，应该先由邻近建筑物开始夯击，然后逐渐向远处移动。

2-6-2　机具设备

(1) 夯锤。有用钢板作外壳，内部焊接钢筋骨架后浇筑 C30 混凝土(图 2-5)，或用钢板做成组合成的夯锤(图 2-6)两种。夯锤底面有圆形和方形，因圆形不易旋转，定位方便，稳定性和重合性好，采用较广；锤底面积宜按土的性质和锤重确定，锤底静压力值可取 25～40kPa，对于粗颗粒土(砂质土和碎石类土)选用较大值，一般锤底面积为 3～4m²；对于细颗粒土(黏性土或淤泥质土)宜取较小值，锤底面积不宜小于 6m²。一般 10t 夯锤底面积用 4.5m²，15t 夯锤用 6m² 较适宜。锤重一般为 8、10、12、16、25t。夯锤中宜对称设若干个直径 250～300mm 上下贯通的排气孔，以利空气迅速排走，减小起锤时，锤底与土面间形成真空产生的强吸附力和夯锤下落时的空气阻力，以保证夯击能的有效性。

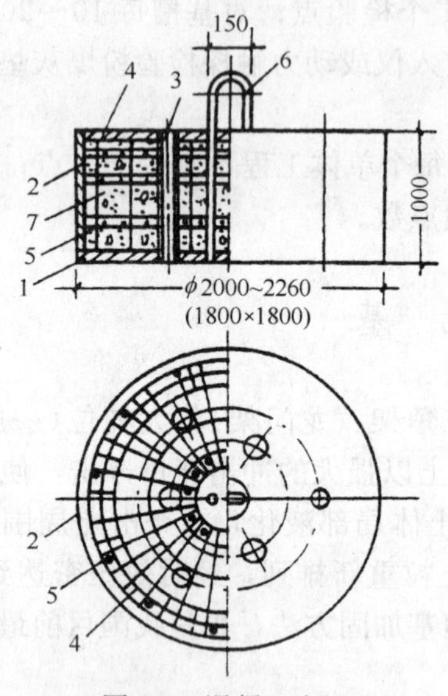

图 2-5　混凝土夯锤
(圆柱形重 12t；方形重 8t)
1—30mm 厚钢板底板；2—18mm 厚钢板外壳；3—6×φ159mm 钢管；4—水平钢筋网片 φ16@200mm；5—钢筋骨架 φ14@400mm；6—φ50mm 吊环；7—C30 混凝土

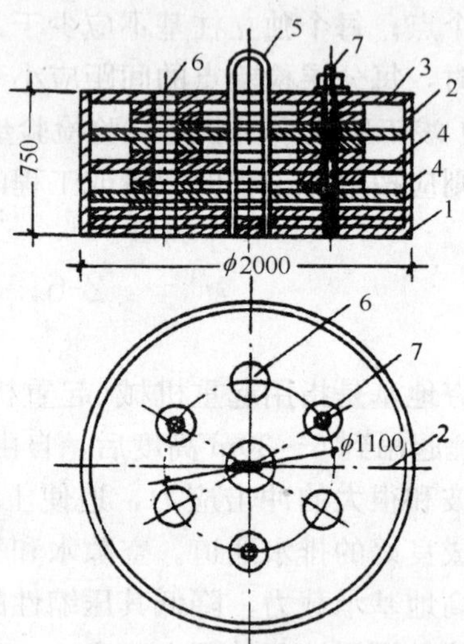

图 2-6　装配式钢夯锤
(可组合成 6、8、10、12t)
1—50mm 厚钢板底盘；2—15mm 厚钢板外壳；3—30mm 厚钢板顶板；4—中间块(50mm 厚钢板)；5—φ50mm 吊环；6—φ200mm 排气孔；7—M48mm 螺栓

(2) 起重设备。由于履带式起重机重心低，稳定性好，行走方便，强夯施工宜采用带自动脱钩装置的履带式起重机或其他专用设备。采用履带式起重机时，可在臂杆端部设置加钢辅助人字桅杆或龙门架的方法，或采取其他安全措施，防止落锤时机架倾覆。(图2-7和图 2-8)。起重机械的起重能力：当直接用钢丝绳悬吊夯锤时，应大于夯锤的 3～4 倍；当采用自动脱钩装置，起重能力取大于 1.5 倍锤重。

(3) 脱钩装置。采用履带式起重机作强夯起重设备，国内目前使用较多的是通过动滑轮组用脱钩装置来起落夯锤。脱钩装置要求有足够的强度，使用灵活，脱钩快速、安全。常用的工地自制自动脱钩器由吊环、耳板、销环。吊钩等组成(图 2-9)，系由钢板焊接制成。拉绳一端固定在销柄上，另一端穿过转向滑轮，固定在悬臂杆底部横轴上，当夯锤起吊到要求高度，升钩拉绳随即拉开销柄，脱钩装置开启，夯锤便自动脱钩下落，同时可控制每次夯击落距一致，可自动复位，使用灵活方便，也较安全可靠。

(4) 锚系设备。当用起重机起吊夯锤时，为防止夯锤突然脱钩使起重臂后倾和减小对

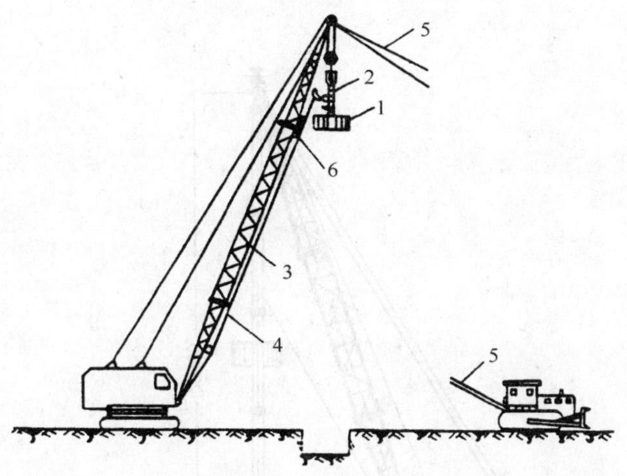

图 2-7 用履带式起重机强夯
1—夯锤；2—自动脱钩装置；3—起重壁杆；4—拉绳；5—锚绳；6—废轮胎

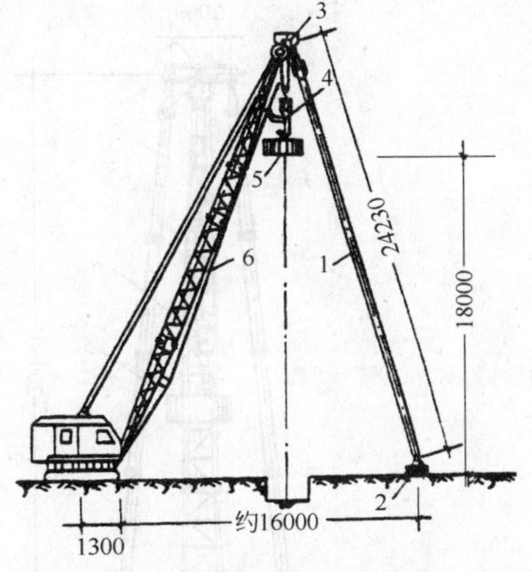

图 2-8 15t 履带式起重机加钢辅助桅杆
1—ϕ325×8mm 钢管辅助桅杆；2—底座；3—弯脖接头；4—自动脱钩器；5—12t 夯锤；6—拉绳

臂杆的振动，用 T_1-100 型推土机一台设在起重机的前方作地锚(图 2-10)，在起重机臂杆的顶部与推土机之间用两根钢丝绳连系锚碇。钢丝绳与地面的夹角不大于 30°，推土机还可用于夯完后作表土推平、压实等辅助性工作。

当用起重三角架、龙门架或起重机加辅助桅杆起吊夯锤时，则不用设锚系设备。

2-6-3 施工工艺要点

2-6-3-1 施工准备

(1) 熟悉施工图纸，理解设计意图，掌握各项参数，现场实地考察，定位放线。

(2) 制定施工方案和确定强夯参数。

(3) 选择检验区作强夯试验。

(4) 场地整平，修筑机械设备进出场道路，使通道有足够的净空高度、宽度、路面强度和转弯半径。填土区应清除表层腐殖土、草根等。场地整平挖方时，应在强夯范围预留夯沉量需要的土厚。

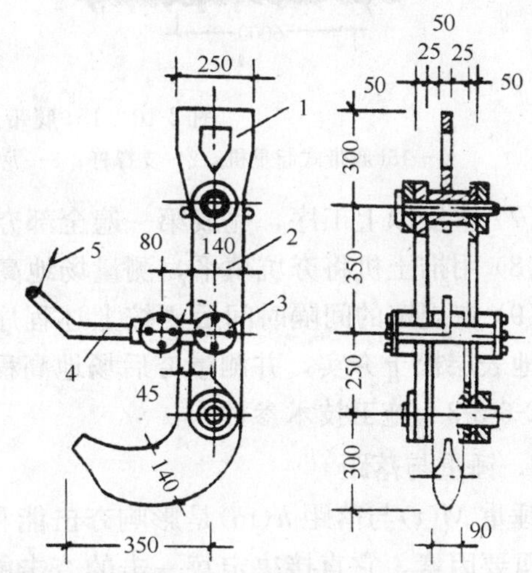

图 2-9 强夯自动脱钩器
1—吊环；2—耳板；3—销环轴辊；4—销柄；5—拉绳

2-6-3-2 施工程序

强夯施工程序为：

(1) 清理、平整场地；

(2) 标出第一遍夯点位置、测量场地高程；

(3) 起重机就位、夯锤对准夯点位置；

(4) 测量夯前锤顶高程；

(5) 将夯锤吊到预定高度脱钩自由下落进行夯击，测量锤顶高程；

(6) 往复夯击，按规定夯击次数及控制标准，完成一个夯点的夯击；

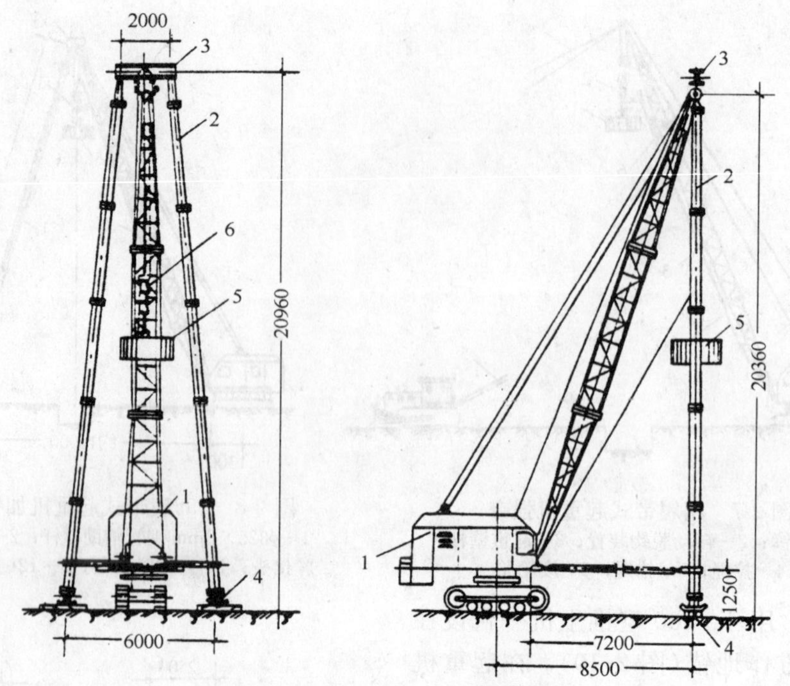

图 2-10　15t 履带式起重机加钢制龙门架

1—15t 履带式起重机；2—支撑杆；3—龙门架横梁；4—底座；5—夯锤；6—自动脱钩器

(7) 重复以上工序，完成第一遍全部夯点的夯击；

(8) 用推土机将夯坑填平，测量场地高程；

(9) 在规定的间隔时间后，按上述程序逐次完成全部夯击遍数，最后用低能量满夯，将场地表层松土夯实，并测量夯后场地高程。

2-6-3-3　施工技术参数

1. 锤重与落距

锤重 M(t)与落距 h(m)是影响夯击能和加固深度的重要因素，它直接决定每一击的夯击能量。锤重一般不宜小于 8t，常用的为 10～40t。落距一般不小于 6m，多采用 8、10、12、13、15、17、18、20、25m 等几种。

2. 单位夯击能

锤重 M 与落距 h 的乘积称为夯击能 $E(=M\times h)$。强夯的单位夯击能(指单位面积上所施加的总夯击能)，应根据地基土类别。结构类型、荷载大小和要求处理的深度等综合考虑并通过现场试夯确定。在一般情况下，对于粗颗粒土可取 1000～3000kN·m/m²；细颗粒土可取 1500～4000kN·m/m²。夯击能过小，加固效果差；夯击能过大，不仅浪费能源，相应也增加费用(图 2-11)，而且，对饱和黏

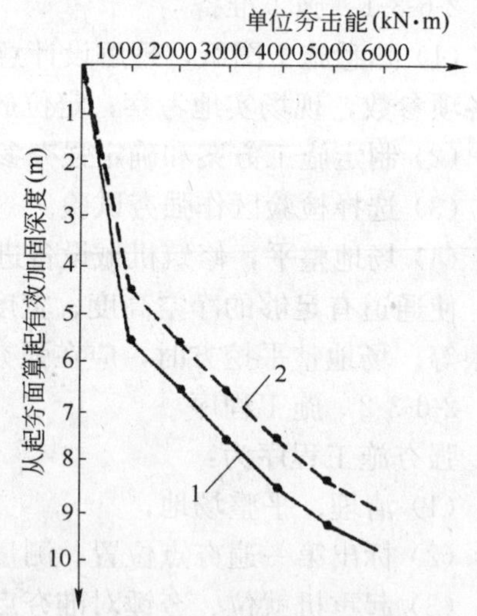

图 2-11　单位夯击能与有效加固深度的关系

1—碎石土、砂土等；

2—粉土、黏性土、湿陷性黄土

性土还会破坏土体，形成橡皮土，降低强度。从我国强夯施工现状来看，选用单位夯击能以不超过 3000kN·m 较为经济。

3. 夯击点布置及间距

(1) 夯击点布置应根据基础的形式和加固要求而定。对大面积地基，一般采用等边三角形、等腰三角形或正方形(图 2-12)；对条形基础，夯点可成行布置；对独立柱基础，可按柱网设置采取单点或成组布置，在基础下面必须布置夯点。

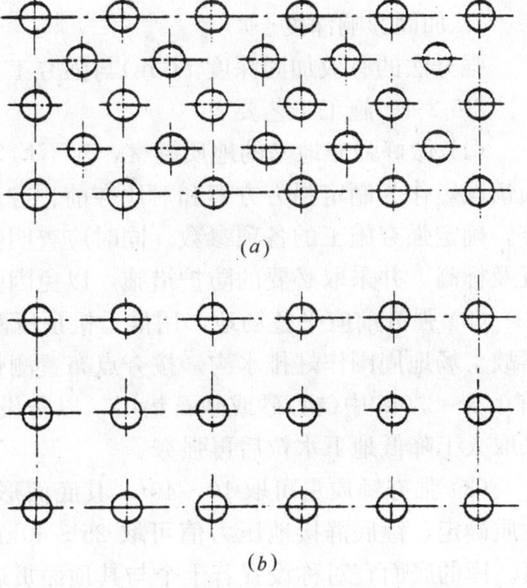

图 2-12 夯点布置

(a)梅花形布置；(b)方形布置

(2) 夯击点间距取决于基础布置、加固土层厚度和土质等条件。加固土层厚、土质差、透水性弱、含水率高的黏性土，夯点间距宜大，如果夯击点太密，相邻夯击点的加固效应将在浅处叠加而形成硬壳层，影响夯击能向深部传递；加固土层薄、透水性强、含水量低的砂质土，间距宜小些，一般第一遍夯击点间距取夯锤直径的 2.5～3.5 倍，以便夯击能向深部传递，第二遍夯击点位于第一遍夯击点之间。以后各遍夯击点可适当减小。对处理深度较深或单击夯击能较大的工程，第一遍夯击点间距宜适当增大。

4. 单点的夯击数与夯击遍数

(1) 单点夯击数指单个夯点一次连续夯击次数。夯击遍数指以一定的连续击数，对整个场地的一批点，完成一个夯击过程叫一遍，单点的夯击遍数加满夯的夯击遍数为整个场地的夯击遍数。

(2) 单点夯击数应按现场试夯得到的夯击次数和夯沉量关系曲线确定，且应同时满足以下条件：1)最后两击的平均夯沉量不大于 50mm，当单击夯击能量较大时不大于 100mm；2)夯坑周围地面不应发生过大的隆起；3)不因夯坑过深而发生起锤困难。每夯击点之夯击数一般为 3～10 击。

(3) 夯击遍数应根据地基土的性质确定，一般情况下，可采用 2～3 遍，最后再以低能量(为前几遍能量的 1/4～1/5，锤击数为 2～4 击)满夯 2 遍，以加固前几遍之间的松土和被振松的表土层。

(4) 为达到减少夯击遍数的目的，应根据地基土的性质适当加大每遍的夯击能，亦即增加每夯点的夯击次数或适当缩小夯点间距，以便在减少夯击遍数的情况下能获得相同的夯击效果。

5. 两遍间隔时间

两遍夯击之间应有一定的时间间隔，以利于土中超静孔隙水压力的消散，待地基土稳定后再夯下遍，一般两遍之间间隔 1～4 周。对渗透性较差的黏性土不少于 3～4 周；若无地下水或地下水在－5m 以下，或为含水量较低的碎石类土，或透水性强的砂性土，可采取只间隔1～2d，或在前一遍夯完后，将土推平，接着随即连续夯击，而不需要间歇。

6. 处理范围

强夯处理范围应大于建筑物基础范围，每边超出基础外缘的宽度宜为设计处理深度的1/2～2/3，并且不小于3m。

7. 加固影响深度

强夯法的有效加固深度H(m)与强夯工艺有密切关系。

2-6-3-4　施工工艺要点

(1) 做好强夯地基的地质勘察，对不均匀土层适当增多钻孔和原位测试工作，掌握土质情况，作为制定强夯方案和对比夯前、夯后加固效果之用。必要时，进行现场试验性强夯，确定强夯施工的各项参数。同时应查明强夯范围内的地下构筑物和各种地下管线的位置及标高，并采取必要的防护措施，以免因强夯施工而造成损坏。

(2) 强夯前应平整场地，用推土机预压两遍，防止起重机湿陷和行驶困难而发生场地事故。场地周围作好排水沟，按夯点布置测量放线确定夯位。地下水位较高时，应在表面铺0.5～2.0m中(粗)砂或砂石垫层，以防设备下陷和便于消散强夯产生的孔隙水压，或采取人工降低地下水位后再强夯。

(3) 强夯锤质量可取10～40t，其底面形式宜采用圆形或多边形，锤底面积宜按土的性质确定，锤底静接地压力值可取25～40kPa，对于细颗粒土锤底静接地压力宜取较小值。锤的底面宜对称设置若干个与其顶面贯通的排气孔，孔径可取250～300mm。强夯置换锤底静接地压力值可取100～200kPa。

(4) 强夯应分段进行，顺序从边缘夯向中央(图2-13)。对厂房柱基亦可一排一排夯，起重机直线行驶，从一边向另一边进行，每夯完一遍，用推土机整平场地，放线定位即可接着进行下一遍夯击。强夯法的加固顺序是：先深后浅，即先加固深层土，再加固中层土，最后加固表层土。最后一遍夯完后，再以低能量满夯一遍，如有条件以采用小夯锤夯击为佳。

16	13	10	7	4	1
17	14	11	8	5	2
18	15	12	9	6	3
18′	15′	12′	9′	6′	3′
17′	14′	11′	8′	5′	2′
16′	13′	10′	7′	4′	1′

图2-13　强夯顺序

(5) 起重机行走和夯击时，夯锤与起重机之间的最有利位置应该是“顺向走车，横向夯击，上坡锤前，下坡锤后。”即起重机吊锤行走的时候，夯锤在行走路线的中心线上；横向夯击时，起重臂轴线与履带板中心线垂直；上坡锤前，即起重机上坡行走时，夯锤在行走方向的前边；下坡锤后，即起重机下坡行走时，夯锤在行走方向的后边。

(6) 回填土应控制含水量在最优含水量范围内，如低于最优含水量，可钻孔灌水或洒水浸渗。

(7) 夯击时应按试验和设计确定的强夯参数进行，落锤应保持平稳，夯位应准确，夯击坑内积水应及时排除。坑底上含水量过大时，可铺砂石后再进行夯击。在每一遍夯击之后，要用新土或周围的土将夯击坑填平，再进行下一遍夯击。强夯后，基坑应及时修整，浇筑混凝土垫层封闭。

(8) 对于高饱和度的粉土、黏性土和新饱和填土，进行强夯时，很难以控制最后两击的平均夯沉量在规定的范围内，可采取：1)适当将夯击能量降低；2)将夯沉量差适当加大；3)填土采取将原土上的淤泥清除，挖纵横盲沟，以排除土内的水分，同时在原土上铺

50cm的砂石混合料，以保证强夯时土内的水分排除，在夯坑内回填块石、碎石或矿渣等粗颗粒材料，进行强夯置换等措施。通过强夯将坑底软土向四周挤出，使在夯点下形成块(碎)石墩，并与四周软土构成复合地基，一般可取得明显的加固效果。

(9) 雨期填土强夯，应在场地四周设排水沟、截洪沟，防止雨水流入场内；填土应使中间稍高；土料含水率应符合要求；认真分层回填，分层推平、碾压，并使表面保持1%～2%的排水坡度；当班填土当班推平压实；雨后抓紧排除积水，推掉表面稀泥和软土，再碾压；夯后夯坑立即推平、压实，使高于四周。

(10) 冬期施工应清除地表的冻土层再强夯，夯击次数要适当增加，如有硬壳层，要适当增加夯次或提高夯击动能。

(11) 做好施工过程中的监测和记录工作，包括检查夯锤重量、尺寸和落距，对夯点放线进行复核，检查夯坑位置，按要求检查每个夯点的夯击次数和每击的夯沉量等，并对各项参数及施工情况进行详细记录，作为质量控制的依据。

2-6-4 质量控制与验收

2-6-4-1 质量检验标准

强夯施工质量检验标准见表2-8。

强夯地基质量检验标准 **表2-8**

项	序	检查项目	允许偏差或允许值		检查方法
			单位	数值	
主控项目	1	地基强度	设计要求		按规定方法
主控项目	2	地基承载力	设计要求		按规定方法
一般项目	1	夯锤落距	mm	±300	钢索设标志
一般项目	2	锤重	kg	±100	称重
一般项目	3	夯击遍数及顺序	设计要求		计数法
一般项目	4	夯点间距	mm	±500	用钢尺量
一般项目	5	夯击范围(超出基础范围距离)	设计要求		用钢尺量
一般项目	6	前后两遍间歇时间	设计要求		

2-6-4-2 质量控制要点

(1) 强夯前，场地应进行地质勘探，通过现场试验确定强夯参数(试夯区面积不小于20m×20m)。

(2) 夯击前后，应对地基土进行原位测试，包括室内土分析试验、野外标准贯入、静力(轻便)触探、旁压试验(或野外荷载试验)，测定有关数据，以检验地基的实际影响深度。有条件时，应尽量选用上述两项以上的测试项目，以资比较。检验点数，每个建筑物的地基不少于3处；对于复杂场地和重要建筑物地基应增加检验点数。检测深度和位置按设计要求确定，且不小于设计处理的深度，同时，现场测定每夯击点后的地基平均变形值，以检验强夯效果。强夯置换地基载荷试验检验和置换墩着底情况检验数量均不应少于墩点数的1%，且不应少于3点。

(3) 施工过程中应有专人负责下列监测工作：

1) 开夯前，应检查夯锤质量和落距，以确保单击夯击能量符合设计要求。

2）在每一遍夯击前，应对夯点放线进行复核，夯完后检查夯坑位置，发现偏差或漏夯应及时纠正。

3）按设计要求检查每个夯点的夯击次数和每击的夯沉量。对强夯置换尚应检查置换深度。施工过程中应对各项参数及情况进行详细记录。

4）强夯后的土体强度随夯击后间歇时间的增加而增加，检验强夯效果的测试工作，宜在强夯之后1～4周进行，砂土地基强夯完成后1～2周，低饱和度的粉土和黏性土地基2～4周。而不宜在强夯结束后立即进行测试工作，否则，测得的强度偏低。

2-6-4-3　质量验收资料

（1）检验强夯施工阶段的各项测试数据和施工记录，不符合设计要求时应补夯或采取其他有效措施。

（2）设计图纸与说明，包括施工过程参数修正的技术核定等。

2-7　注　浆　地　基

注浆地基是指将水泥浆液或化学浆液，通过压浆泵、注浆管均匀地注入地层中，以填充、渗透和挤密等方式，驱走岩土裂隙中或土颗粒间的水分和气体，并填充其位置，经人工控制一定时间后，浆液硬化，将土粒或裂隙胶结成一个整体，形成一个强度大、压缩性低、抗深性高和稳定性好的新的土体，从而使地基得到加固，防止或减少渗透和不均匀沉降。

按浆液在土体中的流动方式，可将注浆法分为以下三类：渗透注浆、压密注浆和劈裂注浆，即注浆理论的三种加固原理。

图2-14给出了三种注浆法的注入模式比较。在实际注浆中，注浆体往往是以多种运动方式作用于土体中的。

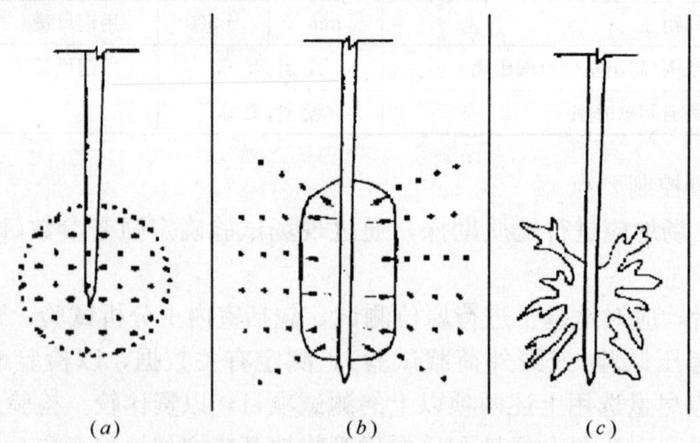

图2-14　三种注浆法的注入模式

(a)渗透注浆；(b)压密注浆；(c)劈裂注浆

（1）渗透注浆

渗透注浆指将浆液以渗透方式，渗入土体空隙，排挤出孔隙中存在的自由水和气体，而基本上不改变原状土的结构和体积的注浆方法。一般适用于中砂以上的砂性土和有裂隙的岩石。在渗透注浆中浆材必须与土体孔隙大小相适应。一般认为，对渗透系数小于10^{-5}cm/s数量级的地基上，即使选用真溶液也难以达到渗透目的。

(2) 压密注浆

压密注浆指用很稠的浆液灌入事先在地基土内钻进的孔中，在注浆点使土体挤密，在注浆管端部附近形成“浆泡”。

压密注浆的浆液通常采用以水泥浆为主的水泥基浆液(纯水泥浆、水泥黏土浆、水泥粉煤灰浆和水泥砂浆等)。这种浆液能形成强度较高和渗透性较小的结石体。它取材容易，配方简单，价格便宜，又不污染环境，故成为常用的浆液。

压密注浆的最大优点是它对于最软弱的土层能起到最大的压密作用。压密注浆常用于中砂地基，黏土地基中若有适宜的排水条件也可采用。如遇排水困难而可能在土体中引起高孔隙水压力时，必须采用很低的注浆速率。压密注浆可用于非饱和的土体，以调整不均匀沉降进行托换技术。

(3) 劈裂注浆

劈裂注浆是指将浆液在地层中对原有的裂隙或孔隙张开，形成新的裂隙或孔隙，以劈裂形式灌入地层。

该工法可用于配合盾构和顶管推进进行跟踪注浆，能有效地控制地面沉降，保护建筑物和地下管线；也可用于深基坑周围的土体加固，机场跑道的充填注浆加固，对隧道进行堵漏的注浆加固和稳定边坡的注浆加固等工程。

2-7-1 一般规定

(1) 注浆地基适用于处理砂土、粉性土、黏性土和一般填土层。

(2) 注浆法处理地基的目的是防渗堵漏，提高地基土的强度和弹性模量，进行托换技术和控制地层沉降。

(3) 注浆设计前，应查明加固土层的分布范围、含水量、土的颗粒级配、地下水和孔隙率等土体的物理力学性能指标。

(4) 对重要工程，注浆设计前必须进行室内浆液配比试验，此外，尚宜进行现场注浆试验，以求得合适的设计参数，同时，检验施工方法和设备。

2-7-2 机具及材料要求

2-7-2-1 机具设备要求

注浆主要设备是压浆泵，其选用原则是能满足注浆压力的要求，一般为实际注浆压力的1.2～1.5倍；应满足岩土吸浆量的要求；压力稳定，能保证安全可靠的运转；机身轻便，结构简单，易于组装、拆卸和搬运。

配套的机具有钻孔机、搅拌机、注浆机、阀门、压力表等。

2-7-2-2 材料要求及配合比

(1) 浆液原材料中水泥采用32.5级或42.5级普通硅酸盐水泥；在特殊条件下，也可使用矿渣水泥、火山灰水泥或抗硫酸盐水泥，水泥要求新鲜无结块。

(2) 水采用一般饮用淡水，但不应用含硫酸盐大于0.1%、氯化钠大于0.5%以及含过量悬浮物质和碱类的水。

(3) 对于净水泥浆液，水灰比的变化范围为：0.6～2.0，常用水灰比为1∶1。当要求快凝时，可使用快凝水泥或掺入水泥用量的1%～2%的氯化钙；要求缓凝时，可掺入水泥用量0.1%～0.5%的木质素黄酸钙；在裂隙或孔隙较大可灌性较好的地层，可在浆液中掺入适量细砂，比例为1∶0.5～1∶3，以节约水泥，并可减少收缩。对不以提高强度为主的松散土层，也可配制水泥黏土浆，灰泥比为1∶3～8，可以提高浆液的稳定性，防止沉淀和析水，使填充更加密实。

(4) 配制好的浆液应满足以下要求：

1) 制成的浆液应能在设计要求的时间内凝固，并能根据要求调节其凝结时间。其本身的防渗性和耐久性应能满足设计要求。

2) 浆液的稳定性好，在常温常压下，长期存放不改变性质，不发生任何化学反应。

3) 浆液应对注浆设备、管路、混凝土结构物、橡胶制品等无腐蚀性，并容易清洗。

4) 浆液固化时，体积不应有较大的收缩率，一般应小于3‰体积收缩量。

2-7-3　施工工艺的设计

注浆地基施工设计主要包括以下内容：

2-7-3-1　注浆方案的选择

注浆方案的选择应遵循下述原则：

(1) 如果注浆目的是为提高地基强度和变形模量，一般可选用以水泥为基本材料的水泥浆、水泥砂浆、水泥水玻璃浆等，或采用高强度化学浆材，如环氧树脂、聚氨酯以及以有机物为固化剂的硅酸盐浆材。

(2) 如果注浆目的是为防渗堵漏，可采用黏土水泥浆、黏土水玻璃浆、水泥粉煤灰混合物、丙凝以及以无机试剂为固化剂的硅酸盐浆液等。

(3) 在裂隙岩层中注浆一般采用纯水泥浆或水泥浆(水泥砂浆)中掺入少量膨润土，在砂砾石层中或溶洞中可采用黏土水泥浆，在砂层中一般只采用化学浆液，在黄土中采用单液硅化法或碱液法。

(4) 对孔隙较大的砂砾石层或裂隙岩层中采用渗入性注浆法，矫正建筑物的不均匀沉降则采用压密注浆法。

表2-9列出了不同注浆对象和目的对应不同注浆方法注浆材料的选择。

按对象和目的不同对注浆方法和材料的选择　　**表2-9**

注浆对象	适用的注浆原理	适用的注浆方法	常用的注浆材料	
			防渗注浆	加固注浆
卵、砾石	渗透注浆	套阀管法，也可采用自上而下分段钻灌法	黏土水泥浆或粉煤灰水泥浆	水泥浆或硅粉水泥浆
砂及粉细砂	渗透注浆、劈裂注浆	同上	酸性水玻璃、丙凝、单凝水泥系浆材	酸性水玻璃、单凝水泥浆或硅粉水泥浆
黏性土	劈裂注浆、压密注浆	同上	水泥黏土浆或粉煤灰水泥浆	水玻璃、单凝水泥浆或硅粉水泥浆
岩层	渗透注浆、劈裂注浆	小口径孔口封闭自上而下分段钻灌法	水泥浆或粉煤灰水泥浆	水泥浆或硅粉水泥浆
断层破碎带	渗透注浆、劈裂注浆	同上	水泥浆或先灌水泥浆后灌化学浆	水泥浆或先灌水泥浆后灌改性环氧树脂或聚氨酯

续表

注浆对象	适用的注浆原理	适用的注浆方法	常用的注浆材料	
			防渗注浆	加固注浆
混凝土内微裂缝	渗透注浆	小口径孔口封闭自上而下分段钻灌法	改性环氧树脂或聚氨酯浆材	改性环氧树脂浆材
动水封堵	采用水泥水玻璃等快凝材料，必要时在浆液中掺入砂等粗料，在流速特大情况下，可采取特殊措施，例如在水中预填石块或级配砂石后，再灌浆			

2-7-3-2 注浆材料的选择

(1) 注浆地基所用浆液种类繁多，常用的浆液类型见图 2-15。

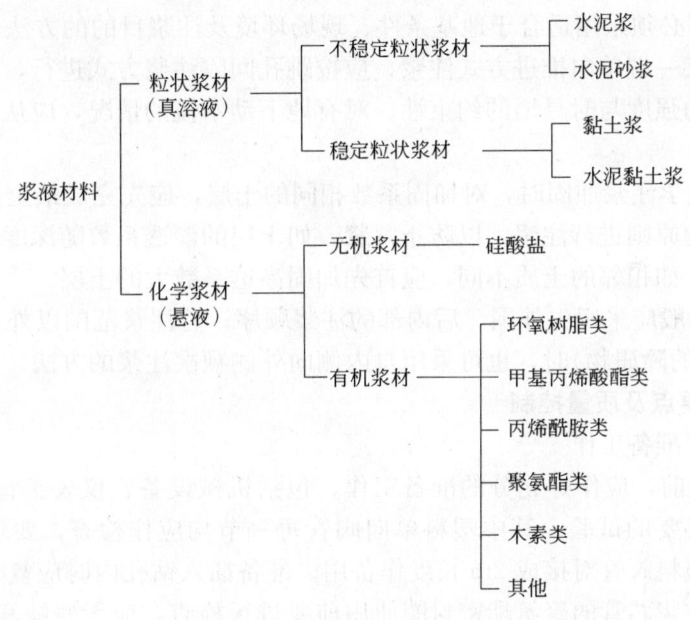

图 2-15 浆液材料分类

(2) 注浆地基工程对浆液的技术要求较多，注浆材料选择时应根据土质情况、注浆目的、地基土的孔隙大小、地下水状态等，在满足所需目的的范围内选定最佳配比。

(3) 处理软土的浆液材料可选用以水泥为主的悬浊液，也可选用水泥和水玻璃的双液型混合液。丙凝具有凝结时间短的特点，聚氨酯有遇水膨胀的特性，化学浆液因对环境有污染，选用时应慎重。在有地下动水流的情况下，不应采用单液水泥浆。

2-7-3-3 初凝时间的确定

初凝时间必须根据地基土质条件和注浆目的决定。在砂土地基注浆中，一般使用的浆液初凝时间为 5～20min；在黏性土中劈裂注浆时，一般初凝时间为 1～2h。

2-7-3-4 注浆量和压力的确定

(1) 注浆量取决于地基土性质和浆液的渗透性等因素。在大规模注浆施工时，宜在现场进行试验性注浆，以确定注浆量。一般黏性土地基中的浆液注入率为 15%～20%。

(2) 所需的注浆压力值与地基土的密度、强度、钻孔深度、位置及注浆次数等因素有关，而这些因素又难于准确地预知，因而，宜通过现场注浆试验来确定。

(3) 在砂土中的经验数值是 0.2～0.5MPa；在黏性土中的经验数值是 0.2～0.3MPa。对压密注浆，注浆压力主要取决于浆液材料的稠度。如采用水泥砂浆的浆液，注浆压力应选在 1～7MPa，坍落度较小时，注浆压力可取为上限值；如采用水泥水玻璃双液快凝浆液，则注浆压力应小于 1MPa；对劈裂注浆，在浆液注浆范围内应尽量减少注浆压力。

2-7-3-5　注浆孔布置和注浆顺序

(1) 注浆孔的布置原则，应能使被加固土体在平面和深度范围内连成一个整体。用作防渗的注浆至少应设置三排注浆孔，注浆孔间距可选在 1.0～1.5m 范围内。用作提高土体强度的注浆孔间距可为 1.0～2.0m。

(2) 注浆顺序必须采用适合于地基条件、现场环境及注浆目的的方法进行，一般不宜采用自注浆地带某一端单向推进方式注浆，应按跳孔间隔注浆方式进行，以防止串浆，提高注浆孔内浆液的强度与时具增的约束性。对有地下动水流的情况，应从水头高的一端开始注浆。

(3) 当采用化学注浆加固时，对加固系数相同的土层，应先完成最上层封顶注浆，然后再按由上而下的原则进行注浆，以防止冒浆。如土层的渗透系数随深度而增大，则应自下而上进行注浆。如相邻的土质不同，应首先加固渗透系数大的土层。

(4) 注浆时一般应采用先外围，后内部的注浆顺序；若注浆范围以外有边界约束条件（能阻止浆液流动的障碍物）时，也可采用自内侧向外侧顺次注浆的方法。

2-7-4　施工要点及质量控制

2-7-4-1　施工准备工作

(1) 注浆开始前，应作好充分的准备工作，包括机械设备、仪表、管路、注浆材料、水和电的检查及必要的试验。其中塑料单向阀管每一节均应作检查，要求管口平整无收缩，事先将六节塑料阀管对接成 2m 长度作备用。准备插入钻孔内时应复查一便，必须旋紧每一节螺纹。注浆芯管的聚氨酯密封圈使用前要进行检查，应无残缺和大量气泡现象，上部密封圈裙边向下，下部密封圈裙边向上，且都应抹上黄油。所有注浆管接头螺纹均应保持有充分的油脂。

(2) 注浆开始前，需通过试验来确定注浆段长度，注浆孔距、注浆压力等有关技术参数。注浆长度根据岩土裂隙发育程度、松散情况、渗透性以及注浆设备能力等技术条件选定。在一般地质条件下，段长多控制在 5～6m；在土质严重松散、渗透性强的情况下，宜为 2～4m。

(3) 施工前，必须注意附近地下管线分布情况，即使是废弃的地下管线也会给施工质量带来麻烦，并常常使浆液流入废管而造成不必要的浪费。因此，对废管必须事先开挖阳洞使之暴露，并采用灌水泥浆等方法封堵。

2-7-4-2　施工要点及质量控制

(1) 注浆施工的一般程序是：先在岩土中按规定的位置用钻机或手钻钻孔到要求的深度，孔径一般为 55～100mm，并探测地质情况，岩石地基还应先用压力水冲洗孔内污物和石料碎屑，并估算耗水情况，然后在孔内插入 38～50mm 的射管，管底部 1.0～1.5m

的管壁上钻有注浆孔，在射孔之外设有套管，在射管和套管之间用砂填塞。地基表面裂隙用1∶3水泥砂浆或黏土、麻丝填塞，而后拔出套管，用压浆泵将水泥浆压入射管而透入岩土中，水泥浆应连续一次压入不得中断。工艺流程见图2-16。

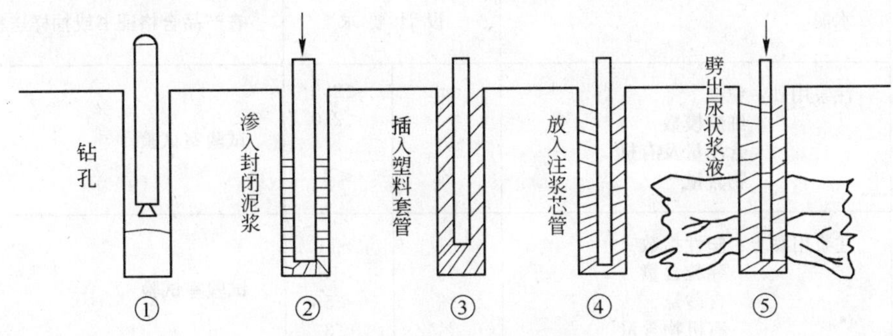

图2-16 注浆施工工艺流程图

(2) 浆体必须经过搅拌机充分搅拌均匀后才能开始压注，并应在注浆过程中不停地缓慢搅拌，搅拌时间应小于浆液初凝时间。浆体在泵送前，应经过筛网过滤。

(3) 压力和流量是注浆施工中两个不可缺少的施工参数，无论采用哪种注浆方式，均需要详细记录注浆时间、注浆压力和流量。注浆流量一般宜为7～10L/min。对充填型注浆，流量可适当加大，但不宜超过20L/min。施工过程中还应经常抽查浆液的配比及主要性能指标、注浆的顺序等。

(4) 若进行第二次注浆，浆液的黏度应较小，不宜采用自行密封式密封圈装置，宜采用两端加水加压的膨胀密封型注浆芯管。

(5) 注浆后，应立即拔管，若不及时拔管，浆液会把管子凝住而增加拔管的难度。拔管时，宜使用拔管机。用塑料阀管注浆时，注浆芯管每次上拔高度为330mm；花管注浆时，花管每次上拔或下钻的高度宜为500mm。拔出管后，应及时冲洗注浆管，以便保持通畅洁净。拔出管后留下的孔洞，应用水泥砂浆或土料填塞。

(6) 如果注浆过程中出现冒浆现象，要根据不同原因造成的冒浆进行处理。若是由于注浆深度较浅而导致浆液上抬较多，则可采取加强注浆孔密闭效果的方法，即采用间歇注浆法，亦即让一定数量的浆液注入土中后，暂停工作，让浆液凝固，几次反复，就可把上抬的通道堵死；若是由于地层灌注不进，则应结束注浆。

2-7-5 质量检验方法

2-7-5-1 质量检验标准

注浆地基质量检验标准如表2-10所示。

2-7-5-2 质量控制

1. 注浆地基质量检验的主控项目

(1) 施工前对原材料的检验：

1) 对于水泥，查产品合格证书或抽样送检，应满足设计要求；

2) 注浆用砂，通过试验室试验来检查，要求粒径不大于2.5mm，细度模数应小于2，含泥量及有机质含量应小于3%；

注浆地基质量检验标准　　　　表 2-10

项	序	检查项目		允许偏差或允许值		检查方法
				单位	数值	
主控项目	1	原材料检验	水泥	设计要求		查产品合格证书或抽样送检
			注浆用砂：粒径 细度模数 含泥量及有机物含量	mm %	＜2.5 ＜2.0 ＜3	试验室试验
			注浆用黏土：塑性指数 黏粒含量 含砂量 有机物含量	 % % %	＞14 ＞25 ＜5 ＜3	试验室试验
			粉煤灰：细度 烧失量	不粗于同时使用的水泥 %	 ＜3	试验室试验
			水玻璃：模数	2.5～3.3		抽样送检
			其他化学浆液	设计要求		查产品合格证书或抽样送检
	2	注浆体强度		设计要求		取样检验
	3	地基承载力		设计要求		按规定方法
一般项目	1	各种注浆材料称量误差		%	＜3	抽查
	2	注浆孔位		mm	±20	用钢尺量
	3	注浆孔深		mm	±100	量测注浆管长度
	4	注浆压力(与设计参数比)		%	±10	检查压力表读数

3）试验室试验检查注浆用黏土的塑性指数、黏粒含量、含砂量及有机质含量，塑性指数应大于 14，黏粒含量应大于 25%，含砂量应小于 5%，有机质含量应小于 3%；

4）粉煤灰的细度和烧失量通过试验室试验检测，其细度应不粗于同时使用的水泥，烧失量应小于 3%；

5）水玻璃抽样送检，检查其模数，应在 2.5～3.3 之间；

6）其他化学浆液均应满足设计要求。

(2) 施工结束后，须抽样检验注浆体强度，检验结果应满足设计要求。

(3) 施工结束后按规定的方法检查地基承载力，须满足设计要求。

2. 注浆地基质量检验的一般项目

(1) 施工过程中，抽样检查各种注浆材料的称量误差，要求小于 3%；

(2) 注浆开始前，用钢尺量注浆孔位置，与设计值误差不得大于 20mm；

(3) 通过量测注浆管长度检查注浆孔深，与设计值的误差不得超过 100mm；

(4) 施工过程中通过检查压力表的读数检查注浆压力，要求与设计参数比，误差不得超过 10%。

3. 质量检验方法

注浆地基质量(注浆效果)的检验应在注浆后 15d(砂土、黄土)或 60d(黏性土)进行。

检验方法主要有：

（1）利用静力触探测试加固后土体的力学性能指标；

（2）在现场进行抽水试验，测定加固土体的渗透系数；

（3）采用标准贯入试验或轻便触探等动力触探方法，测定加固土体的力学性能；

（4）采用现场静载试验，测定加固土体的承载力和变形模量；

（5）统计计算注浆量，对注浆效果进行判断；

（6）电探法或放射性同位素测定浆液的注入范围。

以上检验方法中，动力触探试验和静力触探试验最为简便实用。检验点数为总量的2%～5%，但每单位工程不应少于3点，1000m^2以上工程，每100m^2至少有1点，3000m^2以上工程，每300m^2至少应有1点，每一独立基础下至少应有1点。不合格率大于或等于20%时，应进行第二次注浆。

4. 验收资料

注浆工程结束后，施工单位应整理编制出以下图表及文字说明：

（1）注浆竣工图，包括注浆孔的实际位置、编号、深度；

（2）注浆成果统计表；

（3）测量成果及分析报告。

2-8 预 压 地 基

预压地基指当地基承载力或变形不能满足设计要求时，在建筑物施工前，在地基表面采取堆土、其他荷重或利用真空负压等方法，使地基土压密、沉降、固结，从而提高地基承载力和减少建筑物建成后的沉降量的一种地基处理方法。可以分为加载预压法和真空预压法两大类。其中加载预压法包含堆载预压法、砂井堆载预压法、袋装砂井堆载预压法、塑料排水板堆载预压法等几种方法。

2-8-1 一般规定

（1）预压法包括堆载预压法和真空预压法。适用于处理淤泥质土、淤泥和冲填土等饱和黏性土地基。

（2）对预压地基，应预先通过勘察，查明土层在水平和竖直方向的分布和变化、透水层的位置及水源补给条件等。应通过土工试验确定土的固结系数、孔隙比和固结压力关系、三轴试验抗剪强度以及原位十字板抗剪强度等指标。

（3）对重要工程，应须先在现场选择试验区进行预压试验，在预压过程中应进行竖向变形、侧向位移、孔隙水压力等项目的观测以及原位十字板剪切试验。根据试验区获得的资料，分析地基的处理效果，与原设计预估值进行比较，对设计作必要的修正，并指导全场的设计和施工。

（4）对主要以变形控制的建筑，当塑料排水带或砂井等排水竖井处理深度范围和竖井底面以下受压土层经预压所完成的变形量和平均固结度符合设计要求时，方可卸载；对主要以地基承载力或抗滑稳定性控制的建筑，在地基土经预压增长的强度满足设计要求后，方可卸载。对于沉降有严格限制的建筑，应采用超载预压法处理地基。

（5）对堆载预压工程，预压荷载应分级逐渐施加，确保每级荷载下地基的稳定性，而对真空预压工程，可一次连续抽真空至最大压力。

(6) 预压地基必须在地表铺设排水砂垫层，其厚度宜大于 500mm。砂垫层材料宜用中粗砂，含泥量应小于 5%，砂料中可混有少量粒径小于50mm 的石粒。砂垫层的干密度应大于 1.5g/cm³，其渗透系数宜大于 1×10^{-2} cm/s。预压区内宜设置与砂垫层相连的排水盲沟，并把地基中排出的水引出预压区。

2-8-2　堆载预压法

堆载预压法是指在地基土表面分级堆土或其他荷载的办法来进行预压地基处理。待地基承载力和沉降量达到预定标准后，再卸载，建造建(构)筑物。特点是：对各类软弱地基均有效；使用材料、机具方法简单直接，施工操作方便；但堆载预压需要一定的时间，对深厚的饱和软土，排水固结所需的时间很长；同时需要大量堆载材料，因此，在使用上受到一定的限制。

本法适于各类软弱地基，包括天然沉积土层或人工冲填土层，如沼泽土、淤泥、淤泥质土以及水力冲填土；较广泛用于冷藏库、油罐、机场跑道、集装箱码头、桥台等沉降要求比较高的地基。

2-8-2-1　堆载材料

一般以散料为主，如采用施工场地附近的土、砂、石子、砖、石块等。堤坝、路基的预压可以堤坝、路基填土本身作为堆载；大型油罐、水池地基，常以充水对地基进行预压。

2-8-2-2　施工要点

(1) 预压荷载。一般宜取等于或大于设计荷载(图 2-17)。有时为了加速压缩过程和减少建(构)筑物使用期间的沉降，可采用比建(构)筑物重量大 10%～20%的超载进行预压(图 2-18)。当预计的压缩时间过长，也可在地基表面设置砂垫层，地基中设置砂井(或袋装砂井、塑料排水板等)构成水平和竖向排水体系，以加速土层的固结，缩短堆载预压时间。

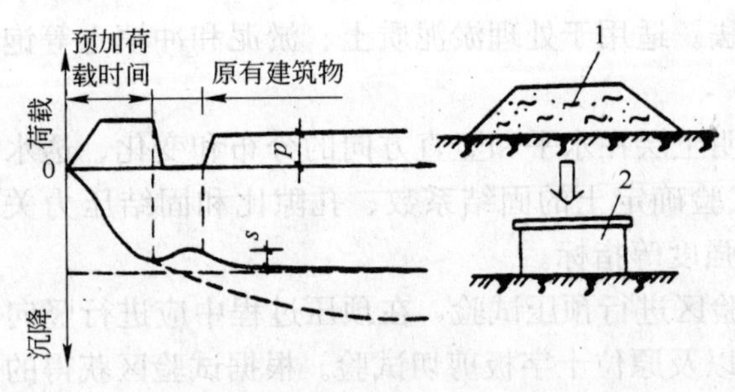

图 2-17　堆载预压法

1—填土；2—建(构)筑物

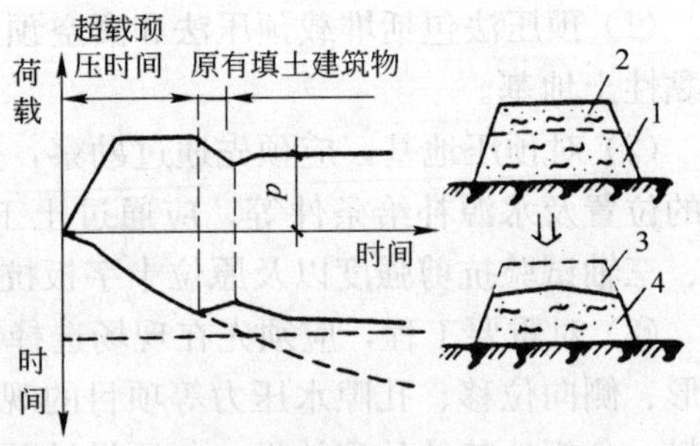

图 2-18　超载预压法

1—填土；2—超载；3—挖除；4—填土建筑物

(2) 堆载方法。大面积可采用自卸汽车与推土机联合作业。对超软土地基的堆载预压，第一级荷载宜用轻型机械或人工作业。作用于地基上的荷载不得超过地基的极限荷载，以免地基失稳破坏。堆载预压，必须分级堆载，以确保预压效果并避免塌滑事故。一般沉降速率控制在 10～15mm/d，边桩位移速率控制在 4～7mm/d。孔隙水压力增量不超过预压荷载增量60%，并以这些参考指标控制堆载速率。

(3) 堆载范围。不应小于建筑物基础外缘所包围的范围。堆载的顶面宽度应不小于建筑物的底面宽度，底面应适当扩大，以保证建筑范围内的地基得到均匀加固。

(4) 预压时间。应根据建筑物的要求以及固结情况确定，一般达到如下条件即可卸荷：

1）地面总沉降量达到预压荷载下计算最终沉降量的80%以上；

2）理论计算的地基总固结度达80%以上；

3）地基沉降速度已降到0.5～1.0mm/d。

2-8-2-3 施工质量验收标准

施工质量验收标准见表2-11。

预压地基和塑料排水带质量检验标准 **表2-11**

项	序	检查项目	允许偏差或允许值		检查方法
			单位	数值	
主控项目	1	预压载荷	%	≤2	水准仪
	2	固结度(与设计要求比)	%	≤2	根据设计要求采用不同的方法
	3	承载力或其他性能指标	设计要求		按规定方法
一般项目	1	沉降速率(与控制值比)	%	±10	水准仪
	2	砂井或塑料排水带位置	mm	±100	用钢尺量
	3	砂井或塑料排水带插入深度	mm	±200	插入时用经纬仪检查
	4	插入塑料排水带时的回带长度	mm	≤500	用钢尺量
	5	塑料排水带或砂井高出砂垫层距离	mm	≥200	用钢尺量
	6	插入塑料排水带的回带根数	%	<5	目测

注：如真空预压，主控项目中预压载荷的检查为真空度降低值<2%。

2-8-2-4 施工质量控制

(1) 施工前，在地下预埋孔隙水压计测定孔隙水压的变化；在堆载区周边的地表设置位移观测桩，用精密测量仪器观测水平和垂直位移；在堆载区周边的地下安装钻孔倾斜仪或其他观测地下土体位移的仪器，测量地基上的水平位移和垂直位移。

(2) 预压期间应及时整理变形与时间、孔隙水压力与时间等关系曲线，推算地基的最终固结变形量、不同时间的固结度和相应的变形量，以便分析地基处理的效果并为确定卸载时间提供依据。

(3) 预压后的地基应进行十字板抗剪强度试验及室内土工试验等，以便检验处理效果。

(4) 对于以抗滑稳定控制的重要工程，应在预压区内选择代表性地点预留孔位，在加载不同阶段进行不同深度的十字板抗剪试验和取土进行室内试验，以验算地基的抗滑稳定性，并检验地基的处理效果。

2-8-3 砂井堆载预压法

(1) 砂井堆载预压法，又称砂井排水堆载预压法，是指在软弱地基中用钢管打孔、灌砂设置砂井作为竖向排水通道，并在砂井顶部设置砂垫层作为水平排水通道，在砂垫层上部压载以增加土中附加应力，附加应力产生超静水压力，使土体中孔隙水较快地通过砂井砂垫层排出，以达到加速土体固结，提高地基土强度的目的。图 2-19 为典型的砂井地基剖面。

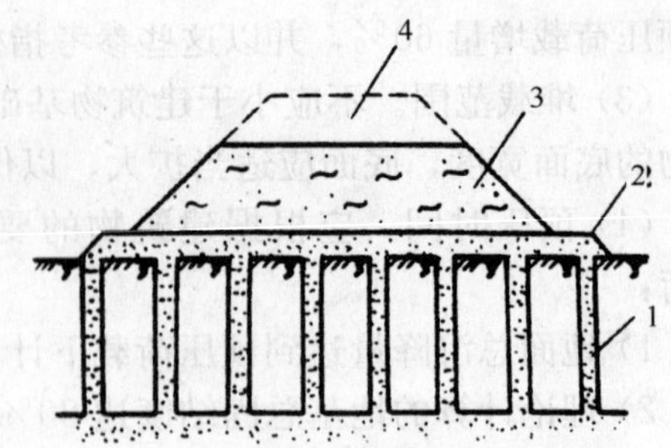

图 2-19　典型的砂井地基工程剖面
1—砂井；2—砂垫层；
3—永久性填土；4—临时超载填土

(2) 砂井堆载预压法的特点是：可加速饱和软黏土的排水固结，使沉降及早完成和稳定(下沉速度可加快 2.0～2.5 倍)，同时可大大提高地基的抗剪强度和承载力，防止地基土滑动破坏；而且，施工机具方法简单，就地取材，不用三材，可缩短施工期限，降低造价。

(3) 适用于透水性低的饱和软弱黏性土的加固；用于机场跑道、工业建筑油罐、水池、水工结构、道路、路堤、堤坝、码头岸坡等工程地基处理。对于泥炭等有机沉积地基则不适用。

(4) 普通砂井的施工，存在着以下普遍性问题：

1) 砂井成孔方法易使井周围土扰动，使透水性减弱(即涂抹作用)，或使砂井中混入较多泥砂，或难使孔壁直立。

2) 砂井不连续或缩井、断颈、错位现象很难完全避免。

3) 所用成井设备相对笨重，不便于在很软弱地基上进行大面积施工。

4) 砂井采用大截面完全为施工的需要，而从排水要求出发并不需要，造成材料大量浪费。

5) 造价相对比较高。

2-8-3-1　砂井的构造和布置

1. 砂井的直径和间距

一般情况下，砂井的直径和间距取细而密时，其固结效果较好，常用直径为 300～500mm。砂井的直径和间距可根据黏性土层的固结特性和施工期限确定，井径不宜过大或过小，过大不经济，过小施工易造成灌砂率不足、缩颈或砂井不连续等质量问题。砂井的间距一般按经验由井径比 $n=d_e/d_w=6\sim8$ 选用(其中，d_e 为每个砂井的有效影响范围的直径；d_w 为砂井直径)，常用井距为砂井直径的 6～9 倍，一般不应小于 1.5m。

2. 砂井深度

应根据建筑物对地基的稳定性和变形的要求确定。对以地基抗滑稳定性控制的工程，砂井深度应通过稳定分析确定，至少应超过最危险滑动面 2m。对以沉降控制的建筑物，如压缩土层厚度不大，砂井宜贯穿压缩土层；对较厚的压缩土层，砂井深度应根据在限定的预压时间内应消除的变形量确定，若施工设备条件达不到设计深度，则可采用超载预压等方法来满足工程要求。砂井深度一般为 10～20m。

3. 砂井的布置和范围

(1) 砂井的平面布置可采用等边三角形和正方形排列(图 2-20)。一根砂井的有效排水圆柱体的直径 d_e 和砂井间距 s 的关系可按下列规定取用。

等边三角形排列：　$d_e=1.05s$

正方形排列：　$d_e=1.13s$

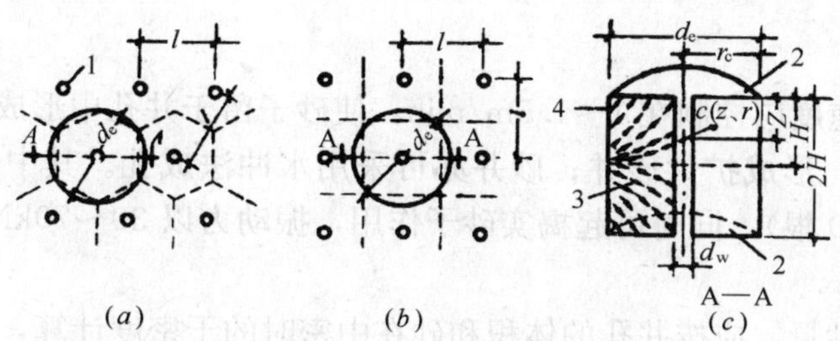

图 2-20 砂井平面布置及影响范围土柱体剖面

(*a*)正三角形排列；(*b*)正方形排列；(*c*)土柱体剖面

1—砂井；2—排水面；3—水流途径；4—无水流经过此界线

(2) 砂井的间距可根据地基土的固结特性和预定时间内所要求达到的固结度确定。也可按井径比(有效排水直径与竖井直径之比)6～8选用。

(3) 砂井的布置范围，宜比建筑物基础范围稍大为佳，因为基础以外一定范围内地基中仍然产生由于建筑物荷载而引起的压应力和剪应力。如能加速基础外地基土的固结，对提高基础的稳定性和减小侧向变形以及由此引起的沉降均有好处。扩大的范围可由基础的轮廓线向外增大约2～4m。

4. 砂垫层

在砂井顶面应铺设排水砂垫层，以连通各个砂井形成通畅的排水面，将水排到场地以外。砂垫层通常作成反向过滤式，厚度一般为0.3～0.5m；水下施工时，砂垫层厚度一般为1m左右。为节省砂子，也可采用连通砂井的纵横砂沟代替整片砂垫层，砂沟的高度一般为0.5～1.0m，砂沟的宽度取砂井直径的2倍。

2-8-3-2 材料和机具要求

(1) 材料要求。宜用中、粗砂，垫层可用中、细砂或砾砂，含泥量不大于3%。一般不宜使用粉砂。

(2) 机具设备。一般使用振动沉桩机、锤击沉桩机或静压沉桩机等，另配外径为井直径、下端装有自由脱落的混凝土桩靴或带活瓣式桩靴的桩管，活瓣用草圈或铁圈约束，使呈圆锥形。配套机具有吊斗、1t机动翻斗车等。

2-8-3-3 施工阶段

1. 施工工艺

砂井施工工艺如图2-21所示。

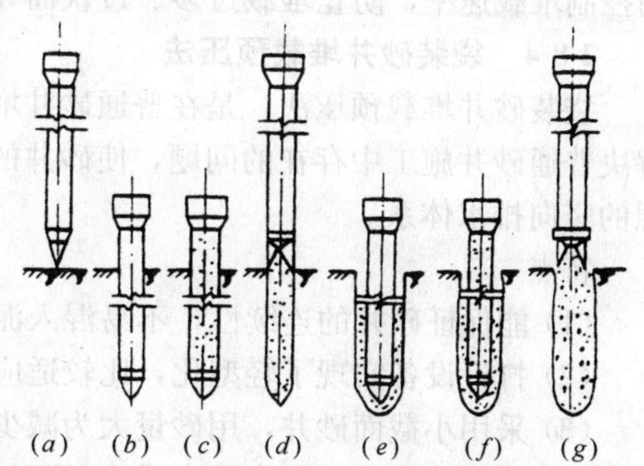

图 2-21 砂井施工工艺

(*a*)桩机就位，桩尖插在标桩上；(*b*)打设到设计深度；(*c*)灌注砂子；(*d*)拔起桩管，活瓣桩尖张开，砂留在桩孔内；(*e*)将桩管再次打到设计深度；(*f*)灌注砂子；(*g*)拔起桩管完成扩大砂井

2. 施工程序

先用打桩机将井管沉入地基中预定深度→吊起桩锤，在井管内灌入砂料→利用桩架上的卷扬机吊振动锤，边振动边将桩管徐徐拔出(或用桩锤，边锤击边拔管，每拔升30～50cm，再复打桩管，以捣实挤密形成的砂桩)→往复拔管、冲击交替进行，直至砂充填井孔内，井

管拔出。

3. 施工要点

(1) 井管拔出速度应控制在1～1.5m/min，使砂子留于井孔中形成密实的砂井；亦可二次打入井管灌砂，形成扩大砂井；砂井亦可采用水冲法成孔。其中以振动沉管效率高(每班可成井50～60根)，同时可起捣实砂子作用，振动力以30～70kN为宜，不宜过大，以免过分扰动软土。

(2) 砂井的灌砂量，应按井孔的体积和砂在中密时的干密度计算，实际灌砂量不得小于计算值的95%。

(3) 当桩管内进泥水，可先在井管内装入2～3斗砂将活门压住，堵塞缝隙。

(4)采用锤击法沉桩管，管内砂子亦可用吊锤击实，或用空气压缩机向管内通气(气压为0.4～0.5MPa)压实。

(5) 打砂井顺序应从外围或两侧向中间进行，砂井间距较大可逐排进行。打砂井后基坑表层会产生松动隆起，应进行压实。

(6) 灌入砂井的砂的含水量应加以控制，对于饱和水的土层，可用饱和状态砂；对非饱和土和杂填土，或能形成直立孔的土层，含水量应采用7%～9%。

2-8-3-4　施工质量验收标准

砂井堆载预压法施工质量验收标准见本节表2-11。

2-8-3-5　施工质量控制

(1) 保证达到要求的灌砂密实度，自上而下保持连续，不出现缩颈井，且不扰动砂井周围土的结构；砂井的长度、直径和间距应满足设计要求，允许偏差见表2-11。

(2) 施工期间应进行现场测试，包括：

1) 边桩水平位移观测：主要用于判断地基的稳定性，决定安全的加荷速率，要求边桩位移速率应控制在3～5mm/d；

2) 地面沉降观测：主要控制地面沉降速度，要求最大沉降速率不宜超过10mm/d；

3) 孔隙水压力观测：用于计算土体固结度、强度及强度增长。分析地基的稳定，从而控制堆载速率，防止堆载过多、过快而导致地基破坏。

2-8-4　袋装砂井堆载预压法

袋装砂井堆载预压法，是在普通砂井堆载预压基础上改良和发展的一种新方法。基本解决普通砂井施工中存在的问题，使砂井的设计和施工更加合理和科学化。是一种比较理想的竖向排水体系。

特点

(1) 能保证砂井的连续性，不易混入泥砂，或使透水性减弱；

(2) 打设设备实现了轻型化，比较适应在软弱的地基上施工；

(3) 采用小截面砂井，用砂量大为减少；

(4) 施工速度快，每班能完成70根以上；

(5) 工程造价降低，每平方米地基的袋装砂井费用仅为普通砂井的50%左右。

适用范围同砂井堆载预压法。

2-8-4-1　构造及布置

(1) 砂井直径和间距

袋装砂井直径根据所承担的排水量和施工工艺要求决定，一般采用70～120mm，间距1.5～2.0m，井长径比为15～22。砂袋放入孔内长度，应至少高出砂井孔口200mm，以使埋入排水砂垫层中。

对长径比(长度与直径之比)大、井料渗透系数又比较小的袋装砂井，应考虑井阻作用。当采用挤土方式施工时，尚应考虑土的涂抹和扰动影响。

(2) 砂井布置

可按三角形或正方形布置，由于袋装砂井直径小，间距小，因此，加固同样土所需打设袋装砂井的根数较普通砂井为多。

2-8-4-2 材料和机具要求

(1) 材料

1) 装砂袋。应具有良好的透水、透气性，一定的耐腐蚀、抗老化性能，装砂不易漏失，并具有足够的抗拉强度，能承受袋内装砂自重和弯曲所产生的拉力。一般多采用聚丙烯编织布或玻璃丝纤维布、黄麻片、再生布等，其技术性能见表2-12。

砂袋材料技术性能和折算单价 **表2-12**

砂袋材料	折算单价(元/m)	渗透性(cm/s)	抗拉试验			弯曲180°试验		
			标距(cm)	伸长率(%)	抗拉强度(kPa)	弯心直径(cm)	伸长率(%)	破坏情况
聚丙烯编织袋	0.30～0.50	$>1\times10^{-2}$	20	25.0	1700	7.5	23	完 整
玻璃丝纤维布	0.26	—	20	3.1	940	7.5	—	未到180°折断
黄麻片	0.41	$>1\times10^{-2}$	20	5.5	1920	7.5	4	完 整
再生布	0.45	—	20	15.5	450	7.5	10	完 整

2) 砂。用中、细砂，含泥量不大于3%。

(2) 机具设备

打设机械可采用EHZ-8型袋装砂井打设机，一次能打设两根砂井，其技术性能见表2-13。亦可采用各种导管式的振动打设机械，有履带臂架式、步履臂架式、轨道门架式、吊机导架式等打设机械，其技术性能如表2-14。

EHZ-8型袋装砂井打设机的主要技术性能 **表2-13**

项 目	性 能	项 目	性 能
起重机型号	W501	最大打设深度(mm)	12.0
直接接地压力(kPa)	94	打设砂井间距(cm)	120，140，160，180，200
间接接地压力(kPa)	30	成孔直径(cm)	12.5
振动锤激振力(kN)	86	置入砂袋直径(cm)	7.0
激振频率(r/min)	960	施工效率(根/台班)	66～80
外形尺寸(cm)	640(长)×285(宽)×1850(高)	适用土质	淤泥、粉质黏土、黏土、砂土、回填土
每次打设根数(根)	2		

注：需铺设50cm厚砂垫层。

各种常用打设机械性能表　　表 2-14

打设机械型号	行进方式	打设动力	整机重 (t)	接地面积 (m^2)	接地压力 (kN/m^2)	打设深度 (m)	打设效率 (m/台班)
SSD20 型	宽履带	振动锤	34.5	35.0	10	20	1500
IJB—16	步　履	振动锤	15.0	3.0	50	10～15	1000
	门架轨道	振动锤	18.0	8.0	23	10～15	1000
	履带吊机	振动锤	—	—	＞100	12	1000

所有钢管的内径宜略大于砂井直径，以减小施工过程中对地基的扰动。

2-8-4-3　施工阶段

(1) 施工工艺。袋装砂井施工工艺是先用振动、撞击或静压方式把井管沉入地下，然后向井管中放入预先装好砂料的圆柱形砂袋，最后拔起井管将砂袋充填在孔中形成砂井。亦可先将沉管沉入土中放入袋子(下部装少量砂或吊重)，然后依靠振动锤的振动灌满砂，最后拔出套管。

(2) 施工程序。定位、整理桩尖(活瓣桩尖或预制混凝土桩尖)→沉入导管、将砂袋放入导管→往管内灌水(减少砂袋与管壁的摩擦力)、拔管。

(3) 施工要点：

袋装砂井在施工过程中应注意以下几点：

1) 定位要准确，平面井距偏差不大于井径，拔管后带上的砂袋的长度不宜超过 500mm。

2) 袋中装砂宜用风干砂，不宜采用湿砂，以免干燥后，体积减小，造成袋装砂井缩短与排水垫层不搭接等质量事故。

3) 聚丙烯编织袋，在施工时应避免太阳暴晒老化。砂袋入口处的导管口应装设滚轮，下放砂袋要仔细，防止砂袋破损漏砂。

4) 施工中要经常检查桩尖与导管口的密封情况，避免管内进泥过多，造成井阻，影响加固深度。

2-8-4-4　施工质量验收标准

袋装砂井堆载预压法施工质量验收标准见本节表 2-11。

2-8-4-5　施工质量控制

施工期间应进行现场测试，测试同砂井堆载预压法。

2-8-5　塑料排水板堆载预压法

塑料排水板堆载预压法，是将带状塑料排水板用插板机将其插入软弱土层中，组成竖向和水平排水体系，然后在地基表面堆载预压(或真空预压)，土中孔隙水沿塑料板的沟槽上升逸出地面，从而加速了软土地基的沉降过程，使地基得到压密加固(图 2-22)。

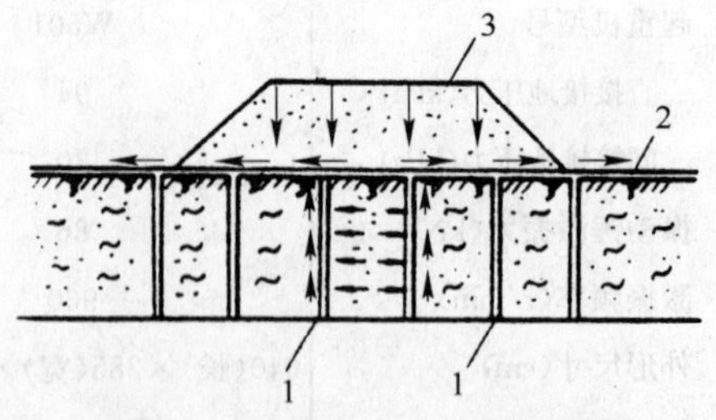

图 2-22　塑料排水板堆载预压法
1—塑料排水板；2—土工织物；3—堆载

特点是：(1)板单孔过水面积大，排水畅通。

(2)质量轻，强度高，耐久性好；其排水沟槽截面不易因受土压力作用而压缩变形。(3)用机械埋设，效率高，运输省，管理简单；特别用于大面积超软弱地基土上进行机械化施工，可缩短地基加固周期。(4)加固效果与袋装砂井相同，承载力可提高 70%～100%，经 100d，固结度可达到 80%；加固费用比袋装砂井节省 10%左右。

适用范围与砂井堆载预压、袋装砂井堆载预压相同。

2-8-5-1 材料和机具要求

(1) 塑料排水板的性能和规格

塑料排水板由芯板和滤膜组成。芯板是由聚丙烯和聚乙烯塑料加工而成两面有间隔沟槽的板体，土层中的固结渗流水通过滤膜渗入到沟槽内，并通过沟槽从排水垫层中排出。根据塑料排水板的结构，要求滤网膜渗透性好，与黏土接触后，其渗透系数不低于中粗砂；芯板材料要质软、延伸率大，在土压力作用下不易变形，使过水截面不减小，保证排水沟槽输水畅通。

塑料排水板的结构所用材料不同，结构形式也各异，主要有图 2-23 所示几种。

板芯材料：沟槽型排水板，如图 2-23(*a*)、(*b*)、(*c*)，多采用聚丙烯或聚乙烯塑料板芯，聚氯乙烯制作的质地较软，延伸率大，在土压作用下易变形，使过水截面减小。多孔形板芯如图 2-23(*d*)、(*e*)、(*f*)，一般用耐腐蚀的涤纶丝无纺布。

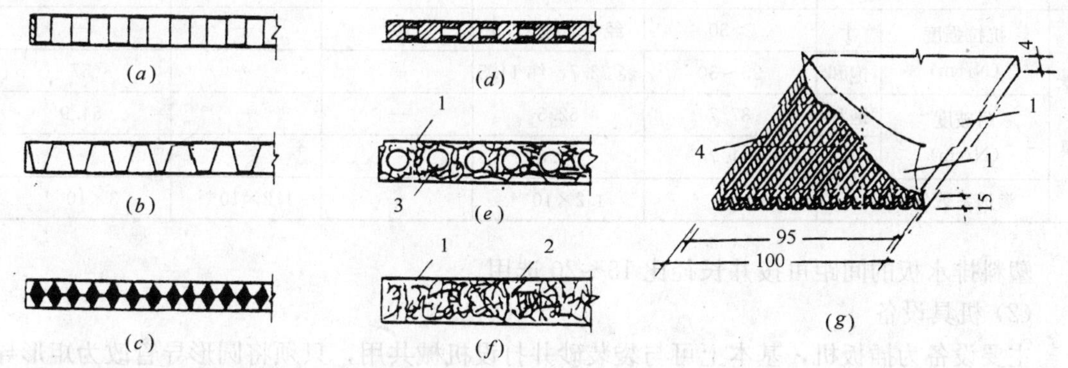

图 2-23 塑料排水板结构形式、构造

(*a*)冂形槽塑料板；(*b*)梯形槽塑料板；(*c*)△形槽塑料板；(*d*)硬透水膜塑料板；(*e*)无纺布螺栓孔排水板；(*f*)无纺布柔性排水板；(*g*)结构构造

1—滤膜；2—无纺布；3—螺栓排水孔；4—芯板

滤膜材料：一般用耐腐蚀的涤纶衬布。涤纶布不低于 60 号，含胶量不小于 35%，既保证涤纶布泡水后的强度要求，又有较好的透水性。常用塑料排水板性能见表 2-15。选择塑料排水板时，应使具有良好的透水性和强度；塑料排水板的纵向通水量不小于(15～40)×10^3mm^3/s；滤膜的渗透系数不小于 5×10^{-3}mm/s；芯带的抗拉强度≥10～15N/mm；滤膜的抗拉强度，干态时不小于 1.5～3.0N/mm；湿态时不小于 1.0～2.5N/mm(插入土中较短时用小值，较长时用大值)。整个排水板反复对折 5 次不断裂为合格。

塑料排水板的排水性能主要取决于截面周长，而很少受其截面积的影响。塑料排水板设计时，把塑料排水板换算成相当直径的砂井，根据两种排水体与周围土接触面积相等的原理，当量换算直径 D_p 可按下式计算：

$$D_p = \alpha \frac{2(b+\delta)}{\pi}$$

式中　D_p——塑料排水板的当量换算直径；

α——换算系数，无试验资料时，可取 $\alpha=0.75$；

b——塑料排水板宽度(mm)；

δ——塑料排水板厚度(mm)。

塑料排水板性能　　**表 2-15**

项目 \ 指标 \ 类型			TJ-1	SPB-1	Mebra	日本大林式	Alidrain
截面尺寸(mm)			100×4	100×4	100×3.5	100×1.6	100×7
材料	板芯		聚乙烯、聚丙烯	聚氯乙烯	聚乙烯	聚乙烯	聚乙烯或聚丙烯
	滤膜		纯涤纶	混合涤纶	合成纤维	—	—
纵向沟槽数			38	38	38	10	无固定通道
沟槽面积(mm^2)			152	152	207	112	180
板芯	抗拉强度(N/cm)		210	170	—	270	—
	180°弯曲		不脆不断	不脆不断	—	—	—
滤膜	抗拉强度(N/cm)	干	>30	经 42.纬 27.2	107	—	—
		饱和	25～30	经 22.7，纬 14.5	—	—	57
	耐破度(N/cm)	饱和	87.7	52.5	—	—	54.9
		干	71.7	51.0	—	—	—
	渗透系数(cm/s)		1×10^{-2}	4.2×10^{-4}	—	1.2×10^{-2}	3×10^{-4}

塑料排水板的间距可按井长径比 15～20 选用。

(2) 机具设备

主要设备为插板机，基本上可与袋装砂井打设机械共用，只须将圆形导管改为矩形导管。插板机构造如图 2-24 所示，每次可同时插设塑料排水板两根，其技术性能见表 2-16。

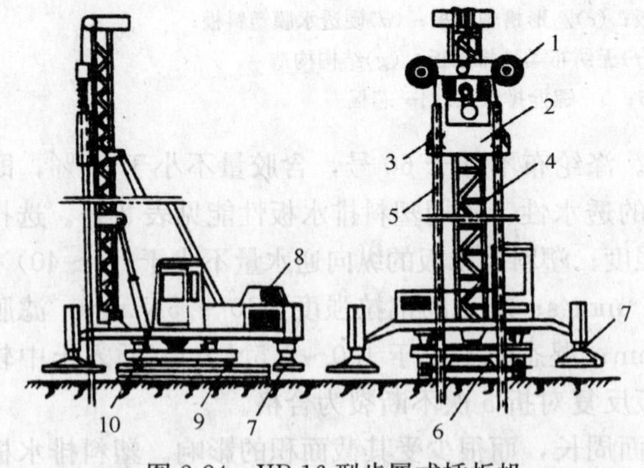

图 2-24　IJB-16 型步履式插板机

1—塑料板及其卷盘；2—振动锤；3—卡盘；4—导架；5—套杆；6—履靴；7—液压支腿；8—动力设备；9—转盘；10—回转轮

插板机性能　　**表 2-16**

类　型	IJB-16 型
工作方式	液压步履式行走，电力液压驱动振动下沉
外形尺寸(mm)	7600×5300×15000
总重量(t)	15
接地压力(kPa)	50
振动锤功率(kW)	30
激振力(kN)	80、160
频率(次/min)	670
液压卡夹紧力(kN)	160
插板深度(m)	10
插设间距(m)	1.3、1.6
插入速度(m/min)	11
拔出速度(m/min)	8
效率(根/h)	18 左右

2-8-5-2 施工阶段

(1) 施工工艺。如图 2-25 所示。

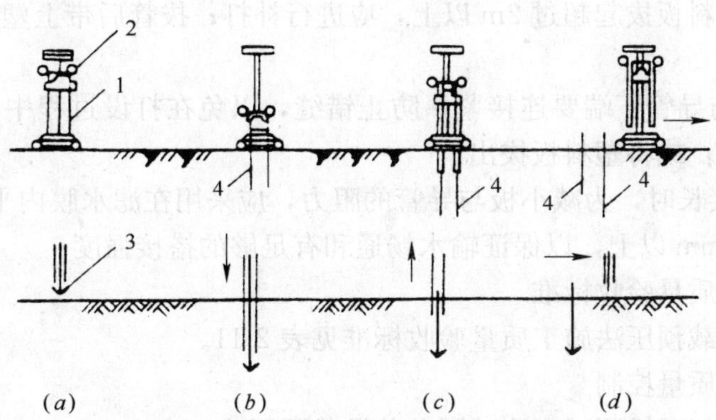

图 2-25 塑料排水板插板工艺流程

(a)准备；(b)插设；(c)上拔；(d)切断移动

1—套杆；2—塑料板卷筒；3—钢靴；4—塑料板

(2) 施工程序。定位→将塑料排水板通过导管从管下端穿出→将塑料板与桩尖连接贴紧管下端并对准桩位→打设桩管插入塑料排水板→拔管、剪断塑料排水板。

(3) 施工要点

1) 打设塑料排水板的导管有圆形和矩形两种，其管靴也各异，一般采用桩尖与导管分离设置。桩尖主要作用是防止打设塑料板时淤泥进入管内，并对塑料带起锚固作用，避免拔出。桩尖常用形式有圆形、倒梯形和倒梯楔形三种，如图 2-26 所示。

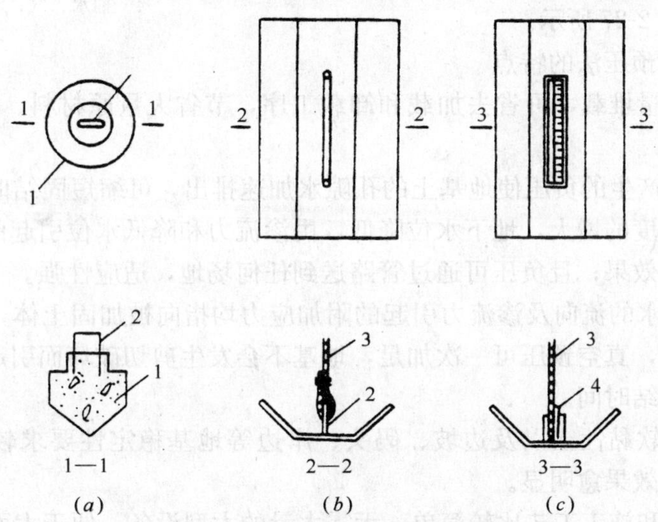

图 2-26 塑料排水板用桩尖形式

(a)混凝土圆桩尖；(b)倒梯形桩尖；(c)楔形固定桩尖

1—混凝土桩尖；2—塑料板固定架；3—塑料板；4—塑料楔

2) 塑料板在施工过程中应注意以下几点：

① 塑料板滤水膜在转盘和打设过程中应避免损坏，防止淤泥进入带芯，堵塞输水孔，

影响塑料板的排水效果。

② 塑料板与桩尖锚碇要牢固，防止拔管时脱离，将塑料板拔出。打设时，严格控制间距和深度，如塑料板拔起超过 2m 以上，应进行补打；拔管后带上塑料排水板的长度不宜超过 500mm。

③ 桩尖平端与导管下端要连接紧，防止错缝，以免在打设过程中淤泥进入导管，增加对塑料板的阻力，或将塑料板拔出。

④ 塑料板需接长时，为减小板与导管的阻力，应采用在滤水膜内平搭接的连接方法，搭接长度应在 200mm 以上，以保证输水畅通和有足够的搭接强度。

2-8-5-3 施工质量验收标准

塑料排水板堆载预压法施工质量验收标准见表 2-11。

2-8-5-4 施工质量控制

施工期间应进行现场测试，测试同砂井堆载预压法。

2-8-6 真空预压法

真空预压法是以大气压力作为预压荷载，先在需加固的软土地基表面铺设一层透水砂垫层或砾砂层，再在其上覆盖一层不透气的塑料薄膜或橡胶布，四周密封好与大气隔绝，在砂垫层内埋设渗水管道(砂井或塑料排水带)，然后与真空泵连通进行抽气，使透水材料保持较高的真空度，从而在土的孔隙水中产生负的孔隙水压力，将土中孔隙水和空气逐渐吸出，导致土体固结。如图 2-27 所示。

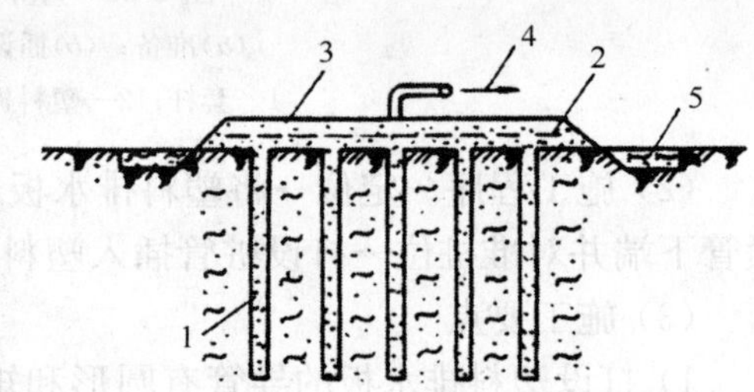

图 2-27 真空预压法

1—砂井；2—砂垫层；3—薄膜；4—抽水、气；5—黏土

2-8-6-1 真空预压法的特点

(1) 不需要大量堆载，可省去加载和卸载工序，节省大量原材料、能源和运输能力，缩短预压时间。

(2) 真空法所产生的负压使地基土的孔隙水加速排出，可缩短固结时间；同时由于孔隙水排出，渗流速度的增大，地下水位降低，由渗流力和降低水位引起的附加应力也随之增大，提高了加固效果；且负压可通过管路送到任何场地，适应性强。

(3) 孔隙渗流水的流向及渗流力引起的附加应力均指向被加固土体，土体在加固过程中的侧向变形很小，真空预压可一次加足，地基不会发生剪切破坏而引起地基失稳，可有效缩短总的排水固结时间。

(4) 适用于超软黏性土以及边坡、码头、岸边等地基稳定性要求较高的工程地基加固，土愈软，加固效果愈明显。

(5) 所用设备和施工工艺比较简单，无需大量的大型设备，便于大面积使用。

(6) 无噪声、无振动、无污染，可做到文明施工。

(7) 技术经济效果显著。根据国内在天津新港区的大面积实践，当真空度达到 80kPa，经 60d 抽气，不少井区土的固结度都达到 80%以上，地面沉降达 57cm，同时能耗降低 1/3，工期缩短 2/3，比一般堆载预压降低造价 1/3。

真空预压法适于饱和均质黏性土及含薄层砂夹层的黏性土，特别适于新淤填土、超软土地基的加固。但不适于在加固范围内有足够的水源补给的透水土层，以及无法堆载的倾斜地面和施工场地狭窄的工程进行地基处理。

2-8-6-2 材料和机具设备

真空预压主要设备为真空泵，一般宜用射流真空泵，它由射流管及离心泵所组成。射流管规格为ϕ48mm，效率应大于96kPa，离心泵型号为3BA-9、ϕ50mm，每个加固区宜设两台泵为宜(每台射流真空泵的控制面积为1000m^2)。配套设备有集水罐、真空滤水管、真空管、止回阀、阀门、真空表、聚氯乙烯塑料薄膜等。滤水管采用钢管或塑料管材，应能承受足够的压力而不变形。滤水孔一般采用ϕ8～10mm，间距5cm，梅花形布置，管上缠绕3mm钢丝，间距5cm，外包尼龙窗纱布一层，最外面再包一层渗透性好的编织布或土工纤维或棕皮即成。

真空预压法处理地基必须设置砂井或塑料排水板。砂井或塑料排水板的间距，可参照本节砂井预压法或塑料排水板预压法的相关规定选用。砂井的砂料应采用中粗砂，其渗透系数宜大于1×10^{-2}cm/s。

2-8-6-3 施工过程

1. 施工工艺流程

真空预压法为保证在较短的时间内达到加固效果，一般与竖向排水井联合使用，其工艺流程及布置如图2-28和图2-29。

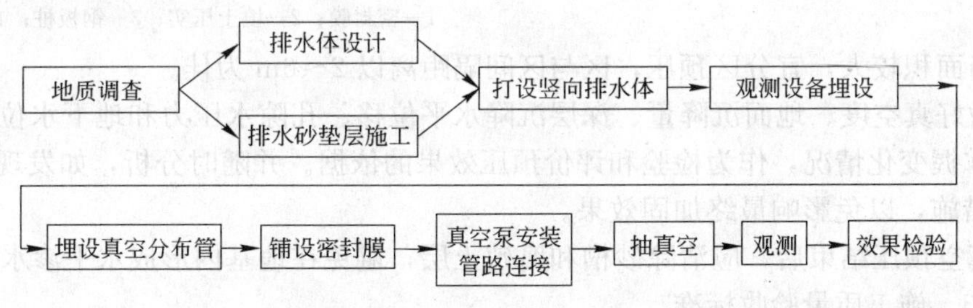

图2-28 真空预压工艺流程

2. 施工要点

(1) 真空预压法竖向排水系统设置同砂井(或袋装砂井、塑料排水板)堆载预压法。应先整平场地，设置排水通道，在软基表面铺设砂垫层或在土层中再加设砂井(或埋设袋装砂井、塑料排水板)，再设置抽真空装置及膜内外管道。

(2) 砂垫层中水平分布滤管的埋设，一般宜采用条状、梳齿状或羽毛状(图2-30)，铺设距离要适当，使真空度分布均匀，管上部应覆盖100～200mm厚的砂覆盖层。

(3) 砂垫层上密封薄膜，一般采用2～3层聚氯乙烯薄膜，应按先后顺序同时铺设，密封膜热合时宜用两条热合缝的平搭接，搭接长度应大于15mm。并在加固区四周，在离基坑边线外缘2m开挖深

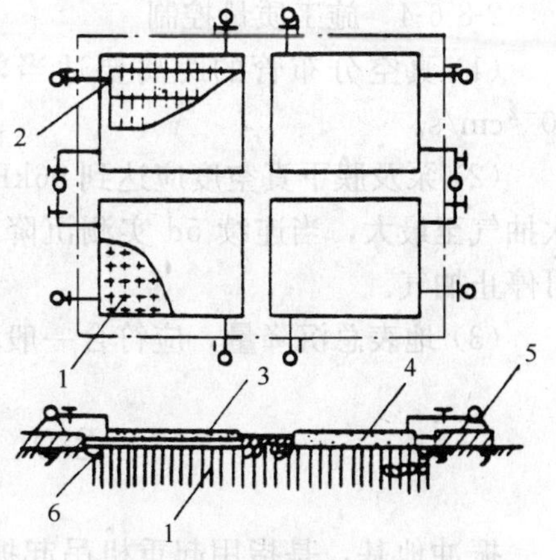

图2-29 真空预压工艺与设备

1—袋装砂井；2—膜下管道；3—封闭膜；4—砂垫层；5—真空装置；6—回填沟槽

0.8～0.9m的沟槽，将薄膜的周边放入沟槽内，用黏土或粉质黏土回填压实，要求气密性好，密封不漏气，或采用板桩覆水封闭(图 2-31)，而以膜上全面覆水较好，既密封好又减缓薄膜的老化。当处理区有充足水源补给的透水层时，应采用封闭式板桩墙、封闭式板桩墙加沟内覆水或其他密封措施隔断透水层。

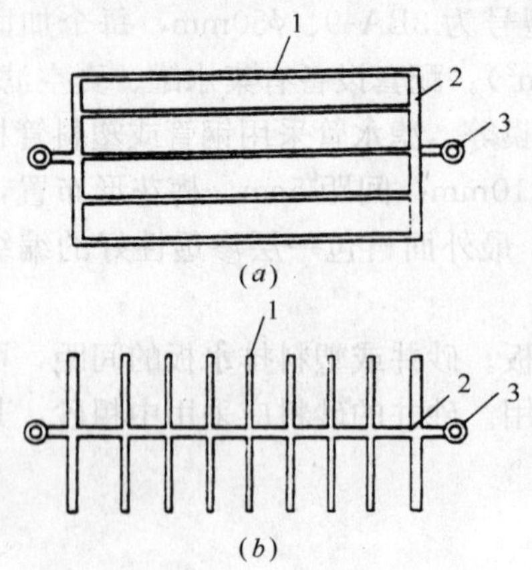

图 2-30　真空分布管排列示意图
(a)条形排列；(b)鱼刺形排列
1—真空压力分布管；2—集水管；3—出膜口

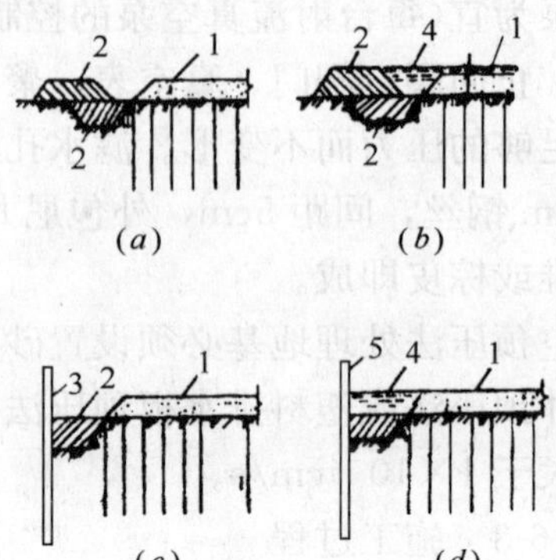

图 2-31　薄膜周边密封方法
(a)挖沟折铺；(b)板桩密封；
(c)围埝内面覆水密封；(d)板桩墙加沟内覆水
1—密封膜；2—填土压实；3—钢板桩；4—覆水

(4) 当面积较大，宜分区预压，区与区间隔距离以 2～6m 为佳。

(5) 做好真空度、地面沉降量、深层沉降水平位移、孔隙水压力和地下水位的现场测试工作，掌握变化情况，作为检验和评价预压效果的依据。并随时分析，如发现异常，应及时采取措施，以免影响最终加固效果。

(6) 真空预压结束后，应清除砂槽和腐殖土层，避免在地基内形成水平渗水暗道。

2-8-6-3　施工质量验收标准

真空预压法施工质量验收标准见本节表 2-11。

2-8-6-4　施工质量控制

(1) 真空分布管的距离要适当，使真空度分布均匀，管外滤膜渗透系数不应小于 10^{-2}cm/s。

(2) 泵及膜下真空度应达到 96kPa 和 60kPa 以上的技术要求。真空预压的真空度可一次抽气至最大，当连续 5d 实测沉降小于 2mm/d 或固结度≥80%，或符合设计要求时，可停止抽气。

(3) 地表总沉降量，应符合一般堆载预压的沉降规律。

2-9　振 冲 地 基

振冲地基，是指用起重机吊起振冲器，启动潜水电机带动偏心块，使振动器产生高频振动，同时启动水泵，通过喷嘴喷射高压水流，在边振边冲的共同作用下，将振冲器沉到土中的预定深度，经清孔后，从地面向孔内逐段填入碎石，或不加填料，使地基土在振动作用下被挤密实，当达到要求的密实度后即可提升振冲器，如此重复填料和振密，直至地面，因此在地基中形成一个大直径的密实桩体，并与原地基构成复合地基，从而提高地基的承载力，减少沉降和不均匀沉降，是一种快速、经济有效的地基加固方法。

振冲地基按其加固机理和效果的不同，又分为振冲置换法和振冲密实法两类。前者是在地基土中借振冲器成孔，振密填料置换，制造一群以碎石、砂砾等散粒材料组成的桩体，与原地基土一起构成复合地基，使地基承载力提高，沉降减少，又称振冲置换碎石桩法；后者主要是利用振动和压力水使砂层液化，砂颗粒相互挤密，重新排列，孔隙减少，从而提高砂层的承载力和抗液化能力，又称振冲挤密砂桩法，这种桩根据砂土质的不同，又有加填料和不加填料两种。

振冲地基的特点是：技术可靠，机具设备简单，操作技术易于掌握，施工简便；可节省三材，因地制宜，就地取材，采用碎石、卵石、砂或矿渣等作填料；加固速度快；节约投资；而且，碎石极具有良好的透水性，可加速地基固结，使地基承载力可提高 1.2～1.35 倍；此外，振冲过程中的预振效应，可使砂土地基增加抗液化能力。

振冲置换法适用于处理不排水、抗剪强度不小于 20kPa 的黏性土、粉土、饱和黄土和人工填土等地基，如果桩周土的强度过低，则难以形成桩体。振冲密实法适用于处理砂土和粉土等地基。不加填料的振冲密实法仅适用于处理黏土粒含量小于 10％的粗砂、中砂地基。

振冲地基不适于地下水位较高、土质松散易塌方和含有大块石等障碍物的土层中使用。

国内应用振冲地基来进行地基处理的加固深度一般为 14m，最大达 18m，置换率一般在 10％～30％，每米桩的填料量为 0.3～0.7m^3，直径为 0.7～1.2m。

2-9-1 一般规定

(1) 对大型的、重要的或场地复杂的工程，在正式施工前应在有代表性的场地上进行试验。

(2) 为确切掌握好填料量、密实电流和留振时间，使各段桩体都符合规定的要求，应通过现场试验桩确定这些施工参数。填料应选择不溶于地下水，或不受侵蚀影响且本身无侵蚀性和性能稳定的硬粒料。对粒径控制的目的，是确保振冲效果及效率。粒径过大，在边振边填过程中难以落入孔内；粒径过细小，在孔中沉入速度太慢，不易振密。

2-9-2 机具设备和材料要求

2-9-2-1 机具设备

(1) 振冲机具设备包括：振冲器、起重机和水泵。振冲器类似混凝土插入式振动器，其工作原理是，利用电机旋转一组偏心块产生一定频率和振幅的水平振动，压力水通过空心竖轴从振冲器下端喷口喷出。振冲器的构造如图 2-32所示。常用型号及技术性能见表 2-17。

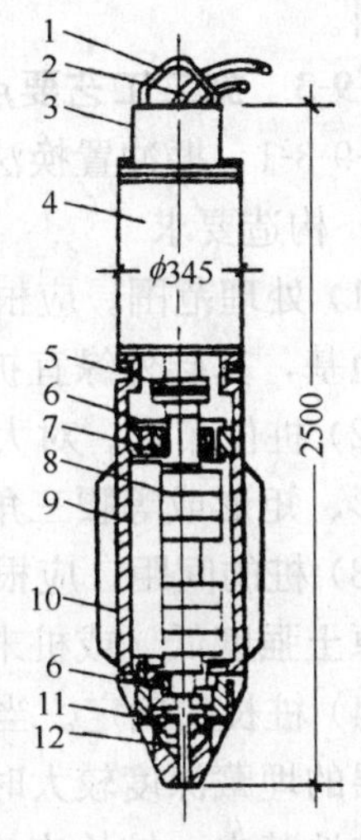

图 2-32 振冲器构造

1—吊具；2—水管；3—电缆；4—电机；5—联轴器；6—轴；7—轴承；8—偏心块；9—壳体；10—翅片；11—头部；12—水管

振冲器的技术参数　表 2-17

型　号	ZCQ-13	ZCQ-30	ZCQ-55	BL-75
电动功率(kW)	13	30	55	75
转速(r/min)	1450	1450	1450	1450
额定电流(A)	25.5	60	100	150
不平衡重量(kg)	29.0	66.0	104.0	
振动力(kN)	35	90	200	160
振幅(mm)	4.2	4.2	5.0	7.0
振冲器外径(mm)	274	351	450	426
长度(mm)	2000	2150	2500	3000
总重量(t)	0.78	0.94	1.6	2.05

(2) 操纵振冲器的起吊设备可采用 8～25t 履带式起重机、轮胎式起重机、汽车吊或轨道式自行塔架等。水泵要求水压力为 400～600kPa，流量 20～30m³/h，每台振冲器备用一台水泵。

(3) 控制设备包括：控制电流操作台、150A 电流表、500V 电压表以及供水管道、加料设备(吊斗或翻斗车)等。

2-9-2-2　材料

(1) 振冲置换法：桩体材料可用含泥量不大的碎石、卵石、角砾、圆砾等硬质材料。材料的最大粒径不宜大于 80mm。对碎石，常用的粒径为 20～50mm。

(2) 振冲密实法：每一振冲点所需的填料量随地基土要求达到密实程度和振冲点间距而定，应通过现场试验确定，填料宜用碎石、卵石、角砾、圆砾、砾砂、粗砂、中砂等硬质材料。

2-9-3　施工工艺要点

2-9-3-1　振冲置换法

1. 构造要求

(1) 处理范围。应根据建筑物的重要性和场地条件确定，通常都大于基底面积；对于一般地基，基础外缘宜扩大 1～2 排桩；对可液化地基，在基础外缘应扩大 2～4 排桩。

(2) 桩位布置。对大面积满堂处理，宜用等边三角形布置；对独立或条形基础，宜用正方形、矩形或等腰三角形布置。

(3) 桩的间距。应根据荷载大小和原土的抗剪强度确定，一般取 1.5～2.5m，对荷载大或原土强度低、或桩末端达相对硬层的短桩宜取小值，反之宜取大的间距。

(4) 桩长的确定。当相对硬层的埋藏深度不大时，应按相对硬层埋藏深度确定；当相对硬层的埋藏深度较大时，应按建筑物地基的变形允许值确定，桩长不宜短于 4m。在可液化的地基中，桩长应按要求的抗震处理深度确定。桩顶部应铺设一层 200～500mm 厚的碎石垫层。

(5) 桩的直径。可按每根桩所用的填料计算，一般为 0.8～1.2m。

2. 振冲参数确定

(1) 施工前，应先进行振冲试验，以确定成孔合适的水压、水量、成孔速度及填料方法；

(2) 达到土体密实时的密实电流、填料量和留振时间，称为施工工艺的三要素；

(3) 一般控制标准是：密实电流不小于50A；填料量为每米桩长不小于0.6m^3，且每次搅拌量控制在0.20～0.35m^3；留振时间30～60s。

3. 施工工艺

振冲置换法施工工艺如图2-33所示。振冲造孔顺序方法可按表2-18选用。

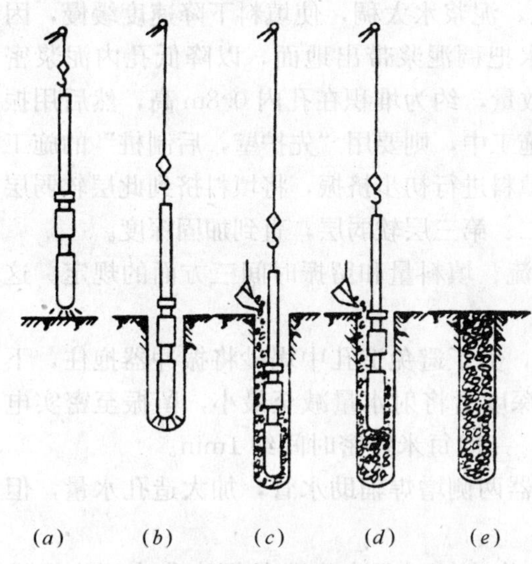

图2-33 振冲置换法施工工艺

(a)定位；(b)振冲下沉；(c)振冲至设计标高并下料；(d)边振边下料、边上提；(e)成桩

振冲造孔方法的选择 表2-18

造孔方法	步 骤	优 缺 点
排孔法	由一端开始，依次逐步造孔到另一端结束	易于施工，且不易漏掉孔位。但当孔位较密时，后打的桩易发生倾斜和位移
跳打法	同一排孔采取隔一孔造一孔	先后造孔影响小，易保证桩的垂直度。但要防止漏掉孔位，并注意桩位的准确
围幕法	先造外围2～3圈（排）孔，然后造内圈（排）。采用隔圈（排）造一圈（排）或依次向中心区造孔	能减少振冲能量的扩散，振密效果好，可节约桩数10%～15%，大面积施工常采用此法。但施工时应注意防止漏掉孔位和保证其位置准确

4. 施工顺序

(1) 振冲置换法施工顺序为：定位→成孔→清孔→填料→振实。

(2) 施工步骤：

1) 清理平整施工场地，布置桩位；

2) 施工机具就位，使振冲器对准桩位；

3) 启动水泵和振冲器，水压可用200～600kPa，水量可用200～400L/min，使振冲器徐徐沉入土中，造孔速度宜为0.5～2.0m/min，直至达到设计处理深度以上0.3～0.5m，记录振冲器经各深度的电流值和时间，提升振冲器至孔口；

4) 重复上一步骤1～2次，使孔内泥浆变稀，然后将振冲器提出孔口；

5) 向孔内倒入一批填料，将振冲器沉入填料中进行振密，此时电流随填料的密实而逐渐增大，电流必须超过规定的密实电流，若达不到规定值，应向孔内继续加填料，振密，记录这一深度的最终电流值和填料量；

6) 将振冲器提出孔口，继续制作上部的桩段；

7) 重复步骤5)、6)，自下而上地制作桩体，直至孔口；

8) 关闭振冲器和水泵。

5. 施工要点

(1) 振冲施工通常可用功率为30kW的振冲器。在既有建筑物邻近施工时，宜用功率较小的振冲器。

（2）填料和振料方法。大功率振冲器投料可不提出孔口，小功率振冲器下料困难时，一般采取成孔后，将振冲器提出孔口少许，从孔口往下填料，填料从孔壁间隙下落，每次填料厚度不宜大于50cm，边填边振，直至该段振实，然后将振冲器提升0.3～0.5m，再从孔口往下填料，逐段施工。

（3）如土层中夹有硬层时，应适当进行扩孔，即在硬层中将振冲器往复上下多次，使孔径扩大，以便于填料。因为在黏性土层中成孔，泥浆水太稠，使填料下降速度缓慢，因此，在成孔后，应停留1～2min清孔，以便回水把稠泥浆带出地面，以降低孔内泥浆密度。填料宜“少吃多餐”，每次往孔内倒入填料数量，约为堆积在孔内0.8m高，然后用振冲器振密后再继续加料。在强度很低的软土地基施工中，则要用“先护壁，后制桩”的施工方法。即在振冲开孔到达第一层软弱层时，加些填料进行初步挤振，将填料挤到此层软弱层周围以加固孔壁，接着再以同样方法处理以下第二、第三层软弱层，直到加固深度。

（4）施工过程中，各段桩体均应符合密实电流、填料量和留振时间三方面的规定。这些规定应通过现场成桩试验确定。

（5）不加填料振冲加密宜采用大功率振冲器，为了避免造孔中塌砂将振冲器抱住，下沉速度宜快，造孔速度宜为8～10m/min，到达深度后将射水量减至最小，留振至密实电流达到规定时，上提0.5m，逐段振密直至孔口，一般每米振密时间约1min。

（6）在粗砂中施工如遇下沉困难，可在振冲器两侧增焊辅助水管，加大造孔水量，但造孔水压宜小。

（7）在施工场地上应事先开设排泥水沟系，将成桩过程中产生的泥水集中引入沉淀池。定期将沉淀池底部的厚泥浆挖出运送至预先安排的存放地点。沉淀池上部较清的水可重复使用。

（8）应将桩顶部的松散桩体挖除，或用碾压等方法使之密实，随后铺设并压实垫层。

2-9-3-2　振冲密实法

1. 构造要求

（1）处理范围。应大于建筑物基础范围，在建筑物基础外缘每边放宽不得小于5m。

（2）桩位布置。振冲点宜按等边三角形或正方形布置。桩间距与土的颗粒组成、要求达到的密实程度、地下水位、振冲器功率、水量等有关，应通过现场试验确定，可取1.8～2.5m。

（3）振冲深度。当可液化土层不厚时，应穿透整个可液化层；当可液化土层较厚时，应按要求的抗震处理深度确定。

（4）每一振点所需的填料量。随地基土要求达到的密实度和振点间距而定，应通过现场试验确定。

2. 施工工艺

振冲密实法施工工艺如图2-34所示。

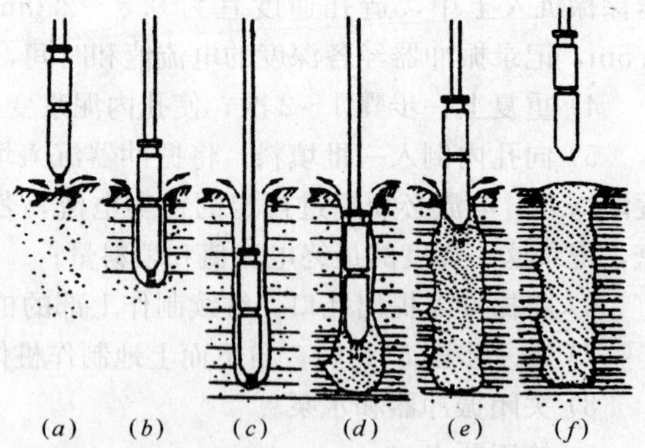

图2-34　振冲密实法施工工艺
(a)定位；(b)振冲下沉；(c)振冲至设计标高；(d)下料；(e)边提升，边下料振冲；(f)成桩

3. 施工顺序

（1）振冲密实法施顺序：定位→成孔→边振边上提→振密，宜按平行直线逐点进行。

（2）加填料的振冲密实法施工可按下列步骤进行：

1）清理平整场地、布置振冲点。

2）施工机具就位，在振冲点上安放钢护筒，使振冲器对准护筒的轴心。

3）启动水泵和振冲器，使振冲器徐徐沉入砂层，水压可用 200～600kPa，水量可用 200～400L/min，下沉速率宜控制在每分钟约 1～2m 范围内。

4）振冲器达设计处理深度后，将水压和水量降至孔口有一定量回水，但无大量细颗粒带出的程度，将填料堆于护筒周围；采取自下而上地分段振动加密，每段长 0.5～1.0m。

5）填料在振冲器振动下依靠自重沿护筒周壁下沉至孔底，在电流升高到规定的控制值后，将振冲器上提 0.3～0.5m。

6）重复上一步骤，直至完成全孔处理，详细记录各深度的最终电流值、填料量等。

7）关闭振冲器和水泵。

不加填料的振冲密实法施工方法与加填料的大体相同。使振冲器沉至设计处理深度，留振至电流稳定地大于规定值后，将振冲器上提 0.3～0.5m。如此重复进行，直至完成全孔处理。在中粗砂层中施工时，如遇振冲器不能贯入，可增设辅助水管，加快下沉速率。

4. 施工要点

（1）振冲密实法施工通常可用功率为 30kW 的振冲器。有条件时，也可用较大功率的振冲器。

（2）填料和振料方法见第 2-9-3-1　5.（2）条。

（3）振冲密实法施工的关键是控制水量大小和留振时间。水量的大小是保证地基中砂土充分饱和，受到振动能够产生液化；足够地留振时间（30～60s）是使地基中的砂土完全液化，在停振后土颗粒便重新排列，使孔隙比减小，密实度提高。振密程度一般以电流超过原空振时电流 25～30A 时，表示该深度处的桩体已经挤密。对粉细砂应加填料，加填料的功用是填充在振冲器上提后留下的孔洞；此外，填料作为传力介质，在振冲器的水平振动下，通过连续加填料将砂层进一步挤压加密。对中、粗砂，当振冲器上提后孔壁极易塌落能自行填满下面的孔洞，因而可以不加填料就地振密。如干砂厚度大，地下水位低，则应采取措施大量补水，以使砂处于或接近饱和状态时，方可施工。

振冲施工结束后，检查振冲施工各项施工记录，如有遗漏或不符合规定要求的桩或振冲点，应补做或采取有效的补救措施。

2-9-4　质量检验

2-9-4-1　施工质量验收标准

振冲地基质量检验标准应符合表 2-19 的规定。

振冲地基质量检验标准　　**表 2-19**

项	序	检查项目	允许偏差或允许值		检查方法
			单位	数值	
主控项目	1	填料粒径	设计要求		抽样检查
	2	密实电流（黏性土）	A	50～55	电流表读数
		密实电流（砂性土或粉土）（以上为功率 30kW）	A	40～50	
		密实电流（其他类型振冲器）	A_0	1.5～2.0	电流表读数，A_0 为空振电流
	3	地基承载力	设计要求		按规定方法

续表

项	序	检查项目	允许偏差或允许值		检查方法
			单位	数值	
一般项目	1	填料含泥量	%	<5	抽样检查
	2	振冲器喷水中心与孔径中心偏差	mm	≤50	用钢尺量
	3	成孔中心与设计孔位中心偏差	mm	≤100	用钢尺量
	4	桩体直径	mm	<50	用钢尺量
	5	孔深	mm	200	量钻杆或重锤测

2-9-4-2　质量控制

(1) 每根桩的填料总量和密实度必须符合设计要求或施工规范的规定。一般每米桩体直径达 0.8m 以上所需碎石量为 0.6～0.7m^3。

(2) 振冲施工对原土结构造成扰动，强度降低。因此，施工结束后，除砂土地基外，应间隔一定时间方可进行质量检验。对黏性土地基，间隔时间为 3～4 周；对粉土、杂填土地基为 2～3 周。

(3) 振冲处理后的地基竣工验收时，承载力检验应采用单桩复合地基载荷试验。试验用圆形压板的直径与桩的直径相等。载荷试验检验数量不应少于总桩数的 0.5%。但总数不得少于 3 根，且每个单体工程不应少于 3 点。

(4) 对砂土或粉土层中的振冲桩，除可用单桩载荷试验检验外，尚可用标准贯入、静力触探等试验，对桩间土进行处理前后的对比检验。

(5) 对不加填料的振冲密实法处理的砂土地基，处理效果检验宜用标准贯入、动力触探或其他试验方法、检验点应选择在有代表性的或地基土质较差的地区，并位于振冲点围成的单元形心处、检点数量可按每 100 个振冲点选取 1 孔，总数不得少于 5 孔。

(6) 对大型的、重要的或场地复杂的振冲置换工程应进行复合地基的处理效果检验。检验方法宜用单桩复合地基载荷试验或多桩复合地基载荷试验。检验点应选择在有代表性的或土质较差的地段，检验点数量可按处理面积大小取 2～4 组。复合地基载荷试验应符合《建筑地基处理技术规范》(JGJ 79—2002)附录一的有关规定。

2-10　高压喷射注浆地基

2-10-1　特点与适用范围

高压喷射注浆是近十年发展起来的一项土体加固新技术，它是利用工程钻机，将带有喷嘴的注浆管钻至土层预定位置或预先钻孔后将注浆管放至预定位置，在钻杆旋转徐徐上升时，将预先配置的浆液，用一定压力从喷嘴中喷出，冲击土体，把浆液与土体搅拌成混合后形成固结体，从而达到加固土体或防水的目的。

高压喷射注浆与静压注浆相比，作用原理有根本区别。高压喷射注浆是借助于高压射流冲击破坏被灌地层结构、粉碎土体，使浆液与被灌地层土颗粒混合，形成设计形状的固结体，因而较静压注浆更具可灌性、可挖性，且节省灌浆材料。

高压喷射注浆法所形成的固结体形状与喷射流移动方向有关。一般分为旋转喷射(简称旋喷)、定向喷射(简称定喷)和摆动喷射(简称摆喷)三种形式。

旋喷法施工时，喷嘴一面喷射一面旋转并提升，固结体成圆柱状，提高地基的抗剪强度、改善土的变形性质。旋喷法施工后在地基中形成的圆柱体(称为旋喷桩)施工时，喷嘴一面喷射一面提升，喷射的方向固定不变，固结体形状如板状或壁状。摆喷法施工时，喷嘴一面喷射一面提升，喷射的方向呈较小角度来回摆动，固结体形状如较厚的墙状。

对于单孔凝结体形状，采用不同喷射注浆形式可形成不同形状的凝结体，在连续不断提升过程中，旋转喷射可形成圆柱状凝结体，定向喷射可形成薄板状凝结体，摆动喷射可形成哑铃状凝结体。见图 2-35、图 2-36。

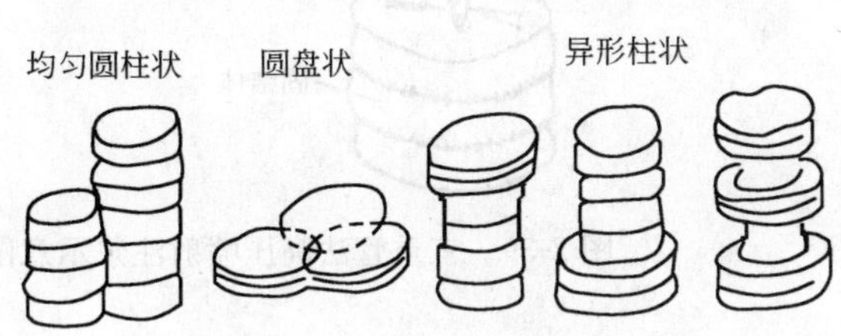

图 2-35 固结体的基本形状

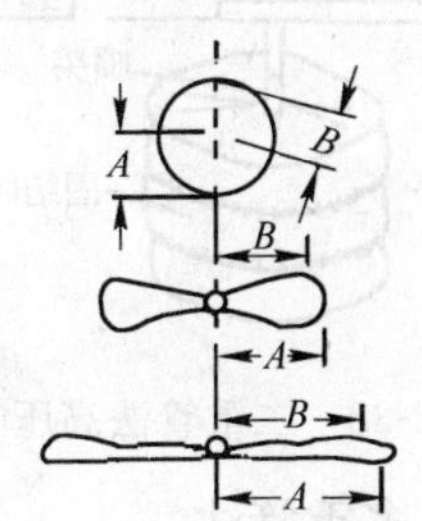

图 2-36 旋摆固结体形式

2-10-1-1 高压喷射注浆法的基本工艺类型

有单管法、二重管法、三重管法和多重管法等四种方法。

(1) 单管法

单管旋喷注浆法是利用钻机等设备，把安装在注浆管(单管)底部侧面的特殊喷嘴，置于土层预定深度后，用高压泥浆泵等装置，以 20MPa 左右的压力，把浆液从喷嘴中喷射出去，冲击土体，同时，借助注浆管的旋转和提升速度，使浆液与从土体上崩落下来的土搅拌混合，经过一定时间凝固，便在土中形成圆柱状的固结体(直径一般为 0.3～0.8m)，如图 2-37 所示。

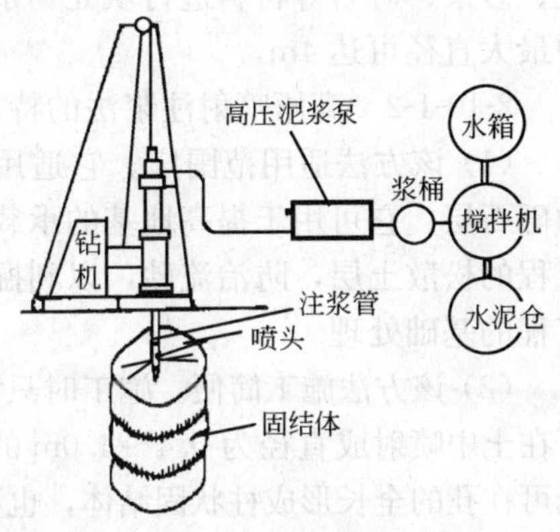

图 2-37 单管法高压喷射注浆示意图

(2) 二重管法

二重管法使用的是双通道的二重注浆管。当二重注浆管钻进到土层的预定深度后，通过在管底部侧面的一个同轴双重喷嘴，同时喷出高压浆液和空气两种介质的喷射流冲击破坏土体。即以高压泥浆泵等高压发生装置喷射出 20MPa 左右压力的浆液，从内喷嘴高速喷出，并用 0.7MPa 左右压力把压缩空气从外喷嘴喷出。在高压浆液流和它外圈环绕气流的共同作用下，破坏土体的能量显著增大，喷嘴一面喷射一面旋转和提升，最后在土体中形成圆柱状固结体(直径一般为 1m 左右)，如图 2-38 所示。

(3) 三重管法

三重管法使用的是分别输送水、气、浆三种介质的三重注浆管。在以高压泵等高压发生装置产生 20MPa 左右的高压水喷射流的周围，环绕一股 0.7MPa 左右的圆筒状气流，进行高压水喷射和气流同轴喷射切冲土体，形成较大的空隙，在另由泥浆泵注入压力为

2～5MPa的浆液填充，喷嘴做旋转和提升运动，最后便在土中凝固为直径较大的圆柱状固结体(直径一般为1.0～2.0m)，见图2-39。

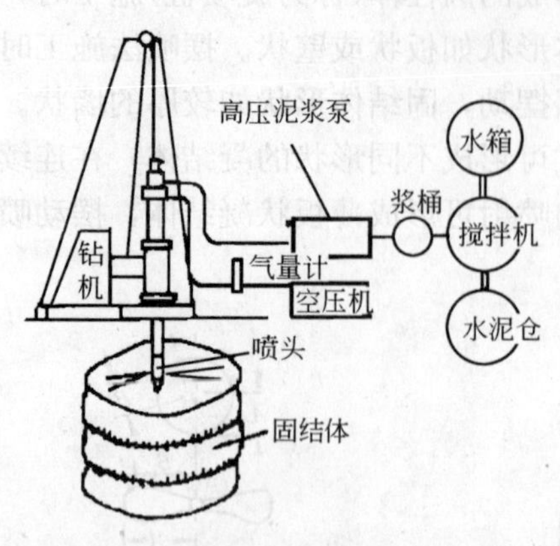

图2-38　二重管法高压喷射注浆示意图

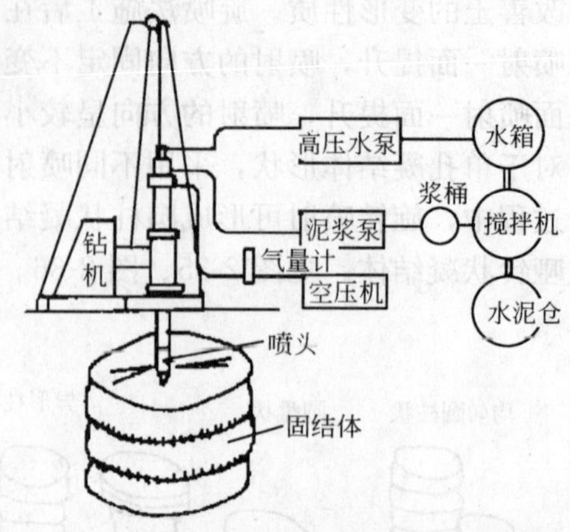

图2-39　三重管法高压喷射注浆示意图

(4) 多重管法

这种方法首先需要在地面钻一个导孔，然后置入多重管，用逐渐向下运动的旋转超高压力水射流(压力约40MPa)，切削破坏四周的土体，经高压水冲击下来的土和石成为泥浆后，立即用真空泵从多重管中抽出。如此反复的冲和抽，便在地层中形成一个较大的空间，装在喷嘴附近的超声波传感器及时测出空间的直径和形状，最后根据工程要求选用浆液、砂浆、砾石等材料进行填充。于是在地层中形成一个大直径的柱状固结体，在砂性土中最大直径可达4m。

2-10-1-2　高压喷射注浆法的特征

(1) 该方法适用范围广。它适用于软弱土层、砂层、强风化基岩及砾径不大于6mm的砾石层。它可用于提高地基的承载力，堤坝帷幕防渗，开挖边坡的锚固及先期固结地下工程的松散土层，防治流砂，以利掘进等，既适用于新建工程的基础处理，也可作为病害工程的基础处理。

(2) 该方法施工简便。施工时只需在土层中钻一个孔径为50mm或300mm的小孔，便可在土中喷射成直径为0.4～4.0m的固结体，因而施工时能贴近已有建筑物，成型灵活，既可在孔的全长形成柱状固结体，也可仅做其中一段。而且本工法施工机械化程度较高。

(3) 可控制固结体形状。在施工中可调整旋喷速度和提升速度、增减喷射压力或更换喷嘴孔径改变流量，使固结体形成工程设计所需要的形状。

(4) 施工简单，速度快，可选材料广泛，无公害，造价低，是一种应用广泛、有发展前途的非明挖地基处理方法。

高压喷射注浆加固软地基的深度，主要取决于钻机设备的适应性能。土体固结的有效半径或长度、宽度，取决于喷射的搅动半径、高压射流流速、提升速度控制，同时与土体标准贯入值有关，其有效直径一般控制在0.6～2.2m之间。土体的加固强度，主要取决于浆液与土质的性质和凝固过程，只要工艺参数适当，在砂及砂砾石层中，抗压强度可达10～15MPa，土体中一般为5MPa，基本可满足建筑物对地基的要求。

高压喷射注浆法施工技术的关键在于各种工艺参数的最佳组合，包括喷嘴的几何形状、喷嘴压力、旋转与提升速度及水泥浆的比重。

2-10-2 一般规定

（1）高压喷射注浆法分旋喷法、定喷法和摆喷法三种类别。旋喷法主要用于加固地基，以及用于截阻地下水流和治理流砂。定喷法和摆喷法通常用于基坑防渗、改善地基土的水流性质和稳定边坡等工程。根据工程需要和土质条件，可分别采用单管法、双管法和三管法。加固形状可分柱状、壁状、条状和块状。

（2）高压喷射注浆主要用于处理淤泥、淤泥质土、流塑、软塑或可塑黏性土、黏性土、粉土、黄土、砂土、人工填土和碎石土等地基。

（3）高压喷射注浆法可用于既有建筑和新建建筑地基加固，深基坑、地铁等工程的土层加固或防水。

（4）当土中含有较多的大粒径块石、坚硬黏性土、大量植物根茎或有过多的有机质时，以及地下水流速过大和已涌水的工程，应根据现场试验结果确定其适用程度。

（5）在制定高压喷射注浆方案时，应掌握场地的工程地质、水文地质和建筑结构设计资料等。对既有建筑尚应搜集竣工和现场观测资料、邻近建筑物和地下埋设物资料。

（6）高压喷射注浆方案确定后，应进行现场试验、试验性施工或根据经验确定施工参数及工艺。

2-10-3 机具设备和材料要求

2-10-3-1 机具设备

（1）高压喷射注浆法的主要机具设备包括：高压泵、钻机、浆液搅拌器等；辅助设备包括操纵控制系统、高压管路系统、材料储备系统、阀门、接头安全设施等。高压喷射注浆法施工常用主要机具设备规格、技术性能要求见表 2-20。

旋喷施工常用主要机具、设备参考表 **表 2-20**

设备名称		规格性能	用途
单管法	高压泥浆泵	1. NC-H300 型黄河牌压浆机 2. AF-700 型压浆车，柱塞式、带压力流量仪表	旋喷注浆
	钻机	1. 无锡 30 型钻机 2. XJ100 型振动钻机	旋喷用
	旋喷管	单管、42mm 地质钻杆、旋喷直径 3.2～4.0mm	注浆成桩
	高压胶管	工作压力 31MPa、9MPa，内径 19mm	高压水泥浆用
三重管法	高压泵	1. 3W-TB$_4$ 型高压柱塞泵，带压力流量仪表 2. SNC-H3000 型黄河牌压浆机 3. ACF-700 型压浆车	高压水助喷
	泥浆泵	1. BW250/50 型，压力 3～5MPa，排量 150～250L/min 2. 200/40 型，压力 4MPa，排量 100～150L/min 3. ACF-700 型压浆车	旋喷注浆
	空压机	压力 0.55～0.704MPa，排量 6～9m^3/min	旋喷用气
	钻机	1. 无锡 30 型钻机 2. XJ100 型振动钻机	旋喷、成孔用
	旋喷管	三重管，泥浆压力 2MPa，水压 20MPa，气压 0.5MPa	水、气、浆成桩
	高压胶管	工作压力引 31MPa、9MPa，内径 19mm	高压水泥浆用
	其他	搅拌管、各种压力流量仪表等	控制压力流量用

（2）单管法施工中使用的单管，由钻杆、喷头和导流器三部分组成。为了保证钻杆的上下连接所用方扣螺纹处有良好的密封性，在螺纹接头处要缠麻或加铜垫圈；导流器在结构强度上，要能承受一定的拉力，又能承受下钻杆时振动钻的冲击力，同时保持钻杆在转动过程中有良好的高压密封性。

（3）二重管法施工中使用的二重管由钻杆、喷头和导流器三部分组成。在制作二重钻杆时应特别注意内管和外管的同心度及橡胶密封圈接触面的光洁度；导流器的芯管由内管和外管组成，芯管的两个端口是浆液和压缩空气的进口，为了防止两种介质串流渗漏，在各端的下方用V形、Y形橡胶圈进行接触式密封，在制作芯管时要特别注意焊接变形，工件加工过程中应有适当余量，在焊接后进行精车精磨，导流器所有和橡胶圈接触的部位，其表面的粗糙度不得高于$\overset{0.8}{\triangledown}$。

（4）三重管法施工中使用的三重管由钻杆、喷头和导流器三部分组成。三重钻杆由内、中、外管组成。在制作三重钻杆时应特别注意：用O形橡胶圈密封的内管和中管表面粗糙度不得高于$\overset{0.8}{\triangledown}$，以增加密封性，延长密封件的使用寿命；三重钻杆的焊接处必须饱满连续，焊完后必须经水压试验；焊接钻杆外侧扁钢时，要采用分段对应焊接，以减少焊接变形；加工时要保持内管、中管、外管轴线重合，误差不得大于0.07mm，椭圆度不得大于0.03mm，喷头的硬度HRC≥45。导流器由外壳和芯管两部分组成。芯管的三个端口是三种介质进入三重喷管的头部，为防止三种介质串流渗漏，在端口的下部，用橡胶圈进行接触式动密封。与橡胶圈接触部件的表面粗糙度不得高于$\overset{0.8}{\triangledown}$。

2-10-3-2　材料要求

（1）高压喷射注浆地基中使用的水泥应采用新鲜无结块普通硅酸盐水泥，强度等级不得低于32.5级，水泥用量宜通过试验确定，如无条件时，可参考表2-21。一般浆液灰水比为1：1～1.5：1，稠度过大则导致流动缓慢，喷嘴易被堵住；稠度过小，对强度有影响。拌浆用水要求清洁无杂质、无侵蚀性、酸碱度适中。一般可饮用的河水、井水及其他清洁水均可。

1m桩长喷射桩水泥用量表　　表2-21

桩径（mm）	桩长（m）	水泥用量	喷射施工方法		
			单管	二重管	三重管
φ600	1	kg/m	200～250	200～250	
φ800	1	kg/m	300～350	300～350	
φ900	1	kg/m	350～400(新)	350～400(新)	
φ1000	1	kg/m	400～450(新)	400～450(新)	700～800
φ1200	1	kg/m		500～600(新)	800～900
φ1400	1	kg/m		700～800(新)	900～1000

注：1. “新”系指采用高压水泥浆泵，压力为36～40MPa，流量150～250L/min的新单管法和二重管法；
2. 水泥应采用新鲜无结块普通硅酸盐水泥，强度等级不低于32.5级。

(2) 为了促凝、促早强，可在浆液中外掺 2%～4%氯化钙或 3%～5%三乙醇胺，食盐 1%及氯化钙 2%～3%；要想提高其抗渗性能，使其初凝快、终凝时间长，可外掺 2%～4%的水玻璃，10%～50%膨胀土。

(3) 为防止浆液沉淀和离析，一般可加入水泥用量 3%的陶土、0.9‰的碱。浆液应在旋喷前 1h 以内配制，浆液要求搅拌均匀，可喷性好。使用时滤去硬块、砂石等，以免堵塞管路和喷嘴。

2-10-4 施工工艺要点

单管、二重管和三重管喷射注浆法所注入的介质种类和数量不相同，但它们的施工程序是基本一致的，即为施工前准备、钻孔、贯入喷射注浆管至孔底设计标高、配制浆液、喷射注浆，当压力流量达到规定值后，随即旋转和提升，进行自下而上喷射。

2-10-4-1 施工准备

(1) 首先，应根据设计要求和地质条件选用不同的喷浆方法和机具。

(2) 为了了解喷射注浆固结体的性质和浆液的合理配方，必须取现场各层土样，在室内按不同的含水量和配合比进行试验，确定最合理的浆液配方。

(3) 对规模较大及较重要的工程，为验证设计的可靠性和安全度，要在现场进行试验，查明喷射固结体的直径和强度。

(4) 施工前，先进行场地平整，挖好排浆沟，并应根据现场环境和地下埋设物的位置等情况，复核高压喷射注浆的设计孔位。当实际孔位、孔深和每个钻孔内的地下障碍物、洞穴、涌水、漏水等情况与工程地质不符时，应详细记录。

(5) 喷浆前，要先进行喷浆设备检查，即进行压水压浆压气试验，一切正常后方可配浆，准备喷浆。

2-10-4-2 施工要点及质量控制

(1) 高压喷射注浆法施工程序，如图 2-40。

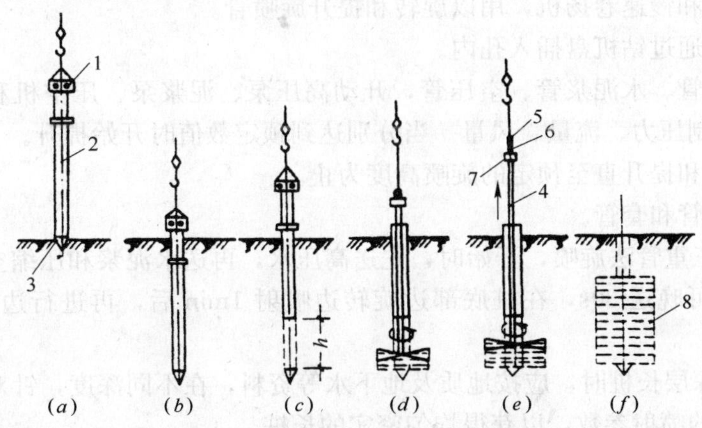

图 2-40 高压喷射注浆施工程序图

(a)振动沉桩机就位，放桩靴，立套管，安振动锤；(b)套管沉入设计深度；(c)拔起一段套管，卸上段套管，使下段露出地面(使 h>要求的旋喷长度)；(d)套管中插入三重管，边旋、边喷、边提升；(e)自动提升旋喷管；(f)拔出旋喷管与套管，下部形成圆柱喷射桩加固体

1—振动锤；2—钢套管；3—桩靴；4—三重管；5—浆液胶管；6—高压水胶管；7—压缩空气胶管；8—旋喷桩加固体

1）钻机就位。

高压喷射注浆施工的第一道工序就是将使用的钻机安置在设计的孔位上，使钻杆头对准孔位中心。同时保证钻孔达到设计要求的垂直度，其倾斜度不得大于1.5%。钻机与高压注浆泵的距离不宜过远，要求钻机安放保持水平。

2）钻孔。

钻孔的目的是为将喷射注浆管插入预定的地层中，钻孔方法很多，主要视地层中地质情况、加固深度、机具设备等条件而定。通常单管喷浆多使用76型旋转振动钻机，二重管法和三重管法采用地质钻机钻孔。喷射孔与高压注浆泵的距离不宜大于50m。钻孔的位置与设计位置的偏差不得大于50mm。

3）插管。

插管是将喷射注浆管插入地层预定的深度，使用76型旋振钻机钻孔时，插管与钻孔两道工序合二为一，即钻孔完毕，插管作业同时完。使用地质钻机钻孔完毕，必须拔出岩芯管，并换上喷射注浆管插入预定深度。在插管过程中，为防止泥砂堵塞喷嘴，可边射水边插管，水压力一般不超过1MPa。压力过高，易将孔壁射塌。

4）喷射注浆。

当喷射注浆管贯入土中，喷嘴达到设计标高时，即可喷射注浆。在喷射注浆参数达到规定值后，随即分别按旋喷、定喷或摆喷的工艺要求，提升喷射管，由下而上喷射注浆。喷射管分段提升的搭接长度不得小于100mm。值班技术人员必须时刻注意检查浆液初凝时间、注浆流量、风量、风力、旋转提升速度等参数是否符合设计要求，并随时做好记录，绘制作业过程曲线。

（2）三重管旋喷法工艺流程为：

1）先用振动打桩机将带有活动桩靴的套管打入土中，然后将套管拔出一段，拔出地面高度大于拟旋喷的高度，然后拆除上段套管。

2）安装钻机和慢速卷扬机，用以旋转和提升旋喷管。

3）将旋喷管通过钻机盘插入孔内。

4）接通高压管、水泥浆管、空压管，开动高压泵、泥浆泵、压空机和旋转钻机进行旋喷。用仪表控制压力、流量、风量。当分别达到预定数值时开始提升。

5）继续旋喷和提升直至预定的旋喷高度为止。

6）拔出旋喷管和套管。

（3）当采用三重管法旋喷，开始时，先送高压水，再送水泥浆和压缩空气，在一般情况下，压缩空气可晚送30s，在桩底部边旋转边喷射1min后，再进行边旋转、边提升、边喷射。

（4）当喷射深层长桩时，应按地质及地下水等资料，在不同深度，针对不同土层地质情况，选用合适的喷射参数，以获得均匀密实的长桩。

（5）在喷浆的过程中，往往有一定数量的土粒，随着一部分浆液沿着注浆管管壁冒出地面。冒浆量小于注浆量20%为正常。当冒浆量超过20%时，主要原因是有效喷浆范围与注浆量不相适应，注浆量大大超出喷浆固结所需的浆量所至。减少冒浆量可采取的措施有：提高喷射压力；适当缩小喷嘴孔径；加快提升和旋转速度。对于冒出地面的浆液，若能迅速进行过滤、沉淀除去杂质和调整浓度后，可予以回收利用。若完全不冒浆，一般是由于地层中有较大的空隙，可采取的措施有：在浆液中掺入适量的早凝剂，缩短固结时间，使浆液在一定土层范围内凝固；在空隙地段增大注浆量，填满空隙后再继续正常喷浆。

(6) 高压喷射时，如出现压力骤然下降、上升时，应停止提升和喷射注浆以防桩体中断，同时立即查明原因并及时采取措施排除故障。

(7) 若发现浆液喷射不足时，可采取重复喷射措施，即在原位进行第二次喷射，这样可以增加固结体的直径，增大的数值主要随土质密度而定。

(8) 当处理既有建筑地基时，应采用速凝浆液或跳孔喷射和冒浆回灌等措施，以防喷射过程中地基产生附加变形和地基与基础间出现脱空现象，同时，应对建筑物进行变形监测。

(9) 对于喷浆完毕后由于浆液的析水引起的固结体顶部的凹穴，可采取灌注混凝土或直接从喷射孔中再次注入浆液至填满凹穴为止。

(10) 施工中，应做好泥浆处理，及时将泥浆运出或在现场短期堆放后作土方运出。

(11) 施工中，应严格按照施工参数和材料用量施工，并如实做好各项记录。

(12) 当高压喷射注浆完毕，应迅速拔出注浆管，用清水冲洗管路。

2-10-5 质量检验与验收

2-10-5-1 质量检验标准

高压喷射注浆地基质量检验标准应符合表 2-22 的规定。

高压喷射注浆地基质量检验标准 表 2-22

项	序	检查项目	允许偏差或允许值		检查方法
			单位	数值	
主控项目	1	水泥及外掺剂质量	符合出厂要求		查产品合格证书或抽样送检
	2	水泥用量	设计要求		查看流量表及水泥浆水灰比
	3	桩体强度或完整性检验	设计要求		按规定方法
	4	地基承载力	设计要求		按规定方法
一般项目	1	钻孔位置	mm	≤50	用钢尺量
	2	钻孔垂直度	%	≤1.5	经纬仪测钻杆或实测
	3	孔深	mm	±200	用钢尺量
	4	注浆压力	按设定参数指标		查看压力表
	5	桩体搭接	mm	>200	用钢尺量
	6	桩体直径	mm	≤50	开挖后用钢尺量
	7	桩身中心允许偏差		≤0.2D	开挖后桩顶下 500mm 处用钢尺量，D 为桩径

2-10-5-2 质量控制

高压喷射注浆可根据工程要求和当地经验采用开挖检查、取芯(常规取芯或软取芯)、标准贯入试验、载荷试验或围井注水试验等方法进行检验，并结合工程测试、观测资料及实际效果，综合评价加固效果。

1. 检验点布置部位

(1) 有代表性的桩位；

(2) 施工中出现异常情况的部位；

(3) 地基情况复杂，可能对高压喷射注浆质量产生影响的部位。

2. 检验内容

(1) 施工前，应凭产品合格证书或抽样送检，检查水泥及外掺剂的质量是否符合出厂要求。查看流量表及水泥浆水灰比，检查水泥用量是否符合设计要求。

(2) 施工过程中时刻查看压力表，检查注浆压力是否符合设定参数指标。

(3) 施工结束后，应检查桩体强度、平均直径、桩身中心位置，施工结束 4 周后进行桩体质量及承载力检验等。

(4) 对桩体强度或完整性用规定的方法进行检验，应满足设计要求。

(5) 按规定的方法进行地基承载力的检验，应满足设计要求。

(6) 钻孔位置的检验用钢尺量，与设计要求的偏差不得大于 50mm。

(7) 用经纬仪或实测方法检验钻孔的垂直度，与设计要求的偏差不得大于 1.5%。

(8) 孔深的检验用钢尺量，与设计要求的偏差不得超过 200mm。

(9) 用钢尺量桩体的搭接长度，应大于 200mm。

(10) 开挖后，用钢尺检验桩体的直径，与设计要求的偏差不得大于 50mm。

(11) 开挖后，在桩顶下 500mm 处用钢尺检验桩身中心位置，与设计要求偏差不得大于 $0.2D$(D 为桩径)。

(12) 承载力检验点的数量为施工注浆孔的 0.5%～1%，但不应少于 3 处。有单桩强度检验要求时，载荷试验必须在桩身强度满足试验条件时，并宜在成桩 28d 后进行。数量为总数的 0.5%～1%，但不应少于 3 根，且每项单体工程不应少于 3 点。对不足 20 孔的工程，至少应检验 2 个点。质量检验宜在高压喷射注浆结束 28d 后进行。

(13) 竖向承载旋喷桩地基竣工验收时，承载力检验应采用复合地基载荷试验和单桩载荷试验。

3. 检验方法

高压喷射注浆可采用开挖检验、钻孔取芯、标准贯入、载荷试验等方法进行检验。

(1) 开挖检验

施工完毕，待固结体凝固具有一定强度后，即可开挖直接检验。由于固结体完全暴露出来，因此，能全面检验固结体的垂直度和固结形状。

(2) 钻孔取芯

1) 在已凝固的固结体中钻取岩芯，并将其做成标准试件进行室内物理力学性能试验，检查内部桩体的均匀程度是否符合设计要求。

2) 也可在现场进行钻孔，做压力注水和抽水两种试验，测定其抗渗能力。

(3) 标准贯入试验

在固结体的中部进行标准贯入试验，每隔一定深度作一个标准贯入(N)值试验。

2-11 水泥土搅拌桩地基

水泥土搅拌桩地基系利用水泥作为固化剂，通过深层搅拌机在地基深部就地将软土和固化剂(浆体或粉体)强制拌合，利用固化剂和软土发生一系列物理、化学反应，使凝结成具有整体性、水稳性好和较高强度的不同形状的桩、墙体或块体等，与天然地基形成复合地基，改善地基的承载力和变形模量。用于深基坑开挖侧向挡土防水支护结构和地基承重桩。

它的特点是：在地基加固过程中无振动、无噪声，对环境无污染。对土无侧向挤压，对邻近建筑物影响很小；能自立支护挡土，不需要支撑和拉锚，可按建筑物要求作成柱状、壁状、格子状和块状等加固形状；桩体连接成壁后有隔水帷幕作用，墙壁不会渗水，一般基坑不需要采取降水措施；可有效地提高地基强度（当水泥掺量为 8%和 10%时，加固体强度分别为 0.24MPa 和 0.65MPa，而天然软土地基强度仅 0.006MPa）；同时施工期较短，造价低廉，效益显著。

冬期施工时应注意负温对处理效果的影响。多用于墙下条形基础、大面积堆料厂房地基；在深基坑开挖时用于防止坑壁及边坡侧滑、坑底隆起等，以及作地下防渗墙等工程上。

2-11-1 一般规定

（1）水泥土搅拌法分为深层搅拌法（以下简称湿法）和粉体喷搅法（以下简称干法）。水泥土搅拌法适用于处理正常固结的淤泥与淤泥质土、粉土、饱和黄土、素填土、黏性土以及无流动地下水的饱和松散砂土等地基。当地基土的天然含水量小于 30%（黄土含水量小于 25%）、大于 70%或地下水的 pH 值小于 4 时不宜采用干法。冬期施工时，应注意负温对处理效果的影响。

（2）水泥土搅拌法用于处理泥炭土、有机质土、塑性指数 I_p 大于 25 的黏土、地下水具有腐蚀性时以及无工程经验的地区，必须经现场试验确定其适用性。

（3）水泥土搅拌法形成的水泥土加固体，可作为竖向承载的复合地基；基坑工程围护挡墙、被动区加固、防渗帷幕；大体积水泥稳定土等。加固体形状可分为柱状、壁状、格栅状或块状等。

（4）确定处理方案前，应搜集拟处理区域内详尽地岩土工程资料。尤其是填土层的厚度和组成，软土层的分布范围、分层情况，地下水位及 pH 值，土的含水量、塑性指数和有机质含量等。

（5）设计前，应进行拟处理土的室内配比试验。针对现场拟处理的最弱层软土的性质，选择合适的固化剂、外掺剂及其掺量，为设计提供各种龄期、各种配比的强度参数。

对竖向承载的水泥土强度宜取 90d 龄期试块的立方体抗压强度平均值；对承受水平荷载的水泥土强度宜取 28d 龄期试块的立方体抗压强度平均值。

2-11-2 材料和机具要求

2-11-2-1 材料

（1）固化剂。水泥土搅拌桩地基加固软土的固化剂可选用强度等级为 32.5 级以上的普通硅酸盐水泥，也可用其他有效的固化材料。掺入量除块状加固是可用被加固湿土质量的 7%～12%，其余宜为 12%～20%。

（2）水灰比。湿法的水泥浆水灰比可选用 0.45～0.55。为增强流动性，利于泵送，可掺入水泥重量 0.2%～0.25%的木质素磺酸钙减水剂，但它有缓凝性，为此，用硫酸钠（掺量为水泥用量的 1%）和石膏（掺量为水泥用量的 2%）与之复合使用，以促进速凝、早强。

（3）外掺剂可根据工程需要选用具有早强、缓凝、减水、节省水泥等性能的材料，但应避免污染环境。

2-11-1-2　机具设备

机具设备包括：深层搅拌机、起重机、水泥制配系统、导向设备及提升速度量测设备等。深层搅拌机及与之配套的起吊设备、固化剂制配系统技术性的要求见表 2-23。SJB 型深层搅拌机构造如图 2-41，机体属双搅拌头、中心输浆方式的中心机，制成的桩外形是“8”字形，轮廓尺寸和搅拌翼片外形相当，纵向最大处为 1.3m，横向最大处为 0.8m。其配套设备见图 2-42。

SJB-1 深层搅拌机技术性能要求　　表 2-23

项　次	项　目		规　格　性　能	数　量
1	深层搅拌机	搅拌轴数量	ϕ127×10mm	2 根
		搅拌轴长度	每节长 2.5m	2 节
		搅拌时外径	ϕ700～800mm	
		电动机功率	2×30kW	1 台
2	起吊设备及导向系数	履带式起重机	CH500 型，起重高度 >14m 起重量>10t	1 台
		提升速度	0.3～1.0m/min	
		导向架	ϕ88.5mm 钢管制	1 座
3	固化剂制配系统	灰浆泵	HB6-3 型，输浆量 3m³/h 工作压力 1.5MPa	1 台
		灰浆搅拌机	HL-1 型 200L	2 台
		集料斗	400L	1 个
		磅秤	计量	1 台
		提升速度测定仪	量测范围 0～2m/min	1 台
4	技术指标	一次加固面积	0.7～0.9m²	
		最大加固深度	10m	
		加固效率	40～50m/台班	
		总重量(不含起重机)	6.5t	

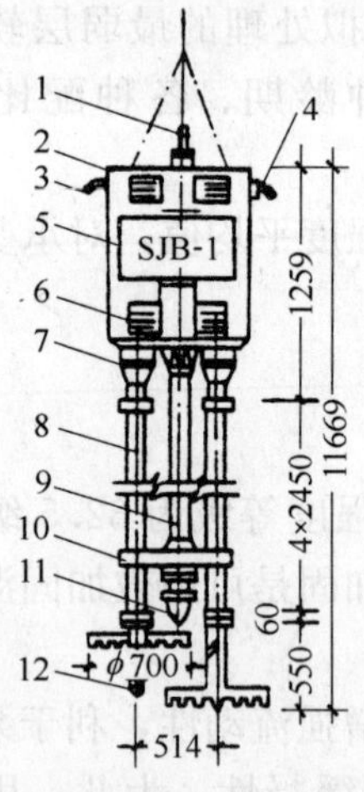

图 2-41　SJB-1 型深层搅拌机

1—输浆管；2—外壳；3—出水口；4—进水口；5—电动机；6—导向滑块；7—减速器；8—搅拌轴；9—中心管；10—横向系板；11—球形阀；12—搅拌头

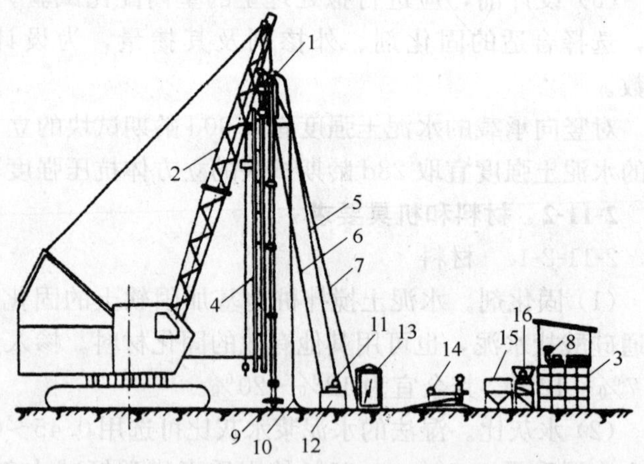

图 2-42　深层搅拌机配套机械及布置

1—深层搅拌机；2—履带式起重机；3—工作平台；4—导向架；5—进水管；6—回水管；7—电缆；8—磅秤；9—搅拌头；10—输浆压力胶管；11—冷却泵；12—贮水池；13—电气控制柜；14—灰浆泵；15—集料斗；16—灰浆搅拌机

2-11-3 施工工艺要点

2-11-3-1 桩平面布置

水泥土搅拌桩平面布置可根据上部建筑对变形的要求，采用柱状、壁状、格子状、块状等处理形式，可只在基础范围内布桩。柱状处理可采用正方形或等边三角形布桩形式。

2-11-3-2 施工工艺

水泥土搅拌桩地基的施工工艺流程如图2-43所示。

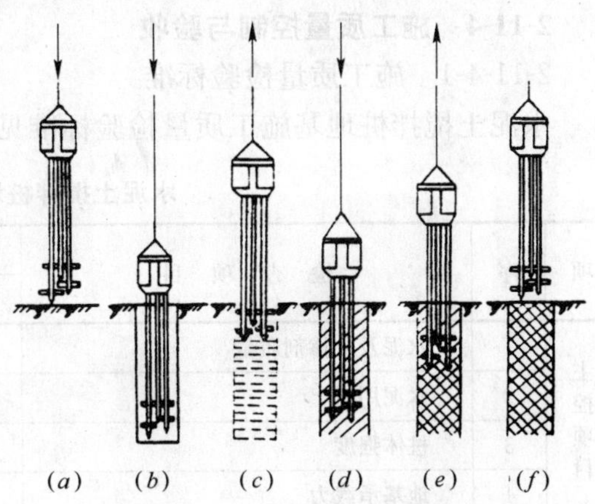

图2-43 深层搅拌法工艺流程

(a)定位下沉；(b)沉入到设计深度；(c)喷浆搅拌提升；(d)原位重复搅拌下沉；(e)重复搅拌提升；(f)搅拌完成形成加固体

2-11-3-3 施工程序

深层搅拌机定位→预搅拌下沉→制配水泥浆(或砂浆)→喷浆搅拌、提升→重复搅拌下沉→重复搅拌提升直至孔口→关闭搅拌机、清洗→移至下一根桩、重复以上工序。

2-11-3-4 施工要点

(1) 场地应先整平，清除桩位处地上、地下一切障碍物(包括大块石、树根和生活垃圾等)，场地低洼处用黏性土料回填夯实，不得用杂填土回填。基础底面以上宜留500mm厚的土层，搅拌桩施工到地面，开挖基坑时，应将上部质量较差桩段挖去。

(2) 施工前，应标定搅拌机械的灰浆泵输送量、灰浆经输送管到达搅拌机喷浆口的时间和起吊设备提升速度等施工工艺参数，并根据设计要求通过试验确定搅拌桩的配合比和施工工艺。

(3) 施工时，先将深层搅拌机用钢丝绳吊挂在起重机上，用输浆胶管将贮料罐砂浆泵与深层搅拌机接通，开动电动机，搅拌机叶片相向而转，借设备自重，以0.38～0.75m/min的速度沉至要求加固深度；再以0.3～0.5m/min的均匀速度提起搅拌机，与此同时开动砂浆泵将砂浆从深层搅拌中心管不断压入土中，由搅拌叶片将水泥浆与深层处的软土搅拌，边搅拌边喷浆直到提至地面(近地面开挖部位可不喷浆，便于挖土)，即完成一次搅拌过程。用同法再一次重复搅拌下沉和重复搅拌喷浆上升，即完成一根柱状加固体。外形呈"8"字形，一根接一根搭接，相搭接宽度宜大于100mm，以增强其整体性，即成壁状加固体，几个壁状加固体连成一片，即成块状。

(4) 施工使用固化剂和外掺剂必须通过加固土室内试验检验，方能使用。固化剂应严格按预定的配合比拌制，制备好的浆液不得离析，泵送必须连续，拌制浆液罐数、固化剂与外掺剂的用量以及泵送浆液的时间等应有专人记录。

(5) 起吊时，应保证起吊设备的平整度和导向架的垂直度。成桩要控制搅拌机的提升速度和次数，使连续均匀，以控制注浆量，保证搅拌均匀，同时泵送必须连续。搅拌桩的垂直度偏差不得超过1%，桩位偏差不得大于50mm。

(6) 搅拌机预搅下沉时不宜冲水；当遇到较硬土层下沉太慢时，方可适量冲水，但应考虑冲水成桩对桩身强度的影响。

(7) 搅拌机喷浆提升的速度和次数必须符合施工工艺的要求，应有专人记录搅拌机每米下沉或提升的时间，深度记录误差不得大于 50mm，时间记录误差不得大于 5s，施工中发现的问题及处理情况均应注明。

(8) 每天加固完毕，应用水清洗贮料罐、砂浆泵、深层搅拌机及相应管道，以备再用。

2-11-4 施工质量控制与验收

2-11-4-1 施工质量检验标准

水泥土搅拌桩地基施工质量检验标准见表 2-24。

水泥土搅拌桩地基质量检验标准　　表 2-24

项	序	检查项目	允许偏差或允许值		检查方法
			单位	数值	
主控项目	1	水泥及外掺剂质量	设计要求		查产品合格证书或抽样送检
	2	水泥用量	参数指标		查看流量计
	3	桩体强度	设计要求		按规定办法
	4	地基承载力	设计要求		按规定办法
一般项目	1	机头提升速度	m/min	≤0.5	量机头上升距离及时间
	2	桩底标高	mm	±200	测机头深度
	3	桩顶标高	mm	+100 −50	水准仪(最上部 500mm 不计入)
	4	桩位偏差	mm	<50	用钢尺量
	5	桩径		<0.04D	用钢尺量，D 为桩径
	6	垂直度	%	≤1.5	经纬仪
	7	搭接	mm	>200	用钢尺量

2-11-4-2 施工质量控制

(1) 搅拌桩应在成桩 7d 内用轻便触探器钻取桩身加固土样，观察搅拌均匀程度，同时根据轻便触探击数用对比法判断桩身强度。检验桩的数量应不少于已完成桩数的 2%。

(2) 如经触探检验对桩身强度有怀疑的桩，应钻取桩身芯样，制取试块并测定桩身强度。

(3) 对场地复杂或施工有问题的桩应进行单桩试验，检验其承载力。

(4) 对相邻桩搭接要求严格的工程，应在桩养护到一定龄期时选取数根桩体进行开挖，检查桩顶部分外观质量。

(5) 基坑开挖后，应检验桩位、桩数与桩顶质量，如不符合规定要求，应采取有效补救措施。

2-12 土和灰土挤密桩复合地基

土或灰土挤密桩复合地基是指通过锤击(或冲击、爆破等)方法将钢管打入土过程中的横向挤压作用，桩孔内的土被挤向周围，使桩间土得以挤密；将管拔出后，在桩孔中分层回填备好的素土(黏性土)或 2∶8，3∶7 灰土夯实而成，与挤密后的桩间土共同组成的复合地基以承受上部荷载的地基处理方法。前者称为土挤密桩，后者称为灰土挤密桩。

特点是土或灰土挤密桩成桩时为横向挤密，可以同样达到所要求加密处理后的最大干密度指标，可以消除地基土的湿陷性，提高承载力，降低压缩性；与换土垫层相比，不需大量开挖回填，可节省土方开挖和回填土方工程量，工期可缩短50%以上；处理深度较大，可达12～15m；可就地取材，应用廉价材料，降低工程造价2/3；机具简单，施工方便，工效高。

2-12-1 一般规定

(1) 适用于处理地下水位以上、天然含水量12%～24%、处理深度为5～15m的新填土、杂填土、湿陷性黄土以及含水率较大的软弱地基。当以消除地基的湿陷性为主要目的时，宜选用土挤密桩法；当以提高地基的承载力或水稳性为主要目的时，宜选用灰土挤密桩法；当地基土的含水量大于24%及其饱和度大于0.65时，打管成孔质量不好，且易对邻近已回填的桩体造成破坏，拔管后容易缩颈，此情况下不宜采用灰土挤密桩。

(2) 对重要工程或在缺乏经验的地区，施工前应按设计要求，在现场选点进行试验。如土性基本相同，试验可在一处进行，如土性差异明显，应在不同地段分别进行试验。

2-12-2 机具设备及材料要求

2-12-2-1 机具设备

(1) 成孔设备。一般采用0.6t或1.2t柴油打桩机或自制锤击式打桩机，亦可采用冲击钻机或洛阳铲成孔。

(2) 夯实机具。常用夯实机具有偏心轮夹杆式夯实机和卷扬机提升式夯实机两种，后者工程中应用较多。夯锤用铸钢制成，重量一般选用100～300kg，其竖向投影面积的静压力不小于20kPa。夯锤最大部分的直径应较桩孔直径小100～150mm，以便填料顺利通过夯锤四周。夯锤形状，下端应为抛物线形锥体或尖锥形锥体，上段成弧形。

2-12-2-2 桩孔内的填料

桩孔内的填料应根据工程要求或处理地基的目的确定。土料、石灰质量要求和工艺要求、含水量控制等同灰土垫层。夯实质量应用压实系数λ_c控制，λ_c应不小于0.97。

(1) 土料。采用就地挖出的黏性土及塑性指数大于4的粉土，土内不得含有松软杂质或使用耕植土；土料应过筛，其颗粒不应大于15mm。

(2) 石灰。应用Ⅲ级以上新鲜的块灰，含氧化钙、氧化镁愈高愈好，使用前1～2d消解并过筛，其颗粒不得大于5mm，且不应夹有未熟化的生石灰块粒及其他杂质，也不得含有过多的水分。

2-12-3 施工工艺要点

2-12-3-1 桩的构造和布置

(1) 桩孔直径。根据工程量、挤密效果、施工设备、成孔方法及成孔设备等情况而定，一般选用300～450mm。

(2) 桩长。根据土质情况、桩处理地基的深度、工程要求和成孔设备等因素确定，一般为5～15m。

(3) 桩距和排距。桩孔一般按等边三角形布置，其间距和排距可为桩孔直径的2.0～2.5倍，也可按以下公式计算(图2-44)：

$$S=0.95d\sqrt{\frac{\overline{\lambda}_c\rho_{d\max}}{\overline{\lambda}_c\rho_{d\max}-\overline{\rho}_d}}$$

$$h=0.866S$$

式中 S——桩的间距(mm);

d——桩孔直径(mm);

$\overline{\lambda}_c$——地基挤密后,桩间土的平均压实系数,宜取0.93;

$\rho_{d\max}$——桩间土的最大干密度(t/m^3);

$\overline{\rho}_d$——地基挤密前土的平均干密度(t/m^3);

h——桩的排距(mm)。

一般灰土桩不少于3排。

(4) 处理宽度。处理地基的宽度应大于基础的宽度(图2-45)。

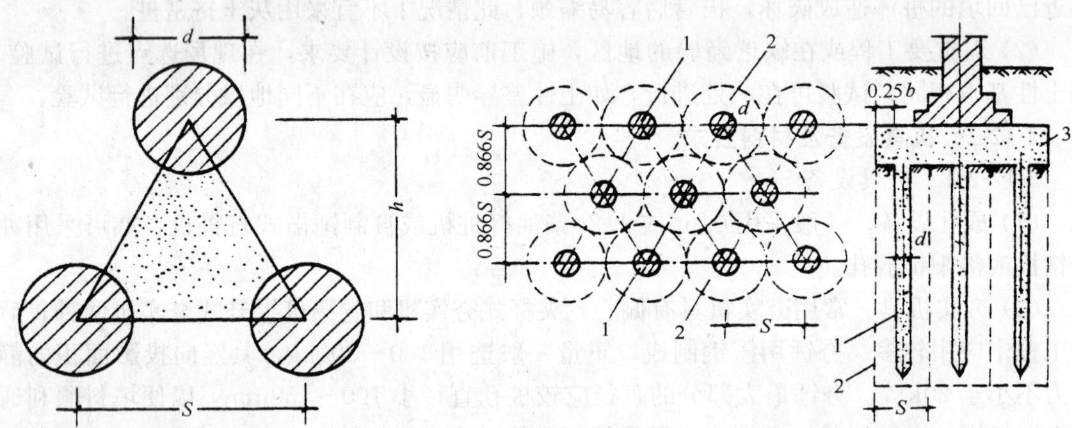

图2-44 桩距和排距计算简图

d—桩孔直径;S—桩的间距;h—桩的排距

图2-45 灰土桩及灰土垫层布置

1—灰土挤密桩;2—桩的有效挤密范围;3—灰土垫层
d—桩径;S—桩距(2.5~3.0d);b—基础宽度

局部处理时,对非自重湿陷性黄土、素填土、杂填土等地基,每边超出基础的宽度不应小于0.25b(b为基础短边宽度),并不应小于0.5m;对自重湿陷性黄土地基不应小于0.75b,并不应小于1m。

整片处理宜用于Ⅲ、Ⅳ级自重湿陷性黄土场地,每边超出建筑物外墙基础外缘的宽度不宜小于处理土层厚度的1/2,并不应小于2m。

(5) 地基的承载力和压缩模量。

1) 灰土挤密桩处理地基的承载力标准值,应通过原位测试或结合当地经验确定。当无经验资料时,对灰土挤密桩地基,不应大于处理前的1.4倍,并不应大于180kPa;对灰土挤密桩地基,不应大于处理前的2倍,并不应大于250kPa。

2) 灰土挤密桩地基的压缩模量应通过试验或结合本地经验确定,一般为29.0~30.0MPa。

2-12-3-2 施工要点

(1) 施工前,应在现场进行成孔、夯填工艺和挤密效果试验,以确定分层填料厚、夯击次数和夯实后干密度等要求。

(2) 土或灰土挤密桩的施工,应按设计要求和现场条件选用沉管(振动、锤击)、冲击或爆扩等方法进行成孔，使土向孔的周围挤密。

(3) 成孔和回填夯实的施工应符合下列要求：

1) 成孔施工时，地基土宜接近最优含水量，当含水量低于12%时，宜加水增湿至最优含水量。

2) 桩孔中心点的偏差不应超过桩距设计值的5%。

3) 桩孔垂直度偏差不应大于1.5%。

4) 桩孔的直径和深度，对沉管法，其直径和深度应与设计值相同；对冲击法或爆扩法，桩孔直径的误差不得超过设计值的±70mm，桩孔深度不应小于设计深度0.5m。

5) 向孔内填料前，孔底必须夯实，然后用素土或灰土在最优含水量状态下分层回填夯实，其压实系数应符合《建筑地基处理技术规范》规定，填料(土或灰土)质量应符合上述规范的规定。

(4) 桩施工一般采取先将基坑挖好，预留20～30cm土层，然后在坑内施工灰土桩。桩的成孔方法可根据现场机具条件选用沉管(振动、锤击)法、爆扩法、冲击法或洛阳铲成孔法等。沉管法是用打桩机将与桩孔同直径的钢管打入土中，使土向孔的周围挤密，然后缓慢拔管成孔。桩管顶设桩帽，下端作成锥形约成60°角，桩尖可以上下活动(图2-46)，以利空气流动，可减少拔管时的阻力，避免塌孔。成孔后，应及时拔出桩管，不应在土中搁置时间过长。成孔施工时，地基土宜接近最优水量，当含水量低于12%时，宜加水增湿至最优含水量。本法简单易行，孔壁光滑平整，挤密效果好，应用最广。但处理深度受桩架限制，一般不超过8m。爆扩法系用钢钎打入土中形成直径25～40mm孔或用洛阳铲打成直径60～80mm孔，然后在孔中装入条形炸药卷和2～3个雷管，爆扩成直径20～45cm孔。本法工艺简单，但孔径不易控制。冲击法是使用冲击钻钻孔，将0.6～3.2t重锥形锤头提升0.5～2.0m高后落下，反复冲击成孔，用泥浆护壁，直径可达50～60cm，深度可达15m以上，适于处理湿陷性较大的土层。

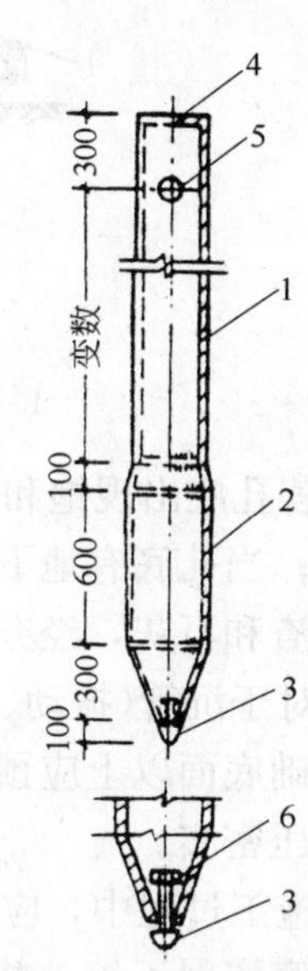

图2-46 桩管构造

1—ϕ275mm无缝钢管；2—ϕ300mm×10mm无缝钢管；3—活动桩尖；4—10mm厚封头板(设ϕ300mm排气孔)；5—ϕ45mm管焊于桩管内，穿M40螺栓；6—重块

(5) 桩成孔和回填夯实的施工顺序应先外排后里排，同排内应间隔1～2孔进行；对大型工程可采取分段施工，以免因振动挤压造成相邻孔缩孔或塌孔。成孔后应清底夯实、夯平，夯实次数不少于8击，并立即夯填灰土。

(6) 桩孔应分层回填夯实，每次回填厚度为250～400mm，人工夯实用重25kg、带长柄的混凝土锤，机械夯实用偏心轮夹杆或夯实机或卷扬机提升式夯实机(图2-47)或链条传动摩擦轮提升连续式夯实机，一般落锤高度不小于2m，每层夯实不少于10锤。施打时，逐层以量斗定量向孔内下料，逐层夯实。当采用连续夯实机时，则将灰土用铁锹不间断地下料，每下2锹夯二击，均匀地向桩孔下料、夯实。桩顶应高出设计标高15cm，挖土时将高出部分铲除。

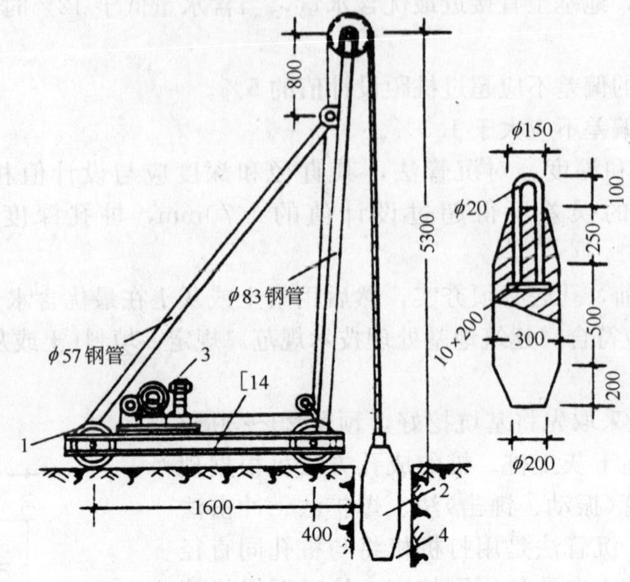

图2-47　灰土桩夯实机构造(桩直径350mm)
1—机架；2—铸钢夯锤，重45kg；3—1t卷扬机；4—桩孔

(7) 若孔底出现饱和软弱土层时，可加大成孔间距，以防由于振动而造成已打好的桩孔内挤塞；当孔底有地下水流入时，可采用井点降水后再回填填料或向桩孔内填入一定数量的干砖渣和石灰，经夯实后再分层填入填料。

(8) 对于沉管(振动、振冲)成孔，基础底面以上应预留0.5～0.7m厚的土层；冲击成孔，基础底面以上应预留1.20～1.50m的土层，待施工结束后，将表层挤松的土挖除或分层夯压密实。

(9) 施工过程中，应有专人监测成孔及回填夯实的质量并做好施工记录。如发现地基土质与勘察资料不符，并影响成孔或回填夯实时，应立即停止施工，待查明情况或采取有效措施处理后，方可继续施工。

(10) 雨期或冬期施工，应采取防雨、防冻措施，防止土料和灰土受雨水淋湿或冻结。

2-12-4　质量控制与验收

2-12-4-1　施工质量验收标准

土或灰土挤密桩地基质量检验标准应符合表2-25的规定。

土和灰土挤密桩地基质量检验标准　　表2-25

项	序	检查项目	允许偏差或允许值		检查方法
			单位	数值	
主控项目	1	桩体及桩间土干密度	设计要求		现场取样检查
	2	桩长	mm	+500	测桩管长度或垂球测孔深
	3	地基承载力	设计要求		按规定的方法
	4	桩径	mm	−20	用钢尺量

续表

项	序	检查项目	允许偏差或允许值		检查方法
			单位	数值	
一般项目	1	土料有机质含量	%	≤5	试验室焙烧法
	2	石灰粒径	mm	≤5	筛分法
	3	桩位偏差		满堂布桩≤0.40D 条基布桩≤0.25D	用钢尺量，D为桩径
	4	垂直度	%	≤1.5	用经纬仪测桩管
	5	桩径	mm	−20	用钢尺量

注：桩径允许偏差负值是指个别断面。

2-12-4-2 质量控制

(1) 施工结束后，对土或灰土挤密桩处理地基的质量，应及时进行抽样检验。桩成孔质量应按桩总数的0.5%抽查，且单体工程不应少于3点。

(2) 桩夯填的质量，采用随机抽样检查数量，对于一般工程不应少于桩数的1%；对重要工程不应少于桩数的1.5%。同时，每台班至少应抽查1根。检查方法，可用洛阳铲在桩孔中心铲土，用环刀取出夯实土样(图2-48)，测定干密度，一般每1～1.5m取一个夯实土样，换算其压实系数，检查其是否满足设计要求。也可采用轻便触探检查法，以实测锤击数不小于通过试验确定的检定锤击数为合格。

(3) 对重要或大型工程，尚应进行载荷试验或其他原位测试，也可在地基处理的全部深度内取土样测定桩间土的压缩性和湿陷性。

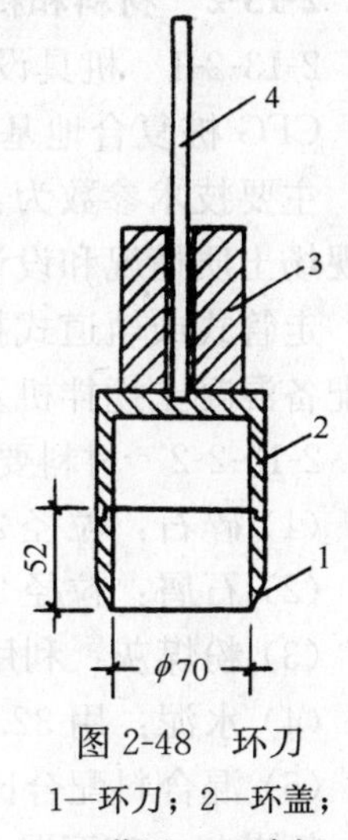

图2-48 环刀
1—环刀；2—环盖；3—落锤；4—串杆

2-13 水泥粉煤灰碎石桩复合地基

水泥粉煤灰碎石桩复合地基(Cement Fly-ash Gravel Pile)，简称CFG桩复合地基，是近年发展起来的处理软弱地基的一种新方法。它是在碎石桩的基础上掺入适量石屑、粉煤灰和少量水泥，加水拌合后制成具有一定强度的桩体。其骨料仍为碎石，用掺入石屑来改善颗粒级配；掺入粉煤灰来改善混合料的和易性，并利用其活性减少水泥用量；掺入少量水泥使具有一定粘结强度。

它不同于碎石桩，碎石桩是由松散的碎石组成在荷载作用下将产生鼓胀变形，当桩周土为强度较低的软黏土时，桩体易产生鼓胀破坏；并且碎石桩仅在上部约3倍桩径长度的范围内传递荷载，超过此长度，增加桩长，承载力提高不显著，故此碎石桩加固黏性土地基，承载力提高幅度不大(约20%～60%)。而CFG桩是一种低强度混凝土桩，可充分利用桩间土的承载力，共同作用，并可传递荷载到深层地基中去，具有较好的技术性能和经济效果。

CFG桩复合地基的特点是：改变桩长、桩径、桩距等设计参数，可使承载力在较大范围内调整；有较高的承载力，承载力提高幅度在250%～300%，对软土地基承载力提高更大；沉降量小，变形稳定快，如将CFG桩复合地基落在较硬的土层上，可较严格地控制地基沉降量(在10mm以内)；工艺性好，由于大量采用粉煤灰，桩体材料具有良好的流动性与和易性，灌注方便，易于控制施工质量；可节约大量水泥、钢材，利用工业废料，消耗大量粉煤灰，降低工程费用，与预制钢筋混凝土桩加固相比，可节省投资30%～40%。

CFG桩复合地基适于多层和高层建筑地基的处理。

2-13-1　一般规定

(1) 水泥粉煤灰碎石桩(CFG桩)法适用于处理黏性土、粉土、砂土和已自重固结的素填土等地基。对淤泥质土应按地区经验或通过现场试验确定其适用性。

(2) 水泥粉煤灰碎石桩应选择承载力相对较高的土层作为桩端持力层。

(3) 水泥粉煤灰碎石桩复合地基设计时应进行地基变形验算。

2-13-2　材料和机具要求

2-13-2-1　机具设备

CFG桩复合地基成孔、灌注一般采用振动式沉管打桩机架，配DZJ90型变矩式振动锤，主要技术参数为：电动机功率：90kW；激振力：0～747kN；质量：6700kg。也可根据现场土质情况和设计要求的桩长、桩径，选用其他类型的振动锤。亦可采用履带式起重机、走管式或轨道式打桩机，配有梃杆、桩管。桩管外径分ϕ325mm和ϕ377mm两种。此外配备混凝土搅拌机及电动、气焊设备及手推车、吊斗等机具。

2-13-2-2　材料要求及配合比

(1) 碎石：粒径20～50mm，松散密度1.39t/m³，杂质含量小于5%。

(2) 石屑：粒径2.5～10mm，松散密度1.47t/m³，杂质含量小于5%。

(3) 粉煤灰：利用Ⅲ级粉煤灰。

(4) 水泥：用32.5级普通硅酸盐水泥，新鲜无结块。

(5) 混合料配合比：根据拟加固场地的土质情况及加固后要求达到的承载力而定。水泥、粉煤灰、碎石混合料的配合比相当于抗压强度为C1.2～C7的低强度等级混凝土，密度大于2.0t/m³。掺加最佳石屑率(石屑量与碎石和石屑总重量之比)约为25%左右情况下，当W/C(水与水泥用量之比)为1.01～1.47，F/C(粉煤灰与水泥重量之比)为1.02～1.65，混凝土抗压强度约为8.8～1.42MPa。

2-13-3　施工工艺要点

2-13-3-1　构造要求

(1) 桩径：根据振动沉桩机的管径大小而定，一般为350～600mm。

(2) 桩距：根据土质、布桩形式、场地情况，宜取3～5倍桩径，也可按表2-26选用。

桩距选用表　　**表2-26**

桩距 土质 布桩形式	挤密性好的土，如砂土、粉土、松散填土等	可挤密性土，如粉质黏土、非饱和黏土等	不可挤密性土，如饱和黏土、淤泥质土等
单、双排布桩的条基	(3～5)d	(3.5～5)d	(4～5)d
含9根以下的独立基础	(3～6)d	(3.5～6)d	(4～6)d
满堂布桩	(4～6)d	(4～6)d	(4.5～7)d

注：d——桩径，以成桩后桩的实际桩径为准。

(3) 桩长：根据需挤密加固深度而定，一般为6～12m。

(4) 褥垫层：桩顶和基础之间应设置褥垫层，褥垫层厚度宜取150～300mm，当桩径大或桩距大时，褥垫层厚度宜取高值。

褥垫层材料宜用中砂、粗砂、级配砂石或碎石等，最大粒径不宜大于30mm。

2-13-3-2 施工工艺

CFG桩复合地基施工工艺如图2-49所示。

2-13-3-3 施工程序

桩机就位→沉管至设计深度→停振下料→振动捣实后拔管→留振10s→振动拔管、复打。应考虑隔排隔桩跳打，新打桩与已打桩间隔时间不应少于7d。

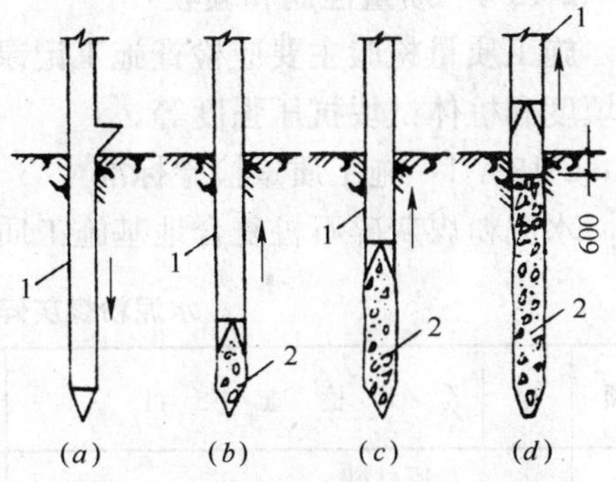

图2-49 水泥粉煤灰碎石桩工艺流程
(a)打入桩管；(b)、(c)灌水泥粉煤灰碎石振动拔管；(d)成桩
1—桩管；2—水泥粉煤灰碎石桩

2-13-3-4 施工要点

(1) 水泥粉煤灰碎石桩的施工，应根据现场条件选用下列施工工艺：

1) 长螺旋钻孔灌注成桩，适用于地下水位以上的黏性土、粉土、素填土、中等密实以上的砂土；

2) 长螺旋钻孔管内泵压混合料灌注成桩，适用于黏性土、粉土、砂土，以及对噪声或泥浆污染要求严格的场地；

3) 振动沉管灌注成桩，适用于粉土、黏性土及素填土地基。

(2) 桩机就位须平整、稳固，沉管与地面保持垂直，垂直度偏差不大于1%；对满堂布桩基础，桩位偏差不应大于0.4倍桩径；对条形基础，桩位偏差不应大于0.25倍桩径，对单排布桩桩位偏差不应大于60mm。如带预制混凝土桩尖，需埋入地面以下300mm。

(3) 在沉管过程中用料斗在空中向桩管内投料，待沉管至设计标高后须尽快投料，直至混合料与钢管上部投料口齐平。如上料量不够，可在拔管过程中继续投料，以保证桩标高、密实度要求。混合料应按设计配合比配制，投入搅拌机加水拌合，搅拌时间不少于2min，加水量由混合料坍落度控制，一般长螺旋钻孔、管内泵压混合料成桩施工的坍落度宜为160～200mm，振动沉管灌注成桩施工的坍落度宜为30～50mm，振动沉管灌注成桩后桩顶浮浆厚度不宜超过200mm。

(4) 长螺旋钻孔、管内泵压混合料成桩施工在钻至设计深度后，应准确掌握提拔钻杆时间，当混合料加至钢管投料口齐平后，沉管在原地留振10s左右，即可边振动边拔管，每提升1.5～2.0m，留振20s。混合料泵送量应与拔管速度相配合，遇到饱和砂土或饱和粉土层，不得停泵待料；沉管灌注成桩施工拔管速度应按匀速控制，拔管速度应控制在1.2～1.5m/min左右，如遇淤泥或淤泥质土，拔管速度应适当放慢。

(5) 桩顶标高应高出设计标高0.5m。用沉管法成孔时，应注意新施工桩对已成桩的影响，避免挤桩。桩管拔出地面确认成桩符合设计要求后，用粒状材料或黏土封顶。

(6) 冬期施工时，混合料入孔温度不得低于5℃，对桩头和桩间土应采取保温措施。

(7) 清土和截桩时，不得造成桩顶标高以下桩身断裂和扰动桩间土。

(8) 褥垫层铺设宜采用静力压实法，当基础底面下桩间土的含水量较小时，也可采用动力夯实法，夯填度(夯实后的褥垫层厚度与虚铺厚度的比值)不得大于0.9。

(9) 桩体经7d达到一定强度后，便可进行基槽开挖；如桩顶离地面在1.5m以内，宜用人工开挖；如大于 1.5m，下部 700mm 亦宜用人工开挖，以避免损坏桩头部分。为使桩与桩间土更好地共同工作，在基础下宜铺一层 150～300mm 厚的碎石或灰土垫层。

2-13-4　质量控制和验收

施工质量检验主要应检查施工记录、混合料坍落度、桩数、桩位偏差、褥垫层厚度、夯填度和桩体试块抗压强度等。

2-13-4-1　施工质量检验标准

水泥粉煤灰碎石桩复合地基施工质量检验标准见表 2-27。

水泥粉煤灰碎石桩复合地基质量检验标准　　表 2-27

项	序	检查项目	允许偏差或允许值		检查方法
			单位	数值	
主控项目	1	原材料	设计要求		查产品合格证书或抽样送检
	2	桩径	mm	−20	用钢尺量或计算填料量
	3	桩身强度	设计要求		查 28d 试块强度
	4	地基承载力	设计要求		按规定的办法
一般项目	1	桩身完整性	按桩基检测技术规范		按桩基检测技术规范
	2	桩位偏差		满堂布桩≤0.40D 条基布桩≤0.25D	用钢尺量，D 为桩径
	3	桩垂直度	%	≤1.5	用经纬仪测桩管
	4	桩长	mm	+100	测桩管长度或垂球测孔深
	5	褥垫层夯填度		≤0.9	用钢尺量

注：1. 夯填度指夯实后的褥垫层厚度与虚体厚度的比值；
2. 桩径允许偏差负值是指个别断面。

2-13-4-2　施工质量控制

(1) 桩位必须与设计相符，桩顶位移不大于 100mm。

(2) 检查灌入量，一般采用浮标法或锤击法测量，桩管每提升 1～1.5m，测量一次，桩的充盈系数要达到 1.3 以上。

(3) 桩承载力检验同碎石桩。

(4) 复合地基检验应在桩体强度符合试验荷载条件时进行，一般宜在施工结束 4 周后进行。试验数量宜为总桩数的 0.5%～1%，且每个单体工程的试验数量不应少于 3 点。

(5) 应抽取不少于总桩数的 10%的桩进行低应变动力试验，检验桩身完整性。

2-14　夯实水泥土桩地基

夯实水泥土桩是在天然地基中，利用设备机具成孔，然后将过筛并拌合均匀的水泥土混合料分层回填、分层夯实，直至地面，而成为水泥土桩，水泥土桩与桩间土构成复合地基，共同承受上部结构荷重。是一种施工周期短、造价低、施工文明、质量容易控制的地基处理方法。

夯实水泥土桩地基适应的土性范围很广，限于目前成孔工艺要求，多用于地下水埋藏较深的地基土。当有地下水时，适于渗透系数小于10^{-5}cm/s的黏性土以及桩端以上50～100cm有水的地质条件。

2-14-1 一般规定

(1) 夯实水泥土桩地基适用于处理地下水位以上的粉土、素填土、杂填土、黏性土等地基。处理深度不宜超过10m。

(2) 岩土工程勘察应查明土层的厚度和组成、土的含水量、有机质含量和地下水的腐蚀性等。

(3) 夯实水泥土桩设计前必须进行配比试验，针对现场地基土的性质，选择合适的水泥品种，为设计提供各种配比的强度参数。夯实水泥土桩体强度宜取28d龄期试块的立方体抗压强度平均值。

2-14-2 机具设备

夯实水泥土桩施工机械设备包括：

1. 夯实水泥土桩成孔机具

成孔是夯实水泥土桩加固地基的第一步，成孔机具的优劣直接影响着该工艺加固地基的质量和施工效率，如何选择或研制成孔机具，是该工艺重要的一环，目前常采用的成孔机有以下几种：

(1) 排土法成孔机具，包括人工洛阳铲和长螺旋钻孔机。

(2) 挤土法成孔机具，包括汽锤打桩机，柴油打桩机及振动打桩机等。

2. 夯实机械

夯实水泥土桩的夯实机具可借用灰土和土桩夯实机，也可以根据实际情况进行研制或改制。目前，我国夯实水泥土桩除人工夯实外主要有以下几种夯实机：①吊锤式夯实机；②夹板式夯实机；③SH30型地质钻改装夯实机。

3. 夯锤

夯实机的夯锤重量和形状对于夯实效果至关重要。工程经验证明，夯锤一般重1～1.5kN为宜。但是对于产生挤土效应的锤重要大于5kN，且下部为尖形，使其夯实时产生水平挤土力，使桩间土挤密，使湿陷性黄土湿陷性可以消失。平底锤一般不产生挤土效应，锤径与孔径的比值称为锤孔比，一般锤孔比宜采用0.78～0.9。锤孔比越大，夯实效果越佳。

2-14-3 施工工艺要点

2-14-3-1 一般构造要求与布置

(1) 处理地基的深度。夯实水泥土桩处理地基的深度，应根据土质情况、工程要求和成孔设备等因素确定。当采用洛阳铲成孔工艺时，深度不宜超过6m。

(2) 桩的直径。桩孔直径宜为300～600mm，可根据设计及所选用的成孔方法确定。

(3) 桩的布置和桩距。夯实水泥土桩只可在基础范围内布置。桩距宜为2～4倍桩径。

(4) 桩长的确定。当相对硬层的埋藏深度不大时，应按相对硬层埋藏深度确定；当相对硬层埋藏深度较大时，应按建筑物地基的变形允许值确定。

(5) 垫层。在桩顶面应铺设100～300mn厚的褥垫层，垫层材料可使用中砂、粗砂或碎石等，最大粒径不宜大于20mm。

(6) 桩孔内夯填的混合料配合比应按工程要求、土料性质及采用的水泥品种，由配合比试验确定，并应满足《建筑地基处理技术规范》(JGJ 79—2002)中公式(9.2.7)要求。

(7) 地基处理后的变形计算应按现行国家标准《建筑地基基础设计规范》(GB 50007—2002)的有关规定执行。计算深度必须大于复合土层的深度。复合土层的压缩模量可按《建筑地基处理技术规范》(JGJ 79—2002)中第9.2.8条确定。

2-14-3-2　施工程序

夯实水泥土桩施工的程序为：成孔→制备水泥土→夯填成桩。

(1) 成孔

根据成孔过程中取土与否，成孔可分为排土法成孔和挤土法成孔两种。排土成孔在成孔过程中对桩间土没有扰动，而挤土成孔则对桩间土有一定挤密和振密作用。对于处理地下水位以上，有振密和挤密效应土宜选用挤土成孔；而含水量超过24%，呈流塑状，或含水量低于14%，呈坚硬状态的地基宜选用排土成孔。

(2) 制备水泥土

制备水泥土就是把水泥和土按一定配合比进行拌合。水泥一般采用32.5MPa普通硅酸盐水泥或矿渣水泥，土料可就地取材，基坑(槽)挖出的粉细砂、粉质土均可用作水泥土的原料，淤泥、耕土、冻土、膨胀土及有机物含量超过5%的土不得使用，土料应过25mm×25mm筛。

施工时，应将水泥土拌合均匀，控制含水量，混合料含水量应满足土料的最优含水量w_{cp}，其允许偏差不得大于±2%。如土料水分过多或不足时，应晾干或洒水润湿，一般可按经验在现场直接判断，其方法为手握成团，两指轻弹即碎，这时水泥土基本上接近最佳含水量。水泥土拌合可采用人工拌合或机械拌合，人工拌合不得少于三遍，机械拌合可用强制式混凝土搅拌机，搅拌时间不低于1min。

拌合好的水泥土要及时用完，放置时间超过2h，不宜使用。

(3) 夯填成桩

桩孔夯填可用机械夯实，也可用人工夯实。机械夯机夯锤质量宜为1.0～1.5kN，夯锤提升高度宜0.8～1.0m。人工夯锤一般0.25kN，提升高度不少于0.9m。桩孔填料前，应清底并夯实，然后根据确定的分层回填厚度和夯击次数逐次填料夯实。

当地基土含水量过大或遇有砂层时，夯击的振动将引起塌孔。这时可用螺旋反压法进行压填，具体操作办法是：首先将螺旋放入桩孔中，开启开关，使螺旋反转，同时向桩孔中填入水泥土，反转的螺旋把水泥土送入桩孔底部，当水泥土达到一定密度时随着水泥土料不断填加，水泥土对螺旋叶将产生上升力，使之不断上升，直到制桩完毕。桩身密度与螺旋上配重、填料速度等因素有关，可以通过调整配重和填料速度，来保证桩身密度。

2-14-3-3　施工要点

(1) 夯实水泥土桩的施工，应按设计要求选用成孔工艺。挤土成孔可选用沉管、冲击等方法；排土成孔可选用洛阳铲、螺旋钻等方法。

(2) 夯填桩孔时，宜选用机械夯实。分段夯填时，夯锤的落距和填料厚度应根据现场试验确定，混合料的压实系数$λ_c$不应小于0.93。

(3) 垫层材料应级配良好，不含植物残体、垃圾等杂质。垫层铺设时应压(夯)密实，夯填度不得大于0.9。采用的施工方法应严禁使基底土层扰动。

(4) 成孔施工应符合下列要求：

1）桩孔中心偏差不应超过桩径设计值的 1/4，对条形基础不应超过桩径设计值的 1/6；

2）桩孔垂直度偏差不应大于 1.5%；

3）桩孔直径不得小于设计桩径；

4）桩孔深度不应小于设计深度。

(5) 向孔内填料前，孔底必须夯实。桩顶夯填高度应大于设计桩顶标高 200～300mm，垫层施工时应将多余桩体凿除，桩顶面应水平。

(6) 施工过程中，应有专人监测成孔及回填夯实的质量，并做好施工记录。如发现地基土质与勘察资料不符时，应查明情况，采取有效处理措施。

(7) 雨期或冬期施工时，应采取防雨、防冻措施，防止土料和水泥受雨水淋湿或冻结。

2-14-4 质量控制与检验

2-14-4-1 质量检验标准

夯实水泥土桩的质量检验标准应符合表 2-28 的规定。

夯实水泥土桩复合地基质量检验标准 表 2-28

项	序	检查项目	允许偏差或允许值		检查方法
			单位	数值	
主控项目	1	桩径	mm	−20	用钢尺量
	2	桩长	mm	+500	测桩孔深度
	3	桩体干密度	设计要求		现场取样检查
	4	地基承载力	设计要求		按规定的方法
一般项目	1	土料有机质含量	%	≤5	焙烧法
	2	含水量(与最优含水量比)	%	±2	烘干法
	3	土料粒径	mm	≤20	筛分法
	4	水泥质量	设计要求		查产品质量合格证书或抽样送检
	5	桩位偏差		满堂布桩≤0.40D 条基布桩≤0.25D	用钢尺量，D 为桩径
	6	桩孔垂直度	%	≤1.5	用经纬仪测桩管
	7	褥垫层夯填度		≤0.9	用钢尺量

注：见表 2-27。

2-14-4-2 质量控制

(1) 夯实水泥土的最大干密度接近于土料的最大干密度，夯实最佳含水量在土料的最佳含水量 w_{op}±(1%～2%)，此时夯实水泥土有最大强度。

(2) 夯实水泥土强度随混合料成型干密度的不同而异，当压实系数(γ_d/γ_{dmax})为 0.9 时，其强度仅为最大干密度对应强度的一半。现场施工时，应根据土料性质、配比，控制夯实干密度，压实系数应大于等于 0.93。

(3) 当天然地基承载力标准值 f_k<60kPa 时，可考虑挤土成孔以利于桩间土承载力的提高和发挥。

(4) 对于没有振密和挤密效应的地基宜采用排土法成孔。当选用排土法成孔时，一般用长螺旋钻和洛阳铲成孔，孔深大时，宜采用长螺旋钻成孔。

(5) 对于有挤密和振密效应的地基，当需要提高桩间土承载力时，可用挤土法成孔。一般选用锤击式打桩机或振动打桩机，也可采用钻孔重型吊锤强夯法。

(6) 孔浅时，宜采用夹板锤式夯实机；孔深时，宜采用吊锤式夯实机。

2-14-4-3 质量检验

(1) 施工前，应对水泥及夯实用土料进行检查。

(2) 施工过程中，应检查孔位、孔深、孔径、水泥和土的配比。混合料含水量等。对夯实水泥土桩的成桩质量，应及时进行抽样检验。抽样检验的数量不应少于总桩数的2%。

对一般工程，可检查桩的干密度和施工记录。干密度的检验方法，可在24h内采用取土样测定或采用轻型动力触探击数 N_{10} 与现场试验确定的干密度进行对比，以判断桩身质量。

(3) 夯实水泥土桩地基竣工验收时，承载力检验应采用单桩复合地基载荷试验。对重要或大型工程，尚应进行多桩复合地基载荷试验。褥垫层应检查其夯填度。

(4) 夯实水泥土桩地基检验数量应为总桩数的0.5%～1%，且每个单体工程不应少于3根。

2-15 砂石桩地基

砂石桩地基为砂桩、砂卵石(砾石)桩、碎石桩地基的统称，是指借用简单机械通过振动或锤(冲)击作用把砂石料灌入松软地层处理地基的方法。是处理软弱地基的一种常用的方法。这种方法经济、简单且有效。对于松砂地基，可通过挤压、振动等作用，使地基达到密实，从而增加地基承载力，降低孔隙比，减少建筑物沉降，提高砂基抵抗震动液化的能力；用于处理软黏土地基，可起到置换和排水砂井的作用，加速土的固结，形成置换桩与固结后软黏土的复合地基，显著地提高地基抗剪强度；而且，这种桩施工机具常规，操作工艺简单，可节省水泥、钢材，就地使用廉价地方材料，速度快，工程成本低，故应用较为广泛。

2-15-1 一般规定

(1) 采用砂石桩法处理地基应补充设计。对黏性土地基，应有地基土的不排水抗剪强度指标；对砂土和粉土地基应有地基土的天然孔隙比、相对密实度或标准贯入击数、砂石料特性、施工机具及性能等资料。

(2) 用砂石桩挤密素填土和杂填土等地基的设计及质量检验，尚应符合《建筑地基处理技术规范》(JGJ 79—2002)中第8章的有关规定。

(3) 砂石桩法适用于挤密松散砂土、粉土、黏性土、素填土和杂填土等地基，对建在饱和黏性土地基上主要不以变形控制的工程，也可采用砂石桩作置换处理。砂石桩法也可用于处理可液化地基。

2-15-2 机具设备及材料要求

(1) 机具设备：振动沉管打桩机或锤击沉管打桩机，其型号及技术性能参见《建筑施工手册(第四版)》第7-1-3-2节。配套机具有桩管、吊斗、1t机动翻斗车等。

(2) 材料：桩填料用天然级配的中砂、粗砂、砾砂、圆砾、角砾、卵石或碎石等，含泥量不大于5%，并且不宜含有大于50mm的颗粒。

2-15-3 施工工艺要点

2-15-3-1 一般构造要求与布置

(1) 桩的直径。根据土质类别、成孔机具设备条件和工程情况等而定，一般为300～800mm，对饱和黏性土地基宜选用较大的直径。

(2) 桩的长度。当地基中的松散土层厚度不大时，可穿透整个松散土层；当厚度较大时，对按稳定性控制的工程，砂石桩桩长应不小于最危险滑动面以下2m的深度来确定；对按变形控制的工程，砂石桩桩长应满足处理后地基变形值不超过建筑物地基的允许变形值并满足软弱下卧层承载力的要求；对于液化砂层，桩长应穿透可液化层，或按国家标准《建筑抗震设计规范》(GB 50011—2001)的有关规定执行。

桩长不宜小于4m。

(3) 桩的布置和桩距。桩的平面布置宜采用等边三角形或正方形。桩距应通过现场试验确定，对粉土和砂土地基，不宜大于砂石桩直径的4.5倍；对黏性土地基不宜大于砂石桩直径的3倍。

(4) 处理宽度。砂桩挤密地基的宽度应超出基础的宽度，每边放宽不应少于1～3排；砂石桩用于防止砂层液化时，每边放宽不宜小于处理深度的1/2，并且不应小于5m。当可液化层上覆盖有厚度大于3m的非液化层时，每边放宽不宜小于液化层厚度的1/2，并且不应小于3m。

(5) 垫层。在砂桩地基顶面应铺设300～500mm厚的砂或砂砾石(碎石)垫层，满布于基底并予以压实，以起扩散应力和排水作用。

(6) 地基的承载力和变形模量。砂桩地基承载力和变形模量可按现场复合地基载荷试验确定，也可用单桩和桩间土的载荷试验按“2-9 振冲地基”相同的方法计算确定。

2-15-3-2 施工步骤

砂桩地基施工可采用振动成桩法(简称振动法)或锤击成桩法(简称锤击法)。

(1) 振动法施工，成桩步骤如下：

1) 移动桩机及导向架，把桩管及桩尖对准桩位；

2) 启动振动锤，将桩管下到预定的深度；

3) 向桩管内施加规定数量的砂石料(根据施工试验的经验，为了提高施工效率，装砂石也可在桩管下到便于装料的位置时进行)；

4) 把桩管提升一定的高度(下砂石顺利时提升高度不超过1～2m)，提升时桩尖自动打开，桩管内的砂石料流入孔内；

5) 降落桩管，利用振动及桩尖的挤压作用使砂石密实；

6) 重复4)、5)两工序，桩管上下运动，砂石料不断补充，砂石桩不断增高；

7) 桩管提至地面，砂桩地基完成。

施工中，电机工作电流的变化反映挤密程度及效率。电流达到一定不变值，继续挤压将不会产生挤密效能。施工中不可能及时进行效果检测，因此，按成桩过程的各项参数对施工进行控制是重要的环节，必须予以重视，有关记录是质量检验的重要资料。

(2) 锤击法施工有单管法和双管法两种，但单管法难以发挥挤密作用，故一般宜用双管法。

双管法的施工根据具体条件选定施工设备，也可临时组配。其施工成桩过程如图 2-50。此法优点是砂石的压入量可随意调节，施工灵活，特别适合小规模工程。

其他施工控制和检测记录参照振动地基施工的有关规定。

2-15-3-3　施工要点

(1) 打砂桩地基表面会产生松动或隆起，砂桩地基施工标高要比基础底面高 1～2m，以便在开挖基坑时消除表层松土；如基坑底仍不够密实，可辅以人工夯实或机械碾压。

(2) 砂桩地基的施工顺序，应从外围或两侧向中间进行，如砂石桩间距较大，亦可逐排进行；以挤密为主的砂石桩施工时，应间隔(跳打)进行，并直接由外侧向中间推进，以保证施工效果。

(3) 砂桩地基成桩工艺有振动成桩法(简称振动法)和锤击成桩法(简称锤击法)两种。振动法系采用振动沉桩机将带活瓣桩尖的与砂石桩同直径的钢管沉下，往桩管内灌砂后，边振动边缓慢拔出桩管；或在振动拔管的过程中，每升 0.5m 高停拔振动 20～30s；或将桩管压下然后再拔，以便将落入桩孔内的砂压实，并可使桩径扩大。振动力以 30～70kN 为宜，不应太大，以防过分扰动土体。拔管速度应控制在 1～1.5m/min 范围内。打直径 500～700mm 砂石桩通常采用大吨位 KM2-1200A 型振动沉桩机施工(图 2-51)，因振动是垂直方向的，所以桩径扩大有限。本法机械化施工水平和生产率较高(150～200m/d)，适用于松散砂土和软黏土。锤击法是将带有活瓣桩靴或混凝土桩尖的桩管，用锤击沉桩机打入土中，往桩管内灌砂后缓慢拔出，或在拔出过程中低锤击管，或将桩管压下再拔，砂从桩管内排入桩孔成桩并使密实。由于桩管对土的冲击力作用，使桩周围土得到挤密，并使

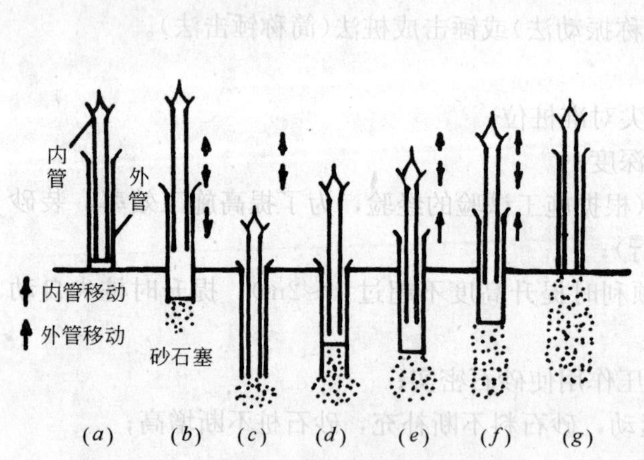

图 2-50　锤击法双管施工成桩过程

(a)将内外管安放在预定的桩位上，将用作桩塞的砂石投入外管底部；(b)以内管做锤冲击砂石塞，靠摩擦力将外管打入预定深度；(c)固定外管将砂石塞压入土中；(d)提内管并向外管内投入砂石料；(e)边提外管边用内管将管内砂石冲击挤压土层；(f)复重(d)、(e)步骤；(g)待外管拔出地面，砂石桩完成

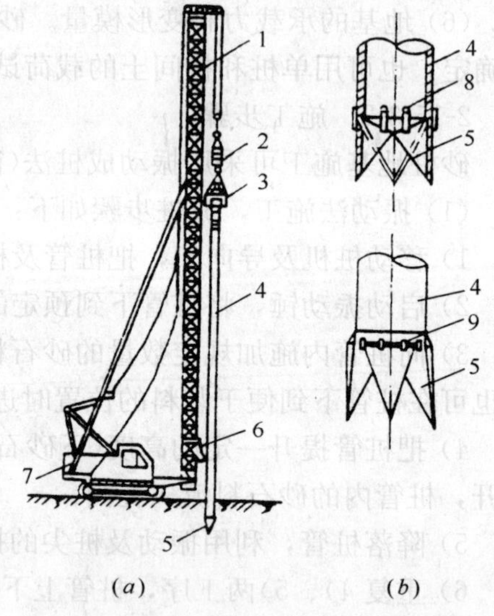

图 2-51　振动打桩机打砂石桩

(a)振动打桩机沉桩；(b)活瓣桩靴

1—桩机导架；2—减震器；3—振动锤；4—桩管；5—活瓣桩尖；6—装砂石下料斗；7—机座；8—活门开启限位装置；9—锁轴

桩径向外扩展。但拔管不能过快，以免形成中断、缩颈，造成事故。对特别软弱的土层，亦可采取二次打入桩管灌砂石工艺，形成扩大砂石桩。如缺乏锤击沉管机，亦可采用蒸汽锤、落锤或柴油打桩机沉桩管，另配一台起重机拔管。本法适用于软弱黏性土。

(4) 施工前，应进行成桩挤密试验，桩数宜为 7～9 根。振动法应根据沉管和挤密情况，以确定填砂石量、提升高度和速度、挤压次数和时间、电机工作电流等，作为控制质量的标准，以保证挤密均匀和桩身的连续性。

(5) 灌砂石时，含水量应加以控制，对饱和土层，砂石可采用饱和状态；对非饱和土或杂填土，或能形成直立的桩孔壁的土层，含水量可采用 7%～9%。

(6) 砂石桩应控制填砂石量。砂石桩孔内的填砂石量可按下式计算：

$$S=\frac{A_p \cdot l \cdot d_s}{l+e}(1+0.01w)$$

式中 S——填砂石量(以重量计)；

A_p——砂桩的截面积；

l——桩长；

d_s——砂石料的相对密度；

e——地基挤密后要求达到的孔隙比；

w——砂石料的含水量(%)。

砂桩的灌砂量通常按桩孔的体积和砂在中密状态时的干密度计算(一般取 2 倍桩管入土体积)。砂石桩实际灌砂石量(不包括水重)，不得少于设计值的 95%。如发现砂石量不够或砂石桩中断等情况，可在原位进行复打灌砂石。

(7) 砂石桩施工应保证桩位准确，其纵向偏差应不大于 0.3 倍桩管外径，桩身应保持连续和垂直，垂直度偏差不应大于 1%。

施工中应有专人记录各项施工参数。

(8) 施工结束后，应将基底标高下的松土层夯压密实，随后铺设并压实砂石垫层。

2-15-4 质量控制与检验

2-15-4-1 质量检验标准

砂桩地基的质量检验标准应符合表 2-29 的规定。

砂桩地基的质量检验标准 表 2-29

项	序	检查项目	允许偏差或允许值		检查方法
			单位	数值	
主控项目	1	灌砂量	%	≥95	实际用砂量与计算体积比
	2	地基强度	设计要求		按规定方法
	3	地基承载力	设计要求		按规定方法
一般规定	1	砂料的含泥量	%	≤3	试验室测定
	2	砂料的有机质含量	%	≤5	焙烧法
	3	桩位	mm	≤50	用钢尺量
	4	砂桩标高	mm	±150	水准仪
	5	垂直度	%	≤1.5	经纬仪检查桩管垂直度

2-15-4-2　质量检验

(1) 应在施工期间及施工结束后，检查砂石桩的施工记录。检查砂桩地基的沉管时间、各段的填砂石量、提升及挤压时间和桩位偏差等各项施工记录和试验结果。如不符合设计要求，应采取补救措施。

(2) 砂桩处理地基可采用标准贯入、静力触探或动力触探等方法检测桩及桩间土的挤密质量。桩间土质量的检测位置应在等边三角形或正方形的中心。

(3) 对于重要或大型工程，宜进行载荷试验，或采用其他有效手段综合评定砂桩地基的处理效果。

砂石桩地基竣工验收时，承载力检验应采用复合地基载荷试验。复合地基的载荷试验应符合《建筑地基处理技术规范》(JGJ 79—2002)附录一的有关规定。复合地基载荷试验数量不应少于总桩数的0.5%，且每个单体建筑不应少于3点。

(4) 砂桩地基挤密效果的检测可通过抽查进行，检测量应不少于桩孔总数的2%，检查结果如有占检测总数10%的桩未达到设计要求时，应采取加桩或其他措施。

(5) 施工后应间隔一定时间方可进行质量检验，对饱和黏性土应待超孔隙水压力基本消散后进行，间隔时间不宜少于28d；对粉土、砂土和杂填土地基可在施工后7d进行。

3 土石方工程施工与质量验收

3-1 一 般 规 定

(1) 土石方的平衡和调配是土石方工程施工的一项重要工作。一般先由设计单位提出基本平衡数据，然后由施工单位根据实际情况进行平衡计算。如工程量较大，在施工过程中还应进行多次平衡调整，在平衡计算中，应综合考虑土与石的松散率、压缩率、沉降量等影响土石方量变化的各种因素及土石方的运距最短、运程合理和各个工程项目的合理施工程序等，做好土石方平衡调配，减少重复挖运。

(2) 为了配合规划建设发展，土石方平衡调配应尽可能与当地市、镇规划和农田水利等结合，将余土一次性运到指定地点，作到文明施工。

(3) 当土石方工程挖方较深时，施工单位应采取措施，防止基坑支护结构的变形、边坡塌陷和基底土的隆起对周边环境的危害，尤其是当周边有地下管线、建(构)筑物、永久性道路时应密切注意。

(4) 施工现场由于缺乏排水和降低地下水位的措施，会对施工产生影响，因此，在挖方前应作好必要的排水和降低地下水位工作，以免造成场地积水、基坑底和坑外地下水位降低对环境产生影响。

(5) 平整场地表面坡度本应由设计规定，但鉴于现行国家标准《建筑地基基础设计规范》(GB 50007—2002)中均无此项规定，故规定，如设计无要求时，一般应向排水沟方面做成不小于2‰的坡度。

(6) 在土石方工程施工测量中，除开工前的复测放线外，还应配合施工对平面位置(控制边界线、分界线、边坡的上口线和底口线)，边坡坡度(放坡线、变坡等)和标高(各个地段的标高)等经常进行测量，校核是否符合设计要求。施工测量的基准—平面控制桩和水准控制点，也应定期进行复查和检查。

(7) 平整后的场地表面应逐点检查。检查点为每 100～400m^2 取一点，但检验点总数不应少于 10 点；长度、宽度和边坡均为每 20m 取一点，每边不应少于 1 点。

(8) 对冬期和雨期施工还应遵守国家现行有关标准。

(9) 建筑地基土一般分为碎石土、砂土、粉土和填土等五类。

1) 碎石土。碎石土应为粒径大于 2mm，且颗粒含量超过 50%的土。碎石土可按表 3-1分为漂石、块石、卵石、碎石、圆砾和角砾。其密实度鉴别可按表 3-2 确定。

2) 砂土。砂土是粒径大于 2mm 的颗粒含量不超过全重的 50%，粒径大于 0.075 的颗粒超过全重的 50%的土。砂土可按表 3-3 分为砾砂、粗砂、中砂、细砂和粉砂。

3) 粉土。粉土是粒径大于 0.075mm 的颗粒不超过全部质量的 50%，且塑性指数小于 10 的土。粉土可分为砂质粉土和粉质粉土(表 3-4)。

碎石土分类 表3-1

土的名称	颗粒形状	颗粒级配
漂石	圆形及亚圆形为主	粒径大于200mm的颗粒超过总重的50%
块石	棱角形为主	
卵石	圆形及亚圆形为主	粒径大于20mm的颗粒超过总重的50%
碎石	棱角形为主	
圆砾	圆形及亚圆形为主	粒径大于2mm的颗粒超过总重的50%
角砾	棱角形为主	

碎石土密实度野外鉴别方法 表3-2

密实度	骨架颗粒含量和排列	可挖性	可钻性
密实	骨架颗粒质量大于总质量的70%，呈交错排列，连续接触	锹镐挖掘困难，用撬棍方能松动，井壁一般较稳定	钻进极困难，冲击钻探时，钻杆、吊锤跳动剧烈，孔壁较稳定
中密	骨架颗粒质量大于总质量的60%～70%，呈交错排列，大部分接触	锹镐可挖掘，井壁有掉块现象，从井壁取出大颗粒处，能保持颗粒凹面形状	钻进较困难，冲击钻探时，钻杆、吊锤跳动不剧烈，孔壁有坍塌现象
稍密	骨架颗粒质量小于总质量的60%，排列混乱，大部分不接触	锹镐可以挖掘，井壁易坍塌，从井壁取出大颗粒后，砂性土立即塌落	钻进较容易，冲击钻探时，钻杆稍有跳动，孔壁易坍塌

砂土分类 表3-3

土的名称	颗粒级配
砾砂	粒径大于2mm的颗粒质量占总质量的25%～50%
粗砂	粒径大于0.5mm的颗粒质量占总质量的50%
中砂	粒径大于0.25mm的颗粒质量占总质量的50%
细砂	粒径大于0.075mm的颗粒质量占总质量的85%
粉砂	粒径大于0.075mm的颗粒质量占总质量的50%

粉土分类 表3-4

土的名称	岩土工程勘察规范	地基基础设计规范
砂质粉土	粒径小于0.005mm的颗粒含量小于或等于全重的10%	粒径小于0.005mm的颗粒含量小于或等于全重的10%
粉质粉土	粒径小于0.005mm的颗粒含量超过全重的10%	粒径小于0.005mm的颗粒含量超过全重的10%，小于或等于全重的15%

4）黏性土。黏性土是塑性指数大于10的土，可按表3-5分为黏土和粉质黏土。黏性土的天然含水量大于液限，天然孔隙比大于1.0，但小于1.5时，为淤泥质土；当天然孔隙比大于或等于1.5时，应为淤泥。

5）填土。填土按照其物质组成和堆填方式可分为素填土、杂填土和冲填土。

黏性土的分类 表 3-5

塑性指数	土的名称	塑性指数	土的名称
$I_P>17$	粉土	$10<I_P\leqslant17$	粉质黏土

素填土应为由碎石、砂土、粉土、黏性土等组成的填土，不含杂质或只含少量的杂质。

杂填土应为含有建筑垃圾、工业废料、生活垃圾等杂物组成的填土。

冲填土应为由水力冲填泥砂形成的填土，又称吹填土。

3-2 土石方开挖

3-2-1 一般规定

(1) 土石方开挖前，应检查定位放线、排水和降低地下水位系统，合理安排土石方运输车的行走路线及弃土场。

(2) 施工过程中，应检查平面位置、水平标高、边坡坡度、压实度、降低地下水位系统，并随时观测周围的环境变化。

(3) 挖方边坡应根据使用时间(临时性或永久性)、土的种类、土的物理力学性能(内摩擦角、黏聚力、湿度、密度)、水文情况等确定。对于永久性场地，挖方边坡应根据设计要求；如设计无规定，可按表 3-6 所列选用。对使用时间较长的临时性挖方边坡坡度，应根据工程地质和边坡高度，结合当地实践经验确定。在山体整体稳定的情况下，如地质条件良好，土质较均匀，高度在 10m 以内的边坡坡度可按表 3-7 确定；黄土地区高度在 15m 以内的边坡可按表 3-8 采用；对岩石边坡，根据其岩石类别和风化程度，边坡坡度可按表 3-9 选用。

永久性土工构筑物挖方的边坡坡度 表 3-6

项次	挖土性质	边坡坡度
1	在天然湿度、层理均匀、不易膨胀的黏土、粉质黏土和砂土(不包括细砂、粉砂)内挖方深度不超过 3m	1：1.00～1：1.25
2	土质同上，深度为 3～12m	1：1.25～1：1.5
3	干燥地区内土质结构未经破坏的干燥黄土及类黄土，深度不超过 12m	1：0.10～1：1.25
4	在碎石土和泥灰岩土的地方，深度不超过 12m，根据土的性质、层理特性和挖方深度确定	1：0.50～1：1.50
5	在风化岩内挖方，根据岩石性质、风化程度、层理特性和挖方深度确定	1：0.20～1：1.50
6	在微风化岩石内挖方，岩石无裂缝且无倾向挖方坡脚的岩层	1：0.1
7	在未风化的完整岩石内挖方	直立的

使用时间较长的临时性挖方边坡坡度值　　表 3-7

土的类别		容许边坡值(高宽比)	
		坡高在 5m 以内	坡高在 5～10m
砂土(不含细砂、粉砂)		1∶1.15～1∶1.00	1∶1.00～1∶1.5
黏性土及粉土	坚硬	1∶0.75～1∶1.00	1∶1.00～1∶1.25
	硬塑	1∶1.00～1∶1.25	1∶1.25～1∶1.5
碎石土	密实	1∶0.35～1∶0.5	1∶0.5～1∶0.75
	中密	1∶0.5～1∶0.75	1∶0.75～1∶1.00
	稍密	1∶0.75～1∶1.00	1∶1.00～1∶1.25

注：1. 使用时间较长的临时性挖方是指使用时间超过一年的临时工程、临时道路等的挖方；
2. 应考虑地区性水文气象等条件，结合具体情况使用；
3. 表中碎石的充填物为坚硬或硬塑状态的黏性土、粉土，对于砂石或充填物为砂石的碎石土，其边坡坡度容许值均按自然休止角确定；
4. 混合土可参照表中相近的土执行；
5. 如采用降水或其他加固措施，可不受本表限制，但应计算复核。

黄土挖方边坡坡度值　　表 3-8

地质年代	容许边坡值(高宽比)		
	坡高在 5m 以内	坡高在 5～10m	坡高在 10～15m
次生黄土 Q4	1∶0.50～1∶0.75	1∶0.75～1∶1.00	1∶1.00～1∶1.25
马兰黄土 Q3	1∶0.30～1∶0.50	1∶0.50～1∶0.75	1∶0.75～1∶1.00
离石黄土 Q2	1∶0.20～1∶0.30	1∶0.30～1∶0.50	1∶0.50～1∶0.75
午城黄土 Q1	1∶0.10～1∶0.20	1∶0.20～1∶0.30	1∶0.30～1∶0.50

岩石边坡容许坡度值　　表 3-9

石类土	风化程度	容许边坡值(高宽比)		
		坡高在 8m 以内	坡高在 8～15m	坡高在 15～30m
	微风化	1∶0.1～1∶0.20	1∶0.20～1∶0.35	1∶0.30～1∶0.50
	中等风化	1∶0.2～1∶0.35	1∶0.35～1∶0.50	1∶0.50～1∶0.75
质岩石	强风化	1∶0.35～1∶0.5	1∶0.50～1∶0.75	1∶0.75～1∶1.00
	微风化	1∶0.35～1∶0.50	1∶0.50～1∶0.75	1∶0.75～1∶1.00
	中等风化	1∶0.50～1∶0.75	1∶0.75～1∶1.00	1∶1.00～1∶1.50
	强风化	1∶0.75～1∶1.00	1∶1.00～1∶1.25	

(4) 场地开挖时，挖方口上边缘至土堆坡脚的距离，应根据挖方深度、边坡高度和土的类别来确定。当土质干燥密实时，不得小于 3m；当土质松软时，不得小于 5m。在挖方下侧弃土时，应将弃土堆表面整平低于挖方场地标高，并向外倾斜，或在弃土堆与挖方场地之间设置排水沟，防止雨水排入挖方场地。

(5) 场地边坡开挖应采取沿等高线自上而下、分层分段依次进行。在边坡上采取多台阶同时进行开挖时，上台阶应比下台阶开挖进深不少于 3m，以防塌方。边坡的台阶应做成一定的坡势，以利泄水。边坡的下部设有护脚和排水沟时，在边坡修完后，应立即处理台阶的反向排水坡，进行护脚矮墙和排水沟的砌筑和疏通，以保证坡面不被冲刷和在影响边坡稳定的范围内不积水，否则，应采取临时性排水措施。

(6) 边坡开挖后，对软土土坡或极易风化的软质岩石边坡，应对坡脚、坡面采取喷浆、抹浆、嵌浆或砌石等保护措施，并要求做好坡顶、坡脚的排水，避免在影响边坡稳定的范围内积水。

3-2-2 机具要求

当建筑场地和基坑开挖的面积和土石方量较大时，为节约劳动力，降低劳动强度，加快工程建设速度，一般多采用机械化开挖方式，并采用先进的作业方法。

机械开挖：常用机械有推土机、铲运机、单斗挖土机(包括正铲、反铲、拉铲、抓铲等)、多斗挖土机和装载机等。

土石方施工机械的选择应根据工程规模(开挖断面、范围大小和土石方量)、工程对象、地质情况、土石方机械的特点(技术性能、适应性)以及施工现场条件等而定。

1. 推土机

(1) 适用范围

推土机适于开挖一至四类土，运距在 100m 内。多用于平整场地，开挖深度 1.5m 内的基坑(槽)，移挖作填，回填基坑(槽)管沟；大面积填方预压实；填筑高度在 1.5m 以内的堤坝，以及配合挖土机和运土车辆从事平整、集中土石方，清理场地，修路开道，拖羊足碾、松土机具，配合铲运机助铲以及清除障碍物等。

(2) 作业方法

推土机开挖的基本作业是推铲土、推运土和卸土三个工作行程及空载行程。铲土时，应根据土质情况，尽量采用最大切土深度在最短距离(6～8m)内完成，以便缩短低速运行时间，然后直接推运到预定地点。回填土和填沟渠时，铲刀不得超出土坡边沿。上下坡坡度不得超过 35°，横坡不得超过 10°。几台推土机同时作业，前后间距应大于 8m。

2. 铲运机

(1) 适用范围

铲运机适用于开挖一至三类土，当运距在 200～350m 以内时效率最高。铲运机适用于坡度在 20°以内的大面积土的平整、挖、运、填、压实，开挖大型基坑、管道和河渠，不适于砾石层、冻土地带及沼泽地区使用。坚硬土开挖时，要用推土机助铲；自行式铲运机靠本身动力用轮胎行驶，适合于长距离作业。其经济运距为 800～1500m，但开挖时亦用推土机助铲。

(2) 作业方法

铲运机的基本作业是铲土、运土和卸土三个工作行程及空载回驶行程。在施工中，由于挖填的分区情况不同，为了提高生产率，应根据不同施工条件(工程大小、运距长短、土的性质地形条件等)，选择合理的开行路线和施工方法。

3. 挖掘机

挖掘机按行走方式分为履带式和轮胎式两种；按传动方式分机械传动和液压传动两种。斗容量有 0.1、0.2、0.3、0.4、0.5、0.6、0.8、1.0、1.6、2.0m³；根据工作装置不同，有正铲、反铲、拉铲和抓铲。

4. 装载机

装载机按行走方式分为履带式和轮胎式两种；按工作方式有周期工作的单斗式装载机和连续工作的链式与轮斗式装载机。土石方工程主要使用单斗铰接式轮胎装载机，它具有操作轻便、灵活，转运方便、快速，维修较易等特点。

其工作过程为铲装、转运、卸料和返回。

装载机适用于装卸土石方和散料，也可用于较软土体的表层剥离、场地平整、场地清理和土石方运送等工作。

3-2-3　施工准备工作

土石方施工前应作好充分的准备工作，主要有以下几项内容：

3-2-3-1　勘察施工现场

勘察施工现场的主要任务是了解工程场地情况，收集施工需要的各项资料，包括施工场地地形、地质、临近建筑物、管线、地面上障碍物和堆积物状态，供水、供电、通讯情况等，以便为施工准备提供可靠的资料和数据。

3-2-3-2　编制施工计划

(1) 研究制定现场场地平整、基坑开挖施工方案；

(2) 绘制施工总平面布置图和基坑土石方开挖图，确定开挖路线、顺序、范围、底板标高、边坡坡度、排水沟、集水井位置以及土石方堆放地点；

(3) 提出须用施工机具、劳力、推广新技术计划；

(4) 绘制土石方开挖图，应尽可能使机械多挖，减少机械超挖和人工挖方。

3-2-3-3　平整施工场地

按设计或施工要求范围和标高平整场地，将土石方弃到规定弃土区，凡在施工区域内，影响工程质量的软弱土层、淤泥、腐殖土等以及不宜作填土和回填土料的农田湿土，应按情况采取全部挖除或设排水沟疏干、抛填块石、砂砾等方法进行妥善处理，以免影响地基承载力。

3-2-3-4　清除现场障碍物

(1) 将施工区域内所有障碍物，如高压电线、树木、沟渠以及旧有房屋等进行拆除或进行搬迁、改建、改线；

(2) 对附近原有建筑物、电杆、塔架等采取有效的保护加固措施。

3-2-3-5　做好排水设施

(1) 在施工区域内设置临时性或永久性排水沟，将地面水排走或排到低洼处，再设水泵排走；

(2) 疏通原有排水泄洪系统。排水沟纵向坡度一般不小于2%，使场地不积水；

(3) 山坡地区，在离边坡上沿5～6m处，设置截水沟，排洪沟，阻止坡顶雨水流入开挖基坑范围内，或在需要的地段修筑挡水堤坝阻水。

3-2-4　施工要点及质量控制

(1) 土石方机械开挖应根据工程规范、地下水位高低、施工机械条件、进度要求等合理的选用施工机械，以充分发挥机械效率，节省机械费用，加速工程进度。

1) 一般深度2m以内的大面积基坑开挖，宜用推土机或装载机推土和装车。

2) 对长度和宽度均较大的大面积土石方一次性开挖，可用铲运机铲土。

3) 对面积大且深的基坑，多采用液压正铲挖掘；如操作面较狭窄，且有地下水，土的湿度较大，可采用液压反铲挖掘机在停机面一次开挖。

4）深度在 5m 以上，宜分层开挖或开沟道用正铲挖掘机下入基坑分层开挖。

5）对面积很大很深的设备基础基坑或高层建筑地下室深基坑，可采用多层接力开挖方法，土石方用翻斗汽车运出；在地下水中挖土可用拉铲或抓铲。

(2) 基坑开挖程序：测量放线→切线→分层开挖→排降水→修坡→整平→留足预留土层等。

(3) 如果大面积基础群基坑底标高不一，机械开挖次序一般采取先整片挖至一平均标高，然后再挖个别较深部位。当一次开挖深度超过挖土机最大挖掘高度(5m 以上)时，宜二至三层开挖，并修筑 10%～15%的坡道，以便挖土及运输车辆进出。

(4) 基坑边角部位，机械开挖不到，应用少量人工配合清坡，将松土清至机械作业半径范围内再用机械掏取运走。人工清土所占比例一般为：1.5%～4%，修坡以厘米作为限制误差。大基坑宜另配一台推土机清土、送土、运土。

(5) 挖掘机、运土汽车进出基坑的运输道路，应尽量利用基础一侧或两侧相邻的基础以后需开挖的部位，使它互相贯通作为车道，或利用提前挖出土石方后的地下设施部位作为相邻的几个基坑开挖地下运输通道，以减少挖土量。

(6) 对面积和深度均较大的基坑，通常应采用分层挖土施工法，使用大型土石方机械，在坑下作业。如为软土地基或在雨期施工，进入基坑行走需铺垫钢板或铺路机箱垫道。

(7) 对大型软土基坑，为减少分层挖运土石方的复杂性，可采用“接力挖土法”。它是利用两台或三台挖土机分别在基坑的不同标高处同时挖土。一台在地表，两台在基坑不同标高的台阶上，边挖土边向上传递到上层，由地表挖土机装车，用自卸汽车运至弃土点。上部可用大型挖土机，中、下层可用液压中、小型挖土机，以便挖土、装车均衡作业，机械开挖不到之处，再配以人工开挖、修坡、找平。在基坑纵向两端设道路出入口，上部汽车开行单向行驶。本方法的特点是可一次挖到设计标高，一次完成，一般两层挖土可挖到－10m，三层挖土可挖到－15m 左右，可避免将载重汽车开进基坑装土、运土作业，工作条件好，效率高。

(8) 对某些面积不大，深度较大的基坑，一般宜尽量利用挖土机开挖，不开或少开坡道，采用机械接力挖运土石方法、人工和机械合理的配合挖土，最后用搭枕木垛的方法，使挖土机开出基坑(图 3-1)。

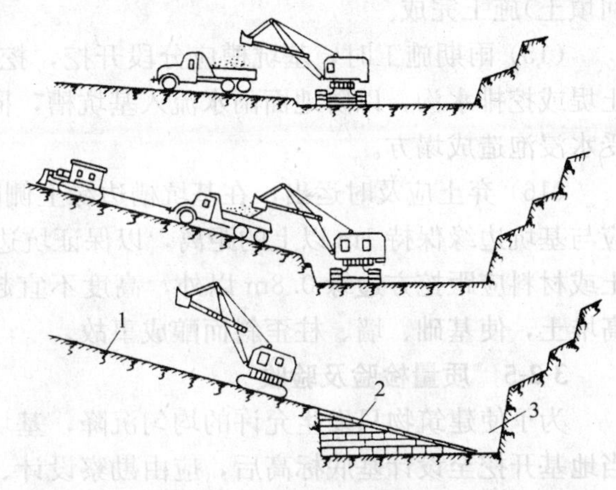

图 3-1 深基坑机械开挖

1—坡道；2—搭设枕木垛临时坡道；3—开挖的深基坑

(9) 基坑槽和管沟开挖，上部应有排水措施，防止地面水流入坑内冲刷边坡，造成塌方和破坏土体。

(10) 基坑开挖，应先进行测量定位，抄平放线，定出开挖宽度，按放线分块分层开挖。根据土质和水文情况，采取在四周或两侧直立开挖或放坡，以保证施工安全。

(11) 当开挖基坑槽的土体含水量大而不稳定或基坑较深，或受到周围场地限制而需要用较陡的边坡或直立开挖而土质较差时，应采用临时性支撑加固。挖土时，土壁要求平直，挖好一层，支一层支撑，挡土板要紧贴土面，并用小木桩或横撑木顶住。开挖宽度较大的基坑，当在局部地段无法放坡，或下部土石方受到基坑尺寸限制不能放较大坡度时，应在下部坡脚采取加固措施，如采用短桩与横隔板支撑或砌砖、毛石或用编织袋、草袋装土堆砌临时矮挡土墙保护坡脚；当开挖深基坑时，则须采取半永久性且安全、可靠的支护措施。

(12) 相邻基坑开挖时，应遵循先深后浅或同时进行的施工顺序。挖土应自上而下水平分段分层进行，每层 0.3m 左右，边挖边检查坑底宽度及坡度，不够时及时修整，3m 左右修一次坡，至设计标高，再统一进行修坡清底，检查基坑底宽和标高，要求坑底凹凸不超过 1.5m。

(13) 基坑开挖应尽量防止对地基土的扰动。

1) 当用人工挖土，基坑挖好后不能立即进行下道工序时，应预留 15～30cm 土层暂不挖，待下道工序开始再挖至设计标高。

2) 采用机械开挖时，为避免破坏基底土，应在基底标高以上预留一层人工清理。使用铲运机、推土机或多斗挖土机时，保留土层厚度为 20cm；使用正铲、反铲或拉铲挖土时，保留土层厚度为 30cm。

3) 预留土层用人工清底、修坡、找平，以保证基底标高和边坡坡度正确，避免超挖和土层受到扰动。

(14) 在地下水位以下挖土时，应在基坑槽四侧或两侧做好临时排水沟或集水井，将水位降至坑、槽底以下 500mm，以利挖方进行。降水工作应持续到基础(包括地下水位下回填土)施工完成。

(15) 雨期施工时，基坑槽应分段开挖，挖好一段浇筑一段垫层，并在基槽两侧围以土堤或挖排水沟，以防地面雨水流入基坑槽，同时应经常检查边坡和支护情况，以防坑壁受水浸泡造成塌方。

(16) 弃土应及时运出，在基坑槽边缘上侧临时堆土或堆放材料以及移动施工机械时，应与基坑边缘保持 1m 以上的距离，以保证坑边直立壁或边坡的稳定。当土质良好时，堆土或材料应距挖方边缘 0.8m 以外，高度不宜超过 1.5m，并应避免在已完成基础一侧过高堆土，使基础、墙、柱歪斜而酿成事故。

3-2-5　质量检验及验收

为了使建筑物只发生允许的均匀沉降，基坑(槽)开挖完后，应对其进行严格的检验。当地基开挖至设计基底标高后，应由勘察设计、建设、监理和施工部门共同进行验槽，核对地质资料，检查地基土壤与工程地质勘察报告、设计图纸是否相符，有无破坏原状土壤结构或发生较大的扰动现象等。

1. 质量检验主控项目

(1) 标高的检查

1) 柱基、基坑、基槽的标高低于设计值不得超过 50mm；

2) 人工挖方场地平整标高与设计值偏差不得超过 30mm；

3) 机械挖方场地平整标高与设计值偏差不得超过 50mm；

4）管沟、地面基层标高低于设计值不得超过 50mm。

（2）长度、宽度检验

1）柱基、基坑、基槽的长度与宽度（由设计中心线向两边量）不得大于设计值 200mm 以上，并不得小于设计值 50mm 以下；

2）人工挖方场地平整长度与宽度检验值不得大于设计值 300mm 以上，并不得小于设计值 100mm 以下；

3）机械挖方场地平整长度与宽度检验值不得大于设计值 500mm 以上，并不得小于设计值 150mm 以下；

4）管沟的长度与宽度不得超过设计值 100mm。

（3）边坡的检验

通过观察或用坡度尺检查柱基、基坑、基槽、场地挖方平整、管沟及地面基层的边坡均须满足设计要求。

2. 质量检验的一般项目

（1）表面平整度的检验

用 2m 靠尺和楔形塞尺检查柱基、基坑、基槽、人工挖方场地平整、管沟、地面基层的表面平整度允许偏差为 20mm；机械挖方场地平整的表面平整度允许偏差 50mm。

（2）通过观察或土样分析检查基底土性，应满足设计要求。

3. 基坑槽常用的检验方法

（1）表面检查验槽法

1）根据槽壁土层分布情况及走向，初步判明全部基底是否已挖至设计所要求的土层；

2）检查槽底是否已挖至原（老）土，是否需要继续下挖或进行处理；

3）检查整个槽底土的颜色是否均匀一致，土的坚硬程度是否一样；是否局部过松软或过坚硬；是否局部含水量出现异常。

（2）钎探检查验槽法

基坑挖好后，用锤把钢钎打入槽底的基土内，根据每次打入一定深度的锤击次数，来判断地基土质情况。钎孔的布置和钎探深度应根据地基土质的复杂情况和基槽宽度、形状而定。钢钎用直径为 22～25mm 的钢筋制成，钎尖呈 60°尖锥角，长度 1.8～2.0m。大锤用 3.6～4.5kg 的铁锤，打锤时，举高离钎顶 50～70cm，将钎锤打入土中，并记录每打入土里 30cm 的锤击数。全部钎探完后，逐层分析研究钎探记录，逐点进行比较，将锤击数显著过多或过少的钎孔在钎探平面图上做记号。然后再在该部位进行重点检查，如有异常情况，要认真进行处理。

（3）洛阳铲验槽法

1）在黄土地区，基坑挖好后或大面积基坑开挖前，根据建筑物所在地区的具体情况或设计要求，对基坑底以下的土质、古墓、洞穴用专用洛阳铲进行钎探检查。

2）探孔布置见表 3-10。

3）检验程序是先绘制基础平面图，在图上根据要求确定探孔的平面位置，并依次编号，再按编号顺序进行探孔。全部探查完后，绘制探孔平面图和各探孔不同深度的土质情况表，为地基处理提供完整的资料。探完后，尽快用素土或灰土将探孔回填。

探 孔 布 置　　**表 3-10**

基槽宽(cm)	排列方式及图示	间距 L(m)	探孔深度(m)
小于 200		1.5～2.0	3.0
大于 200		1.5～2.0	3.0
柱　基		1.5～2.0	3.0 (荷重较大时为 4.0～5.0)
加　孔		<2.0 (如基础过宽时中间再加孔)	3.0

3-3　土石方回填

3-3-1　一般规定

3-3-1-1　填土应尽量采用同类土填筑，并且控制土的含水率在最优含水量范围内。当采用不同的土填筑时，应按土种类有规则地分层铺填，将透水性大的土层置于透水性较小的土层之下，不得混杂使用，边坡不得用透水性较小的土封闭，以利水分排除和地基土稳定，并避免在填方内形成水囊和产生滑动现象。

3-3-1-2　填土应从最低处开始，由下向上整个宽度分层铺填碾压或夯实。

3-3-1-3　地形起伏之处，应做好接槎，修筑 1∶2 阶梯形边坡，每台阶高可取 50cm、宽 100cm。分段填筑时，每层接缝处应作成大于 1∶1.5 的斜坡，碾迹重叠 0.5～1.0m，上下层错缝距离不应小于 1m。接缝部位不得在基础、墙角、柱墩等重要部位。

3-3-1-4　填土应预留一定的下沉高度，以备在行车、堆重或干湿交替等自然因素作用下，主体逐渐沉落密实。预留沉降量根据工程性质、填方高度、填料种类、压实系数和地基情况等因素确定。当土方用机械分层夯实时，其预留下沉高度(以填方高度的百分数计)：对砂土为 1.5%；对粉质黏土为 3%～3.5%。

3-3-1-5　填方的边坡坡度应根据填方高度、土的种类和其重要性在设计中加以规定，当设计无规定时，黄土或类黄土填筑重要的填方时可按表 3-11 采用。

填方坡度限值　　**表 3-11**

项　次	土　的　种　类	填方高度(m)	边　坡　坡　度
1	黏土类土、黄土、类黄土	6	1∶1.50
2	粉质黏土、泥灰岩土	6～7	1∶1.50
3	中砂或粗砂	10	1∶1.50

续表

项 次	土 的 种 类	填方高度(m)	边 坡 坡 度
4	砾石和碎石土	10～12	1∶1.50
5	易风化的岩土	12	1∶1.50
6	轻微风化、尺寸 25cm 内的石料	6 以内 6～12	1∶1.33 1∶1.50
7	轻微风化、尺寸大于 25cm 的石料，边坡用最大石块、分排整齐精砌	12 以内	1∶1.50～1∶0.75
8	轻微风化、尺寸大于 40cm 的石料，其边坡分排整齐	5 以内 5～10 >10	1∶0.50 1∶0.65 1∶1.00

注：1. 当填方高度超过本表规定限值时，其边坡可做成折线形，填方下部的边坡坡度应为 1∶1.75～1∶2.00；

2. 凡永久性填方，土的种类未列入本表者，其边坡坡度不得大于 $\varphi+45°/2$，φ 为土的自然倾斜角。

3-3-1-6 对使用时间较长的临时性填方(如使用时间超过一年的，临时道路、临时工程的填方)边坡坡度，当填方高度小于 10m 时，可采用 1∶1.5；超过 10m，可作成折线形，上部采用 1∶1.5，下部采用 1∶1.75。见表 3-12。

填土地基承载力和边坡坡度值 **表 3-12**

填 土 类 别	压实系数 λ_c	承载力 f_k (kPa)	边坡坡度容许值(高宽比)	
			坡度在 8m 以内	坡度 8～15m
碎石、卵石	0.94～0.97	200～300	1∶1.50～1∶1.25	1∶1.75～1∶1.50
砂夹石(其中碎石、卵石占全重 30%～50%)		200～250	1∶1.50～1∶1.25	1∶1.75～1∶1.50
土夹石(其中碎石、卵石占全重 30%～50%)		150～200	1∶1.50～1∶1.25	1∶2.00～1∶1.50
黏性土($10<I_p<14$)		130～180	1∶1.75～1∶1.50	1∶2.25～1∶1.75

注：I_p——塑性指数。

3-3-2 材料要求

3-3-2-1 填方土料要求

填方土料应符合设计要求，保证填方的强度和稳定性，如设计无要求时，应符合下列规定：

(1) 碎石类土、砂土和爆破石渣(粒径不大于每层铺厚的 2/3，当用振动碾压时，不超过 3/4)，可用于表层下的填料。

(2) 含水量符合压实要求的黏性土，可作各层填料。

(3) 碎块草皮和有机质含量大于 8%的土，仅用于无压实要求的填方。

(4) 淤泥和淤泥质土，一般不能用作填料，但在软土或沼泽地区，经过处理，含水量符合压实要求的，可用于填方中的次要部位。

(5) 含盐量符合表 3-13 规定的盐渍土，一般可用作填料，但土中不得含有盐晶、盐块或含盐植物根茎。

盐渍土含盐程度分类　　表 3-13

盐渍土名称	土层的平均含盐量(重量%)			可用性
	氯盐渍土及亚氯盐渍土	硫酸盐渍土及亚硫酸盐渍土	碱性盐渍土	
弱盐渍土	0.5～1	0.3～0.5	—	可用
中盐渍土	1～5①	0.5～2①	0.5～1②	可用
强盐渍土	5～8①	2～5①	1～2②	可用，但应采取措施
过盐渍土	>8	>5	>2	可用

① 其中硫酸盐含量不超过 2%方可；

② 其中易溶碳酸盐含量不超过 0.5 方可。

3-3-2-2　填土含水量要求

(1) 填土填料含水量的大小，直接影响到夯实(碾压)质量，在夯实(碾压)前应预试验，以得到符合密实度要求条件下的最优含水量和最少夯实(或碾压)遍数。含水量过小，会压(碾压)不实；含水量过大，则易形成橡皮土。各种土的最优含水量和最大密实度参考数值见表 3-14。黏性填料施工含水量与最优含水量之差可控制在－4%～＋2%范围内(使用振动碾时，可控制在－6%～＋2%范围内)。

土的最优含水量及最大干密度参考表　　表 3-14

项次	土的种类	变动范围		项次	土的种类	变动范围	
		最优含水量(%)(重量比)	最大干密度(t/m^3)			最优含水量(%)(重量比)	最大干密度(t/m^3)
1	砂土	8～12	1.80～1.88	3	粉质黏土	12～15	1.85～1.95
2	黏土	19～23	1.58～1.70	4	粉土	16～22	1.61～1.80

注：1. 表中土的最大干密度应以现场实际达到的数字为准；
2. 一般性的回填，可不作此项测定。

(2) 当填料为黏性土或排水不良的砂土时，其最优含水量与相应的最大干密度，应用击实试验测定。

(3) 土料含水量一般以手握成团，落地开花为适宜。当含水量过大，应采取翻松、晾干、风干、换土回填、掺入干土或其他吸水性材料等措施；如土料过干，则应预先洒水润湿。当用喷水器润湿前，先用秒表测量单位时间喷水器的流量，然后确定用水量及整个润湿地段的洒水时间。当含水量小时，亦可采取增加压实系数或使用大功率压实机械等措施。

(4) 在气候干燥时，须采取加速挖土、运土、平土和碾压过程，以减少土的水分散失。当填料为碎石类土(充填物为砂土)时，碾压前应充分洒水湿透，以提高压实效果。

3-3-3 施工准备工作

3-3-3-1　土石方回填施工前应根据工程特点、填方土料种类、密实度要求、施工条件，合理地确定填方土料含水率控制范围、虚铺厚度和压实遍数等参数；重要回填土石方工程，其参数应通过压实试验来确定。

3-3-3-2　回填前应对基础、箱形基础墙或地下防水层、保护层等进行检查，并且办好隐蔽工程检验手续。

3-3-3-3 施工前，应做好水平标志，以控制回填土的高度或厚度。并作好基底处理工作。

(1) 应先清除基底上草皮、树根、坑穴中积水、淤泥和杂物，并应采取措施防止地表滞水流入填方区，浸泡地基，造成地基土下陷。

(2) 当填方基底为耕植土或松土时，应将基底充分夯实或碾压密实。

(3) 当填方位于水田、沟渠、池塘或含水量很大的松软土地段，应根据具体情况采取排水疏干，或将淤泥全部挖出换土、抛填片石、填砂砾石、翻松、掺石灰等措施进行处理。

(4) 当填土场地地面陡于1/5时，应先将斜坡挖成阶梯形，阶高0.2～0.3m，阶宽大于1m，然后分层填土，以利接合和防止滑动。

3-3-4 施工要点及质量控制

3-3-4-1 人工填土石方法施工要点及质量控制

(1) 人工填土是指用手推车送土，以人工用铁锹、耙、锄等工具进行回填土。其施工工艺流程为：基坑槽底地平上清理→检验土质→分层铺土耙平→夯打密实→检验密实度→休整找平验收。

(2) 填土从场地最低部分开始，由一端向另一端自下而上分层铺填。每层虚铺厚度，用人工木夯夯实时：砂质土不大于30cm，黏性土为20cm；用打夯机械夯实时，不大于30cm。

(3) 深浅坑(槽)相连时，应先填深坑(槽)，相平后与浅坑全面分层填夯。如采取分段填筑，交接处应填成阶梯形。墙基及管道回填应在两侧用细土同时均匀回填、夯实，防止墙基及管道中心线位移。

(4) 人工夯填土，用60～80kg的木夯或铁、石夯，由4～8人拉绳，二人扶夯，举高不小于0.5m，一夯压半夯，按次序进行。

(5) 较大面积人工回填用打夯机夯实。两机平行时，其间距不得小于3m，在同一夯打路线上，前后间距不得小于10m。

3-3-4-2 机械填土石方法施工要点及质量控制

(1) 机械填土的施工工艺流程为：基坑槽底地坪上清理→检验土质→分层铺土→分层碾压密实→检验密实度→休整找平验收。

(2) 机械填土石方法主要用推土机填土、铲运机填土、汽车填土等。

1) 推土机填土。

① 填土应由下而上分层铺填，每层虚铺厚度不宜大于30cm。大坡度推填土，不得居高临下，不分层次，一次堆填；

② 推土机运土回填，可采取分堆集中，一次运送方法，分段距离约为10～15m，以减少运土漏失量；

③ 土石方推至填方部位时，应提起一次铲刀，成堆卸土，并向前行驶0.5～1.0m，利用推土机后退时将土刮平。用推土机来回行驶进行碾压，履带应重叠一半；

④ 填土程序宜采用纵向铺填顺序，从挖土区段至填土区段，以40～60m距离为宜。

2) 铲运机填土。

① 铲运机铺土，铺填土区段，长度不宜小于 20m，宽度不宜小于 8m；

② 铺土应分层进行，每次铺土厚度不大于 30～50cm(视所用压实机械的要求而定)，每层铺土后，利用空车返回时将地表面刮平；

③ 填土程序一般尽量采取横向或纵向分层卸土，以利行驶时初步压实。

3) 汽车填土。

① 自卸汽车为成堆卸土，须配以推土机推土、摊平；

② 每层的铺土厚度不大于 30～50cm(随选用的压实机具而定)；

③ 填土可利用汽车行驶作部分压实工作，行车路线须均匀分布于填土层上；

④ 汽车不能在虚土上行驶，卸土推平和压实工作须采取分段交叉进行。

3-3-4-3　填土与压实

1. 压实的密实度要求

填方的密实度要求和质量指标通常以压实系数 λ_c 表示。压实系数为土的控制(实际)干土密度 ρ_d 与最大干土密度 ρ_{max} 的比值。最大干土密度 ρ_{max} 是当最优含水量时，通过标准的击实方法确定的。密实度要求一般由设计根据工程结构性质、使用要求以及土的性质确定，如未作规定，可参考表 3-15 数值。

填土的压实系数(密实度)要求　　**表 3-15**

结构类型	填土部位	压实系数 λ_c
砌体承重结构和框架结构	在地基主要持力层范围内 在地基主要持力层范围以下	>0.96 0.93～0.96
简支结构和排架结构	在地基主要持力层范围内 在地基主要持力层范围以下	0.94～0.97 0.91～0.93
一般工程	基础四周或两侧一般回填土 室内地坪、管道地沟回填土 一般堆放物件场地回填土	0.90 0.90 0.85

注：1. 压实系数 λ_c 为压实填土的控制干密度 ρ_d 与最大干密度 ρ_{dmax} 的比值；
2. 控制含水量为 $w_{op}\pm2$。

压实填土的最大干密度宜采用击实试验确定。最优含水量(%)，可按当地经验或取 W_p+2(W_p——土的塑限)，或参考表 3-14 取用。

2. 铺土厚度和压实遍数

填土每层铺土厚度和压实遍数视土的性质、设计要求的压实系数和使用的压(夯)实机具性能而定，一般应进行现场碾(夯)压试验确定。

3. 填土压(夯)实方法

(1) 人工夯实方法：

1) 人力打夯前，应将填土初步整平，打夯要按一定方向进行，一夯压半夯，夯夯相接，行行相连，两遍纵横交叉，分层夯打。夯实基槽及地坪时，行夯路线应由四边开始，然后再夯向中间。

2) 用蛙式打夯机等小型机具夯实时，一般填土厚度不宜大于 25cm。打夯之前，对填土应初步平整，打夯机依次夯打，均匀分布，不留间隙。

3) 基坑(槽)回填应在相对两侧或四周同时进行回填与夯实。

4）回填管沟时，应用人工先在管子周围填土夯实，并应从管道两边同时进行，直至管顶 0.5m 以上。在不损坏管道的情况下，方可采用机械填土回填夯实。

（2）机械压实方法：

1）为保证填土压实的均匀性及密实度，避免碾轮下陷，提高碾压效率，在碾压机械碾压之前，宜先用轻型推土机、拖拉机推平，低速预压 4～5 遍，使表面压实；采用振动平碾压实爆破石渣或碎石类土，应先静压，而后振压。

2）碾压机械压实填方时，应控制行驶速度。一般平碾、振动碾不超过 2km/h，羊足碾不超过 3km/h，并要控制压实遍数。

3）碾压机械与基础或管道应保持一定的距离，防止将基础或管道压坏或位移。

4）用压路机进行填方压实，应采用“薄填、慢驶、多次”的方法，填土厚度不应超过 25～30cm；碾压方向应从两边逐渐压向中间，碾轮每次重叠宽度约 15～25cm，避免漏压；运行中碾轮边距填方边缘应大于 500mm，以防发生溜坡倾倒；边角、边坡边线压实不到之处，应辅以人力夯或小型夯实机具夯实。

5）压实密实度，除另有规定外，应压至轮子沉量不超过 1～2cm 为度，每碾压一层完后，应用人工或机械（推土机）将表面拉毛以利接合。

6）平碾碾压一层完后，应用人工或推土机将表面拉毛。土层表面太干时，应洒水湿润后，继续回填，以保证上、下层接合良好。

7）用羊足碾碾压时，填土厚度不宜大于 50cm，碾压方向应从填土区的两侧逐渐压向中心。每次碾压应有 15～20cm 重叠，同时，随时清除黏着于羊足之间的土料。为提高上部土层密实度，羊足碾压过后，宜辅以拖式平碾或压路机补充压平压实。

8）用铲运机及运土工具进行压实，铲运机及运土工具的移动应均匀分布于填筑层的上面，逐次卸土碾压。

4. 压实排水要求

（1）填土层如有地下水或滞水时，应在四周设置排水沟和集水井，将水位降低。

（2）已填好的土如遭水浸，应把稀泥铲除后，方能进行下一道工序。

（3）填土区应保持一定横坡，或中间稍高两边稍低，以利排水。当天填土，应在当天压实。

3-3-5　质量检验及验收

（1）对有密实度要求的填方，在夯实或压实之后，要对每层回填土的质量进行检验。填方工程质量检验的项目及标准见表 3-16。

填土工程质量检验标准　　**表 3-16**

<table>
<tr><th rowspan="3">项</th><th rowspan="3">序</th><th rowspan="3">检查项目</th><th colspan="5">允许偏差或允许值</th><th rowspan="3">检查方法</th></tr>
<tr><th rowspan="2">桩基、基坑、基槽</th><th colspan="2">场地平整</th><th rowspan="2">管沟</th><th rowspan="2">地（路）面基础层</th></tr>
<tr><th>人工</th><th>机械</th></tr>
<tr><td rowspan="2">主控项目</td><td>1</td><td>标高</td><td>−50</td><td>±30</td><td>±50</td><td>−50</td><td>−50</td><td>水准仪</td></tr>
<tr><td>2</td><td>分层压实系数</td><td colspan="5">设计要求</td><td>按规定方法</td></tr>
</table>

续表

项	序	检查项目	允许偏差或允许值					检查方法
			桩基、基坑、基槽	场地平整		管沟	地(路)面基础层	
				人工	机械			
一般项目	1	回填土料	设计要求					取样检查或直观鉴别
	2	分层厚度及含水量	设计要求					水准仪及抽样检查
	3	表面平整度	20	20	30	20	20	用靠尺或水准仪

(2) 填方质量检验一般采用环刀法(或灌砂法)取样测定土的干密度，求出土的密实度，或用小型轻便触探仪直接通过锤击数来检验干密度和密实度，符合设计要求后，才能填筑上层。

(3) 基坑和室内填土，每层按 100～500m² 取样一组；场地平整填方，每层按 400～900m² 取样一组；基坑和管沟回填每 20～50m 取样一组，但每层均不少于一组，取样部位在每层压实后的下半部。用灌砂法取样应为每层压实后的全部深度。

(4) 填土压实后的干密度应有 90%以上符合设计要求，其余 10%的最低值与设计值之差，不得大于 0.08t/m³，且不应集中。

4 基 坑 围 护

4-1 一 般 规 定

(1) 基坑支护工程的设计与施工应综合考虑工程地质与水文地质条件、基坑开挖深度及形状尺寸、地下结构形式、基坑周边荷载、周边环境及地区的已有工程经验等因素，做到因地制宜、合理设计、精心施工、严格检测和控制。

(2) 基坑工程根据其重要性分为三个安全等级。

1) 符合下列条件之一时，属一级基坑工程：

① 软土地区基坑开挖深度大于 8m 时；

② 支护结构作为主体结构的一部分时；

③ 在基坑开挖影响范围内有重要建(构)筑物或需严加保护的管线时。

2) 开挖深度小于 5m 时，且周围环境无特别要求时，属三级工程。

3) 除一级和三级以外的均属二级基坑工程。

(3) 对应于基坑工程安全等级的重要性系数 γ_0 为：

一级，$\gamma_0=1.1$；二级，$\gamma_0=1.0$；三级，$\gamma_0=0.9$。

(4) 基坑支护结构和防渗设计应考虑下列两种极限状态：

承载能力极限状态和正常使用极限状态。

(5) 基坑施工前应具备下列资料：

1) 基坑支护设计施工图。

2) 施工组织设计，包括监测与控制设计。

(6) 基坑工程的施工宜考虑空间和时间效应。

4-2 排 桩 墙 支 护

支护结构的作用是在基坑开挖期间挡土、挡水，保证基坑开挖和基础(地下室)结构施工能够安全、顺利地进行，并在基础施工期间不对临近的建筑物、道路和地下管线等产生危害。

支护结构一般是临时性结构，一旦基础施工完毕即失去作用。一些支护结构(如钢板桩、型钢支柱木挡板、工具式支撑等)可以回收重复利用。也有一些支护结构(如灌注桩、旋喷桩、深层搅拌水泥土桩、地下连续墙、钢筋混凝土板桩)就永久埋在地下。还有部分支护结构(作特殊用途的地下连续墙)在基础施工完毕即成为永久结构物的一个组成部分，成为复合式地下室外墙。

排桩墙支护通常是永久埋在地下的支护结构，包括人工挖孔钢筋混凝土灌注桩(加锚杆)、机械钻孔钢筋混凝土灌注桩(加锚杆)、钢板桩、钢筋混凝土板桩以及型钢等结构形式。

4-2-1 一般规定

(1) 基坑应有稳定可靠的支撑与围檩结构体系。采用坑内支撑和围檩结构体系时，支撑和围檩结构的常用形式有钢结构和钢筋混凝土结构。支撑立柱在基坑开挖面以上的结构形式有组合型钢格构式立柱、型钢立柱和钢管立柱等。基坑开挖面以下的立桩常用钻孔灌注桩和预制桩。

当基坑深度不大(在地下水位较高的软土地区不超过 4m)，环境条件允许有较大的变形时，可以采用不设支撑(或锚拉)的悬臂式围护墙。

(2) 基坑在环境条件容许和满足设计要求时，也可采用有围檩的坑外锚拉结构体系。坑外锚拉结构的形式有水平拉杆与锚碇结构和土层斜锚杆结构等。

(3) 基坑应有可靠的防渗与止水结构。坑外防渗结构的常用形式有连续搭接的水泥土搅拌桩帷幕、高压喷射注浆帷幕和注浆帷幕等防渗帷幕墙结构。

(4) 支护体系的结构选型，应根据工程地质与水文地质条件、环境条件、施工条件，以及基坑使用要求与基坑规模等因素，通过技术和经济比较确定。

(5) 支护体系的设计计算，应根据支护结构的特性、基坑使用要求，以及环境要求与施工条件等因素，正确选择和确定地基土的物理力学性能指标与设计计算方法。设计计算工况应完整，包括基坑分层开挖与设置支撑的施工期和地下主体结构分层施工与换撑施工期等的各种工况条件。

(6) 设计围护结构时，需要验算以下内容：

1) 围护结构(包括墙体、支撑或锚拉体系)和地基的整体抗滑动稳定性。一般采用通过墙底的圆弧滑动面计算。

2) 基坑底部主体的抗隆起稳定性。

3) 基坑底部主体的抗渗流管涌稳定性。

4) 围护结构的内力和变形计算。通常采用弹性地基反力法计算，对于自立式围护墙以及单道支撑(或锚钉)的围护墙也可以采用极限平衡法计算。对于钢筋混凝土墙体，当采用弹性地基反力法计算时，墙体的抗弯刚度应乘以 0.65～0.75 的折减系数(预应力墙体除外)。对于有支撑(或锚拉)的围护结构当采用极限平衡法计算时，由于支撑(或锚拉)点假定为墙体的不动支点，因此，墙体跨中最大弯矩计算值一般偏大，截面设计时，应乘以 0.6～0.8 的折减系数。

(7) 在桩(墙)围护结构的顶部，应设置封闭圈梁(或称锁口梁)，以增加墙体的整体工作性能。墙顶圈梁通常兼作第一层支撑(或锚杆)的围檩。圈梁的高度和宽度由计算确定，且不宜小于围护墙的厚度。当围护墙采用钻孔灌注桩或现浇地下连续墙结构时，与圈梁相接部分的混凝土强度等级必须符合设计要求。墙内竖向钢筋锚入圈梁内的长度，宜按受拉锚固要求考虑。围护墙顶嵌入圈梁的深度不宜小于 50mm；钢板桩围护墙的顶部圈梁一般常用一对通长槽钢置于墙前，用螺栓与墙体连接。

(8) 支护体系围护墙结构的墙面倾斜度和平整度，应根据地下主体结构的使用要求、环境条件等因素确定，通常对于板桩墙或钻孔灌注桩的排桩墙，墙面的倾斜度不宜大于 1/200。对钻孔灌注桩的墙面局部突出，不应大于 100mm。预埋件位置的偏差，不应大于 50mm。

(9) 基坑采用墙体自防渗时，墙体结构的抗渗等级不宜小于 S6 级，并在板桩接缝处设置可靠的防渗止水构造。对于预制钢筋混凝土板桩围护墙，混凝土的设计强度等级不宜低于 C30，沉桩后应在坑外接缝处或榫槽构件孔内注浆防渗，注浆材料的强度等级不应低于 M15。对于钢板桩围护墙，当采用锁口式防水构造时，沉桩前，应在锁口内嵌填黄油、沥青或其他密封止水材料，必要时，可在沉桩后坑外锁口处注浆防渗。

4-2-2 质量控制与检验

(1) 灌注桩、预制桩的检验标准应符合《建筑地基基础工程施工质量验收规范》(GB 50202—2002)第 5 章的规定。钢板桩均为工厂成品，新桩可按出厂标准检验，重复使用的钢板桩应符合表 4-1 的规定，混凝土板桩应符合表 4-2 的规定。

重复使用的钢板桩检验标准 **表 4-1**

序	检查项目	允许偏差或允许值		检查方法
		单位	数值	
1	桩垂直度	%	＜1	用钢尺量
2	桩身弯曲度		＜2%l	用钢尺量，l 为桩长
3	齿槽平直度及光滑度	无电焊渣或毛刺		用 1m 长的桩段做通过试验
4	桩长度	不小于设计长度		用钢尺量

混凝土板桩制作标准 **表 4-2**

项	序	检查项目	允许偏差或允许值		检查方法
			单位	数值	
主控项目	1	桩长度	mm	$^{+10}_{0}$	用钢尺量
	2	桩身弯曲度		＜0.1%l	用钢尺量，l 为桩长
一般项目	1	保护层厚度	mm	±5	用钢尺量
	2	模截面相对两面之差	mm	5	用钢尺量
	3	桩尖对桩轴线的位移	mm	10	用钢尺量
	4	桩厚度	mm	$^{+10}_{0}$	用钢尺量
	5	凹槽、凸榫尺寸	mm	±3	用钢尺量

(2) 排桩墙支护的基坑，开挖后应及时支护，每一道支撑施工应确保基坑变形在设计要求的控制范围内。

(3) 在含水地层范围内的排桩墙支护基坑，应有确实可靠的止水措施，确保基坑施工及邻近构筑物的安全。

4-2-2-1 钻孔灌注桩支护结构

这是目前支护结构中应用较多的一种。多用于－7～－13m 的基坑，常用的桩径为

$\phi500 \sim \phi1100$mm，桩径和配筋由计算确定，顶部浇筑钢筋混凝土圈梁增强整体性。这种桩我国各地都有应用，如北京地区近年来基坑深度在－10m 左右的 33 个有代表性的高层建筑深基坑工程中，有 22 个是用钢筋混凝土钻孔灌注桩排桩挡墙。上海地区近年来亦多使用，两层地下室及其以下的深基坑工程中优先考虑使用。

钻孔灌注桩排桩挡墙的刚度较大，抗弯能力强，变形相对较小，有利于保护周围环境，而且价格较低，经济效益较好。就挡土而言，钻孔灌注桩围护墙可用于开挖深度较大的基坑，但在地下水位较高地区往往由于隔水措施失效而导致基坑事故的例子时有发生。因此，当开挖深度较大而又缺乏有把握的隔水手段时，不宜采用钻孔灌注桩作为围护墙。钻孔灌注桩由于不连续，是一个个独立的，所以围檩要加强。

目前，钻孔灌注桩不能做到相割或相切，桩之间留有 100～150mm 的间隙，因此无挡水能力，需另做防水帷幕进行防水。常用的做法是在背后相隔 100mm 左右施工两排深层搅拌水泥土桩，组成防水帷幕，起挡水作用。或者在两根灌注桩之间施工树根桩或注浆止水。但效果不如施工两排深层搅拌水泥土桩好。止水要求严格者，有将两种措施同时采用。

现在，还发展了一种钻孔灌注桩与深层搅拌水泥土桩的组合结构挡墙，即在相隔一定距离的后两排钢筋混凝土钻孔灌注桩之间，施工深层搅拌水泥土桩，于前后两排钻孔灌注桩的顶部做连梁或联系排架使之连成整体受力。这种组合结构挡墙兼有重力式与非重力式挡墙的特性，可以在较深的基坑中应用而不设支撑，有利于坑内机械化挖土和地下结构施工，我国一些地区已有应用。

1. 墙体构造

(1) 用于围护墙体的钻孔灌注桩一般直径为 500～1100mm。邻桩的中心距一般不大于桩径的 1.5 倍，在地下水位较低的地区，当墙体没有隔水要求时，中心距还可以再大一些，但不宜超过桩径的 2 倍。为防止桩间土塌落，可采用在桩间土表面抹水泥砂浆或对桩间土注浆加固等措施予以保护。

(2) 在地下水位较高地区采用钻孔灌注桩围护墙时，必须在墙后架设隔水帷幕。隔水帷幕应贴近围护桩，其净距不宜大于 150mm。图 4-1 为采用不同隔水方法的钻孔灌注桩墙体构造。其中图(a)由于施工偏差，桩间的树根桩或注浆体往往难于封堵灌注桩的间隙

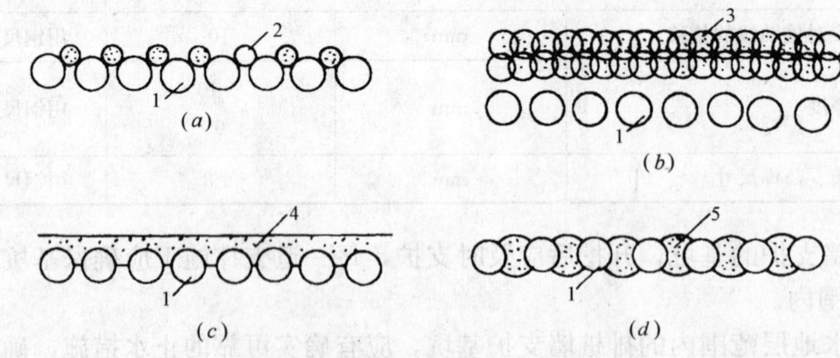

图 4-1　隔水帷幕

1—灌注桩；2—注浆或树根桩；3—搅拌桩；
4—高压喷射(180°摆喷)；5—旋喷桩

而导致地下水流入基坑。因此，在开挖深度超过5m时，必须慎重使用。其余几种形式的隔水帷幕效果相对比较可靠。隔水帷幕下端深度应满足地基土抗渗流稳定的要求，底部宜进入不透水土层。

(3) 灌注桩外侧的防渗帷幕宜采用连续搭接的水泥土搅拌桩，其搭接长度不宜小于200mm。防渗帷幕厚度根据基坑开挖深度、土层条件、环境保护要求等综合考虑确定，顶部宜设置厚度不小于150mm的混凝土面层，并与桩顶圈梁整浇成一体。当土层渗透性大或环境保护要求较严时，宜在搅拌桩与灌注桩之间注浆，浅部地层有较厚的砂土或粉性土时，可采用灌注桩套打在搅拌桩里的措施，提高成桩质量和防渗性能。

(4) 墙体顶部圈梁构造如图4-2所示，当圈梁兼作支撑围檩时，其截面尺寸应根据静力计算确定，梁宽通常不宜小于支撑间距的1/6。圈梁顶面标高宜低于主体工程地下管线的埋设深度，以便于今后管线施工。

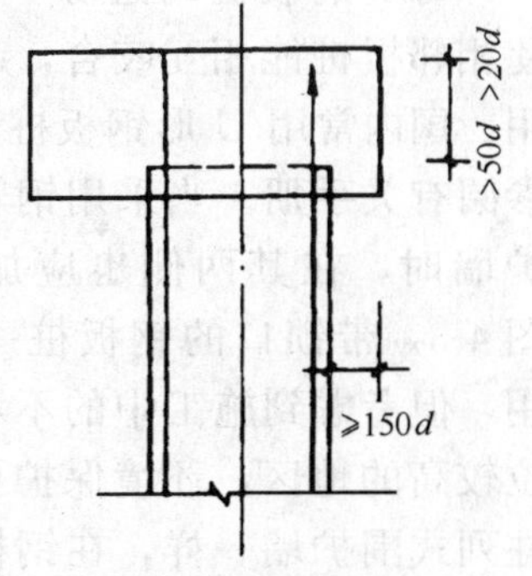

图4-2 圈梁构造

2. 墙体截面计算

钻孔灌注桩墙体截面内力应根据支护结构静力计算确定，截面承载能力可按现行《混凝土结构设计规范》(GB 50010—2002)中的圆截面受弯构件正截面受弯承载力计算。桩内钢筋笼通常全长配筋，也可根据弯矩包络图分段配筋，以节省钢材。

3. 墙体施工

(1) 柱列式钻孔灌注桩围护墙体可以采用一般钻孔灌注桩施工机械和施工规程中有关技术要求进行施工。

(2) 在钻孔时为了防止邻桩混凝土塌落或损伤，相邻桩位的施工间隔时间不应小于72h，实际施工时，一般应采取每间隔3～5根桩位跳打方法。此时在每一个跳打间隔内，总有一根桩是在左右已成桩的条件下嵌入施工。为了能使其正确就位，要求围护桩的容许施工误差小于普通工程桩。桩位偏差应控制在正负30mm以内，桩身垂直度偏差小于1/200，桩径变化应控制在5/100以内。为此，在地下水位较高的软土地区，当采用一般回转式钻机成孔时，除必须采用优质泥浆护壁外，钻杆直径不应小于89mm，最好采用114mm钻杆，必要时可在钻头上加配重，以保证成孔垂直度。此外，钻头旋转速度应控制在每分钟40～70转范围内，在淤泥土内应小于每分钟40转。在地层中的进钻速度应控制在每小时4～5m以内。

(3) 钻孔灌注桩的具体施工方法，见本书的桩基施工。

4-2-2-2 钢板桩围护墙

钢板桩具有强度高、接合紧密、不易漏水、施工简便、速度快、可减少基坑土方开挖量、可全部机械化施工，对临时工程拔出后可多次重复使用等特点，适用于软弱地基和地下水位高且多的地区，用作地下构筑物或深基础施工的临时支护挡土、防水结构或在水中建造构筑物作围堰。

平板型钢板桩及无锚(撑)板桩，由于侧向抗弯强度较小，多用于地基较好、基坑深度不大的工程；波浪形和组合式钢板桩及有锚(撑)板桩，由于防水及抗弯性能较好，适用于较深的基坑使用。

钢板桩是深基坑支护结构的一种类型。一般采用 U 形或 Z 形截面形状，当基坑较浅时也可采用正反扣的槽钢；当基坑较深，荷载较大时也可采用钢管、H 型钢及其他组合截面钢桩。

1. 墙体构造

每块钢板桩的边缘一般设置通常锁口，使相邻板桩能相互咬合，起到挡水和隔水作用。国内常用 U 形钢板桩，其性能和特点可参阅有关手册。当采用钢管或其他型钢做围护墙时，在其两侧也应加焊通长锁口，如图 4-3。带锁口的钢板桩一般能起到隔水作用，但考虑到施工中的不利因素，在地下水位较高的地区，环境保护要求较高时，应与柱列式围护墙一样，在钢板桩背面另外加设水泥土桩之类的隔水帷幕。

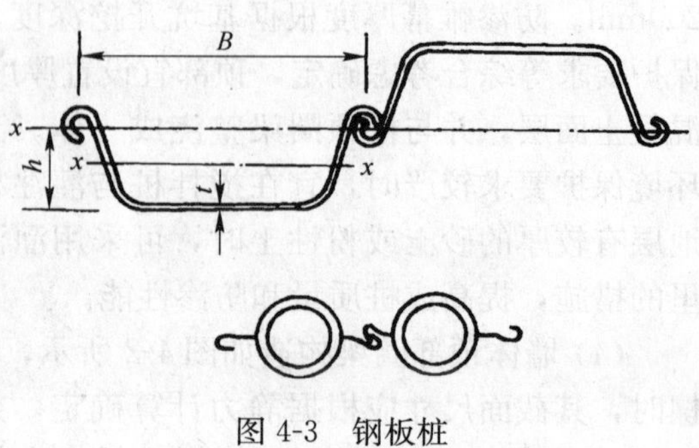

图 4-3　钢板桩

B—宽度；h—有效高度；t—厚度

钢板桩围护墙可以用于圆形、矩形、多边形等各种平面形状的基坑，对于矩形和多边形基坑，在转角处应根据转角平面形状做相应的异型转角桩，如无成品角桩，可将普通钢板桩裁开后，加焊型钢或钢板后拼制成角桩。角桩长度应适当加长。

2. 墙体截面计算

截面内力应根据支护结构静力计算确定，截面承载力按现行《钢结构设计规范》计算。如图 4-3 相互咬合的钢板桩如能发挥整体作用，其截面性能指标要比单块钢板桩大得多。根据材料力学知识，此时截面中性轴应在咬合部位，截面最大剪应力也将产生在这一部位。但实际上这种咬合连接构造能否有效地传递剪力是有疑问的。根据有关实验资料表明，这种组合截面受力后，发现中性轴并不在咬合处，而是位于单块钢板桩上。对于围护墙，钢板桩的应力和变形是重要的控制参数，因此，设计时应把整体截面的惯性矩和截面抵抗矩作适当折减后使用。

3. 钢板桩施工

(1) 施工准备

1) 一般要求

① 钢板桩的设置位置应便于基础施工，即在基础结构边缘之外应留有支、拆模板的余地。

② 钢板桩的平面布置形状，应尽量平直整体，避免不规则的转角，以便充分利用标准钢板桩和便于设置支撑。

③ 钢板桩施打前，应将桩尖处的凹槽底口封闭，锁口应涂油脂。用于永久性工程应涂红丹防锈漆。

2) 钢板桩的检验与矫正

① 钢板桩检验。用于基坑临时支护的钢板桩，主要进行外观检验，包括表面缺陷、长度、宽度、厚度、高度、端头矩形比、平直度和锁口形状等，新钢板桩必须符合出厂质

量标准，重复使用的钢板桩应符合检验标准要求，否则，在打设前应予以矫正。

② 钢板桩矫正。钢板桩的矫正有以下六种方法：

a. 表面缺陷矫正：先清洗缺陷附近表面的锈蚀和油污，然后用焊接修补的方法补平，再用砂轮磨平。

b. 端部矩形比矫正：一般用氧乙炔切割桩端，使其与轴线保持垂直，然后再用砂轮对切割面进行磨平修整。当修整量不大时，也可直接采用砂轮进行修理。

c. 桩体挠曲矫正：腹向弯曲矫正是将钢板桩弯曲段的两端固定在支承点上，用设置在龙门式顶梁架上的千斤顶顶在钢板桩凹凸处进行冷弯矫正；侧向弯曲矫正通常在专门的矫正平台上进行，将钢板桩弯曲段的两端固定在矫正平台的支座上，用设置在钢板桩的弯曲段侧面矫正平台上的千斤顶顶压钢板桩弯曲处，进行冷弯矫正。

d. 桩体扭曲矫正：这种矫正较复杂，可根据钢板桩扭曲情况，采用*c*.中的方法矫正。

e. 桩体截面局部变形矫正：对局部变形处用千斤顶顶压、大锤敲击与氧乙炔焰热烘相结合的方法进行矫正。

f. 锁口变形矫正：用标准钢板作为锁口整形胎具，采用慢速卷扬机牵拉调整处理，或采用氧乙炔焰热烘和大锤敲击胎具推进的方法进行调直处理。

3）钢板桩吊运及堆放

装卸钢板桩宜采用两点吊。吊运时，每次起吊的钢板桩根数不宜过多，并应注意保护锁口免受损伤。吊运方式有成捆起吊和单根起吊。成捆起吊通常采用钢索捆扎，而单根吊运常用专用的吊具。

钢板桩应堆放在平坦而坚固地场地上，必要时，对场地地基土进行压实处理。在堆放时要注意：

① 堆放的顺序、位置、方向和平面布置等应考虑到以后的施工方便；

② 钢板桩要按型号、规格、长度、施工部位分别堆放，并在堆放处设置标牌说明；

③ 钢板桩应分层堆放，每层堆放数量一般不超过 5 根，各层间要垫枕木，垫木间距一般为 3～4m，且上、下层垫木应在同一垂直线上，堆放的总高度不宜超过 2m。

4）抄平放线

在打桩及打桩机开行范围内清除地面及地下障碍、平整场地，做好排水沟、修筑临时道路，并根据支护结构设计图纸放线定位，同时做好测量控制网和水准基点。

(2) 钢板桩施工

1）打桩机械的选择

钢板桩可采用锤击打入法、振动打入法、静力压入法及振动锤击打入法等施打方法，工程中采用前两者居多。根据不同的施打方法应采用相应的打桩机械，见表 4-3。同时，在选择打桩机械型号时，应考虑工程地质，现场作业环境，钢板桩形式、重量、长度、总数量等具体条件，以使选用机械适用、经济、安全。

打桩机械的选择，可参考表 4-3 提供的各类打桩机械适用情况予以考虑，必要时，如大型工程或缺乏经验时，可进行试打，最终确定机型。

各类打桩机的适用情况　　**表 4-3**

机械类别		冲击式打桩机			振动锤	油压式压桩机
		柴油锤	蒸汽锤	落锤		
钢板桩	形式	除小型板桩外所有板桩	除小型板桩外所有板桩	所有形式板桩	所有形式板桩	除小型板桩外所有板桩
	长度	长度大	长度大	适宜短桩	很长桩不合适	长度大
地层条件	软弱粉土	不适	不适	合适	合适	可以
	粉土、黏土	合适	合适	合适	合适	合适
	砂层	合适	合适	不适	可以	不适
	硬土层	可以	可以	不可以	不可以	不适
施工条件	辅助设施	规模大	规模大	简单	简单	规模大
	噪声	高	较高	高	小	很小
	振动	大	大	小	大	无
	贯入能量	大	一般	小	一般	一般
	施工速度	快	快	慢	一般	一般
费用		高	高	便宜	一般	高
工程规模		大工程	大工程	简单工程	大工程	大工程
其他	优点	燃料费用低、运行简单	打击时可调整	故障少、改变落距即可调整锤击力	打拔都可以	打拔都可以
	缺点	软土启动难、油雾飞溅	烟雾较多	容易偏心锤击	瞬时电流较大、电耗大	只适用于直线段

当选用自由落锤、汽动锤、柴油锤等锤击打入法施工时，为了使锤的冲击力均匀分布在桩顶的顶面，保护桩顶免受损伤和控制桩打入方向，在桩锤和钢板桩之间应设桩帽。桩帽一般由冲击槽、冲击板和定位肋三部分组成。有时可设置滑动导板构成导向桩帽，其构造如图 4-4 所示。桩帽有多种规格可供选用，如无合适的型号，可根据要求自行设计和加工。

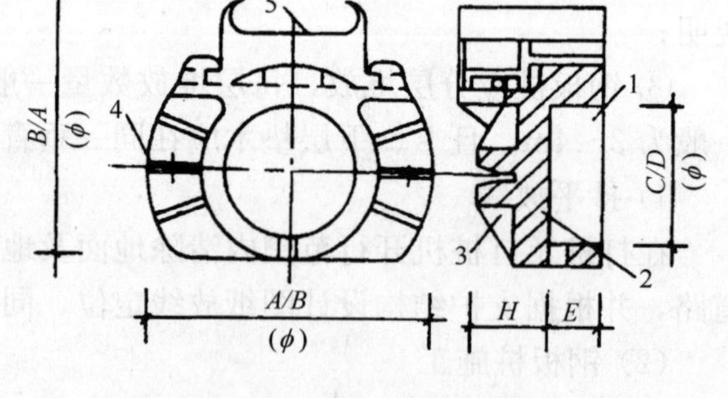

图 4-4　桩帽

2）钢板桩的施工

① 板桩施工顺序。

钢板桩的打设虽然在基坑开挖前已完成，但整个板桩支护结构需等地下结构施工后，在许可的条件下将板桩拔除才算完全结束。因此，对于钢板桩的施工应考虑打设、挖土、支撑(如果有)、地下结构施工、支撑拆除及板桩的拔除。

一般多层支撑钢板桩的施工顺序如图 4-5 所示。

② 钢板桩的打设：

a. 打桩围檩支架(导向架)的设置。为保证钢板桩沉桩的垂直度及施打板桩墙墙面的

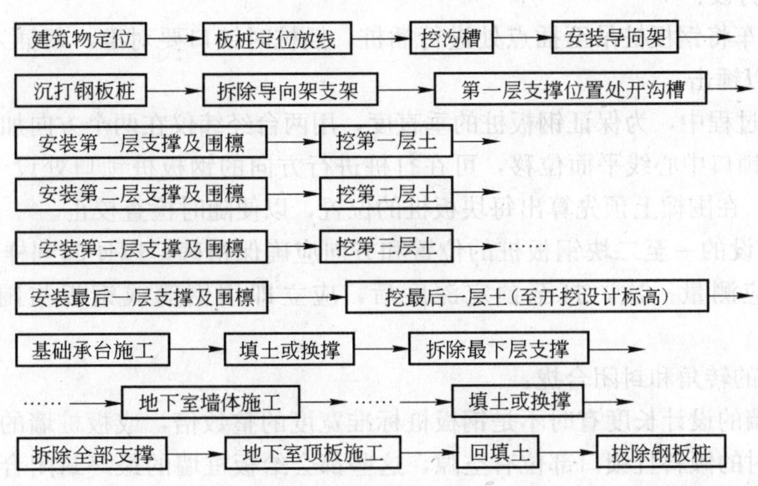

图 4-5 钢板桩施工程序图

平整度，在钢板桩打入时应设置打桩围檩支架，围檩支架由围檩及围檩桩组成。

图 4-6 所示围檩系双面布置形式，打桩要求较低时也可单面布置。如果对钢板桩打设要求较高，可沿高度上布置双层或多层，这样，对钢板桩打入时导向效果更佳。一般下层围檩可设在离地面约 500mm 处，双面围檩之间的净距应比插入板桩宽度放大 8～10mm。围檩支架一般均采用型钢组成，如 H 型钢、工字钢、槽钢等，围檩桩的入土深度一般为 6～8m，间距 2～3m，根据围檩截面大小而定。围檩与围檩桩之间用连接板(可用槽钢焊接)。

b. 打桩流水段的划分：

打桩流水段的划分与桩的封闭合拢有关。流水段长度大，合拢点就少，相对积累误差大，轴线位移相应也大，如图 4-7(*a*)、(*b*)；流水段长度小，则合拢点多，积累误差小，但封闭合拢点增加，如图 4-7(*c*)。一般情况下，应采用后一种方法。另外，采取先边后角打设方法，可保证端面相对距离，不影响墙内围檩支撑的安装精度，对于打桩积累偏差可在转角处作轴线修正。

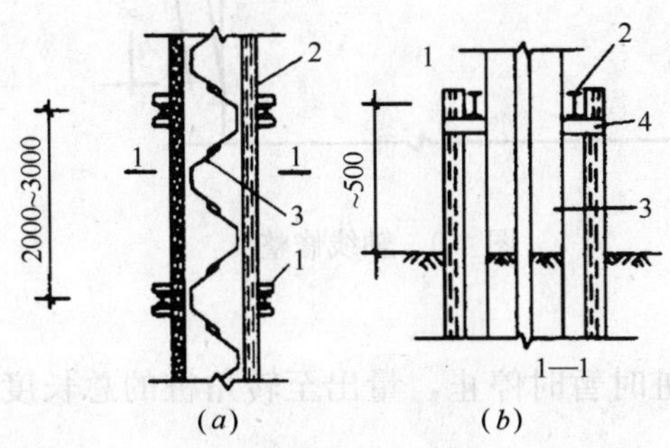

图 4-6 打桩围檩支架

(*a*)平面布置；(*b*)剖面

1—围檩桩；2—围檩；3—钢板桩；4—连接板

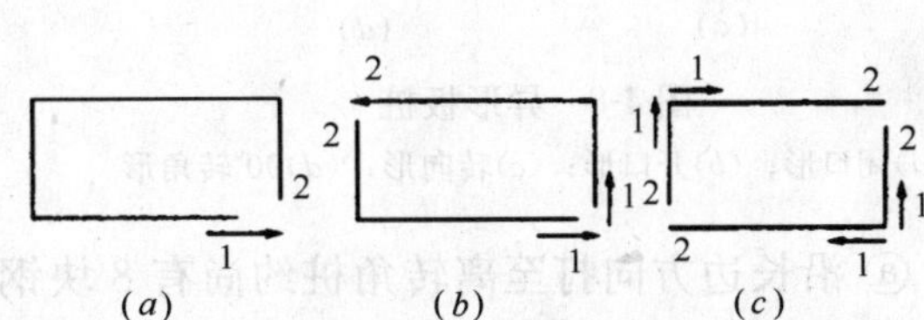

图 4-7 打桩流水段划分

(*a*)一流水段；(*b*)二流水段；(*c*)四流水段

c. 钢板桩打设：

a) 先用吊车将钢板桩吊至插点处进行插桩，插桩时锁口要对准，每插入一块即套上桩帽，轻轻加以锤击。

b) 在打桩过程中，为保证钢板桩的垂直度，用两台经纬仪在两个方向加以控制。

c) 为防止锁口中心线平面位移，可在打桩进行方向的钢板桩锁口处设卡板，阻止板桩位移。同时，在围檩上预先算出每块板桩的位置，以便随时检查校正。

d) 开始打设的一至二块钢板桩的位置和方向应确保精确，以便起到样板导向作用，故每打入 1m 应测量一次，打至预定深度后，应立即用钢筋或钢板与围檩支架焊接固定。

d. 钢板桩的转角和封闭合拢：

由于板桩墙的设计长度有时不是钢板桩标准宽度的整数倍，或板桩墙的轴线较复杂，或钢板桩打入时的倾斜且锁口部位有空隙，这些都会给板桩墙的最终封闭合拢带来困难，往往要采用异形板桩、轴线修整等方法来解决。

a) 异形板桩法。在板桩墙转角处为实现封闭合拢，往往要采用特殊形式的转角桩——异形板桩，如图 4-8 所示。它是将钢板桩从背面中线处切开，再根据选定的断面进行组合而成。由于加工质量难以保证，打入和拔出也较困难，所以应尽量避免采用。

b) 轴线修整法。通过对板桩墙闭合轴线设计长度和位置的调整，实现封闭合拢的方法，如图 4-9 所示。封闭合拢处最好选在短边的角部。轴线调整的具体作法如下：

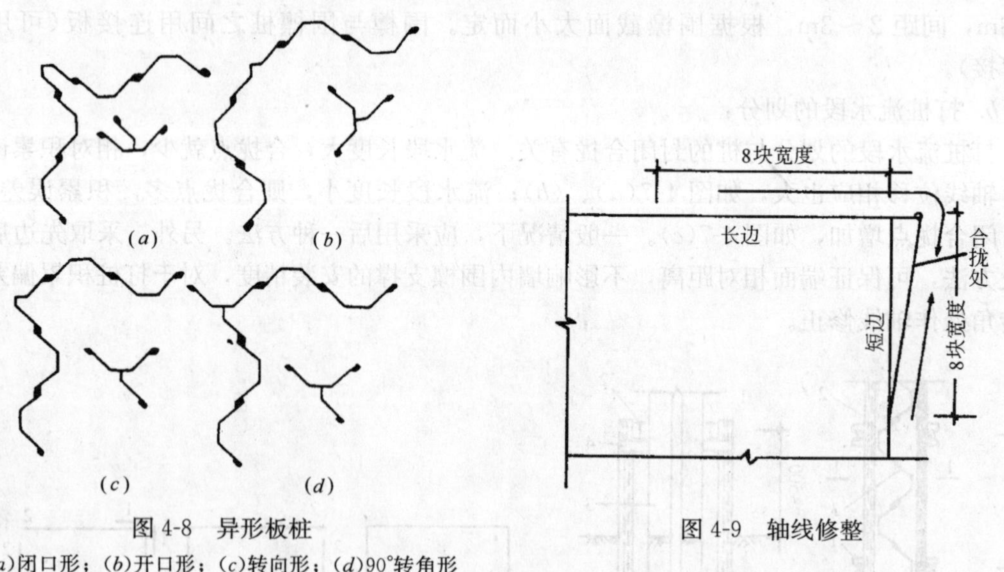

图 4-8　异形板桩

(a)闭口形；(b)开口形；(c)转向形；(d)90°转角形

图 4-9　轴线修整

ⓐ 沿长边方向打至离转角桩约尚有 8 块钢板桩时暂时停止，量出至转角桩的总长度和增加的长度；

ⓑ 在短边方向也照上述办法进行；

ⓒ 根据长、短两边水平方向增加的长度和转角桩的尺寸，将短边方向的围檩与围檩桩分开，用千斤顶向外顶出，进行轴线外移，经核对无误后再将围檩和围檩桩重新焊接

固定；

ⓓ 在长边方向的围檩内插桩，继续打设，插打到转角桩后，再转过来接着沿短边方向插打两块钢板桩；

ⓔ 根据修正后的轴线，沿短边方向继续向前插打，最后一块封闭合拢的钢板桩，设在短边方向从端部算起的第三块板桩的位置处。

③ 打桩方式的选择：

a. 单桩打入法：这种方法是以一块或两块钢板为一组，从一角开始，逐块(组)插打，直至工程结束，如图 4-10 所示。这种打入方法施工简便，可不停顿地打，桩机行走路线短，速度快。但单块打入易向一边倾斜，误差积累不易纠正，墙面平直度较难控制。

b. 双层围檩法：在地面上一定高度处离轴线一定距离，先筑起双层围檩架，而后将板桩依次在围檀中全部插好，待四角封闭合拢后，再逐渐按阶梯状将板桩逐块打至设计标高的方法，如图 4-11 所示。这种打入法能保证板桩墙的平面尺寸、垂直度和平整度。但施工复杂，不经济，施工速度慢，封闭合拢时需异形桩。

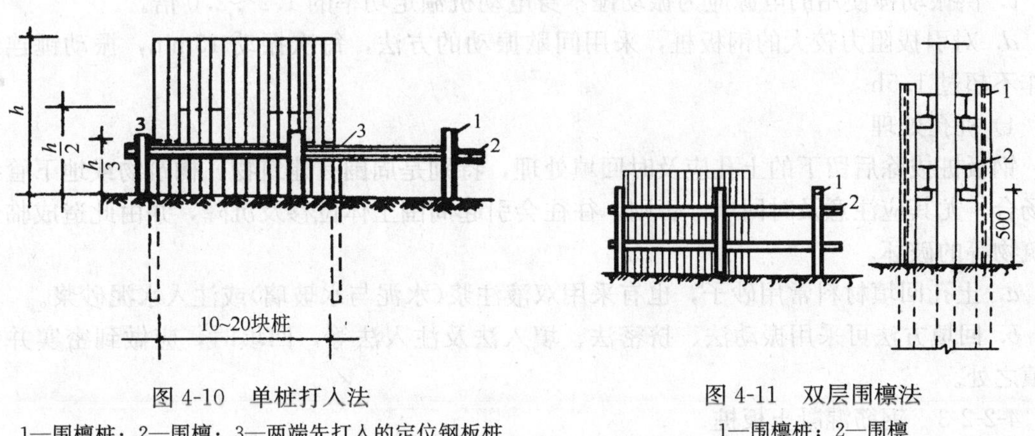

图 4-10 单桩打入法

1—围檩桩；2—围檩；3—两端先打入的定位钢板桩

图 4-11 双层围檩法

1—围檩桩；2—围檩

c. 屏风法：用单层围檩每 10～20 块钢板桩组成一个施工段，插入土中一定深度形成较短的屏风墙；然后先将两端 1～2 块钢板桩打入，严格控制其垂直度，用电焊固定在围檩上，其余钢板桩按顺序分 1/2 或 1/3 板桩高度呈阶梯状打设；如此逐组进行，直至工程结束的打入方法。这种方法能防止板桩过大的倾斜和扭转；能减少打入的累计倾斜误差，可实现封闭合拢；由于分段施打，不影响邻近钢板桩施工。但插桩的自立高度大，要采取措施保证墙的稳定和操作安全。

3）钢板桩的拔除

① 拔桩方法：

a. 静力拔桩法：静力拔桩一般可用独脚扒杆或人字扒杆，并设置缆风绳以稳定扒杆。扒杆顶端固定滑轮组，下端设导向滑轮，钢丝绳通过导向滑轮引至卷扬机，也可采用倒链用人工进行拔出。扒杆常采用钢管或格构式钢结构，对较小、较短的板桩也可采用木扒杆。

静力拔桩技术要求较高，特别是在拔桩开始阶段，由于静摩阻力与吸附力很大，初始起拔时往往会发生卷扬机负荷过大或钢丝绳绷断的现象，因此，宜将卷扬机间歇启动，减小拔桩阻力，渐渐将钢板桩拔出，启动后则尽可能保持匀速拔升。

b. 振动拔桩法：振动拔桩是利用振动锤对板桩施加振动力，扰动土体，破坏其与板桩间的摩阻力和吸附力并施加吊升力将桩拔出。这种方法效率高、操作简便，是广泛采用的一种拔桩方法。

振动拔桩主要选择拔桩振动锤，一般拔桩振动锤均可作打、拔板桩之用。

② 拔桩顺序：

一般与打桩顺序相反。

a. 拔桩时，可先用振动锤将板桩锁口振活以减小土的阻力，然后边振边拔。对较难拔出的板桩可先用柴油锤将桩振打下 100～300mm，再与振动锤交替振打、振拔。有时，为及时回填拔桩后的土孔，在把板桩拔至比基础底板略高时(如 500mm)暂停引拔，用振动锤振动几分钟，尽量让土孔填实一部分。

b. 起重机应随振动锤的启动而逐渐加荷，起吊力一般略小于减振器弹簧的压缩极限。

c. 供振动锤使用的电源应为振动锤本身电动机额定功率的 1.2～2.0 倍。

d. 对引拔阻力较大的钢板桩，采用间歇振动的方法，每次振动 15min，振动锤连续工作不超过 1.5h。

4）桩孔处理

钢板桩拔除后留下的土孔应及时回填处理，特别是周围有建筑物、构筑物或地下管线的场合，尤其应注意及时回填，否则，往往会引起周围土体位移及沉降，并由此造成临近建筑物等的破坏。

a. 土孔回填材料常用砂子，也有采用双液注浆(水泥与水玻璃)或注入水泥砂浆。

b. 回填方法可采用振动法、挤密法、填入法及注入法等，回填时，应做到密实并无漏填之处。

4-2-2-3　钢筋混凝土板桩

钢筋混凝土板桩具有施工简单、现场作业周期短等特点，曾在基坑工程中广泛应用，但由于钢筋混凝土板桩的施打一般采用锤击方法，振动与噪声较大，同时沉桩过程中挤土也较为严重，故在城市工程中受到一定限制。此外，其制作一般在工厂预制，然后运至工地，成本较灌注桩等略高。但由于其截面形状及配筋对板桩受力较为合理且可根据需要设计，目前已可制作厚度较大(如厚度达 500mm 以上)的板桩，并有液压静力沉桩设备，故在基坑工程中仍是支护墙板的一种适用形式。桩长 6～12m，用于开挖深度为 3～6m 的基坑。

常用钢筋混凝土板桩截面的形式有四种：矩形、T 形、工字形及口字形，矩形截面板桩制作较方便，桩间采用槽榫接合方式，接缝效果较好。当考虑重复使用时，宜采用预制的预应力混凝土板桩。顶部设圈梁把一个个板桩连成整体，用后不再拔除，永久保留在地基土中，所以，多用于钢板桩用后难以拔除的地段。截面高度和配筋由计算确定，钢筋混凝土板桩的刚度比钢板桩大，变形相对较小。如钢筋混凝土板桩沿基础边线精确的打设，有可能兼作基础混凝土浇筑时的模板，简化了基础工程的施工。

1. 墙体构造

板桩两侧一般做成凹凸榫，如图 4-12。也有做成 Z 形缝或其他形式的企口缝。阳榫各面尺寸应比阴榫小 5mm。板桩的桩尖沿厚度方向做成楔形，为使邻桩靠接紧密，减小接缝和倾斜，在阴榫一侧的桩尖消成 45°～60°的斜角，阳榫一侧不削。角桩及定位桩的桩尖做成对称形。矩形截面板桩宽度通常用 500～800mm，厚度 150～500mm。T 形截面板桩的翼缘厚度一般为 150～200mm，翼缘宽度 1000～1200mm，最大可达 1600mm。混凝土强度等级不宜小于 C25，预应力板桩不宜小于 C40。考虑沉桩时的锤击应力作用，桩顶都应配 4～6 层钢筋网，桩顶以下和桩尖以上各 1.0～1.5m 范围内箍筋间距不宜大于 100mm，中间部位箍筋间距 200～300mm。当板桩打入硬土层时，桩尖宜采用钢靴，榫壁应配构造钢筋。

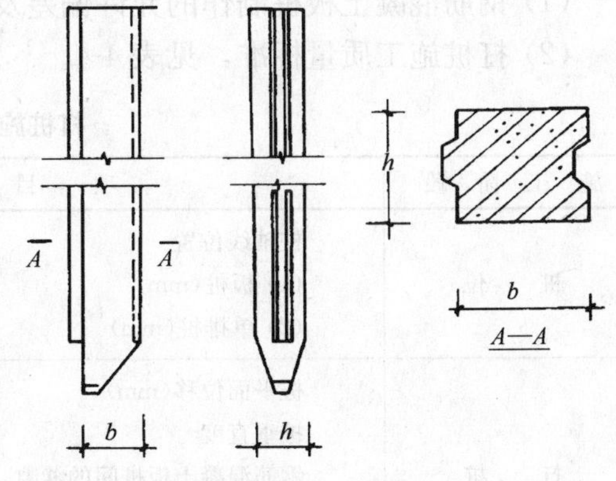

图 4-12 矩形板桩

在基坑转角处应根据转角的平面形状做成相应的异形转角桩，转角桩或定位桩的长度应比一般部位的桩长 1～2m。

2. 截面计算

截面内力根据支护结构的静力特征由计算确定，并应考虑板桩在起吊和运输过程中产生的内力。截面承载力应按现行钢筋混凝土设计规范确定。

3. 墙体施工

钢筋混凝土板桩通常采用锤击、静压和振动等方法沉入土中，也可采用射水钻孔沉桩的方法，这些方法可以单独使用，也可以相互配合使用。打桩前，应根据围护墙的水平总长度和板桩规格事先确定所需要的板桩数量。

(1) 准备工作

1) 板桩验收：钢筋混凝土板桩必须达到设计强度的100%，并达到龄期 28d 以上方可施打，仅达到强度要求而龄期不足的桩采用锤击打入法往往会打坏桩头或打裂桩身。施打前，还应严格检查桩的截面尺寸，特别是槽榫或踏步式企口部位。桩的运输、起吊、堆放均应采取措施，保证桩身不受破坏，不产生裂缝。

2) 打桩导向架的设置：钢筋混凝土板桩施打前也应设置打桩围檩支架作导向架，打桩围檩架的设置与钢板桩相同，由于钢筋混凝土板桩制作的截面尺寸偏差较钢板桩大，故围檩间净距可适当放大，一般取大于板桩宽度 30～50mm。

3) 转角与封闭：钢筋混凝土板桩的转角处及最后封闭位置均应采取异形板桩。异形板桩可根据设计做成矩形角桩或扇形角桩，也可采用钢材制成，如 H 型钢。有时不采用转角异形桩而将转角或封闭处做成 T 形封闭，使转角或封闭处的板桩相互垂直贴合，在接头处注浆止水。

(2) 打桩施工

打桩施工可采用单桩打入法或围檩插桩法及分段复打法施打。当采用屏风法施打时，每排桩插桩数量应控制在 10～20 根为宜，由于钢筋混凝土板桩的截面面积较大，打入时板桩间挤土压力较大，插入过多会造成打桩困难，也易把桩打坏。

4. 质量标准

(1) 钢筋混凝土板桩制作的允许偏差及检验方法，见表 4-2。

(2) 打桩施工质量标准，见表 4-4。

打桩施工质量标准　**表 4-4**

施工阶段	项目	允许偏差
桩位	桩轴线位置 (1) 板桩(mm) (2) 单排桩(mm)	 20 10
打桩	桩平面位移(mm) 桩垂直度 钢筋混凝土板桩间的缝隙 (1) 用于防渗时(mm) (2) 用于挡土时(mm)	100 1/100 ≤20 ≤25
送桩	桩顶标高	±100

4-3　水泥土桩墙支护

水泥土桩墙作为基坑的支护结构有以下优点：(1)水泥土加固体的渗透系数比较小，一般不大于 10^{-7}cm/s，因此，墙体有良好的隔水性能，不需要另作防水帷幕；(2)水泥土支护墙一般采取自立式的，不加支撑，所以开挖较方便；(3)水泥土墙体的工程造价比较低，当基坑开挖深度不大时，其经济效益更为显著。

水泥土桩墙支护的主要缺点是：(1)由于水泥土墙体的材料强度比较低，不能适应支撑力的作用，所以一般都采用自立式的结构体系，这样基坑的位移量就比较大，在环境保护要求较高的情况下采用时必须十分慎重；(2)墙体材料强度受施工因素影响导致成墙质量的离散性比较大，由于施工设备上的原因及施工管理和施工操作上的原因，往往不能保证水泥(或水泥浆)与土搅拌得很均匀而影响加固体的强度。一般情况下，粉喷桩质量的离散性比搅拌桩更大。

水泥土搅拌桩的布置可采用密排布置，也可采用格栅式布置，一般以后者居多。密排布置通常用于局部加强处，如增设墙墩、拱形支护体等位置。

水泥土桩墙加固深度一般为基坑开挖深度的 1.8～2.0 倍，有时考虑抗渗要求，采用局部加长形式。

水泥土桩墙适用于素填土、淤泥质土、流塑及软塑状的黏土、粉土及粉砂性土等软土地基。当土中含高岭石、多水高岭石、蒙脱石等矿物时，加固效果更好；而含有伊里石、氯化物、水铝英石等矿物或有机质含量高、pH 值较低的黏性土加固效果较差。对于泥炭土、泥炭质土及有机质土或地下水具有侵蚀性时，应通过试验确定其适用性。

水泥土搅拌桩不适用于厚度较大的可塑及硬塑以上的软土、中密以上的砂土。此外，加固区地下如有大量条石、碎砖、混凝土块、木桩等障碍时，一般也不适用。如有古井、洞穴之类地下物，则应先行处理后再作加固。

水泥土桩墙适用于4～8m深的基坑、基槽，应根据土质状况及现场条件选择确定。

4-3-1 一般规定

(1) 格栅形水泥土挡墙，其截面置换率通常为0.7～0.8，相邻桩搭接长度不小于20cm。为增加墙体的整体性，宜在前后两排桩体中插毛竹，墙顶设厚度不小于150mm的封闭混凝土压顶。一般在压顶内配ϕ8@150×150(mm)的钢筋网，同时在每根桩顶预留一根直径10mm的插筋浇入压顶。

(2) 水泥土桩墙结构应采用湿法(喷浆)施工，开挖深度一般不超过7m。采用干法(喷粉)施工时，开挖深度不宜超过5m。水泥土桩墙结构应有可靠的质检措施，以确保有效桩长范围内桩体强度的均匀性。

(3) 基坑开挖深度h_0不大于5m时，墙体宽度和深度可按经验确定：墙宽$B=(0.5\sim0.8)h_0$，插入深度$D=(0.8\sim1.2)h_0$。确定B、D时，应考虑土层分布的特性、周围环境条件和地面荷载情况。

(4) 加固体的强度取决于水泥掺合量和龄期。水泥掺入比指掺入水泥重量与被加固土的重量(湿重)之比，常用水泥土墙掺入比为12%～16%；对有机质含量较高的河浜土和新填土，水泥掺量应适当增大，一般可取15%～18%。当采用高压喷射注浆法施工时，水泥掺量应增大到30%左右。常用的水泥为32.5级普通硅酸盐水泥。水泥土桩墙结构的强度以龄期一个月的无侧限抗压强度q_u为标准，q_u应不低于1MPa。水泥土未达设计强度前，不得开挖基坑。

(5) 为改善水泥土加固体的性能和提高早期强度，宜掺加外掺剂。经常使用的外掺剂有碳酸钠、氯化钙、三乙醇胺、木质素磺酸钙等。

4-3-2 施工要点

(1) 根据设计要求、场地和地质条件、施工机械性能，制订周密的施工组织设计和操作大纲，确保水泥掺合的均匀度和水泥与土体的搅拌均匀性。

(2) 围护墙体应采用连续搭接的施工方法，严格控制桩位和桩身的垂直度，并确保足够的搭接长度和形成连续的墙体。

(3) 水泥土桩墙结构湿法施工应符合下列要求：

1) 各类施工机械的性能应由专业部门进行鉴定，并作试桩，进行桩身强度和施工工艺的检验。湿法施工宜采用双轮搅拌机；

2) 施工桩位偏差不超过5cm，桩身垂直度误差不超过1%；

3) 水泥浆液的水灰比应控制在0.45～0.50范围内；

4) 成桩应采用二次搅拌工艺，喷浆搅拌时钻头的提升(或下沉)速度不宜大于0.5m/min，钻头每转一圈的提升(或下沉)量以1.0～1.5cm为宜；

5) 搭接施工的相邻桩的施工间歇时间应不超出10～16h；

6) 压浆速度应和提升(或下沉)速度相配合，确保额定浆量在桩身长度范围内均匀分布。

(4) 水泥土桩墙结构干法施工应符合下列要求：

1) 粉体发送器必须有计量装置，在喷粉成桩过程中应能随时监测其喷粉量。粉体发送器和整套喷粉机械的特性指标应经专业部门鉴定。

2）桩中心偏位应不大于 5cm，桩身垂直度误差不超过 1%。

3）应采用干燥、新鲜水泥，严禁用受潮结块水泥。

4）成桩应采用二次搅拌工艺，喷粉搅拌时，钻头每转一圈的上提(或下沉)量以 1.0～1.5cm 为宜，确保有效桩长范围内桩体强度的均匀性。

5）搭接施工的相邻桩的施工间歇时间不超过 2h。

6）离地表 1m 时，应有防止水泥粉外扬的屏蔽装置。

4-3-3　质量控制与检验

4-3-3-1　施工质量验收标准

(1) 水泥土搅拌桩及高压喷射注浆桩的质量检验应满足《建筑地基基础工程施工质量验收规范》第 4.10、4.11 节的规定。

(2) 加筋水泥土桩应符合表 4-5 的规定。

加筋水泥土桩质量检验标准　　**表 4-5**

序	检查项目	允许偏差或允许值		检查方法
		单　位	数　值	
1	型钢长度	mm	±10	用钢尺量
2	型钢垂直度	%	<1	经纬仪
3	型钢插入标高	mm	±30	水准仪
4	型钢插入平面位置	mm	10	用钢尺量

4-3-3-2　质量控制

水泥土桩墙结构的质量检验应按成桩施工期、开挖前和开挖期三个阶段进行。

(1) 成桩施工期质量检验包括机械性能、材料质量、掺合比试验等资料的验证，以及逐根检查桩位、桩长、桩顶高程、桩身垂直度、桩身水泥掺量、上提喷浆(喷粉)速度、外掺剂掺量、水灰比、搅拌和喷浆起止时间、喷浆(喷粉)量的均匀度、搭接桩施工间歇时间等。

(2) 基坑开挖前的质量检测应在围护结构路面浇筑之前进行。检测包括桩身强度的验证和桩位、桩数的复核。对开挖深度超过 5m 的基坑应采用钻取桩芯或静力触探的方法检验桩长和桩身强度：

1）钻取桩芯宜采用 $\phi110$ 钻头，连续钻取全桩长范围内的桩芯，桩芯应呈硬塑状态并无明显的夹泥、夹砂断层。有效桩长范围内的桩身强度应符合设计要求；

2）静力触探应在成桩后第三天(喷粉搅拌)或第七天(喷浆搅拌)进行，所测得的比贯阻力应不低于原状土指标的 2 倍。

(3) 基坑开挖期的质量检测，主要通过直观检验开挖面桩体的质量以及墙体和坑底渗漏水情况，如不符合设计要求，应立即采取必要的补救措施，防止出现工程事故。

4-3-3-3　深层搅拌水泥土排桩挡墙

深层搅拌水泥土桩过去多用于地基加固工程，用作支护结构的挡墙是近年来发展起来的，在软土地基应用最多。它是利用特制的能进入土层的深层搅拌机将喷嘴喷出的水泥浆固化剂与地基土进行原位强制拌合，制成水泥土桩，相互搭接在一起硬化后即形成具有一定强度的水泥土壁状挡墙(有各种形式，厚度和深度由计算确定)(图 4-13)，既能挡土又形成隔水帷幕，对平面呈任何形状、基坑周围有足够的空间、开挖深度不很深的基坑(一般认为不超过 7m)，皆可用作支护挡墙。由于水泥土桩排桩挡墙为重力式挡墙，坑内无支撑，便于施工，尤其是机械挖土，而且造价也较低，在条件适合时，对深度不超过 7m 的基坑应该优先考虑。有时配合混凝土灌注桩，只起防水帷幕作用。

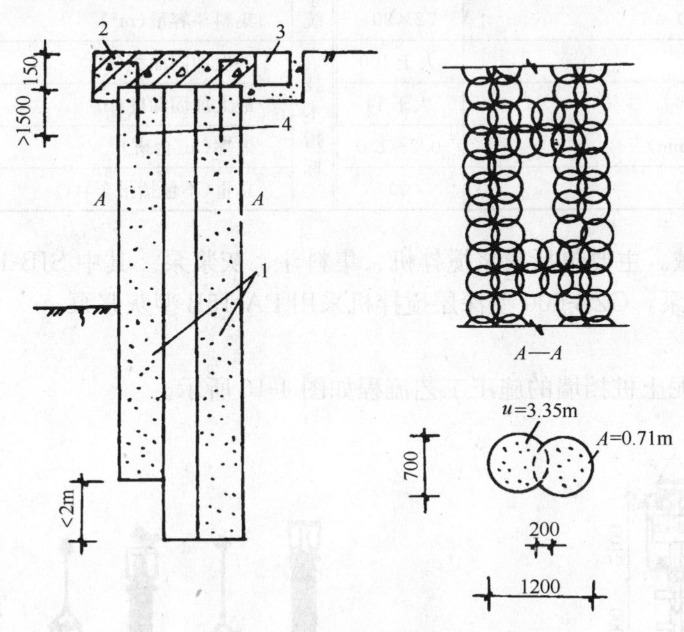

图 4-13　水泥土支护墙

1—搅拌桩；2—混凝土压顶；3—排水沟；4—ϕ12 插筋

水泥土的物理力学性能，取决于水泥掺入比，水泥掺入比大时水泥土的强度高，反之，则强度低。

水泥土排桩挡墙按重力式挡土墙设计，要验算其抗倾覆稳定性、抗滑移稳定性和墙身应力等。

1. 施工机具

(1) 深层搅拌机。是深层水泥土搅拌桩施工的主要机械。目前国内外应用的有中心管喷浆方式和叶片喷浆方式。前者的输浆方式中的水泥浆是从两根搅拌轴之间的一根管子输出，不影响搅拌均匀度，可适用于多种固化剂；后者使水泥浆从叶片上若干小孔喷出，使水泥浆与土体混合较均匀，适用于大直径叶片和连续搅拌，但因喷浆孔小易被堵塞，它只能使用纯水泥浆而不能采用其他固化剂。图 4-14 所示为 SJB-1 型深层搅拌机，它采用双搅拌轴中心管输浆方式，其技术性能见表 4-6。图 4-15 是利用进口钻机改装的 GZB-600 型深层搅拌机，它采用单轴搅拌，叶片喷浆方式。

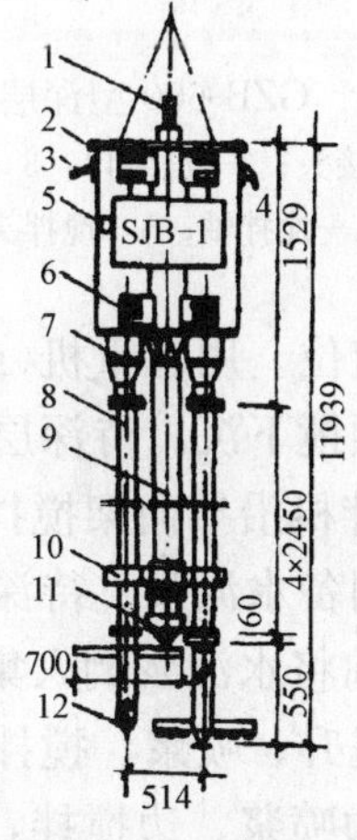

图 4-14　SJB-1 型深层搅拌机

1—输浆管；2—外壳；3—出水口；4—进水口；5—电动机；6—导向滑块；7—减速器；8—搅拌轴；9—中心管；10—横向系杆；11—球形阀；12—搅拌头

SJB-1 型深层搅拌机技术性能　　表 4-6

深层搅拌机	搅拌轴数量(根)	2	固化剂制备系统	灰浆拌制机台数×容量(L)	2×200
	搅拌叶片外径(mm)	700～800		灰浆泵输送量(m^3/h)	3
	搅拌轴转数(r/min)	46		灰浆泵工作压力(kPa)	1500
	电机功率(kW)	2×30		集料斗容量(m^3)	0.4
起吊设备	提升力(kN)	大于 100	技术指标	一次加固面积(m^2)	0.71～0.88
	提升高度(mm)	大于 14		最大加固深度(m)	10
	提升速度(m/min)	0.2～1.0		效率(m/台班)	40
	接地压力(kPa)	60		总重(不包括吊车)(t)	4.5

(2) 配套机械。主要包括灰浆搅拌机、集料斗、灰浆泵。其中 SJB-1 型深层搅拌机采用 HB6-3 型灰浆泵，GZB-600 型深层搅拌机采用 PA-15B 型灰浆泵。

2. 施工工艺

深层搅拌水泥土桩挡墙的施工工艺流程如图 4-16 所示。

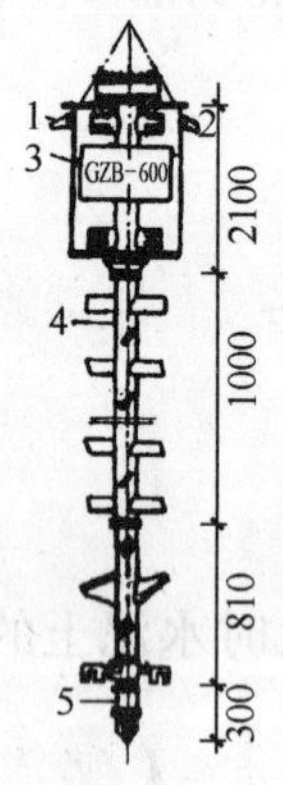

图 4-15　GZB-600 型深层搅拌机

1—电缆接头；2—进浆口；3—电动机；4—搅拌轴；5—搅拌头

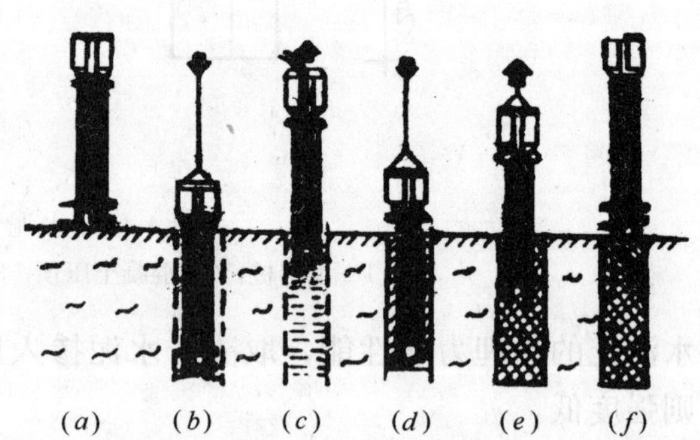

图 4-16　施工工艺流程

(a)定位；(b)预搅下沉；(c)喷浆搅拌上升；(d)重复搅拌下沉；(e)重复搅拌上升；(f)完毕

(1) 定位。用起重机(或用塔架)悬吊搅拌机到达指定桩位，对中。

(2) 预搅下沉。待深层搅拌机的冷却水循环正常后，启动搅拌机，放松起重机钢丝绳，使搅拌机沿导向架搅拌切土下沉。

(3) 制备水泥浆。待深层搅拌机下沉到一定深度时，即按设计确定的配合比拌制水泥浆，压浆前将水泥浆倒入集料斗中。

(4) 提升、喷浆、搅拌。待深层搅拌机下降到设计深度后，开启灰浆泵将水泥浆压入地基，且边喷浆、边搅拌，同时按设计确定的提升速度提升深层搅拌机。

(5) 重复上、下搅拌。为使土和水泥浆搅拌均匀，可再次将搅拌机边旋转边沉入土中，至设计深度后再提升出地面。桩体要互相搭接 200mm，以形成整体。

(6) 清洗、移位。向集料斗中注入适量清水，开启灰浆泵，清洗全部管路中残存的水泥浆，并将黏附在搅拌头的软土清洗干净。移位后进行下一根桩的施工。桩机移位，特别在转向时要注意桩机的稳定。

3. 水泥土的配合比

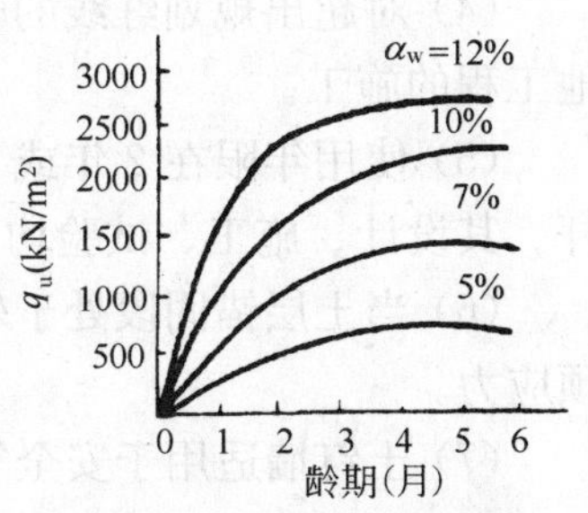

图 4-17 水泥掺入比与龄期强度的关系

(1) 水泥掺入量取决于水泥土桩挡墙设计的抗压强度 q_u、水泥掺入量比 α_w 与水泥土抗压强度的关系，如图 4-17 所示。

(2) 通常选用龄期为 3 个月的强度作为水泥土的标准强度较为适宜。

(3) 搅拌法施工要求水泥浆流动度大，水灰比一般采用 0.45～0.5；但软土含水量高，对水泥土强度增长不利。为了减少用水量，又利于泵送，可选用木质素磺酸钙作减水剂，另掺入三乙醇胺以改善水泥土的凝固条件和提高水泥土的强度。

4. 提高水泥土桩挡墙支护能力的措施

深层搅拌水泥土桩挡墙属重力式支护结构，主要由抗倾覆、抗滑移和抗剪切强度控制截面和入土深度。可采取以下措施来提高其支护能力：

(1) 卸荷。如条件允许可将顶部挖去一部分，以减少主动土压力。

(2) 加筋。可在新搅拌的水泥土桩内压入竹筋等，有助于提高其稳定性。但加筋与水泥土的共同作用问题有待研究。

(3) 起拱。将水泥土桩挡墙作成拱形，在拱脚处设钻孔灌注桩，可大大提高支护能力，减小挡墙的截面。或对于边长大的基坑，于边长中部适当起拱以减少变形。目前，这种形式的水泥土桩挡墙已在工程中应用。

(4) 挡墙变厚度。对于矩形基坑，由于边角效应，在角部的主动土压力有所减小。为此，角部可将水泥土桩挡墙的厚度适当减薄，以节约投资。

4-3-3-4 旋喷桩排桩挡墙

旋喷桩排桩挡墙是钻孔后将钻杆从地基土深处逐渐上提，与此同时利用插入钻杆端部的旋转喷嘴，将水泥浆固化剂高压喷入地基土中形成水泥土桩，桩体彼此搭接则形成排桩挡墙，可用作支护结构的挡墙，既挡土又挡水。它与深层搅拌水泥土桩相似，亦属于重力式挡墙。但应用不如深层搅拌水泥土桩普通，在空间狭窄处它可以施工。施工旋喷桩要谨慎，要控制好上提速度、喷射压力和喷射量，否则，质量难以保证。

4-4 锚杆及土钉墙支护

4-4-1 一般规定

(1) 当挡土构筑物、地下构筑物及建筑物基础受到较大的侧压力及上浮力时，可采用土层锚杆或土钉墙作为支护和克服上浮力的措施。

(2) 土层锚杆及土钉墙的设计与施工须有工程地质和水文地质勘察资料；并查明施工区域内的地下管线和构造物的位置与性能，以及预计施工时可能产生对周围环境的影响，对有障碍物的区域应清除障碍物后才能施工。

(3) 土层锚杆施工前，应在施工的地质条件相同的地区，做土层锚杆的基本试验，确定其设计和施工参数，并做好相应的抗拔力试验。根据基本试验，确定其注浆材料和配合比、拉杆材料和形状、机具设备和劳动力组合。

(4) 对超出规划红线的临时性土层锚杆，应考虑施工结束后能顺利抽出锚杆不影响其他工程的施工。

(5) 使用年限在 2 年或 2 年以内的为临时性锚杆，使用年限大于 2 年的为永久性锚杆。其设计、施工、试验均应予以区别考虑。

(6) 当土层锚固段处于软土层中时，应注意土层锚杆的徐变和锚杆的松弛，并应施加预应力。

(7) 土钉墙适用于安全等级为二三级的基坑，使用期限一般不超过 18 个月。

(8) 土钉墙施工工艺要求土体具有临时自稳能力，以便给出一定时间施工土钉墙。同时，土体应易于土钉成孔，因此，对土钉墙适用的条件加以限制。土钉墙适用于地下水位以下或人工降水后的下列土层：

1) 稍密至中密状态的粉性土、砂土；

2) 有一定胶结能力和密实的碎石土层；

3) 可塑至硬塑状态的一般黏性土；

4) 坚硬状态的含砾黏性土及风化岩层；

5) 含少量瓦砾屑的素填土和稍密状态以上的人工杂填土。

4-4-2　土层锚杆技术

1. 土层锚杆的工作原理

土层锚杆简称土锚杆、土锚，是在地面或深开挖的地下室墙面(挡土墙或地下连续墙)或基坑立壁未开挖的土层钻孔(或掏孔)，达到一定设计深度后，或在扩大孔的端部，形成球状或其他形状，在孔内放入钢筋、钢管或钢丝束、钢绞线或其他抗拉材料，灌入水泥浆或化学浆液，使与土层结合成为抗拉(拔)力强的锚杆。锚杆端部与挡土墙、板桩、灌注桩连结，将构筑物受到的外力，通过钢拉杆传给远离构筑物的土层，以维持工程构筑物所支护地层的稳定性。

2. 土层锚杆作用

(1) 由于作挡土结构的锚杆，以防塌方或滑坡。

(2) 用于作逆作法施工地下室的支撑，以节省钢支护。

(3) 用于在基坑深度、宽度较大(>10m)，上部不能用钢支护的情况下作坑壁支护，使可在完全敞开、不放坡的条件下进行基坑开挖和进行机械化施工。

(4) 用于陡边坡的护壁支撑，可起支撑一定土压力的挡土墙和护面作用，减少放坡，节省挖坡土方量。

(5) 用于作输电线路铁塔基础的锚桩，以减少基础尺寸等，特别对于难以采用支撑的大面积、大深度的基坑，如地下铁路的车站、大型地下商场、地下停车场等。

(6) 图 4-18 所示土层锚杆加固方法的几种应用。

3. 土层锚杆优缺点

(1) 优点：1)土层锚杆比支撑法的适应性和可靠性好；2)所需钻孔孔径小，施工不用大型机械和较大场地；3)可使用强度高的钢材，较为经济。

(2) 缺点：1)不适用在地下水较大，或含有化学腐蚀物的土层或在松散、软弱的土层

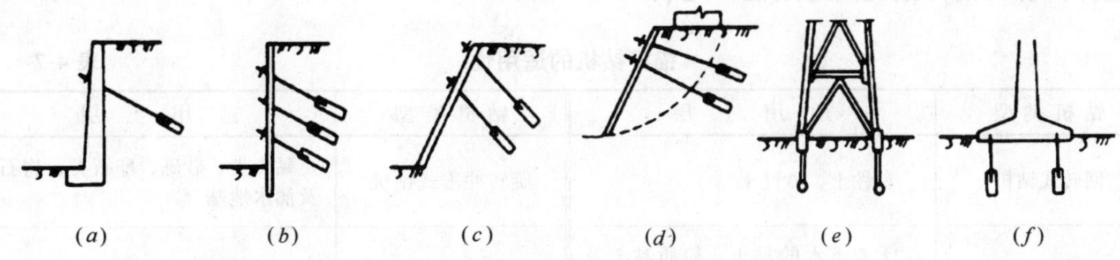

图 4-18 土层锚杆加固的几种方法

使用；2)在规模小的工程中应用，比支撑法的费用稍高。

4. 土层锚杆的种类

(1) 压浆法、套管加压式土层锚杆，主要利用锚杆周围的摩擦阻力来抵抗拉拔力，使用较多。

(2) 扩孔灌浆加压式、扩孔灌浆不加压式土层锚杆，主要是利用扩孔部分的侧压力来抵抗拉拔力。

(3) 打入式锚杆，按使用性质可分临时性土层锚杆和永久性土层锚杆两类。

5. 土层锚杆的施工要点

(1) 施工准备

锚杆的有效锚固力能否建立与锚杆施工方法、施工效果关系很大，必须高度重视锚杆的施工，充分做好施工设计和准备。

土层锚杆施工前，应做好下列准备工作：

1) 施工地区的地质勘察资料，查明该地区的土层分布和各土层的物理力学特性，包括：天然密度、含水量、孔隙比、渗透系数、压缩模量、内聚力、内摩擦角等，以便确定土层锚杆的布置和选择钻孔方法。

2) 了解地下水位及其变化情况、地下水的成分和含量，以便研究对土层锚杆的防腐。

3) 查明施工地区地下构筑物及地下管线的位置和情况，以便土层锚杆的顺利施工。

4) 考虑土层锚杆施工对邻近建筑物或地域的影响，如果土层锚杆的长度超出建筑红线，应征得有关部门的同意或许可。

5) 编制土层锚杆施工组织设计，确定土层锚杆的施工顺序，安排好施工进度和劳动组织，制订钻孔机械的进场、正常使用和保养维修制度。安排设计单位进行技术交底，以便全面了解设计意图。

6) 进行土方开挖，使锚杆作业面低于锚杆标高 500～600mm，并平整好操作范围内的场地。

7) 采用湿作业法施工时，要准备好用水，并挖好排水沟、沉淀池、集水井，使成孔时排出的泥水通过排水沟排到沉淀池，再从沉淀池排入集水井，用水泵排走。

8) 准备好电源、钢拉杆、注浆管、定位器、预应力张拉及锚具等设备。

(2) 施工机械

土层锚杆施工的主要机械设备为钻孔机，按工作原理可分为：回旋式钻机、螺旋钻机、旋转冲击式钻孔机及潜孔冲击钻等几类。主要是根据土质、钻孔深度和地下水情况进行选择。各类锚杆钻机的适用性，见表 4-7。

锚杆钻机的适用性 表 4-7

钻机类型	适用土层	钻机类型	适用土层
回转式钻机	黏性土、砂性土	旋转冲击式钻机	黏土类、砂砾、卵石类、岩石及涌水地基
螺旋式钻机	无地下水的黏土、粉质黏土及较密的砂层	潜孔冲击钻	孔隙率大、含水率低的土层

1）回转式钻机。

回转式钻机一般固定在可移动的底盘及可改变角度的机架上，施工中根据锚杆孔位移动对位，并按设计调整钻架钻进角度。钻机的钻头则安装在套管底端，由钻机的回转机构带动钻杆对钻头以一定压力与钻速，并切削主体，土渣则通过循环水排出孔外。一般应根据不同土质选用不同的钻头，如在地下水位以下钻进时，遇软黏土及土质松散的粉质黏土、粉细砂等土层，则应用套管钻进保护孔壁，防止塌孔。

2）螺旋式钻机。

螺旋式钻机是利用回转的螺旋钻杆，以一定的钻压与钻速向土体中钻进，并将切削的土体顺螺旋叶片排出孔外，它一般用于无地下水的黏土或砂土土层。螺旋钻杆一般 5m 一节，并辅以一些短钻杆，施工中依据孔深接长，多用锥螺纹接头形式。

这类钻机采用干法取土，不用水循环，也不用套管护壁，因此钻进速度快、效率较高。

适用于松软土层及在地下水位下易塌孔或缩颈的土层中施工。

3）旋转冲击式钻机。

旋转冲击式钻机又称万能钻机，它具有旋转、冲击、钻进多功能，其钻孔及移动、装卸都由液压控制。一般钻孔直径为 80～130mm，可变化不同的钻进角度，适用于锚杆施工。

4）潜钻冲击器。

潜钻冲击器是利用风动的冲击式成孔机，其长度 0.5～1m，直径 78～135mm，它由压缩空气驱动，内部装有配气阀、汽缸和活塞等机构，通过活塞往复运动作定向高频冲振，挤压上层向前钻进。

潜钻冲击器通常配备一台钻机，冲击器设在钻杆端部，导向架控制其成孔角度，并导向钻进，达到预定深度后，钻杆便沿导向架退出，同时将冲击器带出钻孔。潜钻冲击器工作时始终潜于孔底，其形状细长，头部带有螺旋状槽纹，具有较好的钻进作用。它通过挤压土层钻进，故不出土，即使在卵石、砾石的土层中，成孔也较直，其成孔速度较快，可达 1.3m/min。此外，它还具有噪声低、能耗小的优点。

(3) 施工工艺

1）施工程序土层锚杆的施工程序为：钻孔→安放拉杆→灌浆→养护→安装锚头→张拉锚固和挖土，如图 4-19 所示。

2）钻孔：

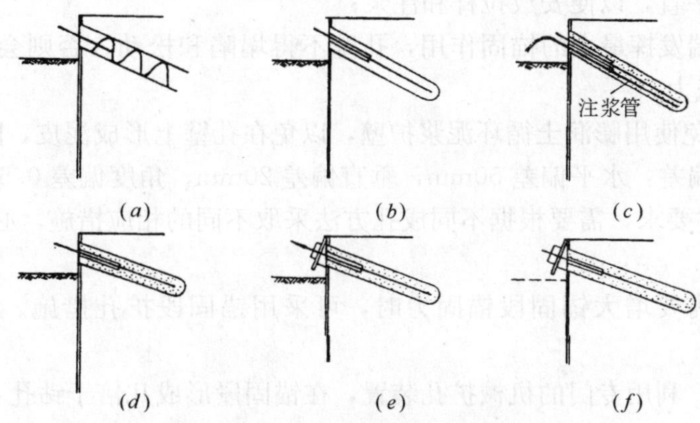

图4-19　土层锚杆施工程序示意图

(a)钻孔；(b)安放拉杆；(c)灌浆；(d)养护；

(e)安装锚头、张拉锚固；(f)挖土

① 钻孔方法。土层锚杆的钻孔工艺，直接影响土层锚杆的承载能力、施工效率和整个支护工程的成本。因此，正确选择钻孔技术，对保证土层锚杆的质量和降低工程成本至关重要。根据土层锚杆钻孔方法的不同，可分为干作业法和湿作业法(压水钻进法)。

a. 干作业法。当土层锚杆处于地下水位以上，呈非浸水状态时，可选用不护壁的螺旋钻孔干作业法成孔。适用于黏土、亚黏土和密实性、稳定性较好的砂土等土层。

干作业法有以下两种施工方法：

a) 将钢拉杆插入空心的螺旋钻杆内，随着钻杆的深入，使钢拉杆与螺旋钻杆一同到达设计规定的深度，然后边灌浆边退出钻杆，钢拉杆则锚固在钻孔内；

b) 先由螺旋钻杆钻进到设计规定的深度，然后退出孔洞，再插入钢拉杆灌浆锚固。

由于第二种方法简便易行且设备简单，目前工程中采用较多。为加快施工速度，可以采取多个平行作业进行钻孔和插入钢拉杆。

采用干作业法钻孔时，应随时注意钻进速度，避免“别钻”。应把土充分倒出后再拔钻杆，这样可减少孔内虚土，方便钻杆拔出。

b. 湿作业法(压水钻进法)。压水钻进法是国内外应用较多的土层锚杆成孔法，可把成孔过程中的钻进、出渣、清孔等工序一次完成，可防止塌孔，不留残土，能适用于多种软硬土层，但施工现场积水较多。

成孔时，先启动水泵，使冲洗液(压力水)从钻杆中心流向孔底，在一定水头压力(0.15～0.30MPa)下，水流携带钻削下来的土屑从钻杆与孔壁间的孔隙处排出。钻进时要不断供水冲洗，始终保持孔口水位，并根据地质条件控制钻进速度，一般以300～400mm/min为宜，每节钻杆钻进后在接钻杆前，一定要反复冲洗，直至溢出清水。在钻进过程中随时注意速度、压力及钻杆的平直，待钻至现定深度(大于土层钻杆长度0.5～1.0m)后，继续用水反复冲洗钻孔中泥砂，直至溢出清水为止，然后拔出钻杆。

② 钻孔质量要求：

a. 钻机就位后，要按设计要求校正孔位的垂直、水平和角度偏差，并须垂直于挡土墙；

b. 孔壁要求平直，以便安放拉杆和注浆；

c. 为使锚固端发挥最大的锚固作用，孔壁不得塌陷和松动，否则会影响拉杆的安放和土层锚杆的承载力；

d. 钻孔时避免使用膨润土循环泥浆护壁，以免在孔壁上形成泥皮，降低承载力；

e. 钻孔容许偏差：水平偏差 50mm，垂直偏差 20mm，角度偏差 0.5°。

为了达到上述要求，需要根据不同成孔方法采取不同的相应措施，必要时，应采用套管跟进成孔。

③ 扩孔。在需要增大锚固段锚固力时，可采用锚固段扩孔措施。一般有以下四种方法：

a. 机械扩孔。利用专门的机械扩孔装置，在锚固段形成几倍于钻孔直径的扩大头。

b. 爆炸扩孔。将计算好的炸药置于钻孔内引爆而将主体向四周挤压形成球形扩大头。

c. 水力扩孔。钻孔钻到锚固段时换上水力扩孔钻头，利用射水压力扩展孔径。

d. 压浆扩孔。在第二次灌浆时增大灌浆压力并保持一段时间，使浆液向四周立体渗透并挤压土体从而扩大孔径。

3) 安放拉杆。土层锚杆用的拉杆一般为粗钢筋、钢丝束及钢绞线。当土层锚杆承载力较小时，采用粗钢筋；当承载力较大时，采用钢丝束、钢绞线。

① 钢筋拉杆。钢筋拉杆由一根或数根粗钢筋组合而成。如为数根粗钢筋，则需采用绑扎或焊接连成一体(拉杆过长则分段制作)，设置定位器。拉杆长度应等于锚杆设计长度加上支撑围檩高度、锚座厚度及螺母高度之和。钢筋拉杆具有较好的抗腐性能且易于安装，在土层锚杆承载力不大时，应优先考虑选用。

② 钢丝束拉杆。钢丝束是由多根钢丝组成，其柔性较好。钢丝束拉杆的自由段需理顺扎紧，然后进行防腐处理。防腐方法可用玻璃纤维布缠绕两层，外面再用粘胶带缠绕；亦可将钢丝束拉杆的自由段插入特制护管内，护管与孔壁间的间隙可与锚固段同时进行灌浆。

钢丝束拉杆的锚头要能保证各根钢丝受力均匀，常用有镦头锚具等，可按预应力结构的锚具选用。

③ 钢绞线拉杆。由于钢绞线的柔性更好，使其向钻孔中沉放就更容易。钢绞线拉杆多用于承载力较大的土层锚杆，在工程中应用较多。

拉杆要求顺直，在使用前要除锈，并作防腐处理。对钢筋拉杆，先涂一度环氧防腐漆冷底子油，待干燥后，再涂一度环氧玻璃钢，待其固化后，再缠绕两层聚乙烯塑料薄膜；对自由段的钢绞线，要套以聚丙烯防护套等。钢绞线如涂有油脂，在固定段要仔细加以清除，以免影响与锚固体的粘结，除锈后要尽快放入钻孔并灌浆，以免再锈。

为将拉杆安放在钻孔的中心，防止自由段产生过大的挠度和插入钻孔时不搅动土壁，并保证拉杆有足够的水泥浆保护层，在拉杆的表面应设置定位器。定位器沿拉杆120°布置，其间距在锚固段为 2m 左右，在自由段为 4～5m，外径小于钻孔直径10 mm。

4) 灌浆。灌浆是土层锚杆施工中的一个重要工序，必须认真进行，并将有关数据记录下来。灌浆的作用：形成锚固体，防止钢拉杆腐蚀，充填土层中的孔隙。

① 灌浆材料及配合比。灌浆的浆液多为水泥浆。水泥宜用强度等级 32.5 级普通硅酸盐水泥，一般不宜用高铝水泥。水泥浆应有足够的流动性以便泵送，宜采用灰砂比 1∶1 或 1∶2(重量比)、水灰比为 0.4～0.5。为防止水泥浆泌水、干缩和降低水灰比，可掺加 0.3%的木质素磺酸钙。如要提高其早期强度，可加食盐(水泥重量的 0.3%)和三乙醇胺(水泥重量的 0.03%)。

② 灌浆方法。灌浆方法有一次灌浆法和二次灌浆法两种。

一次灌浆法是用压浆泵将水泥浆由注浆管进行灌浆。灌浆时，将一根 ϕ30mm 左右的钢管或胶皮管作为导管，一端与压浆泵相连，另一端与拉杆同时送入孔底，注浆管端保持距孔底 150mm。随着水泥砂浆的灌入，应逐步把灌浆管往外拔出，但管口要始终埋在砂浆中，直到孔口，这样可把孔内的水和空气全部挤出孔外，以保证灌浆质量。当用压缩空气灌浆时，灌浆压力为 0.4MPa 左右。待浆液回流到孔口时，用水泥袋纸等捣入孔口，用湿黏土封堵孔口，严密捣实，再以 0.4～0.6MPa 的压力进行补灌，稳压数分钟后即可。

二次灌浆法要用两根注浆管，先灌注锚固段，待浆液初凝后，对锚固段实行张拉，然后再灌注自由端，使锚固段与自由段界限分明。第一次灌浆用的注浆管距锚杆末端 500mm 左右，第二次灌浆用的注浆管距锚杆末端 1000mm 左右。第一次灌浆压力为 0.3～0.5MPa，流量为 100L/min；第二次灌浆压力控制在 1.5～2.0MPa，稳压 2min，浆液冲破第一次灌浆体，向锚固体与土体接触面之间扩散，使锚固体直径扩大，增加径向压应力。由于挤压作用，使锚固体周围的土体受到压缩，孔隙比减小，含水量减少，提高了土体的内摩擦角。因此，二次灌浆法可显著提高土层锚杆的承载力。

灌浆应注意以下几点：

a. 浆液需按配合比搅拌；

b. 必须保证锚固段连续密实；

c. 在浆液硬化前，锚杆不能承受外力；

d. 用压浆泵灌浆时，压力不宜过大，以免吹散浆液；

e. 灌浆完成后应将灌浆管、压浆泵、搅拌机等用清水洗干净。

5）张拉锚固：

① 张拉。土层锚杆灌浆养护 7～8d 后，待锚固体强度大于 15MPa，并不小于设计强度的 75%，在承载力确认以后，在支护结构上安装围檩，即可进行预应力张拉。张拉所用设备与预应力结构张拉相同，预应力值一般为设计锚固力的 75%～80%。

a. 张拉宜采用隔二拉一；

b. 锚杆正式张拉前，应取设计拉力的 10%～20%对锚杆预张拉 1～2 次；

c. 锚杆正式张拉宜分级加载，每级加载后应稳载 3min，并记录伸长值；

d. 逐级加载直至设计锚固力值的 80%，最后一级荷载应稳载 5min，并记录伸长值；

e. 当拉杆预应力没有明显衰减时，可锁定拉杆。

② 锚固：

a. 钢筋锚杆在其端部焊一螺丝端杆，用螺母锚固。张拉设备可选用拉杆式千斤顶，如 YL-60 型等。

b. 拉杆为钢束者，锚具可选用夹片式锚头或锥形螺杆锚头，前者可配以锥锚式千斤顶，后者则可配用拉杆式千斤顶，也可用穿心式千斤顶，如 YC-60 等。

c. 钢绞线锚杆利用 QM、JM12 系列锚具及其配套的千斤顶 YCQ-100、YCQ-200 等进行张拉锚固。

6）张拉预应力的损失。预加应力的锚杆，要正确估算预应力损失。由于土层锚杆与一般预应力结构不同，导致预应力损失的因素主要有：

① 张拉时由于摩擦造成的预应力损失；

② 锚固时由于锚具滑移造成的预应力损失；

③ 钢材松弛产生的预应力损失；

④ 相邻锚杆施工引起土层压缩而造成的预应力损失；

⑤ 支护结构（板桩墙等）变形引起的预应力损失；

⑥ 土体蠕变引起的预应力损失；

⑦ 温度变化造成的预应力损失。

上述七项预应力损失，应结合工程具体情况进行计算。

(4) 质量控制与检验

1）土层锚杆制作的材料应符合设计要求，锚杆、锚具应有出厂合格证和试验报告。

2）钢结构组装及焊接质量应符合钢结构施工及验收规范和建筑钢结构焊接规程的要求。

3）土层铺杆的施工位置、尺寸的允许偏差和检验方法见表 4-9。

(5) 土层锚杆的拆除

土层锚杆在基坑支护结构中多为临时性结构，当地下工程全部完成后，最好将其拆除，以免给该区域将来地下施工造成障碍。由于锚杆在设计时要求其尽量牢固，以达到可靠的支护效果，因此，将其拔除十分困难，作业场地也受很大限制。目前，工程中仍有大量锚杆是留在地下而不拆除的。需要拆除的锚杆在制作时就应考虑，使其做成可拆式锚杆。

可拆式锚杆有两种做法：一是采用粗钢筋作为拉杆，在它与锚固体之间设置一种可以脱开的机械装置；二是采用钢索作为拉杆时，用某种手段破坏它与锚固体的连接。可拆式锚杆的拆除方法可用机械、化学或物理处理的方法。以下是几种实用的方法：

1）螺旋拆除法。

该法采用带有螺纹的预应力钢筋作拉杆，它末端安放若干传荷板，钢筋放在套管内插入孔中，注浆后形成锚固体（图 4-20）。拆除时先用千斤顶卸荷，然后再旋转钢筋，使拉杆从传荷板上旋出，撤出钻孔。

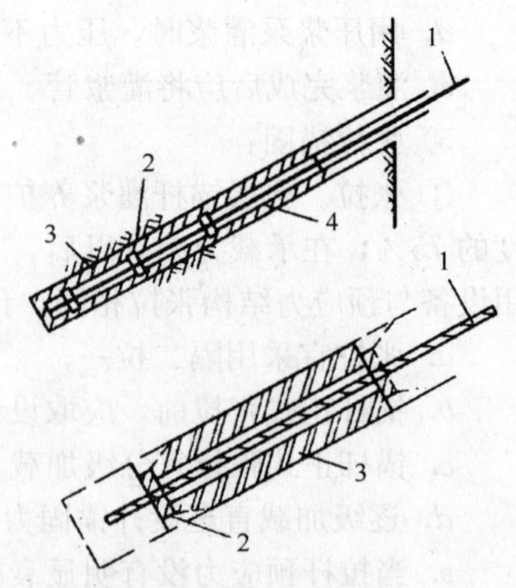

图 4-20　螺旋拆除法

1—拉杆（带螺旋的钢筋）；2—传荷板；3—锚固体；4—套管

2）熔化切断法。

该法是在锚杆的锚固段及自由段的连接处设置有高热燃烧的容器，拆除时，通过引燃导线点火，使锚杆在容器处熔化切断，而后拔出。高热燃烧剂的设置位置，如图 4-21 所示。

3）夹具拔出法。

夹具拔出法是采用预应力钢绞线作拉杆，利用装在末端的夹具及端部承压板，将荷载传给锚固体，如图 4-22 所示。该夹具在一定的拉力下可脱落，但在小于该拉力时能可靠地扶持钢筋。

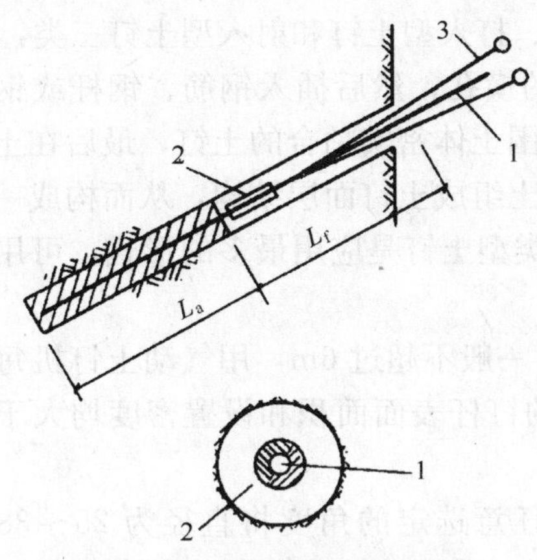

图 4-21 燃烧剂的设置

1—钢拉杆；2—燃烧剂容器；3—引燃导线；L_f—自由段；L_a—锚固段

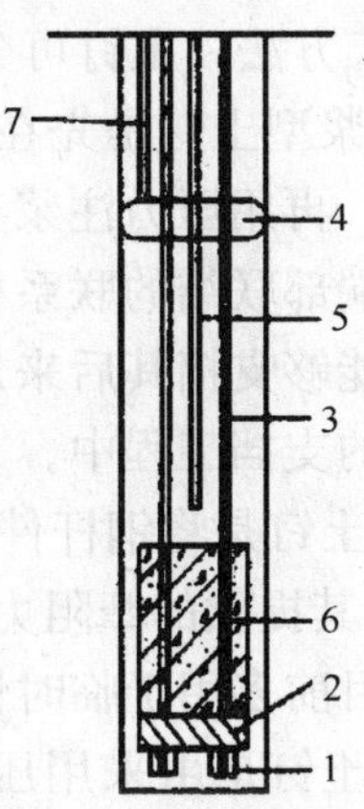

图 4-22 夹具拔出法

1—夹具；2—端部承压板；3—钢绞线拉杆；4—堵浆器；5—堵浆器管；6—水泥砂浆；7—二次注浆管

因而，设计的锚杆拉力应小于夹具的滑落拉力，选择的钢绞线应满足：夹具的滑脱拉力小于 0.85 钢绞线极限拉力，即：

锚杆设计拉力＜夹具滑脱拉力＜0.85 钢绞线极限拉力。

土方开挖后，锚杆受力，但小于夹具的滑脱拉力，因而可正常工作。拆除拉杆时，对钢绞线施加更大的拉力使其达到滑脱拉力，使夹具脱落，从而可拔出拉杆。

该法的缺点是锚杆拉力不能充分发挥，在意外情况下锚杆受力过大有可能使夹具滑脱而造成事故。

还有一种方法是采用专用装置对锚杆施加超限应力使锚杆破坏而拔出，其方法较简单。

由于锚杆的拆除技术难度大，可拆锚杆的构造复杂，成本也较高，因此，土层锚杆是否拆除，在支护结构设计时就应考虑，综合分析后确定。

4-4-3 土钉墙技术

4-4-3-1 土钉墙的工作原理

（1）土钉墙是由被加固的土体、放置在土中的土钉体和面板组成。土钉墙是基于挡土墙系统发展起来的。土钉是将拉筋插入土体内部，并在坡面上铺设混凝土，从而形成土体加固带，与土共同作用，用以弥补土体自身强度的不足，它不仅提高了土体整体刚度，又弥补了土体的抗拉强度和抗剪强度低的弱点，通过相互作用，土体自身结构强度的潜力得到充分发挥，还改变了边坡变形和破坏性状，提高了整个边坡的稳定性。适用于开挖深度不超过 5m 的基坑支护和天然边坡加固，是一项实用的原位岩土加筋技术。

(2) 土钉墙融合了锚杆挡墙和加筋土挡墙的长处，它适用于地下水位低于土坡开挖段或经过降水使地下水位低于开挖层的情况。为保证土钉的施工，土层在分段开挖时，应能保持自立稳定，因此，土钉适用于有一定黏性的杂填土、黏性土、粉性土、黄土类土及弱胶结的砂土边坡。此外，当采用喷射混凝土面层或坡面浅层注浆等稳定坡面措施，能够保证每一边坡台阶的自立稳定时，也可采用土钉支护体系作为稳定砂土边坡的方法。

(3) 按施工方法，土钉可分为钻孔注浆型土钉、打入型土钉和射入型土钉三类：

1) 钻孔注浆型土钉是先在土坡上钻一定深度的横孔，然后插入钢筋、钢杆或钢绞索等小直径杆件，再用压力注浆充实孔穴，形成与周围土体密实粘合的土钉，最后在土坡坡面设置与土钉端部联结的联系构件，并用喷射混凝土组成土钉面层结构，从而构成一个具有自撑能力且能够支挡其后来加固体的加筋域。该类型土钉是应用最多的形式，可用于永久性和临时性的支挡工程中。

2) 打入型土钉是将钢杆件直接打入土中，长度一般不超过 6m，用气动土钉机每小时可施工 15 根。其提供的摩阻力较低，因而，要求的钉杆表面面积和设置密度均大于钻孔注浆型土钉。目前多用于临时性支挡工程。

3) 射入型土钉是由采用压缩空气的射钉机依任意选定的角度将直径为 25～38mm、长 3～6m 的光直钢杆(或空心钢管)射入土中。土钉可采用镀锌或环氧防腐套。土钉头通常配有螺纹，以附设面板。射入型土钉施工速度快、经济，适用于多种土层，但目前应用还不广。

(4) 土钉墙具有以下特点：

1) 形成的土钉墙复合体，显著提高了边坡整体稳定性和承受坡顶超载的能力。

2) 施工设备简单；施工时，不需单独占用场地；不占或少占单独作业时间，施工效率高，一旦开挖完成，土钉墙也就建好。

3) 土钉墙与其他支护桩形式相比费用较低。

4) 土钉是用低强度钢材制作的，与永久性锚杆相比，大大地减少了防腐的麻烦。

5) 施工噪声和振动小。

6) 土钉墙本身变形小，因而对土钉墙邻近建筑物和地下管线影响不大。

当然，土钉技术在应用上也有其一定局限性：土钉墙施工时，一般要先开挖土层 1～2m 深，在喷射混凝土和安装土钉前需要在无支护情况下稳定至少几个小时，因此土体必须要有一定的“黏聚力”，否则需先行灌浆处理，使造价增加和施工复杂。另外，土钉墙施工时要求坡面无水渗出。若地下水从坡面渗出，则开挖后坡面会出现局部塌滑，这样就不可能形成一层喷射混凝土面。

4-4-3-2　土钉墙支护结构设计

(1) 土钉墙目前一般用于深度或高度在 15m 以下的基坑和边坡，而常用深度或高度为 6～12m。土钉墙墙面坡度不宜大于 1：0.1，在条件许可时，尽可能地降低坡面坡度。

(2) 土钉必须与面层有效连接，应设置承压板(150mm×15mm×150mm 或 200mm×20mm×200mm)或加强钢筋(4～8 根)等构造措施，承压板或加强钢筋应与土钉钢筋焊接连接。

(3) 土钉的长度宜为开挖深度的 0.5～1.2 倍，间距宜为 1～2m，与水平面夹角宜为 5°～20°。

(4) 土钉钢筋宜采用 HRB335、HRB400 和 RRB400 级钢筋，钢筋直径宜为 16～32mm，钻孔直径宜为 70～120mm，常用 100mm。

(5) 注浆材料宜采用水泥浆或水泥砂浆，其强度不宜低于 M10。

(6) 土钉墙均是分层分段开挖，每层开挖的最大高度取决于该土体可直立而不破坏的能力。在砂性土中，每层开挖高度一般为 0.5～2m；在黏性土中可增大一些，开挖高度一般与土钉竖向间距相同，常为 1～1.5m，每层开挖的纵向长度，取决于土体维体不变形的最长时间和施工流程的相互衔接，长度一般多为 10m。

(7) 喷射混凝土面层中宜配制钢筋网，钢筋直径宜为 6～10mm，间距宜为 150～300mm；喷射混凝土强度等级不低于 C20，面层厚度不宜小于 80mm。

(8) 坡面上下段钢筋网搭接长度应大于 300mm。

(9) 土钉墙墙顶应采用砂浆或混凝土护面，在坡顶或坡脚设防水措施，在坡面上根据具体情况设置泄水孔。

4-4-3-3 土钉墙支护结构施工

1. 施工准备

(1) 了解工程质量要求和施工监测内容与要求，如基坑支护尺寸的允许误差，支护坡顶的允许最大变形，对邻近建筑物、道路、管线等环境安全影响的允许程度等。

(2) 土钉支护宜在排除地下水的条件下进行施工。应采取恰当的降排水措施排除地表水、地下水，以避免土体处于饱和状态，有效减小或消除作用于面层上的静水压力。

(3) 确定基坑开挖线、轴线定位点、水准基点、变形观测点等，并妥善保护。

(4) 制订基坑支护施工组织设计，周密安排好支护施工与基坑土方开挖、出土等工序的关系，使支护与开挖密切配合，力争达到连续快速施工。

(5) 所选用材料应满足下列规定：

1) 土钉钢筋使用前应调直、除锈、除油；

2) 优先选用强度等级 32.5MPa 普通硅酸盐水泥；

3) 采用干净的中粗砂，含泥量应小于 5%；

4) 采用干净的圆砾，粒径 2～4mm；

5) 使用速凝剂，应做与水泥的相容性试验及水泥浆凝结效果试验。

2. 施工机具

(1) 钻孔机具

一般宜选用体积较小，重量较轻、装拆移动方便的机具。常用有如下几类：

1) 锚杆钻机。锚杆钻机能自动退钻杆、接钻杆，尤其适用于土中造孔。可选型有 MGJ-50 型锚杆工程钻机、YTM-87 型土锚钻机、QC-100 型气动冲击式锚杆机等。

2) 地质钻机，可选用 GX-1T 型和 GX-50 型等轻型地质钻机。

此外，一些工程中也曾选用进口地质钻机，如日本矿研株式会社的 RPD 型钻机、德国克虏伯公司的 HB 型钻机，以及意大利 WD101 型钻机等。

3) 洛阳铲。洛阳铲是土层人工造孔传统工具，以机动灵活、操作简便见长，一旦遇到地下管线等障碍物能迅速反应，改变角度或孔位重新造孔。并且可用多把铲同时造孔，每把铲由 2～3 人操作。洛阳铲造孔直径为 80～150mm，水平方向造孔深度可达 15m。

(2) 空气压缩机

作为钻孔机械和混凝土喷射机械的动力设备，一般选用 9～20m³/min 排气量的空压机即可。若一台空压机带动两台以上钻机或混凝土喷射机时，要配备储气罐。空压机用于土钉支护时宜选用移动式。空压机的驱动机分为电动式和柴油式两种，若现场供电能力限制时，可选用柴油驱动的空压机。

(3) 混凝土喷射机

常见几种混凝土喷射机的型号及主要技术参数，见表 4-8。

混凝土喷射机主要技术参数　　**表 4-8**

项　目	型　号						
	HPJ-Ⅰ	HPJ-Ⅱ	PZ-5B	PZ-7	PZ-10C	HPZ6	HPZ6T
生产能力(m^3/h)	5	5	5	7	1～10	6	2，4，6
输料管内径(mm)	50	50	50	65	75	50	50～75
粒料直径(mm)	20	20	20	20	25	＜25	＜30
输送距离(m)	潮喷 200，湿喷 50					20～50	20～40
耗气量(m^3/h)	7～8		7～9			5～7	10
电动机功率(kW)	喷射部分：5.5 搅拌部分：3		5.5	5.5	5.5	3	7.5
重量(kg)	1000	1000	700	750	750	920	800
外形尺寸(长×宽×高)(mm)	2200×960×1560	2200×780×1600	1300×800×1200	1300×800×1300		1332×774×1110	1500×1000×1600

(4) 注浆泵

宜选用小型、可移动、可靠性好的注浆泵。工程中常用 UBJ 系列挤压式灰浆泵和 BMY 系列锚杆注浆泵。

(5) 混凝土搅拌机

宜选用小型便于移动的机型，如 JFC100 型、XYW-3 型混凝土搅拌机等。

3. 土钉墙支护结构施工工艺

(1) 开挖工作面

1) 土钉墙开挖应分段分层进行，分层开挖深度主要取决于暴露坡面的“直立”能力。另外，当要求变形必须很小时，可视工地情况和经济效益将分层开挖深度降至最低，对砂性土每层开挖深度一般为 0.5～2.0m；对黏性土每层开挖深度可按下式计算：

$$h=\frac{2c}{\gamma \mathrm{tg}(45^{\circ}-\varphi/2)}$$

式中　h——每层开挖深度，m；

　　　c——土体固结快剪黏聚力，kPa；

φ——土体固结快剪内摩擦角，°；

γ——土的重度，kN/m^3。

对超固结黏性土，则开挖深度可较大。

2）基坑开挖和土钉墙施工应按设计要求自上而下分段分层进行。考虑到土钉施工设备，分层开挖至少要6m宽。开挖长度则取决于交叉施工期间能保持坡面稳定的坡面面积。当要求变形必须很小时，开挖可按两段长度分先后施工，纵向长度一般为10m。

3）使用的开挖施工设备必须能挖出光滑规则的斜坡面，并最大限度地减小支护土层的扰动。对松散的或干燥的无黏性土，尤其是当坡面受到外来振动时，要先进行灌浆处理，对在附近有可能产生爆破的影响也必须予以考虑。

4）在机械开挖后，应辅以人工修整坡面，坡面平整度的允许偏差为±20mm，在坡面喷射混凝土支护之前，坡面虚土应予以清除。

（2）喷射混凝土

1）根据工程规模、材料和设备的性能，可进行“湿式”或“干式”喷射混凝土，强度等级不宜低于C20，通常规定最大粒径为10～15mm，并掺入适量外加剂以利加速固结。少数情况下还可降低固态混凝土的塑性。

2）一般水泥最小含量为400kg/m^3，并建议每100m^{2}设置一个控制“格”或“盒”，以控制现场混凝土的浇制质量。当不允许产生裂缝时，则需加强养护特别重要。

3）喷射作业应分段进行，同一分段内喷射顺序应自下而上，一次喷射厚度不宜小于40mm。喷射混凝土时，喷头与受喷面应保持垂直，距离宜为0.6～1.0m。

4）喷射混凝土终凝2h后，应喷水养护，养护时间宜根据气温确定，为3～7d。

5）喷射混凝土通常在每分段开挖的底部预留300mm，这样会有利于下步开挖后安装钢筋网，与下步45°倒角的喷射混凝土层施工搭接。

6）上层土钉砂浆及喷射混凝土面层达到设计强度的70%后，方可开挖下层土方及下层土钉施工。

（3）设置土钉

土钉施工包括定位、成孔、设置钢筋、注浆等工序。钻孔工艺和方法与土层条件、施工单位的设备和经验有关。

1）成孔：

① 钻孔设备。由于土钉往往要在脚手架上施工且钻孔长度较短，要求使用重量轻、易操作及搬运的钻机。

当前，国内大多采用螺旋钻和洛阳铲等干法成孔设备。也可使用如YTN-7型土锚专用钻机，这种钻机成孔直径为100～150mm，钻孔深度最大可达60m，可在水平与垂直方向间任意角度钻进，在黏土或粉质黏土夹层粉砂条件下平均钻进速度为0.5m/min。

② 成孔施工。

钻孔设备在钻进过程中应注意不要采用膨润土或其他悬浮泥浆护壁，因为孔壁“抹光”会降低浆土的粘结作用。

2）设置钢筋。设置的钢筋一般采用 HRB335 级钢筋。为保证钢筋设置居中，在钢筋上每隔 2～3m 应设一个定位支架。

3）注浆。注浆前，应采用压力为 0.5～0.6MPa 的压缩空气将孔内残留或松动的杂土清除干净。

为保证土钉与周围土体紧密结合，在孔口处设置止浆塞及排气管，并将止浆塞旋紧，使其与孔壁紧密贴合。在止浆塞上将注浆管插入注浆口，深入至距孔底 250～500mm 处。注浆管连接注浆泵，边注浆边向孔口方向拔管，直至注满为止。再放松止浆塞，将注浆管与止浆塞拔出，然后用黏性土或水泥砂浆充填孔口。

在注浆开始前或中途停止超过 30min 时，应用水或稀水泥浆润滑注浆泵及其管路。

4）土钉注浆材料应符合下列规定：

① 注浆材料宜选用水泥浆或水泥砂浆。水泥浆的水灰比宜为 0.5；水泥砂浆配合比宜为 1∶1～1∶2(重量比)，水灰比宜为 0.38～0.45。

② 水泥浆、水泥砂浆应拌合均匀，随拌随用。

为防止水泥浆或水泥砂浆在硬化过程中产生干缩裂缝，提高其防腐蚀性能，保证浆体与周围土壁的紧密黏合，可掺入一定量的膨胀剂，具体掺入量可由试验确定，以满足补偿收缩为准。

另外，为提高水泥浆和水泥砂浆的早期强度，加速硬化，可掺入速凝剂或早强剂。

(4) 铺设钢筋网

钢筋网的铺设应符合下列规定：

1）钢筋网应在喷射第一层混凝土后铺设，钢筋与第一层喷射混凝土的间隙不宜小于 20mm。

2）一般情况下，为防止土体松散和崩解，必须尽快做第一层钢筋网喷射混凝土面层。对于临时性工程，面层一般做一层，厚度为 50～150mm；而对永久性工程则多用两层或三层，厚度为 100～300mm，第二层钢筋网应在第一层钢筋网被混凝土覆盖后铺设；两次喷射作业应留一定的时间间隔。

3）钢筋网与土钉应连接牢固。

(5) 设置排水系统

1）浅部排水。施工时，采用直径一般为 100mm，长 300～400mm 的管子，可将坡后的水迅速排除，其间距可按地下水条件和冻胀破坏的可能性而确定。

2）深部排水。采用直径 50mm，向上斜 5°或 10°，长度通常为 300～500mm 带孔的塑料排水管，其间距取决于土体和地下水条件，一般坡面每 $3m^2$ 左右布置一个。

3）坡面排水。在喷射混凝土坡面前，贴着坡面按一定的水平间距布置竖向排水措施，其间距取决于地下水条件和冻胀力的作用，一般为 1～5m。这些排水管在每段开挖的底部有一个接口，贯穿整个开挖面，在最底部由泄水孔排入集水系统，排水道可用土工合成材料包扎，防止喷射混凝土时渗入混凝土。坡面排水也可代替前述浅部排水。

4. 质量检测

(1) 对土钉应采用抗拉试验检测承载力，为土钉墙设计提供依据或用以证明设计中所使用的粘结力是否合适。

(2) 土钉的抗拉试验可采用循环加荷的方式。第一级荷载加土钉钢筋屈服强度的 10%

为基本荷载，其后以土钉钢筋屈服强度的15%为增量来增加荷载，同时用退荷循环来测量残余变形，每一级荷载必须持续到变形稳定为止。土钉的破坏标准为：在同级荷载下的变形不可能趋于稳定，即认为土钉已达到极限荷载。

(3) 在土钉上连接钢筋计或贴电阻应变片，可用以量测土钉应力分布及其变化规律。

(4) 在同一条件下，试验数量应为土钉总数的1%，且不少于3根。土钉检验的合格标准为：土钉抗拔力平均值应大于设计极限抗拔力；抗拔力最小值应大于设计极限抗拔力的0.9倍。

(5) 土钉墙面喷射混凝土厚度可采用钻孔检测，钻孔数宜每100m² 墙面积一组，每组不应少于3点。

4-4-4　锚杆及土钉墙支护工程质量验收

(1) 锚杆及土钉墙施工中应对锚杆位置，钻孔直径、深度及角度，锚杆插入长度，注浆配比、压力及注浆量，喷锚墙面厚度及强度、锚杆应力等进行检查。

(2) 锚杆及土钉墙工程质量检验应符合表4-9。

锚杆及土钉墙工程质量检验标准　　表4-9

项	序	检查项目	允许偏差或允许值		检查方法
			单位	数值	
主控项目	1	锚杆长度	mm	±30	用钢尺量
	2	锚杆锁定力	设计要求		现场实测
一般项目	1	锚杆位置	mm	±100	用钢尺量
	2	钻孔倾斜度	(°)	±1	测钻机倾角
	3	浆体强度	设计要求		试样送检
	4	注浆量	大于理论计算浆量		检查计量数据
	5	土钉墙面厚度	mm	±10	用钢尺量
	6	墙体强度	设计要求		试样送检

4-5　钢和钢筋混凝土支撑

4-5-1　基坑施工支护方法

在建筑物的基础工程施工中，深基础的施工支护结构由围护壁和支撑结构体等组成，整个支护结构是在先行施工完围护壁后，逐层开挖土方，逐层施工支撑结构。因此，从施工理论上讲，整个支护结构是在受荷过程中逐渐形成的时变结构。

基坑施工支护开挖过程一般可分为顺作法和逆作法两种施工过程。

顺作法施工过程是在先施工完成基坑四周围护壁结构以后进行下列步骤施工(图4-23)：

(1) 开挖表层土，施工围护壁顶的圈梁和第一道支撑。

(2) 开挖第一道支撑至第二道支撑标高处的土方。

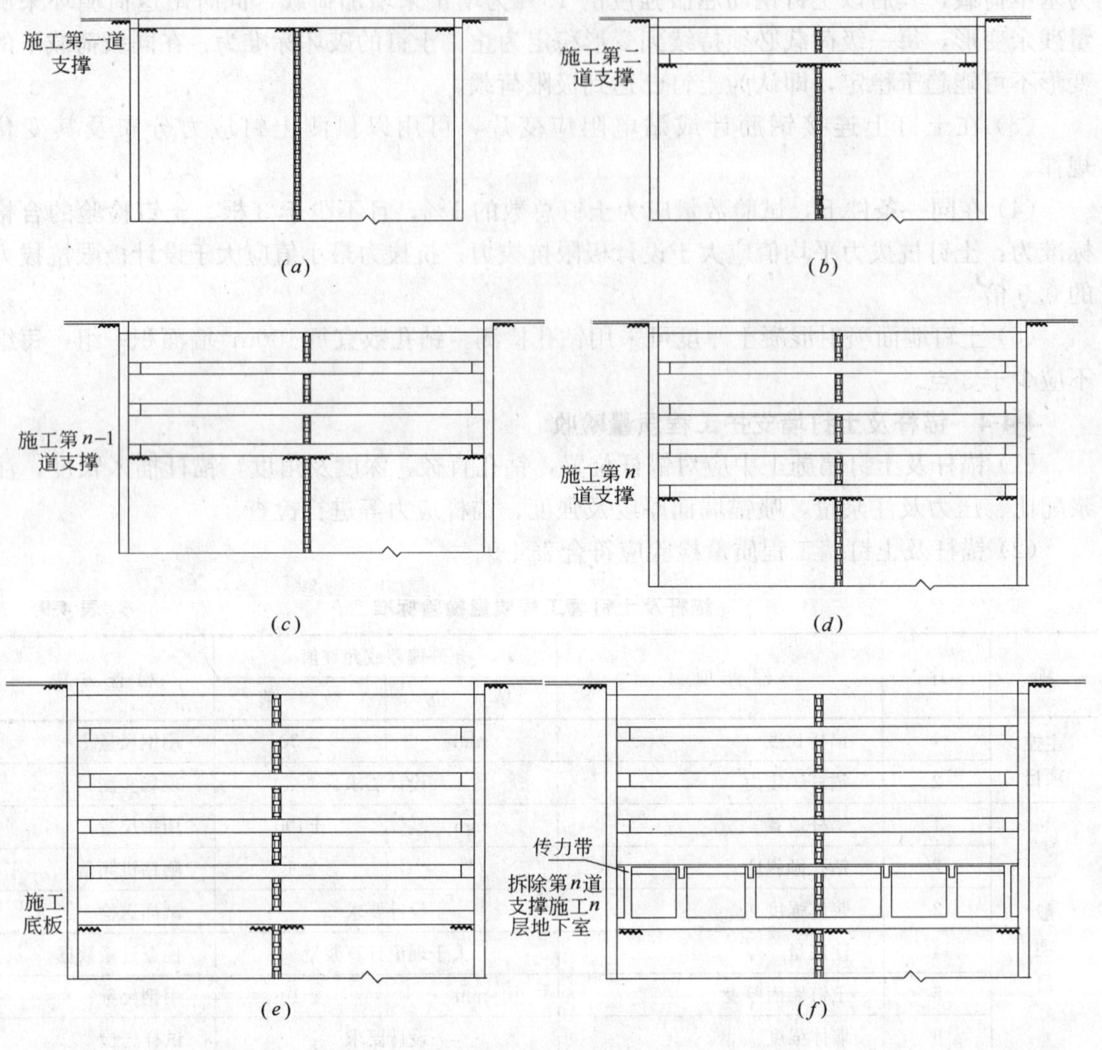

图 4-23　顺作法施工

(3) 施工第二道支撑。

(4) 开挖第二道支撑至第三道支撑标高处的土方。

(5) 施工第三道支撑。

(6) 开挖第 $n-1$ 道支撑至第 n 道支撑标高处的土方。

(7) 施工第 n 道支撑。

(8) 开挖第 n 道支撑至坑底标高的土方。

(9) 浇筑底板垫层和施工钢筋混凝土底板，并做好底板与围护壁的传力带。

(10) 拆除第 n 道支撑。

(11) 施工第 n 层地下室结构，并做好该层结构顶板与围护壁的传力带。

(12) 拆除 $n-1$ 道支撑。

(13) 施工第 $n-1$ 层地下室结构，并做好该层结构顶板与围护壁的传力带。

(14) 拆除第二道支撑。

(15) 施工第二层地下室的结构，并做好该层结构顶板与围护壁的传力带。

(16) 拆除第一道支撑。

(17) 施工地下一层结构，基础地下室施工完成。

逆作法施工过程是在先施工完成基坑四周围护壁结构和基坑中用于逆作施工的中间柱以后进行下列步骤施工(图 4-24)。

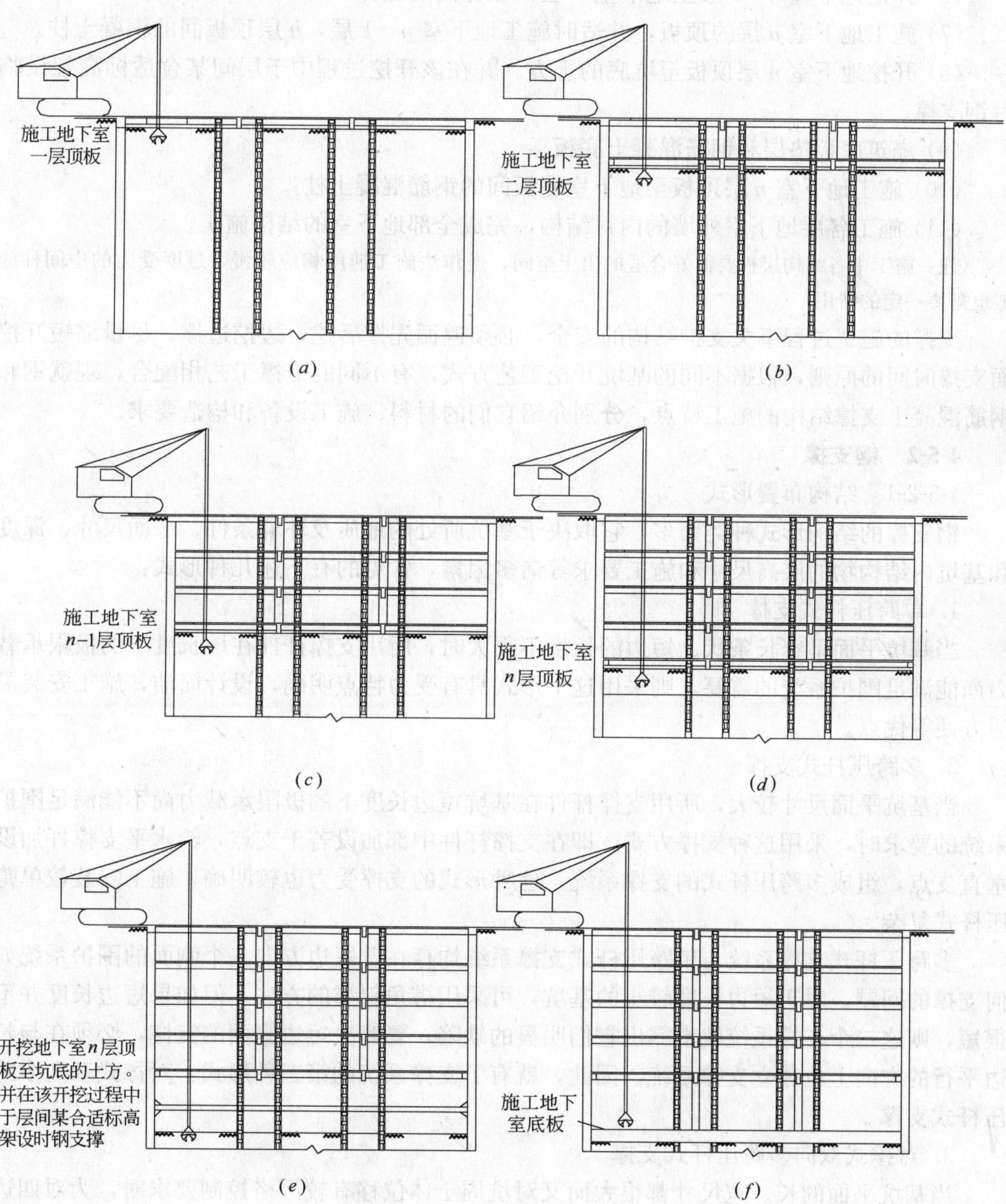

图 4-24　逆作法施工

(1) 开挖表层土、施工地下室一层的顶板。

(2) 开挖地下室一层的顶板至地下室二层的顶板标高的土方。

(3) 施工地下室二层的顶板，并适时施工地下室一二层顶板间的钢筋混凝土柱。

(4) 开挖地下室二层顶板至地下室三层顶板标高的土方。

(5) 施工地下室三层的顶板，并适时施工地下室二三层顶板间的钢筋混凝土柱。

(6) 开挖地下室 $n-1$ 层至地下室 n 层顶板标高的土方。

(7) 施工地下室 n 层的顶板，并适时施工地下室 $n-1$ 层，n 层顶板间的钢凝土柱。

(8) 开挖地下室 n 层顶板至坑底的土方。并在该开挖过程中于层间某合适标高架设临时钢支撑。

(9) 浇筑底板垫层和钢筋混凝土底板。

(10) 施工地下室 n 层顶板至地下室底板间的钢筋混凝土柱。

(11) 施工各层地下室外墙的内衬结构，完成全部地下室的结构施工。

(注：施工中各结构层板要留好合适的出土空间，逆作法施工速度相应较慢，过度受力的中间柱施工也需要一定的费用)

支撑的施工过程事关支护结构的安全，必须遵循先撑后挖，边挖边撑，尽量缩短开挖面支撑时间的原则，根据不同的基坑开挖工艺方式，有不同的支撑工艺相配合，现就钢和钢筋混凝土支撑结构的施工特点，分别介绍它们的材料、施工设备和构造要求。

4-5-2　钢支撑

4-5-2-1　结构布置形式

钢支撑的结构形式种类繁多，它取决于基坑所处的地质及环境条件、平面尺寸、深度和基坑内结构物的层高尺寸和施工要求等诸多因素，常见的有下述几种形式：

1. 单跨压杆式支撑

当基坑平面呈窄长条状、短边的长度不很大时，所用支撑杆件在该长度下的极限承载力尚能满足围护系统的需要，则采用这个形式具有受力特点明确，设计简洁，施工安装灵活方便等优点。

2. 多跨压杆式支撑

当基坑平面尺寸较大，所用支撑杆件在基坑短边长度下的极限承载力尚不能满足围护系统的要求时，采用这种支撑方式。即在支撑杆件中部加设若干支点，给水平支撑杆加设垂直支点，组成多跨压杆式的支撑系统。这种形式的支撑受力也较明确，施工安装较单跨压杆式复杂。

多跨压杆式支撑系统与单跨压杆式支撑系统均存在着短边方向二个侧面的围护系统如何支撑的问题，对于短边长度较小的基坑，可采用搭角斜撑的方法。但如果短边长度并不很短，则这二个支撑系统就暴露出它们明显的缺陷，要解决短边侧面的支撑，必须在与长边平行的方向上也建立支撑系统。因此，就有了支撑系统的第三种形式：对撑式双向多跨压杆式支撑。

3. 对撑式双向多跨压杆式支撑

当基坑平面的长、宽尺寸都很大而又对坑周土体位移有较严格控制要求时，为对四边的围护系统迅速加以支撑以减少围护墙体无支撑暴露时间，必须在基坑内建立两个方向的对撑。

对于施加预加支撑压力的空间钢结构杆件系统，这个空间结构受力情况较为复杂，施工中对各个节点的安装、焊接都有较高的要求。

4-5-2-2　钢支撑施工

常用的钢支撑形式主要有钢管支撑及H型钢两种，也有采用型钢组合成格构式截面。钢管支撑有 ϕ609/16、ϕ609/14 及 ϕ580/14、ϕ580/12 及直径较小的 ϕ406 钢管等。其优点是单根支撑承载力较大，安装、拆除周期较短，无需养护期，钢管可重复回收；其缺点是支撑体系的整体性较差，安装与连接施工要求高，现场拼装尺寸不易精确，施工质量难以保证。

H型钢有焊接H型钢及轧制H型钢。H型钢节点处理较灵活，可用螺栓连接，现场装配简单，在支撑杆件上安装检测仪器也较方便。

钢支撑一般均做成标准节段，在安装时根据支撑长度再辅以非标准节段。非标准节段通常在工地上切割加工。标准节段长度为6m左右，节段间连接多为法兰(钢板)高强螺栓连接，也有采用焊接方式(图4-25)。螺栓连接施工方便，尤其是坑内的拼装，但整体性不如焊接好，为减小节点变形，宜采用高强螺栓。

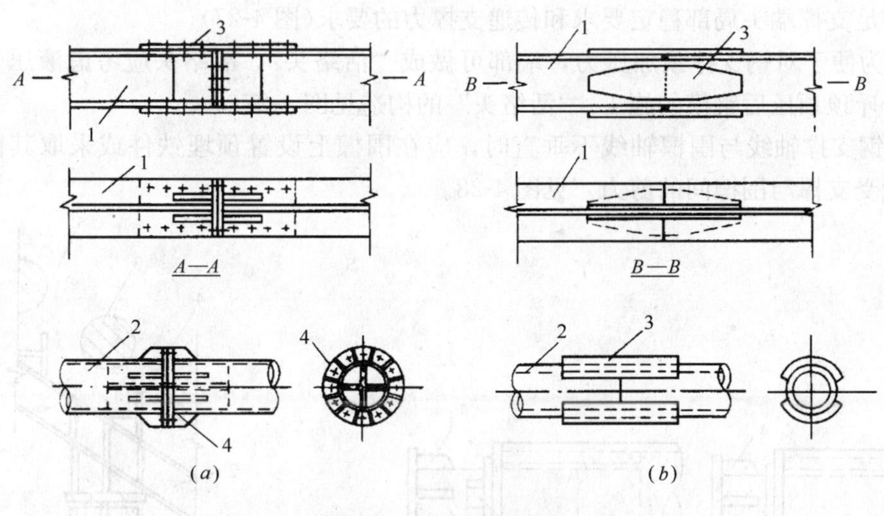

图4-25　钢支撑的连接

(*a*)螺栓连接；(*b*)焊接

1—H型钢；2—钢管；3—钢板；4—法兰

钢支撑可适用于各种不同的支护墙体，如钢板桩、预制混凝土板桩、灌注桩排桩、地下连续墙等。

围檩也可采用钢结构或钢筋混凝土结构。常用钢围檩的截面形式如图4-26所示，一般要求截面宽度不小于300mm。

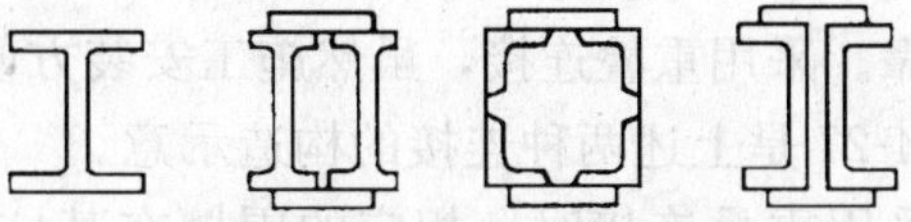

图4-26　常用钢围檩截面形式

1. 钢支撑安装工艺流程

钢支撑安装的工艺流程如下：

(1) 根据支撑布置图，在基坑四周支护墙上定出围檩轴线位置；

(2) 根据设计要求，在支护墙内侧弹出围檩轴线标高基准线；

(3) 按围檩轴线及标高，在支护墙上设置围檩托架或吊杆；

(4) 安装围檩；

(5) 根据围檩标高在基坑立柱上焊支撑托架；

(6) 安装短向(横向)水平支撑；

(7) 安装长向(纵向)水平支撑；

(8) 对支撑预加压力；

(9) 在纵、横支撑交叉处及支撑与立柱相交处，用夹具或电焊固定；

(10) 在基坑周边围檩与支护墙间的空隙处，用混凝土填充。

2. 施工要点

(1) 支撑端头应设置厚度不小于10mm的钢板作封头端板，端板与支撑杆件满焊，焊缝高度及长度应能承受全部支撑力或与支撑等强度，必要时，增设加劲肋板，肋板数量，尺寸应满足支撑端头局部稳定要求和传递支撑力的要求(图4-27)。

(2) 为便于对钢支撑预加压力，端部可做成“活络头”，活络头应考虑液压千斤顶的安装及千斤顶顶压后钢模的施工。“活络头”的构造见图4-27(*b*)。

(3) 钢支撑轴线与围檩轴线不垂直时，应在围檩上设置预埋铁件或采取其他构造措施，以承受支撑与围檩间的剪力。见图4-28。

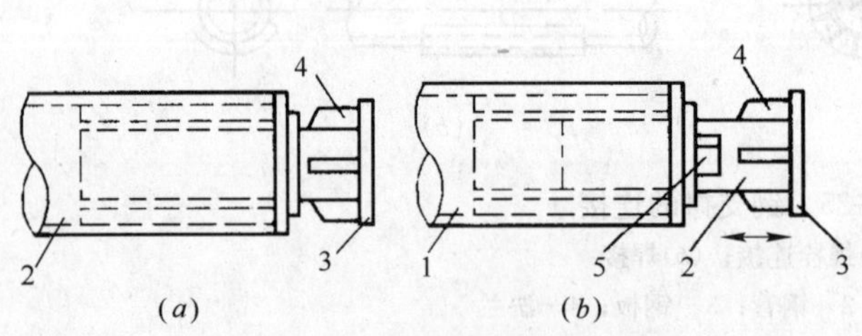

图4-27　钢支撑端部构造

(*a*)固定端头；(*b*)活络端头

1—钢管支撑；2—活络头；3—端头封板；

4—肋板；5—钢楔

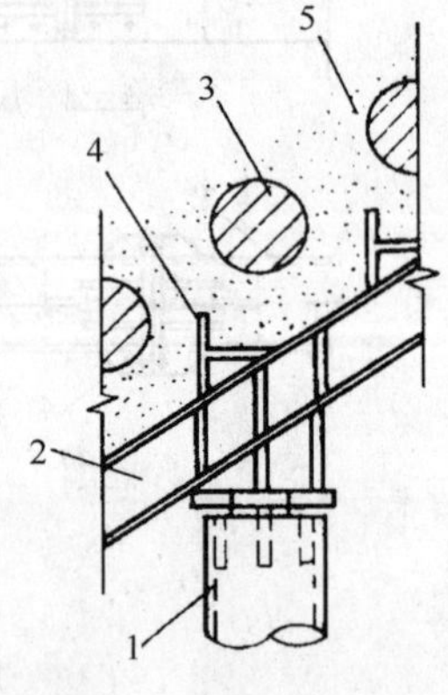

图4-28　支撑与围檩斜交时的连接构造

1—钢支撑；2—围檩；3—支护墙；

4—剪力块；5—填嵌细石混凝土

(4) 水平纵横向的钢支撑应尽可能设置同一标高上，宜采用定型的十字节头连接，这种连接整体性好，节点可靠。采用重叠连接，虽然施工安装方便，但支撑结构的整体性较差，应尽量避免采用。图4-27是上述两种连接的构造示意。

(5) 纵横向水平支撑采用重叠连接时，相应的围檩在基坑转角处不在同一平面内相交，也需采用叠交连接，此时，应在围檩的端部采取加强的构造措施，防止围檩的端部产生悬臂受力状态，可采用图4-28的连接形式。

(6) 立柱设置。立柱间距应根据支撑的稳定及竖向荷载大小确定，但一般不大于15m。常用的截面形式及立柱底部支撑桩的形式如图4-29所示，立柱穿过基础底板时应采用止水构造措施。

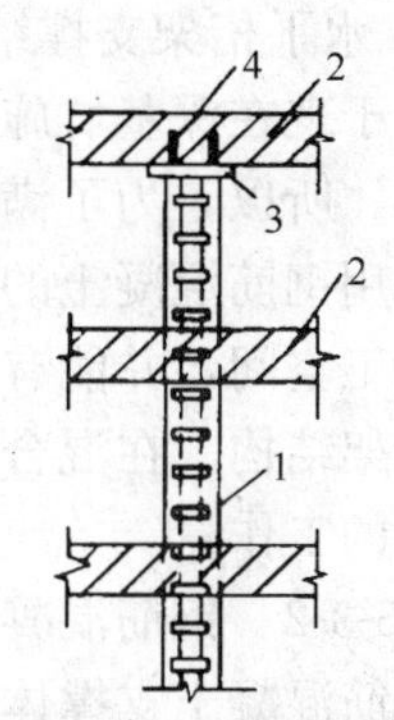

图4-29　钢筋混凝土支撑与立柱的连接

1—钢立柱；2—钢筋混凝土支撑；3—承托钢板(厚10mm)；4—插筋(4ϕ20)

(7) 钢支撑预加压力。对钢支撑预加压力是钢支撑施工中很重要的措施之一，它可大大减少支护墙体的侧向位移，并可使支撑受力均匀。

施加预加压力的方法有两种：一种是用千斤顶在围檩与支撑的交接处加压，在缝隙处塞进钢楔锚固，然后就撤去千斤顶；另一种是用特制的千斤顶作为支撑的一个部件，安装在支撑上，预加压力后留在支撑上，待挖土结束支撑拆除前卸荷。

钢支撑预加压力的施工应符合下列要求：

1) 千斤顶必须有计量装置。施加预压力的机具设备及仪表应由专人使用和管理，并定期维护校验，正常情况下每半年校验一次，使用中发现有异常现象应重新校验；

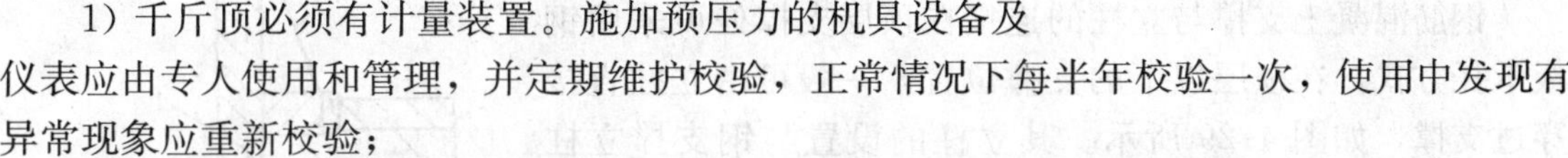

2) 支撑安装完毕后，应及时检查各节点的连接状况，经确认符合要求后方可施加预压力，预压力的施加宜在支撑的两端同步对称进行；

3) 预压力应分级施加，重复进行，加至设计值时，应再次检查各连接点的情况，必要时，应对节点进行加固，待额定压力稳定后予以锁定。

预压力宜控制在支撑力设计值的40%～60%。如超过80%时，应防止支护结构的外倾、损坏及对坑外环境的影响。

4) 支撑端部的八字撑应在主支撑施加压力后安装。

4-5-3　钢筋混凝土支撑

4-5-3-1　布置形式

1. 对撑与角撑

由于钢筋混凝土支撑系统具有布置灵活，可靠性好，整体稳定性及强度、刚度能够保证等特点，同时也具有不能重复利用，自重大、施工麻烦、周期长等缺点，因此，如何更好地利用钢筋混凝土支撑的优势，避免其劣势以达到更好地支撑效果，就需要设计人员在进行设计时首先要掌握其各种形式的特点，扬长避短，综合采用。

对撑主要用于支顶基坑的长边，以控制基坑在长边上较容易发生的较大位移，此时，对撑可充分发挥其受力明确，构造简单等特点；在基坑的角部和短边方向，则可以通过布置角撑来起到支撑作用，一方面还可以留出较大的空间实施土方开挖作业，同时也可体现出角撑所具有的布置灵活，方便挖土作业的特点了。

2. 水平封闭框架支撑

围护结构在开挖支撑施工中，允许较长的无支撑暴露时间时，可采用钢筋混凝土水平封闭框架支撑结构。现浇钢筋混凝土封闭桁架达到强度后，具有较高的整体刚度和稳定性。由于基坑支撑是一种临时结构，在满足强度、刚度和稳定性的前提下，应尽可能地优化支撑结构形式，以求达到节省投资，方便开挖施工的目的。

3. 水平桁架支撑结构

由于现在深基坑施工中，基坑的平面形状复杂、面积大，给支撑结构布置带来了一定的困难，所以，为了满足大型基坑对支撑的强度、刚度和稳定性要求，同时又能方便基坑施工采用钢筋混凝土的水平桁架结构，用桁架结构作围檩，增大了围檩的跨度和刚度，扩大了施工空间，并能有效地控制基坑的变形。必要时，可采用钢筋混凝土与钢结构混合的水平桁架结构。在混合结构中，钢杆件用于拉杆、钢筋混凝土杆件用作压杆，这样可以减少拆除的工作量。

4-5-3-2　钢筋混凝土支撑施工

钢筋混凝土支撑体系(支撑及围檩)应在同一平面内整浇，支撑与支撑、支撑与围檩相交处宜采用加腋，使其形成刚性节点。

支撑施工宜用开槽浇筑的方法，底模板可用素混凝土，也可采用木模、小钢模等铺设，也可利用槽底作土模，侧模多用木、钢模板。

钢筋混凝土支撑与立柱的连接在顶层支撑处可采用钢板承托方式，在顶层以下的支撑位置，一般可由立柱直接穿过支撑，如图 4-29 所示。其立柱的设置与钢支撑立柱相同。

设在支护墙腰部的钢筋混凝土腰梁与支护墙间应浇筑密实，腰梁可用设置在冠梁或上层支撑腰梁的悬吊钢筋作竖向吊点，如图 4-30 所示。悬吊钢筋直径不宜小于 20mm，间距一般 1～1.5m，两端应弯起，插入冠梁及腰梁不少于 40d。

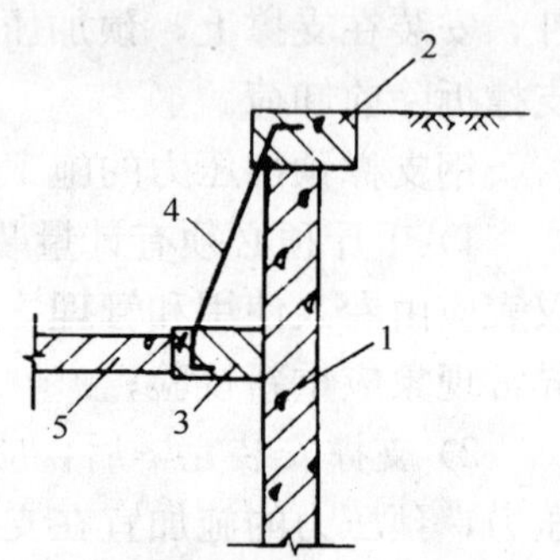

图 4-30　腰梁的吊点

1—支护墙；2—冠梁；3—腰梁；4—悬吊钢筋；5—支撑

4-5-4　支撑拆除

4-5-4-1　拆除程序

在支撑拆除过程中，支护结构受力发生很大变化，支撑拆除程序应考虑支撑拆除后对整个支护结构不产生过大的受力突变，一般可遵循以下原则：

(1) 分区分段设置的支撑，也宜分区分段拆除；

(2) 整体支撑宜从中央向两边分段逐步拆除，这对最上一道支撑拆除尤为重要，它对减小悬臂段位移较为有利；

(3) 先分离支撑与围檩，再拆除支撑，最后拆除围檩。

图 4-31 是一个二道支撑的工程支撑在竖向的平面上的拆除顺序：

1) 基坑开挖至基底标高；

2) 地下室底板及换撑完成后，拆除下道支撑；

3) 地下室中楼板及换撑完成，拆除上道支撑；

4) 拆除钢立柱，完成地下室全部结构及室外防水层。

4-5-4-2　钢支撑拆除

(1) 钢支撑拆除应选择合适的起重机，要求满足起重量和起重半径，同时应考虑起重机的操作面及开行道路。由于基坑工程的特点是：一般面积较大，周围环境狭窄，但支撑重量不太大，要求的起重高度很小，因此，起重半径及起重机操作面往往是选择时主要考

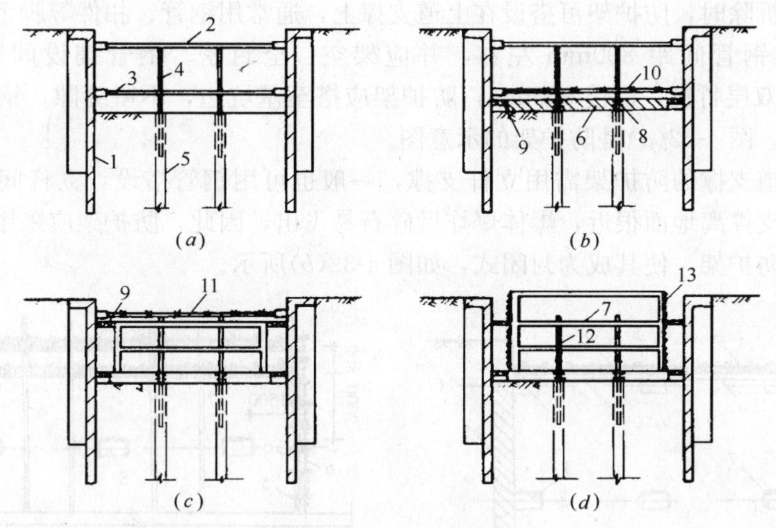

图 4-31　支撑拆除过程

1—支护墙；2—上道支撑；3—下道支撑；4—立柱；
5—立柱支承桩；6—地下室底板；7—中楼板；8—止水片；9—换撑混凝土梁(板)；
10—拆除下道支撑；11—拆除上道支撑；12—拆除钢立柱；13—外墙防水层

虑因素。如可以利用塔吊，则其臂长大，不需开行，较为有利；如采用汽车式或履带式起重机，则往往开行不便，作业面不够，要求较长起重臂方能满足拆除起吊的要求。

(2) 单根钢支撑拆除一般也分段进行，通常以两支承点(围檩或立柱)间的支撑作为一段，逐段拆除。拆除时，用起重机将钢支撑吊紧，用气割或解除螺栓等方法拆除支撑节点及与支承点的连接，起吊装车运离工地。当支撑底与地下室底板面或中楼板顶面之间距离很小时，也可在支撑下垫放旧轮胎等，再拆除支承，使其“软着落”，而后起吊装车。在起重机起重半径不能满足时，可采用这种方法，此时，将拆除的支撑可用卷扬机拖至起重机作业半径内，再行起吊。

(3) 钢围檩在支撑拆除后进行，拆除方法与支撑类似。

4-5-4-3　钢筋混凝土支撑的拆除

钢筋混凝土支撑的拆除可采用人工凿除及爆破拆除两种方法。

1. 人工凿除

人工凿除一般采用分段凿开，起吊运出工地，分段的长度根据起重机起重能力，一般1～2m。凿开钢筋保护层后需将纵钢筋切断，箍筋也可拆去。成段的钢筋混凝土块运出后也应凿碎，或置于填埋场，否则会影响环境。如起重机的起重量较小，也可将凿断的混凝土块在现场凿碎再运出。

2. 爆破拆除

爆破拆除应由专业单位施工，其施工过程为留孔(钻孔)→埋药→爆炸→清理等，在爆破前还必须对周围环境及主体结构采取有效的安全防护措施。

(1) 防护措施

1) 水平防护架。在进行爆破拆除的支撑及围檩的上方应设置飞石防护架，其上铺设防护层。

下道支撑拆除时，防护架可搭设在上道支撑上，通常用钢管、扣件等脚手架材料作防护架，防护架钢管间距 800mm 左右，并应架空、全封密。钢管铺设间距不宜大于 500mm，上铺双层竹笆，搭接 300mm，防护架应搭至基坑边，不留缝隙，钢管相交处均应用扣件连接。图 4-32(*a*)是防护架的示意图。

最上面一道支撑的防护架需用立杆支撑，一般也可用钢管搭设，立杆间距约 1.5m。由于最上一道支撑离地面很近，爆体爆炸后碎石易飞出，因此，防护架应采用双层，在坑边应设置垂直防护架，使其成为封闭式，如图 4-32(*b*)所示。

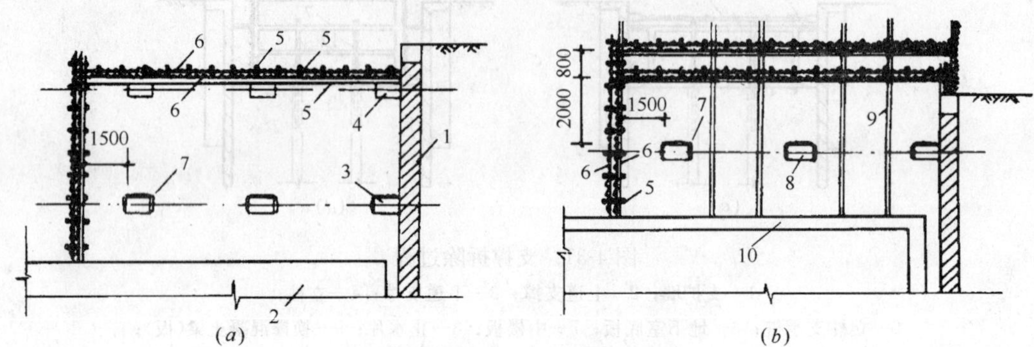

图 4-32 爆炸防护架的设置

(*a*)下道支撑防护架；(*b*)最上一道支撑防护架

1—支护墙体；2—基础底板；3—下道支撑；4—上道支撑；5—钢管；6—竹笆；7—麻袋；8—最上一道支撑；9—立杆；10—地下结构楼板面

爆体上铺设若干层湿麻袋，以减小碎石飞出速度。

2）垂直防护架。当基坑的支撑系统采用分段爆炸拆除时或最上一层支撑拆除时，在分段处及基坑四周要设置垂直防护架。

垂直防护架的搭设方法与水平防护架类似，亦应做成双层竹笆，特别应注意防护架的密封及垂直竹笆与钢管的连接，防止竹笆下坠产生空洞。

(2) 钻孔(留孔)。

1）支撑及围檩爆破的装药孔一般为竖孔，便于装药。根据支撑及围檩的宽度，可设置一排或多排，孔深离底面 100～500mm，炮眼间距取 1～1.25 倍抵抗线长度，炮孔深度为 0.6～0.7 倍支撑(围檩)高度。

2）钻孔可采用手持式风动凿岩机、电动凿岩机、风镐等，其中风动凿岩机运用较广泛。

3）在浇筑钢筋混凝土支撑体系时，根据爆破要求预留炮眼，可大大减少凿孔的工作量，加快施工速度，但在留孔时应防止孔道遗漏，在成孔后应防止杂物掉到孔内造成堵塞，做好孔道保护。预留孔对支撑截面会有所削弱，这在支撑体系的设计时应予以注意。

(3) 装药及引爆。

1）炸药的装填常采用非密装方式，或称为不耦合装药。非密装式装药时，在药卷与炮眼孔壁之间留有孔隙，其目的是要减少炸药在爆炸瞬间所产生强大冲击波的初始压力，使压力在炮眼空隙内得到缓冲，作用在炮眼孔壁上的能量进行再分配。冲击波传播至炮眼壁上的最大动压力值，随不耦合系数(炮眼内径与药卷直径之比)的增大而降低。一般炮眼直径为 34～45mm，不耦合系数为 2～4。

2）当炮眼深度较大时，为了避免爆破力集中，也可分层装药，但以不超过 3 层为宜。

3）引爆时，宜采用分段连续起爆，使用延期雷管，控制起爆顺序及时差。为减小由爆炸引起的振动波对周围环境的影响，在靠近地下管线、临近建筑等处进行爆炸拆除施工，可在支撑与围檩相交处，先进行人工凿断，分离支撑与围檩，这样，支撑的爆炸拆除对外面的影响就很小了；或在该处采用小药量爆炸，使节点处混凝土松动，然后用人工打凿。也可在支撑与围檩相交处采用密孔布置，小药量预裂爆炸，以减小支撑拆除时振动波向外传播影响周围环境。

(4) 安全措施。

爆破拆除工程，应特别重视安全施工。爆破作业每一道工序，要认真贯彻执行爆破安全方面的有关规定，特别应注意下列问题：

1）爆破器材的领取、运输和贮存，应有严格的规章制度。雷管和炸药不得同车装运、同库贮存。爆破器材仓库离工厂或住宅区等应有一定的安全距离，并严加看管。

2）爆破施工前，应做好安全爆破的准备工作，划好安全距离，设置警戒哨。闪电雷鸣时禁止装药、接线。

3）爆破时发现拒爆，必须先查清原因，然后再进行处理。

4-6 地下连续墙

地下连续墙是建造深基础工程和地下构筑物的一项新技术。其施工特点是在地面上采用一种挖槽机械，沿着深开挖工程的周边轴线，在泥浆护壁的条件下，开挖出一条狭长的深槽；清槽后在槽内吊放入钢筋笼，然后用导管法灌注水下混凝土，筑成一个单元槽段。如此逐段进行，以特殊的接头方式在地下筑成一道连续的钢筋混凝土墙壁，作为截水、防渗、承重和挡土结构等。

地下连续墙按其填筑的材料，分为土质墙、混凝土墙、钢筋混凝土墙(又有现浇和预制之分)和组合墙(即预制钢筋混凝土墙板和现浇混凝土的组合，或预制钢筋混凝土墙板和自凝水泥膨润土泥浆的组合)；按其成墙的方式，分为桩排式、壁板式、桩壁组合式；按其用途可分为临时挡土墙、防渗墙、用作主体结构兼作临时挡土墙的地下连续墙、用作多边形基础兼作墙体的地下连续墙。目前，我国建筑工程中应用最多的还是现浇钢筋混凝土壁板式连续墙，它既可作为临时性的挡土结构，也可兼作地下工程永久性结构的一部分，其构造形式又可分为四种，如图 4-33 所示。

地下连续墙具有两大优点：一是对邻近建筑物和地下管线的影响较小；二是施工时无噪声、无振动，属于低公害的施工方法。与其他施工方法相比，地下连续墙的施工工艺主要具有以下优点：

(1) 墙体强度高、刚度大，可承重、挡土、截水、抗渗，耐久性能好。

(2) 用于密集建筑群中建造深基础，对周围地基无扰动，对相邻建筑物、地下设施影响较小；可在狭窄场地施工，与原有建筑物的最小距离可达 0.2m 左右；对附近地面的交通影响也较小。

(3) 可用于逆作法施工，使地下部分与上部结构同时施工，大大缩短工期。

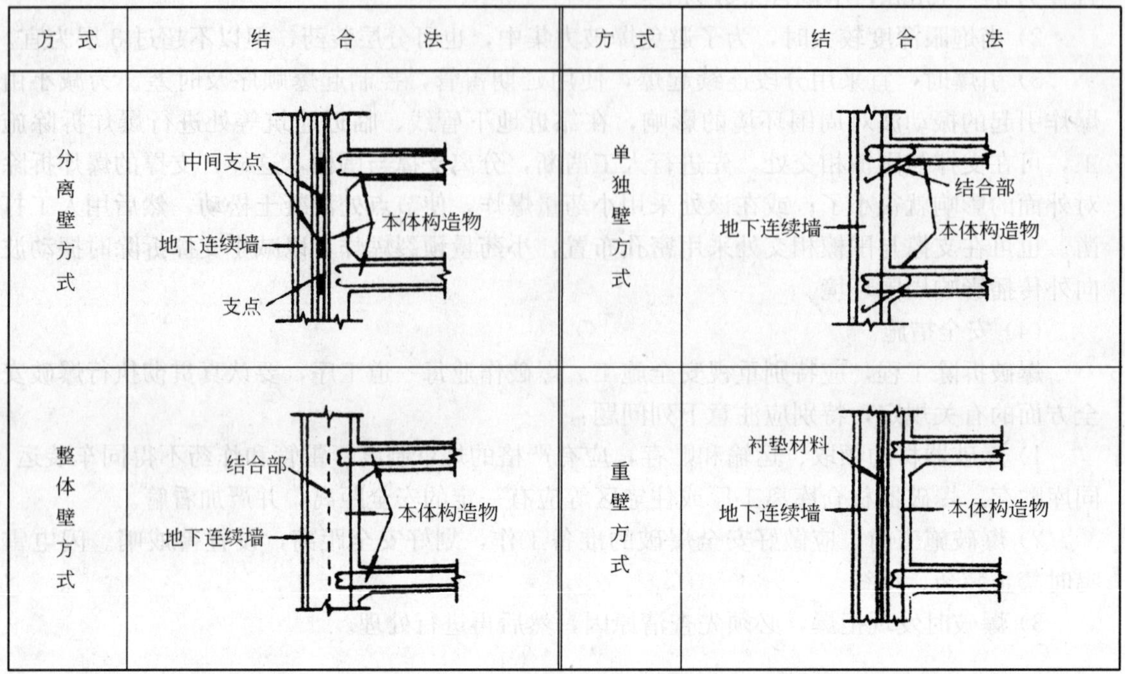

图 4-33　地下连续墙构造形式

(4) 比常规方法的挖槽施工节省大量土石方，且无须降低地下水位。

(5) 施工机械化程度高，挖掘工效高，劳动强度低。

(6) 施工振动小、噪声低，有利于保护城市环境。

(7) 在地面作业无须放坡、支模，施工操作安全。

(8) 多头挖槽机上装有自动测斜、纠偏、测深和测钻压、钻速、功率等的装置，能保证成槽尺寸准确，成槽精度高，垂直偏差小，扩孔率低，表面平整、光滑。

(9) 可用于多种地质条件，包括淤泥、黏性土、冲积土、砂性土及粒径 50mm 以下的砂砾层中施工，深度可达到 50m。但不适于在基岩地段、含承压水很高的细砂和粉砂地层以及很软的黏性土层中使用。

当然，地下连续墙的施工也有一定的局限性和缺陷，如需要较多的机具设备，一次性投资较高，施工工艺较为复杂，技术要求高，质量要求严格，施工队伍需具有较高的技术水平；而且，一旦施工操作不当，易出现槽壁塌孔、混凝土夹层、超挖、表面粗糙、渗漏等问题，因此，要有适用于不同地质条件的护壁泥浆的管理方法以及发生故障时所需采取的各项措施。

地下连续墙适用于建造建筑物的地下室、停车场、地下商场、地下油库、高层建筑、挡土墙的深基础、逆作法施工的围护结构；工业建筑的深池、竖井、坑；邻近建筑物基础的支护以及水工结构的堤坝防渗墙、护岸、码头、船坞；桥梁墩台、地下铁道、地下车站、通道或临时围堰工程等，特别适用作地下挡土、防渗结构。

4-6-1　一般规定

(1) 施工前，应检验进场的钢材、电焊条；宜先试成槽，以检验泥浆的配比、成槽机的选型并复核地质资料；检查泥浆用的仪器、泥浆循环系统应完好。

(2) 地下连续墙均应设置导墙，其导墙形式有预制和现浇两种；现浇导墙的形状有“L”形或倒“L”形，可根据不同的土质选用；已完工的导墙应检查其净空尺寸、墙面平整度与垂直度。

(3) 地下连续墙应用商品混凝土。当作为永久结构时，土方开挖后应进行逐段检查；其钢筋混凝土底板应符合现行国家标准《混凝土结构工程施工质量验收规范》(GB 50204—2002)的规定；而抗渗质量标准可按现行国家标准《地下防水工程质量验收规范》(GB 50208—2002)执行；在钢筋笼沉放后，应做二次清孔，沉渣厚度应符合要求。

(4) 地下连续墙在施工中应检查成槽的垂直度、槽底的淤积物厚度、泥浆比重、钢筋笼尺寸、浇筑导管位置、混凝土上升速度、浇筑面标高、地下墙连接面的清洗程度、商品混凝土的坍落度、锁口管或接头箱的拔出时间及速度等。地下墙槽段间的连接接头形式应根据地下墙的使用要求选用，且应考虑施工单位的经验；无论选用何种接头，在浇筑混凝土前接头处必须刷洗干净，不留任何泥砂或污物。地下墙与地下室结构顶板、楼板、底板及梁之间连接可预埋钢筋或接驳器(锥螺纹或直螺纹)，对接驳器也应按原材料检验要求抽样复验，数量每500套为一个检验批，每批应抽查3件，复验内容为外观、尺寸、抗拉试验等。成槽结束后，应对成槽的宽度、深度及倾斜度进行检验；重要结构每段槽段都应检查，一般结构可抽查总槽段的20%，每槽段应抽查一个段面。

(5) 地下连续墙每50m^3应做1组试件，每幅槽段不得少于1组，在混凝土强度满足设计要求后，可开挖土方。

4-6-2 施工准备

4-6-2-1 材料和机具要求

1. 材料要求

(1) 泥浆

正规的泥浆是由膨润土、羧甲基纤维素(又称化学浆糊，简称CMC)、纯碱及铁铬木质磺酸钙(简称FCL)等原料按一定的比例配合并加水搅拌而成的悬浮液，其应有一定的造膜性、流动性、理化稳定性和适当的密度。膨润土的细度要求为200目筛余不大于5%，膨胀倍数不小于10倍，胶质价不小于5%，吸附不大于10%；纯碱(Na_2CO_3)仅在钙、镁质膨润土中掺加；水一般选用纯净的自来水。

(2) 混凝土

地下连续墙通常采用商品混凝土，其强度一般比设计强度提高5MPa；坍落度宜为18～20cm;扩散度宜为34～38cm；初凝时间应满足浇筑和接头的施工工艺要求，一般宜低于3～4h。

混凝土中石子宜用卵石，其最大粒径不大于导管内径的1/6和钢筋最小净距的1/4，且不大于40mm，使用碎石时，粒径宜为0.5～20mm；砂宜用中粗砂；水灰比不大于0.6；单位水泥用量一般大于370kg/m^3；含砂率宜为40%～50%。

(3) 钢筋

地下连续墙的受力钢筋一般采用Ⅱ级钢，直径不宜小于16mm；构造筋可采用Ⅰ级钢，直径不宜小于12mm。

2. 机具要求

(1) 制浆设备

用于地下连续墙施工的泥浆制作的主要机械及设备、设施见表 4-10。

有关泥浆设施、主要机械及设备　　表 4-10

设施		主要机械和设备
搅拌设备		泥浆材料贮存库；工作平台；清水池和给水设备；搅拌器；新鲜泥浆贮浆池；送浆泵
再生处理设施	物理再生处理	振动筛和出渣槽；旋流器和出渣槽；沉淀池；送泥泵(旋流器用)
	化学再生处理	分散剂、其他掺合料的供给装置和混合装置
再生调制设施		搅拌器；贮浆池
循环泥浆贮浆池		新鲜泥浆贮浆池；可用泥浆贮浆池、沉淀池
出渣设施		出渣槽；皮带输送机；料斗
废弃设施		废弃泥浆处理机；出渣设备

注：1. 主要的机械和设备均可重复使用；
2. 表中所列的各设备均为必要设施。

(2) 挖槽机械

多头钻挖槽机属无杆钻机，由组合多头钻机头、机架和底座三部分组成，所有配套的起重机械及启动电气、仪表及自动测深、测斜、测钻压、钻速、功率等装置均安装在底座上。组合钻机头一般由 3～5 台潜水钻机、砂石泵、吸泥器及其他附属件组成。

4-6-2-2　施工准备

1. 勘察地质情况

首先在工程范围内钻探，查明地质、地层、水文情况，为选择挖槽机具、泥浆循环工艺、槽段长度等提供可靠的技术数据；同时摸清地下连续墙部位的地下障碍物情况。

2. 清理场地

按照设计地面标高进行场地平整，拆迁施工区域内的房屋、通讯、电力设施、上下水道等障碍物和挖除工程部位地面以下 3m 内的地下障碍物。

3. 编制施工方案

根据工程结构、地质情况及施工条件制定施工方案，选定并准备相应的机具设备，进行施工部署、平面规划、劳动配备、划分槽段；确定泥浆配合比、配制及处理方法，提出材料、施工机具需用量计划及制定技术培训、质量保证、安全及节约的技术措施等。

4. 设置临时设施

按平面及工艺要求设置临时设施，修筑道路，在施工区域设置导墙；安装挖槽、泥浆配制与处理、钢筋加工的机具设备；安装水电线路，并进行通水、通电、运转、挖槽、混凝土浇筑等试验工作。

4-6-3　施工工艺

地下连续墙采用逐段施工的方法，且周而复始地进行，其每段的施工过程大致可分为五步，如图 4-34 所示。图 4-35 展示了地下连续墙的整个施工过程，其中修筑导墙、泥浆制备与处理、深槽挖掘、钢筋笼制备与吊装以及混凝土浇筑为主要的工序。

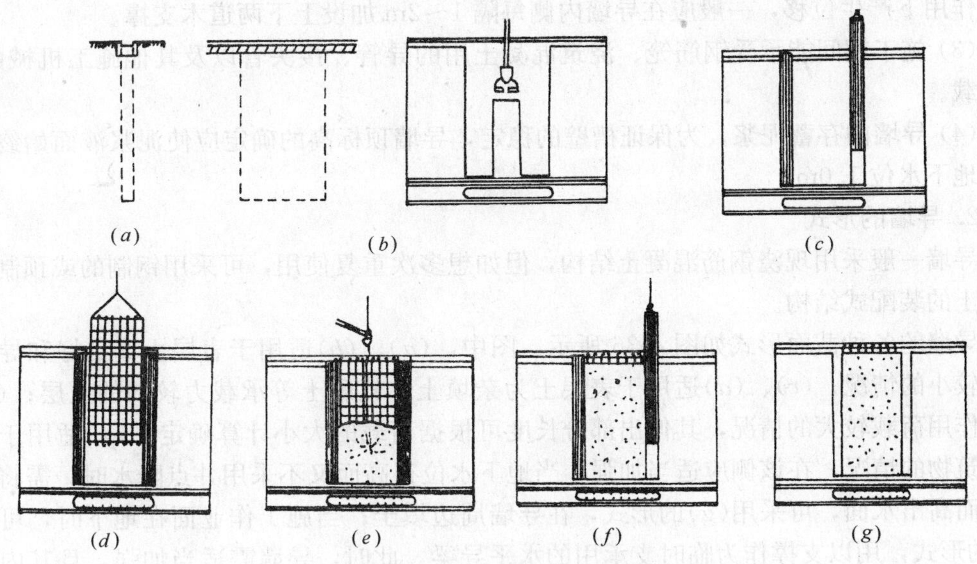

图 4-34 地下连续墙施工程序图

(a)准备开挖的地下连续墙沟槽；(b)用专用机械进行沟槽开挖；(c)安放接头管；(d)安放钢筋笼；(e)水下混凝土灌筑；(f)拔除接头管；(g)已完工的槽段

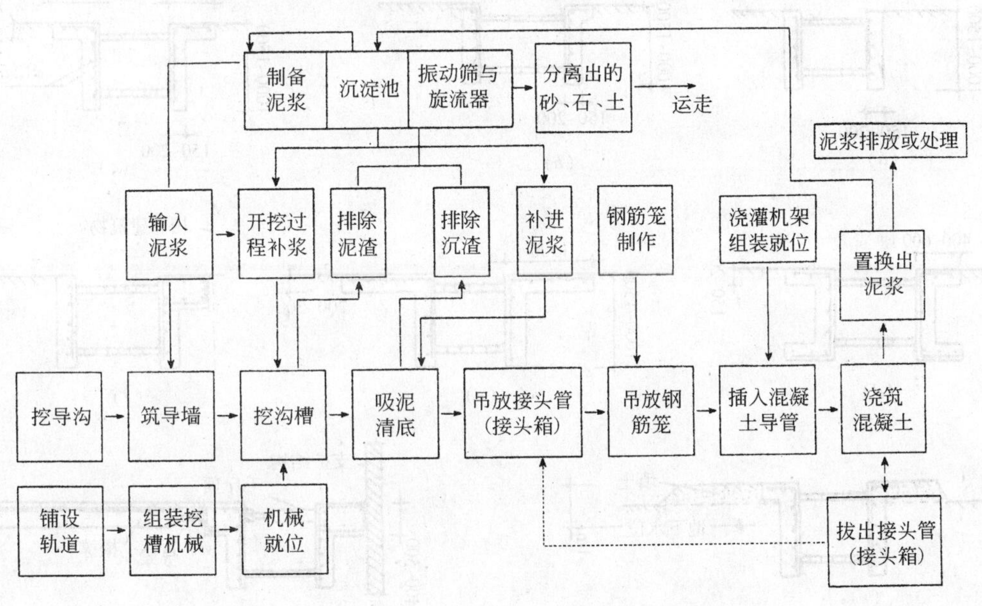

图 4-35 现浇钢筋混凝土地下连续墙的施工工艺过程

4-6-3-1 导墙的设置与施工

1. 导墙的作用

导墙作为地下连续墙施工中必不可少的构筑物，具有以下作用：

(1) 导墙与地下墙中心相一致，规定了沟槽的位置走向，可作为量测挖槽标高、垂直度的基准；导墙顶面又可作为机架式挖土机械导向钢轨的架设定位。

(2) 地表土层受地面超载影响容易塌陷，而导墙能起到挡土作用。为防止导墙在侧向土压作用下产生位移，一般应在导墙内侧每隔 1～2m 加设上下两道木支撑。

(3) 施工期间能承受钢筋笼、浇筑混凝土用的导管、接头管以及其他施工机械的静、动荷载。

(4) 导墙内存蓄泥浆，为保证槽壁的稳定，导墙顶标高的确定应使泥浆液面始终保持高于地下水位 1.0m。

2. 导墙的形式

导墙一般采用现浇钢筋混凝土结构，但如想多次重复使用，可采用钢制的或预制钢筋混凝土的装配式结构。

导墙的各种截面形式如图 4-36 所示，图中，(*a*)、(*b*)适用于表层土壤良好和导墙上荷载较小的情况；(*c*)、(*d*)适用于表层土为杂填土、软黏土等承载力较弱的土层；(*e*)适用于作用荷载较大的情况，其伸出部分长度可根据荷载的大小计算确定；(*f*)适用于邻近有建筑物的情况，在该侧应适当加强；当地下水位很高而又不采用井点降水时，需将导墙上提而高出水面，可采用(*g*)的形式，在导墙周边填土；当施工作业面在地下时，可采用(*g*)的形式，用以支撑作为临时支承用的水平导梁，此时，导墙需适当加强，且其内侧的横撑宜用千斤顶代替。

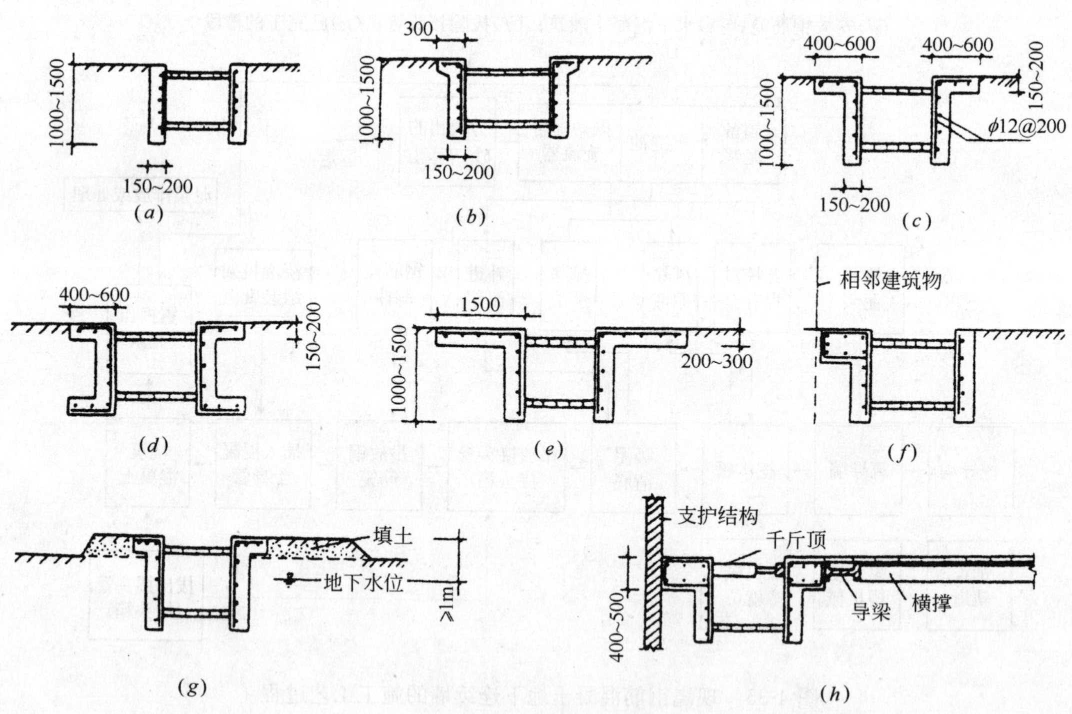

图 4-36　各种形式的导墙

导墙的深度、厚度和结构形式应根据现场的地质条件、施工荷载以及所选用的挖槽方法而定。对于松软土层、施工荷载大以及泥浆循环出渣时，导墙的深度宜大。导墙一般深 1.2～2.0m，底部宜落在原土层上，顶面应高于施工场地 5～10cm，以阻止地表水的流入。在地下水位高的地方，导墙应高出地下水位 1.5m，以保证槽内泥浆液面高出地下水位1m以上的最小压差要求，且防止塌方。导墙的厚度一般为0.15～0.25m，两墙间净距比成槽机宽3～5cm。为防止导墙产生位移，在导墙内侧每隔2m应设一木支撑。

3. 导墙的施工

深槽开挖前，须沿着地下连续墙设计的纵轴线位置开挖导沟，并在两侧浇筑混凝土或钢筋混凝土导墙。导墙一般采用C20混凝土浇筑，配筋通常为$\phi12$～$\phi14$@200。当表土较好、在导墙施工期间能保持外侧土壁垂直自立时，则以土壁代替外模板；反之，外侧需设模板。导墙外侧的回填土应用黏土回填密实，以防止地面水从导墙背后渗入槽内，引起槽段的塌方。施工时，还应注意导墙基底与土面应紧密接触，与连续墙的中心须保持一致，竖向面必须保持垂直。

4-6-3-2 成槽

开挖槽段是地下连续墙施工中的重要环节，约占工期的一半，通常是分段施工的，其挖槽精度又决定了墙体制作的精度。

1. 槽段长度的确定

通常按墙的设计平面构造要求和施工的可能性将连续墙划分为若干个单元槽段，单元槽段长度愈长，接头数量愈少，因而可提高墙体的整体性和截水、防渗能力，简化施工，提高工效。一般采用挖槽机最小挖掘长度(即一个挖掘单元的长度)为一单元槽段，如地质条件良好，施工条件允许，亦可采用2～4个挖掘单元组成一个槽段，长度为4～8m(图4-37)。

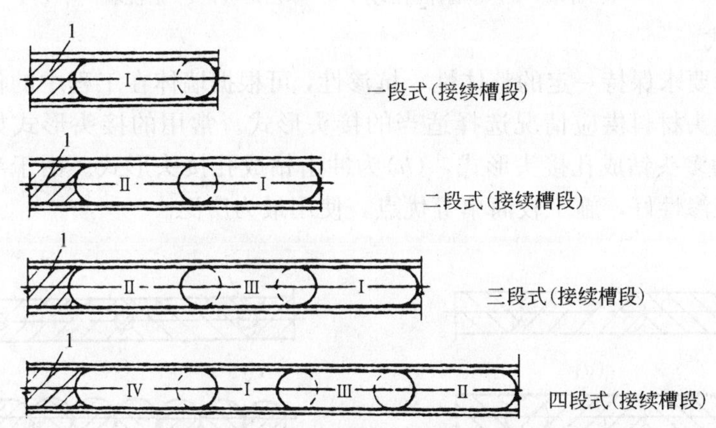

图4-37 多头钻单元槽段组成及掘削顺序

1—已完槽段；Ⅰ、Ⅱ、Ⅲ、Ⅳ—掘削顺序

在封闭槽段挖槽施工时如采用一段式，则可能会因已完成槽段在长度和垂直上的累积误差而使钻机挖长大于封闭槽段的长度，或在某一深度内卡钻，因此，最后封闭槽段应采用二段式单元槽段。在遇到地质条件复杂、邻近有构筑物、地面负载很大以及转角处为形状复杂的单元槽段等情况，且必须在限制的时间内完成一个循环作业时，则应限制单元槽段的长度。

2. 分段接缝的位置

接缝位置应尽量避开转角部位及与内隔墙连接的位置，以保证地下连续墙有良好的整体性和足够的强度，图4-38为结构常用的交接处理方法。图4-38(*a*)为连续墙与内隔墙的连接方法，插筋沿着混凝土浇筑面往后弯曲，表面用泡沫聚乙烯板或木丝板顶盖以便于拆除和减少混凝土工作量，连接插筋以后拉直并与内墙立筋焊接牢固；图 4-38(*b*)、(*c*)、(*d*)、(*e*)、(*f*)为两种槽段组合在一起，一次安装好钢筋笼后浇筑混凝土，以形成多向接头形式。

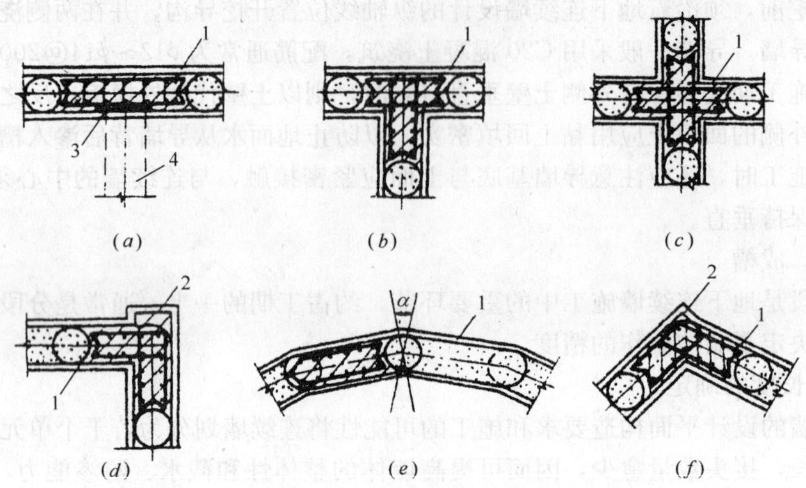

图 4-38　地下连续墙的交接处理

(*a*)预留插筋连接；(*b*)丁字形连接；(*c*)十字形连接；
(*d*)90°拐角连接；(*e*)圆形或多边形连接；(*f*)钝角的拐角连接
1—导墙；2—导墙伸出部分；3—苯乙烯板；4—后浇墙

3. 接头形式

连续墙接头要求保持一定的整体性、抗渗性，可根据墙体在工程中的作用、施工设备技术条件以及接头材料供应情况选择适当的接头形式。常用的接头形式如图 4-39 所示，其中(*a*)～(*g*)为多头钻成孔接头形式，(*h*)为冲击钻成孔接头形式。由于半圆形接头具有连接整体性、抗渗性好，施工较简单等优点，使用最为广泛。

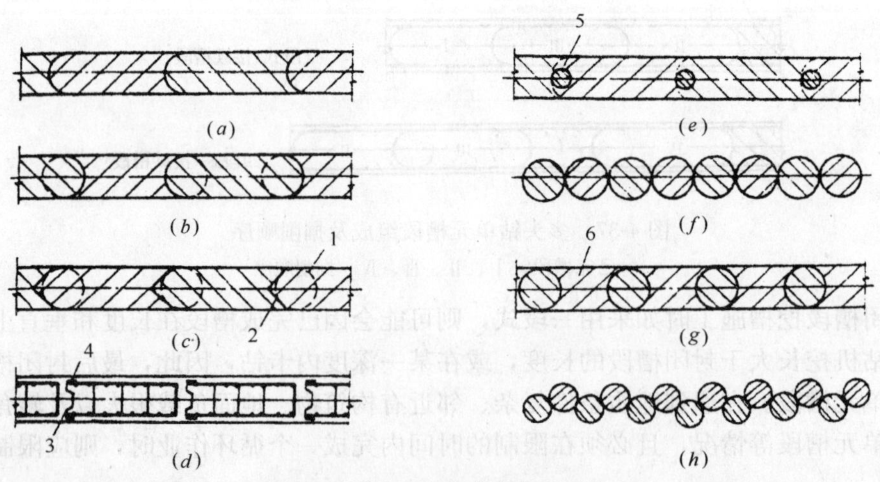

图 4-39　地下连续墙接头平面形式

(*a*)半圆形；(*b*)半圆间隔浇筑式；(*c*)V 形隔板接头；(*d*)榫形隔板接头；
(*e*)单销接头；(*f*)排桩对接接头；(*g*)排桩与鼓形冲击孔交错接头；(*h*)排桩交错接头
1—接头管；2—V 形隔板；3—分隔钢板；4—罩布；5—销管二次灌浆；6—鼓形冲击孔

4. 沟槽临界深度

沟槽的允许开挖深度与土质情况，开槽的形状、长度、宽度以及施工方法等诸多因素有关，当然也与护壁泥浆的性能密切相关。开挖临界深度的确定，一般应根据经验或通过现场实地试验确定，在缺乏经验的情况下，可由梅耶霍夫(G. G. Meyehof)公式估算。

5. 施工工艺

(1) 多头钻施工

多头钻挖槽机的钻头采取对称布置、正反向回转，使钻头扭矩相互抵消，旋转切削土体成槽，钻削轨迹如图 4-40 所示。下钻应使吊索保持一定张力，即使钻具对地层保持适当压力，引导钻机头垂直成槽；下钻速度取决于泥渣的排出能力及土质的软硬程度，注意使下钻速度均匀：采用吸力泵排泥时，下钻速度为 9.6 m/h；采用空气吸泥法及砂石泵时，下钻速度为 5m/h 左右。

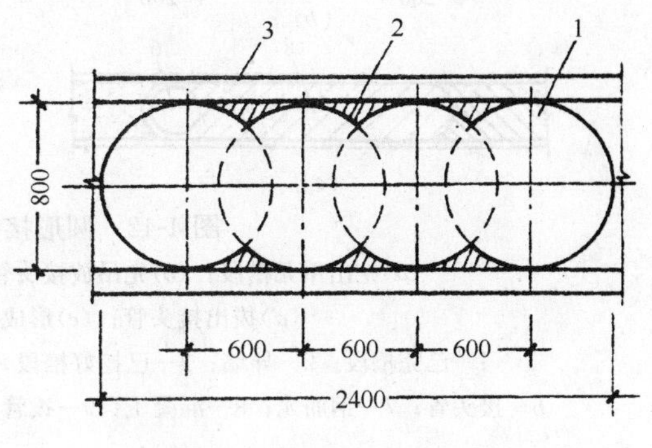

图 4-40 多头钻切土轨迹

1—钻头切削区；2—侧(铲)刀切削区；3—导墙

多头钻的单元槽段挖槽程序如图 4-41 所示，其采用跳槽开挖方法，以防止第二掘削单元向未掘削段一侧倾斜而形成上大下小的槽形。采用圆形接头管连接挖槽的施工程序见图 4-42。

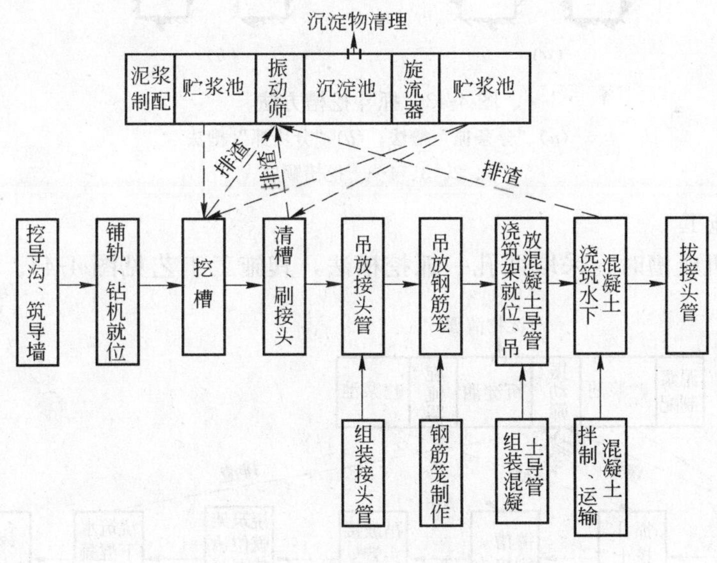

图 4-41 多钻头施工及泥浆循环工艺

(2) 抓斗式施工

导杆抓斗安装在一般的起重机上，抓斗连同导杆由起重机操纵上下起落卸土和挖槽。抓斗挖槽通常用“分条抓”或“分块抓”两种方法(图 4-43)，分条抓与分块抓是先抓两侧再抓中间，这样可避免抓斗挖槽时发生侧倾，可保证抓槽精度。

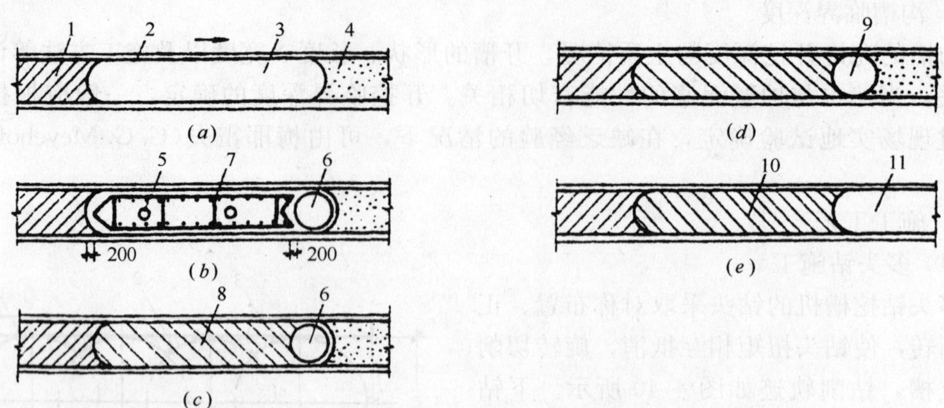

图 4-42　圆形接头管连接的施工程序

(a)挖出单元槽段；(b)先吊放接头管，再吊放钢筋笼；(c)浇筑槽段混凝土；
(d)拔出接头管；(e)形成半圆接头，继续开挖下一槽段
1—已完槽段；2—导墙；3—已挖好槽段并充满泥浆；4—未开挖槽段；5—混凝土导管；
6—接头管；7—钢筋笼；8—混凝土；9—拔管后形成的圆孔；10—已完槽段；11—继续开挖槽段

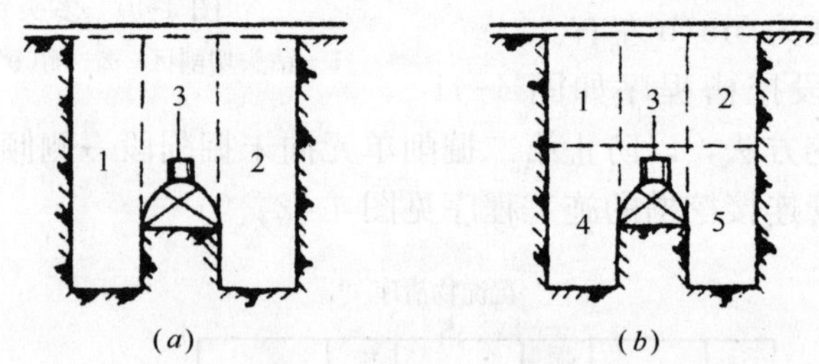

图 4-43　抓斗挖槽方法

(a)"分条抓"槽法；(b)"分块抓"槽法
1、2、3、4…—挖槽顺序

(3) 钻抓式施工

钻抓式挖槽机成槽时，采取两孔一抓挖槽法，其施工工艺见图 4-44。预先在每一个

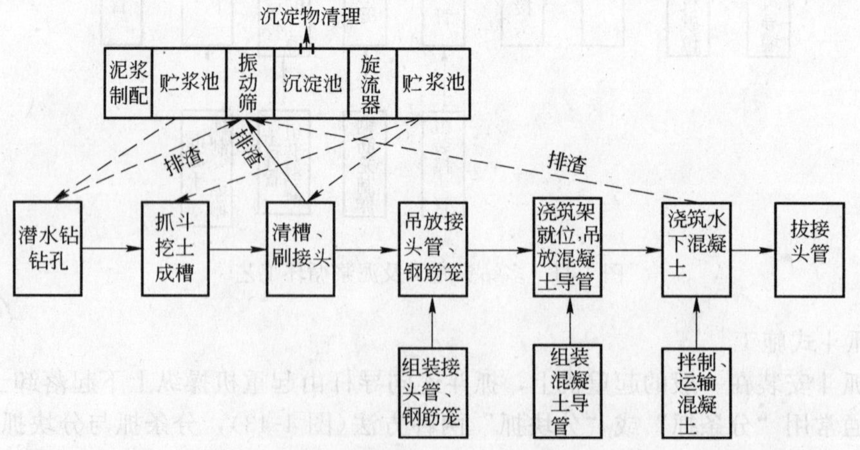

图 4-44　钻抓法施工及泥浆循环工艺

挖掘单元的两端用潜水钻机钻两个直径与槽段宽度相同的垂直导孔，然后用导板抓斗依次挖除导孔之间的土体使形成槽段，导孔位置必须准确垂直，以保证槽段质量。

(4) 冲击式施工

冲击式钻机由冲击锥、机架和卷扬机等组成，其挖槽方法如常规单孔桩的方法，桩排对接和交错接头采取间隔挖槽的施工方法。桩排与鼓形冲孔交错相接挖槽的施工程序如图 4-45 所示。

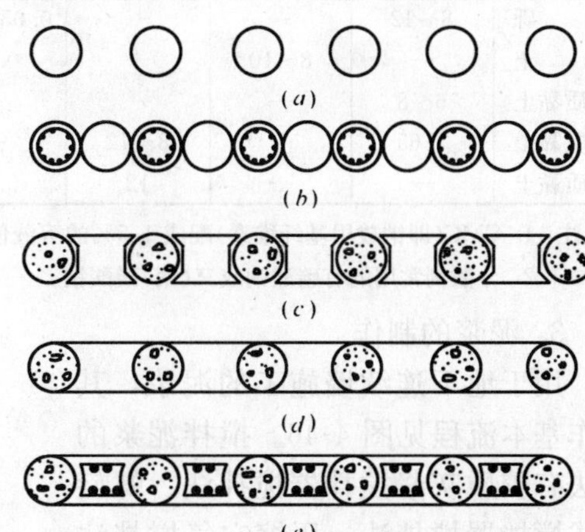

图 4-45 冲击式钻机挖槽施工程序

(a)用冲击钻间隔成孔；(b)孔内插入钢筋笼，用导管法浇筑混凝土，在桩柱中间再用冲击钻成孔；(c)用鼓形钻头将孔冲成鼓形；(d)用修平钻头前平鼓形孔；(e)在混凝土桩间插入钢筋笼，用导管法浇筑混凝土，即成地下连续墙

4-6-3-3 泥浆护壁

1. 泥浆的成分

地下连续墙挖槽护壁用的泥浆为通常用的膨润土泥浆。

膨润土由几种黏土矿物所组成(见表 4-11)，是一种颗粒极其细小、遇水显著膨胀(重量可增至原来的 600%～700%)、黏性和可塑性都很大的特殊黏土；水一般选用纯净的自来水。外加剂主要有加重剂(如重晶石、珍珠岩等)、增黏剂(如CMC)、分散剂(如泰钠特 FCL、六甲基磷酸钠、泰尔钠特 B 和碳酸钠等)和防漏剂(如锯末、蛭石粉末等)，以使泥浆的性能适合于地下连续墙挖槽施工的要求。

膨润土的矿物成分(%) **表 4-11**

产　地	SiO_2	Al_2O_3	Fe_2O_3	CaO	MgO	细度(目/cm^2)	硅铝率
吉林九台	75.46	13.23	1.52	1.49	2.09	300	5.1
浙江临安	64.09	15.21	2.57	0.96	0.19	260	3.6
南京龙泉	61.75	15.68	2.15	2.21	2.57	260	3.4

注：1. 硅铝率$=\frac{SiO_2}{Al_2O_3+Fe_3O_2}$；

2. 硅铝率≥4 称膨润土，<4 称高岭土。

2. 泥浆的配合比

选择泥浆既要考虑护壁、携渣效果，又要考虑经济性，应因地制宜选用，表 4-12 给出了不同地层中泥浆配合比的幅度。

泥浆参考配合比(以重量%计) **表 4-12**

土　质	膨润土	酸性陶土	纯黏土	CMC	纯　碱	分散剂	水	备　注
黏性土	6～8	—	—	0～0.02	—	0～0.5	100	
砂	6～8	—	—	0～0.05	—	0～0.5	100	

续表

土　质	膨润土	酸性陶土	纯黏土	CMC	纯　碱	分散剂	水	备　注
砂　砾	8～12	—	—	0.05～0.1	—	0～0.5	100	掺防漏剂
软　土	—	8～10	—	0.05	4	—	100	
粉质黏土	6～8	—	—	—	0.5～0.7	—	100	
粉质黏土	1.65	—	8～12	—	0.3	—	100	半自成泥浆
粉质黏土	—	—	12	0.15	0.3	—	100	半自成泥浆

注：1. CMC（即钠羧甲基纤维素）配成1.5%的溶液使用；碱和分散剂亦配成15%的溶液使用；
2. 分散剂常用的有碳酸钠或三（聚）磷酸钠。

3. 泥浆的制作

用于地下连续墙施工的泥浆，其制作基本流程见图4-46。搅拌泥浆的方法有胶质灰浆搅拌器搅拌法、螺旋桨式搅拌器搅拌法、压缩空气搅拌法和离心泵重复循环法。我国常采用高速回转式泥浆搅拌器进行搅拌。

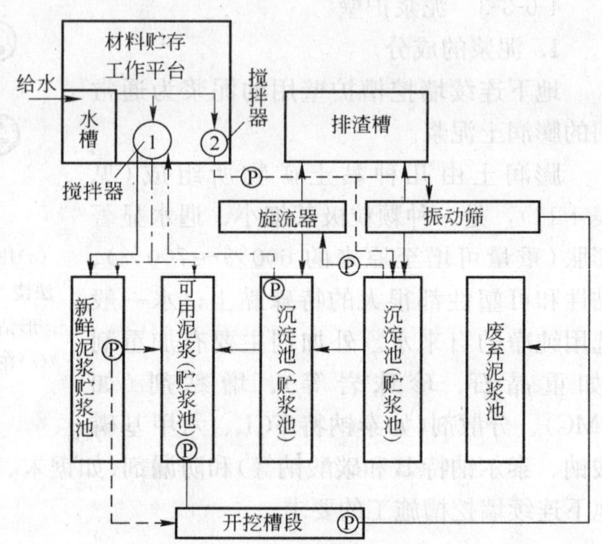

图4-46　泥浆制作流程图

①—泥浆搅拌器；②—化学制作处理搅拌器；
Ⓟ—循环用泵

膨润土泥浆应用搅拌器搅拌均匀，然后在贮浆池内一般静止24h以上，最低不少于3h，以便膨润土颗粒充分水化、膨胀，确保泥浆质量。一般新配泥浆密度控制在1.04～1.05t/m³；循环过程中的泥浆密度控制在1.25～1.30t/m³以下；遇松散地层，泥浆密度可适当加大；浇筑混凝土前，槽内泥浆密度控制在1.15～1.20t/m³以下。

4. 泥浆的循环

护壁泥浆的循环有正循环和反循环两种。当采用砂石泵反循环排渣时，根据砂石泵是否潜入泥浆中，又可分为泵举式和泵吸式两种。循环使用机具和方法如图4-47所示。抓斗成槽机和冲击钻成槽多用正循环方式，多头钻挖槽机成槽多用反循环方式。

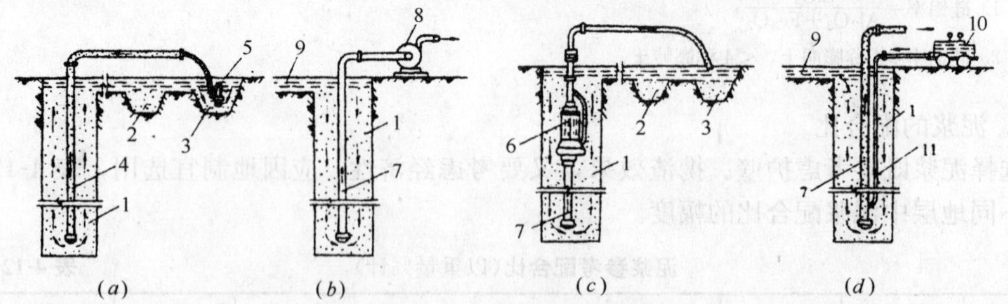

图4-47　泥浆循环方式

(a)正循环；(b)泵举反循环；(c)泵吸反循环；(d)压缩空气反循环吸泥排渣
1—槽孔；2—沉淀池；3—泥浆池；4—导管；5—泥浆泵；6—潜水砂石泵；
7—吸泥管；8—吸力泵；9—补给泥浆；10—空气压缩机；11—ϕ38mm高压风管

正循环是将浆泥用泵经过泥浆管道或中空钻杆送至切削机具的前端，然后泥浆夹带钻机掘削破碎的泥渣沿钻机或槽孔上升至地面排走，或被污水泵送至净化分离装置除去泥渣，泥浆循环使用。当掘削截面较大时，泥浆上升速度很慢，泥渣难以被循环泥浆携带上升，排渣效率较低。

反循环方式则是泥浆的流动方向与正循环相反，钻进过程中的泥渣用砂石泵、吸力泵或空气吸泥机送至地面。采用泵举式操作简单，排泥效率高；吸力泵适于在 40m 深以内使用，40m 以上宜用空气吸泥机进行。泥浆在管道内上升速度较快，因而泥浆携带土渣效率高，吸浆管中流速大，能携带大颗粒介质；机头可低转速工作，延长使用寿命，同时可减少破坏槽壁的危险性；而且在掘削过程中，整个槽孔内不断被净化的泥浆补充，泥浆比较清洁均匀。

通过沟槽循环或混凝土置换而排出的泥浆，由于膨润土、CMC 等主要成分的消耗及土渣和电解质离子的混入，其质量比原泥浆显著恶化。为降低泥浆费用，大多在分离处理后再用。

5. 泥浆的管理

泥浆控制的主要技术性能指标如表 4-13 所示，当采用反循环排渣和冲抓钻成孔以及在黏性土层钻进时，亦可只考虑密度、黏度、胶体率三项指标。

泥浆的性能指标 **表 4-13**

项次	项目	性能指标		检验方法
		一般土层	软土层	
1	密度	1.04～1.25t/m³	1.05～1.25t/m³	泥浆密度秤
2	黏度	18～22s	18～25s	500mL/700mL 漏斗法
3	含砂率	<4%～8%	<4%	含砂仪
4	胶体率	≥95%	>98%	100mL 量杯法
5	失水量	<30mL/30min	<30mL/30min	失水量仪
6	泥皮厚度	1.5～3.0mm/30min	1～3mm/30min	失水量仪
7	静切力 1min 10min	10～25mg/cm²	20～30mg/cm² 50～100mg/cm²	静切力测量仪
8	稳定性	<0.05g/cm³	≤0.02g/cm³	500mL 量筒或稳定计
9	pH 值	<10	7～9	pH 试纸

注：表中上限为新制泥浆，下限为循环泥浆。

施工中要加强泥浆的管理，经常测试泥浆的性能和调整泥浆的配合比，以保证顺利地施工。新浆拌制后静置 24h，再测一次全项目(含砂量除外)；成槽过程中每进尺 3～5m 或每小时测定一次泥浆密度和黏度；清槽前后，各测一次密度、黏度；浇筑混凝土前测一次密度。取样位置在槽段底部、中部及上口；对失水量、泥皮厚度和 pH 值，则在每槽段的中部和底部各测一次。如发现有不符合规定指标的要求，应随时进行调整。

4-6-3-4 清槽

连续墙槽孔的沉渣除大部分随泥浆循环排出槽孔外，少量密度大的沉在底部。如不及时清除沉渣，会在底部形成夹层，使地下连续墙沉降量增大，承载力降低，并削弱其截水、防渗的性能，甚至会导致发生管涌；而且，沉渣混入混凝土中会使混凝土强度降低，被挤至接头处会影响接头部位的防渗性能；使混凝土的流动性降低，浇筑速度降低，钢筋上浮；如沉渣过厚，也会使钢筋笼不能吊放到预定深度，所以必须清槽。

清槽的方法一般采用吸力泵、压缩空气机、潜水泥浆泵和抓斗直接排泥四种方式，当下钢筋笼后清槽，则利用混凝土导管压清水或稀泥浆清孔（见图 4-48）。

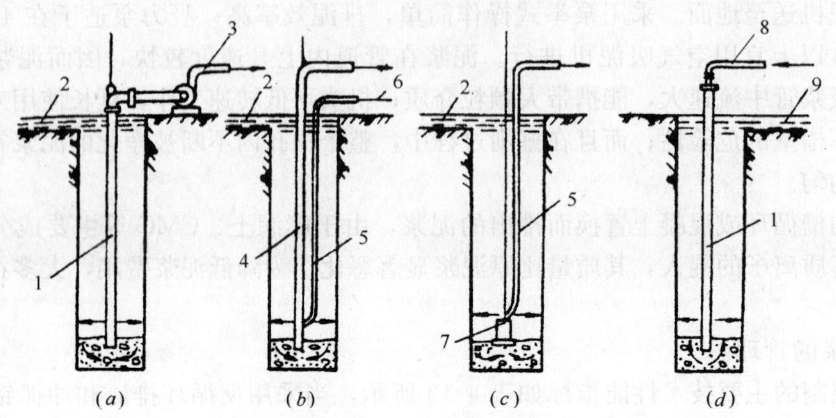

图 4-48　清槽方式

(*a*)用吸力泵通过导管清槽；(*b*)压缩空气机吸泥清槽；

(*c*)潜水泵清槽；(*d*)利用混凝土导管压清水或稀泥浆清槽

1—导管；2—补给泥浆；3—吸力泵；4—空气升液排泥管（或导管）；

5—软管；6—压缩空气；7—潜水泥浆泵；8—清水或泥浆；9—排渣

当钻到设计深度后停止钻进，使钻头空转 4～6min 或砂石泵用反循环方式抽吸 10min，将钻渣清除干净，使泥浆比重控制在 1.1～1.2 的范围内。当用正循环成孔时，则将钻头提高槽底 20cm 左右进行空转，中速压入密度为 1.05～1.10t/m³ 的稀泥浆，把槽孔内悬浮渣和较稠泥浆置换出来。当采用自成泥浆成孔，终孔后，可使钻头空转不进尺，同时射水，待排出泥浆密度降到 1.1t/m³ 左右即合格。清渣一般在钢筋笼安装前进行，在混凝土浇筑前，再测定一次槽底泥浆和沉淀物，如不合要求，再清槽一次。对前段混凝土接头处的残留泥皮，可采用特制清扫接头工具(图 4-49)，用吊车吊入槽内紧贴接头混凝土面往复上下刷 2～3 遍清除干净，并应在清槽换浆前进行。清槽的质量要求是：清槽结束后 1h 测定槽底沉淀物淤积厚度不大于 20cm，槽底 20cm 处的泥浆密度不大于 1.2t/m³ 为合格。

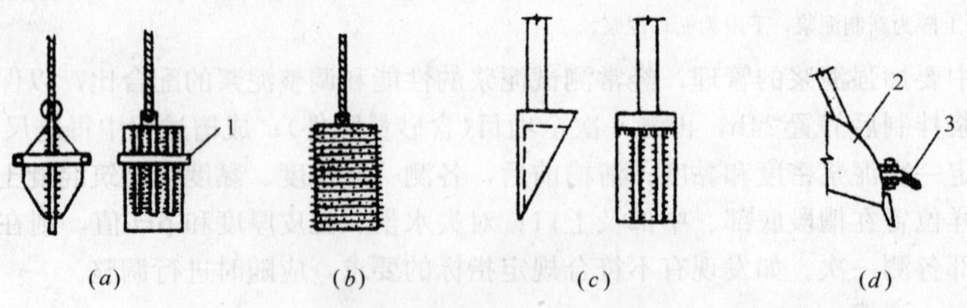

图 4-49　清扫接头用工具

(*a*)轮胎刮刀；(*b*)钢丝刷；(*c*)刃具；(*d*)成槽抓斗上装弧形钢丝刷

1—轮胎；2—抓斗；3—钢丝刷

4-6-3-5 钢筋笼的制作和吊放

1. 钢筋笼的制作

钢筋笼的制作应根据设计钢筋配置图和槽段的具体情况及吊放机具能力而定，一般按一个单元槽段宽制作，在墙转角处则制成L形的钢筋笼，其结构构造如图4-50所示。如地下连续墙很深或受起重设备起重能力的限制，需要分段制作及在吊放中再连接时，钢筋笼的拼接一般应采用焊接，且宜用绑条焊，不宜采用绑扎搭接接头。

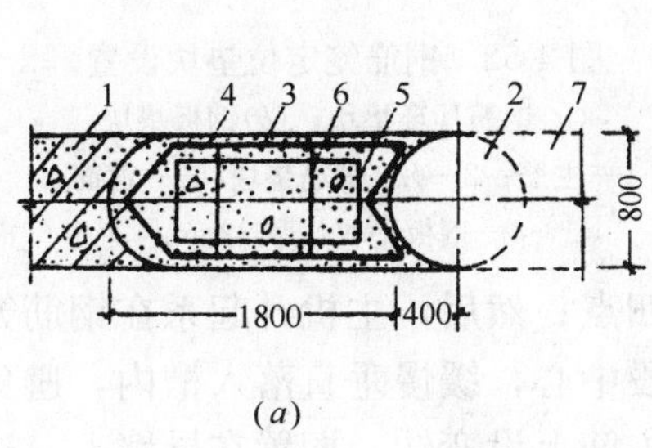

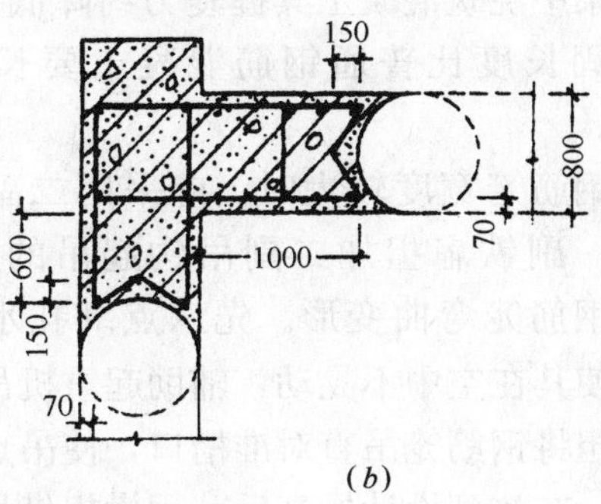

图4-50 钢筋笼结构构造

(a)直线部位；(b)拐角部位

1—已完单元槽段；2—接头管位置；3—主筋Φ 32；4—箍筋 ϕ12@350；5—加箍框Φ 32@1000；6—加强筋 ϕ12@350；7—未施工槽段

制作钢筋笼时，应预先确定浇筑混凝土用的导管位置，由于该部分空间要上下贯通，因而钢筋笼内净空尺寸应比混凝土导管连接处的外径大10cm以上，且周围需增设箍筋和连接筋进行加固。

钢筋笼制作场地应尽量设置在工地上，以便于运输，且减少在运输途中的变形或损坏的可能性。为保证钢筋笼具有足够的刚度，钢筋笼除设结构受力筋外，一般还设纵向钢筋桁架和主筋平面内的水平及斜向拉条，与闭合箍筋点焊成骨架(图4-51)；对较宽尺寸的钢筋笼，应增设直径25mm的水平筋和剪刀拉条组成的横向水平桁架。

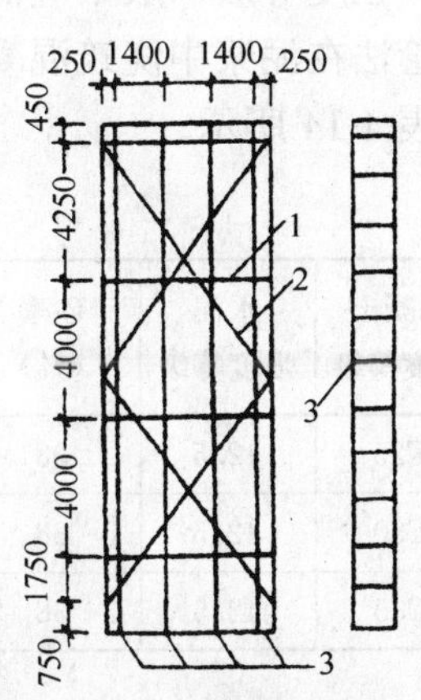

图4-51 钢筋笼加固

1—水平加固筋；2—剪刀加固筋；3—纵向加强桁架

主筋净保护层厚度一般为7～8cm，保护层垫块厚5cm，水平筋端部距接头管和混凝土接头面应有15～20cm的间隙。一般在主筋上焊50～60cm高的钢筋耳环或扁钢板做定位垫块(图4-52)，其垂直方向每隔2～5m设一排，每排每个面不少于2块，可防止插入钢筋笼时擦伤槽壁和保证位置正确。钢筋叠置的地方要确保混凝土流动的必要距离，有的还在混凝土导孔内两侧各焊1～2根通长的钢筋作导向用，以便下放混凝土导管。

如钢筋笼上贴有泡沫苯乙烯塑料等预埋件时，必须固定牢固和防止因泡沫苯乙烯塑料过多造成钢筋笼上浮。

2. 钢筋笼的吊放

一般对长度小于 15m 的钢筋笼，采用整体制作。对长度超过 15m 的钢筋笼，常采取分二段制作、吊放，接头尽量布置在应力小的地方；先吊放一节，垂直悬挂在导墙上，用帮条焊焊接(或搭接焊接)，因在泥浆中浇筑混凝土其握裹力约降低 20%，故锚固长度比普通钢筋混凝土要长 30%左右。

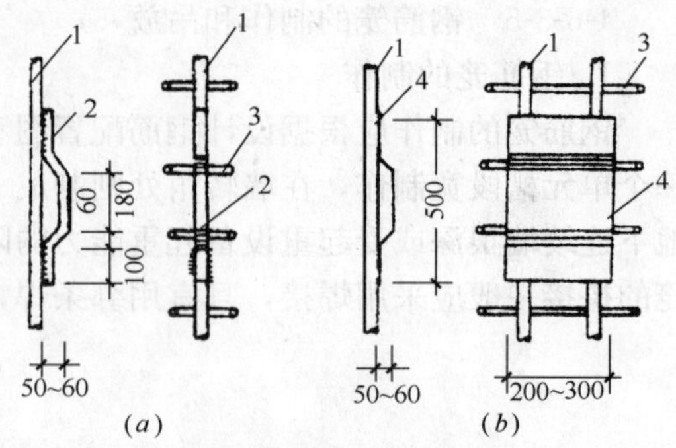

图 4-52　钢筋笼定位垫块设置
(a)钢筋耳环垫块；(b)钢板垫块
1—主筋；2—ϕ20 钢筋垫块；3—箍筋；
4—钢板垫块，厚 32mm

钢筋笼宽度较大时，应采用二副铁扁担或一副铁扁担加二副吊钩起吊的方法，以防钢筋笼弯曲变形。先六点绑扎水平起吊，使其在空中不晃动，辅助起重机吊下部两点或四点；然后，主机升起系在钢筋笼上口的横担将钢筋笼吊直对准槽口，使吊点中心对准槽段中心，缓慢垂直落入槽内，避免损伤槽壁；在放到设计标高后，用横担借吊钩或在四角主筋上设弯钩，搁置在导墙上，进行浇筑混凝土。为保证槽壁不塌，应在清槽完后 3～4h 以内下完钢筋笼，并开始浇筑混凝土。

4-6-3-6　混凝土浇筑

1. 混凝土的配合比

强度等级一般不应低于 C20。混凝土配合比的设计除满足设计强度要求外，还应考虑导管法在泥浆中浇筑混凝土的施工特点及对混凝土强度的影响。几种典型的混凝土配合比如表 4-14 所示。

混凝土几种典型配合比　　表 4-14

混凝土强度等级	水泥强度等级	砂率(%)	水灰比	材料用量(kg/m^3)				坍落度(cm)	f_{cu}(MPa)	木质素掺量(‰)
				水	水泥	砂	石子			
C25	42.5	38	0.60	240	400	599.5	1028.9	18～22	28.5	2
C30	42.5	38	0.60	233	388	609.7	1046.5	15～18	31.1	2
C35	42.5	38	0.55	234	425	597.6	1025.6	16～18	36.4	2

2. 混凝土的浇筑

通常采用履带式吊车吊混凝土料斗(或翻料斗)，通过下料漏斗提升导管在稀泥浆中浇筑。

开导管采用球胆或预制圆柱形混凝土隔水塞(图 4-53)。在整个浇筑过程中，混凝土导管应埋入混凝土中 2～4m，最小不得少于 1.5m，否则会把混凝土上升面附近的浮浆卷入混凝土内；亦不宜大于 6m，因为埋入太深将会影响混凝土充分地流动。导管应边浇筑边提升，以免提升过快造成混凝土脱空现象或提升过晚而造成埋管拔不出的事故；导管不能作横向运动，否则，会使沉渣或泥浆混入混凝土中。要连续浇筑，并利用导管出口混凝土的压力差使混凝土不断从导管内挤出而逐渐均匀上升，槽内的泥浆逐渐被混凝土置换而排出槽外，流入泥浆池内；不能长时间中断，一般可允许中断 5～10min，最长只允许中断 20～30min，以保持混凝土的均匀性；用导管法浇筑混凝土时的流动状态大致有三种(图4-54)，最理想的流动状态是图 4-54(*a*)，因最初浇筑的混凝土始终处于最上层，与泥浆相接触的部分一直稳定不变；实际的流动状态见图 4-54(*c*)。

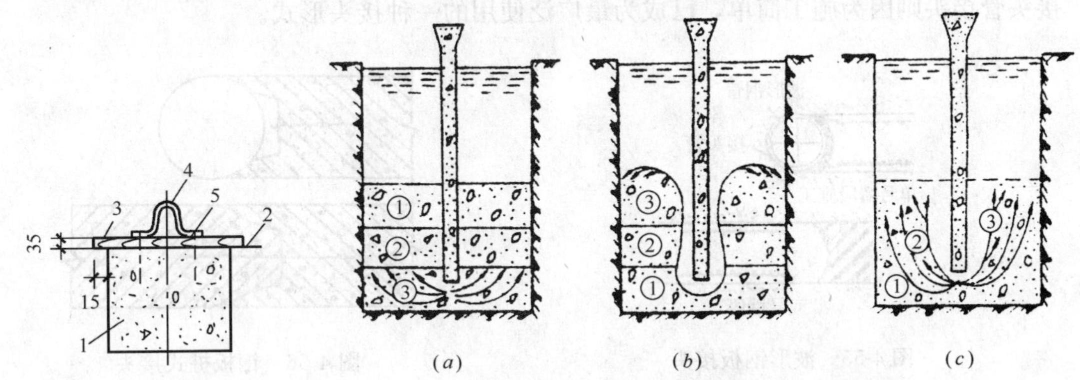

图 4-53 混凝土隔水塞

1—混凝土；2—3mm 厚橡皮；3—木板；4—吊钩；5—预埋螺栓

图 4-54 水下浇筑混凝土流动示意图

(*a*)向上推压形(理想状态)；(*b*)分层重叠形；(*c*)向外扩展形(接近实际情况)

①、②、③……先后浇筑的混凝土

开导管时，下料斗内需贮存的混凝土量要经计算确定，以保证完全排出导管内的泥浆，并使导管出口埋入深度不小于 0.8m 的流态混凝土中，防止泥浆卷入混凝土内。在浇筑完成后的地下连续墙顶存在一层浮浆层，因此，混凝土顶面需要比设计标高超浇 0.5m 以上；凿去该层浮浆后，地下连续墙墙顶才能与主体结构或支撑相连成整体。

3. 浇筑注意事项

(1) 浇筑时，要保持槽内混凝土面均衡上升，而且上升速度不大于 2m/h；导管提升速度应与混凝土的上升速度相适应；浇筑速度一般为 30～35m^3/h。采用多根导管时，各导管处的混凝土面高差不宜大于 0.3m。

(2) 浇筑混凝土过程中，要随时用探锤测量混凝土面的实际标高(至少三处，取平均值)，计算混凝土上升高度、导管下口与混凝土的相对位置，统计混凝土浇筑量，及时做好记录。

(3) 混凝土浇筑到离顶部 3m 时，可在槽段内放水适当稀释泥浆，或将导管埋深减为 1m，或适当放慢浇筑速度，以减少混凝土排除泥浆的阻力，保证浇筑顺利地进行。

4-6-3-7 槽段的接头处理

1. 接头形式

地下连续墙与内部主体结构之间的连接接头要承受弯、剪、扭等各种内力，因此，必须解决好接头的连接问题，以保证接点的受力可靠。

地下连续墙所采用的接头形式简单地可分为两大类，即施工接头和结构接头。施工接头是浇筑地下连续墙时纵向连接两相邻单元墙段的接头；结构接头是已竣工的地下连续墙在水平向与其他构件(如主体结构中的梁、柱、墙、板等)相连接的接头。

2. 施工接头处理

施工接头其形式主要有直接接头、接头管接头、接头箱接头、隔板式接头和预制构件接头等。直接接头由于受力和防渗性能均较差，且黏附在连接面上的沉渣与土很难清除干净，故目前使用很少；预制构件接头按材料可分为钢筋混凝土和钢材两类，在日本(波形半圆钢板式接头，见图 4-55)、英国(钢板桩加接头管连接，见图 4-56)等地有所应用；而接头管接头则因为施工简单，已成为最广泛使用的一种接头形式。

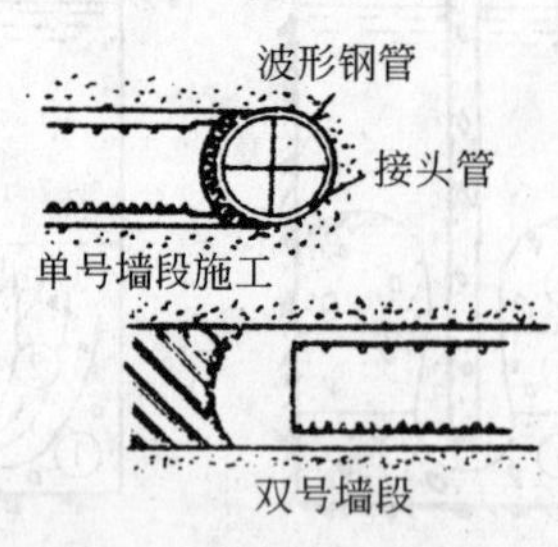

图 4-55　波形钢板接头

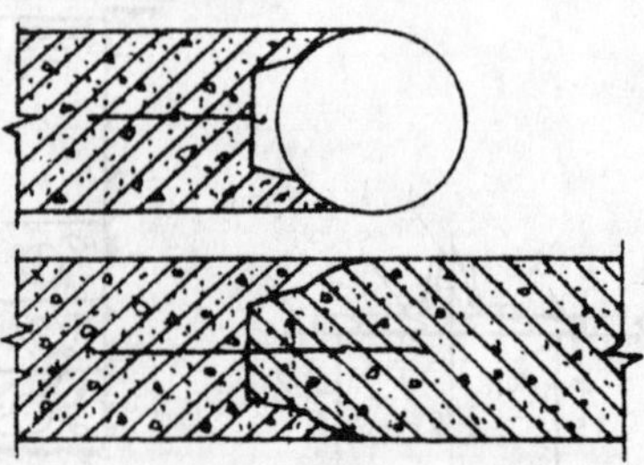

图 4-56　钢板桩式接头

(1) 接头管接头

接头管接头多采用圆形，还有缺口圆形、带翼的、带凸榫的等(见图 4-57)。接头管接头的施工过程(见图 4-58)：先开挖一期槽段，待槽段内土方开挖完成后在两端用起重设备放入接头管(起模板作用)，然后吊放钢筋笼和浇筑混凝土(此时接头管将刚浇筑的混凝土与未开挖的二期槽段的土体隔开)，待混凝土开始初凝时用机械将接头管拔起。继续二期槽段的施工，此时与其相邻的一期槽段混凝土已经结硬(可作为模板用)；当完成二期槽段土方的开挖后，应对一期槽段已浇筑的混凝土半圆形端头表面进行处理，即将附着的水泥浆与稳定液混合而成的胶凝物用专用设备(如电动刷等)除去，以提高接头处的止水性；然后可进行钢筋笼吊放和混凝土的浇筑，其外凸的半圆形端头与一期内凹的半圆形端头相互嵌套而形成整体。除了上述方式外，也可按序逐段进行各槽段的施工，但此法会使地下连续墙槽段的两端受到不对称水、土压力的作用。

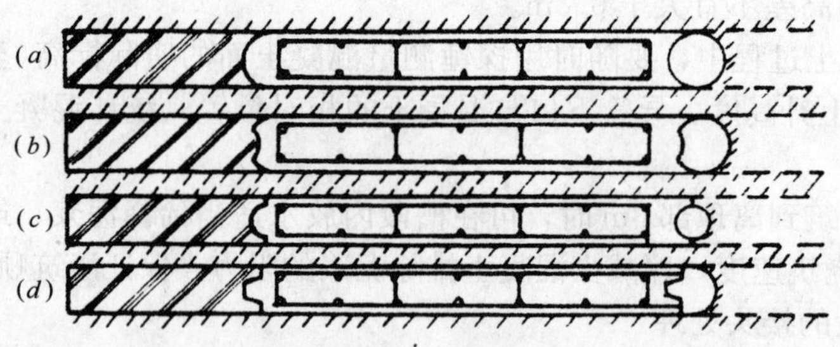

图 4-57　各式接头

(a)圆形；(b)缺口圆形；(c)带翼形；(d)带凸榫形

接头管的构造如图 4-59 所示。圆形接头管管身一般由 10mm 厚的钢板卷成，管外径等于槽段宽度，为操作方便，由多段组成，每节长 5～6m，另配备 2～3 节 1～2m 的短管。管外表面加工要求平整、光滑，表面再涂润滑油以便拔出。各节组装好后，全长的垂直度偏差要求在 1/1000 以内。

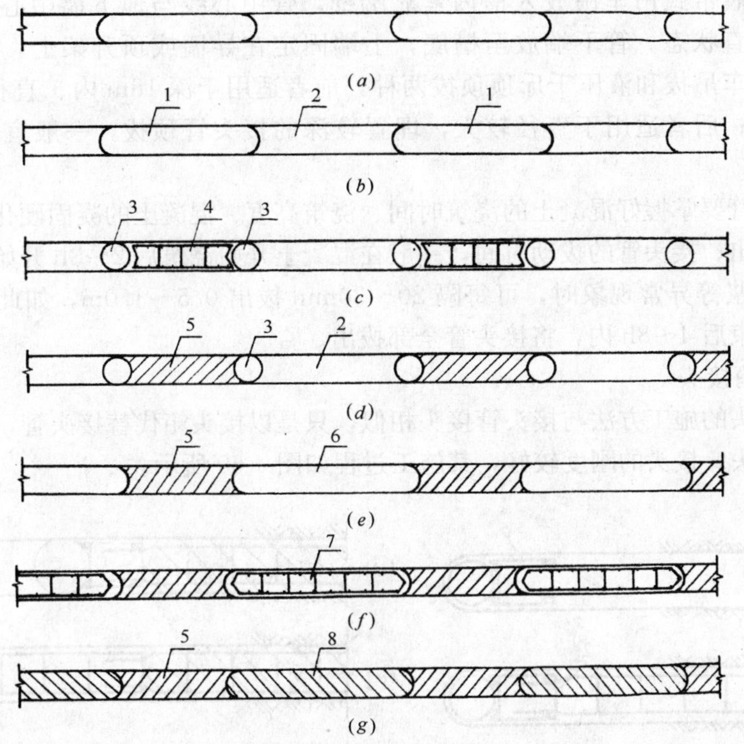

图 4-58 使用接头管的施工过程

(a)待开挖的连续墙；(b)开挖一期槽段；(c)下接头管和钢筋笼；(d)浇筑一期槽段混凝土；(e)拔起接头管；(f)开挖二期槽段及下钢筋笼；(g)浇筑二期槽段混凝土

1—已开挖的一期槽段；2—未开挖的二期槽段；3—接头管；4—钢筋笼；5—一期槽段混凝土；6—拔去接头管的二期槽段；7—二期槽段钢筋笼；8—二期槽段混凝土

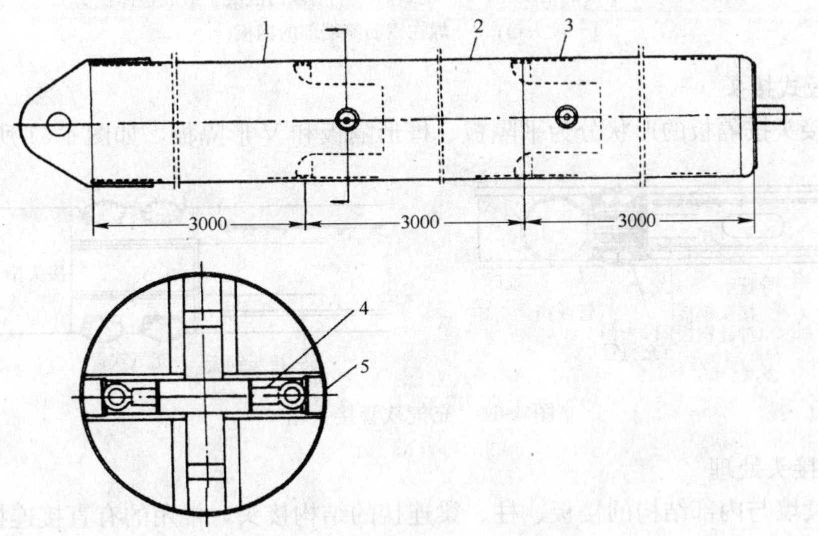

图 4-59 接头管构造

1、2、3—均为各节接头管管体；4—销子；5—塞子接头管用履带式吊车吊放入槽内紧靠端壁，管中心线与地下墙中心一致，并使整个管子保持垂直状态。管下端放至槽底，上端固定在导墙或顶升架上。接头管上拔方法常用的有吊车吊拔和液压千斤顶顶拔两种，前者适用于深 18m 内、直径 600mm 以下的接头管提拔；后者适用于直径较大，埋置较深的接头管顶拔，一般宜优先选用吊车提升。

提拔接头管要掌握好混凝土的浇筑时间、浇筑高度、混凝土的凝固硬化速度，不失时机地提升和拔出；接头管的拔动时间，一般在混凝土开始浇筑后 2～3h 开始拔动，在使管子回落且无涌浆等异常现象时，可每隔 20～30min 拔出 0.5～1.0m，如此往复进行，在混凝土浇筑结束后 4～8h 内，将接头管全部拔出。

(2) 接头箱接头

接头箱接头的施工方法与接头管接头相似，只是以接头箱代替接头管，可使地下连续墙形成整体接头，接头的刚度较好，其施工过程如图 4-60 所示。

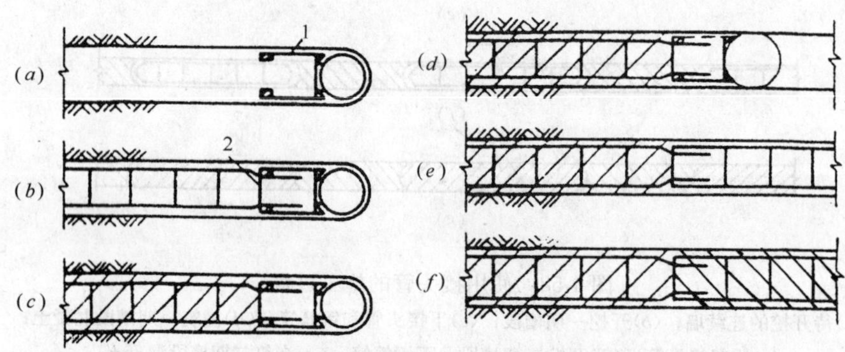

图 4-60　接头箱接头的施工过程

(a)插入接头箱；(b)吊放钢筋笼；(c)浇筑混凝土；(d)吊出接头箱；(e)吊放后一个槽段的钢筋笼；(f)浇筑后一个槽段的混凝土形成整体接头

1—接头箱；2—焊在钢筋笼端部的钢板

(3) 隔板式接头

隔板式接头按隔板的形状分为平隔板、榫形隔板和 V 形隔板，如图 4-61 所示。

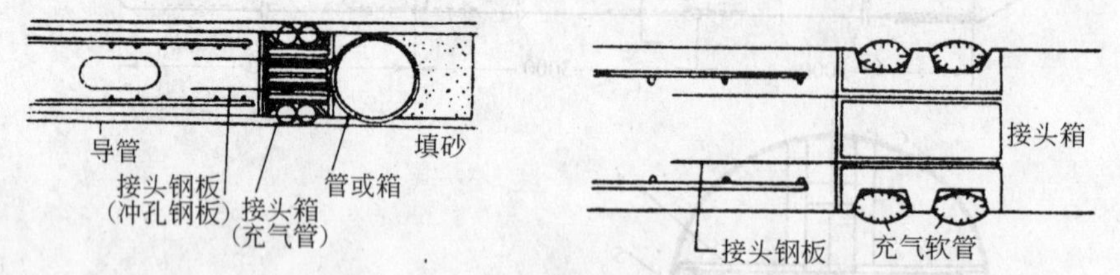

图 4-61　充气软管接头箱

3. 结构接头处理

地下连续墙与内部结构的楼板、柱、梁连接的结构接头，常用的有直接连接接头、间接接头两大类。前者由于施工容易、受力可靠，因而目前使用广泛。

(1) 直接连接接头

浇筑地下连续墙之前预先在连接部位埋设连接钢筋，即将该连接筋一端直接与槽段主筋焊接式搭接，另一端弯折后与地下连续墙墙面平行且紧贴墙面。待开挖连续墙内侧土体露出该墙面时，凿去面层混凝土以露出预埋钢筋，然后再弯成所需的形状与后浇的主体结构受力筋相连，如图 4-62 所示。预埋连接筋一般选用Ⅰ级钢且直径不宜大于 22mm。为方便预埋筋的弯折，可采用加热法，此时如能避免急剧加热并认真施工，钢筋强度几乎可不受影响。但考虑到连接处往往是结构薄弱的环节，故钢筋数量可比计算值增加 20%。

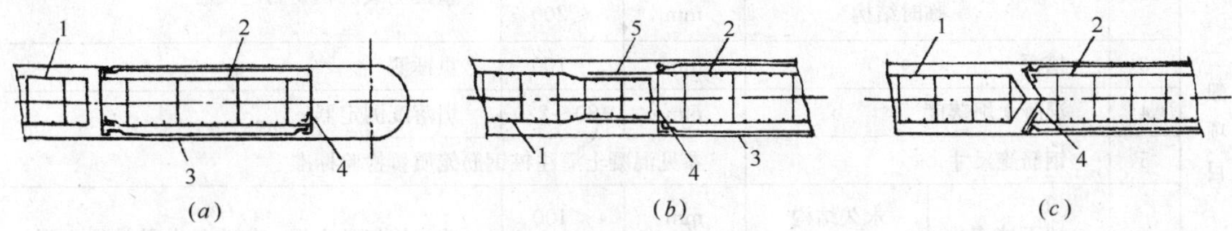

图 4-62 隔板式接头
(a)平隔板；(b)榫形隔板；(c)V 形隔板
1—钢筋笼(正在施工地段)；2—钢筋笼(完工地段)；3—用化纤布铺盖；4—钢制隔板；5—连接钢筋

(2) 间接连接接头

间接接头以钢板或钢构件作媒介，一般有预埋连接钢板和预埋剪力块两种方法。前者是将钢板事先固定于地下连续墙钢筋笼的相应部位，待浇筑混凝土和内墙面的土方开挖后，将面层混凝土凿去露出钢板，然后将后浇的内部构件中的受力钢筋焊接在该预埋钢板上。后者主要承受剪力，也是事先将预埋剪力块埋于地下连续墙内，剪力钢筋弯折放置于紧贴墙面处，待凿去混凝土外露后，再与后浇构件相连。

4-6-4 质量控制与检验

4-6-4-1 质量控制

1. 墙体垂直度控制

在槽段清槽后、下钢筋笼前，将测偏仪架在导墙上，探头对准墙轴线下放入槽，来回 2 次以测出槽壁的成型情况。

2. 墙面平整度控制

基坑开挖后，分层进行墙面平整度的实测，即测出在同一轴线某一标高各槽段测点间的相对偏差值。

4-6-4-2 质量检验标准

各项质量控制标准见表 4-15。

质量控制标准 **表 4-15**

项	序	检查项目	允许偏差或允许值		检查方法
			单位	数值	
主控项目	1	墙体强度	满足设计要求		查试件记录或取芯试压
	2	垂直度：永久结构 临时结构		1/300H 1/150H	测声波测槽仪或成槽机上的监测系统，H 为墙高度

续表

项目	序	检查项目		允许偏差或允许值		检查方法
				单位	数量	
一般项目	1	导墙尺寸	宽度	mm	W+40	用钢尺量，W为地下墙设计厚度
			墙面平整度	mm	＜5	用钢尺量
			导墙平面位置	mm	±10	用钢尺量
	2	沉渣厚度：永久结构		mm	≤100	重锤测或沉积物测定仪器
		临时结构		mm	≤200	
	3	槽深		mm	+100	重锤测
	4	混凝土坍落度		mm	180～220	坍落度测定器
	5	钢筋笼尺寸		参见混凝土灌注桩钢筋笼质量检验标准		
	6	地下墙表面平整度	永久结构	mm	＜100	此为均匀黏土层，如为松散及易塌土层，则由设计决定
			临时结构	mm	＜150	
			插入式结构	mm	＜20	
	7	永久结构时预埋件的位置	水平向	mm	≤10	用钢尺量
			垂直向	mm	≤20	水准仪

4-7 沉 井 （箱）

沉井结构是修建深基础和地下深构筑物的主要基础类型，一般由井壁(侧壁)、刃脚、内隔墙、横梁、框架、封底和顶盖板等组成。其施工特点是在地面或地坑上先制作开口钢筋混凝土筒身，待筒身达到一定强度后，在井筒内分层挖土、运土，并借助其自重克服与土壁之间的摩阻力，不断下沉、就位，再构筑筒内底板、顶板、梁等构件，最终形成一个地下建筑物基础或构筑物。

沉井的类型繁多，按制作材料分为钢筋混凝土、混凝土、砖、石等，其中应用最多的为钢筋混凝土沉井；按平面形状分为圆形、方形、矩形、椭圆形、端圆形、多边形及多孔井字形等(图 4-63)，其中圆形沉井由于制造简单，易于控制下沉位置，受力(土压、水

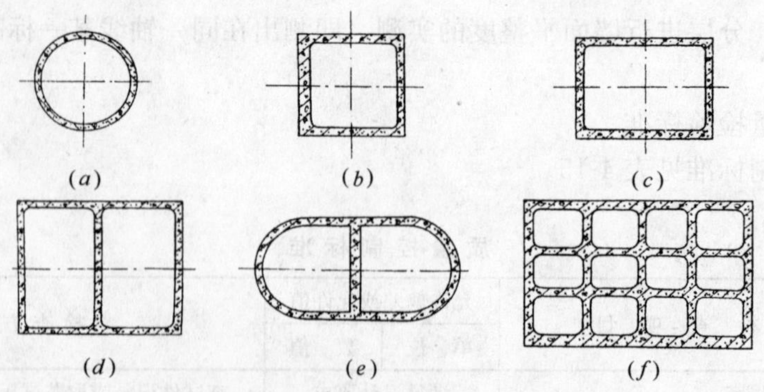

图 4-63　沉井平面图

(a)圆形单孔沉井；(b)方形单孔沉井；(c)矩形单孔沉井；
(d)矩形双孔沉井；(e)椭圆形双孔沉井；(f)矩形多孔沉井

压)性能较好，故使用最多；按剖面形状分为圆筒形、锥形及阶梯形等(图 4-64)，其中锥形沉井的外壁面带有 1/20～1/50 的斜坡，可减少沉井下沉时土的侧摩阻力，但下沉时不稳定，而且制作较困难，故较少采用。另外，沉井按其排列方式，又可分为单个沉井与连续沉井，连续沉井是若干个沉井的并排组成，通常用在构筑物呈带状、施工场地较窄的地段。在工业建筑中，根据工艺要求采用对称截面的矩形沉井较多，可由一个(排)或多个(排)井孔组成。

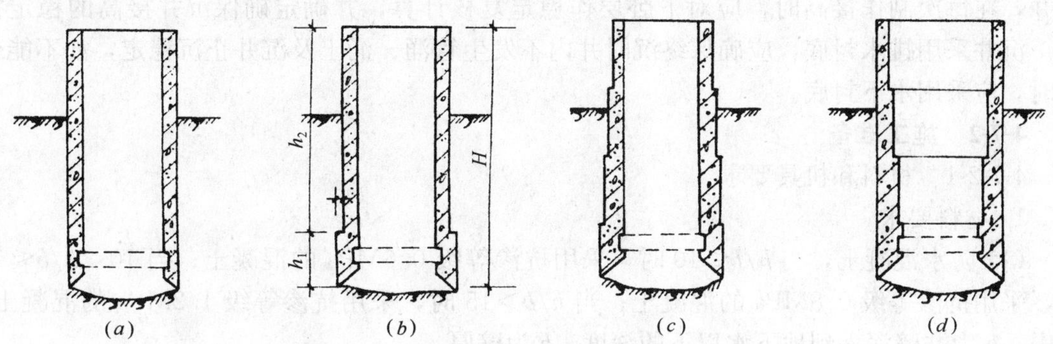

图 4-64 沉井剖面图

(a)圆柱形；(b)外壁单阶形；(c)外壁多阶梯形；(d)内壁多阶梯形

沉井结构具有截面尺寸和刚度大、承载力高、耐久性好、抗渗和内部空间可以利用等优点；可在场地狭窄条件下施工且对邻近建筑物、构筑物影响较小或不受影响；可在地下水多、土的渗透系数大、地下有流砂或有其他有害的土层情况下进行正常施工；与大开挖施工相比，可大大减少挖、运、回填的土方量，因此，可加快施工速度，降低施工费用。但也存在施工工序繁多、施工工艺较为复杂、技术要求高和质量控制要求严等问题。

沉井结构广泛用于工业建筑的深坑(料坑、料车坑、铁皮坑、井式炉、翻车机室)、水泵房、地下仓(油)库、人防掩蔽所、盾构拼装井、船坞坞首、矿用竖井、地下车道与车站、设备深基础、桥梁墩台基础、地下构筑物的围壁和大型深埋基础等。

4-7-1 一般规定

(1) 沉井的施工除应符合现行国家标准《建筑地基基础工程施工质量验收规范》(GB 50202—2002)的规定外，尚应符合《混凝土结构工程施工质量验收规范》(GB 50204—2002)及《地下防水工程施工质量验收规范》(GB 50208—2002)的规定。

(2) 沉井作为下沉结构，必须掌握确凿的地质资料，在钻孔时可按下述要求进行：

1) 面积在 200m² 以下(包括 200m²)的沉井，应有一个钻孔(可布置在中心位置)；

2) 面积在 200m² 以上的沉井，在四角(圆形为相互垂直的两直径端点)应各布置一个钻孔；

3) 特大沉井可根据具体情况增加钻孔；

4) 钻孔底标高应深于沉井的终沉标高；

5) 每座沉井应有一个钻孔提供土的各项物理力学指标、地下水位和地下含水资料。

(3) 在施工前，应对钢筋、电焊条及焊接成形的钢筋半成品进行检验；在混凝土浇筑前，应对模板尺寸、预埋件位置、模板的密封性进行检验；拆模后，应检查浇筑质量(外观及强度)，在符合要求后才可下沉；浮运沉井尚需做起浮可能性检查。在下沉过程中应对下沉偏差做过程控制检查；下沉后的接高应对地基强度、沉井的稳定做检查。在封底结束后，应对底板的结构(有无裂缝)及渗漏做检查。沉井竣工后的验收应包括沉井的平面位置、终端标高、结构完整性、渗水等进行检查。

(4) 在沉井制作时，承垫木或砂垫层的采用与沉井的结构情况、地质条件、制作高度等有关，无论采用何种形式，均应有沉井制作时的稳定计算及措施。对多次制作和下沉的沉井，在每次制作接高时，应对下卧层作稳定复核计算，并确定确保沉井接高的稳定措施。沉井采用排水封底，应确保终沉时井内不发生管涌、涌土及沉井止沉稳定，如不能保证时，应采用水下封底。

4-7-2　施工准备

4-7-2-1　材料和机具要求

1. 材料要求

(1) 防水混凝土，当 $h/b \leqslant 10$ 时，采用抗渗等级 0.6MPa 的混凝土；当 $10 < h/b \leqslant 15$ 时，采用抗渗等级 0.8MPa 的混凝土；当 $h/b > 15$ 时，采用抗渗等级 1.2MPa 的混凝土。其中，h 为井壁深入到地下水以下的深度，b 为壁厚。

(2) 水灰比一般为 0.6，不得超过 0.65。每立方米混凝土的水泥用量约为 300～350kg；砂率采用 35%～45%；应对水泥、砂和石材料进行试配，并进行试块的强度和抗渗试验。

(3) 井壁混凝土坍落度一般为 3～5cm，底板混凝土坍落度为 2～3cm。井壁混凝土用插入式振动器捣实，底板混凝土用平板振动器振实。为减少用水量，混凝土中可掺入木质素磺酸盐、NNO 等减水剂。

2. 机具要求

沉井施工的机具主要有双瓣抓土斗、四瓣抓土斗、水力机械冲土设备等。

水力机械冲土设备主要包括吸泥器(水力吸泥机或空气吸泥机)、吸泥管、扬泥管和高压水管、离心式高压清水泵、空气压缩机(采用空气吸泥时用)等。吸泥器内部高压水喷嘴处的有效水压，对于扬泥所需的水压比值平均约为 7.5。各种土成为适宜稠度的泥浆密度，砂类土为 $1.08 \sim 1.18 t/m^3$；黏性土为 $1.09 \sim 1.20 t/m^3$。吸入泥浆所需的高压水流量，约与泥浆量相等；吸入的泥浆和高压水混合以后的稀释泥浆，在管路内的适当流速，应不超过 2～3m/s，喷嘴处的高压水流速一般约为 30～50m/s。

实际应用的吸泥机，其射水管与高压水喷嘴的截面比值约为 4～10，而吸泥管与喷嘴的截面比值约为 15～20。水力吸泥机的有效作用约为高压水泵效率的 0.1～0.2，如每小时压入水量为 $100m^3$，可吸出泥浆含土量约 $5 \sim 10m^3$，吸出高度 35～40m，喷射速度约 3～4m/s。吸泥器配备数量视沉井大小及土质而定，一般为 2～6 套。

4-7-2-2　施工准备

1. 地质勘察

在沉井施工地点钻探，了解该处地质、地下水文情况以及地下埋设物、障碍物情况，并排除地面及地面下 3m 以内的障碍物；绘制地质剖面图，为制定沉井施工方案提供可靠的技术依据。

2. 编制施工方案

根据工程结构特点、施工设备条件、地质水文情况、技术的可能性，选用排水下沉还是不排水下沉，编制切实可行的施工方案或施工技术措施，以指导施工。

3. 平整场地和修建临时设施

包括道路和材料、设备堆放和加工场地。

4. 布设测量控制网

根据沉井坐标定出沉井中心桩以及纵、横轴线控制桩，并设置控制桩的攀线桩作为沉井制作及下沉过程的控制桩，亦可利用附近的固定建筑物设置控制点。

5. 不开挖基坑制作沉井

当沉井制作高度较小或天然地面较低时可以不开挖基坑，只须将场地平整夯实，以免在浇筑沉井混凝土过程中或撤除支垫时发生不均匀沉陷。如场地高低不平，应加铺一层厚度不小于 50mm 的砂层，必要时，应挖去原有的松软土层，然后铺设砂层。

6. 开挖基坑制作沉井

(1) 应根据沉井平面尺寸决定基坑的底面尺寸、开挖深度及边坡大小，通常基坑应比沉井宽 2～3m。定出基坑平面的开挖边线，刃脚外侧面至基坑底边的距离一般为 1.5～2.0m，以能满足施工人员绑扎钢筋及立外模板。整平场地后，根据设计图纸上的沉井坐标定出沉井中心桩以及纵、横轴线的控制桩，并测设控制桩的攀线桩作为沉井制作及下沉过程的控制桩，也可利用附近的固定建筑物设置控制点。

(2) 基坑的开挖深度视水文、地质条件和第一节沉井要求的浇筑高度而定。为了减少沉井的下沉深度，可加深基坑的开挖深度，但若挖出表土硬壳层后坑底为很软弱的淤泥，则不宜挖除表面硬土，应通过综合比较决定合理的深度。对不设边坡支护的基坑，如开挖深度在 5m 以内且坑底在降低后的地下水位以上时，基坑的最大允许边坡应符合规定的要求。

(3) 开挖基坑应分层按顺序进行，底面浮泥应清除干净并保持平整和疏干状态；基坑底部若有暗浜、土质松软的土层应予清除，并在井壁中心线的两侧各 1m 范围内回填砂性土整平振实，以免沉井在制作过程中发生不均匀沉降。

(4) 基坑挖出之土方可在周围筑堤挡水，要求护堤宽不少于 2m。多余挖土一般应外运，如条件允许可在现场堆放，距离基坑边缘一般不宜小于沉井下沉深度的两倍。用钻吸法下沉沉井时，从井下吸出的泥浆须经过沉淀池沉淀和疏干后，用封闭式车斗外运。

(5) 基坑底部四周应挖出一定坡度的排水沟与基坑四周的集水井相通，并用潜水泵、离心泵等及时抽除。集水井应比排水沟低 500mm 以上，并应在井内填 150～200mm 厚的石料和 100～150mm 厚的砾石砂，使抽汲时细砂不被带走。如基坑面积较小，且坑底为渗透系数较大的砂质含水土层时，可布置土井降水。土井一般布置在基坑周围，其间距根据土质而定，一般用 800～900mm 直径、四周布置外大内小孔眼的渗水混凝土管。如采用井点降水，则井点距井壁的距离按井点入土深度确定：入土深度 7m 以内时，距离为 1.5m；入土深度 7～15m 时，距离为 1.5～2.5m。

7. 地基处理后制作沉井

制作沉井的地基应具有足够的承载力。因此，如在松软地基上进行沉井制作，应先对地基进行处理，以免沉井在制作过程中发生不均匀沉陷，致使倾斜甚至井壁开裂。处理方法一般采用砂、砂砾、混凝土、灰土垫层或人工夯实、机械碾压等措施加固。

8. 人工筑岛制作沉井

如沉井在浅水(水深小于5m)地段下沉，可填筑人工岛制作沉井(图4-65)。岛面应高出施工期的最高水位0.5m以上，四周留出护道，其宽度不得小于1.5m(有围堰)或2.0m(无围堰)。筑岛材料应采用低压缩性的中砂、粗砂、砾石，但不宜采用大块砾石。当水流速度超过一定数值时(表4-16)，须在边坡用草袋堆筑或其他防护方法。当水深在1.5m、流速在0.5m/s以内时，亦可直接用土填筑而不设围堰。

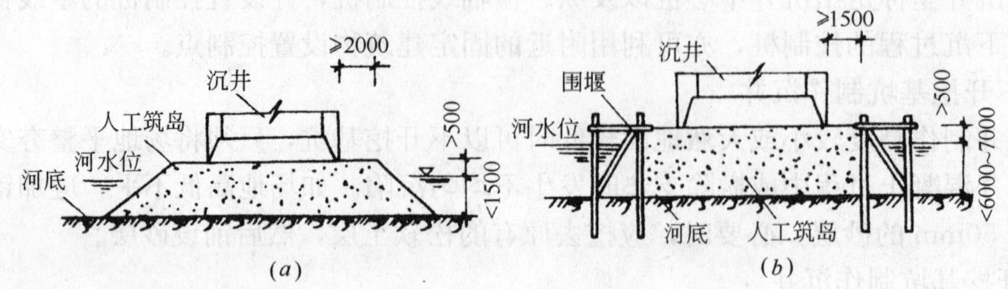

图4-65 人工筑岛

(a)无围堰的人工筑岛；(b)有围堰的人工筑岛

筑岛土料与容许流速 **表4-16**

土料种类	容许流速(m/s)	
	土表面处流速	平均流速
粗砂(粒径1.0~2.5mm)	0.65	0.8
中等砾石(粒径25~40mm)	1.0	1.2
粗砾石(粒径40~75mm)	1.2	1.5

4-7-3 施工工艺

沉井施工的工艺流程为：平整场地→测量放线→开挖基坑→铺砂垫层和垫木或砌刃脚砖座→沉井制作→布设降水井点或挖排水沟、集水井→抽出垫木→封底→浇筑底板混凝土→施工内隔墙、梁、板、顶板及辅助设施。

4-7-3-1 沉井制作

沉井的制作顺序为：场地平整→放线→挖土3~4m深→夯实基底→抄平放线验线→铺砂垫层→垫木或挖刃脚土模→安设刃脚铁件、绑钢筋→支刃脚、井身模板→浇筑混凝土→养护、拆模→外围围槽灌砂→抽出垫木或拆砖座。

1. 刃脚支设

(1) 沉井制作下部刃脚时的支设，可视沉井重量、施工荷载和地基承载力等情况采用垫架法、半垫架法、砖垫座或土底模法。垫架的作用是使地基均匀承受沉井重量，使其在混凝土浇筑过程中不会产生突然下沉；保持沉井位置不致倾斜，便于调整；便于支撑和拆除模板。

(2) 对在较软弱地基上制作较大、较重的沉井，常采用垫架或半垫架法(图4-66*a*、*b*)，以免地基下沉造成刃脚裂缝。当土质好时，对直径或边长在8m以内的较轻沉井，可采用砖垫座(图4-66*c*)。对其他重量较轻的小型沉井，则可采用砂垫层、灰土垫层或在地基中挖槽成土模(图4-66*d*)。砖垫座沿沉井周长分成6~8段，中间留20mm的空隙，以便拆除；砖垫座砌筑应保证刃脚设计要求的踏面宽度，其强度及底面宽度应能抵抗刃脚斜面混凝土的水平推力作用而保持稳定。土模的内壁用1∶3水泥砂浆抹平。

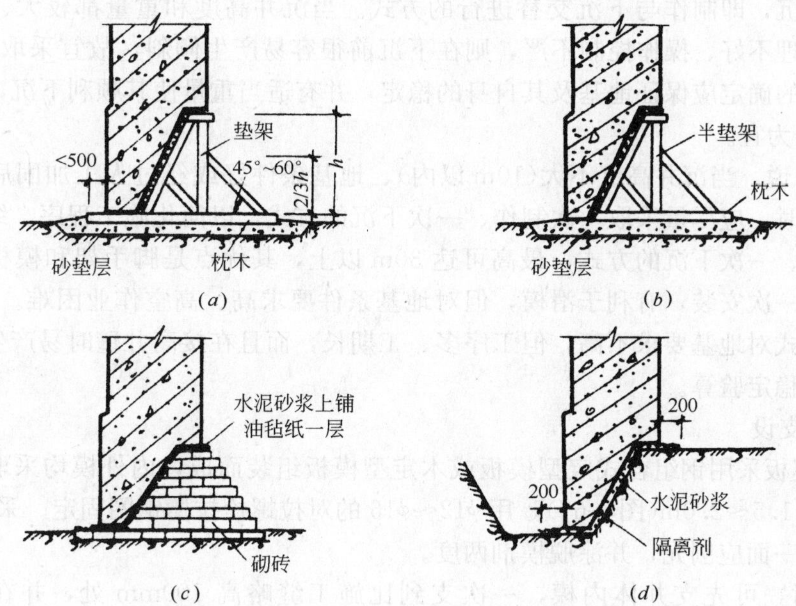

图 4-66 刃脚支设方法

(*a*)垫架施工；(*b*)半垫架施工；(*c*)砖座施工；(*d*)土模施工

(3) 采用垫架或半垫架法施工，垫架数量由第一节沉井的重量和地基及砂垫层的容许承载力确定，间距一般为 0.5～1.0m。垫架应对称铺设，且垂直井壁。一般先设 8 组定位垫架，每组由 2～3 个垫架组成；矩形沉井常设 4 组定位垫架，其位置设在长边两端 0.15*L*(*L* 为长边边长)处，并在其中间支设一般垫架；圆形沉井的垫架沿刃脚圆弧部分对准圆心铺设。

(4) 当地基承载力较低，经计算垫架需用量较多而使铺设过密时，应在垫木下设砂垫层加固以减少垫架数量，使沉井的重量扩散到更大的面积上，力求避免制作中发生不均匀沉降，且易于找平、铺设垫木和抽除。施工时，先在刃脚处铺设砂垫层，再在其上铺承垫木和垫架，最后在垫木上支设刃脚、井壁模板。

(5) 砂垫层宜采用中粗砂，分层铺设厚度为 250～300mm，用平板振捣器振实并洒水；砂垫层密实度的质量标准用砂的干表观密度来控制，中砂取大于 15.6～16kN/m³，粗砂还可适当提高。

(6) 垫木常用 16cm×22cm 的枕木，铺设时应使其顶面保持在同一水平面上，用水准仪找平以确保高差在 10mm 以内；垫木中心线应与刃脚中心线重合，埋深为其厚度的一半；垫木间应用砂填实。

2. 井壁制作

(1) 制作方式

1) 沉井制作方式一般有三种，即在天然地面(或加固后的地基)上制作，适用于地下水位高和净空允许的情况；人工筑岛制作，适用于在浅水中制作的情况；在基坑中制作，适用于地下水位低、净空不高的情况，可减少摩阻力、下沉深度及作业面高度。三种制作方法可根据不同的情况选用，而使用较多的是在基坑中制作。

2) 按施工流程沉井制作又可分为一次制作，一次下沉；分节制作，一次下沉；分节制作，多次下沉，即制作与下沉交替进行的方式。当沉井高度和重量都较大、重心较高时，如地基处理不好、操作控制不严，则在下沉前很容易产生倾斜，故宜采取分节制作。每节制作高度的确定应保证地基及其自身的稳定，并有适当重量使其顺利下沉，一般每节高度以 7～8m 为宜。

3）一般来说，当沉井高度不大(10m 以内)、地基条件好或经过人工加固后获得较大的地基承载力时，应尽量采取一次制作、一次下沉的方式，以简化施工程序、缩短作业时间。分节制作、一次下沉的方式，最高可达 30m 以上，其优点是脚手架和模板能连续使用，下沉设备一次安装，有利于滑模，但对地基条件要求高、高空作业困难。分节制作、多次下沉的方式对地基要求不高，但工序多、工期长，而且在接高井壁时易产生倾斜和突沉，需要进行稳定验算。

(2) 模板支设

1）井壁模板采用钢组合式定型模板或木定型模板组装而成，内外模均采取竖向分节支设，每节高 1.5～2.0m(图 4-67)，用 $\phi12$～$\phi16$ 的对拉螺栓拉槽钢圈固定。采用木模时，外模靠混凝土一面应刨光，并涂脱模剂两度。

2）支模时，可先支井体内模，一次支到比施工缝略高 100mm 处，并在竖缝处用 90mm×90mm 的方木支撑在内部脚手架上；外模亦一次支到比施工缝略高 100mm 处，竖缝也用方木或脚手钢管杆以 $\phi16$@1000 的拉紧螺栓紧固；对有防渗要求的，在螺栓中间设止水板。在上下节水平缝处设企口缝或钢板止水带，模板间的缝隙应刮腻子，模板与已浇筑混凝土接触处垫 50mm 宽泡沫塑料带以防止漏浆。

3）圆形沉井每隔 1.8m 设一道 $\phi20$ 的钢丝绳箍筋，同时再设适当斜支撑支顶于基坑壁及外部脚手架上；在外模每隔 1.5m 水平方向设一个 300mm×600mm 的浇筑口，沿高度方向在距刃脚底部 1.5m 处亦应设置一道。

4）第一节沉井筒壁应按设计尺寸周边加大 10～15mm，第二节相应缩小一些，以减少下沉摩阻力。当沉井内有隔墙与井壁同时浇筑时，由于隔墙比刃脚高，施工时需在隔墙下立排架或用砂堤支设底模(图 4-68)。对高度 15m 以上的大型沉井，亦可采用滑模方法制作。

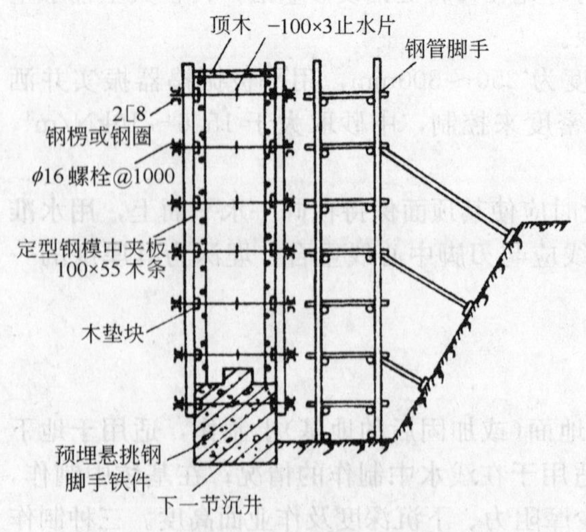

图 4-67　沉井井壁模板支设

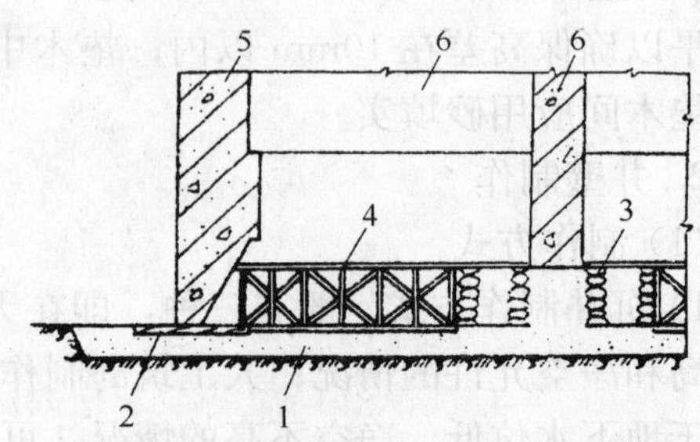

图 4-68　用排架支设沉井隔墙底模
1—砂垫层；2—承垫木；3—草袋装砂；4—木排架；5—沉井井壁；6—沉井内隔墙

（3）钢筋绑扎

钢筋可用吊车垂直吊装就位，再用人工绑扎，或在沉井近旁预先绑扎钢筋骨架或网片，再用吊车进行大块安装(图 4-69)。竖筋可一次绑好，水平筋分段绑扎，与前一节井内外钢筋之间要加设 $\phi 14$ 的钢筋铁码，每 15m 不少于一个。钢筋用挂线法控制垂直度，用水平仪测量并控制水平度，用木卡尺控制间距，用水泥砂浆垫块控制保护层。沉井内隔墙可采取与井壁同时浇筑，或在井壁与内隔墙连接部位预留插筋，等下沉完后再施工隔墙。

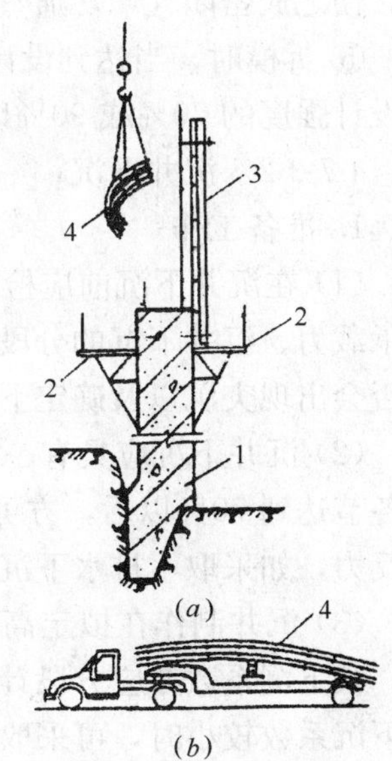

图 4-69　沉井大块钢筋网片安装
(a)大块钢筋网片吊装；
(b)大块钢筋网片运输
1—沉井；2—移动式脚手架；
3—内模板；4—大块钢筋网片

（4）混凝土浇筑

1）混凝土浇筑时可采取以下几种方式：

① 沿沉井周围搭设脚手平台，用 15m 皮带运输机将混凝土送到脚手平台上，并用手推车沿沉井通过串桶作均匀浇筑；

② 用翻斗汽车运送混凝土，再用塔式或履带式起重机吊混凝土振动吊斗，通过漏斗、串桶沿井壁作均匀浇筑；

③ 在沉井上部搭设脚手平台，用 1t 机动翻斗车运送混凝土直接沿井壁作均匀浇筑；

④ 用混凝土运输搅拌车运送混凝土，再用混凝土泵车沿沉井周围作均匀浇筑。

2）浇筑混凝土时，应注意以下事项：

① 应将沉井分成若干段，同时对称、均匀、分层的浇筑，以免造成地基不均匀下沉或产生倾斜，分层厚度见表 4-17。

浇筑混凝土分层厚度　　**表 4-17**

项　　目	分层厚度 h 应小于	项　　目	分层厚度 h 应小于
使用插入式振捣器	振捣器作用半径的 1.25 倍	灌注一层的时间不应超过水泥初凝时间 t	Qt/A(m)
人工振捣	15～25mm		

注：Q 为每小时混凝土量(m^3)；t 为水泥初凝时间(h)；A 为混凝土浇筑面积(m^2)。

② 混凝土应一次连续浇筑完成，如不能一次浇完，需设水平施工缝。缝间留有凹凸缝并插入短钢筋增加连接。在浇筑新混凝土前须将表面洗刷干净，用水湿润，并铺一层强度等级高一级的砂浆。

③ 第一节混凝土强度达到 70%时，才可浇筑第二节。当井壁有抗渗要求时，上下节井壁的接缝应设置凸形水平缝。接触面处须进行凿毛、吹洗等处理。前一节下沉应为后一节混凝土浇筑工作预留 0.5～1.0m 的高度，以便操作。

④ 混凝土可采用自然养护，经常洒水以保证表面潮湿，并盖麻袋或塑料布防止水分蒸发。为加快拆模下沉，冬期可在混凝土中掺加抗冻早强剂或用防雨帆布悬挂于模板外

侧，使之成密闭气罩，通蒸汽加热养护。

⑤ 拆模时，当达到设计强度的25%以上时，可拆除不承受混凝土重量的侧模；当达到设计强度的70%或90%以上时，可拆除刃脚斜面的支撑及模板。

4-7-3-2　沉井下沉

1. 准备工作

(1) 在沉井下沉前应检查结构外观、混凝土强度、抗渗等级，并根据勘测报告计算极限承载力、沉井下沉的分段摩阻力及分段的下沉系数，以此作为判断每个阶段可否下沉、是否会出现突沉以及确定下沉方法和采取措施的依据。

(2) 沉井下沉应具有一定强度，第一节混凝土或砌体砂浆达到设计强度的100%、其上各节达到70%以后，方可开始下沉。下沉时必须克服井壁与土间的摩擦力和地层刃脚的反力，如采取不排水下沉，尚应克服水的浮力。

(3) 沉井制作在拟定高度后、下沉前应验算下沉系数，如采取分节制作和分节下沉时，其下沉系数亦应分段计算。下沉系数通常采用1.15～1.25以上，以保证顺利下沉。当下沉系数较小时，可采取在基坑中制作，以减少下沉深度；或在井壁顶部堆放钢、铁、砂石等材料增加附加荷重；或在井壁与土壁间注入触变泥浆，以减少下沉的摩擦力等措施。当下沉系数较大时，可沿井壁外周回填相应的土方，以增大总摩擦力。

2. 拆除垫架(或排架)

垫架拆除时，大型沉井混凝土应达到设计强度的100%，小型沉井应达到设计强度的70%。抽除刃脚下的垫架(垫木或砖垫座)应分区、分组、依次、对称、同步地进行。圆形沉井先抽一般垫架，后拆除定位垫架；矩形沉井先抽内隔墙下垫架，再分组对称地抽除外墙两短边下的垫架，然后抽除长边下的一般垫架，最后同时抽除定位垫架。抽除时，将垫木底部的土挖去，利用绞磨或推土机、拖拉机将相应垫木抽出。每抽出一根垫木，刃脚下应立即用砂、卵石或砾砂填实，并在刃脚内外侧填筑成适当高度的小土堤，最后分层夯实，如图4-70所示。隔墙木排架拆除后的空穴部分用草袋装砂回填，如图4-71所示。抽除时，要加强观测，注意下沉是否均匀。

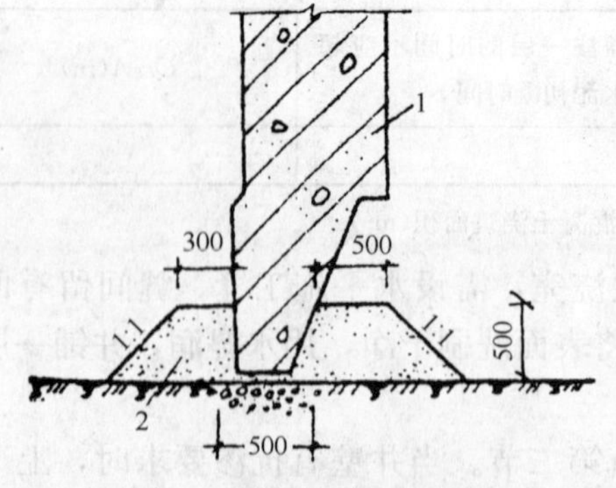

图4-70　刃脚回填砂或砂卵石

1—沉井刃脚；2—砂或砂卵石筑堤

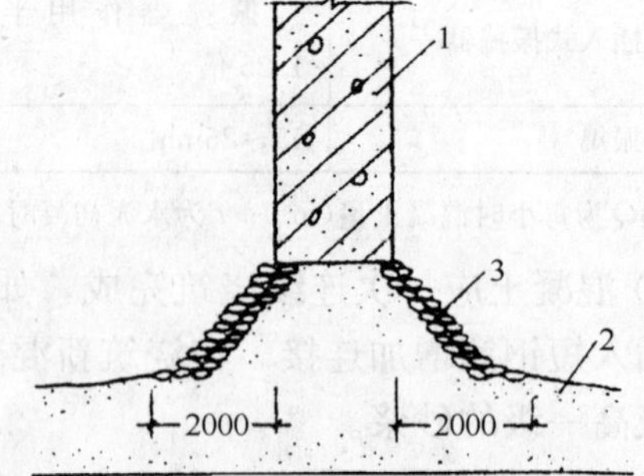

图4-71　内隔墙用草袋装砂回填

1—沉井内隔墙；2—砂；3—草袋装砂筑堤

3. 井壁孔洞处理

井壁中有时还预留了与地下廊道、地沟、管道、进水窗等连接的孔洞，为避免下沉时泥土和地下水大量涌入井内影响施工，而且孔洞较大还会造成沉井每边重量不等、重心偏移而使沉井产生倾斜，因此，在下沉前必须进行处理。对较大孔洞，可在洞口制作时预埋钢框、螺栓，并用钢板、方木封闭，中填与空洞混凝土重量相等的砂石或铁块配重(图4-72*a*、*b*)。对进水窗则采取一次做好，内侧用钢板封闭(图 4-72*c*)。待沉井封底后，再拆除封闭钢板、挡木等。

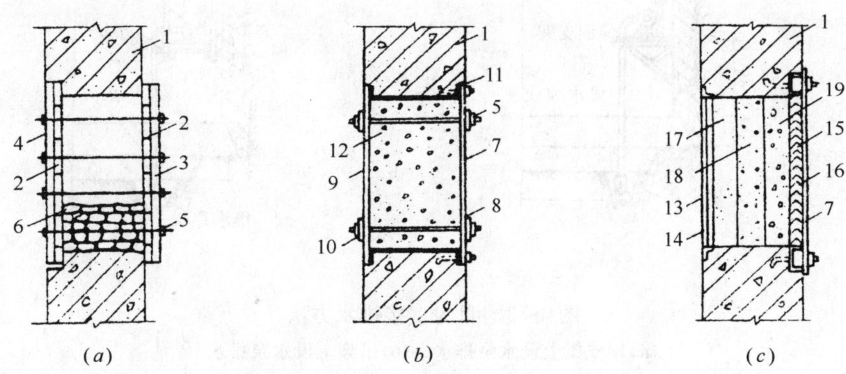

图 4-72 沉井井壁堵孔构造

(*a*)大廊道口堵孔；(*b*)管道孔洞堵孔；(*c*)进水窗堵孔

1—沉井井壁；2—50mm 厚木板；3—枕木；4—槽钢内夹枕木；5—螺栓；6—配重；7—10mm 厚钢板；8—槽钢；9—100mm×100mm 方木；10—50mm×100mm 方木；11—橡皮垫；12—砂砾；13—钢筋算子；14—5mm 孔钢丝网；15—钢百页窗；16—15mm 孔钢丝网；17—砂；18—5～10mm 粒径砂卵石；19—50～60mm 粒径卵石

4. 下沉方案

沉井下沉有排水下沉和不排水下沉两种方案，前者适用于渗水量不大(每平方米不大于 $1m^3/min$)、稳定的黏性土(如黏土、粉质黏土以及各种岩质土)或在砂砾层中渗水量虽很大，但排水并不困难时使用；后者适用于严重的流砂地层、渗水量大的砂砾层以及地下水无法排除或大量排水会影响附近建筑物的安全和生产的情况。一般宜尽可能地采用排水法施工，因它便于施工，遇障碍物易于处理，并可投入较多的劳力，进度快、效率高，下沉易控制平衡，机具设备也比较简单。

(1) 排水下沉

1) 明沟、集水井排水法。

在沉井内离刃脚 2～3m 挖一圈排水明沟，设 3～4 个集水井，深度比地下水深 1～1.5m，明沟和集水井底随沉井挖土而不断加深，在井内或井壁上设水泵，将地下水排出井外。本法简单易行，费用较低，适用于地质条件较好的情况。

为不影响井内挖土操作和避免经常搬动水泵，一般采取在井壁上预埋铁件，焊接钢结构操作平台，安设水泵，或设木吊架安水泵，用草垫或橡皮承垫以避免振动(图 4-73)，水泵抽吸高度控制在不大于 5m。如果井内渗水量很少，则可直接在井内设高扬程潜水电泵将地下水排出井外。

2) 井点降水法。

在沉井外部周围设置轻型井点、喷射井点或深井井点以降低地下水位(图 4-74)，使井内保持干挖土。适应于地质条件较差、有流砂发生的情况。

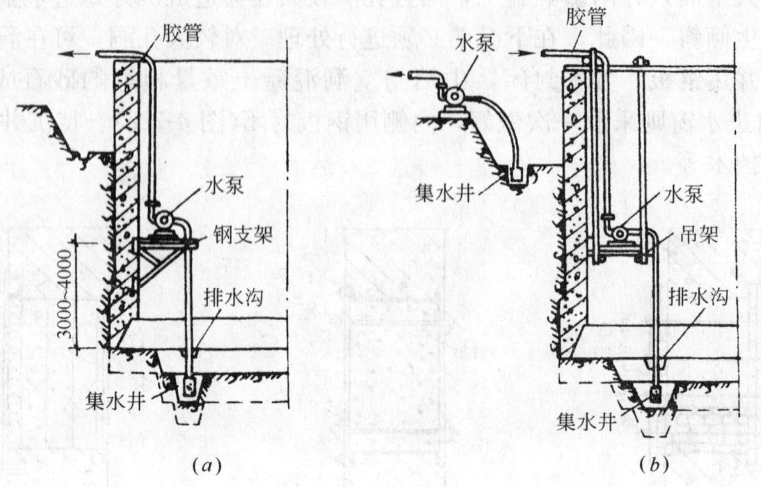

图 4-73 明沟直接排水方法

(a)钢支架上设水泵排水；(b)吊架上设水泵排水

3）井点与明沟排水结合法。

在沉井上部周围设井点降水；对部分潜水，在沉井内再辅以挖明沟、集水井设泵排水（图 4-75）。

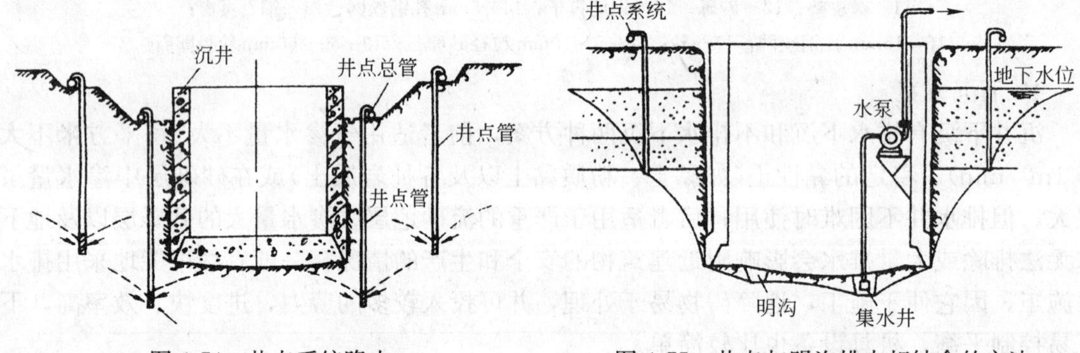

图 4-74 井点系统降水

图 4-75 井点与明沟排水相结合的方法

（2）不排水下沉

不排水下沉的方法有用抓斗在水中取土下沉；用水力冲射器冲刷土，并用空气吸泥机吸泥或水力吸泥机抽吸水中泥土下沉；用钻吸排土沉井工法下沉三种方法。钻吸排土沉井工法具有水中破土排泥效率高、劳动强度低、安全可靠等优点。

（3）辅助下沉

1）射水法。

用预先安设在沉井外壁的水枪借助高压水冲刷土层，使沉井下沉。射水所需水压，在砂土中冲刷深度在 8m 以下时，需要 0.4～0.6MPa；在砂砾石层中冲刷深度在 10～12m 以下时，需要 0.6～1.2MPa；在砂卵石层中冲刷深度在 10～12m 时，则需要 8～20MPa。冲刷管的出水口径为 10～12mm，每一管的喷水量不得小于 0.2m^3/s(图 4-76)。本法不适用于沉井在黏土中的下沉。

2）触变泥浆护壁法。

沉井外壁制成宽度为10～20cm的台阶作为泥浆槽。将20%的膨润土及5%的石碱(碳酸钠)加水调制成触变泥浆，利用泥浆泵、砂浆泵或气压罐通过预埋在井壁体内或设在井内的垂直压浆管压入(图4-77)，使外井壁泥浆槽内充满触变泥浆，其液面接近于自然地面。为了防止漏浆，在刃脚台阶上宜钉一层2mm厚的橡胶皮，同时，在挖土时注意不使刃脚底部脱空。在泥浆泵房内需储备一定数量的泥浆，以便下沉时不断补浆。当沉井下沉到设计标高后，泥浆套应按设计要求进行处理，一般采用水泥浆、水泥砂浆或其他材料从泥浆套底部压入而将泥浆挤出；待水泥浆、水泥砂浆等凝固后，沉井即可稳定。

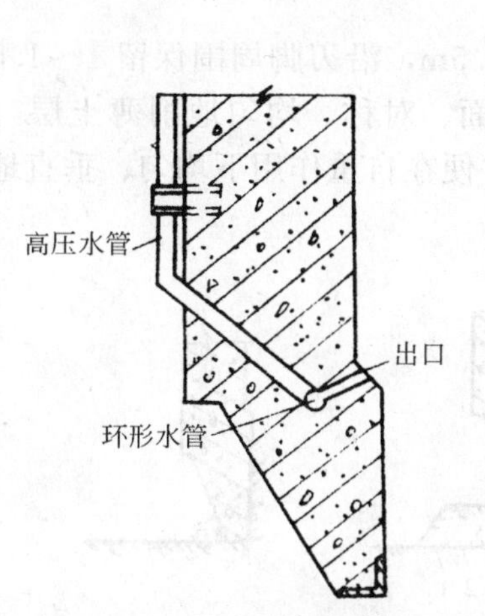

图4-76 沉井预埋冲刷管组

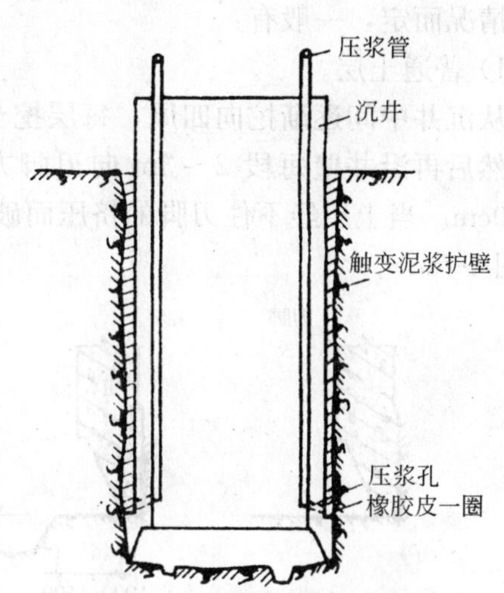

图4-77 触变泥浆护壁下沉方法

本法可大大减少井壁的下沉摩阻力，同时还可起到阻水作用，方便取土，并可维护沉井外围地基的稳定，保证其邻近建筑物的安全。触变泥浆的物理性能指标见表4-18所示。

触变泥浆技术指标表 **表4-18**

名称	单位	指标	试验方法	名称	单位	指标	试验方法
密度	g/cm³	1.1～1.40	泥浆密度秤	失水量	mL/30min	<14	失水量仪
黏度	s	>30	500cc/700cc漏斗法	泥皮厚度	mm/30min	≤3	失水量仪
含砂率	%	<4		静切力	mg/cm²	>30	静切力计(10min)
胶体率	%	100	量杯法	pH值		≥8	pH试纸

注：泥浆配合比为黏土：水=35%～40%：65%～60%。

3）抽水法。

不排水下沉的沉井，可采用抽水降低井内水位以减少浮力，从而使沉井下沉。如有翻砂涌泥时，不宜采用此法。

4）井外挖土法。

若上层土中有砂砾或卵石层，此法非常有效。

5）压重法。

可利用铁块、草袋装砂土以及接高混凝土筒壁等加压配重使沉井下沉，但须特别注意均匀、对称的加重。

6）炮震法。

当沉井内土已经挖出掏空而沉井不下沉时，可在井中央的泥土面上放药起爆，一般用药量为0.1～0.2kg。同一沉井、同一地层不宜多于4次。

5. 挖土方案

（1）排水下沉挖土

采用人工和风动工具、或在井内用小型反铲挖土机，在地面用抓斗挖土机分层开挖。挖土必须对称、均匀地进行，刃脚部位采用跳槽破土，以使沉井均匀地下沉。挖土方法随土质情况而定，一般有：

1）普通土层。

从沉井中间逐渐挖向四周，每层挖土厚0.4～0.5m，沿刃脚周围保留1～1.5m的土堤，然后再沿井壁每段2～3m向刃脚方向逐层全面、对称、均匀地削薄土层，每次削5～10cm。当土层经不住刃脚的挤压而破裂后，沉井便在自重作用下均匀、垂直地挤土下沉(图4-78*a*)。

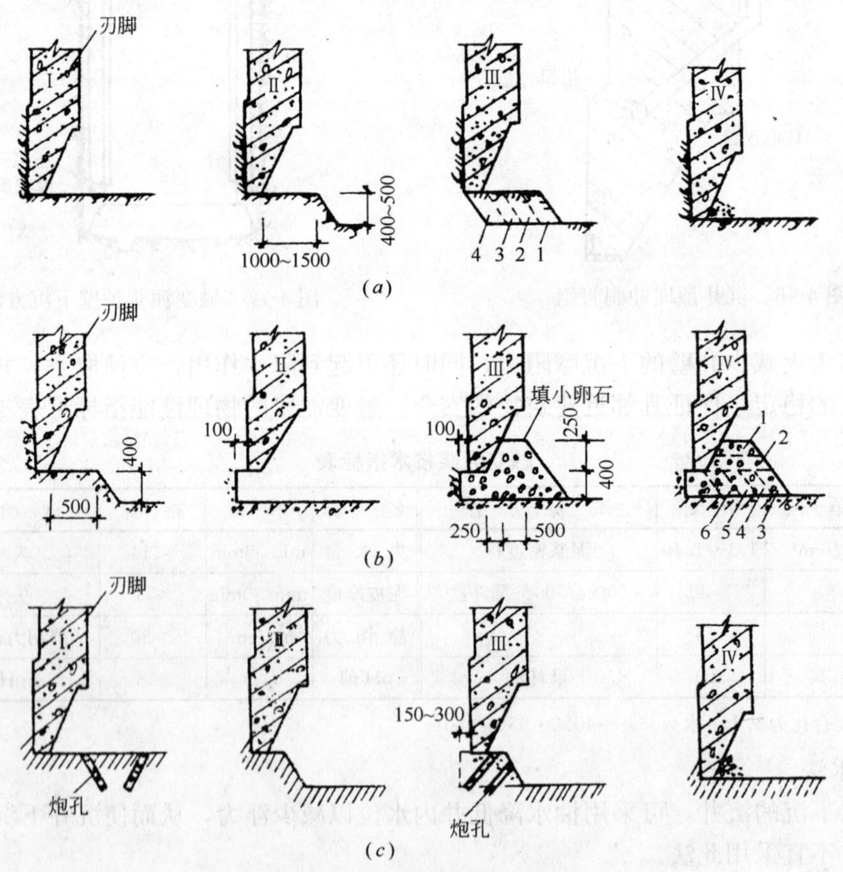

图4-78 沉井下沉挖土方法

(*a*)普通土层；(*b*)砂夹卵石层或硬土层；(*c*)岩土放炮开挖

图中1、2、3……为刷坡次序

如下沉很少或不下沉，可再从中间向下挖土0.4～0.5m，并继续向四周均匀掏挖，使沉井平稳下沉。如在数个井孔内挖土，为使其下沉均匀，各孔格内挖土高差不得超过1.0m。对小型沉井有流砂发生时，亦可采取先从刃脚挖起(图4-79)，待下沉后再挖中间部分，每层厚30cm。刃脚下部土方应边挖边清理。

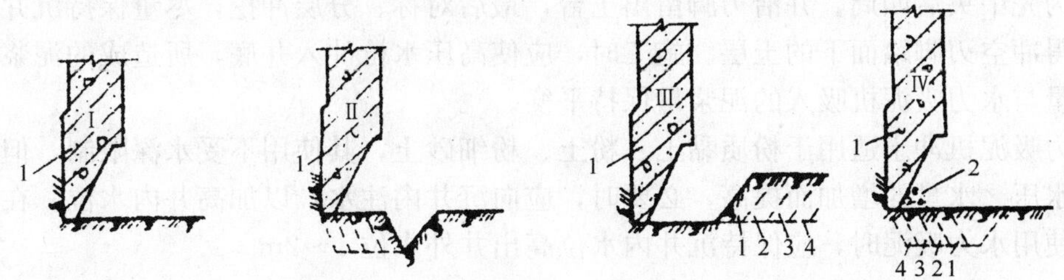

图4-79 在流砂层中下沉开挖方法

1—沉井刃脚；2—填砂卵石

Ⅰ、Ⅱ、Ⅲ、Ⅳ—削坡次序

2）砂夹卵石或硬土层。

可按挖普通土层的方法挖土。当土垅挖至刃脚，沉井仍不下沉或下沉不平稳，则须按平面布置分段的次序逐段对称地将刃脚下挖空，并挖出刃脚外壁约10cm，每段挖完用小卵石填塞夯实。待全部挖空回填后，再分层刷掉回填的小卵石，可使沉井均匀地减少承压面而平衡下沉(图4-78*b*)。

3）岩层。

风化或软质岩层可用风镐或风铲等按普通土层的方法开挖。当为硬质岩层时，可按图4-78(*c*)所示顺序进行，将沉井的平面划分为两部分，依次进行松动爆破。

钻孔深1.3m，以1m×1m的网格交错排列，使炮孔伸出刃脚口外15～30cm，以便开挖宽度可超出刃脚口5～10cm。下沉时，顺刃脚分段顺序每次挖1m宽即进行回填，如此逐段进行至全部回填后再除去土堆，使沉井平稳下沉。机械设备在井内爆破时要撤出或覆盖保护。

在开始5m以内下沉时，应特别注意保持平面位置与垂直度的正确，以免继续下沉时不易调整。当距离设计标高20cm左右时应停止取土，依靠沉井自重下沉到设计标高。在沉井开始下沉和将要下沉至设计标高时，周边开挖深度应小于30cm或更少一些，以免发生倾斜或超沉。

(2) 不排水下沉挖土

一般采用抓斗、水力吸泥机或水力冲射空气吸泥机等在水下挖土。

1）抓斗挖土。

用吊车吊住抓斗挖掘井底中央部分的土，使形成锅底。在砂或砾石类土中，一般当锅底比刃脚低1～1.5m时，沉井即可靠自重下沉而将刃脚下土挤向中央锅底，此时再从井孔中继续抓土，沉井即可继续下沉；在黏质土或紧密土中，刃脚下的土不易向中央塌落，则应配以射水管冲土。沉井由多个井孔组成时，每个井孔宜配备一台抓斗；如只用一台抓斗抓土，则应对称、逐孔轮流进行，使其均匀下沉，各井孔内土面高差不宜大于0.5m。

2）水力机械冲土。

水力机械冲土是用高压水泵将高压水流通过进水管分别送进沉井内的高压水枪和水力

吸泥机，利用高压水枪射出的高压水流冲刷土层，使其形成一定稠度的泥浆汇流至集泥坑，然后用水力吸泥机(或空气吸泥机)将泥浆吸出，从排泥管排出井外。

冲黏性土时，宜使喷嘴接近 90°的角度冲刷立面，将立面底部冲成缺口使之塌落。冲土顺序为先中央后四周，并沿刃脚留出土台，最后对称、分层冲挖，尽量保持沉井受力均匀，不得冲空刃脚踏面下的土层。施工时，应使高压水枪冲入井底，所造成的泥浆量和渗入的水量与水力吸泥机吸入的泥浆量保持平衡。

水力吸泥机冲土适用于粉质黏土、粉土、粉细砂土，其使用不受水深限制，但出土效率则随水压、水量的增加而提高，必要时，应向沉井内注水，以加高井内水位。在淤泥或浮土中使用水力吸泥时，应保持沉井内水位高出井外水位 1～2m。

4-7-3-3　沉井封底

当沉井下沉至距设计标高 0.1m 时，应停止井内挖土和抽水，使其靠自重下沉至设计或接近设计标高。再经 2～3d 下沉稳定，或经观测在 8h 内累计下沉量不大于 10mm 时，即可进行沉井封底。封底方法有以下两种：

1. 排水封底

即干封底。

(1) 先清理基底土层，在不扰动刃脚下面土层的前提下，可采用人工清理、射水清理、吸泥或抓泥清理等方法，如基底为风化岩，则可用高压射水、风动凿岩工具以及小型爆破等办法，并配合吸泥机清除。各处清底深度均应满足设计要求。

(2) 将新老混凝土接触面处冲刷干净或打毛，修整井底使之成锅底形；由刃脚向中心挖出放射形的排水沟，填以卵石做成滤水暗沟，在中部设 2～3 个集水井，深 1～2m；井间用盲沟相互连通，插入 $\phi600$～$\phi800$ 四周带孔眼的短钢管、混凝土管或钢筋笼，外缠绕 12 号钢丝，间隙 3～5mm，且外包二层尼龙窗纱；四周填以卵石，使井底的水流汇集在井中，再用潜水电泵排出，保持地下水位低于基底面 0.5m 以下。

(3) 封底一般先铺一层 150～500mm 厚的碎石或卵石层，再在其上浇一层厚约 0.5～1.5m 的混凝土垫层，在刃脚下封堵填严、振捣密实，以保证沉井的最后稳定。当达到 50%的设计强度后，在垫层上绑扎钢筋，两端须伸入刃脚或凹槽内，最后浇筑上层底板混凝土。

(4) 浇筑应在整个沉井面积上分层、不间断地同时进行，由四周向中央推进，每层厚 30～50cm，并用振捣器捣实。当井内有隔墙时，应前后左右对称地逐孔浇筑。混凝土采用自然养护，养护期间应继续抽水。

(5) 待底板混凝土强度达到 70%后，对集水井逐个停止抽水，并逐个封堵。封堵时，将滤水井中水抽干，在套管内迅速用干硬性的高强度混凝土进行堵塞并捣实，然后上法兰盘盖，用螺栓拧紧或四周焊接封闭，上部用混凝土填实捣平。

2. 不排水封底

即水下封底。当井底涌水量很大或出现流砂现象时，沉井应在水下进行封底。待沉井基本稳定后，将井底浮泥清除干净，新老混凝土接触面处用水冲刷干净，并抛毛石，铺碎石垫层。封底混凝土采用提升导管法浇筑，导管的作用半径约为 2.5～4m，混凝土流动坡度不宜陡于 1∶5。待水下封底混凝土达到所需强度后(一般养护 7～14d)，方可从沉井内抽水。检查封底情况，进行检漏补修，并按排水封底方法施工上部的钢筋混凝土底板。

4-7-4 质量控制与检验

4-7-4-1 质量控制

1. 沉井标高控制

在沉井外部地面及井壁顶部四面设置纵横十字中心控制线、水准基点，以控制位置和标高。

2. 沉井垂直度控制

在井筒内按 4 或 8 等份标出垂直轴线，各吊一个线锤对准下部标板来控制，如图 4-80 所示。挖土时，随时观测垂直度，当线锤离墨线达 50mm 或四面标高不一致时，应进行纠正。

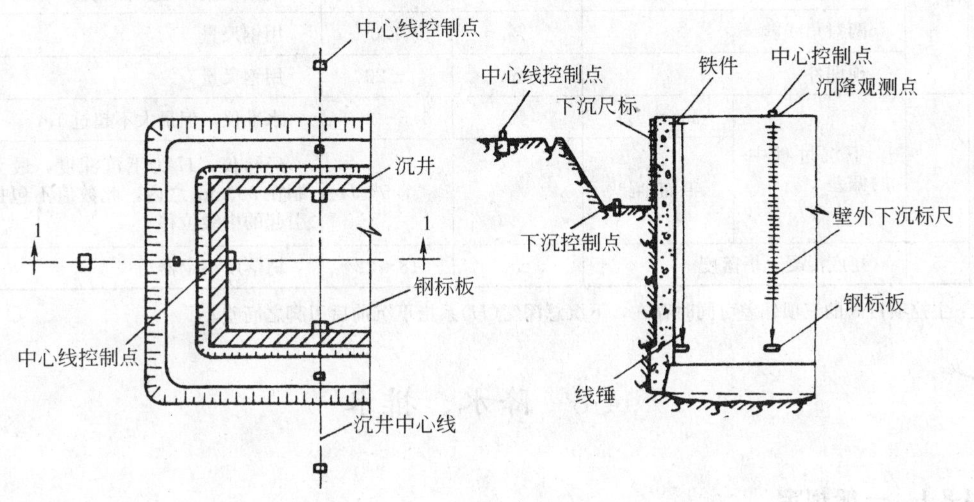

图 4-80 沉井下沉质量控制

3. 沉井下沉控制

在沉井外壁两侧用白铅油画出标尺，用水平尺或水准仪来观测沉降。沉井下沉中应加强位置、垂直度和标高(沉降值)的观测，并作好记录，使偏差控制在允许的范围内。

4-7-4-2 质量检验标准

各项质量检验标准见表 4-19。

沉井(箱)质量检验标准 **表 4-19**

项	序	检查项目	允许偏差或允许值		检查方法
			单位	数值	
主控项目	1	混凝土强度	满足设计要求，下沉前必须达到 70% 的设计强度		查试件记录或抽样送检
	2	封底前，沉井的下沉稳定	mm/8h	<10	水准仪
	3	封底结束后的位置：			
		刃脚平均标高(与设计标高比)	mm	<100	水准仪
		刃脚平面中心线位移		<1%H	经纬仪，H 为下沉总深度，H<10m 时，控制在 100mm 之内
		四角中任何两角的底面高差		<1%L	水准仪，L 为两角的距离，但不超过 300mm，L<10m 时，控制在 100mm 之内

续表

项	序	检查项目		允许偏差或允许值		检查方法
				单位	数值	
一般项目	1	钢材、对接钢筋、水泥、骨料等原材料检查		符合设计要求		查出厂质保书或抽样送检
	2	结构体外观		无裂缝，无风窝、空洞，不露筋		直观
	3	平面尺寸：长与宽		%	±0.5	用钢尺量，最大控制在100mm之内
		曲线部分半径		%	±0.5	用钢尺量，最大控制在50mm之内
		两对角线差		%	1.0	用钢尺量
		预埋件		mm	±20	用钢尺量
	4	下沉过程中的偏差	高差	%	1.5～2.0	水准仪，但最大不超过1m
			平面轴线		<1.5%H	经纬仪，H为下沉深度，最大应控制在300mm之内，此数值不包括高差引起的中线位移
	5	封底混凝土坍落度		cm	18～22	坍落度测定器

注：主控项目3的三项偏差可同时存在，下沉总深度(H)系指下沉前后刃脚之高差。

4-8　降水、排水

4-8-1　一般规定

(1) 降水和排水是配合基坑开挖的安全措施，施工前应有降水和排水设计。当在基坑外降水时，应有降水范围的估算，对重要建筑物或公共设施在降水过程中应监测。

(2) 对不同的土质应用不同的降水形式。

(3) 基坑内明排水应设置排水沟及集水井，排水沟纵坡宜控制在1‰～2‰。

(4) 降水系统施工完后应试运转，如发现井管失效，应采取措施使其恢复正常，如无可能恢复则应报废，另行设置新的井管。

4-8-2　排水施工要点及质量控制

4-8-2-1　场地排水

(1) 场地开挖常会遇到地下水和地表滞水大量渗入，造成场地浸水，破坏边坡稳定，影响施工进行，因此，必须做好现场场地的排水、截水、疏水、排洪等工作，并尽可能减少雨期施工工作量，具体施工方法视情况而定。

(2) 一般来说，在现场周围地段应修设临时或永久性排水沟、防洪沟或挡水堤，山坡地段应在坡顶或坡脚设环形防洪沟或截水沟，以拦截附近坡面的雨水、潜水排入施工区域内。现场内外原有自然排水系统尽可能保留或适当加以整修、疏导、改造或根据需要增设少量排水沟，以利排泄现场积水、雨水和地表滞水。

(3) 在有条件时，尽可能利用正式工程排水系统为施工服务，先修建正式工程主干排水设施和管网，以方便排除地面滞水和基坑井点抽出的地下水。

(4) 现场主道的道路两侧应设排水沟，支道应在两侧设小排水沟，沟底坡度一般为

2%～8%，保持场地排水和道路畅通。

(5) 当进行基坑开挖时，应在地表流水的上游一侧设排水沟、散水沟或截水挡水堤，将地表滞水挡住；在低洼地段挖基坑时，可利用挖土之上沿四周或迎水一侧、二侧筑0.5～0.8m高的土堤截水。

(6) 当施工现场有大面积地表水时，可采取在施工范围区段内挖深排水沟，工程范围内再设纵横排水支沟，将水流疏干，再在低洼地段设集水、排水设施，将水排走。

(7) 在可能滑坡的地段，应在该地段外设置多道环形截水沟，以拦截附近的地表水，修设和疏通坡脚的原排水沟，疏导地表水，处理好该区域内的生活和工程用水，阻止渗入该地段。

(8) 在湿陷性黄土地区，现场应设有临时或永久性的排洪防水设施，以防基坑受水浸泡，造成地基下陷。施工用水、废水应设有临时排水管道；贮水构筑物、灰池、防洪沟、排水沟等应有防止漏水措施，并与建筑物保持一定的安全距离。安全距离可按以下标准选择：一般在非自重湿陷性黄土地区应不小于12m，在自重湿陷性黄土地区不小于20m；搅拌站设置离建筑物应不小于10m。距建筑物的四周，对非自重湿陷性黄土地区在15m以内，对自重湿陷性黄土地区在25m以内不应设有集水井。材料设备的堆放，不得阻碍雨水排泄。需要浇水的建筑材料，宜堆放在距基坑5m以外，并严防水流入基坑内。

4-8-2-2 基坑槽(沟)排水

在地下水位较高的地段或有地面滞水的地段开挖基坑槽(或沟)，常会遇到地下水问题。由于地下水的存在，非但土方开挖困难，费工费时，边坡易于塌方，而且会导致地基被水浸泡，扰动地基土，造成工程竣工后建筑物的不均匀沉降，使建筑物开裂或破坏。因此，基坑槽开挖施工中，应根据工程地质和地下水文情况，采取有效地降低地下水位措施，使基坑开挖和施工达到无水状态，以保证工程质量和工程的顺利进行。

开挖基坑槽时降低地下水位的方法很多，一般有设各种排水沟排水和用各种井点系统降低地下水位两类方法，其中以设明(暗)沟、集水井排水为施工中应用最为广泛、简单、经济的方法，各种井点主要应用于大面积深基坑降水。

1. 明沟与集水井排水

明沟与集水井排水是在开挖基坑的一侧、两侧或四侧，或在基坑中部设置排水明(边)沟，在四角或每隔20～30m设一集水井，使地下水流汇集于集水井内，再用水泵将地下水排出基坑外(图4-81)。常用水沟截面尺寸可参考表4-20采用。集水井截面为0.6m×0.6m～0.8m×0.8m，井壁用木方、木板支撑加固。基底以下井底应填以20cm厚碎石或卵石，水泵抽水龙头应包滤网，防止泥砂进入水泵。抽水应连续进行，直至基础施工完毕，回填土后方停止。

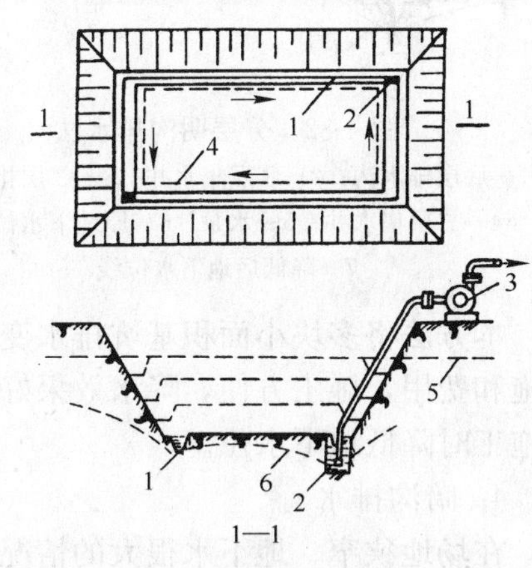

图4-81 普通明沟排水方法

1—排水明沟；2—集水井；3—离心式水泵；4—设备基础或建筑物基础边线；5—原地下水位线；6—降低后地下水位线

本法施工方便，设备简单，降水费用低，管理维护较易，应用最多。适用于土质情况较好，地下水不很旺，一般基础及中等面积基础群和建(构)筑物基坑(槽、沟)的排水。

2. 分层明沟排水

当基坑开挖土层由多种土组成，中部夹有透水性强的砂类土，为避免上层地下水冲刷基坑下部边坡，造成塌方，可在基坑边坡上设置 2～3 层明沟及相应的集水井，分层阻截并排除上部土层中的地下水(图 4-82)。排水沟与集水井的设置，应注意防止上层排水沟的地下水溢流向下层排水沟，冲坏、掏空下部边坡，造成塌方。

本法可保持基坑边坡稳定，减少边坡高度和扬程。适于深度较大、地下水位较高且上部有透水性强的土层的建筑物基坑排水。

3. 深层明沟排水

当地下基坑相连，土层渗水量和排水面积大，为减少大量设置排水沟的复杂性，可在基坑外距坑边 6～30m 或基坑内深基础部位开挖一条纵长深的明排水沟作为主沟，使附近基坑地下水均通过深沟自行流入下水道或流入另设的集水井，用泵排到施工场地以外的沟道中排走(图 4-83)。在建(构)筑物四周或内部设支沟与主沟连通，将水流引至主沟排走，排水主沟的沟底应比最深基坑底低 0.5～1.0m。主沟比支沟低 50～70cm，通过基础部位用碎石及砂子作盲沟，以后在基坑回填前分段用黏土回填夯实截断，以免地下水在沟内继续流动破坏地基土。

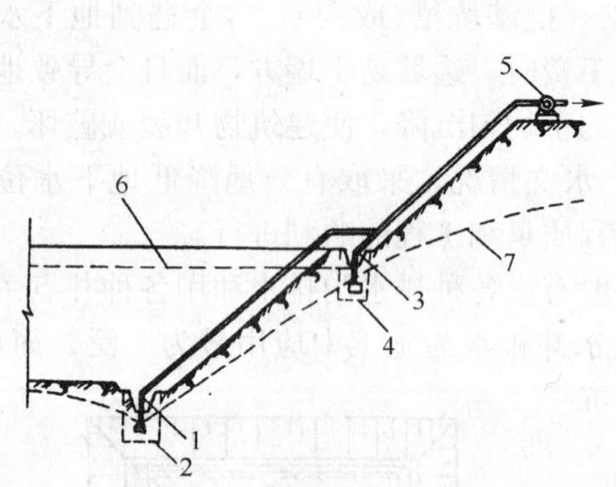

图 4-82　分层明沟排水法

1—底层排水沟；2—底层集水井；3—二层排水沟；4—二层集水井；5—水泵；6—原地下水位线；7—降低后地下水位线

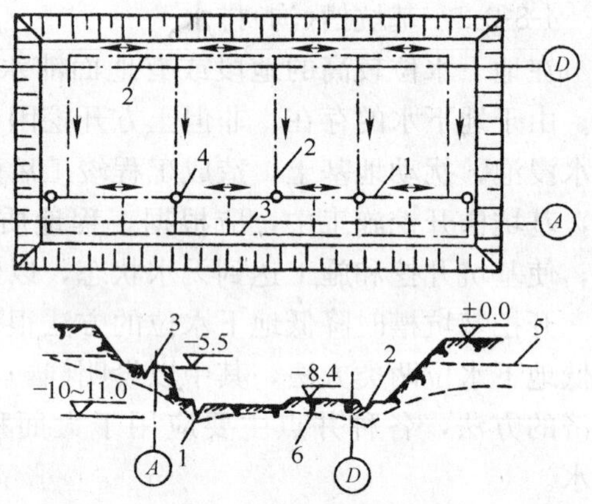

图 4-83　坑边明沟排水

1—主排水沟；2—支沟；3—边沟；4—集水井；5—原地下水位线；6—降低后地下水位线

本方法将多块小面积基坑排水变为集中排水，降低地下水位面积和深度大，节省降水设施和费用，施工方便，降水效果好。适用于深度大的大面积地下室、箱基、设备基础群等施工时降低地下水位。

4. 暗沟排水

在场地狭窄、地下水很大的情况下，设置明沟比较困难，可结合工程设计，在基础底板四周设暗沟(又称盲沟)，暗沟的排水沟坡向集水坑(井)(图 4-84)。在挖土时，先挖排水沟，随挖随加深，形成连通基坑内外的暗沟排水系统，以控制地下水位，至基础底板标高后作成暗沟，使基础周围地下水流向永久性下水道或集中到设计永久性排水坑，用水泵将地下水排走，使水位降低到基底以下。本方法可避免地下水冲刷边坡造成塌方，减少边坡挖土量。适于基坑深度较大、场地狭窄、地下水较旺的构筑物施工基坑排水。

5. 利用工程设施排水

选择基坑附近深基础工程先施工，作为施工排水的集水井或排水设施，使基础内及附近地下水汇流该较低处集中，再用水泵排走(图 4-85)；或先施工建筑物周围或内部的正式防水、排水设计的渗排水工程或下水道工程，利用其作为排水设施，在基坑一侧或两侧设排水明沟或暗沟，将水流引入渗排水系统或下水道排走。本法利用永久性工程设施降排水，省去大量挖沟工程和排水设施，因此最为经济。适于工程附近有较深的大型地下设施(如设备基础群、地下室等)工程的排水。

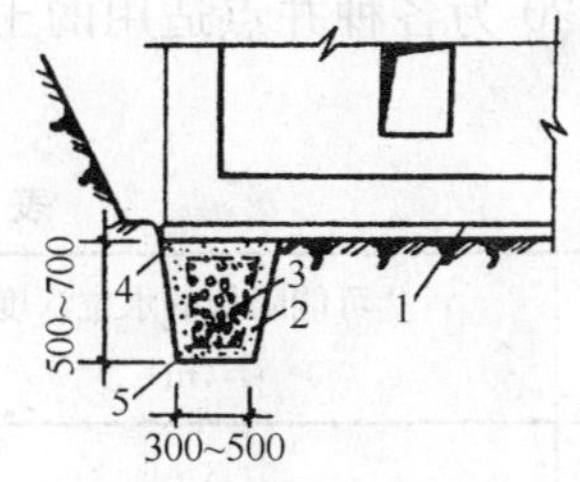

图 4-84 暗沟排水构造

1—垫层；2—砂框(中、粗砂)；
3—外为 5～20mm，粒径卵石、中间为
20～80mm 粒径卵石；4—油毡；
5—沟底用混凝土找成不小于 5‰的坡度坡向集水井

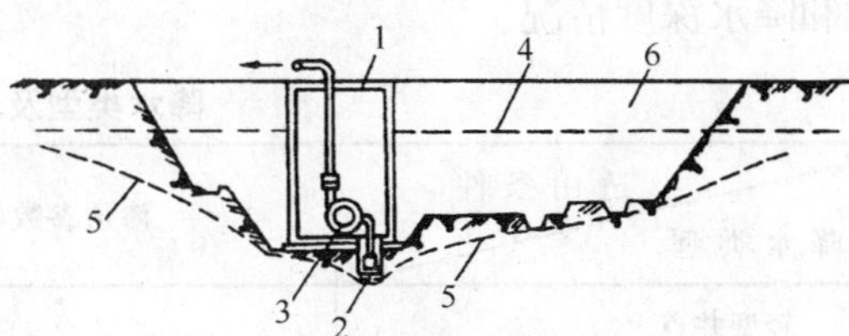

图 4-85 工程设施降排水法

1—先施工地下深构筑物；2—构筑物内集水井；
3—水泵；4—原地下水位线；
5—降低后地下水位线；6—设备基础基坑

4-8-2-3 排水机具的选用

基坑排水广泛采用动力水泵，一般有机动、电动、真空及虹吸泵等。选用水泵类型时，一般取水泵的排水量为基坑涌水量的 1.5～2 倍。当基坑涌水量 $Q<20m^3/h$，可用隔膜式泵或潜水电泵；当 $Q=20\sim60m^3/h$，可用隔膜式或离心式水泵，或潜水电泵；当 $Q>60m^3/h$，多用离心式水泵。隔膜式水泵排水量小，但可排除泥浆水，选择时应按水泵的技术性能选用。

当基坑涌水量很小，亦可采用人力提水桶、手摇泵或水龙车等将水排出。

4-8-3 降水施工要点及质量控制

4-8-3-1 各种井点的选用

(1) 在地下水位以下的含水丰富的土层中开挖大面积基坑时，采用一般的明沟排水方法，常会遇到大量地下涌水，难以排干；当遇粉、细砂层时，还会出现严重的翻浆、冒泥、流砂现象，不仅使基坑无法挖深，而且还会造成大量水土流失，使边坡失稳或附近地面出现塌陷，严重时还会影响邻近建筑物的安全。当遇有此种情况出现，一般应采用人工降低地下水位的方法施工。

(2) 人工降低地下水位，常用的为各种井点降水方法，它是在基坑开挖前，沿开挖基坑的四周、或一侧、二侧埋设一定数量深于坑底的井点滤水管或管井，以总管连接或直接与抽水设备连接从中抽水，使地下水位降落到基坑底 0.5～1.0m 以下，以便在无水干燥的条件下开挖土方和进行基础施工，不但可避免大量涌水、冒泥、翻浆，而且在粉细砂、粉土地层中开挖基坑时，采用井点法降低地下水位，可防止流砂现象的发生；同时，大大提高了边坡的稳定性，边坡可放陡，可减少土方开挖量；此外，由于渗流向下，动水压力加强重力，增加土颗粒间的压力使坑底土层更为密实，改善了土的性质；而且，井点降水可大大改善施工操作条件，提高工效，加快工程进度。但井点降水设备一次性投资较高，运转费用较大，施工中应合理地布置和适当地安排工期，以减少作业时间，降低排水费用。

(3) 井点降水方法的种类有：单层轻型井点、多层轻型井点、喷射井点、电渗井点、管井井点、深井井点、无砂混凝土管井点以及小沉井井点等。可根据土的种类，透水层位置、厚度，土层的渗透系数，水的补给源，井点布置形式，要求降水深度，邻近建筑、管线情况，工程特点，场地及设备条件以及施工技术水平等情况，作出技术经济和节能比较后确定，选用一种或两种，或井点与明排综合使用。表 4-20 为各种井点适用的土层渗透参数和降水深度情况。

降水类型及适用条件 **表 4-20**

适用条件 降水类型	渗透参数(m/d)	可能降低的水位深度 (m)
轻型井点 多级轻型井点	$10^{-2}\sim10^{-5}$	3～6 6～12
喷射井点	$10^{-3}\sim10^{-6}$	8～20
电渗井点	$<10^{-6}$	宜配合其他形式降水使用
深井井点	$\geqslant10^{-5}$	>10

4-8-3-2 轻型井点

轻型井点系在基坑的四周或一侧埋设井点管深入含水层内，井点管的上端通过连接弯管与集水总管连接，集水总管再与真空泵和离心水泵相连，启动抽水设备，地下水便在真空泵吸力的作用下，经滤水管进入井点管和集水总管，排除空气后，由离心水泵的排水管排出，使地下水位降到基坑底以下。

轻型井点系统主要机具设备由井点管、连接管、集水总管及抽水设备等组成。

本法具有机具简单，使用灵活，装拆方便，降水效果好，可防止流砂现象发生，提高边坡稳定，费用较低等优点，但需配置一套井点设备。适于渗透系数为 0.1～50m/d 的土以及土层中含有大量的细砂和粉砂的土或明沟排水易引起流砂、塌方等情况下使用。

1. 井点布置

井点布置应根据基坑平面形状与大小、地质和水文情况、工程性质、降水深度等而决定。当基坑(槽)宽度小于 6m，且降水深度不超过 6m 时，可采用单排井点，布置在地下水上游一侧(图 4-86)；当基坑(槽)宽度大于 6m，或土质不良，渗透系数较大时，宜采用双排井点，布置在基坑(槽)的两侧；当基坑面积较大时，宜采用环形井点(图 4-87)，挖土运输设备出入道可不封闭，间距可达 4m，一般留在地下水下游方向。井点管距坑壁不应小于 1.0～1.5m，距离太小，易漏气，且增加了井点数量；间距一般为 0.8～1.6m。集水总管标高宜尽量接近地下水位线并沿抽水水流方向有 0.25%～0.5%的上仰坡度，水泵轴心与总管齐平。井点管的入土深度应根据降水深度及贮水层所在位置决定，但必须将滤水管埋入含水层内，并且比挖基坑(沟、槽)底深 0.9～1.2m。

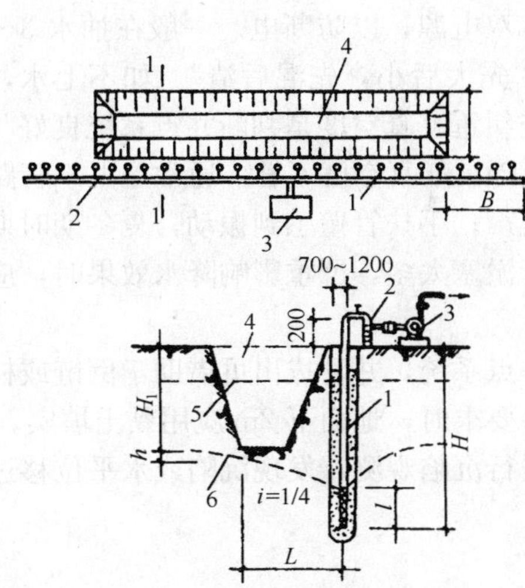

图 4-86 单排线状井点布置

1—井点管；2—集水总管；3—抽水设备；4—基坑；5—原地下水位线；6—降低后地下水位线

H—井点管长度；H_1—井点埋设面至基础底面的距离；h—降低后地下水位至基坑底面的安全距离，一般取 0.5～1.0m；L—井点管中心至基境外边的水平距离；l—滤管长度；B—开挖基坑上口宽度

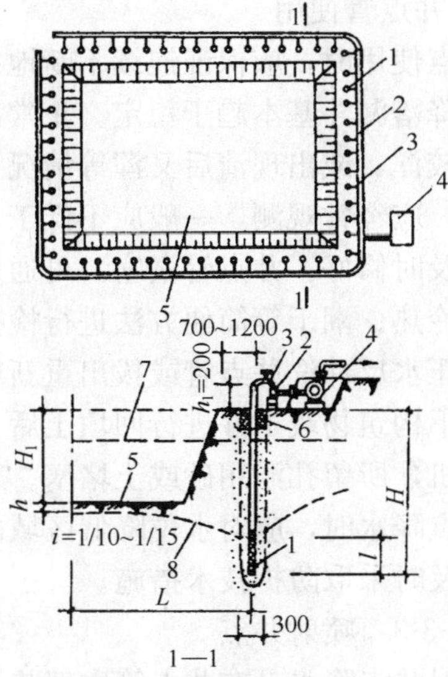

图 4-87 环形井点布置图

1—井点；2—集水总管；3—弯联管；4—抽水设备；5—基坑；6—填黏土；7—原地下水位线；8—降低后地下水位线

H—井点管埋置深度；H_1—井点管埋设面至基底面的距离；A—降低后地下水位至基坑底面的安全距离，一般取 0.5～1.0m；L—井点管中心至基坑中心的水平距

一套抽水设备的总管长度一般不大于 100～120m。当主管过长时，可采用多套抽水设备。井点系统可以分段，各段长度应大致相等，宜在拐角处分段，以减少弯头数量，提高抽吸能力。分段宜设阀门，以免管内水流紊乱，影响降水效果。

真空泵由于考虑水头损失，一般降低地下水深度只有 5.5～6m。当一级轻型井点不能满足降水深度要求时，可采用明沟排水与井点相结合的方法，将总管安装在原有地下水位线以下，或采用 H 级轻型井点排水(降水深度可达 7～10m)，即先挖去第一级井点排干的土，然后再在坑内布置埋设第二级井点。

2. 井点施工工艺程序

放线定位→铺设总管→冲孔→安装井点管、填砂砾滤料、上部填黏土密封→用弯联管将井点管与总管接通→安装抽水设备与总管连通→安装集水箱和排水管→开动真空泵排气、再开动离心水泵抽水→测量观测井中地下水位变化。

3. 井点管埋设

井点管埋设方法，可根据土质情况、场地和施工条件，选择适用的成孔机具和方法，其工艺方法基本都是用高压水冲刷土体，用冲管扰动土体助冲，将土层冲成圆孔后埋设井点管，只是冲管构造有所不同。所有井点管在地面以下 0.5～1.0m 的深度内，用黏土填实，以防止漏气。井点管埋设完毕，应接通总管与抽水设备，接头要严密，并进行试抽水，检查有无漏气、淤塞等情况，出水是否正常，如有异常情况，应检修好方可使用。

4. 井点管使用

井点使用时，应保证连续不断地抽水，并备有双电源，以防断电。一般在抽水 3～4d 后水位降落漏斗基本趋于稳定。正常出水规律是“先大后小，先混后清”。如不上水，或水一直较浑，或出现清后又浑等情况，应立即检查纠正。真空度是判断井点系统良好与否的尺度，应经常观测，一般应不低于 55.3～66.7kPa。如真空度不够，通常是由于管路漏气，应及时修好。井点管淤塞，可通过听管内水流声；手扶管壁感到振动；夏冬期时期手摸管子冷热、潮干等简便方法进行检查。如井点管淤塞太多，严重影响降水效果时，应逐个用高压水反冲洗井点管或拔出重新埋设。

地下构筑物竣工并进行回填土后，方可拆除井点系统，井管拔出可借助于倒链或杠杆式起重机，所留孔洞用砂或土堵塞。对地基有防渗要求时，地面下 2m 应用黏土填实。

井点降水时，应对水位降低区域内的建筑物进行沉陷观测，发现沉陷或水平位移过大时，应及时采取防护技术措施。

4-8-3-3 喷射井点

喷射井点降水是在井点管内部装设特制的喷射器，用高压水泵或空气压缩机通过井点管中的内管向喷射器输入高压水(喷水井点)或压缩空气(喷气井点)形成水气射流，将地下水经井点外管与内管之间的间隙抽出排走。本法设备较简单，排水深度大，可达 8～20m，比多层轻型井点降水设备少，基坑土方开挖量少，施工快，费用低。适于基坑开挖较深、降水深度大于 6m、土渗透系数为 3～50m/d 的砂土或渗透系数 0.1～3m/d 的粉砂、淤泥质土、粉质黏土中使用。

1. 井点设备

喷射井点根据其工作时使用的喷射介质的不同，分为喷水井点和喷气井点两种。其主要设备由喷射井管、高压水泵(或空气压缩机)和管路系统组成。

2. 井点布置

喷射井点管的布置与井点管的埋设方法和要求与轻型井点基本相同。基坑面积较大时，采用环形布置；基坑宽度小于 10m，采用单排线型布置；大于 10m 时作双排布置。喷射井管间距一般为 2～3.5m；采用环形布置，进出口(道路)处的井点间距为 5～7m，冲孔直径为 400～600mm，深度比滤管底深 1m 以上。

3. 施工工艺程序

设置泵房，安装进、排水总管→水冲法或钻孔法成井→安装喷射井点管、填滤料→接通过水、排水总管，并与高压水泵或空气压缩机接通→将各井点管的外管管口与排水管接通，并通到循环水箱→启动高压水泵或空气压缩机抽取地下水→用离心泵排除循环水箱中多余的水→测量观测井中地下水位。

4. 井点埋设与使用

(1) 安装前，应对喷射井点管逐根冲洗，检查完好始可使用。井点管埋设宜用套管冲枪(或钻机)成孔，加水及压缩空气排泥，当套管内含泥量经测定小于 5%时才下井管及灌砂，然后再将套管拔起。下井管时，水泵应先开始运转，以使每下好一根井管，立即与总管接通(不接回水管)后及时进行单根试抽排泥，并测定真空度，待井管出水变清后为止，地面测定真空度不宜小于 93.3kPa。全部井点管沉没完毕后，再接通回水总管，全面试抽，然后让工作水循环进行正式工作。各套进水总管均应用阀门隔开，各管回水，总管应分开。

(2) 使用时，开泵压力要小些(小于 0.3MPa)，以后再逐渐正常。抽水时，如发现井管周围有泛砂冒水现象，应立即关闭井点管进行检修。工作水应保持清洁，试抽 2d 后应更换清水，以减轻工作水对喷嘴及水泵叶轮等的磨损，一般经 7d 左右即可稳定，开始挖土。

4-8-3-4 电渗井点

在饱和黏性土中，特别是在淤泥和淤泥质黏土中，由于土的渗透系数很小(小于 0.1m/d)，使用重力或真空作用的一般轻型井点降水，效果很差，此时宜采用电渗井点排水。它是利用黏性土中的电渗现象和电泳特性，使黏性土空隙中的水流动加快，起到一定的疏干作用，从而使软土地基排水效率得到提高。本法一般与轻型井点或喷射井点结合使用，效果较好，除有与一般井点相同的优点(如设备简单、施工方便、效果显著等)外，还可用于渗透系数很小(0.1～0.002m/d)的黏土和淤泥土中，效果良好。

1. 井点设备及布置

电渗排水是利用井点管(轻型井点或喷射井点管)本身作阴极，沿基坑(槽、沟)外围布置。用钢管(直径 50～70mm)或钢筋(直径 25mm 以上)作阳极，埋设在井点管环圈内侧 1.25m 处，外露在地面上约 20～40cm，其入土深度应比井点管深 50cm，以保证水位能降到所要求的深度。阴阳极本身的间距，采用轻型井点作阳极一般为 0.8～1.0m；采用喷射井点时为 1.2～1.5m，并成平行交错排列，阴阳极的数量宜相等，必要时，阳极数量可多于阴极数量。阴、阳极分别用 BX 型铜芯橡皮线或扁钢、钢筋等连成通路，并分别接到直流发电机的相应电极上。一般常用功率为 9.6～55kW 的直流电焊机代替直流发电机使用。

当通电后，应用电压比降使带负电荷的土粒向阳极方向移动(即电泳作用)，带正电荷的孔隙水则向阴极方向集中产生电渗现象，而在电渗与真空的双重作用下，强制黏土中的水从内向外流入井点管附近积集，由井点管快速排除，使井点管能保持连续抽水，地下水位逐渐下降。而电极间的土层则形成电围幕，由于电场作用而阻止地下水从四周流入坑内。

2. 井点埋设与使用

电渗井点埋设程序一般是先埋设轻型井点或喷射井点管，预留出布置电渗井点阴极的位置，待轻型井点降水不能满足降水要求时，再埋设电渗阴极，以改善降水性能。电渗井点阴极埋设与轻型井点、喷射井点相同，阳极埋设可用直径 75mm 旋叶式电钻钻孔埋设，钻进时，加水和高压空气循环排泥，阳极就位后，利用下一钻孔排出泥浆倒灌填孔，使阳极与土接触良好，减少电阻，以利电渗。电渗降水时，为清除由于电解作用产生的气体积聚在电极附近及表面，而使土体电阻加大，电能消耗增加，应采用间歇通电方式，即通电 24h 后，停电 2～3h 再通电。

4-8-3-5 管井井点

管井井点由滤水井管、吸水管和抽水机械等组成。管井井点设备较为简单，排水量大，降水较深，较轻型井点具有更大的降水效果，可代替多组轻型井点使用，水泵设在地面，易于维护。适于渗透系数较大，地下水丰富的土层、砂层或用明沟排水法易造成土粒大量流失，引起边坡塌方及用轻型井点难以满足要求的情况下使用。但管井属于重力排水范畴，吸程高度受到一定限制，要求渗透系数较大(20～200m/d)，降水深度仅为 3～5m。

井点设备主要有：滤水井管、吸水管、水泵等。

1. 管井的布置

管井的布置采取沿基坑外围四周呈环形布置或沿基坑(或沟槽)两侧或单侧呈直线形布置，井中心距基坑边缘的距离，依据所用钻机的钻孔方法而定，当用冲击钻法时为 0.5～1.5m；当用钻孔法成孔时不小于 3m。管井埋设的深度和距离，根据需降水面积和深度及含水层的渗透系数等而定，最大埋深可达 10m，间距 10～15m。

2. 管井的设置

管井埋设可采用泥浆护壁冲击钻成孔或泥浆护壁钻孔方法成孔。钻孔底部应比滤水井管深 200mm 以上。井管下沉前应进行清洗滤井，冲除沉渣，可灌入稀泥浆用吸水泵抽出、置换或用空压机洗井法，将泥渣清出井外，并保持滤网的畅通，然后下管。滤水井管应置于孔中心，下端用圆木堵塞管口，井管与孔壁之间用 3～15mm 砾石填充作过滤层，地面下 0.5m 内用黏土填充夯实。水泵的设置标高根据要求的降水深度和所选用的水泵最大真空吸水高度而定，一般为 5～7m，当吸程不够时，可将水泵设在基坑内。

3. 管井的使用管理

管井使用时，应经试抽水，检查出水是否正常，有无淤塞等现象，如情况异常，应检修好后方可转入正常使用。抽水过程中，应经常对抽水设备的电动机、传动机械、电流、电压等进行检查，并对井内水位下降和流量进行观测和记录。井管使用完毕，井管可用人字拔杆借助钢丝绳、倒链、绞磨或卷扬机将井管徐徐拔出，将滤水井管洗去泥砂后储存备用，所留孔洞用砂砾填实，上部 50cm 深用黏性土填充夯实。

4-8-3-6　深井井点

1. 井点特点

深井井点降水是在深基坑的周围埋置深于基底的井管，通过设置在井管内的潜水电泵将地下水抽出，使地下水位低于坑底。本法具有排水量大，降水深(＞15m)，不受吸程限制，排水效果好；井距大，对平面布置的干扰小；可用于各种情况，不受土层限制；成孔(打井)用人工或机械均可，较易于解决；井点制作、降水设备及操作工艺、维护均较简单，施工速度快；如果井点管采用钢管、塑料管，可以整根拔出重复使用；单位降水费用较轻型井点低(80～120 元/m^2)等优点；但一次性投资大，成孔质量要求严格；降水完毕，井管拔出较困难。适于渗透系数较大(10～250m/d)，土质为砂类土，地下水丰富、降水深、面积大、时间长的情况，降水深可达 50m 以内，对于有流砂的地区和重复挖填土方地区使用，效果尤佳。

井点系统设备由深井、井管、潜水泵等组成。

2. 深井井点埋设与使用

(1) 深井井点一般施工工艺程序是：井点测量定位→挖井口、安护筒→钻孔就位→钻孔→回填井底砂垫层→吊放井管→回填井管与孔壁间的砂砾过滤层→洗井→井管内下设水泵、安装抽水控制电路→试抽水→降水井正常工作→降水完毕拔井管→封井。

(2) 成孔可根据土质条件和孔深要求，采用冲击钻钻孔(CZ-22 型或 CZ-20 型)、回转钻钻孔、潜水电钻钻孔，用泥浆护壁，孔口设置护筒，以防孔口塌方，并在一测设排泥沟、泥浆坑。孔径应较井管直径每边大 150～250mm。当不设沉砂管时，钻孔深度应比抽水期内可能沉积的高度适当加深。成孔后，应立即安装井管，以防塌孔。

(3) 深井井管沉放前应清孔，一般用压缩空气洗井或用吊筒反复上下取出泥渣洗井，或用压缩空气(压力为 0.8MPa、排气量为 12m^3/min)与潜水泵联合洗井。

(4) 井管下放时，将预先制作好的井管用吊车或三木搭借卷扬机分段下设，分段焊接牢固，直下到井底。井管安放应力求垂直并位于井孔中间；管顶部比自然地面高 500mm 左右。井管过滤部分应放置在含水层适当的范围内，井管下入后，及时在井管与土壁间填充砂砾滤料。粒径应大于滤网的孔径，一般为 3～5mm 的细砾石。砂砾滤料必须符合级配要求，将设计砂砾规格上、下限以外的颗粒筛除，合格率要大于 90%，杂质含量不大于 3%；不得用装载机直接填料，应用铁锹下料，以防分层不均匀和冲击井管，填滤料要一次连续完成，从底填到井口下 1m 左右，上部采用不含砂石的黏土封口。管周围填砂滤料后，安设水泵前应按规定先清洗滤井，冲除沉渣。一般采用压缩空气洗井法，当井管内泥砂多时，可采用"憋气沸腾"的办法，即采取反复关闭、开启管上的气水土混合物的阀门，破坏井壁泥皮。在洗井开始 30min 左右及以后每 60min 左右，关闭一次管上的阀门，憋气 2～3min，使井中水沸腾来破坏泥皮和泥砂与滤料的粘结力，直至井管内排出的水由混变清，达到正常出水量为止。洗井应在下完井管，填好滤料，封口后 8h 内进行，一气呵成，以免时间过长，护壁泥皮逐渐老化，难以破坏，影响渗水效果。

(5) 潜水泵在安装前，应对水泵本身和控制系统作一次全面细致地检查。检查电动机的旋转方向，各部位螺栓是否拧紧，润滑油是否加足，电缆接头的封口有无松动，电缆线有无破坏折断等情况，然后在地面上转 3～5min，如无问题，始可放入井中使用。安装完毕，应进行试抽水，满足要求后始转入正常工作。

(6) 井管使用完毕，用吊车或用三木搭借助钢丝绳、倒链，将井管口套紧徐徐拔出，滤水管拔出洗净后再用，拔出所留的孔洞用砂砾填充、捣实。

4-8-4 井点回灌施工要点及质量控制

基坑开挖，为保证挖掘部位地基土稳定，常用井点排水等方法降低地下水位。在降水的同时，由于挖掘部位地下水位的降低，导致其周围地区地下水位随之下降，使土层中因失水而产生压密，因而经常会引起邻近建(构)筑物、管线的不均匀沉降或开裂。为了防止这一情况的发生，通常采用设置井点回灌的方法。

井点回灌是在井点降水的同时，将抽出的地下水(或工业水)，通过回灌井点持续地再潜入地基土层内，使降水井点的影响半径不超过回灌井点的范围(图 4-88)。这样，回灌

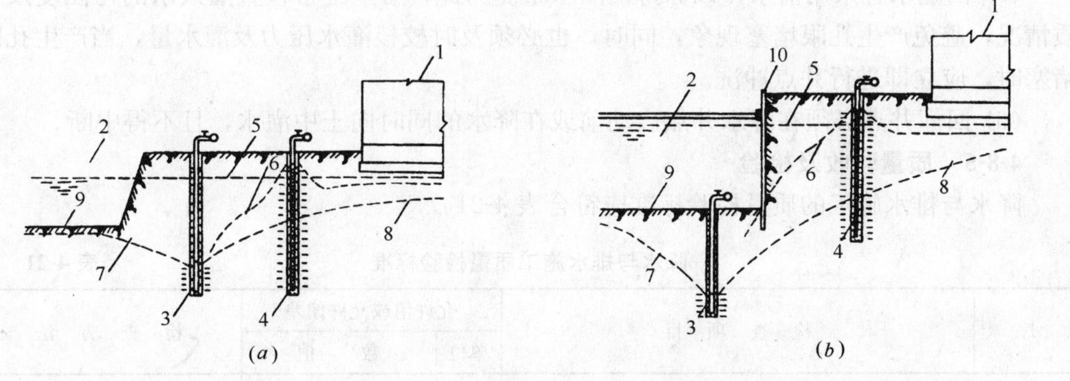

图 4-88 回灌井点布置示意

1—原有建筑物；2—开挖基坑；3—降水井点；4—回灌井点；5—原有地下水位线；6—降灌井点间水位线；7—降低后地下水位线；8—仅降水时水位线；9—基坑底

井点就以一道隔水帷幕，阻止回灌井点外侧的建筑物下的地下水流失，使地下水位基本保持不变，土层压力仍处于原始平衡状态，从而可有效地防止降水井点对周围建(构)筑物地下管线的影响。

本法适于在软弱土层中开挖基坑降水，要求对附近建(构)筑物不产生不均匀下沉和裂缝，或不影响附近设备正常生产的情况下采用。具有设备操作简单，效果好，费用低，可防止降水点周围地下水位的下降以及地基的固结沉降，保证建(构)筑物使用安全、生产正常进行；同时，还可部分解决地下水抽出后的排放问题等优点。但需两套井点系统设备，管理较为复杂。

4-8-4-1　回灌井点构造

回灌井点系统由水源、流量表、水箱、总管、回灌井管组成。其工作方式恰好与降水井点系统相反，将水灌入井点后，水从井点周围上层渗透，在土层中形成一个和降水井点相反的倒转降落漏斗。

4-8-4-2　施工要点

(1) 回灌井点埋设方法及质量要求与降水井点相同。

(2) 回灌水量应根据地下水位的变化及时调整，尽可能保持抽灌平衡，既要防止灌水量过大，而渗入基坑影响施工，又要防止灌水量过少，使地下水位失控而影响回灌效果。为此，要在原有建(构)筑物上设置沉降观测点，进行精密水准测量，在基坑纵横轴线及原来建(构)筑物附近设置水位观测井，以测量地下水位标高，固定专人定时观测，并做好记录。以便及时调整抽水量或灌水量，使原有建(构)筑物下的地下水位保持一定的深度，从而达到控制沉降的目的，避免裂缝的产生。

(3) 回灌注水压力应大于0.5个大气压以上，为满足注水压力的要求，应设置高位水箱，其高度可根据回灌水量配置。一般采用将水箱架高的办法提高回灌水压力，靠水位差重力自流灌入土中。

(4) 要做好回灌井点设置后的冲洗工作，冲洗方法一般是往回灌井点大量地注水后，迅速进行抽水，尽可能地加大地基内的水力梯度，这样，既可除去地基内的细粒成分，又可提高其灌水能力。

(5) 回灌水宜采用清水，以保持回灌水量。为此，必须经常检查灌入水的污浊度及水质情况，避免产生孔眼堵塞现象，同时，也必须及时校核灌水压力及灌水量，当产生孔眼堵塞时，应立即进行井点冲洗。

(6) 回灌井点必须在降水井点启动前或在降水的同时向土中灌水，且不得中断。

4-8-5　质量验收及检验

降水与排水施工的质量检验标准应符合表4-21。

降水与排水施工质量检验标准　　**表4-21**

序	检查项目	允许值或允许偏差		检查方法
		单位	数值	
1	排水沟坡度	‰	1～2	目测：坑内不积水
2	井管(点)垂直度	%	1	插管时目测
3	井管(点)间距(与设计值比)	mm	≤150	用钢尺量

续表

序	检 查 项 目	允许值或允许偏差		检 查 方 法
		单位	数 值	
4	井管(点)插入深度(与设计值比)	mm	200	水准仪
5	过滤砂砾料填灌(与计算值比)	mm	5	检查回填料用量
6	井点真空度(轻型井点/喷射井点)	kPa	>60/>93	真空度表
7	电渗井点阴阳极距离(轻型井点/喷射井点)	mm	80～100/120～150	用钢尺量

4-9 SMW 工法

SMW 工法施工的围护壁，其构成原理即为用水泥土搅拌桩形成不透水的止水帷幕墙身，然后在该墙体中插入型钢，让型钢作为围壁的受力壁，施工成本降低，取得较好的技术经济指标。水泥土搅拌连续墙施工(SMW 工法)的主要施工过程分为两个部分，第一部分是水泥土搅拌墙的施工；第二部分为地下室施工完成后，墙内型钢的起拔和回收，显然第一部分是主要的施工过程。

4-9-1 SWM 工法施工工艺

工艺流程见图 4-89。

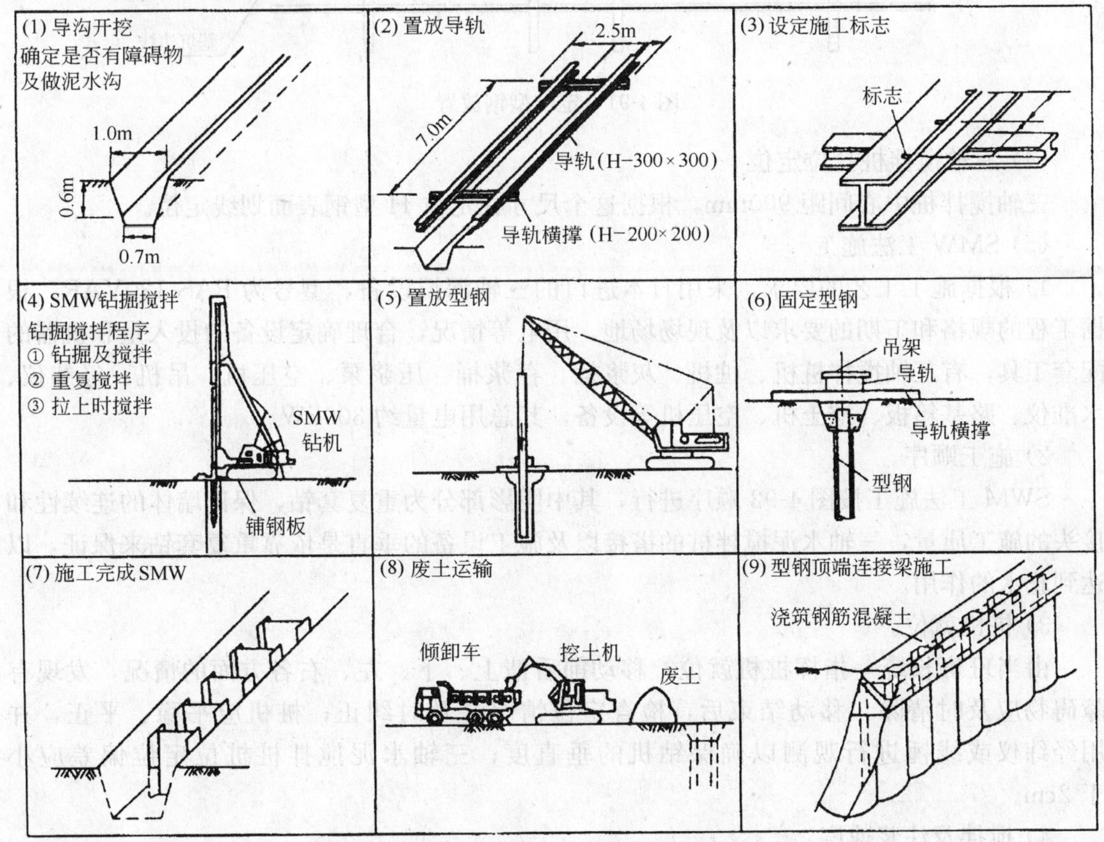

图 4-89 SMW 工法施工顺序

(1) 测量放线

根据甲方提供坐标基准点，放出桩位，设立临时控制桩，做好技术复核单，提请甲方验收。

(2) 挖沟槽

根据基坑围护边线用 0.4m³ 挖机开挖槽沟，并清除地下障碍物，沟槽尺寸如图 4-90，开挖沟槽土体应及时处理，以保证 SMW 工法正常施工。

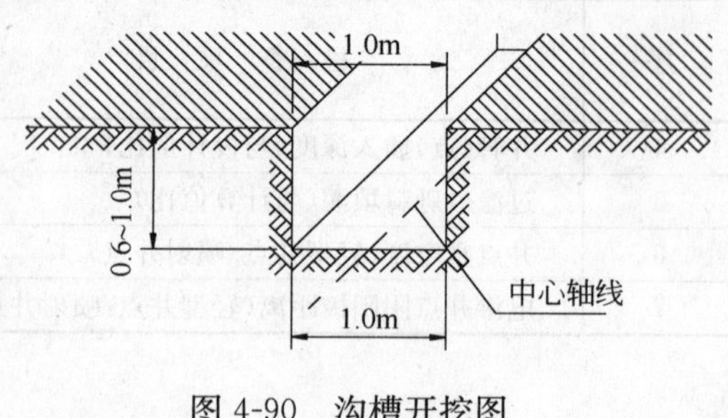

图 4-90　沟槽开挖图

(3) 定位型钢放置

在槽沟两侧打入地下 4 根 10 号槽钢，深 1.5m，作为固定支点，垂直槽沟方向放置两根型钢与支点焊接，长约 2.5m，再在其上平行槽沟方向放置两根型钢，长约 7～12m，两组型钢之间焊接住，具体见图 4-91。

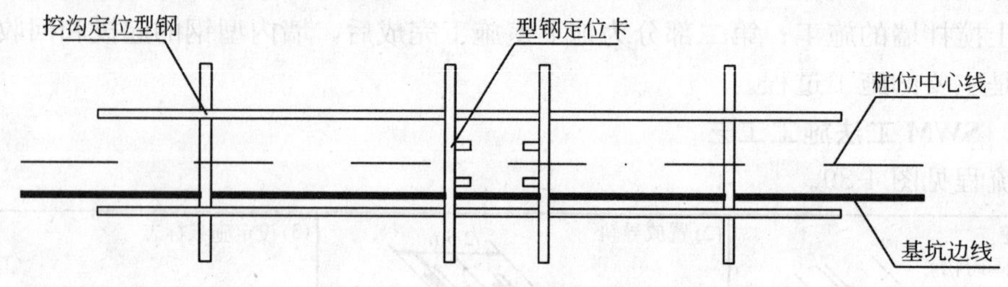

图 4-91　定位型钢放置

(4) 三轴搅拌桩孔位定位

三轴搅拌桩中心间距 900mm，根据这个尺寸在定位 H 型钢表面划线定位。

(5) SMW 工法施工

1) 根据施工工艺的要求，采用日本进口的三轴深搅设备，型号为 PAS-120VAR。根据工程的规格和工期的要求以及现场场地、用电等情况，合理确定设备的投入量和机器的配套工具，有三轴搅拌桩机、桩机、灰浆桶、存浆桶、压浆泵、空压机、吊机、经纬仪、水准仪、路基箱板、挖土机、空压机等设备，其总用电量约 300kW。

2) 施工顺序。

SWM 工法施工按图 4-92 顺序进行，其中阴影部分为重复套钻，保证墙体的连续性和接头的施工质量，三轴水泥搅拌桩的搭接以及施工设备的垂直是依靠重复套钻来保证，以达到止水的作用。

3) 桩机就位。

由当班班长统一指挥桩机就位，移动前看清上、下、左、右各方面的情况，发现有障碍物应及时清除，移动结束后，检查定位情况并及时纠正；桩机应平稳、平正，并用经纬仪或线锤进行观测以确保钻机的垂直度；三轴水泥搅拌桩桩位定位偏差应小于 2cm。

4) 搅拌及注浆速度。

① 三轴水泥搅拌桩在下沉和提升过程中均应注入水泥浆液，同时严格控制下沉和提

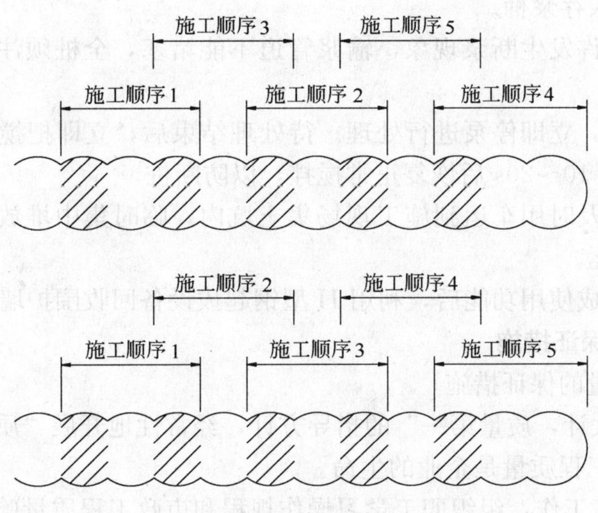

图 4-92 SWM 施工顺序

升速度，根据有关技术资料下沉速度不大于 2m/s，在桩底部分重复搅拌注浆，并做好原始记录。

② 在施工现场搭建搅拌浆施工平台，平台附近搭建水泥库，在开机前应进行浆液的搅制，水泥浆液的水灰比控制在 1.6 左右，每立方搅拌水泥土水泥用量为 360kg，土体加固 28d 强度不小于 1.0MPa。

5）H 型钢插入。

三轴水泥搅拌桩施工完毕后，吊机应立即就位，准备吊放 H 型钢。型钢应预涂减摩剂，以便回收。

① 起吊前，在距 H 型钢顶端 0.2m 处开一个中心孔，孔径约 4cm，装好吊具和固定物，然后用 15t 吊机起吊 H 型钢，必须保持垂直。

② 在沟定位型钢上设 H 型钢定位卡固定，定位卡必须牢固、水平，然后将 H 型钢底部中心对正桩位中心。

③ 当 H 型钢插入到设计标高时，用 $\phi 8$ 吊筋将 H 型钢固定。溢出的水泥土必须进行处理，控制到一定标高，以便进行下道工序施工。

④ 待水泥土搅拌桩硬化到一定程度后，将吊筋与槽沟定位型钢撤除。

6）报表记录。

施工过程中由专人负责记录，记录要求详细、真实、准确。

7）每天要求做一组 7.07×7.07×7.07(cm)试块，试样宜取自最后一次搅拌头提升出来的附于钻头上的土，试块制作好后进行编号、记录、养护，到龄期后，送实验室做抗压强度试验。

8）为确保桩身强度和均匀性，要求做到：

① 严格按设计要求配制浆液。

② 土体应充分搅拌，严格控制下沉速度，使原状土充分破碎以有利于同水泥浆液均匀拌合。

③ 浆液不能发生离析，水泥浆液应严格按预定配合比制作，为防止灰浆离析，放浆

前必须搅拌 30s 再倒入存浆桶。

④ 压浆阶段不允许发生断浆现象，输浆管道不能堵塞，全桩须注浆均匀，不得发生夹皮层。

⑤ 发现管道堵塞，立即停泵进行处理。待处理结束后，立即把搅拌钻具上提或下沉 1.0m 后方可注浆，等 10～20s 后恢复正常搅拌，以防断桩。

⑥ 对溢出的泥土及时用车运到施工现场集土坑内，临时集中堆放，待达到一定强度后，方能组织土方外运。

9）在围护结构完成使用功能后，利用 H 型钢起拔设备回收围护墙中的 H 型钢。

4-9-2　质量安全保证措施

4-9-2-1　工程质量的保证措施

（1）贯彻“百年大计，质量第一”的指导方针，经常性地开展“质量第一”的教育活动，使每个职工懂得工程质量是企业的生命。

（2）做好技术交底工作，组织职工学习操作规程和市政工程质量验收标准，确保在施工中各分部分项工程达到和超过设计质量要求。

（3）由专职测量人员负责测量放线及桩位的定位，质量员要和公司工程师一起复核重要的内业数据。

（4）贯彻“三检制”原则，坚持实行自检、互检、专检相结合，建立交接制度，各道工序经查合格，签字验收后，方可进行下一道工序施工，并做好验收交接记录。

（5）在试验方面，材料供应部门在材料送至现场时，应同时提交材料质保单，水泥要做稳定性试验，测试报告应在正式施工前完成，按规定做好抗压试块，并按时送试验室试验。

（6）桩机必须端正、稳固、水平，用经纬仪或线锤保持其垂直度。

（7）浆液配制必须按规定的配合比进行配制。

（8）为保证水泥土搅拌均匀，必须控制好下沉提升速度。下沉不大于 1m/min，提升不大于 2m/min。若出现堵管、断浆等现象，应立即停泵，查找原因进行处理，待故障排除后须将钻井具提升或下沉 1m 方能喷浆，以防止断桩。

（9）对溢出的泥土应及时处理，以保证 SMW 工法的硬化及下道工序的施工。

4-9-2-2　安全施工措施

安全施工是工程施工得以正常进行的根本保证，本工程施工时，采取以下安全措施：

（1）严格执行有关劳动保护和安全生产制度。

（2）组织职工学习安全生产和安全操作规程，提高施工人员对安全生产和防火工作的认识，牢固树立“安全第一”的指导思想，确保生产的安全。

（3）加强电器和电线管理，施工现场电箱使用前必须经专职人员检查，防止电线、电器因磨坏与损伤发生漏电事故，电箱必须上锁，由专人负责管理。

（4）作业现场必须戴好安全帽。

（5）机械设备、电气设备应由专人专职操作，杜绝无证上岗作业。

4-9-3　常见问题及防治方法

SMW 工法挡墙施工常见问题、产生原因、预防措施及治理方法见表 4-22。

SMW工法挡墙施工常见问题、产生原因、预防措施及治理方法　　表 4-22

常见问题	产生原因	预防措施及治理方法
搅拌体不均匀(搅拌体质量不均匀，或出现无水泥浆拌合情况)	(1) 工艺不合理 (2) 搅拌机械、注浆机械操作中发生故障，造成注浆不连续，供水不均匀，使软黏土被扰动，无水泥浆拌合 (3) 搅拌机械提升速度不均匀	(1) 选择合理的工艺 (2) 施工前对搅拌机械、注浆设备、制浆设备等进行检查、维修、试运转 (3) 灰浆拌合搅拌时间应不少于2min，增加拌合次数，保证拌合均匀，不使浆液沉淀 (4) 采取提高搅拌转数，降低钻进速度，边搅拌、边提升等措施提高拌合的均匀性 (5) 单位时间内的注浆量要相等，不能忽多忽少，更不能中断 (6) 重复搅拌下沉及提升各一次，以反复搅拌的办法解决钻进速度快和搅拌速度慢的矛盾，即采用一次喷浆二次补浆或重复搅拌的施工工艺 (7) 拌制固化剂时，不任意加水，以防改变水泥浆的水灰比，降低搅拌体强度
喷浆不正常(施工中喷浆突然中断)	(1) 注浆泵、搅拌机出现故障 (2) 喷浆口被堵塞 (3) 管路中有砖块和杂物，造成堵塞 (4) 水泥浆的水灰比稠度不合适	(1) 注浆泵、搅拌机等施工机械在施工前应进行维修、试运转，保证能正常使用 (2) 喷浆口采用逆止阀(单向球阀)，防止倒灌水泥 (3) 注浆应连续进行，不得中断 (4) 搅拌机的输浆高压胶管应与灰浆泵可靠连接 (5) 在钻头喷浆口上方设置越浆板，防止堵塞 (6) 泵与管路用完后，要清洗干净，并在集浆池上都设细筛过滤，防止杂物及硬块进入管路，造成堵塞 (7) 选用合适的水灰比(一般为0.6～1.0)
抱钻或冒浆(施工中钻头被黏土粘住，产生抱钻或冒浆现象)	(1) 遇硬质黏土层，粘结力强，不易拌合均匀，搅拌过程中常会产生抱钻现象 (2) 工艺选择不适当 (3) 有些土层虽然容易搅拌均匀，但因其上覆土层压力较大，持浆能力差，容易出现冒浆现象	(1) 搅拌头沉入前，桩位要注水，使搅拌头表面湿润 (2) 地表为软黏土时，可掺加适量砂子，改变土的黏度，防止搅拌头被抱住 (3) 选择合理的搅拌工艺，遇较硬土层及较密实的粉质黏土时，可采用"输水搅动→输浆拌合→搅拌"工艺，并可将搅拌转速提高到50r/min，钻进速度降到1m/min，使拌合均匀，减小冒浆
H型钢插入不到位(向搅拌体中插入H型钢时，H型钢难以到达设计深度)	(1) 搅拌体不均匀，中间有夹层 (2) 水泥浆水灰比稠度不合适 (3) H型钢较轻薄，不能靠自重下沉 (4) 钻孔偏斜，H型钢被孔壁卡住 (5) H型钢插入时状态不垂直，搁在孔壁上 (6) 成桩后未及时插入H型钢，搅拌体已硬化	(1) 严格控制注浆量和提升速度，保证搅拌体质地均匀 (2) 选用合适的水泥掺入比，水泥宜采用42.5MPa、52.5MPa普通硅酸盐水泥，水泥掺入比宜在15%～17%范围之内 (3) 如H型钢不能靠自重下沉，可借助适当的外力(柴油锤或振动锤)将H型钢插入到位 (4) 钻孔时精心操作，保证成孔的垂直度在1%以上 (5) H型钢插入时用经纬仪双向校直 (6) 在成桩之后30min之内插入H型钢，若水灰比或水泥掺入量较大时，插入H型钢时间允许适当延长
H型钢插入位置不正(基坑开挖时，发现H型钢位置不正，有上下偏斜、平面转向等)	(1) 钻孔偏斜 (2) 搅拌体浆液的水泥掺入比与水灰比不合适，或成桩后未及时插入H型钢，致使H型钢插入时不能靠自重下沉 (3) H型钢插入时，未对其作垂直度和平面位置约束	(1) 钻孔时精心操作，保证成孔的垂直度在1%以上 (2) 选用合适的水泥掺入比和水灰比，保证搅拌体浆液有较高的稠度 (3) 在成桩之后30min之内及时插入型钢 (4) H型钢插入前，必须设置好上、下两个约束点，控制H型钢的垂直度和平面位置；H型钢插入时，用经纬仪双向校正其位置偏差

续表

常见问题	产生原因	预防措施及治理方法
H型钢回收困难(基坑施工结束，回收H型钢时，H型钢难以从固结的搅拌体中拔出)	(1) 插入的H型钢形状弯曲，未经整形 (2) H型钢插入前未涂隔离剂 (3) 基坑开挖时，支撑不及时，使H型钢变形过大	(1) H型钢插入前，对H型钢逐根检查，发现弯曲变形的要修整平直 (2) H型钢插入前，在H型钢表面涂减摩隔离剂 (3) 基坑开挖时，要及时支撑，防止H型钢产生过大变形 (4) 基坑内土建筑工结束回填土时，尽可能使H型钢两侧土压平衡 (5) 采用专用的液压顶拔装置顶拔H型钢 (6) 将H型钢用振动锤或柴油锤等打一次，克服水泥土的粘结力后再顶拔
搅拌桩搭接处开叉(开挖基坑时，发现搅拌桩搭接处开叉或分离，出现渗漏水)	(1) 钻机定位不准确，钻头偏离设计的桩位 (2) 钻机设置不稳固，钻孔时机架晃动 (3) 钻孔倾斜，垂直偏差超过规定数值 (4) 钻头磨损，直径小于设计桩体直径	(1) 桩位要按设计尺寸放线定点，钻机定位要准确，成桩后的桩位偏差不应超出5cm (2) 钻机钻孔时，必须保证其下部基箱稳固，机身不晃动，机架横平竖直，水平和垂直倾角均不大于0.5° (3) 每根桩施工前，必须校正搅拌轴两个不同方向的垂直度，成桩的垂直度偏差不应超过1% (4) 经常检查钻头磨损情况，及时补焊因磨损而减小直径的钻头，务必使钻头直径不小于桩体设计直径 (5) 采用局部补桩方法加固支护结构 (6) 在开叉部位钻孔注浆，封堵渗漏水通道
搅拌桩搭接处渗水(基坑开挖时，发现搅拌桩搭接处有明显的施工缝，出现渗漏水)	(1) 互相搭接的相邻桩体未连续施工，相隔时间过长，致使搭接处形成渗水的施工缝 (2) 未对施工时间相隔过长的相邻桩体采取防止渗漏的补救措施	(1) 互相搭接的相邻桩体要连续施工，成桩相隔时间不宜大于24h (2) 相邻桩体成桩相融时间若超过24h，应在后施工的桩体中增加20%的注浆量，以此提高接头缝的止水效果 (3) 在接头缝轻度渗水的情况下，可在基坑开挖施工过程中，随时用TZS水溶性聚氨酯堵漏剂与超早强双快水泥进行堵漏 (4) 在渗漏水有一定水压力的情况下，可先用软管插入渗漏的接头缝中引流，然后用超早强双快水泥封堵漏水的接头缝，待封堵材料达到强度后，再用注浆泵压注TZS水溶性聚氨酯剂进行堵漏 (5) 发现接头缝严重渗漏水情况时，应停止基坑开挖作业，作紧急处理： ① 用装有黏土的草包筑起土坝，阻止坑外地下水继续向坑内渗漏 ② 在相邻搅拌桩搭接缝中钻孔注浆，待渗漏水通道堵塞之后，再逐层拆除土坝，继续开挖基坑

5 桩 基 础

桩基础是由基桩和连接于桩顶的承台共同组成。若桩身全部埋于土中，承台底面与土体接触，为低承台桩基；若桩身上部露出地面而承台底位于地面以上，则称为高承台桩基。建筑桩基通常为低承台桩基础。

桩基础分单桩基础和群桩基础。单桩基础采用一根桩(通常为大直径桩)以承受和传递上部结构(通常为柱)荷载的独立基础。群桩基础为由2根以上基桩组成的桩基础。

桩在工程中的主要作用有：

(1) 通过桩的侧面和土的接触，将荷载传递给桩四周土体，或者将荷载传给深层的岩层、砂层或坚硬的黏土层，从而获得承载能力以支承建筑物；

(2) 对于有液化的地基，为了在地震时仍保持建筑物的稳定安全，通过桩穿过液化土层，将荷载传给稳定的不液化土层；

(3) 桩基具有很大的竖向刚度，因而采用桩基础的建筑物，沉降比较小，而且比较均匀，可以满足对沉降要求特别高的上部结构的安全需要和使用要求；

(4) 桩具有很大的侧向刚度和抗拔能力，能抵抗台风和地震引起的巨大水平力、上拔力和倾覆力矩，保持高耸结构物和高层建筑的安全；

(5) 采用桩基础可以改变地基基础的动力特性，提高地基基础的自振频率，减小振幅，保证机械设备的正常运转。

桩基础作为建筑物结构的一部分，主要承受建筑物的垂直和水平载荷。桩基础能否做到经济合理、技术先进，并能实现其预定功能，完全取决于二个方面：一是设计方案的合理性；二是施工质量的可靠性。在设计方案中，应考虑建筑物所处的地质条件、建筑物的结构特征、建筑物的载荷特征、现有的施工技术、施工环境和检测条件等；在施工中，应考虑施工材料的供应和质量控制、施工工艺的可行性、施工程序和施工过程质量控制标准的掌握。

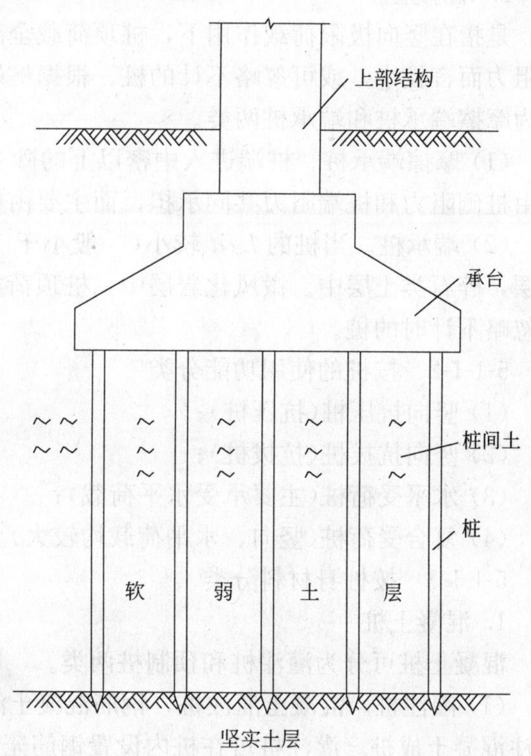

图 5-1　桩基础

5-1 一 般 规 定

5-1-1　桩的分类

根据《建筑桩基技术规范》(JGJ 94—94)，分类如下：

5-1-1-1　按承载性状分类

按竖向荷载下桩土相互作用特点、桩侧阻力与桩端阻力的发挥程度和分担荷载比，将桩分为摩擦型桩和端承型桩两大类。

1. 摩擦型桩

是指在竖向极限荷载作用下，桩顶荷载全部或主要由桩侧阻力承受。根据桩侧阻力分担荷载的比例大小，摩擦型桩分为摩擦桩和端承摩擦桩两类。

(1) 摩擦桩。在深厚的软弱土层中，无较硬的土层作为桩端持力层，或桩端持力层虽然较坚硬但桩的长径比 L/d 很大，传递到桩端的轴力很小，以至在极限荷载作用下，桩顶荷载绝大部分由桩侧阻力承受，桩端阻力很小可忽略不计的桩。

(2) 端承摩擦桩。当桩的 L/d 不很大，桩端持力层为较坚硬的黏性土、粉土和砂类土时，除桩侧阻力外，还有一定的桩端阻力。桩顶荷载由桩侧阻力和桩端阻力共同承担，但大部分由桩侧阻力承受的桩，小部分载荷由桩端阻力承担。在工程预制桩中主要为这类桩。

2. 端承型桩

是指在竖向极限荷载作用下，桩顶荷载全部或主要由桩端阻力承受，桩侧阻力相对桩端阻力而言较小，或可忽略不计的桩。根据桩端阻力发挥的程度和分担荷载的比例，又可分为摩擦端承桩和端承桩两类。

(1) 摩擦端承桩。桩端进入中密以上的砂土、碎石类土或中、微化岩层，桩顶极限荷载由桩侧阻力和桩端阻力共同承担，而主要由桩端阻力承受的桩。

(2) 端承桩。当桩的 L/d 较小(一般小于 10)，桩身穿越软弱土层，桩端设置在密实砂层，碎石类土层中、微风化岩层中，桩顶荷载绝大部分由桩端阻力承受，桩侧阻力很小可忽略不计时的桩。

5-1-1-2　按桩的使用功能分类

(1) 竖向抗压桩(抗压桩)；

(2) 竖向抗拔桩(抗拔桩)；

(3) 水平受荷桩(主要承受水平荷载)；

(4) 复合受荷桩(竖向、水平荷载均较大)。

5-1-1-3　按桩身材料分类

1. 混凝土桩

混凝土桩可分为灌注桩和预制桩两类。

(1) 灌注桩。混凝土灌注桩，钢筋混凝土灌注桩。在现场采用机械或人工成孔，就地灌注混凝土成桩。灌注桩可在桩内设置钢筋笼，也可不配钢筋。

(2) 预制桩。混凝土预制桩，预应力混凝土预制桩；预制桩是在工厂或现场预制成型的混凝土桩(混凝土强度一般在 C30 以上)，有实心(或空心)方桩、管桩。为提高其抗裂性和节约钢材可做成预应力桩，为减小沉桩挤土效应可做成敞口预应力管桩，预应力管桩一般都在工厂生产(混凝土的强度在 C60 以上)。

2. 钢桩

钢管桩、型钢桩；主要有钢管桩、钢板桩、H 型钢桩以及钢轨桩。

3. 组合材料桩

钢管混凝土桩、部分钢管混凝土桩，是指用两种材料组合的桩，例如钢管桩内填充混凝土，或上部为钢管桩下部为混凝土等形式的组合桩。

5-1-1-4 按成桩方法分类

(1) 成桩挤土效应对桩的承载力、成桩质量控制、环境等有很大影响，根据成桩方法和成桩过程的挤土效应，将桩分为非挤土桩、部分挤土桩和挤土桩三类。

1) 非挤土桩：干作业法、泥浆护壁法、套管护壁法灌注桩；

2) 部分挤土桩：部分挤土灌注桩、预钻孔打入式预制桩、打入式敞口桩；

3) 挤土桩：挤土灌注桩(振扩、爆扩、夯扩)、挤土预制桩(打入或静压)。

(2) 在饱和软土中设置挤土桩，如设计(桩的大小、形式、布置)不当和施工(方法、顺序等)不当，就会产生明显的挤土效应，造成周围管线、建筑构筑物损坏，同时也会导致未初凝的灌注桩桩身缩小乃至断裂，桩上涌和移位，地面隆起，从而降低桩的承载力；桩基施工后，还可能因饱和软土中孔隙水压力消散，土层产生再固结沉降，使桩产生负摩阻力，降低桩基承载力，增大桩基沉降。挤土桩若设计和施工得当，可收到良好的技术经济效果。在非饱和松散土中采用挤土桩，其承载力明显高于非挤土桩。

5-1-1-5 按桩径大小分类

(1) 小桩

桩径 $d \leqslant 250$mm。由于桩径小，施工机械、施工场地及施工方法一般较为简单。小桩多用于基础加固(树根桩或静压铺杆托换桩)和复合桩基础。

(2) 中等直径桩

桩径 250mm$<d<$800mm。使用较广，成桩方法和工艺比较多。

(3) 大直径桩

桩径 $d \geqslant 800$mm。近年来发展较快，在一些超高层建筑、水工和桥梁中，使用大直径灌注桩，有的直径达 3000～4000mm。由于桩径大且桩端还可扩大，因此，单桩承载力较高。此类桩有大直径钢管桩和钻、冲、挖孔灌注桩。通常用于高重型建(构)筑物基础，并可实现柱下单桩的结构形式。此类桩大多数是端承型桩，少量为端承摩擦桩。

5-1-1-6 按桩的形状分类

(1) 方形桩(如混凝土预制桩)；

(2) 圆形桩(如钢管桩、PHC 桩)；

(3) 多边形桩；

(4) 锥形桩；

(5) 矩形桩。

5-1-2 桩的选择和成桩工艺选择

5-1-2-1 桩型与工艺选择应根据建筑结构类型、荷载性质、桩的使用功能、穿越土层、桩端持力层土类、地下水位、施工设备、施工环境、施工经验、制桩材料供应条件等，选择经济合理、安全适用的桩型和成桩工艺。

5-1-2-2　根据《建筑桩基技术规范》(JGJ 94—94)，所列的成桩工艺作为选择参考。

1. 水文、地质情况

施工前应对地质情况进行认真细致的勘察，对一些地质情况较复杂的地区，应选择合适的桩基类型，特别是在遇到地下障碍物、软弱土层、孔穴、断层或侵蚀性土层时，除了选好桩型外，还应进行必要的技术处理。

2. 工程特点、荷载情况

选择桩型时，同时要考虑结构的荷载情况。

(1) 当上部结构传来荷载较大时，应注意选择承载力较大的大直径桩，以免因为桩基承载力小而使数量过多，造成间距过密。

(2) 当上部结构为承受风力或地震作用较大的高层建筑时，应选用承受水平力和弯矩能力较强的复合受力桩。

3. 周围环境的要求

桩基础在沉桩过程中对周围环境的影响较大。有些桩型在施工中，会造成挤土效应，引起地面隆起和移位，威胁其他建筑物的安全和影响已经沉入土中的桩，使其上拔、断桩和移位。有一些桩在施工时会产生较大的震动，影响周围建筑物的安全(如开裂、倾斜)和使精密仪器失灵。因此，在施工时应根据土质和场地情况选取合适的桩型或沉桩方法。如因某些原因选择挤土桩时，应采取预钻孔取土或合理编排打桩顺序的方法进行施工，防止土体隆起或移位。还有些桩在沉桩时，会产生较大的污染，如柴油锤打预制桩，会产生噪声和废气污染，在选择桩型时应考虑到当地环保的要求，尽量选择对环境污染较小的桩。还有的桩型，如泥浆护壁灌注柱，为保证孔壁稳定而需要采取泥浆护壁措施，由于泥浆的循环及其成分原因，其中有较大的毒性，对于泥浆排放时应采取必要的措施，以防止污染水源；还有一些桩在施工时，由于桩的密度过大而影响地下水的渗透而导致地下水位上升等，都应予以足够的重视，并采取相应的措施。

4. 施工场地和设备的情况

(1) 场地狭小、坡度较大或出入道路狭窄时，会严重影响机械效率或沉桩质量，同时，也会影响沉桩的顺利进行而延误工期。

(2) 施工场地净空受限制时，大型施工设备就不能应用，这时只能采用小桩或人工挖孔桩等。对于需要在现场预制、堆放、运输的桩，其场地就需要更大的空间。

5. 造价和工期的要求

(1) 要选择能保证工期而且施工费用和造价最小的满足承载力要求的桩型，从而在根本上降低工程费用。

(2) 如工程规模较小，一般不宜采用大型设备。如场地附近有若干个工程可先后连续使用该设备时，那么进退场费摊销后将会降低造价。桩的施工费仅是桩基总造价的一部分，如果桩的直径小，数量多，而承台大，那么它的总造价也许会高于采用承载力大的大直径桩的单桩承台的造价。

(3) 在桩型的选择中，如果片面的以降低造价或缩短工期为目的，则会因桩型选择不当而使其沉桩困难，延误工期，造成的损失可能会远远超过桩的施工费用。因此，若地质条件不良而有可能造成施工困难，以致成为延误整个工期的致命弱点时，就应把地质条件作为选择桩型的决定因素。

6. 施工安全

安全问题是影响桩型选择的一个重要因素，无论预制桩或灌注桩的施工，都需要大中型机械设备，这些设备在使用过程中都可能产生危及人身安全的机械事故，必须制定有效的安全保护措施。

5-1-3 桩的布置

桩的布置原则主要应考虑建筑物的结构受力特点、桩的中心距、桩的排列方式、桩长(桩端进入持力层的深度)等因素。

5-1-3-1 桩的中心距确定

(1) 为了避免桩基施工可能引起土的松弛效应和挤土效应对相邻基桩的不利影响，布桩时，应该根据土类和成桩工艺及排列，确定桩的最小中心距。一般情况下，穿越饱和软土的挤土桩，要求桩中心距最大，部分挤土桩或穿越非饱和土的挤土桩次之，非挤土桩最小；对于大面积的桩群，桩的最小中心距宜适当加大。对于桩的排数为 1～2 排，桩数小于 9 根的其他情况的摩擦型桩基，桩的最小中心距可适当减少。

(2) 桩的最小中心距应符合表 5-1 的规定。对于大面积桩群，尤其是挤土桩，桩的最小中心距宜按表列值适当加大。

桩的最小中心距 **表 5-1**

土类与成桩工艺		排数不少于 3 排且桩数不少于 9 根的摩擦型桩基	其他情况
非挤土和部分挤土灌注桩		$3.0d$	$2.5d$
挤土灌注桩	穿越非饱和土	$3.5d$	$3.0d$
	穿越饱和软土	$4.0d$	$3.5d$
挤土预制桩		$3.5d$	$3.0d$
打入式敞口管桩和 H 型钢桩		$3.5d$	$3.0d$

注：d—圆桩直径或方桩边长。

(3) 扩底灌注桩为保证桩侧阻力得到有效发挥且避免扩大端相串，除应符合表 5-1 要求外，尚宜满足表 5-2 中的规定。

扩底灌注桩最小中心距 **表 5-2**

成桩方法	最小中心距
钻、挖孔灌注桩	$1.5D$ 或 $D+1$m(当 $D>2$m 时)
沉管夯扩灌注桩	$2.0D$

注：D—扩大端设计直径。

经验证明，桩的合理布置对发挥桩的承载力，减少建筑物的沉降，特别是不均匀沉降是至关重要的。

5-1-3-2 桩端持力层选择

(1) 桩端持力层的选择及桩端进入持力层的深度，主要是考虑了在各类持力层中成桩的可能性和尽量提高桩端阻力的要求。一般应选择较硬土层作为桩端持力层。

(2) 桩端进入持力层的深度，对于黏性土、粉土不宜小于 $2d$，砂土不宜小于 $1.5d$，碎石类土不宜小于 $1d$。当存在软弱下卧层时，桩基以下硬持力层厚度不宜小于 $4d$。当硬持力层较厚和施工条件许可时，桩端全断面进入持力层深度宜达到桩端阻力的临界深度。桩端阻力的临界深度是指桩端阻力随桩端进入持力层的深度增加而增大的一个界限深度值。当桩端进入持力层的深度超过该土层的临界深度后，桩端阻力则不再有显著增加或不再增加了。

(3) 排列基桩时，宜使桩群承载力合力点与建筑物使用时的荷载重心重合，并使桩基受水平力和力矩较大方向有较大的截面模量。对于桩箱基础，宜将桩布置于墙下；对于带梁(肋)桩基础，宜将桩布置于梁(肋)下；对于大直径桩宜采用一柱一桩；同一结构单元应避免采用不同类别的桩。

5-1-4 桩基验收规定

根据《建筑地基基础工程施工质量验收规范》(GB 50202—2002)规定，桩基础工程应满足以下规定。

(1) 各种桩的桩位的放样允许偏差为：群桩 20mm；单排桩 10mm。

(2) 桩基工程的桩位验收，除设计有规定外，应按下述要求进行：

1) 当桩顶设计标高与施工场地标高相同时，或桩基施工结束后，有可能对桩位进行检查时，桩基工程的验收应在施工结束后进行。

2) 当桩顶设计标高低于施工场地标高，送桩后无法对桩位进行检查时，对打入桩可在每根桩桩顶沉至场地标高时，进行中间验收，待全部桩施工结束，承台或底板开挖到设计标高后，再做最终验收。对灌注桩可对护筒位置做中间验收。

(3) 打(压)入桩(预制混凝土方桩、先张法预应力管桩、钢桩)的桩位偏差，必须符合表 5-3 的规定。斜桩倾斜度的偏差不得大于倾斜角正切值的 15%(倾斜角系植的纵向中心线与锯垂线间夹角)。

预制桩(钢桩)桩位的允许偏差(mm) **表 5-3**

项	项 目	允许偏差
1	盖有基础梁的桩： ① 垂直基础梁的中心线 ② 沿基础梁的中心线	 $100+0.01H$ $150+0.01H$
2	桩数为 1～3 根桩基中的桩	100
3	桩数为 4～16 根桩基中的桩	1/2 桩径或边长
4	桩数大于 16 根桩基中的桩： ① 最外边的桩 ② 中间桩	 1/3 桩径或边长 1/2 桩径或边长

注：H 为施工现场地面标高与桩顶设计标高的距离。

(4) 灌注桩的桩位偏差必须符合表 5-4 的规定，桩顶标高至少要比设计标高高出 0.5m，桩底清孔质量按不同的成桩工艺有不同的要求，应按相应的要求执行。每浇注 $50m^3$ 必须有 1 组试件，小于 $50m^3$ 的桩，每根桩必须有 1 组试件。

灌注桩的平面位置和垂直度的允许偏差　　表 5-4

序号	成孔方法		桩径允许偏差（mm）	垂直度允许偏差（%）	桩位允许偏差（mm）	
					1～3 根、单排桩基垂直于中心线方向和群桩基础的边桩	条形桩基沿中心线方向和群桩基础的中间桩
1	泥浆护壁钻孔桩	$D\leqslant1000$mm	±50	<1	$D/6$ 且不大于 100	$D/4$ 且不大于 150
		$D>1000$mm	±50		$100+0.01H$	$150+0.01H$
2	套管成孔灌注桩	$D\leqslant500$mm	−20	<1	70	150
		$D>500$mm			100	150
3	干成孔灌注桩		−20	<1	70	150
4	人工挖孔桩	混凝土护壁	+50	<0.5	50	150
		钢套管护壁	+50	<1	100	200

注：1. 桩径允许偏差的负值是指个别断面；

2. 采用复打、反插法施工的桩，其桩径允许偏差不受上表限制；

3. H 为施工现场地面标高与桩顶设计标高的距离，D 为设计桩径。

（5）工程桩应进行承载力检验。对于地基基础设计等级为甲级或地质条件复杂，成桩质量可靠性低的灌注桩，应采用静载荷试验的方法进行检验，检验桩数不应少于总数的1%，且不应少于 3 根，当总桩数少于 50 根时，不应少于 2 根。

（6）桩身质量应进行检验。对设计等级为甲级或地质条件复杂，成桩质量可靠性低的灌注桩，抽检数量不应少于总数的 30%，且不应少于 20 根；其他桩基工程的抽检数量不应少于总数的 20%，且不应少于 10 根；对混凝土预制桩及地下水位以上且终孔后经过核验的灌注桩，检验数量不应少于总桩数的 10%，且不得少于 10 根。每个柱子承台下不得少于 1 根。

（7）对砂、石子、钢材、水泥等原材料的质量、检验项目、批量和检验方法，应符合国家现行标准的规定。

（8）除满足规范规定的主控项目外，其他主控项目应全部检查；对一般项目，除已明确规定外，其他可按 20%抽查，但混凝土灌注桩应全部检查。

5-2　打(沉)桩方法

在工程施工中使用沉桩方法有：锤击法打桩，振动法沉桩，射水法沉桩，植桩法沉桩，机械静压法沉桩。

5-2-1　锤击法打桩

5-2-1-1　落锤法打桩

用钢制桩架，高约 6～15m，用 0.5～1.5t 的铸铁锤，借卷扬机提升，利用脱钩装置或松开卷扬机刹车而放落，使桩锤自由落到桩头上，把桩逐渐打入土中。一般用重锤低击，落锤控制在 1.0m 以内，每分钟打 6～20 次，使桩垂直平稳下沉，不被击坏。

5-2-1-2　柴油锤打桩

打桩机有导杆式和筒式两种，导杆式是活塞固定而缸体沿导杆上下运动作为锤子进行锤击打桩；筒式是利用活塞往复运动作为锤子进行锤击打桩。采用柴油打桩机应注意选择合适的桩锤重量，柴油锤不适合于松软土中打桩。

5-2-1-3　蒸汽锤打桩

蒸汽锤分单动式锤和双动式锤两种，单动式每分钟锤击 40～60 次，锤重 3～15t，落距 1m 以内；双动式每分钟达 100～150 次，锤重为 0.6～3.5t，工作效率高。

5-2-2　振动法沉桩

5-2-2-1　振动法沉桩是将振动锤借桩架上的卷扬机吊到就位的预制桩顶上，使桩头套入与振动箱连接的桩帽或液压夹桩器内夹紧，开动振动箱，借助于振动锤所产生的激振力，使得桩与土颗粒间的摩擦阻力大大减小，桩在自重和机械力的作用下逐渐沉入土中。

5-2-2-2　施工工艺流程

吊桩就位→检查垂直度(两个方向)、安桩帽→放下吊锤，使桩慢慢沉入土中→检查桩位、轴线→振动沉桩至设计要求深度→移机至下一个桩位。

5-2-2-3　施工要点

(1) 桩身、桩帽、桩锤三者必须在一条中心线上，以防桩打偏。

(2) 接桩质量要保证。

(3) 开始时桩身入土快，贯入度很大，应随时调整激振力，使匀速缓慢下沉。

5-2-3　射水法沉桩

5-2-3-1　射水法沉桩又称水冲法沉桩，是将射水管附在桩身上，用高压水流束，将桩尖附近土壤冲松液化，以减少土对桩端的正面阻力，同时水流及土壤颗粒沿桩身表面涌出地面，减少了土与桩身的摩擦力，使桩借自重(或稍加外力)沉入土中。此法用于难于打下或久打不下和坚实砂土中沉桩。

5-2-3-2　施工要点：

(1) 水冲法一般与锤击或震动相辅使用，视土质情况可以采取：

1) 先射水冲孔，后将桩身插入(锤可置于桩顶，以增加下沉的重量)；

2) 一面射水，一面锤击(或振动)；

3) 射水、锤击交替进行或以锤击或震动为主，射水为辅等方式。

(2) 沉桩时，最初用较小水压，以后逐步加大水压，不使下沉过猛。下沉渐趋缓慢，可开锤轻击；下沉过快时，停止锤击。

(3) 下沉时，射水管末端经常处于桩尖以下 0.3～0.4m 处。放水阀不要突然开大，以免水压突降，涌入泥砂堵塞射水嘴；再射水时，射水管和桩必须垂直，并要求射水均匀，水冲压力一般为 0.5～0.6MPa。

(4) 沉桩离设计标高 0.5～2m 时停止射水，拔出射水管，用锤击或震动打至设计标高，以免将桩尖处土壤冲坏，降低桩的承载力。桩的间距应大于 0.9m，以免冲松邻近已打好的桩。

5-2-4　植桩法沉桩

5-2-4-1　植桩法沉桩又称预钻孔沉桩法。它是为防止在软土地区打长桩时对邻近建筑物或地下管线造成隆起和位移等危害的一种有效方法。

5-2-4-2　施工工艺流程

放线定桩位→桩机就位→稳定钻杆、校正垂直度→钻孔、排出土外运→至要求植桩深度、清理桩孔→植入钢筋混凝土预制桩→型钢接桩焊接、校正→用锤击法沉桩至设计深度→拔送桩管（有送桩管时）→回填送桩孔。

5-2-4-3 施工要点

(1) 植桩法顺序为：先打长桩、后打短桩，先打外围桩、后打中间桩。以防止土体位移对四周建筑物和各种设施造成的影响。宜用钻一孔打一桩的方法，尽量保持钻机和桩机同步，对超软土宜间隔钻孔施打。

(2) 钻孔后应在 1h 内植桩施打避免塌孔。钻孔直径，方桩控制在内切圆或小于 2/3 桩截面。

(3) 植入预制桩，在孔内插入钢筋混凝土预制桩后应用 2 台经纬仪进行垂直度双向校正后，再锤击打至设计标高。在施打三段接长桩最后一段时，桩顶要加衬垫，以防击碎桩头。

(4) 打桩机和钻孔机要保持一定距离，以避免击桩挤压使钻孔变形。

5-2-5 机械静压法沉桩

5-2-5-1 机械静压法沉桩是用静力压桩机将预制钢筋混凝土桩分节压入地基土层中成桩。和锤击法比较起来，静压法施工无噪声，振动很小，无空气污染。

5-2-5-2 施工要点

(1) 压桩应连续进行，尽量缩短接桩和接桩后的停歇时间，避免桩周摩擦力的恢复而造压桩困难。

(2) 压桩应控制好终止条件：

1) 对纯摩擦桩，终压时以设计桩长为控制条件。

2) 对桩长大于 21m 的端承摩擦型静压桩应以设计桩长控制为主，终压力值作对照。

3) 对设计承载力较高的桩基，终压力值宜尽量接近桩机满载值。

4) 对桩长 14～21m 静压桩，应以终压力值达满载值为终压控制条件。

5) 对桩周土质较差，且设计承载力较高时，宜复压 1～2 次为佳；对长度小于 14m 的桩，宜连续多次复压。对长度小于 8m 的桩，连续复压的次数应适当增加。

(3) 静力压桩单桩竖向承载力，可通过桩的终止压力值大致判断，但因土质不同，并不等于单桩的极限承载力，要通过静载对比试验来确定一个系数 h，然后再利用系数和终压力，求出单桩竖向承载力标准值，即 $R_k = hRs$。如判断终止压力值不能满足设计要求，应立即采取送桩加深处理或补桩。

(4) 在开始施工时，可利用压桩机作反力平衡装置，先进行桩的静载试验，求出终止压力值与极限承载力之间的系数 h，用以指导和监控终压值，判断每根桩的质量。

5-3 混凝土预制桩

混凝土预制桩可以在工厂预制生产，也可以在施工现场预制。

5-3-1 材料要求和设备要求

5-3-1-1 材料要求

(1) 制桩所用的骨料、水泥、水、外加剂等材料的质量应符合国家有关混凝土结构工程设计和施工规范的规定。

(2) 制桩的混凝土，除小截面静压桩外，一般不宜低于 C30。混凝土必须严格按照设计要求进行配合比设计，并严格按照确定的实验室配合比调整为施工配合比进行称量和搅拌。施工时，对同一配合比的混凝土在与桩身相同条件下养护的试块，每一工作班不得少于一组。

（3）水泥进场时，应有质量保证书，现场应对其品种、出厂日期等进行验收。水泥的保存期不宜超过三个月，否则应进行复试。原材料使用前，均应抽样送至有关检测机构检验，合格后方可使用。特别要注意水泥的安定性，当安定性不合格时，这批水泥只能报废。

（4）粗骨料。应选用强度较高、粒径在 5～40mm 级配良好的碎石或卵石，并注意含泥量不能过大。

（5）钢筋的品种和质量，以及钢板、电焊条等辅助材料都必须符合设计要求和国家的有关规定。钢材进场时，应有出厂质量证明，并进行复试。钢筋的形状、尺寸都必须符合设计要求和规范要求。钢筋表面要洁净、没有损伤和铁锈等，带有片状或颗粒状老锈的钢筋不得使用。

5-3-1-2　机械设备

（1）混凝土预制桩沉桩的主要设备为桩锤和桩架，桩锤用来产生沉桩所需要的能量，桩架实际上是一台打桩专用的起重和导向设备。

（2）混凝土预制方桩施工常用的冲击式打桩锤有落锤、蒸汽锤、柴油锤、液压锤和振动锤等。其中以柴油锤应用最为普遍，桩架应与锤相配套。

5-3-2　构造要求

5-3-2-1　混凝土预制桩的构造要求包括：

（1）混凝土预制桩的截面边长不应小于 200mm。

（2）混凝土预制桩的桩身配筋应按设计要求确定。

（3）混凝土预制桩的最小配筋率不宜小于 0.8%；如采用静压法沉桩时，其最小配筋率不宜小于 0.4%。

（4）主筋直径不宜小于 ϕ14mm，打入桩桩顶 (2～3)d 长度范围内箍筋应加密，并应设置钢筋网片。

（5）预制桩的混凝土强度等级不宜低于 C30，采用静压法沉桩时，可适当降低，但不宜低于 C20。应注意的是，由于大多数压桩机均采用液压夹持机构施压，桩身混凝土强度太低则会将桩身夹坏，因此，除在顶端加压或小截面静压桩外，其余混凝土预制桩桩身混凝土强度等级一般也不宜低于 C30。

（6）预制桩纵向钢筋的混凝土保护层厚度不宜小于 30mm。

（7）预制桩的分节长度应根据施工条件及运输条件确定，接头不宜超过两个。

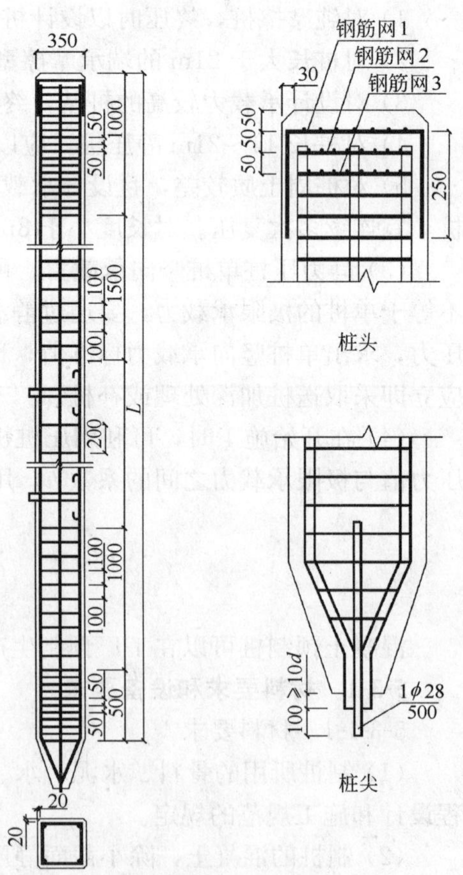

图 5-2　混凝土预制桩构造

（8）预制桩的桩尖可将主筋合拢焊接在桩尖辅助钢筋上。在密实砂和碎石类土中，可在桩尖处包以钢板桩靴加强桩尖。

5-3-2-2 混凝土预制桩构造，见图 5-2。

5-3-3 施工准备

5-3-3-1 调查有关资料

混凝土预制桩一般在地下施工，而且对周围环境影响较大，沉桩前，应对施工现场的地质情况和周围环境进行深入地了解，主要调查内容有：

（1）查明施工现场的地形、地貌、气候及自然条件；

（2）查阅地质勘察报告，了解施工现场内一定深度范围内土层的分布情况、形成年代以及各层土的物理力学指标；

（3）了解施工现场地下水的水位、水质及其变化情况；

（4）了解施工现场区域内人为和自然地质现象，地震、矿穴、古塘及地下构筑物、障碍物；

（5）了解邻近建筑物位置、距离、结构性质现状以及目前使用状况；

（6）了解沉桩区域内地下管线分布、埋深、使用年限、管径大小等。

5-3-3-2 编制预制桩的施工组织设计

（1）工程概况：包括工程名称、地点、上部结构及设计单桩承载力要求；标有现场道路、邻近建筑物、地下管线位置的总平面图。

（2）施工现场工程水文地质资料：包括钻孔资料柱状图、土的物理力学性能及指标。

（3）桩基总平面图：包括桩的数量、间距、位置；桩顶标高的设计要求、沉桩控制标准。

（4）桩的结构图。

（5）桩的放线定位。

（6）桩的吊运，如吊点位置、运桩方法、设备。

（7）沉桩施工流水方向。

（8）沉桩方法及机械设备的选用。

（9）对周围建筑物或地下管线影响的预防。

（10）劳动力及材料设备供应计划。

（11）总进度计划及安全施工措施。

5-3-3-3 清除施工现场障碍物和平整场地

打桩前，应认真处理高空、地上和地下障碍物。同时，还应考虑施工场地的地基承载力是否满足桩机作业时的要求，如不满足要求，则要在表层铺以碎石，并予以平整，以提高地基表面的承载力，严防沉桩作业时桩基产生不均匀沉降。

5-3-3-4 施工现场放线定位

（1）根据设计图施放轴线。轴线的施放，应以国家三角网控制点引入，并应多次复核后确认，施工现场轴线控制点的位置应不受沉桩作业的影响，数量不宜少于两个；

（2）根据施工顺序将桩逐一编号。依据桩号对应的轴线，按图上尺寸施放桩位，并设置样桩，以供桩基就位和定位；

（3）设置控制标高的水准点。桩基施工的标高控制，应遵照设计要求进行，每根桩入土后均应作标高记录。

5-3-3-5　其他准备工作

在做好以上工作的同时，还应注意以下几个问题：

(1) 沉桩开始前，开挖基坑至设计基底以上 0.5～1.0m，其余土方待桩打完后再挖至设计标高。

(2) 检查桩的质量，将需用的桩按平面布置图堆放在打桩机附近，不合格的桩不能运至打桩现场。

(3) 检查打桩机设施及起重工具，铺设水电管网，进行设备架立组装及试打桩。在桩架上设置标尺或在桩侧设标尺，以便观察桩身入土深度。

(4) 打桩场地建筑物(或构筑物)有防震要求时，应采取必要的防护措施。

(5) 学习、熟悉桩基础施工图，并进行会审；做好技术交底工作，特别是地质情况、设计要求、操作规程和安全措施的交底。

(6) 准备好沉桩记录和隐蔽工程验收记录表格，并安排好记录。

5-3-4　混凝土预制桩的制作

混凝土预制桩坚固耐久，不受地下潮湿环境变化影响，可制成各种需要的断面和长度，且承载力较高，在建筑工程中应用较广。

5-3-4-1　工艺流程

制作场地压实平整→场地硬化→支模→绑扎钢筋骨架、安装吊环→浇筑混凝土→养护至 30%强度拆模→支间隔头模板、刷隔离剂、绑钢筋→浇筑间隔桩混凝土→同法间隔重叠制作其他各层桩→养护至 70%强度起吊→达 100%强度后运输、堆放。

5-3-4-2　制作要点

(1) 预制桩的制作应根据工程条件(土层分布、持力层埋深)和施工条件(打桩架高度和起吊运输能力)来确定分节长度，尽可能采用两段接桩，不应多于三段。现场预制方桩单节长度一般不应超过 25m，每根桩的接头数不应超过两个，同时，要避免桩尖接近持力层或桩尖处于硬持力层中时接桩。

(2) 预制场地必须平整坚实，并有良好的排水条件，以避免地坪不均匀沉降而造成桩身弯曲。

(3) 模板应有足够的强度、刚度和稳定性，立模时必须保证桩身和桩尖部分的形状、尺寸和相对位置正确，尤其要注意桩尖位置与桩身纵轴线对准，以避免沉桩时将桩打歪。模板接缝应严密，不得漏浆。

(4) 现场一般采用密排浇筑法制作方桩。桩头部分使用钢模堵头板，并与两侧模板相互垂直，桩与桩间用油毡、刷废机油、滑石粉隔离剂等隔开，相邻桩或上层桩的施工要待下层或邻桩的混凝土达到设计强度的 30%后方可进行。桩身模板的安装要平直，尺寸应符合设计要求，支撑要牢固。为保证桩顶平面与桩身轴线垂直，在模板安装时应严格注意顶端模板与桩身模板的方正，两者应用螺栓紧固，并用方角尺认真检查。固定在模板上的预留孔洞及预埋件要保证数量和位置的准确，安装必须牢固。叠浇时，重叠层数一般不宜超过四层。

(5) 制作混凝土预制桩的钢筋骨架时，钢筋应严格保证位置的正确，桩尖对准纵轴线。钢筋骨架的主筋应尽量采用整条者，尽可能减少接头，如接头不可避免，应采用对焊或电弧焊，主筋接头配置在同一截面内的数量不得超过 50%(受拉筋)。相邻两根主筋接头截面的距离应大于 $35d_g$(主筋直径)，并不小于 500mm，桩顶 1m 范围内不能有接头。

对于每一个接头，要严格保证焊接质量，必须符合钢筋焊接及验收规范。

(6) 钢筋骨架的运输，应保证移动过程中不产生过大变形。吊装入模时，应保证钢筋骨架的位置正确。预制桩桩头部分的构造要求较高，桩头一定范围的箍筋要加密；在桩顶约250mm范围需增设3～4层钢筋网片，且第一层钢筋网片要作90°弯曲向桩身方向延伸30cm左右，主筋上端以伸至最上一层网片以下为宜，与钢筋网片边成"П"形，以便更好地接受和传递桩锤的冲击力，避免桩锤下落时主筋受力而向外鼓胀，引起混凝土剥落，且主筋不应与桩头预埋件及横向钢筋焊接。钢筋骨架入模时，应在骨架底部及两侧各绑扎上一定数量的混凝土小垫块，并将其垫好扶正以保证钢筋骨架位置的正确，保护层厚度一致。桩身纵向钢筋的混凝土保护层厚度一般为30mm。

(7) 设置吊环的桩，吊环应采用HPB235级钢筋制作，严禁使用冷加工钢筋。吊环沿桩长方向的位置由设计而定，但应埋设在中间主筋的两侧，使桩在起吊时不致发生侧向倾斜。吊环锚脚埋入混凝土内不得少于30倍吊环直径，且必须与桩内主筋扎牢。

(8) 桩尖中心线，即桩尖导向钢筋应和桩身中心轴线重合，使桩尖在打桩时起到良好的导向作用。桩尖钢模应与桩身钢模连接牢固，同时在桩尖处另加一块钢板固定，并在正交两个方向作中心线的校验。待预制桩的模板及钢筋安装完毕后，要按照设计图样及施工规范进行检查，隐蔽工程验收合格后进行桩身混凝土浇注。

(9) 浇筑桩身混凝土，应从桩顶开始向桩尖方向连续浇筑，如从桩尖向桩顶浇筑或从中间向两端浇筑，则在振捣过程中，浆水向前淌，会造成桩顶或两端砂浆积聚过多，强度偏低，一经锤击极易破碎。混凝土浇筑过程中应连续不得中断。浇筑混凝土时，应做好施工记录。下雨雪天，不宜露天浇筑混凝土。同时，应做好混凝土试块，试块的数量对于每一工作班不得少于一组。

(10) 混凝土浇筑后，及时进行浇水养护。浇水养护时间不得少于7d。对掺用缓凝型外加剂的混凝土，不得少于14d。要保证混凝土处于润湿状态。当气温低于5℃时，不得浇水。

(11) 模板的拆除时间应根据施工特点及混凝土所达到的强度来确定。

5-3-4-3 桩的起吊

(1) 当桩的混凝土强度达到设计强度标准值的70%后方可起吊；

(2) 吊点应系于设计规定之处，如无吊环，可按图5-3所示位置设置吊点起吊，在吊索与桩间应加衬垫。

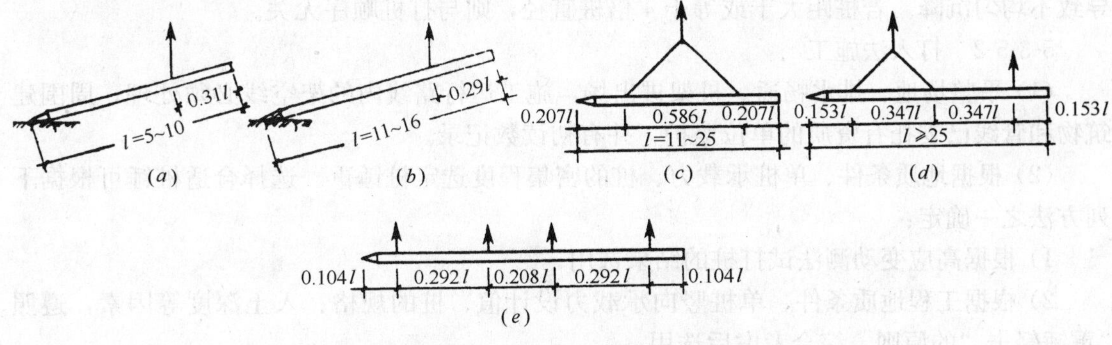

图5-3 预制桩吊装吊点位置

(a)、(b)钢筋混凝土桩一点吊法；(c)钢筋混凝土桩两点吊法；
(d)钢筋混凝土桩三点吊法；(e)钢筋混凝土桩四点吊法

5-3-4-4　桩的运输

(1) 桩运输时，其强度应达到设计强度标准值的 100%；

(2) 装载时，桩支承应按设计吊钩位置或接近设计吊钩位置叠放平稳并垫实，支撑或绑扎牢固，防止运输中晃动或滑移；

(3) 长桩用挂车或炮车运输时，桩不宜设活动支座，行驶速度要控制，防止碰撞冲击；

(4) 现场运距较近可用轻轨平板车运输，严禁在现场以直接拖拉桩体方式代替装车运输。

5-3-4-5　桩的堆放

(1) 堆放场地应平整坚实，排水良好；

(2) 支承点应设在吊点或近旁处，各层垫木上下对齐支承平稳；

(3) 堆放层数不超过 4 层；

(4) 运到打桩位置应堆在打桩架附设的起重钩工作半径范围内，并注意起吊方向。见图 5-4。

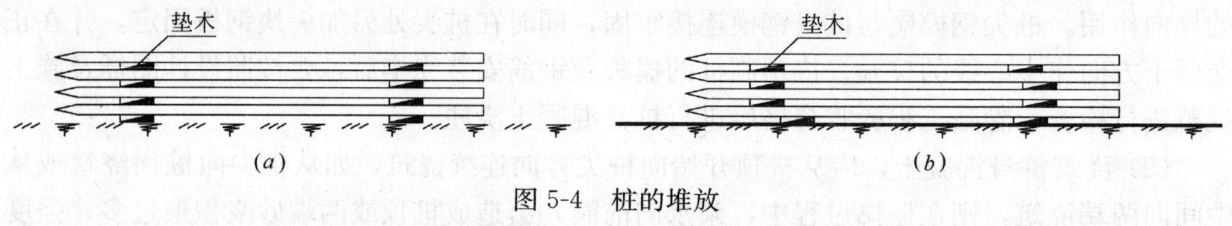

图 5-4　桩的堆放

(a)正确的堆放方式；(b)不正确的堆放方式

5-3-5　混凝土预制桩沉桩

5-3-5-1　打(沉)桩程序

(1) 打(沉)桩顺序和土体挤密情况有关。根据挤土情况分析，当基坑不大时，打桩应逐排打设或从中间开始，分头向周边或两边进行；对于密集群桩，从中间向二个方向或四周对称施打；当一侧毗邻建筑物时，由毗邻建筑物一侧向另一方向施打。当基坑较大时，应将基坑分为数段，在各段范围分别进行，打桩要避免由外向内，由周边向中间进行，防止中间土挤密，桩打不下或邻桩侧移或上冒。

(2) 标高不一的桩应先深后浅，规格不一的桩应先大而小，长短不一的应先长后短。在粉质黏土及黏土地区，要避免按一个方向施打，使土方一边挤压，土体挤密程度不均，导致不均匀沉降。若桩距大于或等于 4 倍桩直径，则与打桩顺序无关。

5-3-5-2　打入法施工

(1) 平整场地、排水畅通。桩架进出场，施工运行路线内的架空线必须处理，周围建筑物和管线已委托有资质的单位监护，并有初读数记录。

(2) 根据地质条件、单桩承载力、桩的密集程度选定桩锤重。选择合适桩锤可根据下列方法之一确定：

1) 根据高应变动测法试打桩的结果选用；

2) 根据工程地质条件、单桩竖向承载力设计值、桩的规格、入土深度等因素，遵照“重锤轻击“的原则，综合考虑后选用；

3) 打桩架应与打桩锤相匹配，否则，易发生倒桩架等重大安全事故。

(3) 桩帽在锤击沉桩中，桩帽主要起传递锤击力、固定和保护桩头的作用。所以，桩帽结构要牢固，耐打性要好，桩帽顶板要有一定的厚度，45 型柴油锤一般用钢板焊接而成，钢板厚度为 6～8cm；60 型及其以上型号柴油锤的桩帽，一般用铸钢铸成，顶板厚度宜大于 10cm。

桩帽的尺寸应与桩头相配合，套桩头用的筒体深度宜取 400mm 左右。桩帽或送桩帽与桩周围的间隙应为 5～10mm，太大易造成偏心锤击，太小会将桩顶打碎。

桩帽上部与桩锤之间的衬垫称锤垫，主要也是起保护桩头作用。锤垫的厚度应该适中，一般宜取 150～200mm，锤垫材料可选用橡木、桦木等硬木(按纵纹受压方向)。

(4) 桩就位。当桩运至桩位以后，即可利用桩架上的滑轮组进行提升就位或利用汽车吊吊装就位。

(5) 打桩。打桩时，应用导板夹具或桩箍将桩嵌固在桩架的两导柱中，桩位置及垂直度经校正后，在桩顶安上桩帽，然后放下桩锤轻轻压住桩帽，在桩的自重及锤重作用下，桩沉入土中一定深度而达到稳定位置，这时再校正一次桩身的垂直度，即可进行打桩。打直桩时，要求桩身自始至终保持垂直，并使桩锤、桩帽和桩身中心线保持在同一铅垂线上。第一节桩的垂直度关系到整根桩的垂直情况。底桩偏斜，以后接的桩就难以垂直，且纠偏起来比较困难。桩插入土层时的垂直度偏差不得超过 0.5%。

开始沉桩时，应起锤轻击数锤，确认桩身、桩架及桩锤等垂直一致，方可用正常落距打桩。送桩入土时，应用钢制送桩器放于桩头上，锤击送桩将桩送入土中。在较厚的黏土、粉质土层中，每根桩要连续施工，中间停歇时间不可太久。因为在这类土中打桩，桩周围土体结构受振动迅速破坏，桩的贯入相对容易，但一旦停歇下来，桩周围土体迅速固结，停歇时间越久，固结力越大。要想打动这根桩需要增加许多锤击数，甚至根本打不动，硬打就会将桩头或桩身打碎。

(6) 接桩。常用接头方式有焊接、法兰接。施工焊接接桩，钢板宜用低碳钢，焊条宜用 E43。焊接时，应先将四角点焊接固定，然后对称焊接，防止焊接时钢材不均匀受热变形而影响桩身垂直度。焊缝应保证质量和设计尺寸。

(7) 沉桩时，应进行混凝土强度和龄期的双控，减少混凝土桩打裂。

(8) 收锤标准。根据规范要求以设计要求为准。一般桩停止锤击的控制方法为：

1) 以控制桩端设计标高为主，贯入度作参考；

2) 桩端达到坚硬、硬塑的黏土、中密以上粉土、砂土、碎石类土、风化岩时，以贯入度控制为主，桩端标高可作参考；

3) 贯入度已达到而桩端标高未达到时，应继续锤击三阵，按每阵 10 击的贯入度不大于设计规定的数值加以确定，同时应与设计单位协商确定。

5-3-5-3 静压法沉桩

静力压桩是在软土地基上，利用压桩机自身和配重提供的静压力将预制桩分节压入地基土层中成桩的沉桩方法，当存在厚度大于 2m 的中密以上夹砂层时，不宜采用静力压桩。

1. 静力压桩工艺流程

测量定位→压桩机就位→吊桩→喂桩→桩身对中调直→压桩→接桩→再压桩(送桩)→终止压桩→切割桩头。

2. 施工要点。

(1) 测量定位。根据测量成果表和设计要求进行轴线定位，经施工单位自己复核和监理复核合格后，进行桩位放样，放样的误差应在规范规定范围内。

(2) 压桩机就位。经选定的压桩机进场安装调试好以后，行至桩位处，使桩与地面上的样桩基本对准，调平压桩机。

(3) 吊桩喂桩。静压预制桩桩节长度一般不超过 12m，可直接用压桩机上的工作吊机自行吊桩喂桩，也可另外配备专门吊机进行吊桩喂桩。

(4) 桩身对中调直。当桩被吊入夹桩钳口后，由指挥员指挥吊机司机将桩徐徐下降至桩尖离地面 10cm 左右为止，然后夹紧桩身，微调压桩机使桩尖对准桩位，并将桩压入土中 0.5～1.0m，暂停下压，从两个正交侧面校正桩身垂直度，待其偏差小于 0.5%时，方可正式压桩。

(5) 压桩。压桩是通过主机的压桩油缸伸程之力将桩压入土中，压桩油缸的最大行程视不同压桩机而不同，一般为 1.5～2.0m。因此，每一次下压，桩深入土中约为 1.5～2.0m，然后松夹，上升，再夹，再压，如此反复进行，将一节桩压下。当一节桩压到离地面 80～100cm 时，可进行接桩或放入送桩器，将桩压至设计标高。静压力由压力表反映，如没有自动记录装置，施工人员应认真记录桩入土深度及相应压力表读数。

(6) 接桩。一般采用焊接。焊接时应先将四角点焊接固定，然后对称焊接，防止焊接时钢材不均匀受热变形而影响桩身垂直度。焊缝应保证质量和设计尺寸。

(7) 送桩。静压桩的送桩作业可用现场预制的专门送桩器(铁包混凝土)来进行。一直下压，将被压桩的桩顶标高符合终压控制条件为止。

(8) 终止压桩。根据设计确定静力压桩的终压条件控制。

1) 一旦压桩终止并随时间的延续，桩周土体触变时效及固结时效体现出来，土体中孔隙水压力消失，土体固结，其抗剪力恢复，甚至超过原始强度。一般说来，黏性土中长度较大的静压桩，其最终极限承载力要大于施工结束时的终止压力。而在砂土中压桩时，桩的极限承载力要小于压桩结束时的终止压力。特别是桩长小于 10m 的短桩，降低幅度更大。

2) 各地及各工程应根据当地及现场土质条件及桩的类型、大小、单桩竖向承载力、布桩密集程度综合考虑确定终压条件。

3. 施工注意事项

(1) 压桩前，应对地质情况了解清楚，同时应做好设备的检查工作。如果压桩过程中原定需要间歇，则应考虑将桩尖间歇在软弱土层中，以便起动阻力不致过大。

(2) 压桩机应根据地质情况配足额定重量。

(3) 施压过程中应保证桩的轴心受压，始终保持桩帽、上下节桩、送桩的轴线重合，如有偏斜，要及时调整。

(4) 压桩过程中，当桩尖碰到夹砂层时，桩尖阻力增大，导致桩压不下去。这时应以最大压桩力压桩，忽停忽开，使桩有可能缓缓下沉穿过夹砂层。

5-3-6 质量检验及验收

5-3-6-1 桩的质量

(1) 桩在现场预制时，应对原材料、钢筋骨架(见表 5-5)、混凝土强度进行检查；采用工厂生产的成品桩时，桩进场后应进行外观及尺寸检查。

(2) 施工中，应对桩体垂直度、沉桩情况、桩顶完整状况、接桩质量等进行检查，对电焊接桩，重要工程应做 10%的焊缝探伤检查。

预制桩钢筋骨架质量检验标准(mm) 表 5-5

项	序	检查项目	允许偏差或允许值	检查方法
主控项目	1	主筋距桩顶距离	±5	用钢尺量
	2	多节桩锚固钢筋位置	5	用钢尺量
	3	多节桩预埋铁件	±3	用钢尺量
	4	主筋保护层厚度	±5	用钢尺量
一般项目	1	主筋间距	±5	用钢尺量
	2	桩尖中心线	10	用钢尺量
	3	箍筋间距	±20	用钢尺量
	4	桩顶钢筋网片	±10	用钢尺量
	5	多节桩锚固钢筋长度	±10	用钢尺量

(3) 施工结束后，应对承载力及桩体质量做检验。

(4) 对长桩或总锤击数超过500击的锤击桩，应符合桩体强度及28d龄期的两项条件才能锤击。钢筋混凝土预制桩的质量检验标准应符合表5-6的规定。

钢筋混凝土预制桩的质量检验标准 表 5-6

项	序	检查项目	允许偏差或允许值		检查方法
			单位	数值	
主控项目	1	桩体质量检验	按基桩检测技术规范		按基桩检测技术规范
	2	桩位偏差	见规范 GB 50202—2002 表 5.1.3		用钢尺量
	3	承载力	按基桩检测技术规范		按基桩检测技术规范
一般项目	1	砂、石、水泥、钢材等原材料(现场预制时)	符合设计要求		查出厂质保文件或抽样送检
	2	混凝土配合比及强度(现场预制时)	符合设计要求		检查称量及查试块记录
	3	成品桩外形	表面平整，颜色均匀，掉角深度＜10mm，蜂窝面积小于总面积0.5%		直观
	4	成品桩裂缝(收缩裂缝或起吊、装运、堆放引起的裂缝)	深度＜20mm，宽度＜0.25mm，横向裂缝不超过边长的一半		裂缝测定仪，该项在地下水有侵蚀地区及锤击数超过500击的长桩不适用
	5	成品桩尺寸：横截面边长 桩顶对角线差 桩尖中心线 桩身弯曲矢高 桩顶平整度	mm mm mm mm	±5 ＜10 ＜10 ＜/1000*L* ＜2	用钢尺量 用钢尺量 用钢尺量 用钢尺量，*L*为桩长 用水平尺量
	6	电焊接桩：焊缝质量 电焊结束后停歇时间 上下节平面偏差 节点弯曲矢高	见规范 GB 50202—2002 表 5.5.4-2 min mm	 ＞1.0 ＜10 ＜1/1000*L* ＜2	见规范 GB 50202—2002 表 5.5.4-2 秒表测定 用钢尺量 用钢尺量，*L*为两节桩长

续表

项	序	检查项目	允许偏差或允许值		检查方法
			单位	数值	
一般项目	7	硫磺胶泥接桩：胶泥浇注时间 浇注后停歇时间	min min	＜2 ＞7	秒表测定 秒表测定
	8	桩顶标高	mm	±50	水准仪
	9	停锤标准	设计要求		现场实测或查沉桩记录

5-3-6-2　静力压桩

(1) 静力压桩包括锚杆静压桩及其他各种非冲击力沉桩。

(2) 施工前，应对成品桩(锚杆静压成品桩一般均由工厂制造，运至现场堆放)做外观及强度检验，接桩用焊条或半成品硫磺胶泥应有产品合格证书，或送有关部门检验；压桩用压力表、锚杆规格及质量也应进行检查。硫磺胶泥半成品应每 100kg 做一组试件(3 件)。

(3) 压桩过程中应检查压力、桩垂直度、接桩间歇时间、桩的连接质量及压入深度。重要工程应对电焊接桩的接头做 10%的探伤检查。对承受反力的结构应加强观测。

(4) 施工结束后，应做桩的承载力及桩体质量检验。

(5) 锚杆静压桩质量检验标准应符合表 5-7 的规定。

静力压桩质量检验标准　　**表 5-7**

项	序	检查项目	允许偏差或允许值		检查方法
			单位	数值	
主控项目	1	桩体质量检验	按基桩检测技术规范		按基桩检测技术规范
	2	桩位偏差	见规范 GB 50202—2002 表 5.1.3		用钢尺量
	3	承载力	按基桩检测技术规范		按基桩检测技术规范
一般项目	1	成品桩质量：外观 外形尺寸 强度	表面平整，颜色均匀，掉角深度＜10mm，蜂窝面积小于总面积 0.5% 见规范 GB 50202—2002 表 5.4.5 满足设计要求		直观 见规范 GB 50202—2002 表 5.4.5 查产品合格证书或钻芯试压
	2	硫磺胶泥质量(半成品)	设计要求		查产品合格证书或抽样送检
	3	接桩　电焊接桩：焊缝质量	见规范 GB 50202—2002 表 5.5.4-2		见规范 GB 50202—2002 表 5.5.4-2
		接桩　电焊结束后停歇时间	min	＞1.0	秒表测定
		接桩　硫磺胶泥接桩： 胶泥浇注时间 浇注后停歇时间	min min	＜2 ＞7	秒表测定 秒表测定
	4	电焊条质量	设计要求		查产品合格证书
	5	压桩压力(设计有要求时)	%	±5	查压力表读数
	6	接桩时上下节平面偏差 接桩时节点弯曲矢高	mm	＜10 ＜1/1000*L*	用钢尺量 用钢尺量，*L* 为两节桩长
	7	桩顶标高	mm	±50	水准仪

5-4 先张法预应力管桩

预应力混凝土管桩按其施加预应力的不同可分为后张法和先张法。先张法预应力混凝土管桩应用较广泛，它是采用先张法工艺和离心成型法，制成空心圆筒体混凝土预制构件，节长一般为 8～12m，不超过 15m，直径为 300～1000mm，采用多节沉桩法。

先张法预应力混凝土管桩(简称预应力管桩)为柱形细长构件，主要由圆筒形桩身、端头板和钢套箍组成，如图 5-5 所示。按其桩身混凝土强度等级分为预应力混凝土管桩(PC)桩和预应力高强混凝土管桩(PHC)桩。前者强度等级一般≥C60，后者一般≥C80。PC 桩一般采用常压蒸汽养护，脱膜后移入水池再浸水养护 28d，才能使用；PHC 桩脱模后应进行高压蒸养，混凝土强度等级可达 C80 以上，制作时间只需要 3～4d 即可。

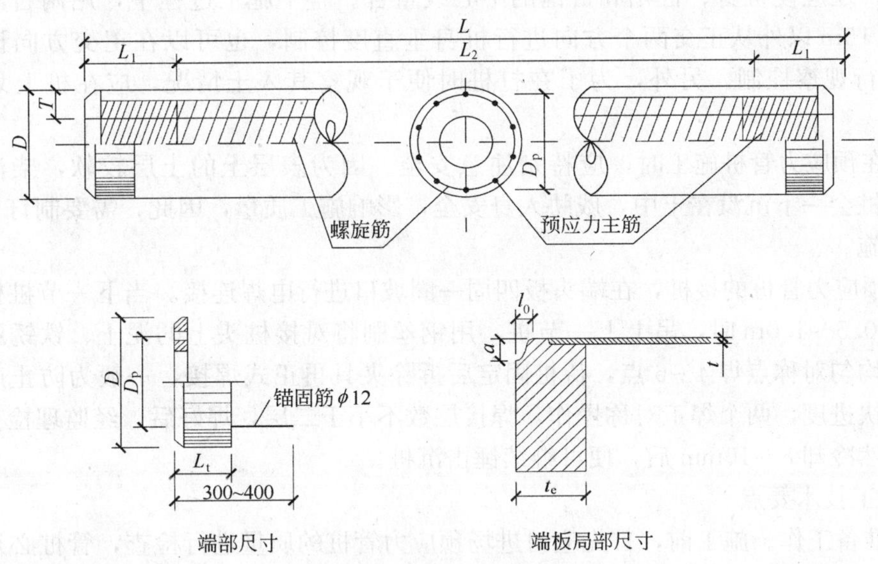

图 5-5 预应力管桩构造

预应力管桩按混凝土抗弯矩和极限弯矩的大小又可分为：A 型、AB 型、B 型。分类标准见 GB 13476 规定。预应力管桩有 4.0～5.0MPa 的有效预应力，打桩时桩身混凝土一般不会出现横向裂缝，对一般建筑工程，选择 A 类或 AB 类桩即可满足要求。

预应力管桩的接头一般用端头板电焊连接，端头板厚度为 18～22mm，端板外缘一周留有坡口，供对接时烧焊用。预应力管桩底桩的端部可选用十字形、圆锥形或开口形桩尖，前两种属封口形。十字形桩尖加工容易，造价较低，破岩能力强，应用较广；其缺点是在穿越砂层时，不如其他两种桩尖。开口型桩尖一般用于入土深度为 40m 以上且桩径大于 500mm 的管桩中，成桩后，桩身下部约 1/3～1/2 桩长内腔被土体充塞，挤土作用大大减少，便于沉桩。

5-4-1 桩的制作

预应力管桩在工厂进行生产，并需要有生产许可证，其制品要按规范规定进行生产。

运到工地的预应力管桩要有出厂合格证和检测报告，并进行外观检查。

5-4-2　沉桩方法

5-4-2-1　锤击法沉桩

施打预应力管桩，以柴油锤为主，因为预应力管桩桩身强度高，耐打性好，穿透力强，承载力大。

1. 工艺流程

测量定位→底桩就位、对中和调直→锤击沉桩→接桩→再锤击、接桩→打至持力层→收锤。

(1) 测定桩位时，应由专职测量人员在桩位中心打入一根长约 300mm 的细钢筋，露出地面约 50～80mm，并有标志作为“样桩”，在施打当天应进行复核位置。

(2) 管桩就位时，由于其重量轻、节长较短，一般可采用单点吊装，吊装时，应先将桩头送入桩帽，再用人工扶住桩管下端将桩尖就位。要保证桩身垂直度偏差不得大于 0.5%，还应使桩身、桩帽和桩锤的中心线重合。整个施工过程中，用两台经纬仪在离打桩架 15m 以外从正交两个方向进行桩身垂直度控制，也可以在正交方向设置两根吊垂线进行观察控制。另外，为了在打桩时便于观察其入土情况，应在桩上划出长度标记。

(3) 在预应力管桩施工时，应特别注意安全。因为表层土的土层较软，柴油锤下击时，整节桩会一下沉没在土中，威胁人身安全，影响施工质量，因此，需要制订一定的技术安全措施。

(4) 预应力管桩的接桩，在端头板四周一圈坡口进行电焊连接。当下一节桩桩头被沉至离地面 0.5～1.0m 时，吊上上一节桩，用钢丝刷将对接桩头上的泥土、铁锈刷清，然后在四周均匀对称点焊 4～6 点，待桩固定后拆除夹具再正式焊接，一般为防止产生接桩偏斜和加快进度，两个焊工对称操作，焊接层数不小于二层，焊好后，经监理检查合格和待焊缝自然冷却 8～10min 后，便可继续锤击沉桩。

2. 施工技术要点

(1) 准备工作。施工前，首先应对进场预应力管桩的质量进行检查，管桩必须具有出厂合格证和产品说明书，还应对施工周围环境进行详细调查，清除障碍物，并对影响施工的因素采取必要的处理措施。根据设计要求和实际工程情况确定施工方案、打桩顺序。打桩顺序一般情况下应根据桩的入土深度，管桩规格，依照先长后短，先大后小的原则进行。所采用的沉桩顺序应尽量减少挤土以及对周围建筑物等设施的影响。

(2) 桩锤选择。由于柴油锤锤击能量大，施工速度快，工效高，施工时常选用。桩锤大小应能满足打桩的各项技术指标要求，如保证最后贯入度在 20～40mm/10 击，打桩破损率控制在 1%左右。每根桩的锤击数宜在 1500 击以内，最多不超过 2500 击。选择桩锤重量时，可以根据以往经验，也可采用现场试打确定。一般情况下，每个型号柴油锤其最大沉桩能力约为 100 倍的型号数(kN)。如 D45 柴油锤最多可打 4500kN 的桩，另外，也可以根据锤重与桩重比值来定，这个比值一般取 0.5，在软土中取 0.4。施工中应遵循“重锤轻击”的原则。

(3) 桩帽。桩帽应有足够的强度、刚度和耐打性。桩帽宜作成圆筒形，套筒深度宜为 350～400mm，内径应比管桩外径大 20～30mm，如套筒太深，则桩身稍有倾斜就会使套筒下沿口的钢板磕伤桩头混凝土，太浅则又会使桩帽从桩头脱离。如套筒与桩头间隙太大，则由于桩帽中心与桩身中心线的偏离而造成偏心打桩；如间隙太小，则桩身的微小倾斜都会使桩帽挤坏桩头混凝土。所以，桩帽的结构、尺寸应合理。

(4) 防止偏心打桩。打桩过程中，如果出现偏心，则桩头应力增大，容易打坏桩头，另外也会使桩内出现弯矩，产生断桩。因此打桩时应保证桩锤、桩帽和桩身中心线重合，如有偏差应随时纠正，特别是第一节底桩，对成桩质量影响较大。

(5) 接桩。在接桩中大多数都选择手工电弧焊。因此，在选择焊条时应能满足焊透坡口根部的要求，坡口根部焊接宜选用 $\phi3.2$m 的焊条，其余部分可选用 $\phi4\sim\phi5$ 焊条。焊接时，电流应合适、稳定，施焊应对称、分层、均匀、连续进行，焊缝应饱满，在大风或低温条件下施工时，应采取必要的防风保温措施。焊接后，应对焊接质量进行细致地检查，不得有凹痕、咬边、焊瘤、夹渣等表面缺陷。焊后应采用自然冷却，时间不宜小于 8min，严禁用水冷却。同时，接桩需要做隐蔽验收资料。

(6) 在较厚的黏土、粉质黏土中施打多节管桩时，宜连续施工，一次完成。

在此类土层中打桩时，剧烈地震动会破坏土体结构，使其抗剪能力大大降低，孔隙水压力剧增，桩入土较容易，但如果间歇过久，土体在触变性作用下，承载力恢复，超孔隙水消失，土体在桩周围固结，使桩的继续下沉相当困难，很容易因桩头受击次数过多而将桩头打坏。因此，施工中应注意连续施工，接桩要快。

(7) 控制送桩深度。对承载力较大的摩擦端桩，送桩深度不宜超过 2m，否则桩头容易被打碎，桩顶位移也大。打桩至送桩宜连续进行。送桩帽宜制成圆形，并保证足够的强度、刚度和耐打性，上下端面应平整，且与送桩中心轴线垂直，防止偏心。送桩器轴线应与桩轴心线重合，不得在晃动下施工。送桩在制作时，考虑到为了便于管桩空腔内空气或水分外溢，应在送桩下端面设排气孔。

3. 收锤标准

(1) 合理确定收锤标准。

除设计明确规定以桩端标高作控制的摩擦桩，应保证设计桩长外，管桩尚应按设计、施工等部门共同确认的收锤标准收锤。收锤标准应根据场地工程地质条件、单桩承载力设计值、桩的规格和长短、桩锤大小和落距等因素，综合考虑最后贯入度、桩入土深度、总锤击数、每米沉桩锤击数及最后 1m 沉桩锤击数、桩端持力层的岩土类别及桩尖进入持力层深度、桩土弹性压缩量等指标给出。收锤标准应以到达的桩端持力层、最后贯入度或最后 1m 沉桩锤击数为主要控制指标，桩端持力层作为定性控制，最后贯入度及最后 1m 沉桩锤击数作为定量指标。

(2) 通过试打确定及收锤标准试桩时，如果地质条件复杂、持力层变化较大，可增加打桩数量，打桩规格、长度及地质条件应有代表性，施打条件应与工程桩一致。实际中，常用高应变动测仪器配合柴油锤打桩机进行试打桩。

整个场地试打桩结束后，应进行综合分析，如场地较小，地质条件均匀，可得出统一停锤控制标准；如场地较大或地质条件变化复杂时，应根据不同区域和不同桩长规格制定不同的停锤控制标准。

5-4-2-2 静压法施工

(1) 静压法施工一般采用液压静力压桩机进行压桩。

(2) 静压法施工工艺流程：

测定桩位→压桩机就位调平→将管桩吊入压桩机夹持腔→夹持管桩对准桩位调直→压桩至底桩露出地面 2.5m 左右时吊入上节桩与底桩对齐，夹持上节桩，压底桩至桩头露出地面 0.60～0.80m→调整上下节桩与底桩对中→电焊接桩、再静压至需要深度或达到一定终压值，必要时适当复压→截桩。

(3) 锤击法是用冲击能量将预应力管桩打入岩土层中，静压法是用反力将管桩压入土层中，两者用力不同，因而对桩身结构要求也不同。锤击法施工的管桩，混凝土强度要高，一般用 PHC 桩，桩头耐打性要好，端头板要保证设计的厚度，桩头箍筋要密。而用于静压施工的管桩，桩身混凝土强度可适当降低一些，一般用 PC 桩即可，桩身配筋也相对少些。但如用全液压侧夹式桩机，由于挟持力过大，会将薄壁管桩挤碎，因此，应用厚壁管桩。现在有些压桩机的夹持机构采用上下两套夹箍，使夹持压力减少一半，这时也可用于薄壁管桩。

(4) 在石灰岩地层及“上软下硬、软硬突变”的土层中施工时，由于缺乏中间一层“缓冲层”，如采用锤击沉桩时，桩尖穿过软土层突然接触坚硬土层时，强大冲击力会将管桩打裂打断。而采用静压法施工时，桩尖是缓缓接触坚硬土层，一般油压表会有明显的反映，不致于将桩身压坏。

(5) 压桩机是采用反力加压，自身较重，对场地耐力要求较高，同时静力压桩机占地面积较大，施压边桩时在边桩以外至少应有 4m 的空间，而采用打桩机，边桩外只要有 80cm 左右的空间就可以了，因此限制了压桩机的使用范围。

(6) 施工的接桩要求与锤击法相同。

5-4-3　质量问题分析

5-4-3-1　桩顶偏位

原因是：(1) 测量放线有误，可能是轴线或放样桩时有误；

(2) 插桩时有偏心，“对中”不好；

(3) 打桩顺序不当引起先打的桩被挤动移位；

(4) 坚硬障碍物可将管桩的桩尖和桩身挤向一旁；

(5) 接桩不直，造成桩中心线对不准。桩顶偏位；

(6) 基坑开挖时，边打桩边开挖，或桩边堆土，或桩周土体高差悬殊引起桩身倾斜偏位，或挖土时挖机对桩的拉动偏位。

5-4-3-2　桩身倾斜

原因是：(1) 打桩机导杆不垂直；

(2) 插桩不正，底桩倾斜率过大；

(3) 桩本身弯曲度过大；

(4) 开始打桩时，桩身未站稳就猛烈锤击，或在淤泥软土层中开打时，易使桩身倾斜偏位；

(5) 施打时桩锤、桩帽、桩身中心线不在同一直线上，偏心受力；

(6) 桩垫或锤垫不平，锤击时会使桩顶面倾斜而造成桩身倾斜；

(7) 桩帽太大，引起锤击偏心而使桩身倾斜；

(8) 桩的连接不直；

(9) 遇到坚硬障碍物，使桩尖跑位，桩身倾斜；

(10) 先打的桩被挤斜；

(11) 基坑开挖时，或边打桩边开挖，或桩旁堆土，或桩周土体不平衡引起桩身倾斜以及挖机挖土时不小心的拉斜。

5-4-3-3 桩顶碎裂

原因是：(1) 桩的制作质量差，如桩身原材料质量差，强度低；

(2) 蒸汽养护不当引起混凝土脆性破坏和桩身混凝土养护龄期不足；

(3) 搬运、吊装、堆放过程中碰撞损坏；

(4) 打桩锤选用不当。桩锤过重，锤击应力太大易将桩头击碎；锤过轻，锤击次数增多，易产生疲劳破坏；

(5) 施打时，桩锤、桩帽和桩身轴线不能保持在同一中心线上，产生偏心锤击；

(6) 桩帽太小、太大、太深，或桩头尺寸偏差太大；

(7) 遇到坚硬障碍物时继续猛打；

(8) 在厚黏性土层中停置间歇时间太久，再重新施打时易打坏桩头；

(9) 送桩器尺寸不合适或倾斜时使桩头击碎；

(10) 挖机挖土时，把桩顶挖坏。

5-4-3-4 桩身断裂，包括桩尖破损、桩头开裂、桩身出现横向、竖向或斜向裂纹及断裂

原因是：(1) 在砂土层中施打开口预制管桩，下端桩身有发生劈裂的可能；

(2) 遇到坚硬障碍物时继续猛打；

(3) 接桩的接头施工质量差，引起接头断开；

(4) 管桩制作质量差和蒸养制度不当，桩身混凝土变脆；

(5) 打桩锤选择不当；

(6) 打桩偏心造成；

(7) 桩身长细比过大，沉入时又遇到坚硬的土层时易使桩断裂；

(8) 桩在堆放、吊装和搬运过程中已产生裂缝或折断，而在使用前又未加认真检验；

(9) 沉桩完毕露出地面部分未加保护，受施工机械的碰撞而断裂；

(10) 基坑开挖时操作不当，引起桩身大倾斜大偏位而折断桩身，如堆土。

5-4-3-5 沉桩达不到设计的控制要求

原因是：(1) 勘探资料太粗或有误；

(2) 设计选择持力层不当或设计要求过严，有时一根桩锤击 3000～4000 次还达不到设计标高；

(3) 沉桩遇到地下障碍物或厚度较大的硬隔层；

(4) 打桩锤选择得太小，或柴油锤破旧，跳动不正常；

(5) 桩尖遇到密实的粉土或粉细砂层时产生“假凝”现象；

(6) 桩头被击碎或桩身被打断，无法继续施打，这种情况发生得较多；

(7) 布桩密集或打桩顺序不当，使后打的无法达到设计深度，并使先打的桩涌动上升。

5-4-4 质量检验与验收

5-4-4-1 施工前应检查进入现场的成品桩和接桩用电焊条等产品质量。

5-4-4-2　施工过程中应检查桩的贯入情况、桩顶完整状况、电焊接桩质量、桩体垂直度、电焊后的停歇时间。重要工程应对电焊接头做10%的焊缝探伤检查。

5-4-4-3　施工结束后，应做承载力检验及桩体质量检验。

5-4-4-4　先张法预应力管桩的质量检验应符合表5-8的规定。

先张法预应力管桩质量检验标准　　**表 5-8**

项	序	检查项目	允许偏差或允许值		检查方法
			单位	数值	
主控项目	1	桩体质量检验	按基桩检测技术规范		按基桩检测技术规范
	2	桩位偏差	见规范 GB 50202—2002 表 5.1.3		用钢尺量
	3	承载力	按基桩检测技术规范		按基桩检测技术规范
一般项目	1	成桩质量：外观	无蜂窝、露筋、裂缝，色感均匀、桩顶处无孔隙		直观
		桩径	mm	±5	用钢尺量
		管壁厚度	mm	±5	用钢尺量
		桩尖中心线	mm	<2	用钢尺量
		顶面平整度	mm	10	用水平尺量
		桩体弯曲		<l/1000L	用钢尺量，L为桩长
	2	接桩：焊缝质量	见规范 GB 50202—2002 表 5.5.4-2		见规范 GB 50202—2002 表 5.5.4-2
		电焊结束后停歇时间	min	>1.0	秒表测定
		上下节平面偏差	min	<10	用钢尺量
		节点弯曲矢高		<1/1000L	用钢尺量，L为两节桩长
	3	停锤标准	设计要求		现场实测或查沉桩记录
	4	桩顶标高	mm	±50	水准仪

5-5　钢管桩及其他型钢桩(H型和钢板桩)的施工

对超高层建筑物、海洋石油平台、海上巨型桥梁及深水码头的建设，随着结构自重的增加，对基础承载力及沉降的要求更为严格，桩要进入更深的土层，承受更大的荷载，采用钢筋混凝土桩则很难保证；而钢管桩有其特点，易于贯入，在工程中使用越来越广。在西方国家，钢桩长度可达100m以上，直径超过了2500mm。

与其他桩型相比，钢管桩具有以下特点：

(1) 可承受较大的锤击应力。由于钢材的强度或韧性较大，因此，可以承受较大、反复多次的锤击作用。如用10t以上的柴油锤锤击钢管桩桩头上万次而不破坏，这对于混凝土桩甚至高强度混凝土桩都是不可能的。

(2) 承载力高。钢管桩可沉入到土质坚硬的深层土中，因此，钢管桩可承受较大的竖向荷载；其次，钢管桩的截面弹性模量大、刚度大，抗弯矩能力强，钢管桩的直径较大、管壁较厚，其侧向抗力较大。对于抗震等级要求较高的建筑物比较适用。

(3) 重量轻。装卸、运输、堆放方便，不易损坏。

(4) 桩长易于调节。钢材易切割和焊接，对持力层变化复杂的地区，可根据土层变化情况切割或接长，可以适应不同的标高设计要求。

(5) 沉桩过程中对土挤压量少。钢管桩底部不封闭，在沉桩中，土体进入管内，对周围土体的挤压量远小于桩尖封闭的预制桩和开口预应力管桩，因此，对周围土体的扰动较小，可紧贴邻近建筑物施工。对场地狭小、荷载较大的高层建筑、重型设备基础尤为适用。另外，对先打桩的变位的影响也可减少。

(6) 接头连接简单、牢靠。钢管桩的接头连接均采用电焊，操作简单，容易掌握，焊接质量容易保证。由于钢管桩顶部可任意与钢筋焊接，与上部结构钢筋混凝土结合较牢固，与建筑物构成完整的整体。

(7) 沉桩工效高、施工速度快，可节省施工费用并缩短工期。

(8) 钢管桩沉桩设备机具复杂、振动和噪声较大、桩材保养不好容易腐蚀。同时，钢材用量大，工程造价高，使使用受到限制。

5-5-1　钢管桩的构造及制作

5-5-1-1　钢管桩的构造

(1) 为方便运输，同时也受打桩机的桩架高度的限制，钢管桩通常由一根上节桩、一根下节桩和若干根中节桩组成，每节桩的分段长度不宜超过 12～15m，通常为 13m 或 15m。

(2) 各节钢管桩的连接应采用电焊等强度连接，所使用的焊条、焊丝和焊剂应符合我国现行规范的有关规定。

(3) 钢管桩的端部形式，应根据所穿越的土层性质、桩的尺寸、挤土效应等因素综合考虑确定。钢管桩下口有敞口和闭口之分。敞口桩端又可分为带加强箍和不带加强箍两种。闭口桩端又可分为平底和锥底。其构造图如图 5-6 所示。

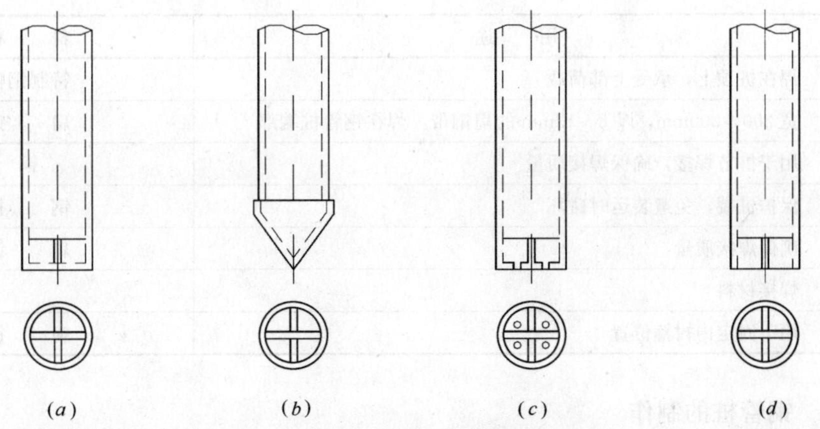

图 5-6　闭口钢管桩的构造形式

(4) 钢管桩截面尺寸类型较多，设计时应根据工程地质、荷载、基础形式、上部荷载以及施工条件综合考虑后加以选择。我国常用钢管桩截面见表 5-9。

钢管桩截面尺寸(mm)　**表 5-9**

钢管桩截面外径尺寸	壁	厚		
400	9	12		
500	9	12	14	
600	9	12	14	16
700	9	12	14	16
800	9	12	14	16
900	12	14	16	18
1000	12	14	16	18

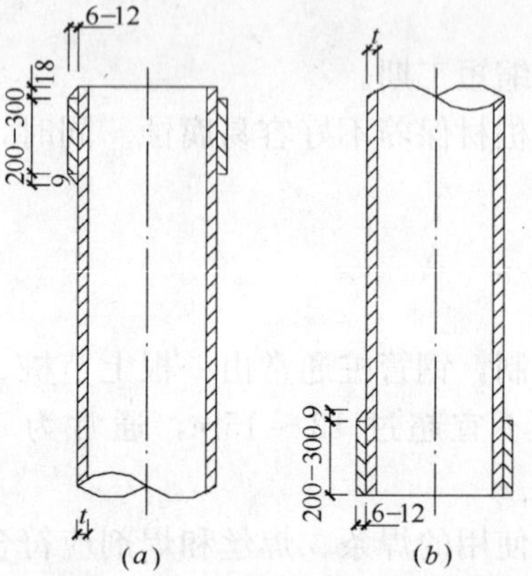

图 5-7　钢管桩的下端设置加强箍
(*a*)桩顶端的加强箍；(*b*)桩下端的加强箍
t—钢管桩壁厚

(5) 一般情况下，钢管桩上、中、下节常采用同一壁厚，但有时为了使桩顶能承受更大的锤击应力，防止径向失稳，可把上节桩的壁厚适当增大，或在桩管外圈加焊一条宽为 200～300mm，厚为 6～12mm 的扁钢加强箍；同时，为防止贯入硬土层时端部因变形而破损，在钢管桩的下端亦设置加强箍，如图 5-7 所示。

(6) 钢管桩在桩节间的连接、局部加强以及与上部承台连接时，需要配置一定数量的附件，以确保工程质量。附件表见表 5-10。

(7) 钢管桩需要进行防腐处理设计。防腐处理可采用内外表面涂防腐层等措施。当钢管桩内壁同外界隔绝时，可不考虑内壁防腐。

钢管桩应配附件表　**表 5-10**

名　称	用　途	材　料
桩　盖	焊在桩顶上，承受上部荷载	特制钢帽
增强带	宽 200～300mm，厚 8～12mm 的扁钢带，焊在钢管桩端部	扁　钢
铜夹箍	用于桩节焊接，确保焊接质量	铜
保护圈	保护桩端，免遭装运时碰坏	钢　板
内衬箍	确保焊接质量	扁　铁
电焊位	焊接材料	
挡　块	用于固定内衬箍位置	扁　铁

5-5-1-2　钢管桩的制作

(1) 钢管桩的管材，必须符合设计要求，并有出厂合格证和试验报告。一般选用普通碳素钢。所有材料现场制作钢桩应在工厂进行半成品加工。现场要有平整的场地和挡风防雨的地方进行堆放。

(2) 钢管桩按制作方法可分为无缝钢管桩和焊接钢管桩。无缝钢管桩由于造价太高而较少使用。焊接钢管桩是由钢板卷成圆筒形焊接而成，生产工艺相对较简单，直径和壁厚可任意选用，相对于无缝钢管造价较低。钢管桩的焊制多采用电焊，按加工工艺有螺旋缝焊接钢管和直缝焊接钢管两种，由于螺旋缝钢管刚度较大，工程上使用较多。

(3) 采用螺旋焊接钢管，桩管的长度不受限制，可以得到任意长度的钢管桩，即使同一宽度的钢板带，只要调节螺旋卷的角度，也可制成任意外径的钢管桩。由于在带钢的两端进行预成形加工，因此可使其尺寸精度、平直度和圆度较高。这种方法可以制作外径2500mm、板厚25mm的大径管。

(4) 平板卷制钢管无论在制作精度还是在生产量上均稍差于螺旋焊接管。当工程的钢管桩数量不多、制作要求又不是很高时，可在工地或简易厂房里用此法制作。

(5) 制作流程为：钢板切边→整平→卷制管段→管段焊接→管端坡口加工→管段拼接成形→焊接质量检验→外形修整、出厂。

(6) 采用工厂成品钢桩，出厂时要附有出厂合格证等资料。

5-5-2 钢管桩的防腐蚀

5-5-2-1 钢管桩的腐蚀

钢管桩在自然条件下受外界环境影响容易产生腐蚀。腐蚀可分为干腐蚀与湿腐蚀两种。干腐蚀是指高温空气引起的氧化反应以及和反应性较强的气体接触而导致的腐蚀，如硫化、卤化等。湿腐蚀是指由于钢管桩其所处环境—与淡水、海水、大气及土壤等接触所发生的腐蚀。

5-5-2-2 钢管桩的防腐措施

当钢管桩用于地下水有侵蚀性的地区时，可以采取以下防腐措施：

(1) 腐蚀余裕厚度。腐蚀余裕厚度是实际管壁厚度和承载力所需要的管壁厚度之差，或由实际所需要的管壁厚度扣除能承受设计荷重的壁厚确定。

一般当年间腐蚀量平均值不太大时往往采用这种方法确定。设计只要保证所需腐蚀余裕厚度大于或等于年间腐蚀量与使用年限乘积即可。这种方法计算简便，操作也容易，但钢材耗用量较大。另外，局部的腐蚀较大，如孔蚀。

(2) 混凝土包覆防腐。这种方法是用混凝土将钢管桩腐蚀特别激烈的区段加以包覆。混凝土厚度应大于6cm。同时为防止混凝土产生裂纹或剥离，应用金属网或钢筋加强。包覆混凝土可在打入前用喷射法施工，也可在打入后再在桩周围支模浇筑。

(3) 涂漆防腐。在钢管桩表面涂以适当的油漆涂料，可以推迟腐蚀。在土中使用的桩，必须选择耐腐和耐剥离性均好的涂料，一般为环氧煤焦油涂料。

(4) 耐腐蚀性低合金钢防腐。在制作钢管桩的钢板带材料中，可单独或组合添加铜、磷、铬、铝、锰等有效元素制成耐腐蚀性良好的低合金钢。

5-5-3 施工机械的选择

5-5-3-1 桩锤

桩锤选择是保证钢管桩顺利沉入土中的关键，应根据工程地貌、地质土质情况认真选用。桩锤选择应注意考虑以下几点：

(1) 桩锤的冲击能量应满足将桩打至设计深度的要求。

(2) 为防止反复锤击使桩顶疲劳损坏，应注意单桩的总锤击次数不宜过多，一般控制在3000击以内。

（3）锤击应力不应大于钢管桩材料的屈服强度，应控制在屈服强度的 80%～85%左右。

（4）桩的最后贯入度要制定的合适，不能太小，否则易损坏桩锤。

（5）选用柴油锤在软土地区打桩时，起始阶段土体阻力较小，柴油锤向上弹起距离太小，汽缸再次降落时不能保证将燃料室中气体压缩至发火程度，需多次吊挂桩锤，直至连续自跳为止。因此，桩锤不宜选的过大而造成经济上的不合理。

（6）常用的桩锤为柴油锤，主要是因为它的锤击能量较大，需要的辅助设备不多。另外，还使用了液压锤，它的使用更为方便，无油雾等环境影响，且打桩的能量、效率较高。

5-5-3-2　桩架

（1）桩架的主要作用是在沉桩过程中保持桩的正确位置、方向，同时用于起吊桩锤、吊桩、插桩、行步移位。

（2）目前通常用的打钢管桩的桩架为履带式打桩架，其中以三点支撑杆式或履带打桩架应用较为普遍，它主要由导杆、起重系统、行走机构、动力系统以及调整导杆垂直度及架子平整度的控制机构构成。这类打桩机机动性好，可悬挂各种类型的柴油锤，整机稳定可靠，操作安全，能作各角度的微调，打桩精度较高。其缺点是自重较大，对场地承载力要求较高，地面需平整碾压密实，并铺填厚度 100～300mm 碎石，必要时还应铺设钢板。

5-5-3-3　其他辅助机具

（1）桩帽；

（2）送桩管；

（3）焊接设备及材料；

（4）钢管桩内切割机。

5-5-4　钢管桩的施工

5-5-4-1　施工准备

（1）沉桩前，应认真处理高空、地上地下的障碍物。另外，钢管桩施工时通常会对周围环境造成较大的噪声、振动、地基变位和溅油污染，在城市中心人口稠密区打桩，要在施工前制定降噪和防振措施。

（2）施工设备进场前，应做好场地的平整、夯实处理，便于打桩机移动和使桩机平稳，保证工程质量。在打桩区域及道路近旁要做好排水沟设施，保证排水通畅。

（3）场地平整后，放线定位。要保证桩基轴线的准确，轴线放好后，要进行复核，并报监理审核，同时做好标记保护工作。然后根据设计图中的桩位图，按沉桩顺序将桩逐一编号，设计好打桩顺序。

（4）施工中桩位的控制应注意以下几点：

1）必须按设计原图及轴线为基准对桩位逐根复核，作好测量记录，复核无误后方可施工；

2）对施工现场的轴线控制点及水准点应妥加保护，并作经常检查；

3）测量人员应对桩的就位、垂直度和打设标高进行监测，确保施工精度；

4）沉桩至地面后，测量人员应根据轴线测出的平面偏位值，认真作好记录，办理好中间验收手续。

5-5-4-2 试桩

试桩的目的：一是对初步确定的设计承载力要通过静载实验或大应变动载实验的结果予以确定；二是通过打试桩也为所选的桩型、打桩设备等提供依据。

5-5-4-3 确定打桩顺序

(1) 打桩设备确定后，应依据工程特点、打桩作业部分的面积、桩的形式及位置、地质水文资料、气象和周围环境及地貌、施工机械性能和设计要求确定打桩顺序。

(2) 由于钢管桩的打入，会使土体挤密或部分挤密。对软弱土，会由于打桩使孔隙水压力急剧增高，因而造成土体侧向或向上的流动和涌出。最有效的方法就是调整打桩顺序。

(3) 群桩一般采用从中央向四周打的方法，或从一面开始打，平行前进。另外，在确定打桩顺序时，还应考虑：

1) 根据基础的设计标高，宜先深后浅；

2) 根据钢桩的规格，宜先长后短、先大后小；

3) 当一侧毗邻建筑物时，由毗邻建筑物处向另一方向打；

4) 当场地中有重要管道、电缆或其他地下公共设施时，应先打靠近这些设施的桩，并使后打入各桩越来越远离已有设施；

5) 打桩顺序应满足设计方案的要求，并注意优先打密集区的桩；

6) 组织好桩的供应，并安排好场地处理，放样桩和复核等配合工作；

7) 当场地狭小时，要注意施工与桩运输、堆放的矛盾。

5-5-4-4 钢管桩的运输和堆放

钢管桩可由平板车运至现场，再用吊车将各节桩管卸于桩机一侧，按打桩顺序及桩的配套要求堆放。钢管桩的运输和堆放应注意：

(1) 堆放场地应平整、坚实、排水通畅。钢管桩的两端应考虑设置保护圈，防止损坏桩尖桩头。

(2) 在公路上运输时，要对运输路线、交通规定和交通线路上的障碍物或交叉点、转弯的回路半径等进行调查，对超长件的运输，需事先向主管部门提出申请，取得许可。

(3) 长期堆放时，应考虑通风和防雨、防锈蚀。

(4) 钢管桩应按照规格及上节、中节、下节的不同而分别堆放，以便于配套运输。

(5) 钢管桩搬运时应防止桩体受撞击而造成桩端、桩体损坏或弯曲。对工厂喷涂过油漆的桩，要用草包、纱头等作必要的保护。

(6) 钢管桩的堆放层数应适当，防止出现事故。场地宽阔时宜采用单层排列，如不可能，可考虑分层堆放。一般 ϕ900mm 直径可叠放三层，ϕ600mm 的可叠放四层，ϕ400mm 的可叠放五层。

(7) 搁置点以不使管桩产生变形为原则，支点用枕木为好，为防止底层桩滚动，应在钢管桩的两侧用木楔塞住，堆放时，所有支点应在同一垂线上。

(8) 钢管桩在打桩现场堆放，要尽量搁置于桩机两旁并在桩机能起吊的范围内，尽可能避免二次搬运。

(9) 钢管桩起吊多采用一点绑扎，到桩位后插桩，因此所有钢桩的桩端均应朝向桩机并按打入的先后次序排列。离桩顶端 3m 左右位置的下方用枕木垫高，以便穿钢丝绳起吊。

（10）在堆放期间应注意头部支压板的附属铁器不要损坏。

5-5-4-5　沉桩方法

（1）钢管桩沉桩常用的是冲击法和振动法，但由于对噪声和振动的限制，目前采用压入法逐渐增多。

采用冲击法施工，其优点是沉桩速度快、费用低、设备简单，并且能对承载力作出较准确地判断。

（2）一般采用先在自然地面打桩，后开挖基坑的方法。对于这种方法，用送桩将钢管桩送至设计标高。也可以将桩接长，直接将桩打至地面以上某设计标高，在基坑开挖后切割至设计标高，钢管切割收回经处理后可以重新使用。

（3）钢管桩的施工程序为：桩机安装→桩机移动就位→吊桩→插桩→锤击下沉、接桩→锤击至设计标高→内切割桩管→精割、盖帽。

（4）钢桩的沉桩质量与下节桩就位的准确度和垂直度密切相关，施工过程使用两台经纬仪架在桩的正面和侧面进行桩架导杆及桩的垂直度控制。一般情况下，由于桩身、桩锤及桩帽的自重较大，下节钢管桩不需锤击即可在自重下沉入土中一定深度，施工时，应注意使桩在自重下缓慢下沉，然后再行锤击。开始应使柴油锤处于不燃烧油料的空击状态，并随时检测沉桩质量情况，如发现偏差应立即纠正，必要时应将桩拔出重新插入，待桩锤空打使桩下沉 1～2m 以后，再次校正垂直度，准确无误后开始用正常落距打桩，直至将桩打至桩顶高出地面 600～800mm 时，停止锤击，准备与下一节桩电焊连接，接桩后再以同样步骤将桩打到设计深度。

（5）在钢管桩的沉桩过程中，应注意以下问题：

1）始终要注意观测钢管桩沉入情况，有无异常现象。如发现桩身下沉过快、桩身倾斜、桩锤回弹过高、桩架晃动等情况时，应立即停止锤击，查明原因后再开始继续施工。

2）钢管桩在沉桩过程中应连续，尽量避免长时间停歇中断。因为在锤击沉桩时，土体结构受桩管传来的振动荷载而破坏，承载力降低，同时土体中孔隙水游离出来集中于钢管表面起润滑作用，如果停歇过久，游离水分丧失，土体结构恢复，这样会增加沉桩阻力。

3）桩的分节长度应合适，应结合穿透中间的坚硬土层，接桩时，桩尖不宜停留在坚硬土层中，否则当继续施工时，由于阻力过大可能使桩身难以继续下沉。

4）施工时，为了防止对周围建(构)筑物振动过大，可以在地面开挖防振沟，消除地面振动，并可与其他防振措施结合使用。沟宽一般取 0.5～0.8m，深度以土方不致坍塌为准。沉桩过程中，应加强邻近建筑物、地下管线的监测、保护。

5）送桩套入钢桩顶端时，应确保其接触密贴，以减小锤击能量损失。

6）在桩未打到支承层以前，有时会遇到比较坚硬的中间层。若用单纯打入法穿不过硬夹层时应采取辅助措施。如预钻孔、施振或射水助沉。也可采取管内取土的方法助沉。如桩端就以中间硬夹层作为支承层，则应验算下卧土层的沉降。

7）打长桩时，可在导杆上装配可以升降的防振装置，在桩发生横向振动时，可以防止桩的弯曲变形。

8）施工中应注意对设备的操作。一般情况下桩锤所出现的故障，大都是燃烧泵引起的，如垫衬磨损、孔眼堵塞等，造成落距降低或不发火。施工中应将桩锤落距控制在1.8～2.2m左右，连续施打时间不要超过 20min，否则会因桩锤过热而使发火时间加快，燃烧会使锤下落快，锤冲击的速度及冲击力降低。燃料油应使用规定的油料，防止落入水及其他不纯净物。如果燃料燃烧良好，排烟为青白色，如燃烧不好则会带出黑烟。对燃料泵等容易发生故障的部位，应有备件以便及时更换。

5-5-4-6 电焊接桩

(1) 施工时，需要边打桩边焊接接长。焊接前，必须将桩端的铁锈、油污和上节桩管端部泥砂、水等清除干净，并保持干燥，下节桩顶经锤击后的变形部分应修整，并打焊接坡口和将坡口磨光，再将内衬箍置于下节桩内侧的挡块上，紧贴桩管的内壁并分段焊接，其作用是便于上、下节桩对接，同时还能保证焊接质量。

(2) 吊上节桩，使其坡口搁在焊道上，使上、下节桩对口的间隙为 2～3mm，并用经纬仪校正上、下节桩管的垂直度。

(3) 焊接时，应注意以下几点：

1) 焊接时，应采用多层焊接，当管壁厚度≤9mm 时，焊二层；管壁>9mm 时，焊三层。焊完每层后及时清除焊渣，且各层的焊缝接头应错开。

2) 应充分熔化内衬箍，保证根部焊透。

3) 焊丝或焊条应烘干。

4) 遇刮大风时，应采取必要的挡风措施；当气温低于 0℃或下雨雪时，无可靠措施确保焊接质量时，不得焊接。

5) 焊接应对称进行，防止因焊缝收缩而产生附加内应力。

6) 每个接头焊接完毕后，应冷却≥1min 后，方可继续锤击沉桩。

5-5-4-7 钢管桩切割

沉桩完毕后，土方开挖前，为了便于基坑机械化施工，钢管桩在基底以上部分要切割。由于桩管埋在土体中，用钢管桩的内切割机从桩管内部切割。

5-5-4-8 降水与机械挖土

(1) 降水方法可根据土质、地下水情况以及所需降水深度要求来确定。可以考虑采用轻型井点、喷射井点、明排水或它们的组合方式。

1) 一般情况下，降水深度要求在 5～6m 时，采用一级轻型井点降水；

2) 要求降水 10m 以内时，可采用二级轻型井点降水；

3) 降水 7～12d 后即可进行土方开挖，如降水要求更深，则最好采用一级轻型井点降水和喷射井点相结合的方法，其降水深度可达 14m 左右，具体降水方法见基坑一章中的降水与排水一节。

(2) 机械挖土可采用反铲挖掘机分层开挖、运土，通常将两台或多台反铲挖掘机设于不同作业高度上同时挖土。一般两层挖土其深度可达 10m 左右，三层挖土可挖深约 15m。

5-5-4-9 焊桩盖

当挖土至设计标高后，使钢管桩外露，取下临时桩盖，用气焊对钢管桩顶进行精割至设计标高。后放上配套桩盖焊牢。同时在桩管外壁加焊 8～12 根 ϕ20mm 的锚固钢筋到承台内。

5-5-4-10 桩端与承台连接

钢管桩与承台的连接一般是将桩头嵌入承台内，长度不小于一倍桩管外径长度，或仅嵌入承台 100mm 左右，再利用钢筋予以补强，或在钢管桩顶端焊以基础锚固钢筋，再按常规方法施工上部基础或结构。

5-5-4-11　施工记录

在钢管桩的整个施工过程中，必须设专人认真作好施工记录。因为施工记录是整个打桩过程中的真实写照，是一项重要的技术档案，一旦工程中出现问题，首先应从施工记录中查找原因，进行适当的修补，没有沉桩记录，事故原因就无从查起。记录的内容包括每根桩的施工时间，每沉入 1m 桩的锤击次数，落距大小，最后十击的贯入度，回弹量，桩的平面位移和倾斜等，同时还应记录沉桩过程中的异常情况。

5-5-5　钢管桩施工质量控制

5-5-5-1　成桩质量控制

钢管桩是整个建筑物的重要组成部分，它要将上部结构传来的巨大荷载传至较深的持力层，因此对建筑物的稳固起着举足轻重的作用，要保证施工质量，满足设计要求。需要加强施工过程中的质量控制。钢管桩的成桩质量控制应以制桩质量、焊接质量、打入深度、停锤标准、桩位以及垂直度检查等几方面进行。

(1) 制桩控制。钢管桩的制作分为工厂制作和工地自行制作。对于工厂制作的桩，其质量要求按表 5-11 检查；对在工地制作的桩，要求稍低，可根据设计图的要求，进行质量验收。

钢管桩制作的允许偏差　　**表 5-11**

<table>
<tr><th>项　次</th><th colspan="3">项　目</th><th>允许偏差(mm)</th></tr>
<tr><td>1</td><td>外　径</td><td colspan="2">桩管端部
桩管身部</td><td>±0.5%外径
±1%外径</td></tr>
<tr><td rowspan="5">2</td><td rowspan="5">厚度</td><td rowspan="3"><16mm</td><td>外径<600mm</td><td>+不规定
−0.6</td></tr>
<tr><td>500<外径<800mm</td><td>+不规定
−0.7</td></tr>
<tr><td>外径>800mm</td><td>+不规定
−1.0</td></tr>
<tr><td rowspan="2">>16mm</td><td>外径<800mm</td><td>+不规定
−0.8</td></tr>
<tr><td>≥800mm</td><td>+不规定
−1.0</td></tr>
<tr><td>3</td><td colspan="3">长　度</td><td>>0</td></tr>
</table>

(2) 焊接质量

1) 在进行钢管桩的焊接时，应选用技术熟练、经验丰富具有焊接上岗证的焊工，严格按照规范要求进行焊接施工。焊工上岗前要进行技术交底，并在施工现场配备有焊接知识及经验的技术管理人员。焊接设备必须性能良好。焊接施工过程要加强质量监理。

2) 焊接质量必须符合国家钢结构施工与验收规范和建筑钢结构焊接规程，每处接头均应按对照表进行外观检查，由质检人员和监理人员对每个焊接接头进行实际量测。同时，还应对焊接头的内在质量或对接头总数的 10% 做探伤检查，在同一工程内，探伤检查不得少于3个接头。

(3) 平面位置控制。钢管桩沉桩的允许偏差见表5-12所示。

钢桩施工质量检验标准　　**表5-12**

项	序	检查项目	允许偏差或允许值		检查方法
			单位	数值	
主控项目	1	桩位偏差	见规范表5.1.3		用钢尺量
主控项目	2	承载力	按基桩检测技术规范		按基桩检测技术规范
一般项目	1	电焊接桩焊缝： (1) 上下节端部错口 (外径≥700mm)	mm	≤3	用钢尺量
		(外径＜700mm)	mm	≤2	用钢尺量
		(2) 焊缝咬边深度	mm	≤0.5	焊缝检查仪
		(3) 焊缝加强层高度	mm	2	焊缝检查仪
		(4) 焊缝加强层宽度	mm	2	焊缝检查仪
		(5) 焊缝电焊质量外观	无气孔，无焊瘤，无裂缝		直观
		(6) 焊缝探伤检验	满足设计要求		按设计要求
	2	电焊结束后停歇时间	min	＞1.0	秒表测定
	3	节点弯曲矢高		＜1/1000L	用钢尺量，L为两节桩长
	4	桩顶标高	mm	±50	水准仪
	5	停锤标准	设计要求		用钢尺量或沉桩记录

(4) 垂直度控制

1) 对15m左右长度的钢管桩，垂直度可以控制上、下中心偏差2cm以内为宜。

2) 要达到高垂直度标准，应保证场地平整密实，打桩机有精确灵便的垂直度控制系统和施工中应尽可能保证第一节桩高度垂直，同时，要保证接桩对中焊接和锤击过程中确保桩锤尽量准确地击在桩顶的中心部位。

(5) 标高控制。要按设计要求将桩打到设计标高。对土体情况变化复杂桩打不下时，应暂停施工，会同设计人员共同商榷，确定施工方法。一般情况下可以参考以下做法：

1) 当桩端位于一般土层时，以控制桩端设计标高为主，贯入度可以作为参考；

2) 桩端达到坚硬、硬塑的黏性土、中密以上粉土、碎石类土、风化岩石时，以贯入度为主，桩端标高作为参考；

3) 贯入度已达到而桩端标高未达到时，应继续锤击3阵，按每阵10击的贯入度不大于设计规定的数值加以确认，必要时，施工控制贯入度应通过试验与有关单位讨论确定。

5-5-5-2　施工结束后应做承载力检验。

5-5-5-3　钢桩施工质量检验标准应符合表5-11、表5-3及表5-12的规定。

5-5-6　施工常见问题及对策

5-5-6-1　桩水平位移、倾斜

(1) 钢管桩如果采用闭口桩则其排土量同预制桩一样，也是桩管体积的100%，一般采用开口钢管桩可以减少挤土，但当其下沉至一定深度时，挤入管口的土体会将管口封闭，同样会引起挤土，一般情况下，随着桩管直径的增大，挤土量会逐渐减少。当桩位较密时，挤土现象会更明显，会使先打的桩上部挠曲变形，出现位移、倾斜。

(2) 施工时，可以采取以下措施：

1) 尽可能采用开口钢管桩，或采取预钻孔打入法，减少挤土。

2) 采用长桩，提高单桩承载力，减少桩的数量，增大桩距，以减少对浅层土体的挤压影响。

3) 选用合理的打桩流水方案，避免在基础混凝土浇注完毕的区域附近打桩。

4) 选择合理的打桩顺序。

5) 减慢打桩速度，减少单位时间内的挤土量。

6) 增加辅助措施。钻孔设置排水砂井或插入塑料排水板，以减少超孔隙水压力。

5-5-6-2　打桩造成周围建筑物位移及振动影响

沉桩时，钢管桩进入土层对软土产生挤压，使附近建筑物地下管线产生水平和垂直方向的位移，严重时导致裂缝或损坏；同时采用柴油锤打桩引起的振动会使周围建筑物地基沉降陷落，还会使附近的设备及各种精密机械工作性能受到影响。

(1) 施工时，为了减少挤土，除采用开口桩外，还可以在靠近建筑物的一侧设浅层防挤沟，减挤砂井或其他排水桩口防挤沟。如较浅可采用空沟，如较深，可填入发泡塑料、砂等松散材料，将打桩传来的振动波吸收或反射，可以减振 1/3～1/10。

(2) 为了减少振动的影响，可以从钢桩本身着手，垫以缓冲垫层或缓冲器来沉桩。

5-5-6-3　钢管桩被打坏

(1) 如下端开口且钢管桩壁过薄，容易在沉桩过程使开口桩尖卷曲破坏。可在沉桩时在钢管底端加焊一道钢套箍，以加强桩尖部分的刚度。

(2) 钢管桩接头部位破坏。要保证焊接材料质量，而且必须严格按焊接规范施工，同时，要确保钢桩垂直地沉入。

5-5-6-4　钢管桩头失稳

造成钢桩失稳的原因较多，如锤击次数过多，桩管壁厚太薄，偏心打桩，桩锤落距过高等。为了防止桩管失稳，可以在锤击顶部加套箍，或适当增加钢管壁厚，防止偏心打桩，采取合理落距，另外，为防止贯入度过小，应事先清除土中的大石块、旧钢筋混凝土等障碍物。

5-5-6-5　沉桩困难

有两种情况，一是在整个沉桩过程中，中间有硬土层需要穿过，造成沉桩困难；二是桩尖快到持力层时，贯入度过小，难以达到实际标高。

5-5-6-6　桩急剧下沉

可能遇到软土层、土洞，或桩身弯曲。应该将桩拔起检查改正重打，或在原桩位附近补桩并加强沉桩前的检查。

5-5-7　施工安全管理

钢管桩施工是使用和操作起重机和重物，是比较危险的工种之一。因此施工现场应设专职安全员和安全管理机构，负责现场的安全检查与管理，落实安全操作规程和有关政策法令的贯彻实施，以达到安全、文明施工的目的。

5-5-7-1　打桩工程事故原因

(1) 机械操作的差错，由于施工中不注意、不熟练、信号联系不得当、对作业环境的认识不足等。

(2) 事故受害者本人不注意、失误引起(如跌落、碰伤)。

(3) 机械因素，如机械故障、破损、装备不良等。

(4) 突发原因。

(5) 现场施工条件、环境因素，如地基软弱、临时设施强度不足、地下障碍物拆除不当导致不安全。

(6) 安全设施不齐全，例如没有临时围护、触电等。

5-5-7-2　打桩安全管理应注意的事项

(1) 从桩堆放场地将其吊入时应防止倒塌。

(2) 桩在就位时，如果离桩机较远，应使用辅助起重机，或在导杆下安设滑轮，以此为支点拉过来，此时应使导杆顶部钢丝绳角度在30°以内。

(3) 安装到桩上的台座用的钢丝绳，要紧固好，使其不脱开和移动，并随时检查，防止断绳。

(4) 做好地基的夯实和排水，防止地基倾斜，导致桩架倾斜。

(5) 桩吊入时，应避免桩的旋转，并防止桩、锤及导杆的相互碰撞。

(6) 在悬吊桩时，严禁移动桩架，防止倾覆，遇到大雨或风速超过10m/s的大风时，应中止打桩；当风速在25m/s以上时，应张拉钢丝绳，防止机架倾倒，必要时要将机架放倒以确保安全。

(7) 在打桩过程中，由于锤击振动的作用，应及时检查螺栓和螺母是否松动。

5-5-8　H型钢桩的施工

5-5-8-1　H型钢桩的特点

(1) 由于H型钢桩由钢厂轧制，到现场后切割、接长，造价要比由钢板卷制的钢管桩便宜20%～30%左右。

(2) 挤土量较钢管桩小。

(3) 沉桩时阻力小，穿透硬土层时效率高。

(4) 断面刚度较小，当桩长较大时，沉桩过程中容易产生横向失稳，抗锤击能力也相对较弱。

(5) 由于其断面特点，在运输和堆放时容易弯曲变形。

5-5-8-2　H型钢桩规格及构造

(1) H型钢桩一般由钢厂轧制，规格相对固定。

(2) H型钢桩在制作时，其材质应符合现行有关规范的规定，分节长度不宜超过15m，每节桩长应考虑与桩架高度、运输、装卸能力相配合，同时应避免桩尖在接近或位于硬持力层时接桩。如果采用现场制作，必须保证现场场地平整、坚实、排水通畅，并有挡风防雨设施。用于地下水有侵蚀性的地区或腐蚀性土质的H型钢桩，应按设计要求作防腐处理，可采用表面涂防腐层，增加腐蚀裕量及阴极保护。

(3) H型钢桩的端部形式，应根据桩所穿越的土层，桩持力层性质、桩的尺寸、挤土效应等因素综合考虑确定。可采用带端板和不带端板两种形式，不带端板的桩又可分为平底和锥底两种，其中平底桩端底部可用钢板焊接扩大翼。

5-5-8-3　H 型钢桩的施工

(1) 施工机械。H 型钢桩的施工机械与钢管桩基本相同，可采用柴油锤和液压锤沉桩，但其断面刚度较小，抗锤击能力差，桩锤不应选得过大，并且在锤击过程中，桩架前应有横向约束装置，防止横向失稳。钢桩的桩帽应根据桩的尺寸在现场用钢板焊接而成。

(2) 沉桩施工。H 型钢桩的沉桩工艺流程与钢管桩基本相同，但有以下几方面应稍有变化：

1) 钢桩截面刚度较小，接头处应加连接板。其接头形式见图 5-8。

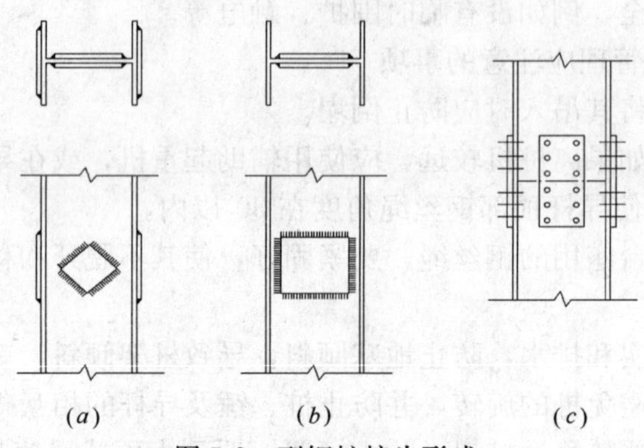

图 5-8　型钢桩接头形式

(*a*)钢板连接；(*b*)钢板连接；(*c*)螺栓连接

2) 送桩不宜过深，否则，容易使 H 型钢桩移位，或者因锤击过多而失稳，当持力层较硬时不宜采用送桩。

3) 场地准备应比钢管桩更严格。桩堆放场地，沉桩前障碍物要清除，如地面层大石块、混凝土块等回填物，保证沉桩质量。

4) H 型桩其断面横轴向和纵轴向的抗弯能力不同，应根据设计要求方向插桩。

5) 锤击时必须有横向稳定措施。有效措施是设铰链抱箍。

6) H 型钢桩在沉入设计标高并完成基坑开挖后，应在其桩顶加盖桩盖。

(3) H 型钢桩成桩质量控制及 H 型钢桩的制作允许偏差见表 5-11 与表 5-12。

5-5-8-4　常见施工问题

(1) 桩身扭转。沉桩过程中，桩周围土体发生变化，聚集在 H 型钢桩两翼缘间的土存在差异，且随着打桩入土深度的增加而加剧，致使桩朝土体弱的方向转动。如入土深度不大，可拔出桩再次锤击入土。

(2) 贯入度突然增大。

5-5-9　钢板桩的施工

钢板桩广泛用于水上、地下构筑物基础施工中的围护结构和厂房、高层建筑深基础施工所用的临时围护结构。其特点是：

(1) 它构成的连续壁体具有较高的刚性和锁口，结合紧密，水密性好。

(2) 施工方便，施工速度快。

(3) 强度高、重量轻，运输堆放方便。

(4) 适应性强，可以用于木板桩、钢筋混凝土板桩不能施工的硬土层或砂层。

(5) 可以减少基坑开挖土方量，有利于施工排水，对临时工程可拔出来回收，多次周转。

(6) 钢板桩施工时技术复杂，造价也较高。

5-5-9-1 钢板桩的形式及构造

(1) 钢板桩的形式应满足挡土强度和打桩时刚度要求，按其断面形式，分为直线形、U形、Z形、H形及管形，见图5-9。

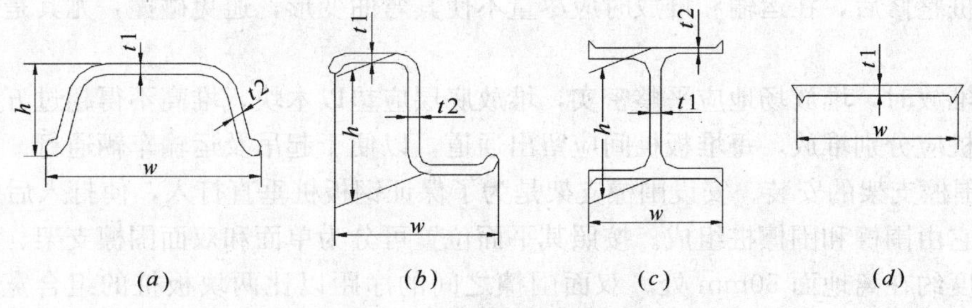

图5-9 钢板桩的断面形式

(2) 直线形钢板桩防水和承受轴向力的性能良好，容易打入土中，但侧向抗弯刚度较低，仅用于地基土质良好、基坑深度不大的工程中。U形板桩的侧向刚度较大，防水和抗弯性能较好，在施工中应用较广，一般用于码头岸壁、护岸及深度较大的基坑护壁工程。Z形钢板桩断面不对称，如单根打入，会绕垂直中心轴旋转，实际施工中一般将其成对地拼连在一起锤打，它一般也用于码头岸壁、护岸及支护结构中，但其制作工艺复杂，工程中应用较少。H形钢板桩断面模量很大、技术性能良好，因此在深水中的水工结构或荷载较大的支护结构中都采用这种板桩。管形板桩的断面模量极大，而且圆形结构受力性能好，本身能自立，一些永久性工程结构均采用这类板桩。其缺点是拔出时困难，造价较高。

(3) 每块钢板桩的两侧边缘都做成相互连锁的形式，使其结合紧密。锁口有互握式和握裹式两种，互握式锁口间隙较大，能构成曲线形的板桩墙，泥水通过环形连锁时，净水流去，泥砂沉积在缝隙里形成一层紧密的防水层，不透水性较好。握裹式锁口较紧密，其整体性好，但施工困难。

(4) 钢板桩运至现场后，应检查其质量、规格，并进行分类、编号。

5-5-9-2 施工机械的选择

(1) 选择沉桩机械时应综合考虑以下几方面因素的影响：

1) 工程规模；

2) 工程地质情况；

3) 施工机械作业能力；

4) 作业环境。

(2) 钢板桩的沉桩机械选择与其他桩的施工基本相同。

(3) 钢板桩的沉桩方式可分为冲击打入、振动打入、静力压桩和振动冲击法沉桩。冲击打入法沉桩一般采用履带式打桩机施打，它稳定性好，行走方便。桩锤应根据打入阻力选择，常用的有柴油锤。桩锤选择不宜过重，桩锤重一般约为所打钢板桩重量的2倍。

(4) 振动沉桩是将机器产生的垂直振动传给桩体，导致桩周围的土体结构因振动而发生变化，强度降低。对砂层和遇硬土层时，这种效果不明显，应慎用。采用振动法沉桩，施工速度快，施工噪声小，对桩顶损伤较小，对环境的影响也小，既可用于打桩，也可用于拔桩。

5-5-9-3　钢板桩的施工

(1) 钢板桩的准备。钢板桩在进入现场前，均要进行检查整理，保证每块板桩完整平直。桩在打入前应将桩尖处的凹槽底口封闭，避免泥土挤入，锁口应涂以黄油或其他油脂，用于永久性工程的桩表面应作防锈处理。对年久失修、锁口变形的钢板桩，应整修矫正。在板桩整修后，在运输和堆放时应尽量不使其弯曲变形，避免碰撞，尤其是锁口部分更应注意。

板桩堆放时，堆放场地应平整密实，堆放底层应垫以木块，堆高不得超过五层。不同规格的板桩应分别堆放，每堆板桩间应留出通道，以便于起吊及运输车辆通行。

(2) 围檩支架的安装。安设围檩支架是为了保证钢板桩垂直打入，使打入后的板桩平面平直。它由围檩和围檩桩组成。按照其平面位置可分为单面和双面围檩支架。第一层围檩安装高度约在离地面 50mm 处。双面围檩之间的净距以比两块板桩的组合宽度大 8～10mm 为宜。围檩支架必须尺寸正确，牢固可靠，并有一定刚度。围檩支架每次安装的长度为矩形挡墙的长边和短边，并视工程具体情况而定，应考虑周转使用。围檩桩的截面和打入土中的深度，应通过设计和计算确定。

(3) 打桩流水段的划分。封闭式板桩施工，应注意封闭合拢，一般情况下，选择的流水段越长，合拢点也越少，但累积偏差也越大，轴线位移相应也大。因此，为了减少累积偏差，应该缩短流水线长度，增加合拢点，同时采取先边后角的打法，可保证墙面相对距离，不影响围护支架的安装精度，对于打桩累积偏差，可在转角外作轴线修正。

(4) 钢板桩打设。钢板桩常用的沉桩方式有：

单桩打入法(适用于工程要求低，板桩长 10m 左右)、双层围檩打桩法(适用于工程精度要求高，桩的数量少)和屏风法(使用于工程质量要求高，桩的长度大)。

5-5-9-4　钢板桩施工质量问题

(1) 倾斜。打桩时，由于行进方向的贯入阻力小于连接锁口处的阻力，使得桩头部向打桩行进方向倾斜。

施工过程中应用仪器随时检查、控制，并尽早纠偏。发生倾斜时，可以用钢丝绳拉住桩身，边拉边打；也可用楔形板桩纠偏。

(2) 扭转。由于钢板桩的锁口是铰接的，在锤击作用下，会发生位移和扭转，并牵动相邻已打入板桩的位置。因此，应在打桩行进方向用卡板卡住板桩的前锁口，或在板桩和围檩之间的缝隙设一定滑轮支架，制止板桩下沉中的转动。

(3) 将邻桩带入。在软土中打桩，遇到坚硬障碍物时，板桩阻力增加，会把相邻板桩带入。为防止出现此类事故，如发现板桩倾斜时应及时纠正。施工过程中，最好不要把桩一次打到标高，留一部分在地面，等全部板桩入土后，再用屏风法将余下部分打入。也可将数根板桩用角钢连在一起。

5-6　灌注桩

灌注桩的桩型较多，按成孔设备和施工方法可以划分为泥浆护壁钻孔灌注桩、沉管灌注桩、干作业成孔灌注桩等。

(1) 泥浆护壁钻孔灌注桩适用于地下水位以下的黏性土、粉土、砂土、填土、碎(砾)石土及风化岩层，以及地质情况复杂、夹层多、风化不均、软硬变化较大的岩层。

(2) 冲孔灌注桩除适应上述地质情况外，还能穿透旧基础、大孤石等障碍物，但在岩溶发育地区应慎重使用。

(3) 沉管灌注桩适用于黏性土、粉土、淤泥质土、砂土及填土；在厚度较大、灵敏度较高的淤泥和流淌状态的黏性土等软弱土层中采用时，应制定质量保证措施，并且经工艺试验成功后方可实施。

(4) 夯扩桩适用于桩端持力层为中、低压缩性黏土、粉土、砂土、碎石土，且埋深不超过 20m 的情况。

(5) 干作业成孔灌注桩适用于地下水位以上的黏性土、粉土、填土、中等密实以上的砂土、风化岩层。

(6) 人工挖孔灌注桩在地下水位较高，特别是有承压水的砂土层、滞水层、厚度较大的高压缩性淤泥层和流塑淤泥质土层中施工时，必须有可靠的技术措施和安全措施。

5-6-1 一般规定

5-6-1-1 机具选择

根据不同类型的灌注桩和不同土质选择不同的钻孔设备：

(1) 潜水钻：适用于黏性土、粉土、淤泥、淤泥质土、砂土、强风化岩、软质岩。

(2) 回转钻：适用于碎石类土、砂土、黏性土、粉土、强风化岩、软质与硬质岩。

(3) 冲抓钻：适用于碎石类土、砂土、砂卵石、黏性土、粉土、强风化岩。

(4) 冲击钻：适用于各类土层及风化岩、软质岩。

5-6-1-2 成孔的控制深度

(1) 对摩擦型桩应以设计桩长控制成孔深度；端承摩擦桩必须保证设计桩长及桩端进入持力层深度；当采用锤击沉管法成孔时，桩管入土深度控制以标高为主，以贯入度为辅。

(2) 对端承桩，如采用钻(冲)、挖掘成孔时，必须保证桩孔进入持力层的深度；当采用锤击沉管法成孔时，沉管深度控制以贯入度为主，设计持力层标高对照为辅。

5-6-1-3 钢筋笼的制作与安放

(1) 钢筋笼在制作时，首先应保证其钢筋种类、级别及尺寸均应符合设计要求。

(2) 钢筋笼堆放以堆放二层为宜，钢筋的制作场地要求硬化、排水通畅，宜选择在现场进行制作。

(3) 钢筋笼绑扎时，宜先布置好主筋间距，待固定住架立筋后，再按规定间距绑扎箍筋。可预先将箍筋与主筋加工成圆形，接点可用电弧焊固定，但必须注意电弧焊引起的材质变化及断面减少现象。

钢筋支架在大多数情况下可将主筋等距离布置于木制圆板上，在与骨架轴线相垂直的平面内每间隔 3m 左右设置一块带缺口且等间距分布于圆周上的木制圆板，将主筋固定在缺口内。较简易的方法是以粗筋做成圆环，在圆环外周焊接主筋，再在该圆环上绑扎钢筋笼。为了确保钢筋骨架的直线性，必须将支架布置于同一高度上。

(4) 主筋净距必须大于混凝土粗骨料粒径的 3 倍以上。钢筋笼内径应比导管接头处外径大 100mm 以上。

(5) 加劲箍宜设在主筋之外，主筋一般不设弯钩，根据施工工艺要求所设弯钩不得向内圆伸露，以免妨碍导管正常工作。

(6) 如采用绑扎法连接时，应在其两端和中部焊接，以增强钢筋笼的牢固程度。桩顶部分与承台均为刚性连接，一般均将主筋上部锚固于承台之内，在该范围内必须使用箍筋。

(7) 为了方便搬运、吊装，钢筋笼不宜过长，应分段制作，其接头宜采用焊接连接。焊接时，应遵守《混凝土结构工程施工及验收规范》(GB 50204—2002)。钢筋笼的分段长度应当适中，分段太长虽可以减少接头数量，节约钢材，但容易产生变形，使骨架松散，易造成混凝土保护层厚度严重不足，甚至钢筋笼上浮。一般将分段长度定为8～12m。

(8) 为了防止钢筋笼在搬运、吊装和安放时发生变形，应每隔2.0～2.5m设加劲箍一道；在笼内每隔3～4m装一个可拆卸的十字形临时加劲架，钢筋笼入孔后拆除。另外，还可在钢筋笼内侧或外侧安设支柱。

(9) 在钢筋骨架沉放时，通常是用吊车将其吊入桩孔内，应对准孔位，避免碰撞孔壁。钢筋笼入孔前，要先进行清孔，清孔时应把泥渣清理干净，保证实际有效孔深满足设计要求，以免钢筋笼放不到设计深度。钢筋笼在起吊中，不得在地面拖拽；钢筋笼较长时，吊点应适当下移，并加焊加强筋。

沉放钢筋笼时，利用先插入孔内的钢筋骨架上部架立筋将骨架暂时固定在桩孔上部，并保证主筋位置正确，且要垂直。主筋与架立筋原则上应垂直，但对架立筋下面的搭接部分有时将不成直角而倾斜，故可利用适当顶拱度来进行调整。

(10) 两钢筋笼接头时，可利用吊车将上部钢筋笼临时吊住进行连接，这时应注意保证上下节主筋位置找正，可利用垂球由前后左右来确认地上部分的垂直度。

如果钢筋骨架为双层钢筋时，应先将外侧钢筋放入桩孔，然后放置套管，再按顺序安设内侧钢筋。按上述步骤施工完外侧钢筋后，为不妨碍安设内侧钢筋，可用角钢将外侧钢筋临时放置于套管上，并应用模子等工具使外侧保持垂直。内侧筋同外侧筋一样。当内侧钢筋接头施工完毕后，将其放在托筋上，然后分别将外侧和内侧钢筋绑扎到定位器上，使互相之间保持一定距离。

(11) 待钢筋安设完毕后，一定要检测确认钢筋顶端标高。为此，在事先应选择钢筋笼中的一根主筋，正确测量其长度并作好标记，这样在连接并接长经量测的各主钢筋后，就不会产生高度方面的误差。

5-6-1-4　灌注混凝土

(1) 灌注桩的各工序应连续施工，钢筋笼就位后应立即浇筑混凝土，最迟不超过4h。桩身混凝土必须留有试块，直径大于1m的桩，每根桩应有1组试块，且每个浇筑台班不得小于1组，每组3块。

(2) 混凝土的浇筑应连续进行，不得中断，否则极易产生断桩。采用导管法浇筑时，还应注意提高混凝土的浇筑速度，防止浇筑时间过长导致混凝土流动性降低而发生堵管。当夏季干燥时，必须在浇筑后1h内浇筑完毕。实际工程中常将混凝土从运输车的卸料溜槽直接到导管漏斗，但这时混凝土有可能冲刷孔壁而带入泥土，因此，比较合适的速度是$0.6m^3$/分。

(3) 在拌制混凝土时，为提高其流动性，所用水量大大超过水泥水化的用量，浇筑完毕后多余的水分将离析上浮，同时，粗骨料会有一定下沉，导致桩顶附近由于存在浮浆而强度较低，因此，应使浇筑后桩顶标高超出设计标高，通常超灌高度为500mm，并予以保护。当基槽挖完之后或混凝土垫层施工完毕后，要凿除超灌的混凝土，并进行桩头的修整工作。如果桩头漏出的钢筋很长，一般采用人工仔细凿去。如要凿去的部分太多，应先凿去混凝土保护层，然后在主筋上部凿成若干个漏斗状的洞，使之剥离后再用凿岩机在距设计标高之上5～10cm左右的水平方向打2～3个孔，在孔中打入楔子，然后除掉。

(4) 当气温低于0℃以下浇筑混凝土时，应采取保温措施，浇筑时混凝土温度不得低于5℃。在桩顶混凝土未达到设计强度50%以前不得受冻。当气温高于30℃时，应根据具体情况对混凝土采取缓凝措施。

(5) 混凝土灌注充盈系数，对一般土质为1.1～1.2，软土为1.2～1.30。

(6) 混凝土灌注方法应根据以下条件选用：

1) 孔内水下灌注宜用导管法；

2) 孔内无水或渗水量很小时灌注宜用串筒法；

3) 孔内无水或孔内有水但能疏干时灌注宜用护筒直接布料法；

4) 大直径桩混凝土灌注宜用泵送。

(7) 为保证保护层厚度的准确，可采用下列方法：

1) 在钢筋笼周围主筋上每隔一定间距设置混凝土垫块，垫块厚度根据保护层厚度及孔径设计。

2) 用导向钢管控制保护层厚度，钢筋笼由导管中放入，导向钢管长度宜与钢筋笼长度一致，在灌注完混凝土后一次拔出。

3) 在主筋外侧安设定位器，其外形呈圆弧状突起。定位器在贝诺托法中通常使用直径9～13mm的普通圆钢，在反循环钻成孔法和短螺旋钻空锥成孔法中，为防止桩孔侧面受损，大多使用宽50mm左右的钢板，长度400～500mm，在同一断面上，定位器有4～6处，沿桩长间距为2～10m。

5-6-2 构造及材料要求

5-6-2-1 灌注桩的构造要求

1. 灌注桩的配筋要求

对桩身按构造配筋的灌注桩，其配筋要求为：

(1) 一级(建筑桩基的安全等级)建筑桩基，应配置桩顶与承台的连接钢筋笼，其主筋采用6～10根ϕ12～ϕ14，配筋率不小于0.2%，锚入承台30倍主筋直径，伸入桩身长度不小于10倍桩身直径，且不小于承台下软弱土层层底深度。

(2) 二级建筑桩基，根据桩径大小配置4～8根ϕ10～ϕ12的桩顶与承台连接钢筋，锚入承台至少30倍主筋直径且伸入桩身长度不小于5倍桩身直径；对于沉管灌注桩，配筋长度不应小于承台下软弱土层层底深度。

(3) 三级建筑桩基可不配构造钢筋。

2. 灌注桩桩身混凝土及保护层厚度要求

(1) 混凝土强度等级不得低于C20，每立方米混凝土水泥用量不得少于350kg，桩身混凝土应具有较好的黏聚力和流动性。如采用混凝土预制桩尖，其强度不得低于C30。

(2) 主筋的混凝土保护层厚度，不应小于 35mm，水下灌注混凝土，不得小于 50mm。

5-6-2-2 灌注桩的材料要求

(1) 水泥。配制混凝土的水泥一般选用硅酸盐、普通硅酸盐等能满足混凝土强度等级要求的水泥；水泥强度等级不得低于 R32.5；使用时，水泥应具有出厂合格证、复试合格报告；同一根桩不得使用两种品牌、强度等级的水泥。

(2) 粗骨料。粗骨料宜选用质地坚硬的卵石或碎石，其粒径和级配的选择应同时考虑和易性指标和经济合理性。灌注桩的混凝土如果采用导管法浇筑时，一般选用粒径在 5～40mm 的连续级配石子，最大粒径不得大于钢筋最小净距的 1/3 和导管内径的 1/6～1/8，并且不大于 50mm；对素混凝土，不得大于桩径的 1/4，并且不得大于 70mm。不宜选用石灰岩碎石，石料的质量标准应符合有关规范规定。粗骨料具体规定请看混凝土一章要求。

(3) 外加剂。外加剂常用的有减水剂、早强剂、缓凝剂等，使用前应进行掺入配比试验，以确定外加剂的品种及掺量，一般不要超过水泥用量的 5%。外加剂应有产品合格证书。

(4) 拌合用水。洁净水和 pH 值合格。

(5) 钢筋材质必须符合国家规定和设计要求，资料要齐全，到场材料要进行复试，钢筋使用前要调直、除锈。

5-6-3 施工准备

5-6-3-1 技术准备

(1) 工程水文、地质资料。确定可钻性等级和自然造浆能力和了解土质的塌孔、流沙的地层、不均匀地层、地下水位高底和地层渗透性质等。

(2) 桩基设计施工图及设计技术交底纪要。通过对图纸的认真研究，吃透设计意图，及时发现实施设计要求的困难，在施工之前通过磋商研究解决。

(3) 建筑场地和邻近区域内的地下管线、构筑物情况。

(4) 主要施工机械及其配套设备的技术性能资料。

(5) 桩基工程施工方案。

(6) 水泥、砂、石、钢筋等原材料及其制品的检测报告。

(7) 施工工艺资料。

5-6-3-2 施工组织设计

灌注桩的施工组织设计应结合工程特点，有针对性地制定相应质量管理措施，主要包括下列内容：

(1) 施工平面图标明桩位、编号、施工顺序、水电线路和临时设施的位置；采用泥浆护壁成孔时，应标明泥浆制备设施及其循环系统。

(2) 根据施工要求确定成孔机械、配套设备以及合理施工工艺设计，施工工艺设计包括成孔工艺、钢筋笼制作、混凝土的配制和灌注，泥浆护壁灌注桩必须有泥浆处理措施，绘制工艺流程图。

(3) 施工作业计划和劳动组织计划，计算成孔与灌注速度，确定工程进度、顺序和总工期，绘制工程进度表。确定工地人员组成及岗位分工并列表说明各岗人数和职责范围。

(4) 机械设备、备(配)件、工具、材料供应计划。

(5) 桩基施工时，对安全、劳动保护、防火和环保等方面规定。

(6) 保证工程质量、安全文明施工和季节性施工的技术措施。

5-6-3-3 场地准备

(1) 施工前，应对场地进行三通一平处理。

(2) 桩基施工用的临时设施准备就绪。

(3) 测量定位，测量人员应根据甲方提供的规划红线、基准桩或建筑物轴线等测量基准和正式的施工图样实地施放桩基轴线，并应多次复核测量，对于形状复杂的建筑物，事先应对可能出现的放样偏差有充分的估计和相应的措施。

5-6-3-4 机械管理

各种成孔机械，必须经有关检查机构鉴定合格，发给铭牌方可使用。

5-6-3-5 施工图设计交底

按设计图纸中的技术数据和要求向施工技术人员和操作人员作交底，使施工人员了解设计意图和施工要点。

5-6-4 泥浆护壁成孔灌注桩的施工

泥浆护壁成孔可用多种形式的钻机钻进成孔。在钻进过程中，为防止塌孔，应在孔内注入高性能黏土或膨润土和水拌合的泥浆，同时利用钻削下来的黏性土与水混合自造泥浆保护孔壁。这种护壁泥浆与钻孔的土屑混合，边钻边排出孔内相对密度、稠度较大泥浆，同时向孔内补入相对密度、稠度较小泥浆，从而排出土屑。当钻孔达到规定深度后，清除孔底泥渣，然后安放钢筋笼，在泥浆下灌注混凝土成桩。

5-6-4-1 泥浆的制备与处理

1. 泥浆的作用

泥浆在灌注桩成孔过程中，主要起护壁、携渣、润滑、冷却钻头等作用。

(1) 钻孔时，泥浆将钻孔内不同土层的空隙渗填密实，同时在孔壁表面形成一层致密的泥皮，其透水性很低，因此，可以最大程度地减少孔内漏水。

(2) 泥浆具有一定相对密度，一般情况下，孔内泥浆液面要高出地下水位一定高度，因此在孔内对孔壁泥土产生一定侧压力，成为孔壁的一种液体支撑，防止孔壁坍塌。

(3) 泥浆具有较高的黏性，在钻孔过程中能将切削下来的土渣悬浮起来，使土渣随同泥浆排出孔外。

(4) 由于泥浆循环作冲洗液，因而对钻具有冷却和润滑作用，降低钻头发热，减少钻进阻力。

2. 泥浆的制备

(1) 材料要求。好的泥浆是由膨润土、羧甲基纤维素(CMC)、纯碱及铁铬木质磺酸钙(FCL)等原料按一定比例配合，并加水搅拌而成的悬浮液。

膨润土是一种颗粒极细，遇水显著膨胀，黏性和塑性都很大的特殊黏土。

羧甲基纤维素为白色纤维物质，易溶于水，在水溶液中呈中性或弱碱性，在泥浆中起增大黏性和降低失水量的作用。

铁铬木质磺酸钙是一种黑色粉末状的分散剂，抗盐、抗碱性强，与黏土吸附后，能拆散泥浆的网状结构，起到降低黏土静切力、失水量和抑制黏土水化、膨胀、稳定孔壁的作用，防止泥浆性能恶化。

(2) 泥浆配合比的选择。泥浆应有一定的造膜性、理化稳定性、流动性和适当的密度，在选用配合比时，既要保证其护壁携渣效果，又要考虑经济性。

(3) 泥浆拌制。泥浆的搅拌方法有螺旋桨式搅拌器、胶质灰浆搅拌器、压缩空气搅拌(把压缩空气喷入膨润土和水的混合物引起充分搅拌)、离心泵重复搅拌(离心泵将膨润土和水混合物以高速送回料斗，在料斗底部形成旋涡)。

工程中常用高速回转式泥浆搅拌机，搅拌筒容量一般不超过 $1m^3$。制成的泥浆可贮藏在泥浆池内备用。

3. 泥浆的性能指标

护壁泥浆，应具有一定的技术性能，主要控制指标是相对密度、黏度、稳定性、pH值和失水量。

(1) 泥浆相对密度过大，对孔壁的静水压力也越大，因而提高孔壁的稳定性和对土渣的浮托力，但相对密度过大，流动性差，正反循环过程中设备功率消耗过大，并影响泥浆与混凝土的置换，泥浆密度可用密度计来测。

(2) 黏度。泥浆黏度越大，土渣越能悬浮而不沉淀，阻止泥浆向地基中浸入。但如黏度过大，会使泥浆循环产生困难，并影响混凝土浇筑，且泥浆不易从钢筋笼上除去，影响其与混凝土的粘结力。一般当工程区域存在容易发生塌方的土层，或采用冲击成孔机械时，可适当提高泥浆黏度。

(3) 稳定性。泥浆应具有一定的稳定性，保证在一定时间内性质不发生变化而失去护壁能力。进行稳定性试验时，对已静置 1h 以上的泥浆，从其容器的上部 1/3 和下部 1/3 各取泥浆试样，分别测定其密度，如两者没有差别，则认为其测定合格。

(4) pH 值。泥浆的 pH 值越大，即其碱性越强，如 pH 值大于 11，则泥浆变得不稳定，会发生分层现象，失去护壁能力。一般值以 8～10 为宜。

(5) 失水量。泥浆中部分水渗入土层中的现象叫做泥浆的失水量。泥浆失水时，在孔壁上形成一层泥皮，失水量小，泥皮薄而且韧，不透水性好；若失水量大，则泥皮厚而脆，不透水性差。

失水量测定是以 30min 内在 0.1MPa 差作用下，渗过一定面积的水量，泥皮厚度往往和失水量一起测，即利用失水量测定器，在其下部加滤纸，30min 后取出滤纸泥皮，量其厚度即可。

(6) 含砂率。含砂率大，会降低黏度增大相对密度，造成泥皮松散，护壁不牢，增加孔内沉渣厚度，同时磨损泥浆泵，泥浆循环停止时，易埋钻。故正反循环回转钻进，泥浆含砂率控制较严。新制泥浆的含砂率不宜大于 4%，循环泥浆的含砂率不超过 8%。

(7) 制备泥浆的性能指标，可参考表 5-13 选用。

制备泥浆的性能指标　　表 5-13

项　次	项　目	性 能 指 标	检 验 方 法
1	相对密度	1.1～1.15g/cm³	泥浆密度计
2	黏　度	10～25s	50000/70000 漏斗法
3	含 砂 率	<6%	
4	胶 体 率	>95%	量 杯 法
5	失 水 量	<3mL/30min	失水量仪
6	泥皮厚度	1～3mm/30min	失水量仪

续表

项 次	项 目	性能指标	检验方法
7	静切力	1min，20～30mg/cm^2 10min，50～100mg/cm^2	静切力计
8	稳定性	<0.03g/cm^2	
9	pH值	7～9	pH试纸

4. 泥浆的净化处理

(1) 通过反循环或浇筑混凝土置换出的泥浆以及钻孔形成的废弃土，还有施工结束时所剩余的泥浆，其中任何一部分都会对周围环境造成污染。这些废弃物含水量高，且掺有水泥，使其pH值增高，加之电解质离子的混入，对地下水的污染是比较严重的，因此，处理时应遵循有关环保规定，不能随意排放。

(2) 沉淀后的原质废泥浆用密封的罐车运至暂无影响的坑和低洼地。场地宽裕时可设置两个沉淀池，一个进浆沉淀，一个关闸清渣或准备清孔泥浆，两个沉淀池轮换使用。其容积可用同时的泥浆泵每分钟的总排量乘沉淀时间来确定。沉淀时间由试验决定，一般为20～30min。

5. 泥浆护壁的规定

(1) 施工期间护筒内的泥浆液面应高出地下水位1.0m以上，在受水位涨落影响时，泥浆面应高出最高水位1.5m以上。

(2) 在清孔过程中，应不断置换泥浆，直至浇筑水下混凝土。

(3) 浇筑混凝土前，孔底500mm以内泥浆相对密度应小于1.25g/cm^3；含砂率<8%；黏度<28s。

(4) 在容易产生泥浆渗漏的土层中，应采取维持孔壁稳定的措施。

(5) 清孔时，孔壁土质较好不易塌方时，可用空气吸泥机清孔；用原土造浆的孔，清孔后泥浆相对密度应控制在1.1g/cm^{3}左右；孔壁土质较差时，宜用泥浆循环清孔，清孔后泥浆相对密度应控制在1.15～1.25g/cm^3。

5-6-4-2 钻孔灌注桩的施工

钻孔灌注桩一般采用正循环钻孔施工法或反循环钻孔施工法，采用泥浆循环护壁，适用于各种土层和基岩施工的灌注桩，具有成桩直径和桩长灵活，单桩承载力大的优点。

1. 施工机械钻孔机具的选择

应根据桩型、桩长要求和地质情况、泥浆排放处理等条件来综合确定。对深度大于30m的端承型桩，宜采用反循环工艺或清孔。

(1) 正循环钻机。正循环钻机主要由动力机、泥浆泵、转盘钻架、钻杆、水龙头和钻头等组成。

(2) 反循环钻机。反循环钻机由钻头、加压装置、回转装置、扬水装置、接续装置和升降装置组成。

2. 正、反循环钻孔灌注桩施工工艺

(1) 正循环施工法。泥浆经钻杆内腔流向孔底，将钻头切削破碎下来的钻渣岩屑，经钻杆与孔壁的环状空间，携带至地面。如图5-10所示。该施工方法设备简单轻便，适应狭小场地作业，操作简易，配套设备、器具较少，工程费用低。但对于桩孔直径较大(一般大于 1m)，桩孔深度较深，及易塌孔的地层，效率较低，排渣能力较差，孔底沉渣多，孔壁泥皮厚；对含有卵石、砾石的地层不适用。

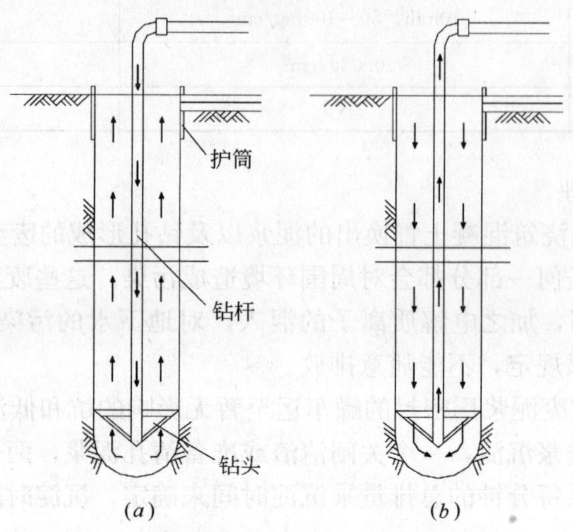

图 5-10　正、反循环钻孔灌注桩施工工艺

(a)正循环法施工；(b)反循环法施工

(2) 反循环施工法。通过泵吸或射流抽吸、或送入压缩空气，使钻杆内腔形成负压或充气液形成压差，使经过钻杆与孔壁间的环空间隙流向孔底的泥浆，携带钻头切削下来的钻屑，由钻杆内腔高速返回地面泥浆池。

由于泥浆上返速度快，排渣能力强，孔底水力流场合理，钻头始终处于新鲜土层或岩层面上切削、破碎，成孔效率高，排渣能力强，对孔壁的冲刷作用小，在孔壁上形成的泥皮相对较薄，成孔质量好。钻孔灌注桩施工工艺程序见图 5-11。

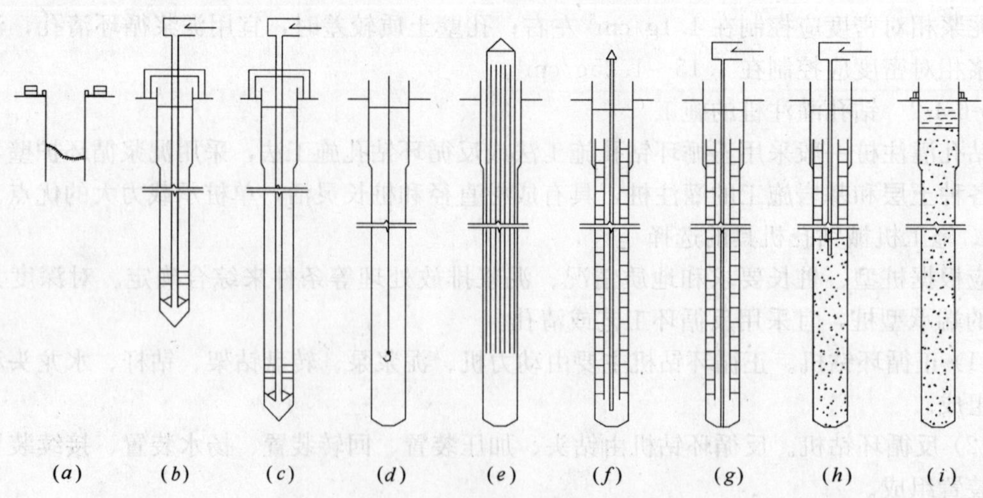

图 5-11　钻孔灌注桩施工工艺

(a)埋设护筒；(b)安装钻机，钻机；(c)第一次清孔；(d)测定孔壁；(e)吊放钢筋笼；(f)插入导管；(g)第二次清孔；(h)灌注水下混凝土拔出导管；(i)拔出护筒

3. 钻孔灌注桩施工要点

(1) 埋设护筒。采用泥浆护壁钻孔时，钻孔前应先埋设护筒。护筒是保证钻机沿着桩位垂直方向顺利工作的辅助工具，另外，它还可以保护孔口不致因钻头起落而破坏，提高桩孔内的泥浆水头，以防止塌孔。在施工中，护筒顶面还可作为钻孔深度、钢筋笼下放深度、混凝土面位置及导管埋深的测量基准。

设置护筒时，应符合下列规定：

1) 护筒埋设应准确、稳定，护筒中心线与桩位中心线的偏差不得大于 50mm。

2) 护筒的埋设深度，在黏性土中不宜小于 1.0m；砂土中不宜小于 1.5m，并应保持孔内泥浆面高出地下水位 1m 以上。当采用反循环钻孔时，护筒顶面应高出地下水位 2m；采用正循环法钻孔时，溢浆口底边，当地层不易塌孔时应高出地下水位 10～15m 以上；地层易塌孔时，应高出地下水位 1.5～2m；其他方法钻孔时护筒顶面应高出地下水位 1.5～2m。

3) 护筒一般用 4～8mm 的钢板制作，其内径应大于钻头直径 100mm，其上部宜开 1～2 个溢浆孔。

4) 受水位涨落影响或水下施工的钻孔灌注桩，护筒应加高加深，必要时应打入不透水层。

5) 护筒与孔壁之间应用黏土分层穷实，必要时在面层铺设 20mm 厚水泥砂浆，以防漏水。埋设护筒时，应先在桩位处挖出比护筒外径大 80～100cm 的圆坑，填筑 50cm 厚的土，分层夯实，然后将护筒吊入，注意使其中心与桩孔中心重合，然后对称、均匀地回填最佳含水量黏性土。

(2) 安装钻机。安装正循环钻机时，转盘中心应与钻架上吊滑轮在同一垂直线上，钻杆位置偏差不应大于 20mm；使用带有变速器的钻机，应把变速器板上的电动机和变速器被动轴的轴心设置在同一水平上。

(3) 钻进

1) 为了保证钻孔的垂直度，应做到：潜水钻的钻头上应有不小于 3 倍直径长度的导向装置；利用钻杆加压的正循环回转钻机，在钻具中应加设扶正器。

2) 在松软土中钻进，应根据泥浆补给情况控制钻进速度；在硬土层或岩层中地层钻进速度以钻机不发生跳动为宜。在砂砾、砂卵、卵砾层石地层中钻进时，可采用间断钻进，间断回转的方法来控制钻进速度。

3) 开始钻孔和加接钻杆时，应先停钻，将钻具提离孔底 80～100mm，维持冲洗液循环 1～2min，以清洗孔底并将管道内的钻渣携出排净，然后停泵加接钻杆。钻杆连接应拧紧上牢，防止各种螺栓、螺母和工具等落入孔内。

4) 钻进时如孔内出现塌孔、涌砂等异常情况，应立即将钻具提离孔底，控制泵量，保持冲洗液循环，吸除明落物和涌砂；同时向孔内输送性能符合要求的泥浆，保持水头压力以控制继续涌砂和塌孔。恢复钻进后，泵排量不宜过大以防吸塌孔壁。

(4) 第一次清孔。清孔的目的是使孔底沉渣厚度、循环液中含钻渣量和孔壁泥垢厚度等符合质量要求和设计要求，并为下一道工序即灌注混凝土创造良好的条件。

当孔深达到设计要求深度后，即可开始清孔。先将钻头提离孔底 100～150mm，继续维持泥浆循环，必要时，可低速回转钻头，同时向孔内送入干净泥浆或清水，把钻孔内悬浮较多钻渣的泥浆置换出孔外，如此反复循环 15～20min 左右，使返出孔内的泥浆含砂量达到规定要求为止。

(5) 测定孔壁回淤厚度。

(6) 吊放钢筋笼。

(7) 插入导杆。

(8) 第二次清孔。在第一次清孔达到设计要求后，由于要安放钢筋笼及导管，准备浇筑水下混凝土，这段时间间隙较长，孔底又会产生新的沉渣，所以应待安放钢筋笼及导管就绪后，再利用导管二次清孔。清孔方法是在导管顶部安设一个弯头和皮笼，用泵将泥浆压入 100mm，此时清孔就算完成，立即进行水下浇筑混凝土。

(9) 灌注水下混凝土，拔出护筒。

4. 施工注意事项

(1) 规划布置施工现场时，应首先考虑冲洗液循环排水，清渣系统的安放，以保证正反循环作业时，冲洗液循环通畅，污水排放彻底，钻渣清除顺利。

(2) 正循环钻进时，应合理调整和掌握钻进参数，不得随意提动孔内钻具，操作时应掌握升降机钢丝绳的松紧度，以减少钻杆、水龙头晃动。在钻进过程中，应根据不同地质条件，随时检查泥浆指标。

(3) 反循环钻进时，应认真仔细观察进尺和砂石泵排水出渣情况。排量减少或出水中含土渣较多时，应控制给进速度，防止因循环液密度太大而中断反循环。

5-6-4-3　潜水钻成孔灌注桩施工

潜水钻成孔灌注桩是利用潜水电钻机构中的密封的电动机、变速机构，直接带动钻头在泥浆中旋切土，同时用泥浆泵压送高压泥浆(或用水泵压送清水)，使从钻头底端射出，与切碎的土粒混合，以正循环方式不断由孔底向孔口溢出，将泥渣排出；或用砂石泵或空气吸泥机用反循环方式排除泥渣，如此边连续钻进，边连续排出泥浆，直到形成需要深度的桩孔，浇筑混凝土成桩。

1. 施工机械

(1) 潜水钻机。潜水钻机主要由潜水电动机、齿轮减速器、密封装置、钻杆、钻头等组成。钻机的特点是动力、减速机构与钻头紧紧相连在一起，共同潜入水下工作，因此成孔精度和效率较高，而且钻杆不需要旋转，可以减小钻杆的大小。这种钻机噪声较小，操作劳动条件也大大改善。

(2) 潜水电钻。潜水电钻体积较小、重量轻，移动灵活，成孔速度快，而且维修方便，可以用来钻较深的桩孔。适用于在地下水位较高的软土土层，如淤泥质土、黏性土及砂土等，不得用于漂石。

(3) 钻头。在不同类别土层中钻进，应采取不同形式的钻头，常用的钻头形式有笼头式钻头、筒式钻头及两翼钻头等。当一般黏性土、淤泥—淤泥质土及砂土时，宜用笼式钻头；穿过不厚的砂夹卵石层时或在强风化岩上钻进时，可镶焊硬质合金刀头的笼式钻头；遇孤石或旧基础时，应用带硬质合金齿的筒式钻头。

2. 潜水钻成孔灌注桩施工工艺

(1) 施工方法

施工时，将电动机、变速机加以密封，并同底部钻头连接在一起，组成一个专用钻具，潜入孔内作业，钻削下来的土块被循环的水或泥浆带出孔外。

（2）工艺流程

潜水钻成孔灌注桩的施工流程包括：设置护筒→安装潜水钻机→钻进→第一次清孔→移走潜水钻机→测定孔壁→放钢筋笼、插导管→第二次清孔→灌注混凝土、拔出导管→拔出护筒。

施工程序示意见图 5-12。

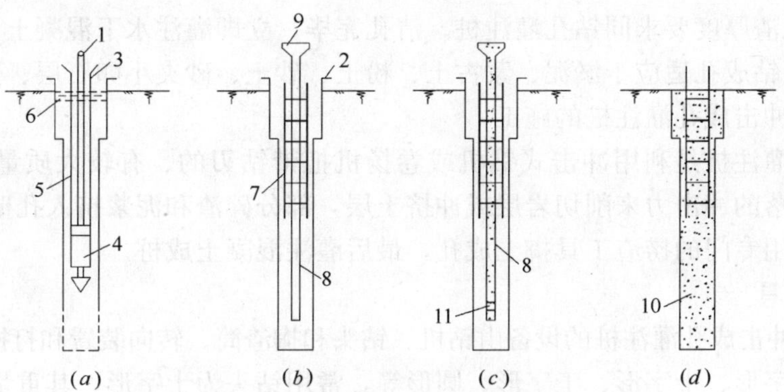

图 5-12 潜水钻成孔灌注桩施工程序

(a)成孔；(b)插入钢筋笼和导管；(c)灌注混凝土；(d)成桩
1—钻杆或悬挂绳；2—护筒；3—电缆；4—潜水电钻；
5—输水胶管；6—泥浆；7—钢筋骨架；8—导管；
9—料斗；10—混凝土；11—隔水栓

（3）施工要点

1）泥浆密度。护壁泥浆密度，在砂土和较厚的砂夹层中应控制在 1.1～1.3t/m³；在穿过砂夹卵石层或容易坍孔的土层中应控制在 1.3～1.5t/m³。泥浆可就地选择塑性指数 I_p＞17的黏土调制，质量指标为黏度 18～22s，含砂率不大于 4%～8%，胶体率不小于 90%。施工中应经常测定泥浆密度、黏度、含砂率和胶体率。

2）埋设护筒。钻孔前，应像正反循环成孔一样，埋设钢板护筒，以固定桩位，防止孔口坍塌，护筒与孔壁间用黏土填实。护筒内径应比钻头直径大 100mm，埋入土中深度根据土质情况确定，砂土中不宜小于 1.5m，黏土中不宜小于 1.0m，上口高出地面 300～400mm 或高于地下水位 1.5m 以上，使孔内泥浆面高于地下水位 1.0m 以上。

将电钻吊入护筒内，应关好钻架底层铁门。起动砂石泵，使电钻空钻，待泥浆输入钻孔后开始钻进。

3）钻进速度。钻进速度应根据土层类别、孔径大小、钻孔深度和供水量的大小确定；在淤泥和淤泥质黏土中的钻进速度不宜大于 1m/min；在其他较硬土层中一般以钻机无跳动、电量不超过负荷为准。此外，钻进速度还要与制浆、排泥能力相适应，一般情况下，钻进速度应低于供泥浆和排泥浆速度，以免埋钻。

如发现电流值异常升高、钻机摇动、跳动或钻进困难时，要放慢进尺，待穿过硬土层或不均匀土层后方可正常钻进。

4）排泥。潜水成孔排泥有正循环和反循环两种方式，施工中多以正循环方式将水和泥浆排出孔外。

5）清孔。对原土造浆的钻孔，在钻至设计深度时，可使钻机空转不进尺，同时射水，待孔底残存的土块已磨成泥浆，排出泥浆相对密度达 1.1～1.15g/cm³ 左右，或用手触泥浆无颗粒感时，即可认为清孔已合格；对注入制备泥浆的钻孔，可采用换浆法清孔，至换出泥浆相对密度小于 1.15～1.25g/cm³ 时为合格。

6）在钻孔过程中，为防止钻杆折断或其他原因而掉入孔内，应在钻杆上加焊吊环，系一保险钢丝绳通出钻杆外吊挂；电缆和进浆胶管应用油漆注明尺度，便于和钻杆上尺度相校合。

7）孔底沉渣厚度要求同钻孔灌注桩。清孔完毕，立即灌注水下混凝土。

8）潜水电钻成孔适应于淤泥、蒙古土、粉土、砂土、砂夹小卵石层、强风化岩层。

5-6-4-4　冲击成孔灌注桩的施工

冲击成孔灌注桩是利用冲击式钻机或卷扬机把带钻刃的、有较大质量的冲击钻头提高，靠自由下落的冲击力来削切岩层或冲挤土层，部分碎渣和泥浆挤入孔壁中，大部分成为泥渣，并利用专门的捞渣工具掏土成孔，最后灌注混凝土成桩。

1. 施工机具

施工机械冲击成孔灌注桩的设备由钻机、钻头和掏渣筒、转向装置和打捞装置等构成。

钻头有一字形、十字形、工字形、圆形等，常用钻头为十字形，其重量应根据具体施工条件确定。

掏渣筒的主要作用是捞取被冲击钻头破碎后的孔内钻渣。它主要由提梁、管体、阀门和管靴等组成。

2. 施工工艺流程

设置护筒→钻机就位、孔位校正→冲击成孔、泥浆循环→清孔换浆→终孔验收→下钢筋笼和导管→二次清孔→浇筑混凝土成桩。

3. 施工要点

(1) 埋设护筒冲孔桩的孔口应设置护筒，其内径应大于钻头直径 200mm，其余规定与正、反循环钻孔灌注桩要求相同。

(2) 泥浆制备和使用应符合规范中的有关规定。

(3) 安装冲击钻机在钻头锥顶和提升钢丝绳之间设置保证钻头自动转向的装置，以免产生梅花孔。

(4) 冲击钻进：

1）开孔时，应低锤密击，如表土为淤泥、细砂等软弱土层，可加黏土块夹小片石反复冲击孔壁，孔内泥浆应保持稳定。

2）在不同的土层、岩层中钻进时，可按照表 5-14 进行。

各类土层中的冲程和泥浆密度选用表　**表 5-14**

项次	项目	冲程(m)	泥浆密度(t/m³)	备注
1	在护筒中及护筒脚下 3m 以内	0.9～1.1	1.1～1.3	土层不好时宜提高泥浆密度，必要时加入小片石和黏土块
2	黏土	1～2	清　水	或稀泥浆，经常清理钻头上泥块
3	砂土	1～2	1.3～1.5	抛黏土块，勤冲勤掏渣，防拥孔
4	砂卵石	2～3	1.3～1.5	加大冲击能量，勤掏渣

续表

项 次	项 目	冲程(m)	泥浆密度(t/m³)	备 注
5	风化岩	1～4	1.2～1.4	如岩层表面不平或倾斜，应抛入 20～30cm 厚块石使之略平，然后低锤快击使其成一紧密平台，再进行正常冲击，同时加大冲击能量，勤掏渣
6	塌孔回填重成孔	1	1.3～1.5	反复冲击，加黏土块及片石

在松软土层中钻进，不宜用太高冲程，以免冲入土中太深而被土吸住，提锤困难。

3）进入基岩后，应低锤冲击或间断冲击，如发现偏孔应立即回填片石至偏孔上方 300～500mm 处，然后重新冲击。遇到孤石时，可预爆或用高低冲程交替冲击，将其击碎或挤入孔壁。

4）每钻进 4～5m 深度应验孔一次，在更换钻头前或容易缩孔处，均应验孔。

5）冲击式钻机钻进时应控制钢丝绳放松量，勤放少放，以免放多减少冲程，放少又形成“打空锤”而损坏机具。另外，用卷扬机施工时，应在钢丝绳上做标记控制冲程，以免钢丝绳缠绕冲击钻具。

6）进入基岩后，每钻进 100～500mm 应清孔取样一次（非桩端持力层为 300～500mm，桩端持力层为 100～300mm），以备终孔验收。

7）冲孔中遇到斜孔、弯孔、梅花孔、塌孔、护筒周围冒浆时，应立即停钻，查明原因，采取措施后继续施工。

8）大直径桩孔可分级成孔，第一级成孔直径为设计桩径的 0.6～0.8 倍。

(5) 捞渣。开孔钻进，孔深小于 4m 时，不宜捞渣，应尽量使钻渣挤入孔壁。排渣可用泥浆循环或抽渣筒等方法，如采用抽渣筒排渣，应及时补给泥浆，保证孔内水位高于地下水位 1.5m。

(6) 清孔。不易塌孔的桩孔，可用空气吸泥清除；稳定性差的孔壁应用泥浆循环或抽渣筒排渣。清孔后，在浇筑混凝土之前泥浆的密度及液面高度应符合规范的有关规定，孔底沉渣厚度也应符合规范规定。

(7) 清孔后应立即放入钢筋笼和导管，并固定在孔口钢护筒上，使其在浇筑混凝土中不向上浮和向下沉。钢筋笼下完并检查无误后应立即浇筑混凝土，间隔不可超过 4h。

4. 适用范围

冲击成孔灌注桩设备简单、操作方便，所成孔坚实、稳定、塌孔少，不受场地限制，无噪声和振动影响，因此应用广泛。在黏土、粉土、填土、淤泥中成孔较高，而且特别适用于有孤石的砂砾石层、漂石层、坚硬土层、岩层中使用。桩孔直径一般为 60～150cm，最大可达 250cm；孔深一般约为 50m，最大可超过 100m。

5-6-4-5　水下混凝土的浇筑

泥浆护壁成孔灌注桩桩孔施工完毕后，即可吊装钢筋笼，待隐蔽工程验收合格后，应立即浇筑混凝土。

1. 混凝土的技术要求

由于水下浇筑混凝土是在泥浆中进行，因此，混凝土除了满足灌注桩施工的一般规定外，还应满足一些特殊要求：

(1) 混凝土应有良好的和易性。混凝土的和易性表现在流动性、黏聚性和保水性三个方面。在水下浇筑混凝土时，由于振捣困难，因此混凝土必须具有较好的流动性，能在自身重力下自流成型填满桩孔的各个部位，保证桩身质量；另外，由于混凝土是用导管注入水中，为防止混凝土分层离析或混入泥渣，应保证它的黏聚性和保水性符合要求。

(2) 混凝土应有较小的泌水率。泌水率为 1.2%～1.8%的混凝土具有较好的黏聚性；实际施工中控制在 2h 内析出的水分不大于混凝土体积的 1.5%，一般控制泌水率在 4%内为合格。

(3) 有良好的流动性保持能力，通常以保持流动性的时间来衡量，一般为 1～1.5h。

(4) 有良好的抗渗能力，其抗渗强度等级应满足设计要求。

(5) 混凝土的配合比应通过实验确定，坍落度宜为 18～22cm；水泥用量不少于 360kg/m^3；含砂率宜为 40%～45%，并优先选用中粗砂；配制水下浇筑的混凝土时，一般选取三个不同的配合比，其中一个计算水灰比为基础的配比，另两个在基准水灰比上分别增减 0.05，用水量与基准配合比相同，适当调整砂率，做成试块进行强度检测，从中选取符合要求的配合比。

(6) 为了改善混凝土的和易性和达到缓凝效果，宜掺入外加剂。在掺入外加剂前，必须经过试验，确定外加剂的种类、掺入量。

2. 水下混凝土灌注机具

水下混凝土浇筑的主要机具包括导管、漏斗和隔水栓等。

(1) 导管。导管一般采用无缝钢管或焊接卷管制作，采用螺纹连接或法兰盘连接，接头处使用橡胶圈(垫)密封。导管壁厚度不宜小于 3mm，直径宜为 200～300mm。导管在使用前和使用一个时期后，除应对规格、质量和拼接构造进行认真检查外，还需做拼接、过球和水密、承压以及接头抗拉试验。进行水密试验时，水压不应小于井孔内水深 1.5 倍的压力。

导管应配备 20%～30%的备用套管口，导管使用前应试拼装、试压，试水压力为 0.6～1.0MPa，不漏水为合格。

(2) 漏斗和贮料斗。漏斗和贮料斗可用厚度 4～6mm 的钢板制作，要求壁内光滑平整，不漏浆，混凝土漏泄顺畅彻底。漏斗设置高度应根据操作方便的需要。贮料斗容积一般为 1.0～1.5m^3，应能满足初灌量的要求。

(3) 隔水栓。隔水栓分软、硬两类，硬隔水栓一般采用 C20 以上的混凝土制作，宜制成圆柱形，其高度宜比直径大 50mm，其直径宜比导管内径小 20mm。橡胶垫圈厚 3～5mm，直径比导管内径大 5～6mm。使隔水栓应有良好的隔水性能，保证顺利出水。

3. 水下灌注混凝土的程序

水下灌注混凝土的施工程序是：安设导管→设隔水栓(使其与导管内水面贴紧并用钢丝悬吊在导管下口)→灌注首批混凝土→隔水栓下落→连续灌注混凝土，提升导管→拔出护筒。隔水栓或导管法灌注水下混凝土的施工程序如图 5-13 所示。

4. 施工要点

(1) 导管入孔前，应灌水检查密封情况，并准备充足的密封圈垫。

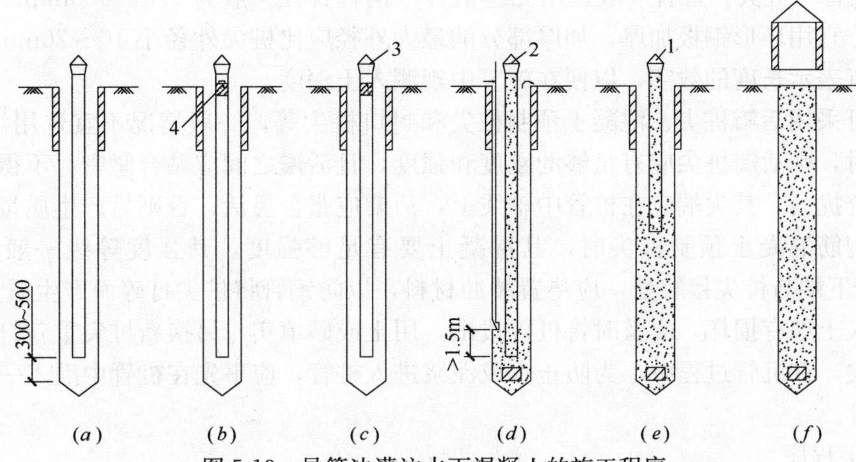

图 5-13 导管法灌注水下混凝土的施工程序

(a)安设导管(导管底部与孔底之间预留出 300～500mm 空隙)；
(b)悬挂隔水栓，使其与导管水面紧贴；(c)灌入首批混凝土；
(d)剪断钢丝，隔水栓下落孔底；(e)连续灌注混凝土，上提导管；
(f)混凝土灌注完毕，拔出护筒

1—漏斗；2—灌注混凝土过程中排水；3—测绳；4—隔水栓

(2) 开始浇筑混凝土时，为使隔水栓能顺利排出，导管底部至孔底的距离宜为 300～500mm,桩直径小于 600mm 时，可适当加大导管底部至孔底距离。

(3) 隔水栓用 8 号钢丝悬挂于导管内水面处。

(4) 漏斗与贮料斗应有足够的混凝土贮备量，使导管一次埋入混凝土面以下 0.8m 以上。

(5) 导管一般埋深宜为 2～6m。其埋深值与浇筑速度有关。导管埋入混凝土深度越大，则混凝土扩散越均匀，密实性越好，其表面也越平坦，但埋入深度太大，混凝土在导管内流动不畅，容易堵管。

5-6-5 沉管灌注桩的施工

沉管灌注桩属于挤土灌注桩。它按照沉管工艺的不同，可分为锤击沉管灌注桩、振动沉管灌注桩和振动冲击沉管灌注桩。这类灌注桩的施工工艺是，使用打桩锤或振动锤将一定直径的带有活瓣桩尖或锥形封口桩尖的钢管沉入土中，形成桩孔，然后放入钢筋笼，边浇筑桩身混凝土，边拔出钢管形成所需要的灌注桩。

5-6-5-1 锤击沉管灌注桩的施工

锤击沉管灌注桩是利用桩锤的锤击作用，将带活瓣桩尖或钢筋混凝土预制桩尖的钢管锤击沉入土中，然后边灌注混凝土边用卷扬机拔出桩管成桩。

1. 施工机械设备

锤击法沉管的主要设备是一般锤击打桩机，主要由桩架、桩锤、卷扬机、桩管等组成，配套机具有上料斗、1t 机动翻斗车、混凝土搅拌机等。

(1) 锤击沉管打桩机。常用锤击沉管打桩机应根据具体场地、土质、桩身需要选用。

(2) 桩锤。锤击沉管打桩机的桩锤一般采用电动落锤、柴油锤和蒸汽锤三种，其中柴油锤应用较广，不同型号的柴油锤，其冲击部分的重量不同，适用于不同类型的锤击沉管打桩机，应根据具体工程情况选用。

(3) 桩管与桩尖。桩管一般选用无缝钢管，钢管直径一般为 273～600mm。桩管与桩尖接触部分宜用环形钢板加厚，加厚部分的最大外径应比桩尖外径小 10～20mm。桩管外表面应焊有表示长度的数字，以便在施工中观测入土深度。

桩尖可采用活瓣桩尖、混凝土预制桩尖和封口桩尖等，一般情况不宜选用活瓣桩尖，如果采用时，则活瓣桩尖应有足够的刚度和强度，且活瓣之间应贴合紧密，不得有较大缝隙。桩尖合拢后，其尖端应在桩管中轴线上，活瓣应张合灵活，否则易产生质量问题。

采用钢筋混凝土预制桩尖时，其混凝土要有足够强度，其强度等级一般不应低于 C30。桩管下端与桩尖接触处，应垫置缓冲材料，以防钢管将桩尖打碎而产生质量缺陷。

桩尖入土如有损坏，应及时将桩管拔出，用土或砂填实，另换新桩尖重新打入；如采用活瓣桩尖，在沉管过程中，为防止水或泥浆进入桩管，应事先在桩管中灌入一部分混凝土方可沉管。

2. 施工程序

(1) 锤击沉管灌注桩的施工应根据土质情况和荷载要求，分别选用单打法、复打法、反插法。当采用单打法工艺时，预制桩尖直径、桩管外径和成桩直径的配套选用见表 5-15。

单打法工艺预制桩尖直径、桩管外径和成桩直径关系表　　表 5-15

预制桩尖直径(mm)	桩管外径(mm)	成桩直径(mm)
340	273	300
370	325	350
420	377	400
480	426	450
520	480	500

(2) 锤击沉管灌注桩的施工过程为：安放桩靴→桩机就位→校正垂直度→锤击沉管至要求的贯入度或标高→测量孔深并检查桩靴是否卡住桩管→下钢筋笼→灌注混凝土→边锤击边拔出钢管。工艺过程见图 5-14。

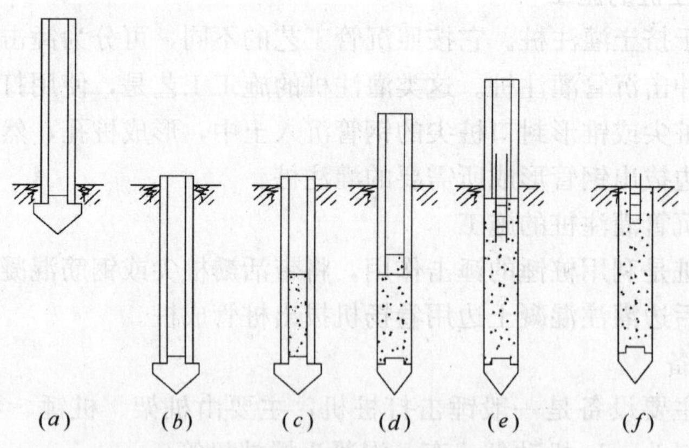

图 5-14　沉管灌注桩工艺过程

(a)就位；(b)锤击沉灌；(c)首次灌注混凝土；(d)边拔管、边锤击、边继续灌注混凝土；(e)安放钢筋笼，继续灌注混凝土；(f)成桩

3. 施工要点

(1) 安放桩尖。混凝土预制桩尖或钢桩尖的加工质量和埋设位置应与设计相符，桩管

与桩尖的接触应有良好的密封性。

(2) 桩机就位。将桩管对准预先埋设在桩位上的预制桩尖或将桩管对准桩位中心，将桩尖活瓣合拢，再放松卷扬机钢丝绳，利用桩机及桩本身自重，把桩尖竖直地压入土中。在钢管与预制桩尖接口处应垫有麻绳等，以作缓冲层。

(3) 锤击沉管。首先应检查桩管与桩锤、桩架等是否在同一垂线上，如桩管垂直度偏差不大于0.5%时，即可用桩锤轻击，观察偏移在允许范围内，方可正常施打，直至符合设计深度要求。群桩基础和桩中心距小于4倍桩径或小于2m的桩基，应提出保证邻桩桩身质量的措施，选择合适的打桩顺序，一般采用跳打法。中间空出的桩，应在邻桩混凝土强度达到设计强度的50%后方可施打，以防桩管挤土而使新浇的邻桩断桩。如沉管过程中桩尖损坏，应及时拔出桩管，用土和砂填实后另安桩尖重新沉管。

沉管全过程必须有专职记录员作好施工记录；每根桩的施工记录均应包括每米沉桩的锤击数和最后一米的锤击数；必须准确测量最后三阵，每阵10击的贯入度及落锤高度。

测量沉管的贯入度应在下列条件下进行：桩尖未破坏，锤击无偏心，落距符合规定，桩帽和弹性垫层正常。

(4) 灌注混凝土。沉管至设计标高后，应立即灌注混凝土，尽量减少时间间隔；灌注混凝土之前，必须检查桩管内有无吞桩尖或进泥进水，然后再用吊斗将混凝土通过漏斗灌入桩内。当桩身配钢筋笼时，第一次混凝土应先灌至笼底标高，然后放置钢筋笼，再灌混凝土至桩顶标高。

桩身混凝土的充盈系数不得小于1.0；对充盈系数小于1.0的桩，宜全长复打；对可能有断桩和缩颈桩，应采用局部复打。成桩后的桩身混凝土顶面标高应不低于设计标高500mm。

(5) 拔管。当混凝土灌满桩管后，便可开始拔管，一边拔管，一边锤击，拔管的速度要均匀，对一般土层以1m/min为宜，在软弱土层和软硬土层交接处宜控制在0.3～0.8m/min。采用倒打拔管的打击次数，单动汽锤不得少于50次/min，自由落锤轻击(小落距锤击)不得少于40次/min，在桩管底未拔至桩顶设计标高之前，倒打和轻击不得中断，在拔管过程中应向桩管内继续灌入混凝土，以保证灌注质量。前一次拔管高度应控制在能容纳第二次所需灌入的混凝土量为限，不宜拔得太高。在拔管过程中应有专用测锤或浮标检查混凝土面的下降情况。

(6) 复打法。当单打施工的桩身充盈系数达不到规定值时，或对有可能产生断桩和缩颈桩时，可采用复打法施工。

1) 复打法是在单打法施工完毕后，拔出桩管，及时清除黏附在管壁和散落在地面上的泥土，在原位上第二次安放桩靴，以后的施工过程与单打法相同。全长复打桩的入土深度宜接近原桩长，局部复打应超过断桩或缩颈区1m以上。

2) 采用全长复打时，第一次灌注混凝土应达到自然地面；前后两次沉管的轴线应重合；复打施工必须在第一次灌注的混凝土初凝之前完成；第二次桩身混凝土不得少灌。

3) 当桩身配有钢筋时，混凝土的坍落度宜采用80～100mm；素混凝土桩宜采用60～80mm。

4. 锤击沉管灌注桩的施工特点及应用范围

(1) 锤击沉管灌注桩的施工特点：

1) 可用小桩管打较大截面桩，承载力大；

2) 可避免拥孔、缩颈、断桩、位移等缺陷；

3) 可采用普通锤击打桩机施工，设备简单，操作方便，沉桩速度快。

(2) 锤击沉管灌注桩适用于黏性土、淤泥、淤泥质土、稍密的砂土及杂填土层中使用；不宜用于标准贯入击数大于12的砂土及击数大于15的黏性土及碎石土；在厚度较大、含水量和灵敏度高的淤泥土等土层中使用时，必须采取保证质量措施，并经工艺试验成功后才可使用；当地基中存在承压水层时，应谨慎使用。

5-6-5-2 振动、振动冲击沉管灌注桩的施工

振动沉管灌注桩是利用振动桩锤将桩管沉入土中，然后灌注混凝土而成桩。它的适用范围除与锤击沉管灌注桩相同外，更适用于砂土、稍密及中密的碎石类土层。

振动冲击沉管灌注桩与振动沉管灌注桩的施工工艺可以说是完全相同的，所不同的仅仅是振动沉管桩采用振动沉管，而振动冲击沉管桩采用振动冲击桩锤。

1. 施工机械设备

振动沉管灌注桩的施工机械设备包括：DZ60型或DZ90型振动锤，DJB25型步进式桩架，卷扬机，加压装置，桩管，桩尖或钢筋混凝土预制桩靴等。桩管直径为220～370mm，长10～28m。

振动冲击沉管桩机采用振动冲击锤作为动力，施工时以振动力和打击力联合作用，将桩管沉入土中，在达到设计标高后，向管内灌注混凝土，然后边振动边上拔桩管成桩。

2. 施工工艺

(1) 振动沉管施工法，是在振动锤竖直方向反复振动作用下，桩管也以一定的频率和振幅产生竖向往复振动，以减少桩管与周围土体的摩阻力，当强迫振动频率与土体的自振频率相同时(黏土自振频率为600～700r/min，砂土自振频率为900～1200r/min)，土体结构因其共振而破坏。与此同时，桩管受加压作用而沉入土中，在达到设计要求深度后，边拔管、边振动、边灌注混凝土、边成桩。

(2) 振动冲击施工法是利用振动冲击锤在振动和冲击的共同作用，桩尖对四周的土体进行挤压，改变土体结构排列，使周围土层挤密，桩管迅速沉入土中，在达到设计标高后，边拔管，边振动，边灌注混凝土，边成桩。

(3) 施工程序：桩机就位→振动沉管→灌注混凝土→安放钢筋笼→拔管、浇注混凝土→成桩。施工程序见图5-15。

3. 振动沉管灌注桩施工要点

(1) 材料要求。混凝土强度等级一般不低于C20，水泥宜用R42.5级或R32.5级普通水泥；粗骨料粒径应不大于40mm，含泥量小于3%；砂宜选用中、粗砂，含泥量小于5%；混凝土坍落度8～10cm。

(2) 施工方法的选用。振动、振动冲击沉管施工法一般有单打法、复打法、反插法等，应根据土质情况和荷载要求分别选用。单打法适用于含水量较小的土层，反插法和复打法适用于软弱饱和土层。

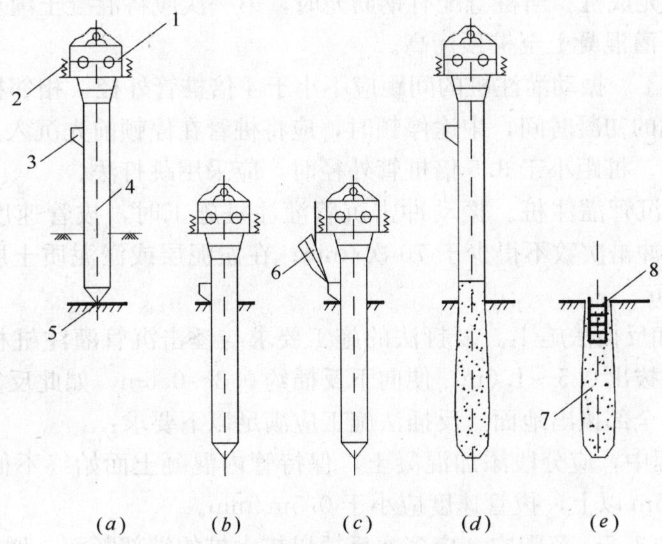

图 5-15 振动沉管灌注桩施工程序

(a)桩机就位；(b)振动沉管；(c)第一次灌注混凝土；

(d)边拔管、边振动、边继续灌注混凝土；(e)成桩；

1—振动锤；2—加压减振弹簧；3—加料口；4—桩管；

5—活瓣桩尖；6—上料斗；7—混凝土桩；8—短钢筋骨架

(3) 桩机就位。采用单打法沉管时，宜采用混凝土预制桩尖。施工时，将桩管对准埋设在桩位上的预制桩尖，放松卷扬机钢丝绳，利用振动机及桩管自重，把桩尖压入土中，检查桩管垂直度偏差，如不超过规定值，即可开始沉管；采用活瓣桩尖时，应将桩管对准桩位中心，并将桩尖活瓣合拢紧密。

(4) 振动沉管：

1) 开动振动锤，放松钢丝绳，开动加压卷扬机，桩管即在强迫振动下迅速沉入土中。

2) 沉管过程中，应经常探测管内有无水或泥浆，如发现水或泥浆较多，应拔出桩管，用砂回填桩孔后重新安放桩尖沉管；如发现地下水或泥浆进入套管，一般应在桩管沉入前先灌入 1m 高左右的混凝土或砂浆，封住漏水缝隙，然后再继续沉桩。

3) 沉管时，为了适应不同土壤条件，常用加压法来调整土的自振频率，桩尖压力改变可利用卷扬机把桩架的部分重量传到桩管上加压，并根据桩管沉入速度，随时调整离合器，防止桩架抬起发生事故。

4) 施工中，必须严格控制最后 30s 的电流、电压值，其值按设计要求或根据试桩和当地经验确定。

(5) 灌注混凝土。桩管沉到设计标高后，停止振动，用上料斗将混凝土灌入桩管内，混凝土一般应灌满桩管或略高于地面。

(6) 拔管。当混凝土灌满以后即可开始拔管。开始拔管时，应先起动振动机，振动 5～10s，再开始拔管，应边振边拔，每拔 0.5～1.0m 停拔振动 5～10s，如此反复，直至桩管全部拔出。

在一般土层中，拔管速度宜控制在 1.2～1.5m/min，用活瓣桩尖时宜慢，用预制桩尖时可适当加快，在软弱土层中，宜控制在 0.6～0.8m/min。

(7) 安放钢筋笼成桩。当桩身配有钢筋笼时，第一次应将混凝土灌至笼底标高，然后再安放钢筋笼，再灌混凝土至桩顶标高。

(8) 邻桩的施工。振动灌注桩的间距应不小于4倍桩管外径，相邻桩施工时，其间隔时间不得超过水泥的初凝时间，中途停顿时，应将桩管在停顿前先沉入土中，以防止因土体挤密而产生断桩。桩距小于3.5倍桩管外径时，应采用跳打法。

(9) 振动冲击沉管灌注桩。振动冲击沉管灌注桩施工时，拔管速度宜控制在1.0m/min内，桩锤上下冲击次数不得少于70次/min；在淤泥层或淤泥质土层中，其拔管速度不得大于0.8m/min。

(10) 复打法和反插法施工。复打法的施工要求与锤击沉管灌注桩相同。反插法是指在拔管时，桩管每拔出0.5～1.0m，便向下反插约0.3～0.5m，如此反复进行，并始终保持振动，直至桩管全部拔出地面。反插法施工应满足以下要求：

1) 在拔管过程中，应分段添加混凝土，保持管内混凝土面始终不低于地表面或高于地下水位1.0～1.5m以上，拔管速度应小于0.5m/min。

2) 在桩尖处的1.5m范围内，应多次反插以扩大桩的端部断面，增加桩的承载力。

3) 穿过淤泥层时，应当放慢拔管速度，并减少拔管高度和反插深度，在流动性淤泥中不宜用反插法。

(11) 其他注意事项：

1) 在拔管过程中，桩管内至少应保持2m高的混凝土或不低于地面。不足时及时补灌，以防止混凝土中断形成缩径。

2) 每根桩的混凝土灌注量，应保证成桩后平均截面积与端部截面积比值不小于1.1。

3) 混凝土的浇灌高度应超过桩顶设计标高0.5m，适时修整桩顶，凿去浮浆后，应保证桩顶设计标高及混凝土质量。

4) 对某些密实度大，低压缩性、且土质较硬的黏土，一般的振动沉拔桩机难于把桩管沉入设计标高。这时，可适当配合螺旋钻，先钻去部分较硬土层，以减少桩尖阻力，然后再用振动沉管灌注桩施工工艺。这种方法所成的桩，其承载力与全振动沉管灌注桩相近，同时可扩大已有设备的能力，减少挤土和对临近建筑的振动影响。

4. 振动沉管灌注桩的特点及适用范围

(1) 振动沉管灌注桩的工艺特点：

1) 能适应复杂地层，不受持力层起伏和地下水位高低的限制。

2) 能用小桩管打出大截面桩(一般单打法的桩振动沉截面比桩管大30%；复打法可扩大80%；反插法可扩大50%)使桩的承载力增大。

3) 对砂土，可减轻或消除地层的地震液化性能。

4) 有套管保护，可防止拥孔、缩孔、断桩等质量通病。且对周围环境的噪声及振动影响较小。

5) 施工速度快，效率高，操作规程简便，安全，费用也较低。

但是由于桩管振动而使土体受扰，会降低地基强度。因此，当土层为软弱土时，至少应养护15d，才能恢复地基强度。

(2) 振动沉管灌注桩适用于在一般黏性土、淤泥、淤泥质土、粉土、稍密及松散的砂土及填土中使用。振动冲击沉管灌注桩也可用于中密碎石土层和强风化岩层。但在较硬土层中施工时易损伤桩尖，应慎用并采取相应的措施。

5-6-5-3 夯压成型灌注桩的施工

夯压成型灌注桩又称夯扩桩，它是在普通锤击沉管灌注桩基础上发展起来的一种新型桩，由于其扩底作用，增大的桩端支承面积，能够充分发挥桩端持力层的承载潜力，具有较好的技术经济指标，因此，应用日益广泛。

1. 夯扩桩施工的机械设备

(1) 夯扩桩可采用静压或锤击沉桩设备，主要由锤击式桩架、1.8t 导杆式柴油打桩机、静力压桩机、桩帽、两台卷扬机组成。压桩时，开动卷扬机，通过桩架顶梁逐步将压梁两侧的压桩滑轮组钢索收紧，并通过压梁将整个压桩机的自重和配重施加在桩顶上，把桩逐渐压入土中。锤击沉管机械设备，可参见锤击沉管灌注桩的施工机械设备。

(2) 桩管由外管和内管组成，外管直径为 325mm(或 377mm)的无缝钢管，内管直径为 219mm，管壁厚 10mm，长比外管短 100mm，内夯管底端可采用闭口平底或闭口锥底。由打桩锤或静力压桩机将内、外钢管同步沉入土中，由内夯管夯扩端部混凝土，使桩端形成扩大头，然后浇灌混凝土，用内夯管顶压管内混凝土形成桩身混凝土。

2. 夯扩桩的施工程序

定桩位、放置桩管塞→桩架就位→沉管→灌注第一批混凝土→形成扩大头→灌注第二批混凝土形成桩身混凝土→拔管。

夯扩桩施工工艺流程见图 5-16。

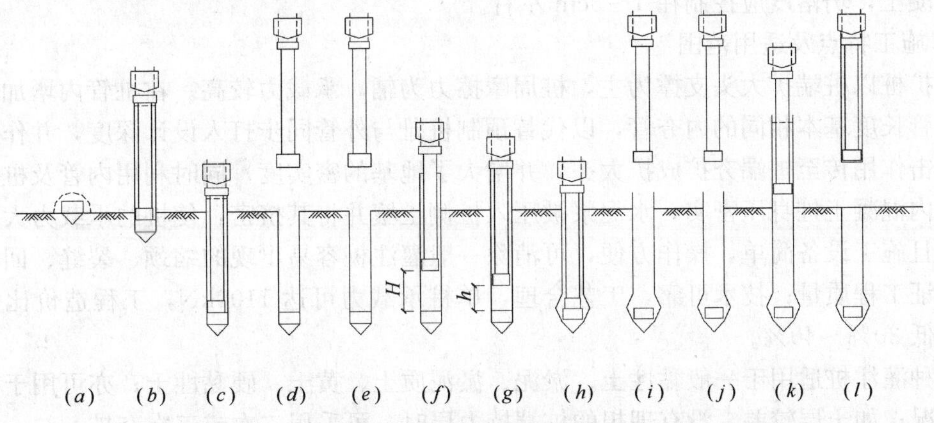

图 5-16 夯扩灌注桩施工工艺

(a)设置管塞；(b)放内外管；(c)静压或锤击；(d)抽出内管；(e)灌入部分混凝土；(f)放入内管，稍提外管；(g)静压或锤击；(h)内外管沉入设计深度；(i)拔出内管；(j)灌满桩身混凝土；(k)上拔外管；(l)拔出外管，成桩

3. 施工要点

(1) 管塞。按照基础平面图测放出各桩的中心位置，并用套板和撒石灰标出桩位。在桩位垫一层 150～200mm 与灌注桩同强度等级的干硬性混凝土、无水混凝土，经夯击形成阻水、阻泥管塞，当不出现由内外管间隙涌水、漏泥时，也可不采用上述封底措施。

(2) 沉管、形成扩大头。将内外桩管套叠同步打入设计深度，拔出内夯管并在外管内注第一批混凝土，高度为 H，混凝土量一般为 0.1～0.3m；将内夯管放回桩管中并压在混凝土面上，将外桩管拔起 h 高度，一般为 0.6～1.0m，用桩锤通过内夯管将已灌入的混凝土挤出外管，将内外管同时再打至设计要求的深度，迫使混凝土向下部和四周挤压，形成扩大的端部。按设计要求可重复以上施工程序，进行二次夯扩。

另外，也可用下列两种方法形成桩端扩大头：

1）沉管由外桩管和内击锤组成，沉管在外冲击力及自重下，沉入设计位置，灌注混凝土，用内击锤夯击管内的混凝土，形成扩大头。

2）采用单管，将其沉入设计深度后，向管内注入一定高度的混凝土后向上提管，此时桩尖活瓣在混凝土的压力下张开，混凝土落入孔底，再对桩管加压，由于桩尖受自重及外侧阻力关闭，压迫孔底混凝土向下及四周挤压，形成扩大头。

（3）灌注桩身混凝土。形成桩端扩大头后，拔出内夯管，在外管内灌注第二批混凝土，一次浇筑桩身所需要的高度。当桩的长度较大或需配置钢筋笼时，桩身混凝土宜分段灌注。

（4）拔管。拔管时，内夯管和桩锤应施压于外管中的混凝土顶面，边压边拔。

（5）工程施工前，宜进行试成桩，并详细记录混凝土的分次灌入量，外管上拔高度，内管夯击次数，双管同步沉入深度，并检查外管的封底情况，有无进水、漏泥等，经核实后作为施工控制的依据。

（6）桩端扩大头进入持力层的深度不小于 3m；当采用 2.5t 桩锤施工时，要保证每根桩的夯扩锤击数不少于 50 锤；当不能满足此锤击数时，宜再投料一次；扩大头采用的干硬性混凝土，坍落度应控制在 1～3cm 左右。

4. 施工特点及适用范围

夯扩桩以桩端扩大头支撑为主，桩周摩擦力为辅，承载力较高。在桩管内增加了一根与外桩管长度基本相同的内夯管，以代替预制桩靴与外管同步打入设计深度，并作为传力杆将锤击作用传至桩端夯扩成扩大头，并增大了地基的密实度，同时利用内管及桩锤自重将外管内混凝土桩身压密实，水泥浆被压入桩侧土壤并将其挤密，使桩的承载力大幅度提高。而且施工设备简单，操作方便，可消除一般灌注桩容易出现的缩颈、裂缝、回淤等通病，保证工程质量；技术可靠，工艺合理，单桩承载力可达 1100kN，工程造价比普通灌注桩降低 30%～40%。

这种灌注桩适用于一般黏性土、淤泥、淤泥质土、黄土、硬黏性土；亦可用于有地下水的情况；如土层较差，没有理想的桩端持力层时，可采用二次或三次夯扩。

5-6-6　干作业成孔灌注桩的施工

干作业成孔灌注桩是指不用泥浆或套管护壁情况下，用人工或机械钻具钻出桩孔，然后在桩孔中放入钢筋笼，再浇筑混凝土成桩。根据成孔方法可分为螺旋钻成孔灌注桩、螺旋钻成孔扩底灌注桩、钻孔压浆灌注桩等。

5-6-6-1　螺旋钻成孔灌注桩

1. 施工机械设备

（1）螺旋钻孔机。螺旋钻孔机由主机、滑轮组、螺旋钻杆、钻头、滑动支架、出土装置等组成。施工时电动机带动钻杆转动，使钻头上的螺旋叶片旋转来切削土层，削下的土屑靠与土壁的摩擦力沿叶片上升排出孔外。

螺旋钻机成孔有长杆螺旋成孔（钻杆长度 10m 以上）、短螺旋成孔（钻杆长度 3～8m）、环状螺旋成孔、振动螺旋成孔和跟管螺旋成孔等几种，常用的是长杆螺旋成孔和短杆螺旋成孔。前者成孔直径较小，一般不超过1.0m，成孔深度受桩架高度限制，有8、10、12m三种。后者效率低，但深度较大，可达到50m，桩孔直径可达3.0m，回转阻力相对较小。

钻杆根据叶片螺旋距不同，分为密纹叶片和疏纹叶片。前者应用于含水量较大的软塑土层中，后者主要用于在含水量较小的砂土或可塑、硬塑的黏土中成孔。

钻头形式多样，常用类型有平底钻头、耙式钻头、筒式钻头和锥底钻头。施工时应根据土层的不同分别选用。其中，平底钻头用于松散土层，耙式钻头用于杂填土中，遇到混凝土块、条石或大卵石等障碍物时，可用筒式钻头将其钻透，被钻出的碎块挤在钻头筒中排出，对于一般的黏土层，常采用锥底钻头施工。

(2) 机动洛阳铲钻孔机。机动洛阳铲钻孔机由提升架、滑轮组、卷扬机及机动洛阳铲组成，其优点是设备简单，操作方便，在我国北方地区应用较多。

2. 螺旋钻成孔灌注桩的施工

(1) 施工程序：

桩机就位→取土成孔→清孔，检查成孔质量→安放钢筋笼或插筋→放置护孔漏斗、浇筑混凝土成桩。

(2) 施工要点：

1) 合理选择钻头类型。根据不同土层的成孔难易程度进行选取。

2) 钻孔时，应保持钻杆位置准确、垂直稳定。

3) 钻进速度应根据电流表读数变化，及时调整。电流增大，说明孔内阻力增大，应降低钻进速度。

4) 开始钻进或穿过软硬土层交界处时，应缓慢进尺，在含有砖块、卵石土层钻进时，应注意控制钻杆跳动及机架晃动。

5) 钻进中，应及时清理孔口积土，遇到地下水、塌孔、缩孔等异常情况时，立即停钻，检查原因，采取必要措施。如果情况不严重时，可调整钻进参数，投入适量砂或黏土，上下活动钻具，保证钻进通畅。

6) 钻时中遇憋车、不进尺或钻进缓慢时，应及时查明原因后再钻，以防出现严重倾斜、塌孔甚至卡钻、折断钻具等恶性孔内事故。

7) 短螺旋钻进，每次进尺宜控制在钻头长度的2/3左右，砂层、粉土层可控制在0.8～1.2m，黏土、粉质土层宜控制在0.6m以下。

8) 成孔达到设计深度后，应使钻具在孔内空钻数圈清除虚土，然后起钻卸土，并保护孔口，防止杂物落入。另外，还可以用清孔器清土，如果出现严重塌孔，有大量泥土时，应回填砂或黏土重新钻孔，或者填入少量石灰。少量泥浆不易清除时，可投入一些25～60mm的碎石或卵石以挤密土壤，防止桩承重后发生大量沉降。

9) 浇筑混凝土前，应先放松孔口护孔漏斗，随后放置钢筋笼并再次清孔，最后灌注混凝土。钢筋骨架的主筋不宜少于ϕ12～ϕ16mm，长度不小于桩长的1/3～1/2，箍筋宜用ϕ8mm@200～300，混凝土保护层厚度40～50mm。骨架应一次绑好，用导向钢筋送入孔内，长度较大时应分段吊放，然后逐段焊接。浇筑桩顶以下5m范围混凝土时，应随浇随振动，每次浇筑高度不得大于1.5m。混凝土应分层浇筑。

3. 螺旋钻成孔灌注桩的特点及适用范围

(1) 螺旋钻成孔灌注桩的特点：

1) 成孔不用泥浆或套管护壁；

2) 施工无噪声、无振动、对环境影响较小；

3) 设备简单，操作方便，施工速度快；

4) 由于干作业成孔，混凝土灌注质量易于控制；

5) 其缺点是孔底虚土不易清除干净，因此影响桩的承载力，成桩沉降较大，另外由于钻具回转阻力较大，对地层的适应性有一定的条件限制。

(2) 适用范围：

这种成孔方法主要适用于黏性土、粉土、砂土、填土和粒径不大的砾砂层，也可用于非均质含碎砖、混凝土块、条石的杂填土及大卵砾石层。

5-6-6-2　钻扩机扩孔灌注桩

在采用螺旋钻机成孔时，为了提高单桩承载力，减少桩的数量，降低水泥耗用量，可在设计要求的位置利用钻扩机进行扩孔，形成葫芦桩或扩孔桩。一般情况下，桩扩孔直径为桩身直径的2.5～3.5倍，最大可达1.2m。单桩承载力比同直径的直孔桩大一倍以上。

1. 施工机械

目前常用的钻扩机有汽车式钻扩机、双导向步履式钻扩机、双管双螺旋钻扩机等多种类型，其中双管双螺旋钻扩机应用最广泛。施工时振动小，噪声低，排土量少。

这种钻机有两根并列的管子，内装有输土螺旋叶片。两根管子并列焊在一起，管子上端和下端铰接，并装有扩孔刀。管子下端可绕铰点转动，可并拢或张开。

钻孔时，两管并拢，土被切削下来后由螺旋叶片带上地面，从管壁缺口排出。当钻孔达到设计标高时，开动液压机构使两管下半截逐渐张开，侧面扩孔刀开始切土，切下的土屑从刀旁缝隙进入管内，由螺旋叶片输出到地面。当扩大头直径达到设计要求后，收拢下部支管，提起钻头。

2. 施工要点

(1) 钻孔扩底桩的施工直孔部分与前面的螺旋钻成孔灌注桩的要求相同。

(2) 当进行扩孔施工时，应根据电流值或油压值调节扩孔刀片切削土量，防止出现超负荷现象。

(3) 扩底直径应符合设计要求，经清底扫膛，孔底虚土厚度应符合规定要求。

(4) 灌注混凝土时，第一次应灌到扩底部位的顶面，随即振捣密实。

(5) 当土屑进入管内，摩阻力增大，出现闷车转不动时，可向螺旋叶片内浇水润滑。同时，钻杆下钻速度不宜过快，一般为0.5m/min左右。

(6) 扩大头的张开速度：扩孔直径0.8m为2min，0.9m为3min，扩至直径1m时总计时间为4.5min。扩孔完毕后，扩孔刀应继续转动10s，使扩刀抹平扩孔四周土壁，同时使管内土层送至地面甩尽。

3. 适用范围

螺旋钻扩孔灌注桩承载力大，沉降较小，适用于地下水位以上的黏性土、粉土、砂土、填土及粒径不大的砾砂层，扩底部分宜置于强度较高的持力层。

5-6-6-3　钻孔压浆灌注桩的施工

1. 施工方法

(1) 按常规方法钻孔达到设计深度后，开动压液泵，自孔底由下而上向孔内用高压喷射已制备好的水泥浆为主剂的浆液，借助水泥的压力，将钻杆慢慢提起，直至提出地面后移开钻杆，在孔内放置钢筋笼，再另放入一根直通孔底的压力注浆塑料管或钢管，并与高压浆管接通，向孔内投放粒径 2～4cm 的碎石或卵石，直至桩顶，再向孔内胶管进行二次补浆，把带浆的泥浆挤压干净，至浆液溢出孔口，不再下降。

(2) 钻孔压浆灌注桩桩径可达 300～1000mm，深度可达到 30m 左右，一般常用桩径为 400～600mm，桩长 10～20m。钻孔压浆灌注桩的桩体致密，局部能膨胀扩径，单桩承载力高，沉降量小，比普通灌注桩抗压、抗拔、抗水平荷载能力提高 1 倍以上。不用泥浆护壁，可避免水下灌注混凝土。采用高压灌浆工艺，对桩孔周围地层有明显的扩散渗透、挤密、加固和局部膨胀扩径等作用，不需清理孔底虚土，可有效防止断桩、缩径、桩尖虚土等情况发生，质量可靠，可以在流砂、淤泥、砂卵石等复杂地质情况下成桩。施工时对周围环境影响较小，施工速度快，费用较低。

(3) 钻孔压浆灌注桩适用于一般黏性土、湿陷性黄土、淤泥质土、中细砂、砂卵石，还可用于有地下水的泥砂层。

(4) 压浆采用纯水泥，强度等级不应低于 R32.5 级，新鲜无结块；水灰比为 0.55，骨料采用粒径 20～40mm 的卵石或碎石，含泥量≤3%。

2. 施工要点

(1) 钻孔可用常规方法，提钻压浆应慢速进行，一般控制在 0.5～1.0m/min，过快易塌孔或缩孔。

(2) 在软土层成孔，当桩距小于 3.5m 时，应跳打成桩，中间空出的桩应待混凝土达到设计强度的 50%以后方可成桩。

(3) 钻孔时，应随钻随清理排出的土方，成孔后，应立即投入钢筋和碎石进行补浆，时间间隔不少于 30min。

(4) 当遇到较大的漂石、孤石卡钻时，应移位处理。当土质松软，拔钻后，塌方不能成孔，可先灌注水泥浆，2h 后再在已凝固的水泥浆上二次钻孔。

(5) 配制水泥浆应在初凝时间内完成，不得隔日使用。

(6) 钢筋笼应加工成整体，螺旋式箍筋应绑牢，过长时应分段制作，接头应采用焊接。

5-6-7　人工挖孔灌注桩的施工

人工挖孔灌注桩是用人工挖土成孔，然后安放钢筋笼，浇筑混凝土成为支承上部结构的桩基。挖孔扩底灌注桩是在挖孔灌注桩的基础上，扩大桩端尺寸而成。这类桩由于其受力性能可靠，不需要大型机具设备，施工操作工艺简单，应用较为普遍，已成为大直径灌注桩施工的一种主要工艺方式。

人工挖孔扩底灌注桩适用于持力层埋藏较浅、单桩承载力要求较高的工程，一般被设计成端承桩，以中风化岩或微风化岩作持力层。当挖孔扩底灌注桩被设计成摩擦桩或端承摩擦桩时，桩身强度不能充分发挥，因此有时也被设计成空心桩或竹节空心桩。

5-6-7-1　构造要求

挖孔桩直径 d 一般为 800～2000mm，最大直径可达 3500mm；桩埋置深度(桩长)一般在 20m 左右，最深可达 40m。当要求增大承载力、底部需扩底时，桩底直径 d_1 一般为

$(1.3\sim3.0)d$，最大可达 $4.5d$，扩底直径大小按 $(d_1-d)/h=1:4$，$h_1\geqslant(d_1-d)/4$ 进行控制，一般采用一柱一桩。如采用一柱两桩时，两桩中心距应不小于 $3d$，两桩扩大头净距不小于 1m；不在同一标高时，应不小于 0.5m。桩底宜挖成锅底形，锅底中心比四周低 200mm。根据试验，它比平底桩可提高承载力 20% 以上。桩底应支承在可靠的持力层上，支承桩大多采用构造配筋，配筋率以 0.4% 为宜，配筋长度一般为 1/2 桩长，且不小于 10m；用于抗滑、锚固、挡土桩的配筋按全长或 2/3 桩长配置，由计算确定。箍筋采用螺旋箍筋或封闭单箍，并不小于 ϕ8@200mm，在桩顶 1.0m 范围内间距加密一倍，以提高桩抗剪强度。当钢筋笼长度超过 4m 时，为加强其刚度和整体性，可每隔 2.0m 设一道 ϕ16～ϕ20mm 焊接加强筋。钢筋笼长度超过 10m 时需分段拼接，拼接处应用焊接。桩混凝土强度等级不应低于 C20。

5-6-7-2 材料与施工机具设备

1. 材料要求

混凝土要求同钻孔灌注桩。

2. 机械设备要求

(1) 提升机具：1t 以上单轨电动葫芦配提升金属架与轨道、活底吊桶。

(2) 挖孔工具：短柄铁锹、锤、钎。

(3) 水平运输工具包括：双轮手推车或 1t 机动翻斗车。

(4) 混凝土浇筑机具包括：混凝土搅拌机（现场搅拌）或混凝土运输车（商品混凝土）、小直径插入式振捣器、串筒等。如在水下浇筑混凝土，还应配置金属导管、吊斗、混凝土储料斗、提升装置（卷扬机或起重机等）、浇筑架、测锤以及钢筋笼吊放机械等。

(5) 其他机具设备：钢筋加工机具、支护模板、支撑架、电焊机、吊挂式软爬梯；36V 低压变压器及内外照明设施。桩孔深超过 20m，另配鼓风机、送风管。有地下水应配潜水泵及橡胶软管。

5-6-7-3 挖孔桩的施工

1. 施工准备

(1) 熟悉设计施工图和地质勘察资料。对穿越砂层、淤泥层的挖孔作业可能会出现的流砂、涌水、涌泥等现象，对地下水情况以及环境影响作分析，并且针对性地制定有效的技术和安全防范措施。若遇溶洞或持力层中有软夹层的地质现象，勘察资料应按每桩位或每柱位处设一勘察孔，且孔深一般应达到挖孔桩孔底以下 3 倍桩径的要求。

(2) 平整场地、设置排水沟、集水井和沉淀池。挖孔桩对现场地耐力的要求没有像锤击桩、静压桩等对场地的要求那样高，但场地应保持排水畅通。从桩孔抽出的水，要经过处理才允许外排。在基坑内施工时，在场地平整后宜铺一层 100mm 左右的混凝土垫层，以保持场地清洁，并便于行走和运土。

(3) 调查四周环境和建筑物以及地下管线，并采取防范措施。

(4) 编制施工组织设计，组织施工图设计技术交底。

(5) 测量定位。确定桩高程和坐标控制点及桩轴线。

(6) 检查施工设备，进行安全技术交底。施工单位技术负责人员应带领机械、电气技术人员和安全人员逐孔全面检查各项施工准备，确保机电设备完好，符合安全使用标准。向现场施工操作人员进行详细地安全和技术交底，使安全管理在思想、组织和措施上全部得到落实。

2. 成孔作业

(1) 分节挖土和出土

1) 由人工挖土，用铁桶和电动葫芦或卷扬机提升出土。

2) 挖土次序是先挖中间部分，后挖周边，允许尺寸误差不超过 30mm。扩底部分采取先挖桩身圆柱体，再按扩底尺寸从上到下削土修成扩底形。为防止扩底时扩大头处的土方坍塌，宜采取间隔挖土措施，留土肋条作为支撑，待浇筑混凝土前再挖除。大多数挖桩，采用外壁为直立式的护壁形式，护壁内侧沿桩长为锯齿形，而护壁外侧的直径上下一样。在土质较好的条件下，一节桩孔的高度通常为 90cm 左右。开挖工作应连续进行。

3) 挖孔时，应注意桩位放样准确，在桩外设定位龙门板。当桩净距小于 2 倍桩径并且小于 2.5m 时，应间隔开挖。

(2) 安装护壁钢筋和护壁模板

1) 挖孔桩护壁模板一般做成通用模板，特别是桩径为 1.0m 和 1.2m 的模板，一般均由四块组成；直径大于 1.2m 的桩孔，模板常由 5～8 块组成。模板用角钢做骨架，钢板做面板。

2) 护壁厚度按计算确定，也可按 $D/(10+50)$mm 的经验式确定，一般为 100～150mm。大直径桩的护壁厚度可达 200～300mm。土质较好的小直径桩护壁可不放钢筋但当设计要求放置钢筋或挖土遇软弱土层时应加设钢筋，然后才能安装护壁模板。

3) 要求桩孔的垂直偏差不大于桩长的 0.5%；符合要求后，可用木楔打入土中稳定模板，防止浇捣混凝土时发生移动。

(3) 灌注护壁混凝土

灌注混凝土宜在桩孔内抽干水的情况下进行，并宜使用早强剂。振捣不宜用振捣器，可用手锤敲击模板和用棍棒反复插捣来捣实混凝土。

(4) 施工护壁注意事项

1) 护壁的厚度、钢筋配置及混凝土的强度等级应符合设计要求；

2) 上、下节护壁的搭接长度不得小于 50mm；

3) 桩孔开挖后，应尽快灌注护壁混凝土，宜当天连续施工完毕；

4) 护壁混凝土应保证密实，根据土层渗水情况使用速凝剂；

5) 护壁模板一般应在 24h 之后拆除；

6) 拆模板后若发现护壁有蜂窝、漏水现象，应马上加以堵塞或导流，并及时补强，防止桩孔外侧之水夹带泥砂流入孔内造成事故；

7) 同一水平上的井圈任意直径的极差不得大于 50mm。

(5) 桩孔抽水

挖孔桩成孔作业过程，最理想的地下水位较低和地下水很少。对地下水位较高和地下水较丰富时，应把整个工程的挖孔桩分成若干批进行开挖，选一二根桩挖得深一些，使其起集水井作用。在连续抽水时，一定要观察孔内和地面上的变化，以避免孔内发生流砂，孔外房屋开裂下沉。当大量抽水仍未能顺利进行挖孔作业时，应采取措施，如灌浆、做止水围护墙等，以减少地下水的渗透。

(6) 特殊孔护壁处理

当遇有局部或厚度不大于 1.5m 的流动性淤泥和有砂土层时，护壁施工宜按下列方法处理：

1）每节护壁的高度可减少到 300～500mm，并随挖、随验、随浇筑混凝土。

2）采用下沉钢护筒或混凝土小沉井作护壁，以堵截淤泥或砂粒流动，钢护筒一般高 1～2m 左右，厚 4mm，直径应略小于混凝土护壁内径，利用混凝土支护作支点，用小型油压千斤顶将钢护筒逐渐压入土中。钢护筒可一个接一个下沉，压一段，挖一段桩孔，直至穿过流沙层 0.5～1.0m 后仍按常规方法施工。人工挖孔灌注桩施工见图 5-17。

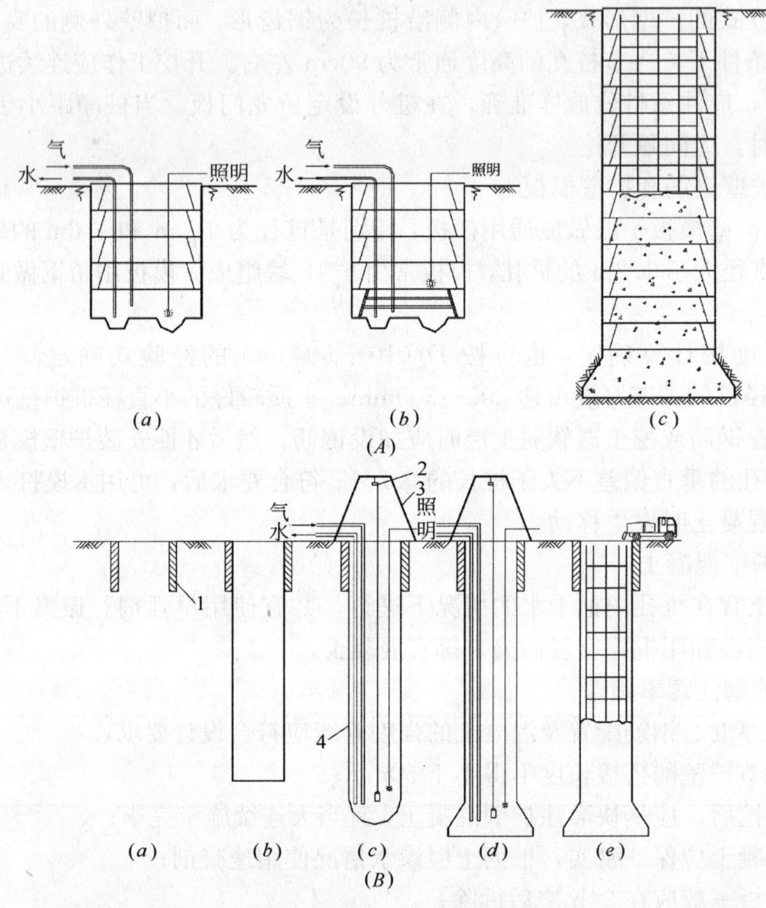

图 5-17　人工挖孔灌注桩

(A)现浇混凝土护壁人工挖孔桩施工

(a)在护壁保护下开挖土方；(b)支模板浇筑混凝土护壁；(c)浇筑桩身混凝土

(B)钢套管护壁人工挖孔桩施工

(a)修筑井圈；(b)打入钢套管；(c)在钢套管护壁下开挖土方；

(d)桩底护孔；(e)浇筑桩身混凝土、拔出钢套管

1—井圈；2—链式电动葫芦；3—小型机架；4—钢套管

3）采用 $\phi16$～$\phi25$ 长 1.5m 左右的钢筋，按间距 100～150mm 沿护壁周边打入土中，挖去孔内 200～300mm 的沙土后，或用 $\phi25$ 水平环向钢筋将竖向筋固定，或将上部钢筋头弯到上节护壁的外侧，然后在钢筋外侧塞麻袋、草包或纤维板条，以阻挡砂砾流入桩孔，待挖至 400～500mm 深时，立即浇筑护壁混凝土。

（7）验底和扩孔

1）当挖孔至设计标高时，应及时通知监理、建设、设计单位和质检部门对孔底土质进行验收。孔底不应积水；

2）终孔后，应清理好护壁上的淤泥和孔底残渣、积水，进行隐蔽工程验收，验收合格后，迅速封底，安装钢筋笼，浇筑混凝土。

3. 安装钢筋笼

钢筋笼根据设计进行制作，制作要求为：

（1）钢筋笼外径应比设计孔径小 140mm 左右。

（2）钢筋笼在制作、运输和安装过程中，应采取措施防止变形。

（3）钢筋笼的主筋保护层不宜小于 70mm，其允许偏差为± 2.0mm。

（4）吊放钢筋笼入孔时，不得碰撞孔壁；灌注混凝土时，应采取措施固定钢筋笼位置。

（5）钢筋笼需分段连接时，其连接焊缝及接头应符合规范的规定：

1）直径小于 1.4m 的挖孔桩钢筋笼的安装，一般是先在施工现场绑扎成形，后起吊钢筋笼沉入桩孔；

2）直径大于 1.4m 的挖孔桩的钢筋笼，一般是在桩孔内安装绑扎。

4. 灌注桩身混凝土

当孔内渗水较少时，可采用干浇法；当孔内渗水量较大时，应采用导管法浇筑水下混凝土，同时应留置试块，每根桩不得少于一组。

（1）干浇法。干浇法浇筑桩身混凝土时，必须通过溜槽；当高度超过 3m 时，应用串筒。混凝土宜采用插入式振捣器振捣；泵送混凝土时，可直接将混凝土泵的出料口移入孔内投料。

（2）水下灌注法。采用导管直径为 25～30cm，桩孔内水面应略高于桩外的地下水位。开灌前，储料斗内的混凝土必须有足以将导管底端一次性埋入水下混凝土达 0.8m 以上深度。

5. 空心灌注桩施工

为节省混凝土，减轻桩自重，对直径 1.2m 以上人工挖孔灌注桩也可作成空心。空心桩壁厚为 250～300mm，下部设 500～1000mm 厚底板，顶部设基础平台。混凝土强度等级不低于 C20。

空心桩成孔方法同挖孔桩，井壁设混凝土护壁，下钢筋笼、浇筑混凝土方法也基本与挖孔桩相同，只是在桩孔中心部设一段高 1.5m 的筒心模，做成上口径大、下口径小（分别比空心部分直径大 6mm 、小 6mm）。芯模由底座筒身、拉杆和盖板等组成。在井口支架上对中安放一个 3～5t 链式起重机，用钢丝绳与筒芯模板相连。

施工方法是采用滑拉筒芯模板成型。在底板混凝土浇筑完毕后，即可将芯模放入井底中心就位与提升钢丝绳相连。操作人员在芯模盖板上绑钢筋（当下部有钢筋时），浇筑混凝土，用导管下料，随浇筑混凝土，随即用 3t 链式起重机提升筒芯模。每当浇筑 300mm 高振捣一次，每次浇筑 1.2m 高即可提升芯模筒，每提升 2.4m 在起重机回链时，校正一次芯模筒的位置和垂直度，依次循环上升直到孔口。

5-6-7-4 施工安全

1. 安全事故原因

人工挖孔桩施工中，发生安全事故的原因主要有以下六类：

(1) 地面或高空坠物；

(2) 地面施工人员失足跌入桩孔；

(3) 施工人员触电；

(4) 起重工具失灵；

(5) 桩孔内涌水、涌砂；

(6) 桩孔内出现有毒气体或缺氧使施工人员窒息。

2. 安全施工措施

从事挖孔作业的工人应为健壮男性，并应经过健康检查和操作培训合格后，方可下井施工。为防止发生恶性事故，施工时应严格执行下列安全措施：

(1) 孔内必须设置有足够强度的应急软爬梯，供人员上下井。不得使用麻绳、尼龙绳拉吊施工人员或脚踏井壁凸缘上下。电葫芦宜用按钮式开关，每天由专人负责检查，保证开关灵活准确。支架应稳定牢固，使用前，必须检验其安全起吊能力。如对安全施工有疑问时，应事前向有关单位提出。

(2) 当挖孔深度超过 5m 时，每日开工前必须检测井下有毒有害气体，并应有足够的安全防护措施，可以用仪器检测。桩孔开挖深度超过 10m 时，应有专门向井下送风的设备，风量不宜少于 25L/s。

(3) 孔口四周必须设置护栏，一般加 0.8m 高围栏围护。

(4) 挖出的土方应及时运离孔口，不得堆放在孔口四周 1m 的范围内，机动车辆的通行不得对井壁的安全造成影响。

(5) 施工现场的一切电源、电路的安装和拆除必须由持证电工操作；电器必须严格接地、接零和使用漏电保护器，各孔用电必须分闸，严禁一闸多用；孔上电缆必须架空 2m 以上，严禁拖地和埋压土中，孔内电缆、电线必须有防磨损、防潮、防断等保护措施。照明宜采用安全矿灯或 12V 以下安全灯。

(6) 在桩孔开挖前，应认真研究地质资料，对可能出现的流砂、管漏、涌水及有害气体等情况均应予以重视，并制定针对性防护措施。对施工现场所有设备、设施、装置、工具、配件以及个人劳保用品必须经常进行检查，确保其完好和安全使用。桩孔开挖施工时，应注意观察地面和邻近建(构)筑物的变化。桩孔如靠近旧建筑物或危房，必须采取加固措施。机动车辆通行时，应做出预防措施或暂停孔内作业，以防地面挤压地下塌孔。

(7) 孔内作业工员应遵守以下规定：

1) 必须戴安全帽；

2) 不准在孔内使用明火；

3) 每工作 4h 出孔轮换；

4) 开挖复杂土层时，每挖深 0.5～1.0m，应用不小于 $\phi16$ 的钢筋对孔底作品字形探查，检查是否有洞穴、涌砂等；

5) 密切留意孔内一切动态，如发现流砂、涌水、护壁变形等不良预兆及有异味气体时，应停止作业并迅速撤离；

6) 孔内如采用爆破时，应注意人员全部撤离至地面后方可引爆。爆破时，孔口应加盖，爆破后，必须用抽气、送风或淋水等方法排除孔内废气；

7) 孔口配合人员应集中注意力，密切监视孔内情况，积极配合孔内人员进行工作，不得擅离岗位；

8) 在孔内上下递送工具物品时，严禁抛掷，严防孔口物件落入桩孔。

5-6-7-5 挖孔桩的特点和适用范围

1. 挖孔桩的优点

(1) 单桩承载力高，结构传力明确，沉降量小，可一柱一桩，不需承台，不需凿桩头，可起到支撑、抗滑、锚拉、挡土等作用。

(2) 可直接检查桩径、垂直度和持力土层情况，桩质量有保证。

(3) 施工机具设备简单，一般均为工地常规机具，施工工艺操作简便、占地小、进出场方便。

(4) 施工时，无振动、无挤土、无环境污染、基本无噪声，对周围建筑物影响较小。

(5) 挖孔桩一般按端承桩设计，桩身强度能充分发挥，桩身配筋率低，因此节省投资；同时，可以多桩同时施工，速度快，能根据工期要求灵活掌握工程进度，节省设备费用。

2. 挖孔桩的缺点

(1) 工人劳动强度大，作业环境差；

(2) 安全事故多，是各种桩基中出现人身伤亡事故最高的；

(3) 挖孔抽水易引起附近地面沉降、房屋开裂或倾斜；

(4) 在含水量较大的土层中施工时，可能导致挖孔桩施工的失败。

3. 挖孔桩的适用范围

(1) 人工挖孔灌注桩适用于桩直径 800mm 以上，无地下水或地下水较少的黏土、粉质黏土、含少量的砂、砂卵石的黏性土层，也可用于膨胀土、冻土中施工，特别适于在黄土中使用，适用性较强，成孔深度一般在 20m 左右，可用于高层建筑、公用建筑、水工结构的基础。

(2) 对有流砂、地下水位较高、涌水量大的冲积地带及近代沉积的含水量较高的淤泥及淤泥质土层中，以及松砂层、连续的极软弱土层中不宜采用。

(3) 对于孔中氧气缺乏或有毒气发生的土层也应该慎用。

5-6-8 爆扩成孔灌注桩的施工

爆扩灌注桩是用钻机成孔或爆扩成孔，再在孔底爆扩形成球形扩大头后，浇筑混凝土成桩。这种桩可充分利用地基承载力，具有灌注桩基础、天然地基上独立基础的作用和良好的技术经济效果，多年来在国内得到较广泛的应用。

5-6-8-1 构造要求

爆扩桩系由桩柱和扩大头两部分组成。常用形式有单桩、并联桩、串联桩、斜桩、空心桩和群桩等，桩柱直径 d 由材料强度、施工机具和成型方法确定，一般为 200～350mm，用冲抓锥成孔或爆扩成孔，直径为 550～1200mm；扩大头直径 D，应根据地基强度决定，一般取(2.5～3.5)d。埋置深度 H 为 3～7m，最深不宜超过 10m，最浅不少于 2m，尽量使扩大头支撑在较好的地基土层上，并且大于当地冻结深度，有时还应根据施工机具的可能性和现场施工条件确定。桩的最小间距，在硬塑和可塑性黏土中不少于 1.5D。在软塑状黏土或人工回填土中不小于 1.8D。在群桩中，荷载大而平面尺寸小，扩大头应上下交错布置，但相邻桩扩大头标高相差应大于1.5D。

对于轴压桩，桩的配筋可采用4ϕ12mm伸入桩柱内1/3～1/4桩长深度，也可根据工程情况不配构造筋。承受上拔力、水平力或动载的桩，应配至少ϕ12的螺旋钢筋，宜伸入扩大头中心。箍筋宜采用ϕ6@200～300mm，钢筋保护层不少于35mm，如采用导管法灌注水下混凝土，保护层不应小于50mm，混凝土强度等级不低于C20。群桩布置时，宜将上部结构传给桩顶的荷载重心与群桩型心重合，尽量使在竖向荷载作用下，各桩承受的荷载均匀。

5-6-8-2　机具设备

爆扩灌注桩的成孔，可根据土质、场地、机具特点，选择合适的机具设备和方法。

5-6-8-3　施工方法

爆扩桩施工最重要的一项，就是要进行爆扩试验，即对扩大头的炸药用量进行实验，取得可靠的数据，指导施工。

(1) 成孔。爆扩桩桩柱的成孔方法，有人工或机钻成孔法、爆扩成孔法等。

人工成孔法使用的工具是洛阳铲或手摇钻。使用洛阳铲成孔，每掏孔约0.5m深，用洛阳铲修孔，使孔径上下一致。手摇钻有螺旋钻头和鱼尾钻头两种。

爆扩成孔法是先用小直径(如50mm)洛阳铲或手摇麻花钻按设计要求深度先钻出导孔，直径应根据药条粗细及土质情况而定，土质较好者40～70mm；土质较软、地下水位较高且易产生缩颈者为100mm。用手摇麻花钻施钻以前，应在地面挖出导孔的喇叭口，深度为桩孔直径的两倍，上口直径为桩孔径的2～3倍，以避免爆扩时孔口土方回落孔内。装炸药的管材可用塑料袋和玻璃管，以玻璃管为优，它既防水又透明，可检查装药情况，又便于插到导孔内。管与管接头处要牢固和防水，炸药要装满振实，不得有脱空现象。雷管的放法，各地不一，有的按0.5～0.6m间距放一个；有的以5m为限，药管长度小于5m的放两个，大于5m放三个，有的是小于3m者中间放一个，3～6m者在药管的1/4和3/4处各放一个，具体可根据试爆情况选用。药管与孔壁间用干砂填实或用其他粉状材料稳固，引爆后即成直径300～550mm的爆扩桩桩身孔。

(2) 爆扩成孔法施工工艺，见图5-18。

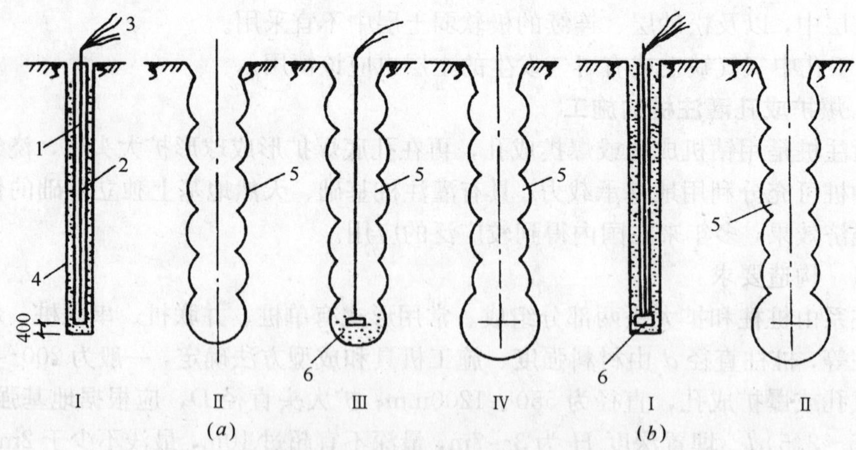

图5-18　爆扩成孔法施工工艺

(*a*)爆扩两次成形；(*b*)扩孔扩头一次成形

1—条形药包；2—电雷管；3—导爆线(每个雷管一根)；

4—砂子填实；5—孔壁；6—爆头药包

1）炸药用量的确定。爆扩桩施工中所使用的炸药多为硝铵炸药或TNT炸药。炸药用量，应经试爆来确定。同一种土质中，试爆的数量不宜少于2个，试爆时，用药量可参照表5-16选用。

爆扩孔用药量参考表 **表5-16**

扩大头直径(m)	0.6	0.7	0.8	0.9	1.0	1.1	1.2
炸药用量(kg)	0.45	0.60	0.60～0.75	0.75～0.90	0.90～1.10	1.10～1.30	1.30～1.50

2）药包的包扎与安放。药包须用塑料薄膜等防水材料紧密包扎，必要时，包扎口还应涂防水材料密闭，以免受潮出现哑炮。药包应扎成扁圆球形，高度与直径之比以1∶2为宜，药包中心最好并联两个雷管，以保证顺利引爆。

药包用绳索吊进孔底中部，然后盖以15～20cm厚的砂子，其目的是稳住炸药包位置，同时避免受混凝土冲击。放好药包后，要放松导线，以免被混凝土砸断。如孔内有水，应在药包上绑重物使之沉底。药包安放完毕后，即可浇筑第一次混凝土。第一次浇筑的混凝土应适量，过多，可能产生“拒落”事故；过少，起爆时引起混凝土飞扬。最好为2～3m桩孔深(约为扩大头混凝土容积的1/2多)。为了保证混凝土的浇筑质量，应根据不同土质条件，选择合适的坍落度，一般情况下，对黏性土取9～12cm；砂类土取12～15cm；黄土17～20cm。当桩径为250～400mm时，粗骨料粒径最大不应超过30mm。在不振捣情况下引爆，混凝土自由坍落至爆破成的球形孔穴中，并用软轴接长插入式振捣器振捣密实。

压爆混凝土灌入桩孔后，从浇筑混凝土开始至引灌时的间隔时间不宜超过30min，否则，会出现拒落。为保证施工质量，应根据不同桩距，扩大头标高和布置情况，决定引爆顺序。当相邻桩的扩大头在同一标高时，应根据设计规定的桩距大小，决定引爆顺序。当桩距扩头直径的1.5倍时，可采用单爆，否则应采用联爆。如相邻桩的扩大头不在同一标高时，引爆的顺序是先浅后深。如同一根桩两个以上扩大头时，引爆顺序应先深后浅。

3）灌注桩柱混凝土。首先钢筋笼应细心轻放，不可将孔口和孔壁的泥土带入孔内，灌注混凝土时，应随时注意钢筋笼位置，防止偏向一侧。所用混凝土的坍落度要合适，一般黏性土5～7cm，砂类土7～9cm，黄土6～9cm。粗骨料最大粒径不得大于25mm。

扩大头和桩柱混凝土应分层连续浇筑完毕，不留施工缝。每层厚度约50cm，并用插入式振捣器分层捣实。

混凝土浇筑完毕后，根据气温情况，可采用草袋覆盖，浇水养护，在干燥的砂类土地区，桩周围还需浇水养护。

4）特点及适用范围。爆扩桩的特点是：桩性能好，可承受中心偏心、抗压、抗拔、抗推等荷载，能有效地提高桩基承载力；能作独立基础使用；成桩工艺简单，能节省劳动力，降低成本，与一般独立桩基础相比，可减少土石方量50%～90%，节省劳动力50%～60%，加快施工速度，工期可缩短40%～50%，降低工程造价30%左右。

爆扩桩在一般黏土、粉质黏土中使用，在中密或密实的砂土中、碎石土和风化岩表面及夹有矿渣、砖瓦碎片和垃圾的杂填土中也可使用。但不宜在淤泥质土应用。

5-6-9 灌注桩施工中的问题及对策

5-6-9-1 泥浆护壁成孔灌注桩

1. 孔壁坍塌

孔壁坍塌是在成孔过程中，在排出的泥浆中不断出现气泡，或护筒里水位突然下降，这都是塌孔的迹象。

（1）产生塌孔的原因主要有以下几方面：

1）护壁泥浆的密度和浓度不足，在孔壁形成的泥皮质量不好，起不到护壁作用；或者没有及时向孔内加泥浆，孔内浆位低于孔外水位或孔内出现承压水，降低了静水压力。

2）护筒埋深不合适，护筒周围未用黏土填封紧密而漏水。

3）提升、下落冲锤、掏渣筒和放钢筋骨架时碰撞孔壁，破坏了泥皮和孔壁土体结构。

4）在较差土质如软淤泥、破碎地层、松散砂层中钻进时，进尺太快或停在某一高度时空转时间太长，或排除较大障碍物形成大空洞而漏水致使孔壁坍塌。

（2）防止孔壁坍塌的措施：

1）控制成孔速度。成孔速度应根据土质情况选取，在松散砂土或流砂中钻进时，应控制进尺，并选用较大密度、黏度、胶体率的优质泥浆。

2）护筒埋深要合适，一般贯入黏土中 0.5m 以上，护筒内水位应高于护筒外地下水位 1.5m 左右，如地下水位变化大，应采取升高护筒，增大水头，或用虹吸管连接等措施。

3）从钢筋笼的绑扎、吊插以及定位垫板设置安装等环节均应予以充分注意。提升下落冲锤、掏渣筒和放钢筋骨架时要保持垂直上下。

4）发现塌孔，首先应保持孔内水位，如为轻度明孔，应首先探明坍塌位置，将砂和黏土混合物回填到塌孔位置以上 1～2m，如塌孔严重，应全部回填，待回填物沉淀密实后采用低钻速钻进。

2. 护筒冒水

护筒外壁冒水，严重的会引起地基下沉、护筒偏斜和位移，以致造成桩孔偏斜，甚至无法施工。护筒冒水的原因是因为埋设护筒时，周围填土不密实或起落钻头时碰动了护筒。为了防止这个问题，在埋设护筒时四周的土要分层夯实，并且要选用含水量适当的黏土填筑，同时在起落钻头时，防止碰撞护筒。初期发现护筒冒水，可用黏土在四周填实加固，如护筒严重下沉或位移，则应返工重埋。

3. 钻孔偏斜

钻孔偏斜是指成孔后，孔位发生倾斜，偏离中心线，超过规范允许值。它的危害除了影响桩基质量外，还会造成施工上的困难，如放不进钢筋骨架等。

1）产生孔斜的原因：

① 桩架不稳，钻头不直，钻头导向部分太短，导向性差，或钻杆连接不当。

② 钻孔时，遇有倾斜度的软硬土层交界处或岩石倾斜处，钻头受阻力不均而偏位。

③ 钻孔时，遇较大的孤石、探头石等地下障碍物使钻杆偏移。

④ 地面不平或不均匀沉降使钻机底座倾斜。

2）防止钻孔偏斜，可采取以下几项措施：

① 在有倾斜状的软硬土层处钻进时，应吊住钻杆，控制进尺速度并以低速钻进，或在斜面位置处填入片石、卵石，以冲击锤将斜面硬层冲平再钻。

② 探明地下障碍物情况，并预先清除干净。

③ 如发现探头石，宜用钻机钻透，用冲孔机时用低锤密击，把石块打碎；如冲击钻也不能将探头石击碎，则应用小直径钻头在探头石上钻孔，或在表面放药包爆破；如基岩倾斜，应先投入块石，使表面略平，再用锤密打。

④ 钻杆、接头应逐个检查，及时调整，弯曲的钻杆要及时更换。

⑤ 场地要平整，钻架就位后要调整，使转盘与底座水平，钻架顶端的起重滑轮边缘同固定钻杆的卡环和护筒中心三者应在同一轴线上，并注意经常检查和校正。

⑥ 如已出现斜孔，则应在桩孔偏斜处吊住钻头，上下反复扫孔，使孔校直；或在桩孔偏斜处回填砂黏土，待沉积密实后再钻。

4. 钻孔漏浆

钻孔漏浆是指在成孔过程中或成孔后，泥浆向孔外漏失。

1）产生钻孔漏浆可能是以下几方面原因引起的：

① 护筒埋设太浅，回填土不密实或护筒接缝不严密，在护筒刃脚或接缝处漏浆；

② 遇到透水性强或有地下水流动的土层；

③ 水头过高、压力过大使孔壁渗浆。

2）要防止钻孔漏浆，应做到以下几点：

① 根据土质情况决定护筒的埋置深度；

② 将护筒外壁与孔洞间的缝隙用土填密实，必要时，由潜水员用旧棉絮将护筒底端外壁与孔洞间的接缝堵塞；

③ 加稠泥浆或倒入黏土，慢速转动，或在回填土内掺片石、卵石，反复冲击，增强护壁。

5. 梅花孔

梅花孔是指桩孔断面形状不规则，呈梅花形。

1）产生的主要原因：

① 冲孔时转向环失灵，冲锤不能自由转动；

② 护壁泥浆稠度过大，使阻力增加；

③ 提锤太低，冲锤没有充足转动时间，换不了方向，致使钻孔很难改变冲击位置。

2）杜绝梅花孔措施：

① 应经常转动吊环，保持灵活；

② 勤掏渣，必要时辅以人工转动；

③ 用低冲程时，间隔一段时间更换高一些的冲程，使冲锤有充足的转动时间。

6. 卡锤

在采用冲锤成孔时，有时冲锤会被卡在孔内，不能上下运动。

1）产生这种现象原因：

① 是在孔内遇到探头石或冲锤磨损过甚，孔成梅花形，提锤时，锤的大径被孔的小径卡住；

② 还有一种可能是石块落入孔内，夹在锤与孔壁之间使冲锤难以上下。

2）防治措施：

① 施工时，如遇到探头石，可用一个半截冲锤冲打几下，使锤脱落卡点，锤落孔底，

然后吊出；

② 如因为梅花孔产生卡锤，可用小钢轨焊成 T 字形，将锤一侧拉紧后吊起；

③ 被石块卡住时，亦可用上法提出冲锤。

7. 流砂

发生流砂时，桩孔内大量冒砂，将孔涌塞，这主要是因为孔外水压比孔内大，孔壁松散而引起的。当遇到粉砂层时，如果泥浆密度不够，孔壁则难以形成泥皮，这也会引起流砂。要防止流砂，首先应保证孔内水位高于孔外水位 0.5m 以上，并适当增加泥浆密度；当流砂严重时，可抛入砖、石、黏土，用锤冲入流砂层，做成泥浆结块，使其形成坚厚孔壁，阻止流砂涌入。

8. 钢筋笼偏位、变形、上浮

在泥浆护壁灌注桩的施工中，经常会出现钢筋笼变形，保护层不够，深度、放置位置不符合设计要求等问题，这些问题都会严重影响桩的承载力。另外，在浇筑非全桩长配筋的桩身混凝土时，经常会出现钢筋笼上浮现象，上浮程度的差别对桩的使用价值的影响不同，轻微的上浮（不超过 0.5m）一般不致于影响桩的使用价值，但上浮＞1m 而钢筋笼又不长，则会严重影响桩的承载力。

1）导致这种情况的原因：

① 钢筋笼堆放、起吊、搬运时没有严格执行规程，支垫数量不够或位置不当造成变形。

② 在钢筋笼制作中，未设垫块或耳环控制保护层厚度；或钢筋笼过长，未设加劲箍，刚度不够，造成变形。

③ 桩孔本身偏斜或偏位，致使钢筋笼难以下沉。

④ 钢筋笼定位措施不力，二次清孔时受掏渣筒和导管上、下的碰撞、拖带而移位。

⑤ 钢筋笼吊放未垂直缓慢放下，而是斜插入孔内。

⑥ 清孔时，孔底沉渣或泥浆没有清除干净造成实际孔深和设计要求不好，钢筋笼放不到设计深度；或初灌混凝土时冲力使钢筋笼身上浮。

⑦ 混凝土品质较差，坍落度太小或产生分层离析，使混凝土底面上升至钢筋笼底端，难以下沉。另外，当混凝土面进入钢筋笼内一定高度后，导管埋入太深，也会造成钢筋笼上浮。

2）防治措施：

① 施工时应注意，在钢筋笼过长时，应分成 2～3 节制作，分段吊放、分段焊接或加设加劲箍加强，必要时，可在笼内每隔 3～4m 装一个临时十字形加劲架，在钢筋笼安放入孔后拆除；

② 在钢筋笼部分主筋上，每隔一定间距设置混凝土垫块或焊耳环控制保护层厚度；

③ 桩孔本身偏斜、偏位应在下钢筋笼前往复扫孔纠正，孔底沉渣应置换清水或适当密度泥浆清除，保证实际有效孔深满足设计要求；

④ 钢筋笼应垂直缓慢放入孔内，防止碰撞孔壁，入孔后应将钢筋笼固定在孔壁上或压住，浇筑混凝土时，导管应埋入钢筋笼底面以下 1.5m 以上，避免钢筋笼上浮；

⑤ 在施工中，如已经发生钢筋笼上浮或下沉，对于混凝土质量较好者，可不予处理，但对承受水平荷载的桩，则应校对核实弯矩是否超标，采取补强措施。

9. 断桩

水下灌注混凝土，如桩截面上存在泥夹层，会造成断桩现象，这种事故使桩的完整性大受损害桩身强度和承载力大大降低。

1）断桩原因：

① 混凝土坍落度太小，骨料粒径太大，未及时提升导管或导管倾斜，使导管堵塞，形成桩身混凝土中断；

② 混凝土供应不及时，现场停电而又没有配备发电机，设备突然损坏、突降暴雨等原因使混凝土浇筑中断时间过长，新旧混凝土结合困难；

③ 提升导管时碰撞钢筋笼，使孔壁土体混入混凝土中；

④ 导管没扶正，接头法兰挂住钢筋笼；

⑤ 导管上拔时，管口脱离混凝土面，或管口埋入混凝土太浅，泥土挤入桩位；

⑥ 测深不准，把沉积在混凝土面上的浓泥浆或泥浆中的泥块误认为混凝土，错误地判断混凝土面高度，致使导管提离混凝土面成为断桩。

2）为了预防断桩的出现，应从以下几方面着手：

① 在配制混凝土时，坍落度要满足设计要求，粗骨料粒径按规范要求控制，并防止堵管，保证桩身混凝土密实。如果导管堵塞，在混凝土尚未初凝时，可吊起一节钢轨或其他重物在导管内冲击，把堵塞的混凝土冲开；也可迅速提出导管，用高压水冲通导管，重新下隔水栓浇筑，浇筑时当隔水栓冲出导管后，将导管继续下降，直至导管不能再插入时再稍许提升，继续浇筑混凝土。

② 在土质较差土层施工时，应选用稠度、黏度较大、胶体率好的泥浆护壁，同时控制进尺速度，保持孔壁稳定。

③ 边浇筑混凝土边拔管，并勘测混凝土顶面高度，随时掌握导管埋深，避免导管拔出混凝土面。

④ 如导管接头法兰挂住钢筋笼，钢筋笼埋入混凝土又不深，则可提起钢筋笼，转动导管使导管与钢筋笼脱离。

⑤ 下钢筋笼骨架过程中，不得碰撞孔壁。

⑥ 如已发生断桩，不严重者核算其实际承载力，如比较严重，则应进行补桩。

10. 混凝土超量

混凝土超量一般可达10%。产生超量的原因是由于钻头经过松散软土层时造成一定程度的扩孔。同时，当混凝土注入桩孔时，有一部分会扩散到软土中去。避免混凝土超灌量的措施，主要是掌握好各层土的钻进速度；在正常钻孔作业时，中途不要随便停钻，以免形成过大扩孔。

11. 吊脚桩

吊脚桩是指桩成孔后，桩身下部局部没有混凝土或夹有泥土。

1）形成吊脚桩主要原因：

① 清孔后，泥浆密度过低，造成孔壁塌落或孔底漏进泥砂；

② 安放钢筋笼或导管时，碰撞孔壁，使孔壁泥土坍塌；

③ 清渣未净、残留沉渣过厚所致。

2）防治措施：

① 施工时，应注意做好清孔工作，清孔应符合设计要求，并立即浇注混凝土；

② 安放钢筋笼和浇筑混凝土时，注意不要碰撞孔壁；

③ 注意泥浆浓度，及时清渣。

12. 钻进困难

在黏性土层钻进时，有时泥浆块抱住钻头，难以钻进。

1）产生原因：

① 可能是因为钻头粘满黏土块(糊钻头)，排渣不畅，钻头周围堆积土块使钻头难以钻动；

② 钻头合金刀具安装角度不适当，刀具切土过浅，泥浆密度过大，钻头配置过轻引起。

2）防治措施：

① 在钻进时，应加强排渣，调整刀具角度、形状、排列方向；

② 降低泥浆密度，加大配重；

③ 糊钻时，可提出钻头，清除泥块后再施钻。

5-6-9-2　沉管灌注桩

1. 缩颈

缩颈又称瓶颈桩。它的特点是在桩的某部分桩径缩小，截面尺寸不符合设计要求。

1）产生缩颈的主要原因是：

① 在地下水位以下或饱和淤泥质土等土质软弱、含水量较高的土中沉管时，土体受到强烈扰动和挤压，土中水分和空气未能很快扩散，局部产生很高的孔隙水压力，当套管拔出时，便作用到新浇筑的混凝土桩身上。当某处的孔隙水压力大于混凝土自重而产生的侧压力时，则桩身直径便会相应变小，从而引起不同程度的缩颈现象。

② 在流塑淤泥质土中，由于下套管产生的振动作用，使混凝土不能顺利地灌入，被淤泥质土填充进来，从而造成缩颈。

③ 桩身间距过小，又没有采取有效施工措施，施工时，新浇混凝土桩身受邻桩挤压而产生缩颈。

④ 拔管速度太快，混凝土来不及落下而被泥土填充；管内混凝土存量过少，扩散压力小，也会产生缩颈。

⑤ 混凝土过于干硬或和易性太差，拔管时对混凝土产生摩擦力使混凝土出管时扩散性差，而造成缩颈。

⑥ 桩身埋置的土层，如上下部的水压不同，桩身混凝土的养护条件有别，凝固和收缩差异较大造成断桩。

2）预防瓶颈桩的出现的措施：

① 施工时，每次向桩管内尽量多装混凝土，借其自重抵抗桩身所受的孔隙水压力，一般使管内混凝土高于地面或地下水位 1.0～1.5m，使之有较强的扩散力。

② 当桩距较小时，宜采用跳打法施工。

③ 沉管应采取慢抽密击，拔管速度应控制在 0.8～1.0m 以内。

④ 桩身混凝土应采用和易性好的低流动性混凝土浇筑。

⑤ 对于施工中已经出现的轻度缩颈，可采用反插法，每次拔管高度以 1m 为宜；局部

缩颈可采用半复打法，桩身多段缩颈宜采用复打法施工，或采用下部带喇叭口的套管。

2. 桩身夹泥

桩身夹泥是指桩身混凝土存在夹泥层，使桩身截面减小或隔断。

1）产生原因：

① 在饱和淤泥质土中施工时，拔管速度太快，而混凝土粗骨料粒径过大，坍落度过小，流动性差，混凝土还未流出管口，土就已经涌入桩身，造成桩身夹泥；

② 采用反插法施工时，反插深度过大，反插时活瓣向外张开，使孔壁周围泥土挤进桩身，造成桩身夹泥；

③ 采用复打法时，桩管外泥土没有清除干净，将管壁泥土带入桩身混凝土，形成泥夹层。

2）防治措施：

① 在施工时，特别是在饱和淤泥质土层中施工，应注意选用合适的配合比并将混凝土搅拌均匀，保证混凝土具有良好的和易性；

② 注意控制拔管速度和骨料粒径，拔管速度以 0.8～1.0m/min 为宜，粗骨料粒径应不大于 30mm，混凝土坍落度应符合设计要求；

③ 拔管时，随时用浮标测量，观察桩身混凝土灌入量，如发现桩径减小时，应采取措施；

④ 采用反插法时，反插深度不得超过活瓣长度 2/3；

⑤ 复打法施工时，在复打前应将套管上的泥土清除干净。

3. 断桩

桩身混凝土坍塌，沉管灌注桩往往会出现断桩的现象，桩身局部残缺夹有泥土或桩身的某一部位混凝土坍塌，上部被土填充，断桩的位置一般常见于地面以下 1～3m 的不同软硬土层交接处。

1）产生断桩的原因：

① 桩中心距过小，打邻桩桩管时，使土体隆起和挤压，产生水平力和拉力，影响混凝土桩身；拔管时，由于桩管和混凝土的摩擦也会对桩身产生拉力，如混凝土强度不足，就会出现断桩。

② 桩下部遇软弱土层，桩成型后，混凝土还未达到初凝强度时，在软硬不同的两层土中振动下沉套管，由于振动对两层土的波速不一样，产生剪力将桩剪断。

③ 在流塑态的淤泥质土中，孔壁不能自立，浇筑混凝土时，混凝土密度大于流态淤泥质土，造成混凝土在该土层中坍塌。

④ 拔管速度过快，混凝土尚未流出套管，周围土迅速回缩，形成断桩。

⑤ 混凝土粗骨料粒径过大，浇筑混凝土时在管内发生“架桥 ”现象，造成断桩。

2）避免断桩的措施：

① 布桩应坚持少桩疏排的原则，控制桩距大于 3.5 倍桩径为宜。

② 桩身混凝土强度较低时，应尽量避免振动和外力的干扰，打桩顺序和桩架行走路线都应考虑这个因素。

③ 采用跳打法施工，跳打应在邻桩达到设计强度的 60% 以上进行。对于土质很差的场地，采用跳打法仍不能解决断桩问题时，可采用控制时间的办法来进行，即在邻桩混凝

土终凝前，必须将其影响范围内的桩全部施工完毕。

④ 认真控制拔管速度，一般以 1.2～1.5m/min 为宜。在土质较差场地，更应放慢拔管速度。

⑤ 按设计要求严格控制粗骨料粒径。

⑥ 采用局部反插法和复打法，复打深度必须超过断桩区 1.0m。

⑦ 在施工中，截桩头或挖承台土方时最易发现断桩。作断桩检查的简易方法是用手锤敲击桩头侧面，敲时用脚踩在桩顶。若桩已断，会感到浮动，这种方法可以检查地面以下 2～3m 处断桩情况，如对更深处有断桩怀疑时，目前，一般只能用开挖的办法检查。断桩一经发现后应将断的桩段拔去，将孔清理干净后略增大面积或加上铁箍连接，再重新浇筑混凝土补做桩身。

4. 吊脚桩

所谓吊脚桩，即桩底部的混凝土不密实或隔空，或泥砂混入形成松软层。

1）吊脚桩的原因：

① 桩尖活瓣受土压实，抽管至一定高度方才张开。

② 混凝土配合比不当，过于干硬，和易性差，下落不密实，形成空隙。

③ 混凝土预制桩尖质量差，强度不足，边缘在沉管时被冲破，挤入桩管内，拔管时冲击、振动不够，桩靴没有被压出来，直到拔管到一定高度才落下，落下时又被硬土层卡住，未落至桩底而形成吊脚；或桩尖被打碎后缩入桩管中，泥砂与水也挤入桩管，与灌入的混凝土混合形成松软层。

④ 地下水位太高，孔内水压较大，封底混凝土高度不足以抵抗地下水渗入，造成孔底出现松软层。

⑤ 有的单位在软硬土层中施工时，采用先沉管取土成孔后放预制桩尖的工艺，当二次沉管时，由于振动冲击，桩尖超前落入孔底，在桩管下沉中刮下土体落在桩尖上，形成吊脚桩。

2）防止吊脚桩措施：

① 首先应严格检查混凝土预制桩尖的硬度和规格，以免桩尖被击碎或击破边缘而压入桩管；

② 沉入桩管时，应用吊锤检查桩尖是否有缩入桩管的现象，如果有，应及时拔出纠正或将桩孔回填后重新沉入桩管；

③ 为防止活瓣桩尖不张开，可采取密击慢抽的方法，开始拔管 500mm，可将桩管反插几下，然后再正常拔管；

④ 混凝土应保持良好和易性，坍落度应不小于 50～70mm。

5. 桩身下沉

有时在桩成形后，在相邻桩位下沉套管时，桩顶的混凝土、钢筋或钢筋笼下沉。

1）主要原因：

① 新浇筑的混凝土处于流塑状态，由于相邻桩沉入套管时的振动影响，混凝土骨料自重沉实，造成桩顶混凝土下沉，土塌入混凝土内；

② 钢筋密度较大，受振动作用，使钢筋或钢筋笼沉入混凝土。

2）杜绝桩身下沉现象措施：

① 应在桩顶部分采用较干硬性混凝土；

② 钢筋或钢筋笼放入混凝土后，上部用钢管将钢筋或钢筋笼架起，支在孔壁上，可防止相邻桩振动时下沉；

③ 如发生桩身下沉，应指派专人铲去桩顶杂物、浮浆，重新补足混凝土。

6. 混凝土超量

在饱和淤泥质软土中成桩时，由于土体受到沉管和灌注混凝土的扰动，破坏了结构而液化，强度急剧降低，经不起混凝土的冲击和侧压力，因而使混凝土灌入时发生扩散，桩身扩大，有时因扩散严重，混凝土的超灌量达一二倍，甚至二三倍。另外，在地下遇有土洞、坟坑、溶洞、下水道枯井、防空洞等洞穴时也会出现混凝土超灌量。

因此，在饱和淤泥质软土层中成桩，宜先打试验桩。如混凝土灌入量比按桩管外径计算的体积大 20%～30% 是正常的，增加 40%～50% 也是常有的，如灌入量超过一倍以上，则应会同设计单位研究，改用钻孔灌注桩或预制桩。施工前，应通过钎探了解工程范围内的地下洞穴情况，如发现洞穴，预先开挖或钻孔，进行塞填处理，再行施工。

7. 桩尖进水进泥沙

在含水量大的淤泥、粉砂土层中沉入桩管时，往往有水或泥沙从桩尖处进到桩管内，有时进入的泥沙和水会高达几米。这是因为桩管与桩尖结合处的垫圈不紧密或桩尖被打碎所致。如采用的是活瓣桩尖，则可能是因为活瓣合拢后缝隙太大造成的。

为防止桩尖进水，可采取以下措施：

① 在地下涌水量大时，桩管应用 0.5m 高水泥砂浆封底，再灌入 1m 高混凝土，然后沉入；对于少量进水（<200mm），可不作处理，只在灌第一槽混凝土时酌量减少用水量即可。

② 如涌进泥沙及水较多，应将桩管拔出，清除管内泥沙，用砂回填桩孔后重新沉入桩管。

③ 另外，沉桩时间不要太长。

④ 如桩尖损坏或不密合，可将桩管拔出，修复改正后将孔回填，重新沉管。

8. 灌注桩达不到最终设计要求

现场施工中，若桩管入土达不到设计要求时，应与设计单位共同研究解决。

1）产生这一问题的原因：

① 遇到较厚的硬夹层或大块孤石、混凝土块等地下障碍物；

② 勘探点不够或勘探资料不详，工程地质状况不明，实际持力层标高起伏较大，超过施工机械能力，桩锤选择过小或过大，使桩管沉不到或超过要求的控制标高；

③ 振动沉桩机的振动参数（如振幅、频率等）选择不合适，或因振动压力不够而使套管沉不下去；

④ 套管长细比过大，刚度较差，在沉管过程中，产生弹性弯曲而使锤击或振动能量减弱，不能传至桩尖处。

2）预防及解决措施：

① 认真勘察工程范围内地质情况，必要时应做补勘，正确选择持力层或桩尖标高。

② 认真勘察地下硬夹层及埋设物情况，遇有难以穿透的硬夹层，应用钻机钻透，或将地下障碍物清除干净。

③ 施工前，应在不同部位试桩，若难于满足最终控制要求，应拟定补救措施重新考虑成桩工艺。

④ 根据工程地质条件选用合适的沉桩机械和振动参数。

⑤ 试桩时，如因正压力不够而沉不下去时，可用加配重或加压的办法来增加正压力。

⑥ 锤击沉管时，如锤击能力不够，可更换大一级桩锤；套管刚度要满足沉管要求，长细比不宜大于 40。

5-6-9-3　干作业成孔灌注桩

1. 塌孔

1）产生原因：

① 如在砂砾石、卵石或软塑淤泥质土夹层中进行干作业成孔时，土层不易直立；

② 局部有上层滞水渗漏，在水压力作用下，易使该土层坍塌。

2）防治措施：

① 如在砂砾石、卵石或软塑淤泥质土层中成孔时，宜采用套管法成孔，或成孔后下套管，以防孔壁坍塌；

② 如遇局部上层滞水渗漏，应采取降水措施将其排走；

③ 如已发生塌孔，应先钻至塌孔以下 1～2m，再用豆石混凝土或低强度混凝土(C10)填至塌孔位置以上 1.0m，待混凝土初凝后，再钻孔至设计标高。

2. 桩孔偏斜

桩孔垂直度偏差不符合要求，偏差大于孔深的 1/100，就属于斜孔。

1）产生原因：

① 遇到地下障碍物如孤石、混凝土块等，将钻杆挤向一边；

② 遇软、硬土层交界，使钻杆钻进速度减慢，如盲目加压快进，使钻杆急剧弯曲而成拐脚孔；

③ 场地不平整，使桩架导向杆不垂直而偏斜，或钻机不平稳，钻进时，钻杆晃动而产生斜孔；

④ 钻杆不直，采用多节钻杆连接时，各节钻杆中心线不在同一直线上。

2）防治措施：

① 施工时，应先清除坚硬障碍物，必要时，可用爆破方法炸碎或避开；

② 避免使用不符合要求的钻杆及钻头，发现不直或上、下节钻杆不在一直线上时，应及时更换；

③ 钻进中随时校正钻杆的垂直度，钻机应保持平稳，遇到软土层向硬土层转换时，应少加压慢给进；

④ 如发现倾斜，可用素土回填夯实，重新成孔。

3. 孔底虚土过厚

桩成孔后，如孔底积存虚土过厚，超过规范的规定而未采取有效处理措施，成桩后其承载力会受到较大影响，还会引起桩基沉降增大。

1）孔底残存虚土超量，主要是由以下几方面原因引起的：

① 遇到含有大量炉灰、砖头、垃圾等杂物的杂填土、软塑淤泥质土、松散砂土、卵石夹层等松软土层，成孔过程中或成孔后易坍塌。

② 孔口没有及时清理干净，或孔口周围有大量钻土堆积，在提钻时，积土回落。

③ 钻杆加工不直或使用中变形，钻杆连接法兰不平，使钻杆拼接后弯曲，造成孔颈增大或局部扩孔，提钻时，土从叶片和孔壁之间的空隙落到孔底。

④ 成孔后，清孔不干净，孔口未放盖板或盖板不平使土体回落。

⑤ 安放混凝土漏斗或钢筋笼时，孔口土或孔壁土被碰撞而落入孔底。

⑥ 成孔后未能及时浇筑混凝土，被雨水冲刷。

⑦ 施工工艺选择不当。

⑧ 如果桩孔有扩底，在扩孔底部也会出现同样的问题。究其原因，也是上述几种情况引起的。

2）防治措施：

① 在施工时应仔细查明地质情况，尽可能避开容易引起大量塌孔的地点施工。

② 不符合要求的钻杆要及时更换。

③ 及时清理孔口及其周围的积土，成孔完毕后，应立即在孔口盖好盖板，尽可能避免人或车辆在孔口盖板上及附近行走，以免扰动孔口引起土体回落。

④ 争取当天浇筑混凝土。在安放钢筋笼时应竖直地放入孔中，注意小心轻放，避免碰坏孔壁而使土体回落入孔底。

⑤ 对不同的地质条件可采用不同的施工工艺：一次钻至设计标高，在原位旋转片刻后停转，再提钻；或一次钻至设计标高以上 1m，提钻甩土，然后再钻至设计标高后停转，再提钻；最后还可以钻至设计标高后，边旋转边提钻。

⑥ 虚土较多，可按上述工艺重复操作二次或用勺、钻清理孔底虚土，虚土较少时可用 125kg 的铁锤夯实 10～15 次，锤高不少于 0.8m，也可在孔底灌入水泥浆使其形成水泥土。

4. 钻进困难

在成孔过程中，如发现钻进困难或无法钻进，则应认真查明原因，方可继续施工。

1）造成钻进困难的原因：

① 遇到坚硬土层，如硬塑亚黏土、灰土等，或遇地下障碍物，如石块、砌体、混凝土块等；

② 钻机功率不足，钻头倾角，转速选择不当；

③ 钻进速度选择太快或钻杆倾斜太大，造成卡钻。

2）防治措施：

① 如果遇到障碍物应事先清除，或采用爆破技术炸碎或避开；

② 选择钻机时，应根据工程地质条件选择合适的设备，并注意在施工时钻杆、导架要垂直，且注意控制钻进速度。

5. 桩身质量缺陷

桩身质量缺陷包括表面蜂窝、空洞、夹层或分段级配不均。

1）产生这些质量缺陷的原因：

① 混凝土配合比掌握不严，坍落度不均匀，在浇筑混凝土时，自由下落高度过大而又没有采取必要的措施，导致混凝土分层离析，造成桩身强度不匀；

② 水泥过期，骨料中针状、片状成分或含泥量过大，不符合要求；

③ 桩身浇筑混凝土时，没有按操作工艺要求边浇边振捣，致使混凝土不密实，出现蜂窝、空洞；

④ 浇筑混凝土或安放钢筋笼时，孔壁受扰动而使孔壁土体塌落在混凝土中形成泥夹层。

2）防治措施：

① 施工时应按规范要求选择水泥和骨料，正确设计配合比，并根据施工现场材料条件进行合理的调整，必要时还可加外加剂以保证和易性；

② 浇筑时按操作工艺要求边浇筑边振捣，桩顶以下 4～5m 范围内的混凝土，必须用振捣器捣动密实；

③ 混凝土下落高度不易太大，否则应加串筒下料，以防产生分层离析和混凝土强度不匀；

④ 浇筑混凝土和下钢筋笼时应小心轻放，以防土体塌落而形成泥夹层。

5-6-9-4　挖孔桩

挖孔桩的常见质量问题与其他桩基有类似的情况，如桩身直径偏差、垂直度偏差、桩位偏差超过规范规定，桩身质量不好、塌孔等。由于对挖孔桩而言，其单桩承载力要求较高，如对这些质量缺陷不予重视，则会影响整个工程的正常工作，因此应采取有效的防治措施。

1. 桩身混凝土分层离析、混凝土强度低

1）产生原因：

① 混凝土原材料质量不过关，配合比设计不合理，搅拌时间不足。

② 混凝土浇筑自由高度太大而又未使用串筒，或虽用串筒但串筒口到混凝土面远大于规定，从而造成混凝土分层离析，影响桩身强度。

③ 在桩孔内有水时，未能按要求抽干水就开始灌注混凝土，或应采用水下浇筑法而未采用，从而造成混凝土严重离析。

④ 灌注混凝土时，对护壁的漏水未能堵住，致使混凝土表面积水过多，而且未能排除，仍然向下浇筑；或排水方法不当而将水泥浆也排掉，造成混凝土疏松。

2）防治措施：

在施工中，应注意加强管理，严格按要求施工。

2. 桩孔坍塌

1）挖孔桩塌孔主要原因：

① 地下水渗流比较严重；

② 混凝土护壁养护期内，孔底积水，抽干后，孔壁周围土层内产生较大水压差，从而易于使孔壁土体失稳；

③ 土层变化部位挖孔深度过大，超过土体稳定极限高度；

④ 孔底偏差或超挖，孔壁原状土体结构受到扰动、破坏。

2）防治措施：

对塌方严重的孔壁，应用砂石填塞，并在护壁的相应部位设泄水孔，用以排除孔洞内积水。

3. 井底发生井涌

井底土壤突然失去强度，泥土随水从孔底急速上涌。

1）产生原因：

发生井涌，是因为在残积土、粉土、特别是均匀的粉细砂土层中挖孔时，当挖至地下水位以下后，地下水位差较大，产生较大的动水压力，平衡土体自重，使土体颗粒悬浮在水中并沿动水压力方向即水流方向以流态涌出井底。发生井涌后，土体完全丧失承载力，工人难以立足，施工条件恶化，土边挖边冒，很难达到设计深度，甚至会引起孔壁塌方，还会影响周围建筑物的基础。

2）防治措施：

发生井涌后，对施工有很大危害，应采取有效措施进行防治。当遇有局部或厚度大于1.5m的流动性淤泥和各种可能出现涌土涌砂土层时，应将每节护壁高度降低为300～500mm，并随挖随验，随浇筑混凝土，或采取钢护筒作护壁，还可以采用有效降水措施以减小动水压力，同时还可将水流方向引向下，从而有效预防井涌。

4. 护壁裂缝

护壁裂缝是指护壁上、下节之间脱节，或出现一些水平、垂直缝和斜裂缝，一般多发生在桩孔的中、上部。

1）产生护壁裂缝的原因：

① 护壁过厚，它的自重超过土体对其极限摩阻力，从而导致护壁下滑，引起开裂；

② 由于抽水过度，在桩孔周围形成地下水位大幅度下降，在护壁外产生负摩阻力；

③ 由于塌方，使护壁失去支撑的土体下滑，使护壁某一部分受拉，而产生环向水平裂缝，同时由于下滑不均匀和护壁四周压力不等，造成较大的弯矩和剪力作用，而导致垂直和斜向裂缝。

2）防治措施：

① 防治护壁裂缝，就应减少护壁厚度，从而减少护壁自重，在护壁内适当配ϕ10@200mm竖向钢筋，上下节竖向钢筋要连接牢靠，以减环向应力，桩孔口的护壁导槽要有良好的土体支撑，以保证其强度和稳固；

② 对于护壁产生的裂缝，一般可不处理，但应切实加强施工现场监视观测，发生问题，及时解决。

5. 桩端持力层问题

桩端持力层问题主要表现为桩端夹泥；桩端持力层未达到设计要求的岩(土)层；桩端下有软弱下卧层。

1）产生原因：

① 灌注桩身混凝土前，对桩孔底沉渣未能彻底清除；扩大头斜面土体塌落，尤其是处于软土层中的扩大头；

② 对桩端持力层的岩(土)层性质判断有误；

③ 发生流砂、涌泥现象，使挖孔无法进行到底；

④ 地质条件复杂，而勘察又较粗略，事先未作超前钻，验底时又未进行探底，致使软弱下卧层或软夹层未被发现，至钻孔取芯时才发现，为时已晚。

2）防治措施：

① 施工时，应针对上述情况，认真勘察，随时查看成孔情况，保证桩端持力层达到

设计要求。

② 在地下水位较高，地下水丰富且渗透性较大的土层中挖孔时，还会出现淹井，井内大量涌水而无法排干。这时可在群桩孔中间钻孔，设置探井，用潜水泵降低水位，至桩孔挖成后再停止抽水，填封砂砾封堵深井。

5-6-9-5 爆扩桩

1. 拒爆(瞎炮)

就是通电引爆时，炸药不爆炸。

1) 拒爆原因：

① 炸药或雷管保存不当、过期、受潮受冻失效，或起爆材料本身质量较差；

② 炸药包进水或引爆导线被折断或接线错误等；

③ 在水下或潮湿桩孔内爆破，而炸药包又未作防水处理；

④ 药包上未盖干砂保护，被下落的混凝土冲坏；

⑤ 引爆方法不当。

2) 防治措施：

① 拒爆处理时危险性较大，很容易出现伤人事故，因此应严加预防。在材料保管时要严格按要求办事，防止受潮、受冻。并应设专人负责和检查，药包内宜放两个雷管，避免使用质量不合要求的炸药和雷管。

② 药包应用防水材料包扎，导线用塑料管保护，避免进水、受潮。

③ 不能用导线提放药包，放入桩孔底面，导线要放松，防止折断，并在药包上盖以干砂保护，避免被混凝土冲坏。

④ 引爆最好使用电雷管，如手头没有，也可使用火雷管，但应注意保护好导火索。

⑤ 发生拒爆后，应慎重处理。当混凝土尚未初凝且查证药包确实没有失效时，可用竹竿或木杆，在下端锯开一个小口，裹上小型药包，放入至原药包附近，通电引爆，带动原药包爆炸；也可用一根直径 25～50mm 的钢管，插入原药包附近形成孔洞，放入条形药包后，通电引爆，带动原药包爆炸。

⑥ 如果混凝土已经初凝，并且不明原药包是否已经失效的情况下，可用钢管打入混凝土后，在钢管内放入玻璃管制成的条形药包，其长度等于已经浇筑的混凝土的深度，然后拔出钢管，再行引爆，万一原药包不能爆炸，也能爆扩成孔，以便再放入所需的炸药爆扩大头。

⑦ 当混凝土较深或坍落度较小，用竹木杆或钢管无法插至孔底时，可在紧靠拒爆桩的侧边再钻一孔，孔底标高略深于拒爆桩 20～30cm，放置同量药包，灌入混凝土引爆，借以诱爆原药包。此法仅在拒爆桩的混凝土初凝之前是有效的，否则，会有拒落现象。

⑧ 如果上述方法处理无效，只能将该桩当作底端未经爆扩的灌注桩，从而降低承载力，并紧靠该桩的侧面补作一根同样的爆扩桩，或对称地作 2～3 根底端未经爆扩的灌注桩。按照这样处理后的爆扩桩基础，应作设计上的复核，务必安全可靠。

2. 拒落(卡脖子)

是指炸药引爆后形成扩大头，但混凝土不落下。

1) 产生拒落事故的原因：

① 混凝土坍落度过小，骨料粒径过大；

② 初次灌入桩孔的压爆混凝土数量过多；

③ 引爆时，已经超过混凝土初凝时间；

④ 引爆后所产生的气体被封住，扩散不出来，混凝土被气体顶住不能落下；

⑤ 土质干燥或土层中有软弱夹层时，引爆后产生缩颈，导致拒落。

2）防治措施：

拒落事故会使扩大头形成空腔，使桩的底端失去承载能力，而扩大头在整个爆扩桩中承担约 80%～90% 的荷载，因此，必须十分重视。为了防止出现拒落事故：

① 应注意选择适宜的混凝土坍落度和浇灌量，骨料粒径应控制在 25mm 以内；

② 对较干燥的土质条件应先浇水而后再浇灌混凝土。如遇软弱土层，应下套管护壁，并保证在混凝土初凝前爆扩。

对于已经出现拒落现象，处理要快，必须在混凝土初凝前完成全部处理工作。一般处理拒落事故的方法如下：

① 用木棍或钢筋插混凝土，使之下落，也可用振捣器进行振捣，使混凝土下落；

② 用冲孔机械将混凝土冲落下去；

③ 对于被封于孔内的气体可用小钢管插入混凝土内放出气体；

④ 如果是由于孔壁缩颈造成的拒落，应设法取出混凝土，用钻孔机械钻去缩颈部土体，重新灌入混凝土；

⑤ 若在混凝土初凝前不能完全处理好拒落事故，可在该桩旁边补钻一个新桩孔，要求该孔与拒落桩的底部空腔相联通，放上同量药包，往拒落桩底部空腔和新桩孔灌注混凝土，然后通电引爆。

3. 回落土

回落土就是在桩孔形成后，孔口孔壁土体现落、回落，孔底虚土较厚。

1）回落土主要原因：

① 孔壁土质松散软弱，易坍塌，或孔口孔壁受雨水冲刷、浸泡而产生土方塌落；

② 孔口处理不当。孔口未做成喇叭形，或孔口盖板受振动而使土体回落；

③ 邻桩施工时爆破振动影响；

④ 成孔后，停歇时间过长。

由于爆扩桩的承载力主要由扩大头来承受，如果有回落土，将会在扩大头与完好持力层之间形成一定厚度的松散土层，使桩产生较大的沉降值，或由于大量回落土混入混凝土而显著降低其强度。因此，必须重视回落土的预防和处理。

2）回落土的预防方法有：

① 在松散土层或砂类土层口爆扩大头，要特别注意保护颈部。成孔时插下一根与桩孔直径相同的薄壁铁管，长 1.2m 左右，下端沿管周围每隔 50mm 开一条长 100～200mm 的纵向缺口，套管沉至扩大头颈部，爆扩后套管成伞形，紧贴土壁，托住颈部土体不致下掷。

② 在干松土层中成孔时，可于前一天在桩孔位上浇水湿润，以增加土体的黏着力，减少回落土。

③ 若相邻两桩在爆扩时可能因影响而产生回落土，应将两根桩孔一齐灌入压爆混凝土，先爆一根，并将这根桩的桩柱混凝土灌入，再爆扩另一根。

④ 孔口应挖成喇叭形，同时应注意雷管的摆法，即将药条最上面一个雷管的底部朝上，这样雷管的爆破力就会冲向上方，大大减少成孔时的回落土。

⑤ 当天爆扩的桩孔，当天浇灌混凝土。

⑥ 对于桩孔内的回落土，量少时，应将土掏出。回落土量较大时应用成孔机械再次取土后下套管护壁；土与水泥成泥浆难于清除时，可倒入适量干土粉或石灰粉，稍干后取出。也可用不超过 100g 的小型炸药包于孔底引爆，扬弃泥浆。

4. 偏头

偏头是指扩大头不在规定的桩孔位置而是偏向一边。

1）产生偏头原因：

① 由于扩大头处的土质不均匀。

② 药包放的位置不正。

③ 桩距过小以及引爆程序不适当等造成。扩大头产生偏头后，整个爆扩桩将改变受力性能，处于十分不利的状态。

2）防治措施：

① 应选择土质好的土层作扩大头持力层。

② 包装药包时，雷管要垂直放于药包中心，药包放于孔底中心并稳固好。

③ 如施工中已经出现偏头事故，则应在偏头的后方孔壁放一小药包，再灌入少量混凝土进行补充爆扩，基本上可以把偏头纠正过来。

5. 缩颈

是指桩形成后局部直径小于设计要求。

1）缩颈原因：

① 土质不好，有软弱土层，饱和软土受挤压振动，泥土往孔内涌流；

② 拔管过急或邻桩爆破影响；

③ 爆扩大头时，瞬间挤压周围土体形成球颈，混凝土立即填充进去，直径与桩孔交接处的土由于爆破时挤压而使直径挤小成缩颈。

2）预防缩颈措施：

① 应快速成孔，快速浇灌混凝土。

② 边成孔边下套管，或成孔后立即下套管。

③ 往孔内填干粉或石灰粉，以吸去软弱土中的水分，或在孔内分层回填黏性土后，重新钻孔。

④ 拔管不应过急，相邻桩爆扩有影响时，采取群桩联爆。

⑤ 已发生缩颈的，可用掏泥工具修理，然后立即灌混凝土或采用成孔机械重新成孔下套管，用不拔套管爆破法爆扩大头；也可以在桩孔缩颈部位放一定炸药条，四周填混凝土，同时扩大头，同时引爆排除缩颈。

6. 桩孔偏斜或倾斜

1）产生原因：

① 当钻孔机架不正和不稳，运输过程发生移动或倾斜；

② 土质软硬不均，成孔一侧有大孤石；

③ 落锤提升过大时及用力过猛时，会出现桩孔偏离桩轴线的现象。

2）防治措施：

① 施工时，机架安装要垂直、平稳、牢固。

② 注意桩孔土质变化，随时检查处理，当孔壁出现大孤石时应及时排除。

③ 桩锤落距不宜超过 1.5m，用力不要过猛。如出现桩孔偏斜，应用钢纤或洛阳铲修孔，或回填后重新成孔。

除了以上种种问题外，还会因为炸药包放至孔底后未能压住，在浇筑混凝土时浮至混凝土面或桩身的某一部位引爆，从而造成药包在桩身或桩顶爆扩。因此，当炸药包放到孔底后宜用砂或竹竿、钢管等将药包固定住，待第一次混凝土灌完后，再抽出竹竿或钢管进行引爆。

5-6-10 质量控制、验收标准和检验方法

灌注桩施工是建(构)筑物最常用的基础形式之 一，其施工质量的优劣直接影响整个建(构)筑物的使用，它又属于隐蔽工程，稍有失误就可能留下隐患或造成难以弥补的重大损失。与预制桩比起来，保证灌注桩工程质量的难度更大，需要采取可靠的方法检查桩身质量以消除隐患。

灌注桩的成桩质量检查主要包括成孔及清孔、钢筋笼制作及安放、混凝土拌制及灌注等三个工序的质量检查。

1. 成孔及清孔

(1) 成孔前，应严格按设计图放线，确定桩的位置；钻机安装要稳固平整，确保在施工中不发生移动、倾斜；护筒安装应与桩心一致；对钻杆、钻杆接头及水龙环、钻杆与转轴之间的接头逐个检查，保证钻杆垂直不弯曲。人工挖孔时，应每段检查，发现偏差随时纠正，保证位置正确。

(2) 灌注桩成孔施工的允许偏差应满足表 5-17 的规定。

灌注桩施工允许偏差　　表 5-17

<table>
<tr><th rowspan="2">项</th><th rowspan="2">序</th><th rowspan="2">检 查 项 目</th><th colspan="2">允许偏差或允许值</th><th rowspan="2">检 查 方 法</th></tr>
<tr><th>单 位</th><th>数 值</th></tr>
<tr><td rowspan="5">主控项目</td><td>1</td><td>桩位</td><td colspan="2">见表 5-4</td><td>基坑开挖前量护筒，开挖后量桩中心</td></tr>
<tr><td>2</td><td>孔深</td><td>mm</td><td>300</td><td>只深不浅，用重锤测，或测钻杆、套管长度，嵌岩桩应确保进入设计要求的嵌岩深度</td></tr>
<tr><td>3</td><td>桩体质量检验</td><td colspan="2">按基桩检测技术规范。如钻芯取样，大直径嵌岩桩应钻至桩尖下 500mm</td><td>按基桩检测技术规范</td></tr>
<tr><td>4</td><td>混凝土强度</td><td colspan="2">设计要求</td><td>试件报告或钻芯取样、送检</td></tr>
<tr><td>5</td><td>承载力</td><td colspan="2">按基桩检测技术规范</td><td>按基桩检测技术规范</td></tr>
<tr><td rowspan="2">一般项目</td><td>1</td><td>垂直度</td><td colspan="2">见表 5-4</td><td>测套管或钻杆，或用超声波探测，干作业施工时吊垂球</td></tr>
<tr><td>2</td><td>桩径</td><td colspan="2">见表 5-4</td><td>井径仪或超声波检测，干作业施工时用钢尺量，人工挖孔桩不包括内衬厚度</td></tr>
</table>

续表

项	序	检查项目	允许偏差或允许值		检查方法
			单位	数值	
一般项目	3	泥浆比重(黏土或砂性土中)	1.15～1.20		用比重计测，清孔后在距孔底50mm处取样
	4	泥浆面标高(高于地下水位)	m	0.5～1.0	目测
	5	沉渣厚度：端承桩 摩擦桩	mm mm	≤50 ≤150	用沉渣仪或重锤测量
	6	混凝土坍落度：水下灌注 干作业施工	mm mm	160～220 70～100	坍落度仪
	7	钢筋笼安装深度	mm	±100	用钢尺量
	8	混凝土充盈系数	>1		检查每根桩的实际灌注量
	9	桩顶标高	mm	+30 −50	水准仪，需扣除桩顶浮浆层及劣质桩体

(3) 孔底沉渣存留过厚将使桩端承载力降低，还会影响混凝土的浇灌，因此必须做好清孔工作。一般可采用抽浆清孔法和换浆清孔法。

(4) 对于干作业施工，如无地下水，成孔后的孔壁形状、孔深、垂直度、孔底沉渣厚度和钢筋笼安放位置可以目测检查，当孔径大于500mm且有安全措施时，人可以下到孔内检查。

(5) 对于湿作业施工，由于采用泥浆护壁，成孔后孔内充满泥浆，孔壁形状、垂直度及沉渣厚度等只能用仪器检测。其中，桩径可用专用球形孔径仪、伞形孔径仪和声波孔壁测定仪测定。成孔结束后，马上测定桩孔深度，孔深可用专用测绳测定，所用测锤即使在浮力作用下也有足够重量，以便能够用手感来判断测锤是否抵达孔底口；钻深可用核定钻杆、钻具长度来确定。孔底沉渣厚度为钻深与孔深之差，桩位容许偏差可用经纬仪、钢尺和定位圆环等测定。

2. 钢筋笼制作及安放

(1) 钢筋笼制作应对钢筋规格、焊条规格、品种、焊口规格、焊缝长度、焊缝外观和质量、主筋和箍筋的制作偏差进行检查。制作前，应除锈调直，调直后的主筋中心线与直线的偏差应不大于长度的1%，并不得有局部弯曲。分段后主筋接头应相互错开，保证同一截面内接头数不超过主筋总数的50%，两接头的间距，应大于50cm，接头的连接应采用焊接。钢筋笼制作质量检验标准见表5-18。

混凝土灌注桩钢筋笼质量检验标准(mm) **表 5-18**

项	序	检查项目	允许偏差或允许值	检查方法
主控项目	1	主筋间距	±10	用钢尺量
	2	长度	±100	用钢尺量
一般项目	1	钢筋材质检验	设计要求	抽样送检
	2	箍筋间距	±20	用钢尺量
	3	直径	±10	用钢尺量

（2）钢筋笼主筋的保护层厚度允许偏差，对于水下浇筑的混凝土桩，不应超过20mm；非水下浇注的混凝土桩，不应超过10mm。

3. 混凝土的拌制及灌注

（1）混凝土所用水泥、水、骨料、外加剂等原材料的质量应符合设计要求和施工规范的规定。

（2）原材料计量必须符合施工规范的规定，每盘称量偏差不得超过以下规定：水泥、混合材料±2%；粗、细骨料±3%；水、外加剂±2%。

（3）施工前，应对水泥、砂、石子（如现场搅拌）、钢材等原材料进行检查，对施工组织设计中制定的施工顺序、监测手段（包括仪器、方法）也应检查。

（4）施工中，应对成孔、清渣、放置钢筋笼、灌注混凝土等进行全过程检查，人工挖孔桩尚应复验孔底持力层土（岩）性。嵌岩桩必须有桩端持力层的岩性报告。

（5）施工结束后，应检查混凝土强度，并应做桩体质量及承载力的检验。

6 混凝土基础施工与质量验收

混凝土基础一般指现浇混凝土柱(墙)下独立基础、条形基础，筏板基础，箱形基础以及预制钢或混凝土柱下杯形基础。

6-1 一 般 规 定

(1) 混凝土基础施工现场质量管理应有相应的施工技术标准、健全的质量管理体系、施工质量控制和质量检验制度，应编制相应的施工组织设计和施工技术方案，且经审查批准。

(2) 混凝土基础结构子分部工程可划分为模板、钢筋、混凝土、细部处理等分项工程，各分项工程可根据与施工方式相一致且便于控制施工质量的原则，按工作班、楼层、结构缝或施工段划分为若干检验批。

(3) 对混凝土结构子分部工程的质量验收，应在钢筋、混凝土等相关分项工程验收合格的基础上，进行质量控制资料检查及观感质量验收，并应对涉及结构安全的材料、试件、施工工艺和结构的重要部位进行见证检测或结构实体检验。

(4) 分项工程的质量验收应在所含检验批验收合格的基础上，进行质量验收记录检查。

(5) 检验批的质量验收应包括实物和资料检查两部分：

1) 实物检查：

① 对原材料、构配件的进场复验应按进场的批次进行；

② 对混凝土强度应按本章第 6-4-4 条执行。

2) 资料检查：

包括原材料、构配件的产品合格证及进场复验报告、施工过程中重要工序的自检和交接验收记录、抽样检验报告、隐蔽工程验收记录等。

(6) 检验批合格质量应符合下列规定：

1) 主控项目的质量经抽样检验合格。

2) 一般项目的质量经抽样检验合格；当采用计数检验时。除有专门要求外，一般项目的合格点率应达到 80%及以上，且不得有严重缺陷。

3) 具有完整的施工操作依据和质量验收记录。对验收合格的检验批，宜作出合格标志。

6-2 模 板 工 程

6-2-1 一般规定

(1) 用于混凝土基础的模板一般有地模、砖模、木模或定型钢模板等多种形式，其模板支撑形式根据不同的混凝土基础形式、荷载大小、地基土类别、施工设备和材料供应等条件进行设计，模板及其支撑应具有足够的承载能力、刚度和稳定性，能够可靠地承受浇筑混凝土的重量、侧压力以及施工何载。

(2) 混凝土基础模板支撑常见形式，见图 6-1～图 6-5 所示。

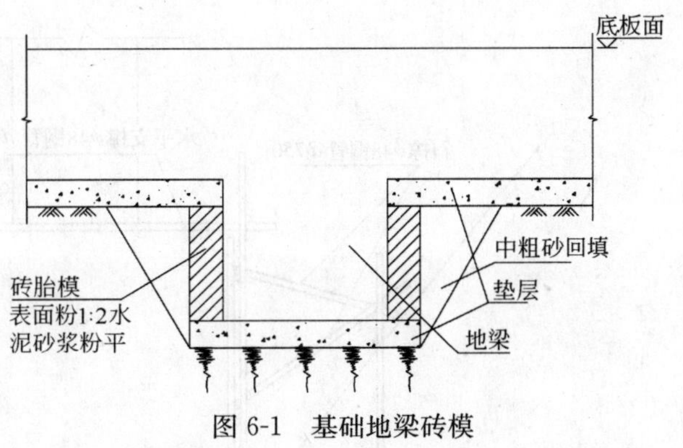

图 6-1 基础地梁砖模

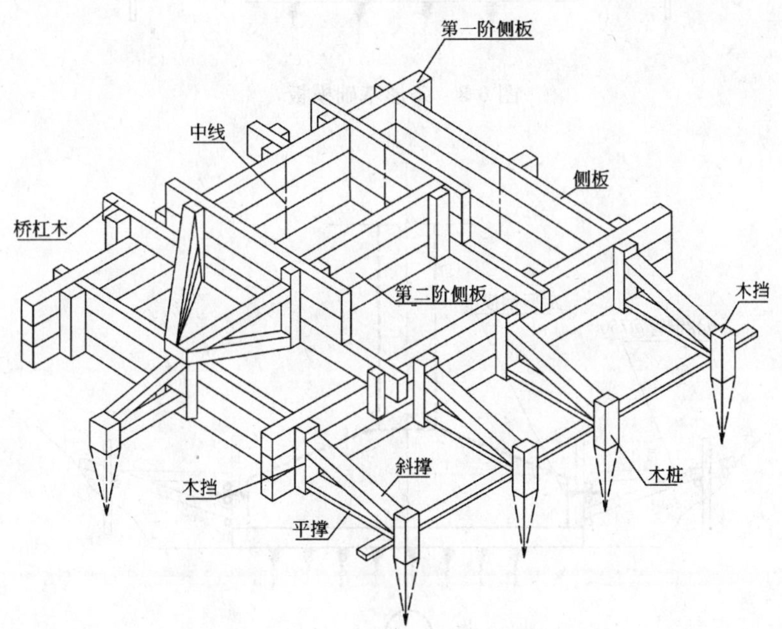

图 6-2 阶形独立基础模板

6-2-2 施工准备

(1) 基础模板工程施工前，应根据设计图纸编制模板工程施工设计，列入工程项目的施工组织设计。

(2) 基础模板工程的施工设计应包括绘制模板排列图、连接件和支撑系统布置图、细部结构和异形模板详图及特殊部位详图，对模板支撑的受力计算、模板装拆的技术安全措施以及模板配置及周转使用计划。

(3) 基础模板施工前，应向施工班组进行详细的技术交底。有关施工及操作人员应熟悉施工图及模板工程的施工设计。

(4) 施工现场应有可靠的能满足模板安装和检查需用的测量控制点。

(5) 现场使用的模板及配件应按规格和数量逐项清点和检查，未经修复的部件不得使用。

(6) 模板安装前，与混凝土接触面应清理干净并涂刷隔离剂，但不得采用影响结构性

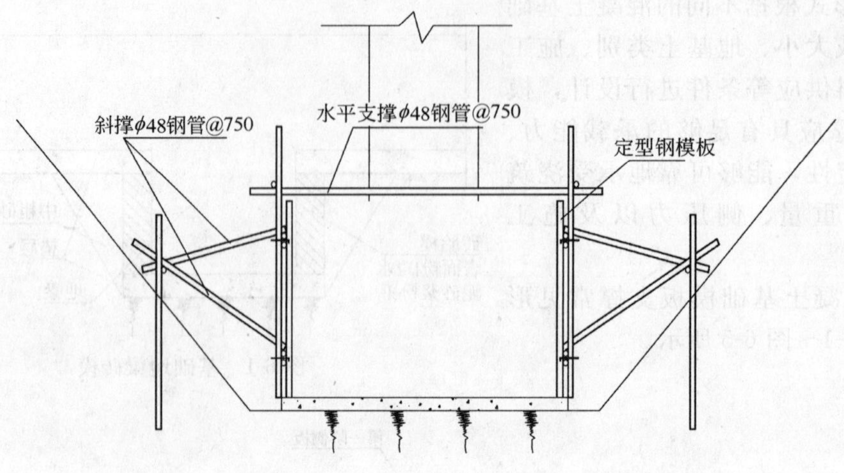

图 6-3 条形基础模板

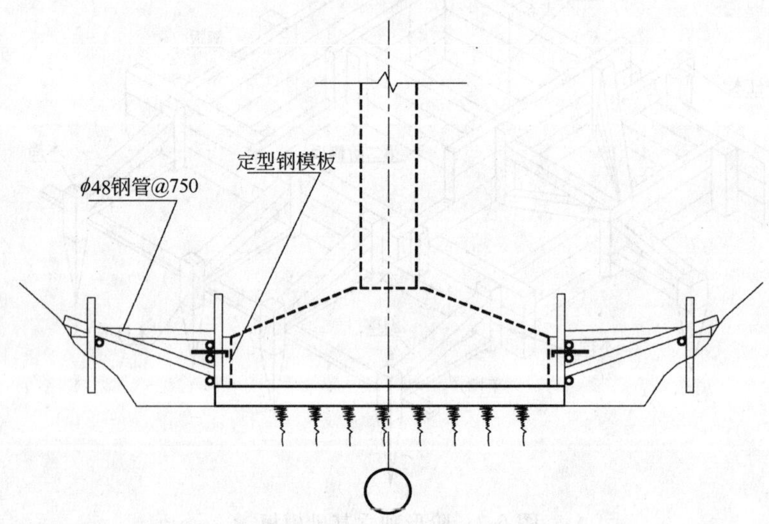

图 6-4 独立承台基础模板

能或妨碍装饰工程施工的隔离剂。

(7) 在涂刷隔离剂时，不得沾污钢筋及混凝土接槎处。

6-2-3 施工要点

(1) 为确保基础断面尺寸的正确，模板施工前，应在混凝土垫层面弹设好模板安装控制线以及上口标高控制线。

(2) 模板安装时，应按照排列图及施工说明书循序拼装，保证模板系统的整体稳定。

(3) 模板安装必须支拉牢固，防止变形，侧模斜撑的底部，应加设垫模；模板支柱支设在土壤地面时，应将地面事先整平夯实，并根据土质情况考虑排水或防水措施。

(4) 安装现浇结构的上层模板及其支架时，下层楼板应具有承受上层荷载的承载能力，或加设支架；上、下层支架的立柱应对准，并铺设垫板。

(5) 用作模板的地坪、胎膜等应平整光洁，不得影响构件质量的下沉、裂缝、起砂或

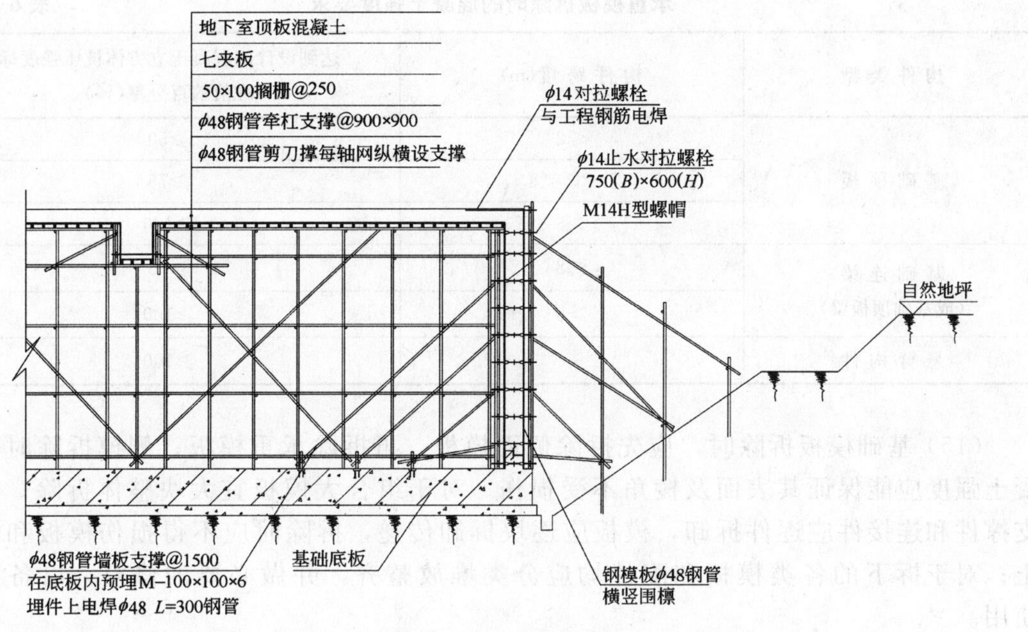

图 6-5 箱形基础模板

起鼓。对基础地梁采用砖胎膜的，其侧面应采用水泥砂浆粉平抹光。

(6) 对于大型基础及大体积混凝土的侧面模板，应通过对混凝土的侧压力的计算，采取可靠的支撑形式，必须做到支拉牢固，防止变形。

(7) 对于箱型基础，为确保墙体截面正确，采用穿墙对拉螺栓进行控制，墙两侧对拉螺栓孔应平直相对，穿插螺栓时不得斜拉硬顶，应注意外墙所有对拉螺丝必须中间设止水钢片，两头均设钢片限位及木垫片；基础顶板应适当预留施工洞口，以便内墙模板拆除取出。

(8) 箱型基础的顶板、梁模板的支撑立柱应至少有一道双向水平拉杆，并接近柱脚设置，每道拉杆在柱高方向的间距，应按计算确定。以脚手钢管作支柱时，水平撑与剪刀撑的位置，应按构造要求确定。

(9) 对跨度超过 4m 的基础顶板模板，应按设计要求起拱，当设计无具体要求时，起拱高度宜为跨度的 1/1000～3/1000。

(10) 固定在基础模板上的各类预埋件、预留孔和预留孔洞均不得遗漏，应保证位置正确，安装支设牢固，并在浇筑混凝土时应进行观察和维护。

(11) 无论是采用何种材料制作的模板，模板的接缝都不应漏浆；在浇筑混凝土前，模板内的杂物应清理干净，木模板应浇水湿润，但模板内不应有积水。

(12) 对于刚性基础、独立基础、墙下条形基础、柱下条形基础、筏板基础，模板安装和浇筑混凝土时，应对模板及其支架进行观察和维护。发生异常情况时，应根据施工技术方案及时进行处理。

(13) 模板在拆除前应制定拆模程序、拆模方法及相应的安全措施。

(14) 基础承重模板及其支架拆除时应符合设计要求，当设计无具体要求时，混凝土强度应符合表 6-1 规定：

承重模板拆除时的混凝土强度要求　表 6-1

构件类型	构件跨度(m)	达到设计的混凝土立方体抗压强度标准值的百分率(%)
基础顶板	≤2	≥50
	>2，<8	≥75
	>8	≥100
基础连梁（或基础顶板梁）	≤8	≥75
	>8	≥100
悬臂构件	—	≥100

(15) 基础模板拆除时，应先拆除侧面模板，再拆除承重模板；侧模拆除时的混凝土强度应能保证其表面及棱角不受损伤。对于组合大模板宜大块整体拆除；模板支撑件和连接件应逐件拆卸，模板应逐块拆卸传递，拆除时应不得损伤模板和混凝土；对于拆下的各类模板和配件均应分类堆放整齐，并做必要的修整，以备周转使用。

(16) 对于基础后浇带模板的拆除和支顶应按照施工技术方案执行。

6-2-4　质量验收

(1) 在浇筑基础混凝土前，应对模板工程进行验收，模板分项工程所含检验批通常根据模板安装和拆除的数量确定。

(2) 模板工程质量验收标准见表 6-2。

现浇基础结构模板安装的允许偏差及检验方法　表 6-2

项目		允许偏差(mm)	检验方法
轴线位置		5	钢尺检查
底模上表面标高		±5	水准仪或拉线、钢尺检查
截面内部尺寸	基础	±10	钢尺检查
	柱、墙、梁、	+4，−5	钢尺检查
层高垂直度	不大于 5m	6	经纬仪或吊线、钢尺检查
	大于 5m	8	经纬仪或吊线、钢尺检查
相邻两板表面高低差		2	钢尺检查
表面平整度		5	2m 靠尺和塞尺检查

注：检查轴线位置时，应沿纵、横两个方向量测，并取其中的较大值。

检查数量：在同一检验批内，对梁、柱和独立基础，应抽查构件数量的 10%，且不少于 3 件；对墙和板应按有代表性的自然间抽查 10%，且不少于 3 间；对大空间结构，墙可按相邻轴线间高度 5m 左右划分检查面，板可按纵、横轴线划分检查面，抽查 10%，且均不少于 3 面。

(3) 预埋件和预留孔洞的安装质量验收标准见表 6-3。

预埋件和预留孔洞的允许偏差 表 6-3

项 目		允许偏差(mm)
预埋钢板中心线位置		3
预埋管、预留孔中心线位置		3
插筋	中心线位置	5
	外露长度	+10，0
预埋螺栓	中心线位置	2
	外露长度	+10，0
预留洞	中心线位置	10
	尺寸	+10，0

注：检查中心线位置时，应沿纵、横两个方向量测，并取其中的较大值。

检查数量：在同一检验批内，对梁、柱和独立基础，应抽查构件数量的10%，且不少于3件；对墙和板，应按有代表性的自然间抽查10%，且不少于3间；对大空间结构，墙可按相邻轴线间高度5m左右划分检查面，板可按纵、横轴线划分检查面，抽查10%，且均不少于3面。

检验方法：钢尺检查。

6-3 钢 筋 工 程

6-3-1 一般规定

(1) 钢筋分项工程是普通钢筋进场检验、钢筋加工、钢筋连接、钢筋安装等一系列技术工作和完成实体的总称。

(2) 基础受力钢筋的品种、级别、规格和数量对结构构件的受力性能有重要影响，必须符合设计要求。

(3) 基础钢筋进场时，应按现行国家标准《钢筋混凝土用热轧带肋钢筋》(GB 1499—1998)等的规定抽取试件作力学性能检验，其质量必须符合有关标准规定。

(4) 基础内纵向受力钢筋的连接方式应符合设计要求。

(5) 钢筋安装时，受力钢筋的品种、级别、规格和数量必须符合设计要求。

(6) 当基础结构钢筋的品种、级别或规格需作变更时，应办理设计变更文件。

(7) 在浇筑基础混凝土之前，为确保基础受力钢筋等的加工、连接和安装满足设计要求，应进行隐蔽工程验收。

(8) 对基础钢筋机械连接和焊接，除应按相应规定进行形式、工艺检验外，还应从结构中抽取试件进行力学性能检验。

6-3-2 施工准备

(1) 基础钢筋施工前，应组织设计图纸交底工作，并编制钢筋施工技术措施，编入工程项目的施工组织设计；对于部分特殊部位钢筋的安装应制定专门技术措施，并向施工班组做好施工技术交底工作。

(2) 所有钢筋配料均按构件配筋图，先绘出各种形状和规格的单根钢筋简图并加以编号，然后分别计算钢筋下料长度和根数配料单，申请加工，送有资质的专业加工厂预先加工成型或现场加工成型。

(3) 在基础钢筋施工前，应清除模板内垃圾、杂物积水；有防水要求的基础底板，应在垫层面防水施工完并验收后，方可进行钢筋施工。

6-3-3　施工要点

6-3-3-1　基础内受力钢筋的弯钩和弯折应符合下列规定：

(1) 钢筋末端作180°弯钩，对于HPB235级钢筋其弯弧内直径不应小于钢筋直径的2.5倍，弯钩的弯后平直部分长度不应小于钢筋直径的3倍；

(2) 钢筋末端需作135°弯钩时，对于HRB335级、HRB400级钢筋的弯弧内直径不应小于钢筋直径的4倍，弯钩的弯后平直部分长度应符合设计要求；

(3) 钢筋作不大于90°的弯折时，弯折处的弯弧内直径不应小于钢筋直径的5倍。

6-3-3-2　除焊接封闭环式箍筋外，箍筋的末端应作弯钩，弯钩形式应符合设计要求；当设计无要求时，应符合下列规定：

(1) 箍筋弯钩的弯弧内直径除应满足第6-3-3-1条规定外，尚应不小于受力钢筋直径。

(2) 箍筋弯钩的弯折角度：对一般结构，不应小于90°；对有抗震等要求的结构，应为135°。

(3) 箍筋弯后平直部分长度：对一般结构，不宜小于箍筋直径的5倍；对有抗震等要求的结构，不应小于箍筋直径的10倍。

6-3-3-3　钢筋的调直宜采用机械方法，也可采用冷拉方法。当采用冷拉方法调直钢筋时，HPB235级钢筋的冷拉率不宜大于4%，HRB335级、HRB400级和RRB400级钢筋的冷拉率不宜大于1%。

6-3-3-4　纵向受力钢筋的连接方式应符合设计要求。

6-3-3-5　钢筋的接头宜设置在受力较小处。同一纵向受力钢筋不宜设置两个或两个以上接头。接头末端至钢筋弯起点的距离不应小于钢筋直径的10倍。

6-3-3-6　当受力钢筋采用机械连接接头或焊接接头时，设置在同一构件内的接头宜相互错开。

纵向受力钢筋机械连接接头及焊接接头连接区段的长度为35倍d(d为纵向受力钢筋的较大直径)且不小于500mm，凡接头中点位于该连接区段长度内的接头均属于同一连接区段。同一连接区段内，纵向受力钢筋机械连接及焊接的接头面积百分率为该区段内接头的纵向受力钢筋截面面积与全部纵向受力钢筋截面面积的比值。

同一连接区段内，纵向受力钢筋的接头面积百分率应符合设计要求；当设计无具体要求时，应符合下列规定：

(1) 在受拉区不宜大于50%。

(2) 接头不宜设置在有抗震设防要求的框架梁端、柱端的箍筋加密区；当无法避开时，对等强度高质量机械连接接头，不应大于50%。

(3) 直接承受动力荷载的结构构件中，不宜采用焊接接头；当采用机械连接接头时，不应大于50%。

6-3-3-7 同一构件中相邻纵向受力钢筋的绑扎搭接接头宜相互错开。绑扎搭接接头中钢筋的横向净距不应小于钢筋直径，且不应小于 25mm。

钢筋绑扎搭接接头连接区段的长度为 $1.3L_L$（L_L 为搭接长度），凡搭接接头中点位于该连接区段长度内的搭接接头均属于同一连接区段。同一连接区段内，纵向钢筋搭接接头面积百分率为该区段内有搭接接头的纵向受力钢筋截面面积与全部纵向受力钢筋截面面积的比值。

同一连接区段内，纵向受力钢筋搭接接头面积百分率应符合设计要求；当设计无具体要求时，应符合下列规定：

(1) 对梁类、板类类及墙类构件，不宜大于 25%。

(2) 对柱类构件不宜大于 50%。

(3) 当工程中确有必要增加接头面积百分率时，对梁类构件，不应大于 50%；对其他构件，可根据实际情况放宽。

6-3-3-8 在施工现场，应按国家现行标准《钢筋机械连接通用技术规程》（JGJ 107—2003）、《钢筋焊接及验收规程》（JGJ 18—2003）的规定抽取钢筋机械连接接头焊接接头试件作力学性能检验，并对其外观进行检查，其质量应符合有关规程的规定。

6-3-3-9 钢筋安装时，受力钢筋的品种、级别、规格和数量必须符合设计要求。

6-3-3-10 在基础梁、柱类构件的纵向受力钢筋搭接长度范围内，应按设计要求配置箍筋。当设计无具体要求时，应符合下列规定：

(1) 箍筋直径不应小于搭接钢筋较大直径的 0.25 倍；

(2) 受拉搭接区段的箍筋间距不应大于搭接钢筋较小直径的 5 倍，且应不大于 100mm；

(3) 受压搭接区段的箍筋间距不应大于搭接钢筋较小直径的 10 倍，且应不大于 200mm；

(4) 当柱中纵向受力钢筋直径大于 25mm 时，应在搭接接头两个端面外 100mm 范围内各设置两个箍筋，其间距宜为 50mm。

6-3-3-11 对于双向受力基础底板钢筋外围连续二圈必须每个交叉节点绑扎，中间则采取一隔一进行绑扎。

6-3-3-12 基础各部位钢筋保护层厚度应符合设计图纸要求，当设计无具体要求时，不应小于受力钢筋直径。

6-3-3-13 对于基础底板的厚度较厚的，为了保证上排及中间排钢筋的位置及标高正确，在底板上下钢筋间按一定间距设置钢筋或槽钢支架。

6-3-3-14 在基础顶板梁、板钢筋绑扎时，分别在梁的主筋与平台板模板上划点，严格控制梁箍筋及平台板钢筋的位置。平台钢筋上下两层网片之间，每隔一定距离设置一道钢筋撑脚，确保上下钢筋的有效高度。

6-3-3-15 在封墙模板前，配合安装电焊好接地用避雷钢筋及暗管埋设。

6-3-3-16 每个基础分部钢筋绑扎完毕后，在自检合格的前提下报请监理单位验收，认定合格后方可进入下道工序。

6-3-4 质量验收

(1) 基础钢筋进场时，应按现行国家标准《钢筋混凝土用热轧带肋钢筋》

(GB 1499—1998)等的规定，抽取试件作力学性能检验，其质量必须符合有关标准规定。

(2) 除焊接封闭环式箍筋外，箍筋的末端应作弯钩，弯钩形式应符合设计要求；当设计无要求时，应按国家现行标准《混凝土结构工程施工质量验收规范》(GB 50204—2002)的有关规定。

检查数量：按进场的批次和产品的抽样检验方案确定。

检验方法：检查产品合格证、出厂检验报告和进场复验报告。

(3) 在浇筑基础混凝土之前，应进行隐蔽工程验收，其内容包括：

1) 纵向受力钢筋的品种、规格、数量位置等；

2) 钢筋的连接方式、接头位置及数量、接头面积百分率等；

3) 箍筋、横向钢筋的品种、规格、数量、间距等；

4) 各类预埋件的规格、数量、位置等；

5) 止水片的规格、位置等。

(4) 基础钢筋焊接接头或焊接制品应分批进行质量检查与验收。质量检查应包括外观检查和力学性能检验，可按现行国家标准《钢筋焊接及验收规程》(JGJ 18—2003)的规定抽取试件：

1) 对于焊接骨架的抽取试件，规定凡钢筋级别、直径及尺寸相同的焊接骨架应视为同一类型制品，且每 200 件作为一批，一周内不足 200 件的亦应按一批计算。

2) 对于钢筋焊接网的抽取试件，规定凡钢筋级别、直径及尺寸相同的焊接网应视为同一类型制品，每批不应大于 30t 或每 200 件为一批，一周内不足 30t 或 200 件，亦应按一批计算。

3) 对于钢筋闪光对焊接头的抽取试件，规定在同一台班内，由同一焊工完成的 300 个同级别、同直径钢筋焊接接头应作为一批。当同一台班内焊接的接头数量较少，可在一周之内累计计算；累计仍不足 300 个接头，应按一批计算。

4) 对于钢筋电渣压力焊接头的抽取试件，应以每一层或施工段区中 300 个同级别钢筋接头作为一批，不足 300 个接头仍应作为一批。

5) 对于预埋件钢筋 T 形接头的抽取试件，规定应以 300 件同类型预埋件作为一批，一周内连续焊接时，可累计计算，当不足 300 件时，亦应按一批计算。

(5) 对于基础钢筋采用机械连接接头的质量验收可按现行国家标准《钢筋机械连接通用技术规程》(JGJ 107—2003)的规定。

(6) 钢筋安装质量验收标准见表 6-4。

钢筋安装位置的允许偏差和检验方法　　表 6-4

项　目		允许偏差(mm)	检验方法
绑扎钢筋网	长、宽	±10	钢尺检查
	网眼尺寸	±20	钢尺量连续三档，取最大值
绑扎钢筋骨架	长	±10	钢尺检查
	宽、高	±5	钢尺检查

续表

项目			允许偏差(mm)	检验方法
受力钢筋	间距		±10	钢尺量两端、中间各一点，取最大值
	排距		±5	
	保护层厚度	基础	±10	钢尺检查
		柱、梁	±5	钢尺检查
		板、墙、壳	±3	钢尺检查
绑扎钢筋、横向钢筋间距			±20	钢尺量连续三档，取最大值
钢筋弯起点位置			20	钢尺检查
预埋件	中心线位置		5	钢尺检查
	水平高差		+3，0	钢尺和塞尺检查

检查数量：在同一检验批内，对梁、柱和独立基础，应抽查构件数量的10%，且不少于3件；对墙和板，应按有代表性的自然间抽查10%，且不少于3间；对大空间结构，墙可按相邻轴线间高度5m左右划分检查，面、板可按纵、横轴线划分检查，抽查10%，且均不少于3面。

6-4 混凝土工程

6-4-1 一般规定

(1) 基础混凝土构件强度应按现行国家标准《混凝土强度检验评定标准》(GBJ 107—87)的规定分批检验评定。

当混凝土中掺用矿物掺合料时，确定混凝土强度时的龄期可按现行国家标准《粉煤灰混凝土应用技术规范》(GBJ 146—90)、《粉煤灰在混凝土和砂浆中应用技术规程》(JGJ 28—2000)等的规定取值。

(2) 混凝土基础试件强度的试验方法应符合普通混凝土力学性能试验方法标准的规定，混凝土试件的尺寸应根据骨料的最大粒径确定。当采用非标准尺寸的试件时，其抗压强度应乘以相应的尺寸换算系数。

(3) 基础结构混凝土应按国家现行标准《普通混凝土配合比设计规程》(JGJ 55—2000)的有关规定，根据混凝土强度等级、耐久性和工作性等要求进行配合比设计。

(4) 基础结构构件拆模及施工期间临时负荷时的混凝土强度，应根据同条件养护的标准尺寸试件的混凝土强度确定。

(5) 当混凝土试件强度评定不合格时，可采取非破损或局部破损的检测方法，按国家现行有关标准的规定对结构试件中的混凝土强度进行推定，并作为处理的依据。

(6) 首次使用的混凝土配合比应进行开盘鉴定，其工作性应满足设计配合比的要求。开始生产时应至少留置一组标准养护试件，作为验证配合比的依据。

(7) 混凝土拌制前，应测定砂、石含水率并根据测试结果调整材料用量，提出施工配合比。

(8) 冬期施工应符合国家现行标准《建筑工程冬期施工规程》(JGJ 104—97)和施工

技术方案的规定。

6-4-2 施工准备

(1) 在浇筑混凝土基础前，应根据不同基础形式、混凝土方量、施工部署以及结合现场条件，编制混凝土施工技术方案，包括浇筑顺序、浇筑机械、混凝土运输路线、泵管布置、浇捣措施、安全措施以及养护等内容，并编入工程项目的施工组织设计。

(2) 施工前，认真做好对施工班组的技术交底工作，使施工班组明确施工内容、关键部位、关键工序、质量要求和操作要点，特别是针对大体积基础混凝土浇筑，应制定专门技术措施。

(3) 在浇筑基础混凝土前应将模板内垃圾、泥土应清理干净，有条件可用高压水枪清洗并加以湿润，在模板下口接缝处及孔洞用水泥砂浆封实，防止漏浆。

(4) 在浇筑混凝土前，模板、钢筋工程检验批质量验收已完，并经现场监理(或建设单位专业技术负责人)签字认可。

6-4-3 混凝土浇筑

6-4-3-1 混凝土运输、浇筑及间歇的全部时间不应超过混凝土的初凝时间。同一施工段的混凝土应连续浇筑，并应在底层混凝土初凝前将上一层混凝土浇筑完毕。

当底层混凝土初凝后浇筑上一层混凝土时，应按施工缝的要求进行处理。

6-4-3-2 基础混凝土浇筑高度在 2m 以内，混凝土可直接卸入基槽(坑)内，应注意使混凝土能充满边角；浇筑高度在 2m 以上时，应通过漏斗、串筒或溜槽下料。

6-4-3-3 浇筑台阶式基础应按台阶分层一次浇筑完成，每层先浇边角，后浇中间。施工时，应注意防止上下台阶交接处混凝土出现蜂窝和脱空(即吊脚、烂脖子)现象。措施是待第一台阶捣实后，继续浇筑第二台阶前，先沿第二台阶模板底圈做成内外坡度，待第二台阶混凝土浇筑完成后，再将第一台阶混凝土铲平、拍实、拍平；或第一台阶混凝土浇完后稍停 0.5～1.0h，待下部沉实，再浇上一台阶。

6-4-3-4 锥形基础如斜坡较陡，斜面部分应支模浇筑，或随浇随安装模板，并应注意防止模板上浮。斜坡较平时，可不支模，但应注意斜坡部位及边角部位混凝土的捣固密实，振捣完后，再用人工将斜坡表面修正、拍平、拍实。当基槽(坑)因土质不一挖成阶梯形式时，应先从最低处开始浇筑，按每阶高度，其各边搭接长度应不小于 500mm。

6-4-3-5 浇筑现浇柱下基础时，应特别注意柱子插筋位置的正确，防止造成位移和倾斜。在浇筑开始时，现满铺一层 5～10cm 厚的混凝土，并捣实，使柱子插筋下段和钢筋网片的位置基本固定，然后再对称浇筑。

6-4-3-6 浇捣杯口混凝土时，应注意杯口模板的位置。由于杯口模板仅上端固定，浇捣混凝土时，四侧应对称均匀下料，避免将杯口模板挤向一侧。

6-4-3-7 基础底板混凝土浇筑，可沿长方向分 2～3 个区，由一端向另一端分层推进，分层均匀下料。当底面积大或底板呈正方向，宜分段分组浇筑；当底板厚度小于 50cm，可不分层，采用斜面赶浆法浇筑，表面及时平整；当底板厚度等于或大于 50cm，宜水平分层或斜面分层浇筑，每层厚 25～30cm，分层用插入式或平板式振捣器捣固密实，同时应注意各区、组搭接处的振捣，防止漏振，每层应在水泥初凝时间内浇筑完成。底板大体积混凝土分层分皮浇捣顺序见图 6-6 所示。

6-4-3-8 对特厚、超长箱形基础底板，在混凝土浇筑前，应对大体积混凝土箱形进行

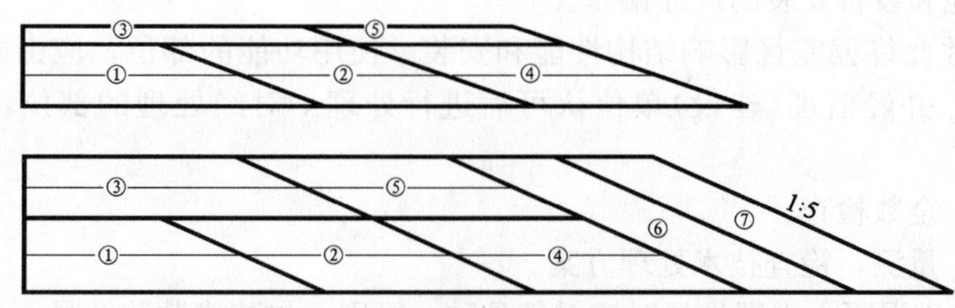

图 6-6 混凝土斜面分层浇筑流程图
①、②、……表示浇筑顺序

必要的裂缝控制施工计算，估算混凝土浇筑后，基础内部可能出现的最大水化热绝热温升值、降温差和混凝土温度收缩应力，以便在施工中采取有效的技术措施，如减小水泥水化热温度，降低混凝土浇筑入模温度，改善约束条件，提高混凝土的极限拉伸强度，加强施工的温度控制与管理等方面，来预防出现温度收缩裂缝，保证基础混凝土工程质量。

6-4-3-9 箱形基础墙体浇筑一般先浇外墙、后浇内墙，或内外墙同时浇筑，分支流向轴线前进，各组兼顾横墙左右宽度各半范围。外墙浇筑可采取分层循环浇筑法，即将外墙沿周边分成若干段，分段的长度，应由混凝土的搅拌运输能力、浇灌强度、分层厚度和水泥初凝时间而定。

6-4-3-10 混凝土浇筑完毕后，应按施工技术方案及时采取有效的养护措施，并应符合下列规定：

(1) 应在浇筑完毕后的 12h 以内对混凝土加以覆盖并保湿养护。

(2) 混凝土浇水养护的时间：对采用硅酸盐水泥、普通硅酸盐水泥或矿渣硅酸盐水泥拌制的混凝土，不得少于 7d；对掺用缓凝型外加剂或有抗渗要求的混凝土，不得少于 14d。

(3) 浇水次数应能保持混凝土处于湿润状态；混凝土养护用水与拌制用水相同。

(4) 采用塑料布覆盖养护的混凝土，其敞露的全部表面应覆盖严密，并应保持塑料布内有凝结水。

(5) 混凝土强度达到 $1.2N/mm^2$ 前，不得在其上踩踏或安装模板及支架。

(6) 对大体积混凝土养护，应根据气候条件按施工技术方案采取控温措施。

6-4-4 质量验收

(1) 现浇基础结构的外观质量不宜有一般缺陷。

对已经出现的一般缺陷，应由施工单位按照技术处理方案进行处理，并重新检查验收。

检查数量：全数检查。

检验方法：观察，检查技术处理方案。

(2) 现浇基础结构的外观质量不应有严重缺陷。

对已经出现的严重缺陷，应由施工单位提出技术处理方案，并经监理(建设)单位认可后进行处理。对经处理的部位，应重新检查验收。

检查数量：全数检查。

检验方法：观察，检查技术处理方案。

(3) 现浇基础结构不应有影响结构性能和使用功能的尺寸偏差。混凝土设备基础不应有影响结构性能和设备安装的尺寸偏差。

对超过尺寸允许偏差且影响结构性能和安装、使用功能的部位，应由施工单位提出技术处理方案，并经监理(建设)单位认可后进行处理。对经处理的部位，应重新检查验收。

检查数量：全数检查。

检验方法：量测，检查技术处理方案。

(4) 拌制基础混凝土水泥进场时应对其品种、级别、包装或散装仓号、出厂日期等进行检查，并应对其强度、安定性及其他必要的性能指标进行复验，其质量必须符合现行国家标准《硅酸盐水泥、普通硅酸盐水泥》(GB 175—1999)等的规定。

当在使用中对水泥质量有怀疑或水泥出厂超过三个月(快硬硅酸盐超过一个月)时，应进行复验，并按复验结果使用。

严禁使用含氯化物的水泥。

检查数量：按同一生产厂家、同一等级、同一品种、同一批号且连续进场水泥，袋装不超过 200t 为一批，散装不超过 500t 为一批，每批抽样不少于一次。

检验方法：检查产品合格证、出厂检验报告和进场复验报告。

(5) 用于基础混凝土中掺用矿物掺合料的质量应符合现行国家标准《用于水泥和混凝土中的粉煤灰》(GB 1596—91)等的规定。矿物掺合料的掺量应通过试验确定。

检查数量：按进场的批次和产品的抽样检验方案确定。

检查方法：检查出厂合格证和进场复验报告。

(6) 用于拌制基础混凝土所用的粗、细骨料的质量应符合国家现行标准《普通混凝土用碎石或卵石质量标准及检验方法》(JGJ 53—92)、《普通混凝土用砂质量标准及检验方法》(JGJ 52—92)的规定。

检查数量：按进场的批次和产品的抽样检验方案确定。

检验方法：检查进场复验报告。

(7) 混凝土中掺用矿物掺合料的质量应符合现行国家标准《用于水泥和混凝土中的粉煤灰》(GB 1596—91)等的规定。矿物掺合料的掺量应通过试验确定。

检查数量：按进场的批次和产品的抽样检验方案确定。

检验方法：检查出厂合格证和进场复验报告。

(8) 拌制基础混凝土宜采用饮用水；当采用其他水源时，水质应符合国家现行标准《混凝土拌合用水标准》(JGJ 63—89)的规定。

检查数量：同一水源检查不应少于一次。

检验方法：检查水质试验报告。

(9) 基础结构混凝土的强度等级必须符合设计要求。用于检查结构构件混凝土强度的试件，应在混凝土的浇筑地点随机抽取。取样与试件留置应符合下列规定：

1) 每拌制 100 盘且不超过 $100m^3$ 的同配合比的混凝土，取样不得少于一次。

2) 每工作班拌制的同一配合比的混凝土不足 100 盘时，取样不得少于一次。

3) 当一次连续浇筑超过 $1000m^3$ 时，同一配合比的混凝土每 $200m^3$ 取样不得少于一次。

4) 每一层或施工区段同一配合比的混凝土，取样不得少于一次。

5) 每次取样应至少留置一组标准养护试件，同条件养护试件的留置组数应根据实际需要确定。

6）对有抗渗要求的混凝土基础，其混凝土试件应在浇筑地点随机取样。同一工程、同一配合比的混凝土，取样不应少于一次，留置组数可根据实际需要确定。

检验方法：检查施工记录、试件强度报告、试件抗渗试验报告。

（10）混凝土原材料每盘称量的偏差应符合表 6-5 的规定。

原材料每盘称量的允许偏差　　表 6-5

材料名称	允许偏差	材料名称	允许偏差
水泥、掺合料	±2%	水、外加剂	±2%
粗、细骨料	±3%		

检查数量：每工作班抽查不应少于一次。

检查方法：复称。

（11）混凝土运输、浇筑及间隙的全部时间不应超过混凝土的初凝时间。同一施工段的混凝土应连续浇捣，并应在底层混凝土初凝之前将上一层混凝土浇捣完毕。当底层混凝土初凝后浇筑上一层混凝土时，应按施工技术方案中对施工缝的要求进行处理。

检查数量：全数检查。

检查方法：观察，检查施工记录。

（12）现浇结构质量验收标准见表 6-6、表 6-7。

现浇结构尺寸允许偏差和检验方法　　表 6-6

项目			允许偏差(mm)	检验方法
轴线位置	基础		15	钢尺检查
	独立基础		10	
	墙、柱、梁		8	
	剪力墙		5	
垂直度	层高	≤5m	8	经纬仪或吊线、钢尺检查
		>5m	10	经纬仪或吊线、钢尺检查
	全高(H)		H/1000≤30	经纬仪、钢尺检查
标高	层高		±10	水准仪或拉线、钢尺检查
	全高		±30	
截面尺寸			+8，−5	钢尺检查
电梯井	井筒长、宽对定位中心线		+25，0	钢尺检查
	井筒全高(H)垂直度		H/1000 且≤30	经纬仪、钢尺检查
表面平整度			8	2m 靠尺和塞尺检查
预埋设施中心线位置	预埋件		10	钢尺检查
	预埋螺栓		5	
	预埋管		5	
预留洞中心线位置			15	钢尺检查

注：检查轴线位置时，应沿纵、横两个方向量测，并取其中的较大值。

混凝土设备基础尺寸允许偏差和检验方法　表 6-7

项　目		允许偏差(mm)	检验方法
坐标位置		20	钢尺检查
不同平面的标高		0，−20	水准仪或拉线、钢尺检查
平面外形尺寸		±20	钢尺检查
凸台上平面外形尺寸		0，−20	钢尺检查
凹穴尺寸		+20，0	钢尺检查
平面水平度	每米	5	水平尺、塞尺检查
	全长	10	水准仪或拉线、钢尺检查
垂直度	每米	5	经纬仪或吊线、钢尺检查
	全高	10	
预埋地脚螺栓	标高(顶高)	+20，0	水准仪或拉线、钢尺检查
	中心距	±2	钢尺检查
预埋地脚螺栓孔	中心线位置	10	钢尺检查
	深度	+20，0	钢尺检查
	孔垂直度	10	吊线、钢尺检查
预埋活动地脚螺栓锚板	标高	+20，0	水准仪或拉线、钢尺检查
	中心线位置	5	钢尺检查
	带槽锚板平整度	5	钢尺、塞尺检查
	带螺纹孔锚板平整度	2	钢尺、塞尺检查

注：检查轴线位置时，应沿纵、横两个方向量测，并取其中的较大值。

(13) 施工缝的位置应在混凝土浇捣前按设计要求和施工技术方案确定。施工缝的处理应按施工技术方案执行。

检查数量：全数检查。

检查方法：观察，检查施工记录。

(14) 后浇带的留置位置应按设计要求和施工技术方案确定。后浇带混凝土浇筑应按施工技术方案进行。

检查数量：全数检查。

检查方法：观察，检查施工记录。

6-5　细　部　处　理

混凝土基础细部处理主要指基础后浇带、结构缝、板墙施工缝等部位模板、钢筋、混凝土的施工。

6-5-1　一般规定

(1) 混凝土基础后浇带留置位置应按设计要求，后浇带保留时间应根据设计确定，若设计无要求时，一般不宜少于 28d。

(2) 基础施工缝应设置在结构受剪力较小且便于施工的部位，基础大体积混凝土结构、外板墙水平施工缝、顶板施工缝设置应按设计要求留设。

(3) 结构缝留置位置应符合设计要求，结构缝部位的施工，应结合实际情况，制定施工技术方案，并按照施工技术方案执行。

6-5-2 施工要点

(1) 对于贯通基础的后浇缝带，必须是在底板、墙壁和顶板的同一位置上部留设，使形成环形，应从两侧混凝土内伸出贯通主筋，主筋按原设计连续安装而不切断。

(2) 底板后浇带处的垫层应加厚，局部加厚范围可采用 800mm＋l_a（l_a—钢筋最小锚固长度）。底板与板墙后浇带设置可采用圆钢支设钢丝网膜或木模，并加设止水带。后浇带部位模板支撑如图 6-7、图 6-8 所示。

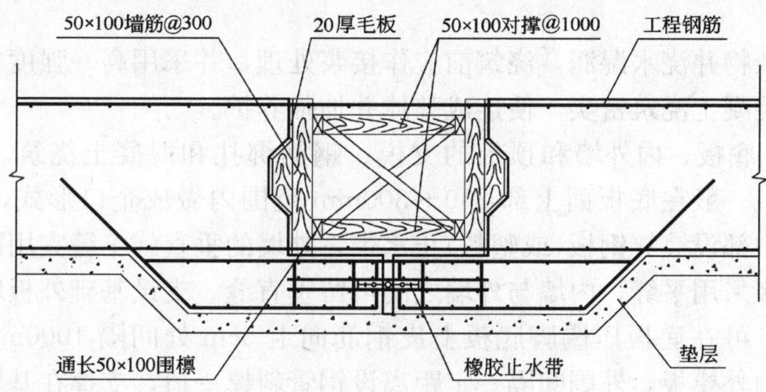

图 6-7 底板后浇带模板支撑示意图

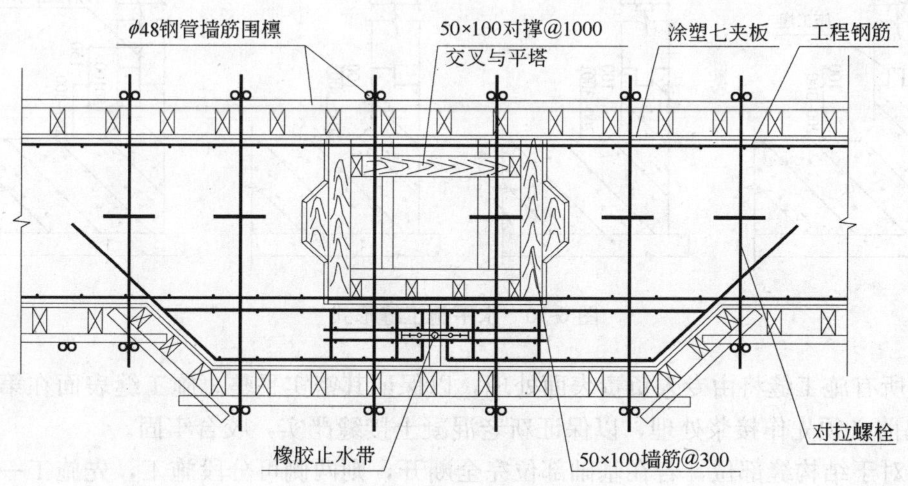

图 6-8 墙板后浇带模板支撑示意图

(3) 顶板后浇带部位纵横钢筋应按设计连续安装而不切断，底部模板支撑应独立支设，以便在顶板模板拆除时予以保留，至混凝土浇筑后方可拆除。顶板后浇带模板支设见图 6-9 所示。

(4) 后浇带部位留置期间应做好保护措施，可采用木板遮盖，在浇筑混凝土前，应清

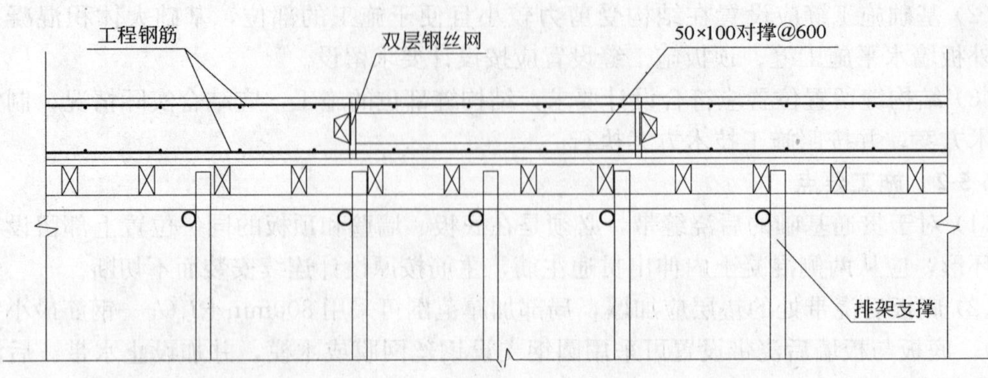

图 6-9　顶板后浇带模板支撑示意图

理模板内垃圾等杂物并浇水湿润，浇筑前应作接浆处理，并采用高一强度等级的半干硬性混凝土或微膨胀混凝土浇筑密实，使连成整体并加强养护。

(5) 箱形基础底板、内外墙和顶板的支模、钢筋绑扎和混凝土浇筑，可采取分块进行，留设施工缝，一般在底板面上部 200～300mm 范围内做成企口形式，有严格防水要求时，应在企口中部设镀锌钢板(或塑料)止水带，外墙的垂直施工缝宜用凹缝，内墙的水平和垂直施工缝多采用平缝，内墙与外墙之间可留垂直缝。支设基础外板墙施工缝模板可采用吊模的形式，可在底板压踢脚底板上皮钢筋向上 5cm 处间隔 1000mm 设钢筋支架，以支撑施工缝处内外模板，外围间隔一定距离设钢管斜撑一道，支撑在基坑坡面上。外墙水平施工缝以及施工缝处支模形式如图 6-10、图 6-11 所示：

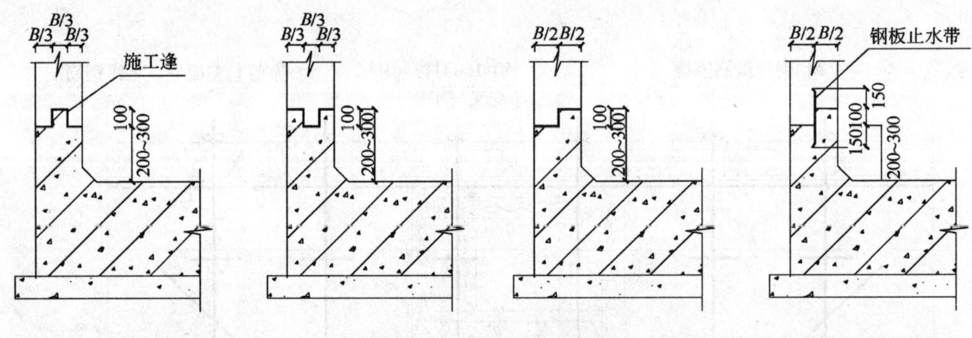

图 6-10　水平施工缝形式

(6) 所有施工缝将由专人负责表面处理，以保证其密实平整。施工缝表面在第二次混凝土浇捣前必须先作接浆处理，以保证新老混凝土接缝严实，咬合牢固。

(7) 对于结构缝部位，若在基础部位完全断开，则两侧可分段施工，先施工一侧基础结构，再施工另一侧，亦可同步施工；若如箱形基础在结构缝部位外墙不断开，则内墙两侧，应同步施工；结构缝中间模板支设可根据缝宽，较小时，可衬垫泡沫，或单独用木料加工成楔形垫木，较大时，可各自独立支模。

6-5-3　质量验收

混凝土基础细部处理的施工质量验收，应符合国家现行标准《混凝土结构工程施工质量验收规范》(GB 50204—2002)的规定。

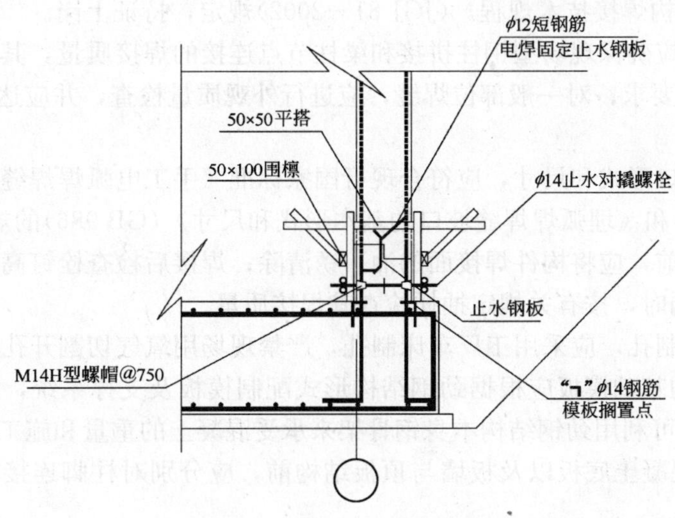

图 6-11　施工缝处支模示意图

6-6　劲钢混凝土基础工程

劲性钢筋混凝土结构即钢骨混凝土，是由混凝土包裹型钢做成的结构，其构件由混凝土、型钢、纵向钢筋和箍筋组成，可分为全部结构构件采用型钢混凝土的结构和部分结构构件采用型钢混凝土构件的组合结构。劲性钢筋混凝土结构及组合结构均可用于高层建筑结构各种体系如框架、剪力墙、框架-剪力墙、框架-核心筒、筒中筒等，对于劲性钢筋混凝土结构的基础主要是型钢柱柱脚在基础内的锚固、箱形基础内型钢柱、梁吊装以及柱梁节点施工。

劲钢混凝土基础工程子分部工程亦可划分为劲钢(管)焊接、劲钢(管)与钢筋的连接、混凝土等分项工程。

6-6-1　一般规定

（1）型钢混凝土构件的型钢材料宜采用牌号 Q235-B. C. D 级的碳素结构钢，以及牌号 Q345-B. C. D. E 级的低合金高强度结构钢，其质量标准应分别符合现行国家标准《碳素结构钢》(GB 700—88)和《低合金高强度结构钢》(GB/T 1951—94)的规定。

（2）基础结构中纵向钢筋宜采用 HRB335 级、HRB400 级热轧钢筋；箍筋宜采用 HPB235 级热轧钢筋。

（3）型钢基础混凝土结构的混凝土强度等级不宜小于 C30；混凝土最大骨料直径宜小于型钢外侧混凝土保护层厚度的 1/3，且不宜大于 25mm。

（4）型钢在进场时，型钢主材应有质量证明书，质量应符合现行国家标准《碳素结构钢》(GB 700—88)、《高强度低合金结构钢》(GB/T 1591—94)的规定。焊接材料、高强度螺栓、普通螺栓应具有质量证明书、且应符合现行国家标准《碳钢焊条》(GB/T 5117—1995)、《低合金钢焊条》(GB/T 5118—1995)、《熔化焊用钢丝》(GB/T 14957)、《钢结构高强度六角头螺栓、大六头螺母、垫圈的技术条件》(GB/T 1228～1231)的规定。

（5）型钢拼接前，应将构件焊接面的油、锈清除。承担焊接工作的焊工，应按现行行业标准《建筑钢结构焊接技术规程》(JGJ 81—2002)规定，持证上岗。

(6) 施工中，应确保现场型钢柱拼接和梁柱节点连接的焊接质量，其焊缝质量应满足一级焊缝质量等级要求；对一般部位焊缝，应进行外观质量检查，并应达到二级焊缝质量等级要求。

(7) 焊缝的坡口形式和尺寸，应符合现行国家标准《手工电弧焊焊缝坡口的基本形式和尺寸》(GB 986)和《埋弧焊焊缝坡口的基本形式和尺寸》(GB 986)的规定。

(8) 栓钉焊接前，应将构件焊接面的油、锈清除；焊接后检查栓钉高度的允许偏差应在±2mm以内，同时，按有关规定抽样检查其焊接质量。

(9) 型钢钢板制孔，应采用工厂车床制孔，严禁现场用氧气切割开孔。

(10) 劲钢结构基础模板应根据劲钢结构形式配制模板及支撑系统，可参照模板施工的规范和规程，亦可利用劲钢结构本身钢骨架来承受混凝土的重量和施工荷载。

(11) 在浇筑混凝土底板以及板墙与顶板结构前，应分别对柱脚连接和型钢骨架进行隐蔽工程验收。

6-6-2　施工准备

(1) 在组织施工前应进行设计图纸交底工作，并根据基础工程的施工工况，编制专项施工技术方案，包括施工流程、施工机械、施工工艺措施、质量验收、施工配合措施、安全保证措施等内容。

(2) 施工前，应选择具有一定资质的型钢制作加工专业钢结构制作厂以及型钢吊装专业施工单位，要求制作单位应根据设计和施工详图，编制制作工艺书，同时对各分包单位做好技术交底工作。

6-6-3　施工要点

(1) 安装柱型钢骨架时，在与地脚螺栓或上下型钢骨架连接处进行临时连接，纠正偏差后再进行焊接或高强螺栓固定，然后在顶板梁的型钢骨架安装后，要再次观测和纠正因荷载增加、焊接收缩或螺栓松紧不一而产生的垂直偏差。

(2) 箱形基础内，顶板梁的型钢，应与柱子的型钢形成刚性连接，梁的自由端要设置专门的锚固件，将钢筋焊在型钢上，或用角钢、钢板做成刚性支座。

(3) 对于劲性混凝土梁、柱节点应按照设计的不同节点形式进行节点施工。当在柱型钢腹板上开纵筋贯穿孔时，应避免在型钢柱翼缘上开纵筋贯通孔，翼缘上的孔对柱抗弯十分不利；也不能将钢筋直接焊接在翼缘上。当有某种情况不能避免型钢翼缘上的纵筋贯通孔时，必须将型钢柱截面的缺损率控制在20%限度内，且应保证在钢骨达到全塑性弯矩以前不发生破坏。

(4) 为使梁、柱接头处的交叉钢筋贯通且互不干扰，加工柱的型钢骨架时，在型钢腹板上要预留穿钢筋的孔洞，而且要相互错开。预留孔洞的孔径，既要便于穿钢筋，又不要过多削弱型钢腹板，一般预留孔洞的孔径较钢筋直径大4～6mm为宜。

(5) 在梁柱接头和梁的型钢翼缘下部，由于浇筑混凝土时有部分空气不易排出，或因梁的型钢翼缘过宽妨碍浇筑混凝土，为此要在一些部位预留排除空气的孔洞和混凝土浇筑孔。

(6) 型钢混凝土结构的钢筋绑扎，与钢筋混凝土结构中的钢筋绑扎基本相同。由于柱的纵向钢筋不能穿过梁的翼缘，因此柱的纵向钢筋只能设在柱截面的四角或无梁的部位。

(7) 在梁柱节点部位，柱的箍筋要在型钢梁腹板上已留好的孔中穿过，由于整根箍筋无法穿过，只能将箍筋分段，再用电弧焊焊接。不应将箍筋焊在梁的腹板上。

(8) 如腹板上开孔的大小与位置不合适时，应征得设计同意后，再用电钻补孔或用铰刀扩孔，不得用气割开孔。

(9) 型钢混凝土梁与墙刚接时，型钢梁与墙中型钢柱形成刚性连接，其纵向钢筋应伸入墙中，且满足锚固要求。

(10) 应注意对于劲性柱的外围模板支设，基础板墙模板支设对拉螺栓，应尽量避开板墙内型钢柱，若无法避开，应征得设计认可，可在型钢柱的腹板上开洞穿对拉螺栓。

(11) 对于型钢混凝土结构的混凝土浇捣，应遵守有关混凝土施工的规范和规程，在梁柱接头处和梁型钢翼缘下部等混凝土不易充分填满处，要仔细进行浇筑和捣实。型钢混凝土结构外包的混凝土外壳，要满足受力和耐火的双重要求，浇筑时，要保证其密实度和防止开裂。

6-6-4 质量验收

(1) 型钢的切割、焊接、运输、吊装、探伤检验应符合现行国家标准《钢结构工程施工质量验收规范》(GB 50205—2001)、《建筑钢结构焊接技术规程》(JGJ 81—2002)的规定。

(2) 型钢柱的垂直度、现场吊装误差范围应符合现行国家标准《钢结构工程施工质量验收规范》(GB 50205—2002)的规定。

(3) 型钢骨架焊接材料的品种、规格、性能等应符合现行国家产品标准和设计要求。

检查数量：全数检查。

检验方法：检查焊接材料的质量合格证明文件、中文标志及检验报告等。

(4) 重要型钢骨架采用的焊接材料应进行抽样复验，复验结果应符合现行国家产品标准和设计要求。

检查数量：全数检查。

检验方法：检查复验报告。

(5) 焊条、焊丝、焊剂、电渣焊熔嘴等焊接材料与母材的匹配应符合设计要求及国家现行行业标准《建筑钢结构焊接技术规程》(JGJ 81—2002)的规定。焊条、焊剂、药芯焊丝、熔嘴等在使用前，应按照其产品说明书及焊接工艺文件的规定进行烘焙和存放。

检查数量：全数检查。

检验方法：检查质量证明书和烘焙记录。

(6) 焊条外观不应有药皮脱落、焊芯生锈等缺陷；焊剂不应受潮结块。

检查数量：按量抽查1%，且不应少于10包。

检验方法：观察检查。

(7) 焊工必须经考试合格并取得合格证书。持证焊工必须在其考试合格项目及其认可范围内施焊。

检查数量：全数检查。

检验方法：检查焊工合格证及其认可范围、有效期。

(8) 施工单位对其首次采用的钢材、焊接材料、焊接方法、焊后热处理等，应进行焊接工艺评定，并应根据评定报告确定焊接工艺。

检查数量：全数检查。

检验方法：检查焊接工艺评定报告。

(9) 型钢骨架中设计要求全焊透的一、二级焊缝应采用超声波探伤进行内部缺陷的检验，超声波探伤不能对缺陷作出判断时，应采用射线探伤，其内部缺陷分级及探伤方法应符合现行国家标准《钢焊缝手工超声波探伤方法和探伤结果分级法》(GB 11345)或《钢融化焊对接接头射线照相和质量分级》(GB 3323)的规定。

焊接球节点网架焊接、螺栓球节点网架焊接及圆管 T、K、Y 形节点相关线焊接，其内部缺陷分级及探伤方法应分别符合国家现行标准《焊接球节点钢网架焊缝超声波探伤方法及质量分级法》(JBJ/T 3034.1)、《螺栓球节点钢网架焊接超声波探伤方法及质量分级法》(JBJ/T 3034.2)、《建筑钢结构焊接技术规程》(JGJ 81—91)的规定。

一、二级焊缝的质量等级及缺陷分级应符合表 6-8 的规定。

检查数量：全数检查。

检验方法：检查超声波或射线探伤记录。

一、二级焊缝质量等级及缺陷分析　　**表 6-8**

焊缝质量等级		一　级	二　级
内部缺陷 超声波探伤	评定等级	Ⅱ	Ⅲ
	检验等级	B 级	B 级
	探伤比例	100%	20%
内部缺陷 超声波探伤	评定等级	Ⅱ	Ⅲ
	检验等级	AB 级	AB 级
	探伤比例	100%	20%

注：探伤比例的计数方法应按照以下原则确定：(1)对工厂制作焊缝，应按每条焊缝计算百分比，且探伤长度应不小于 200mm，当焊缝长度不足 200mm 时，应对整条焊缝进行探伤；(2)对现场安装焊缝，应按同一类型、同一施焊条件的焊缝条数计算百分比，探伤长度应不小于 200mm，并应不少于 1 条焊缝。

(10) T 形接头、十字接头、角接接头等要求熔透的对接和角对接组合焊缝，其焊脚尺寸不应小于 $t/4$(图 6-12 *a*、*b*、*c*)；设计有疲劳验算要求的腹板与上翼缘连接焊缝的焊脚尺寸为 $t/2$(图 6-12*d*)，且不大于 10mm。焊脚尺寸的允许偏差为 0～4mm。

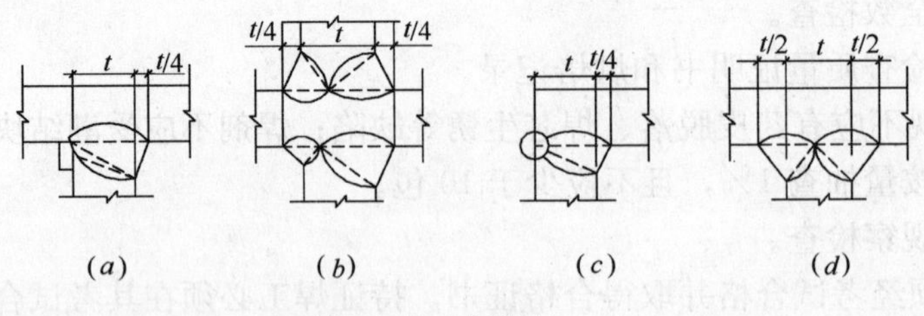

图 6-12　焊脚尺寸

检查数量：资料全数检查；同类焊缝抽查 10%，且不应少于 3 条。

检验方法：观察检查，用焊缝量规抽查测量。

(11) 焊缝表面不得有裂纹、焊瘤等缺陷。一、二级焊缝不得有表面气孔、夹渣、弧坑裂纹、电弧、电弧擦伤等缺陷。且一级焊缝不得有咬边、未焊满、根部收缩等缺陷。

检查数量：每批同类构件抽查 10%，且不应少于 3 件；被抽查构件中，每一类型焊缝按条数抽查 5%，且不应少于 1 条；每条检查 1 处，总检查数不应少于 10 处。

检验方法：观察检查或使用放大镜、焊缝量规和钢尺检查，当存在疑义时，采用渗透或磁粉探伤检查。

(12) 对于需要进行焊前预热或焊后热处理的焊缝，其预热温度或后热温度应符合国家现行有关标准的规定或通过工艺试验确定。预热区在焊道两侧，每侧宽度均应大于焊件厚度的 1.5 倍以上，且不应小于 100mm；后热处理应在焊后立即进行，保温时间应根据板厚按每 25mm 板厚 1h 确定。

检查数量：全数检查。

检验方法：检查预、后热施工记录和工艺试验报告。

(13) 二、三级焊缝外观质量标准应符合国家现行标准《钢结构工程施工质量验收规范》(GB 50205—2001)附录 A 中表 A.0.1 的规定。三级对接焊缝应按二级焊缝标准进行外观质量检验。

检查数量：每批同类构件抽查 10%，且不应少于 3 件；被抽查构件中，每一类型焊缝按条数抽查 5%，且不应少于 1 条；每条检查 1 处，总抽查数不应少于 10 处。

检验方法：观察检查或使用放大镜、焊缝量规和钢尺检查。

(14) 焊缝尺寸允许偏差应符合国家现行标准《钢结构工程施工质量验收规范》(GB 50205—2001)附录 A 中表 A.0.2 的规定。

检查数量：每批同类构件抽查 10%，且不应少于 3 件；被抽查构件中，每一类型焊缝按条数抽查 5%，且不应少于 1 条；每条检查 1 处，总抽查数不应少于 10 处。

检验方法：用焊缝量规检查。

(15) 焊成凹形的角焊缝，焊缝金属与母材间应平缓过渡；加工成凹形的角焊缝不得在其表面留下切痕。

检查数量：每批同类构件抽查 10%，且不应少于 3 件。

检验方法：观察检查。

(16) 焊缝感观应达到：外形均匀、成型较好，焊道与焊道、焊道与基本金属间过渡较平滑，焊渣和飞溅物基本清楚干净。

检查数量：每批同类构件抽查 10%，且不应少于 3 件；被抽查构件中，每种焊缝按数量各抽查 5%，总抽查数不应少于 5 处。

(17) 焊钉及瓷环的规格、尺寸及偏差应符合现行国家标准《圆柱头焊钉》(GB 10433—89)中规定。

检查数量：按量抽查 1%，且不应少于 10 套。

检验方法：观察检查。

(18) 施工单位对其采用的焊钉和钢材焊接应进行焊接工艺评定，其结果应符合设计要求和国家现行有关标准的规定。瓷环应按其产品说明书进行烘焙。

检查数量：全数检查。

检验方法：检查焊接工艺评定报告和烘焙记录。

(19) 焊钉焊接后应进行弯曲试验检查、其焊缝和热影响区不应有肉眼可见的裂纹。

检查数量：每批同类构件抽查 10%，且不应少于 10 件；被抽查构件中，每件检查焊钉数量的 1%，但不应少于 1 个。

检验方法：焊钉弯曲30°后用角尺检查和观察检查。

(20) 焊钉根部焊脚应均匀，焊脚立面的局部未熔合或不足360°的焊脚应进行修补。

检查数量：按总焊钉数量抽查1%，且不应少于10个。

检验方法：观察检查。

(21) 钢结构连接用高强度大六角头螺栓连接副、扭剪型高强度螺栓连接副、钢网架用高强度螺栓、普通螺栓、铆钉、自攻钉、拉铆钉、射钉、锚栓(机械型和化学试剂型)、地脚锚栓等紧固标准件及螺母、垫圈等标准配件，其品种、规格、性能等应符合现行国家产品标准和设计要求。高强度大六角头螺栓连接副和扭剪型高强度螺栓连接副出厂时，应分别随箱带有扭矩系数和紧固轴力(预拉力)的检验报告。

检查数量：全数检查。

检验方法：检查产品的质量合格证明文件、中文标志及检验报告等。

(22) 高强度大六角头螺栓连接副应按国家现行标准《钢结构工程施工质量验收规范》(GB 50205—2001)附录B中规定检验其扭矩系数，其检验结果应符合附录B的规定。

检查数量：见国家现行标准《钢结构工程施工质量验收规范》(GB 50205—2001)附录B。

检验方法：检查复验报告。

(23) 扭剪型高强度螺栓连接副应按国家现行标准《钢结构工程施工质量验收规范》(GB 50205—2001)附录B的规定检验预拉力，其检验结果应符合规范附录B的规定。

检查数量：见国家现行标准《钢结构工程施工质量验收规范》(GB 50205—2001)附录B。

检验方法：检查复验报告。

(24) 高强度螺栓连接副，应按包装箱配套供货，包装箱上应标明批号、规格、数量及生产日期。螺栓、螺母、垫圈外观表面应涂油保护，不应出现生锈和沾染赃物，螺纹不应损伤。

检查数量：按包装箱数抽查5%，且不应少于3箱。

检验方法：观察检查。

(25) 对建筑结构安全等级为一级，跨度40m及以上的螺栓球节点钢网架结构，其连接高强度螺栓应进行表面硬度试验，对8.8级的高强度螺栓其硬度应为HRC21～29；10.9级高强度螺栓其硬度应为HRC32～36，且不得有裂纹或损伤。

检查数量：按规格抽查8只。

检验方法：硬度计、10倍放大镜或磁粉探伤。

(26) 普通螺栓作为永久性连接螺栓时，当设计有要求或对其质量有疑义时，应进行螺栓实物最小拉力载荷复验，试验方法见国家现行标准《钢结构工程施工质量验收规范》(GB 50205—2001)附录B，其结果应符合现行国家标准《紧固件机械性能螺栓、螺钉和螺栓》(GB 3098—2001)的规定。

检查数量：每一规格螺栓抽查8个。

检验方法：检查螺栓实物复验报告。

(27) 连接薄钢板采用的自攻钉、拉铆钉、射钉等其规格尺寸应与被连接钢板相匹配，其间距、边距等应符合设计要求。

检查数量：按连接节点数抽查1%，且不应少于3个。

检验方法：观察和尺量检查。

(28) 永久性普通螺栓紧固应牢固、可靠，外露丝扣不应少于2扣。

检查数量：按连接节点数抽查10%，且不应少于3个。

检验方法：观察和用小锤敲击检查。

(29) 自攻螺钉、钢拉铆钉、射钉等与连接钢板应紧固密贴，外观排列整齐。

检查数量：按连接节点数抽查10%，且不应少于3个。

检验方法：观察或用小锤敲击检查。

(30) 钢结构制作和安装单位应按国家现行标准《钢结构工程施工质量验收规范》(GB 50205—2001)附录B的规定分别进行高强度螺栓连接摩擦面的抗滑移系数试验和复验，现场处理的构件摩擦面应单独进行摩擦面抗滑移系数试验，其结果应符合设计要求。

检查数量：见国家现行标准《钢结构工程施工质量验收规范》(GB 50205—2001)附录B。

检验方法：检查摩擦面抗滑移系数试验报告和复验报告。

(31) 高强度大六角头螺栓连接副终拧完成1h后，48h内应进行终拧扭矩检查，检查结果应符合《钢结构工程施工质量验收规范》(GB 50205—2001)附录B的规定。

检查数量：按节点数抽查10%，且不应少于10个；每个被抽查节点按螺栓数抽查10%，且不应少于2个。

检验方法：见本规范附录B。

(32) 扭剪型高强度螺栓连接副终拧后，除因构造原因无法使用专用扳手终拧掉梅花头者外，未在终拧中拧掉梅花头的螺栓数不应大于该节点螺栓数的5%。对所有梅花头未拧掉的扭剪型高强度螺栓连接副应采用扭矩法或转角法进行终拧并作标记，且按本标准第(31)条的规定进行终拧扭矩检查。

检查数量：按节点数抽查10%，且不应少于10个节点；被抽查节点中梅花头未拧掉的扭剪型高强度螺栓连接副全数进行终拧扭矩检查。

检验方法：观察检查及本规范附录B。

(33) 高强度螺栓连接副的施拧顺序和初拧、复拧扭矩应符合设计要求和国家现行行业标准《钢结构高强度螺栓连接的设计施工及验收规程》(JGJ 82—91)的规定。

检查数量：全数检查资料。

检验方法：检查扭矩扳手标定记录和螺栓施工记录。

(34) 高强度螺栓连接副终拧后，螺栓丝扣外露应为2～3扣，其中允许有10%的螺栓丝扣外露1扣或4扣。

检查数量：按节点数抽查10%，且不应少于10个。

检验方法：观察检查。

(35) 高强度螺栓连接摩擦面应保持干燥、整洁，不应有飞边、毛刺、焊接飞溅物、焊疤、氧化铁皮、污垢等，除设计要求外摩擦面不应涂漆。

检查数量：全数检查。

检验方法：观察检查。

(36) 高强度螺栓应自由穿入螺栓孔。高强度螺栓孔不应采用气割扩孔，扩孔数量应征得设计同意，扩孔后的孔径不应超过 1.2d(d 为螺栓直径)。

检查数量：被扩螺栓孔全数检查。

检验方法：观察检查及用卡尺检查。

6-7　钢止水结构

钢止水结构在混凝土基础工程中一般包括预埋铁件、结构板墙施工缝钢板、钢板止水片、管道钢止水环以及基坑围护钢支撑穿板墙、钢立柱穿基础底板等构造加焊的钢板止水片。

6-7-1　一般规定

(1) 混凝土基础各类预埋件、施工缝、穿墙管道、基坑围护支撑穿越基础底板、板墙的钢止水形式应符合设计要求，并按照施工技术方案执行。

(2) 用于混凝土基础内防水处理的钢材料质量标准应分别符合现行国家标准《碳素结构钢》(GB 700—88)和《低合金高强度结构钢》(GB/T 1951—94)的规定。

(3) 在基础混凝土浇筑前，应对钢止水片进行隐蔽工程验收。

6-7-2　施工要点

(1) 对于基础外板墙或柱外侧预埋铁件用加焊止水钢板的方法应简便，便于施工操作，在预埋件较多较密的情况下，可采取共用一块止水钢板的做法。如图 6-13 所示。

(2) 单根管道穿过基础板墙结构时，应先预埋套管，在套管上加焊止水环，止水环应与套管满焊，需设置止水环数量应满足设计要求。在安装穿墙管道时，先将管道穿过预埋套管，并予以临时固定，然后一端以封口钢板将套管及穿墙管焊牢，再从另一端将套管与穿墙管之间的缝隙以防水材料(防水油膏等)填满后，用封口钢板封堵严密。如图 6-14 所示。

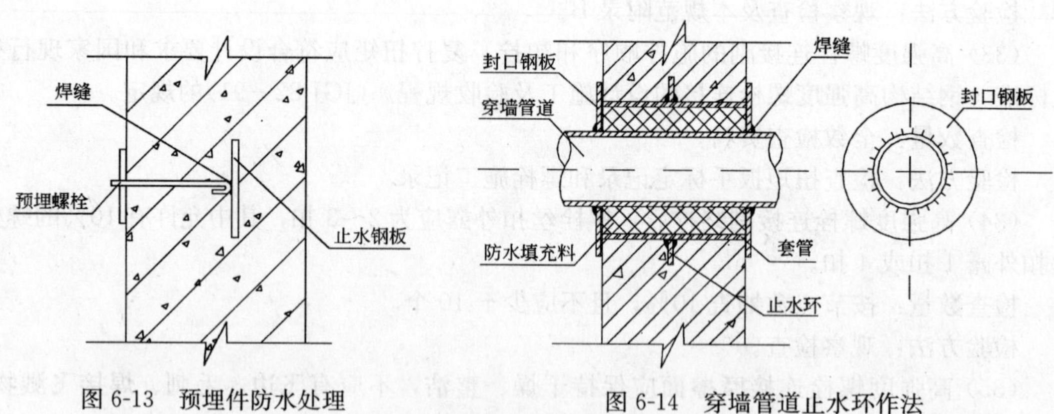

图 6-13　预埋件防水处理　　图 6-14　穿墙管道止水环作法

(3) 群管穿墙预留孔洞，可采取先在洞口四周预埋角钢，再将封口钢板直接焊在角钢上，要求四周必须是满焊，然后在群管逐根穿过两端封口钢板上的预留孔后，再将每根管与封口钢板沿管周焊接严密，焊接时宜采用对称方法或间隔时间施焊，以防止封口钢板变形。

(4) 板墙施工缝中间加设的止水钢板，为确保电焊要求，其厚度应不小于4mm，固定时采用短钢筋与板墙钢筋电焊搭接，并支撑牢靠。注意，采用短钢筋不应将钢筋头直接与钢板电焊，而应该将短钢筋端部先弯成直角弯钩，弯钩平直部分与钢板满焊。止水钢板与钢板之间的搭接采用双面电焊，且必须满焊。

(5) 围护支撑穿基础板墙，应在板墙内沿支撑预留洞四周加设止水钢板，在板墙钢筋绑扎时，在预留洞口位置采用短钢筋电焊固定钢板止水片。如图6-15所示。

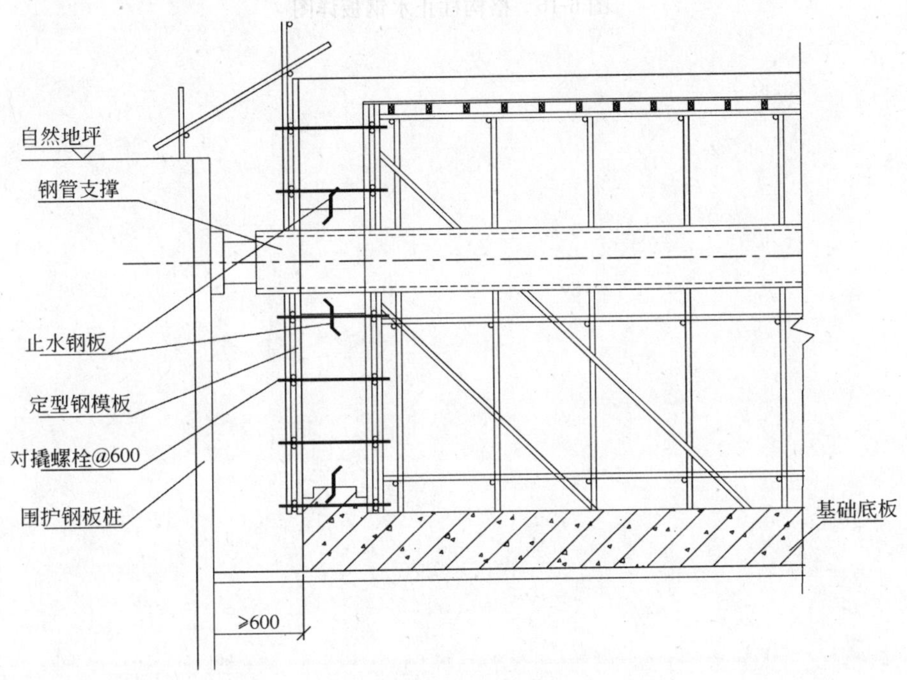

图6-15 箱形基础模板

(6) 若采用型钢支撑穿板墙，则沿型钢四周加焊止水钢板，且必须满焊，在支撑拆除时，在板墙两侧将型钢割断。

(7) 支撑格构式钢立柱穿越基础底板，应根据设计图纸要求位置设置止水钢板。一般位于基础底板底向上200mm，沿格构式立柱角钢内外侧加焊止水钢板，且必须满焊。如图6-16所示。

(8) 在基础底板施工时，若采取深坑部位如电梯井、集水井等先浇筑时，应在施工缝部位加设止水片，位置应根据设计要求设置，若设计无要求，一般加设在底板与深坑交错位置，在深坑钢筋施工时用短钢筋予以固定。

6-7-3 质量验收

(1) 钢止水片的切割、焊接、运输等检验应符合现行国家标准《钢结构工程施工质量验收规范》(GB 50205—2001)、《建筑钢结构焊接技术规程》(JGJ 81—2002)的规定。

(2) 焊缝的坡口形式和尺寸，应符合现行国家标准《手工电弧焊焊缝坡口的基本形式和尺寸》(GB 985)和《埋弧焊焊缝坡口的基本形式和尺寸》(GB 986)的规定。

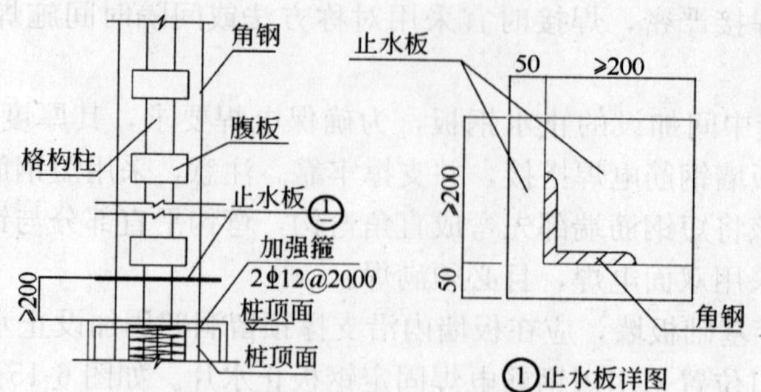

图 6-16　格构柱止水钢板详图

7 砌体基础施工与质量验收

7-1 一 般 规 定

砌体基础一般指普通砖砌基础、混凝土小型空心砌块基础、石砌体基础、配筋砌体基础。

(1) 砌体基础工程所用的材料应有产品的合格证书、产品性能检测报告。块材、水泥、钢筋、外加剂等尚应有材料主要性能的进场复验报告。严禁使用国家明令淘汰的材料。

(2) 砌筑基础前，应该校核放线尺寸，允许偏差应符合表 7-1 的规定。

放线尺寸的允许偏差　　表 7-1

长度 L、宽度 B(m)	允许偏差(mm)	长度 L、宽度 B(m)	允许偏差(mm)
L(或 B)≤30	±5	60<L(或 B)≤90	±15
30<L(或 B)≤60	±10	L(或 B)>90	±20

(3) 砌体基础砌筑顺序应符合下列规定：

1) 基底标高不同时，应从低处砌起，并由高处向低处搭砌。当设计无要求时，搭接长度不应小于基础扩大部分的高度。

2) 砌体的转角处和交接处应同时砌筑。当不能同时砌筑时，应按规定留槎、接槎。

(4) 对于砌体基础施工质量控制等级应分为三级，并应符合表 7-2 的规定。

砌体施工质量控制等级　　表 7-2

项　目	砌体施工质量控制等级		
	A	B	C
现场质量管理	制度健全，并严格执行；非施工方质量监督人员经常到现场，或现场设有常驻代表；施工方有在岗专业技术管理人员，人员齐全，并持证上岗	制度基本健全，并能执行；非施工方质量监督人员间断地到现场进行质量控制；施工方有在岗专业技术管理人员，并持证上岗	有制度；非施工方质量监督人员很少作现场质量控制；施工方有在岗专业技术管理人员
砂浆、混凝土强度	试块按规定制作，强度满足验收规定，离散性小	试块按规定制作，强度满足验收规定，离散性较小	试块强度满足验收规定，离散性大
砂浆拌合方式	机械拌合；配合比计量控制严格	机械拌合；配合比计量控制一般	机械或人工拌合；配合比计量控制较差
砌筑工人	中级工以上，其中高级工不少于 20%	高、中级工不少于 70%	初级工以上

(5) 设置在潮湿环境或有化学侵蚀性介质的环境中的砌体灰缝内的钢筋应采取防腐措施。

(6) 砌筑砂浆用的水泥进场使用前，应分批对其强度、安定性进行复验。检验批应以同一生产厂家、同一编号为一批。当在使用中对水泥质量有怀疑或水泥出厂超过三个月(快硬硅酸盐水泥超过一个月)时，应复查试验，并按其结果使用。不同品种的水泥，不得混合使用。

(7) 凡在砂浆中掺入有机塑化剂、早强剂、缓凝剂、防冻剂等，应经检验和试配符合要求后，方可使用。有机塑化剂应有砌体强度的形式检验报告。

(8) 砌筑砂浆试块强度验收时，同一验收批砂浆试块抗压强度平均值必须大于或等于设计强度等级所对应的立方体抗压强度；同一验收批砂浆试块抗压强度的最小一组平均值必须大于或等于设计强度等级所对应的立方体抗压强度的 0.75 倍。

(9) 当施工中或验收时出现下列情况，可采用现场检验方法对砂浆和砌体强度进行原位检测或取样检测，并判定其强度：

1) 砌筑试块缺乏代表性或试块数量不足；

2) 对砂浆试块的试验结果有怀疑或有争议；

3) 砂浆试块的试验结果，不能满足设计要求。

(10) 分项工程的验收应在检验批验收合格的基础上进行。检验批的确定可根据施工段划分。

(11) 砌体工程检验批验收时，其主控项目应全部符合施工质量验收规范的规定；一般项目应有 80%及以上的抽检处符合施工质量验收规范的规定，或偏差值在允许偏差范围以内。

7-2　砖　砌　体

普通砖基础用烧结普通砖与砂浆砌成，由墙基和大放脚两部分组成。墙基与墙身同厚。大放脚即墙基下面的扩大部分，有等高式和不等高式两种。等高式大放脚是两皮一收，每收一次两边各收进 1/4 砖长；不等高式大放脚是两皮一收与一皮一收相间隔，每收一次两边各收进 1/4 砖长(如图 7-1 所示)。

大放脚的底宽应根据设计而定。大放脚各皮的宽度应为半砖长的整倍数(包括灰缝)。在大放脚下面为基础垫层，垫层一般用灰土、碎砖三合土或混凝土等。

7-2-1　一般规定

7-2-1-1　本节适用于烧结普通砖、烧结多孔砖、蒸压灰砂砖、粉煤灰砖等砌体基础工程施工及质量验收。

7-2-1-2　用于基础结构砖砌块的强度等级应不小于 MU10，砂浆强度应不小于 M5，且宜采用水泥砂浆砌筑，施工中当采用水泥混合砂浆代替水泥砂浆时，应重新确定砂浆强度等级。

7-2-1-3　有冻胀环境和条件的地区，地面以下或防潮层以下的砌体，不宜采用多孔砖。

7-2-1-4　砌筑砖砌体时，砖应提前 1～2d 浇水湿润。

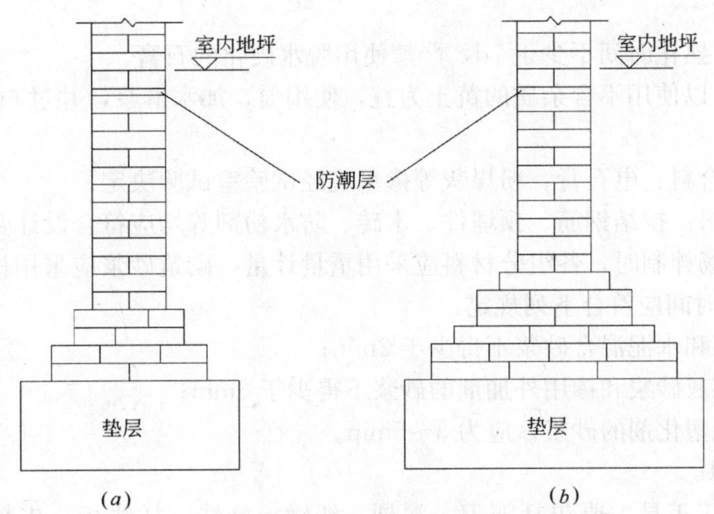

图 7-1 砖基础剖面示意图
(a)等高式；(b)不等高式

7-2-1-5 砖砌基础工程当采用铺浆法砌筑时，铺浆长度不得超过 750mm；施工期间气温超过 30℃时，铺浆长度不得超过 500mm。

7-2-1-6 基础砌砖前基槽或基础垫层施工均已完成，并办理好工程隐蔽验收手续。

7-2-1-7 施工期间砌筑的蒸压(养)砖的产品龄期不应小于 28d。

7-2-1-8 砖砌基础竖向灰缝不得出现透明缝、瞎缝和假缝。

7-2-1-9 砖砌基础施工临时间断处补砌时，必须将接槎处表面清理干净、浇水湿润，并填实砂浆，保持灰缝平直。

7-2-1-10 在墙基顶面应设防潮层，防潮层宜用 1∶2.5 水泥砂浆加适量的防水剂铺设，其厚度一般为 20mm，位置在底层室内地面以下一皮砖处，即离底层室内地面下 60mm 处。

7-2-2 材料和机具要求

7-2-2-1 材料

(1) 砖的品种、强度等级必须符合设计要求，并应规格一致；有出厂合格证明及试验单。

(2) 水泥：品种与强度等级应根据砌体部位及所处环境选择，一般宜采用 32.5 级普通硅酸盐水泥或矿渣硅酸盐水泥；应有出厂合格证明和试验报告方可使用；不同品种的水泥不得混合使用。

(3) 砂：宜采用中砂，不得含有机杂物，配制强度等级等于或大于 M5 的水泥砂浆或水泥混合砂浆时，砂的含泥量不应超过 5%。强度等级小于 M5 时，砂的含泥量不应超过 10%。

人工砂、山砂及特细砂，应经试配能满足砌筑砂浆技术条件要求。

(4) 水：拌制砂浆用水，水质应符合国家现行标准《混凝土拌和用水标准》JGJ 63 的规定。

(5) 掺合料：

1) 石灰膏；熟化时间不少于 7d，严禁使用脱水硬化的石膏。

2) 黏土膏：以使用不含杂质的黄土为宜，使用前，加水淋浆，并过 6mm 孔径筛子沉淀后才可使用。

(6) 其他掺合料：电石膏、粉煤灰等掺量应经试验室试验决定。

(7) 其他材料：拉结钢筋、预埋件、木砖、防水粉剂等均应符合设计要求。

(8) 砂浆现场拌制时，各组分材料应采用重量计量，砌筑砂浆应采用机械搅拌，自投料完算起，搅拌时间应符合下列规定：

1) 水泥砂浆和水泥混合砂浆不得少于 2min；

2) 水泥粉煤灰砂浆和掺用外加剂的砂浆不得少于 3min；

3) 掺用有机塑化剂的砂浆，应为 3～5min。

7-2-2-2　机具

砖砌基础施工工具主要包括泥刀、泥桶、线锤、麻线、托线板、皮数杆、圆钉、铁锹等。

7-2-3　施工前准备

7-2-3-1　基础施工前，应在建筑物的主要轴线部位设置标志板(俗称龙门板)，标志板上应标明基础的轴线、底宽；墙身的轴线及厚度；底层地面标高等。并用准线和线坠将轴线及基础底宽放到基础垫层表面上。

7-2-3-2　普通砖、空心砖、灰砂砖、粉煤灰砖等在砌筑前一天应浇水湿润，湿润后，普通砖、空心砖含水率宜为 10%～15%；灰砂砖、粉煤灰砖含水率宜为 5%～8%，不宜采用即时浇水淋砖，即时使用。

7-2-3-3　基础垫层表面如有局部高差超过 30mm 的不平整处，应用 C15 以上的细石混凝土找平后才可砌筑，不得仅用砂浆填平。

7-2-3-4　用方木或角钢制作皮数杆，并根据设计要求、砖规格和灰缝厚度在皮数杆上标明皮数及竖向构造的变化部位。在基础皮数杆，竖向构造应包括：底层室内地面、防潮层、大放脚、洞口、管道、沟槽和预埋件等。

7-2-3-5　基础砌筑前，应做好砂浆配合比技术交底及配料的计量准备。

7-2-3-6　砖基础的组砌方法：

(1) 砖基础大放脚部分一般采用一顺一丁砌筑形式。要注意十字及丁字接头处的砖块搭接，在这些交接处，纵横基础要隔皮砌通。图 7-2 为二砖半地宽大放脚十字交接处的分皮砌法。

(2) 大放脚转角处应在外角加砌七分头砖(3/4 砖)，以使竖缝上下错开。

(3) 大放脚最下一皮砖应以丁砌为主。墙基的最上一皮砖(防潮层下面一皮砖)应为丁砌。

7-2-4　施工要点

7-2-4-1　工艺流程

施工准备→垫层→设置龙门板→立皮数杆→砂浆拌制→排砖撂底→砌筑→防潮层施工→验收→基础回填。

7-2-4-2　主要施工工艺

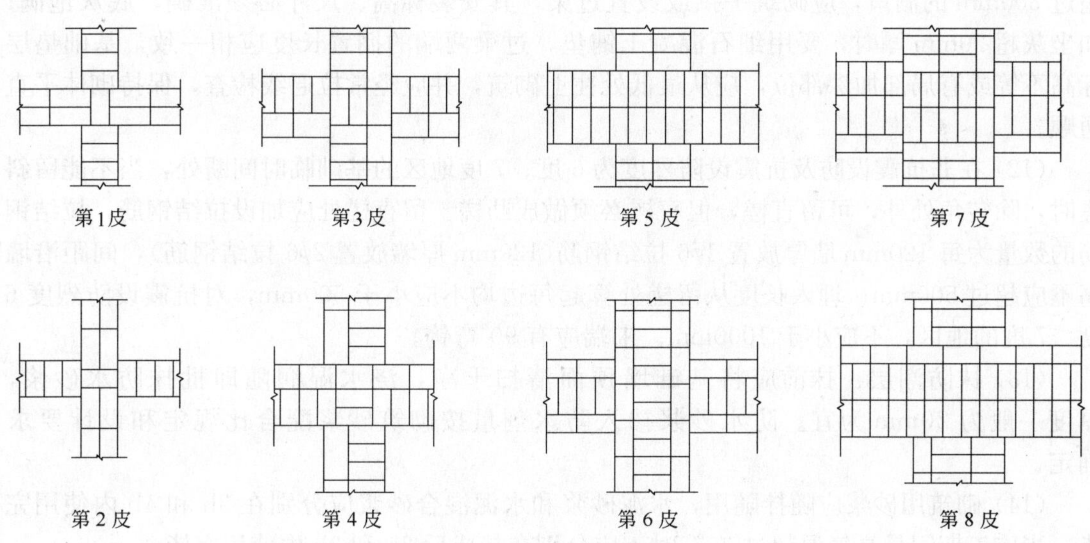

图 7-2 二砖半大放脚砌法

(1) 砌筑前，应将垫层表面上的杂物清扫干净，并浇水湿润。砌筑时如遇基础标高不一致，应从低处砌起，高度差不超过 1.2m。

(2) 在垫层转角处、交接处及高低处立好基础皮数杆。基础皮数杆要进行抄平，使杆上所示底层室内地面线标高与设计的底层室内地面标高相一致。

(3) 砖砌体基础的转角处和交接处应同时砌筑，严禁无可靠措施的内外墙分砌施工。对不能同时砌筑而又必须留置的临时间断处应砌成斜槎，斜槎水平投影长度不应小于高度的 2/3。

(4) 砌筑时，可依皮数杆先在转角及交接处砌几皮砖，每次砌筑高度不应超过五皮砖，再在其间拉准线砌中间部分，其中，第一皮砖应以基础底宽线为准砌筑。

(5) 砌基础墙转角及内外墙交接处砖应随时先砌，并应拉通线；240mm 墙采用单面挂线，370mm 厚以上墙则双面挂线，以确保墙身横平竖直。

(6) 基础底标高不同时，应从低处砌起，并由高处向低处搭接。如设计无要求，搭接长度不应小于大放脚的高度。

(7) 基础大放脚砌至墙身时，要拉线检查轴线及边线，确保基础墙身位置正确；同时，要对照皮数杆的砖层及标高，如出现高低差时，应以水平灰缝逐层调整，使墙体的层数与皮数杆相一致。

(8) 基础墙上承托各种穿墙管沟盖板的挑砖及其上一层压砖，均应用丁砖砌筑，头缝砂浆要严密饱满，挑檐砖层面标高必须符合设计图纸要求。

(9) 基础墙上的各种预留孔洞及埋件以及接槎拉结筋，应按设计标高、位置或会审变更要求留置，避免事后凿墙打洞，影响墙体结构性能。

(10) 变形缝两边的墙角应按直角要求砌筑，先砌一边溢出墙面的砂浆要随砌随刮除；后砌的另一边采用铺缩口灰的方法进行操作，掉入缝内的砂浆及杂物，应及时清除干净。

(11) 砖基础中的洞口、管道、沟槽和预埋件等，应于砌筑时正确留出或预埋，宽度超过 300mm 的洞口，应砌筑平拱或设置过梁，其安装标高、尺寸必须准确，底灰饱满；如坐灰超 20mm 厚时，要用细石混凝土铺垫，过梁两端的搁置长度应相一致，基础垫层标高不等或有局部加深部位，应从最低处往上砌筑，并应经常拉通线检查，保持砌体平直通顺。

(12) 在非抗震设防及抗震设防烈度为 6 度、7 度地区的基础临时间断处，当不能留斜槎时，除转角处外，可留直槎，但直槎必须做成凸槎。留直槎处应加设拉结钢筋，拉结钢筋的数量为每 120mm 墙厚放置 1ϕ6 拉结钢筋(120mm 厚墙放置 2ϕ6 拉结钢筋)，间距沿墙高不应超过 500mm；埋入长度从留槎处算起每边均不应小于 500mm，对抗震设防烈度 6 度、7 度的地区，不应小于 1000mm；末端应有 90°弯钩。

(13) 抹防潮层：抹前应将基础墙顶面清扫干净，浇水湿润随即批抹防水砂浆，厚度一般为 20mm 为宜。防水砂浆掺入防水剂量按砌筑砂浆配合比规定和设计要求确定。

(14) 砌筑用砂浆应随拌随用，水泥砂浆和水泥混合砂浆应分别在 3h 和 4h 内使用完毕；当施工期间最高气温超过 30℃时，应分别在拌成后 2h 和 3h 内使用完毕。

注：对掺用缓凝剂的砂浆，其使用时间可根据具体情况延长。

(15) 水平灰缝及竖向灰缝的宽度应控制在 10mm 左右，最小不得小于 8mm；最大不得超过 12mm。水平灰缝的砂浆饱满度不得小于 80%。

(16) 砌完基础后，应及时回填。回填土应在基础两侧同时进行，并分层夯实。单侧填土应在砖基础达到侧向承载能力和满足允许变形要求后才能进行。

7-2-5　验收标准及质量检查方法

7-2-5-1　砖和砂浆的强度等级必须符合设计要求。

(1) 砖：抽检数量：每一生产厂家的砖到现场后，按烧结砖 15 万块、多孔砖 5 万块、灰砂砖及粉煤灰砖 10 万块各为一验收批。抽检数量为 1 组。

(2) 砂浆：砌筑砂浆试块强度验收时，其强度合格标准必须按第 7-1(8)条的有关规定。抽检数量：每一检验批且不超过 250m^3 砌体的各种类型及强度等级的砌筑砂浆，每台搅拌机应至少抽检一次。

检验方法：查砖和砂浆试块试验报告。

7-2-5-2　砖砌基础组砌方法应正确，上、下错缝，内外搭砌，砖柱不得采用包心砌法。

抽检数量：外墙每 20m 抽查一处，每处 3～5m，且不应少于 3 处；内墙按有代表性的自然间抽 10%，且不应少于 3 间。

检验方法：观察检查。

合格标准：除符合本条要求外，清水墙、窗间墙无通缝；混水墙中长度大于或等于 300mm 的通缝每间不超过 3 处，且不得位于同一面墙体上。

7-2-5-3　砖砌基础墙体的灰缝应横平竖直，厚薄均匀。水平灰缝厚度宜为 10mm，但不应小于 8mm，也不应大于 12mm。

抽检数量：每步脚手架施工的砌体，每 20m 抽查 1 处。

检验方法：用尺量 10 皮砖砌体高度折算。

7-2-5-4　砖砌基础的位置及垂直度允许偏差应符合表 7-3 的规定。

砖砌基础的位置及垂直度允许偏差 **表 7-3**

项次	项 目	允许偏差(mm)	检 验 方 法
1	轴线位置偏移	10	用经纬仪和尺检查或用其他测量仪器检查
2	垂直度(全高)	5	用经纬仪、吊线和尺检查或用其他测量仪器检查

抽检数量：轴线查全部基础墙、柱；垂直度全高外墙基础部分查阳角，不应少于4处，每20m查一处；内墙基础部分按有代表性的自然间抽10%，但不应少于3间，每间不应少于2处，柱不少于5根。

7-2-5-5　砖砌体的一般尺寸允许偏差应符合表7-4的规定。

砖砌体一般尺寸允许偏差 **表 7-4**

<table>
<tr><th>项次</th><th colspan="2">项 目</th><th>允许偏差(mm)</th><th>检 验 方 法</th><th>抽 检 数 量</th></tr>
<tr><td>1</td><td colspan="2">基础顶面和楼面标高</td><td>±15</td><td>用水平仪和尺检查</td><td>不应少于5处</td></tr>
<tr><td rowspan="2">2</td><td rowspan="2">表面平整度</td><td>清水墙、柱</td><td>5</td><td rowspan="2">用2m靠尺和楔形塞尺检查</td><td rowspan="2">有代表性自然间10%，但不应少于3间，每间不应少于2处</td></tr>
<tr><td>混水墙、柱</td><td>8</td></tr>
<tr><td>3</td><td colspan="2">门窗洞口高、宽(后塞口)</td><td>±5</td><td>用尺检查</td><td>检验批洞口的10%，且不应少于5处</td></tr>
<tr><td>4</td><td colspan="2">外墙上下窗口偏移</td><td>20</td><td>以底层窗口为准，用经纬仪或吊线检查</td><td>检验批的10%，且不应少于5处</td></tr>
<tr><td rowspan="2">5</td><td rowspan="2">水平灰缝平直度</td><td>清水墙</td><td>7</td><td rowspan="2">拉10m线和尺检查</td><td rowspan="2">有代表性自然间10%，但不应少于3间，每间不应少于2处</td></tr>
<tr><td>混水墙</td><td>10</td></tr>
<tr><td>6</td><td colspan="2">清水墙游丁走缝</td><td>20</td><td>吊线和尺检查，以每层第一皮砖为准</td><td>有代表性自然间10%，但不应少于3间，每间不应少于2处</td></tr>
</table>

7-3　混凝土砌块砌体

混凝土砌块砌体基础即采用混凝土小型空心砌块以及轻骨料混凝土小型空心砌块砌筑并采用混凝土灌实砌块孔洞的砌体结构，砌块主要规格为390mm×190mm×190mm，墙厚等于砌块的宽度，其立面砌筑形式只有全顺一种，即各皮砌块均为顺砌，上下皮竖缝相互搭接1/2砌块长，上下层砌块孔洞相互对准。

7-3-1　一般规定

7-3-1-1　本节适用于普通混凝土小型空心砌块和轻骨料混凝土小型空心砌块基础(以下简称小砌块)工程的施工以及质量验收。

7-3-1-2　用于基础结构的小砌块的强度等级应不小于MU7.5，施工时所用的砂浆，宜选用专用的小砌块砌筑砂浆且强度应不小于M5，用于灌实砌块孔洞的混凝土，宜选用专用的小砌块灌孔混凝土；当采用普通混凝土时，强度等级应不低于C20，且坍落度不应小于90mm。

7-3-1-3　施工时所用的小砌块的产品龄期不应小于28d。

7-3-1-4　砌筑小砌块时，应清除表面污物和芯柱用小砌块孔洞底部的毛边，剔除外观质量不合格的小砌块。

7-3-1-5　小砌块砌筑时，在天气干燥炎热的情况下，可提前洒水湿润小砌块；对轻骨料混凝土小砌块，可提前浇水湿润。小砌块表面有浮水时，不得施工。

7-3-1-6　承重墙体基础严禁使用断裂小砌块。

7-3-1-7　小砌块基础墙体应对孔错缝搭砌，搭接长度不应小于 90mm。墙体的个别部位不能满足上述要求时，应在灰缝中设置拉结钢筋或钢筋网片，但竖向通缝仍不得超过两皮小砌块。

7-3-1-8　小砌块应底面朝上反砌于墙上。

7-3-1-9　浇灌芯柱混凝土，应遵守下列规定：

(1) 清除孔洞内的砂浆等杂物，并用水冲洗；

(2) 砌筑砂浆强度大于 1MPa 时，方可浇灌芯柱混凝土；

(3) 在浇灌芯柱混凝土前，应先注入适量与芯柱混凝土相同的去石水泥砂浆，再浇灌混凝土。

7-3-1-10　需要移动砌体中的小砌块或小砌块被撞动时，应重新铺砌。

7-3-2　材料和机具要求

7-3-2-1　材料

(1) 小砌块：强度等级及外观指标符合设计和规范要求，并应规格一致；用于清水墙、柱表面的砌块，应边角整齐、色泽均匀；有出厂合格证明及试验单。堆放小砌块场地应压实排水。小砌块应垂直堆放，上下皮交叉叠放、堆置高度不宜超过 3m。

小砌块使用前一般不需浇水，当天气炎热且干燥时，可提前喷水湿润。

(2) 水泥：品种与强度等级应根据砌体部位及所处环境选择，一般宜采用 32.5 级普通硅酸盐水泥或矿渣硅酸盐水泥；应有出厂合格证明和试验报告方可使用；不同品种的水泥不得混合使用。

(3) 砂：中、粗砂，含泥量不超过 5%，使用前用 5mm 孔径的筛子过筛。

(4) 片石：粒径 5～13mm，含泥量不超过 3%。

(5) 钢筋网片：$\phi4$ 和 $\phi6$ 的焊接网片。

7-3-2-2　机具

砌块基础施工所用机具包括泥刀、齿式剪刀夹具、铁锹、小撬棒、U 形木制或铁制头缝夹板、托线板、线锤、麻线、木模、乳胶手套等。

7-3-3　施工前准备

7-3-3-1　小砌块基础砌筑前，基槽或基础垫层施工均已完成，并办理好工程隐蔽验收手续。

7-3-3-2　小砌块砌筑前，应根据小砌块高度以及灰缝厚度计算皮数，制作皮数杆，并将皮数杆立于基础转角处和交接处，皮数杆间距宜小于 15m。

7-3-3-3　施工前，应清除小砌块表面污物和芯柱所用砌块孔洞的底部毛边。

7-3-3-4　砌筑前，准备好砌筑砂浆和 C20 细石混凝土各一份，随拌随用。

7-3-4　施工要点

7-3-4-1　工艺流程

施工准备→垫层→弹线定位→立皮数杆→砂浆、混凝土拌制→砌筑→混凝土灌孔→验收→基础回填。

7-3-4-2 主要施工工艺

(1) 必须遵守“反砌”原则，每皮小砌块应使其底面朝上砌筑。

(2) 小砌块应对孔错缝搭砌，个别情况下无法对孔砌筑时，允许错孔砌筑，但搭接长度不应小于 90mm。如不能满足上述要求时，应在砌块的水平灰缝内设置拉结钢筋或钢筋网片。拉结钢筋可用 2 根直径 6mm 的Ⅰ级钢筋；钢筋网片可用直径 4mm 的钢筋焊接而成。拉结钢筋或钢筋网片的长度不应小于 700mm。但竖向通缝不得超过两皮小砌块。

(3) 小砌块基础水平灰缝应平直，按净面积计算的砂浆饱满度不应低于 90%。竖向灰缝应采用加浆方法，使其砂浆饱满，严禁用水冲浆灌缝，不得出现瞎缝、透明缝。竖缝的砂浆饱满度不应低于 80%。水平灰缝厚度和竖向灰缝宽度一般为 10mm，最小不小于 8mm，最大不超过 12mm。

(4) 在空心砌块基础墙的转角处，应隔皮纵、横墙砌块相互塔砌，即隔皮纵、横墙砌块墙面露头。小砌块基础墙的 T 字交接处，应隔皮使横墙砌块端面露头。当该处无芯柱时，应在纵墙上交接处砌两块一孔半的辅助规格砌块，隔皮砌在横墙露头小砌块下，其半孔应位于中间，当该处有芯柱时，应在纵墙上交接处砌一块三孔大规格砌块，砌块的中间孔正对横墙露头小砌块靠外的孔洞。

在 T 形交接处，纵墙如用主规格砌块，则会造成纵墙墙面上有连续三皮通缝，这是不允许的。

(5) 小砌块基础墙的十字交接处，当该处无芯柱时，在交接处应砌一孔半小砌块，隔皮相互垂直，其半孔应在中间；当该处有芯柱时，在交接处应砌三孔砌块，隔皮相互垂直相交，中间孔相互对正。

在十字交接处，如用主规格小砌块，则会使纵横墙交接面出现连续三皮通缝，这也是不允许的。

(6) 小砌块基础墙的转角处和交接处应同时砌起，如不能同时砌起，则应留置斜槎，斜槎的长度应等于或大于斜槎高度。

(7) 在非抗震设防地区，除外墙转角处，小砌块基础墙的临时间断处可从墙面伸出 200mm 砌成直槎，并每隔三皮小砌块高在水平灰缝设 2 根直径 6mm 的拉结筋；拉结筋埋入长度，从留槎处算起，每边均不应小于 600mm，钢筋外露部分不得任意弯折。

(8) 小砌块基础墙表面不得预留或打凿水平沟槽，对设计规定的洞口、管道、沟槽和预埋件，应在砌筑墙体时预留和预埋。

(9) 基础墙转角处和纵横墙交接处应同时砌筑。临时间断处应砌成斜槎，斜槎水平投影长度不应小于高度的 2/3。

7-3-5 验收标准及质量检查方法

7-3-5-1 小砌块和砂浆的强度等级必须符合设计要求。

抽检数量：每一生产厂家，每 1 万块小砌块至少应抽检一组。用于多层以上建筑基础和底层的小砌块抽检数量不应少于 2 组。砂浆试块的抽检数量同砖砌体基础。

检验方法：查小砌块和砂浆试块试验报告。

7-3-5-2 砌体水平灰缝的砂浆饱满度，应按净面积计算不得低于 90%；竖向灰缝饱满度不得小于 80%，竖向灰缝饱满度不得小于 80%，竖缝凹槽部位应用砌筑砂浆填实；不得出现瞎缝、透明缝。

抽检数量：每检验批不应少于 3 处。

检验方法：用专用百格网检测小砌块与砂浆粘结痕迹，每处检测 3 块小砌块，取其平均值。

7-3-5-3　基础墙转角处和纵横墙交接处应同时砌筑。临时间断处应砌成斜槎，斜槎水平投影长度不应小于高度的 2/3。

抽检数量：每检验批抽 20%接槎，且不应少于 5 处。

检验方法：观察检查。

7-3-5-4　砌体的轴线偏移和垂直度偏差应按本章表 7-3 的规定执行。

7-3-5-5　小砌块基础墙体的一般尺寸允许偏差应按本章表 7-4 中的 1～5 项的规定执行。

7-4　配　筋　砌　体

配筋砌体结构是以配置钢筋的砌体作为建筑物主要受力构件的结构，主要形式包括网状配筋砌体柱、水平配筋体墙、砖砌体和钢筋混凝土面层或钢筋砂浆面层组合砌体柱（墙）、砖砌体和钢筋混凝土构造柱组合墙和配筋砌块砌体剪力墙结构等。

7-4-1　一般规定

7-4-1-1　网状配筋砖柱以及组合砖砌体基础部分所用的砖强度等级不应低于 MU10，所用的砂浆强度等级不应低于 M5。面层混凝土强度等级一般采用 C15 或 C20，面层水泥砂浆强度等级不得低于 M7.5，砂浆面层的厚度可采用 30～45mm，当面层厚度大于 45mm 时，其面层宜采用混凝土。

7-4-1-2　网状配筋砖柱基础钢筋直径不应大于 8mm，钢筋网中钢筋的间距，不应大于 120mm，并不应小于 30mm。钢筋网的间距不应大于 5 皮砖，并不应大于 400mm。当采用连弯网时，网的钢筋方向应互相垂直，沿砖柱高度交错设置，钢筋网的间距是指同一方向网的间距，见图 7-3 所示。

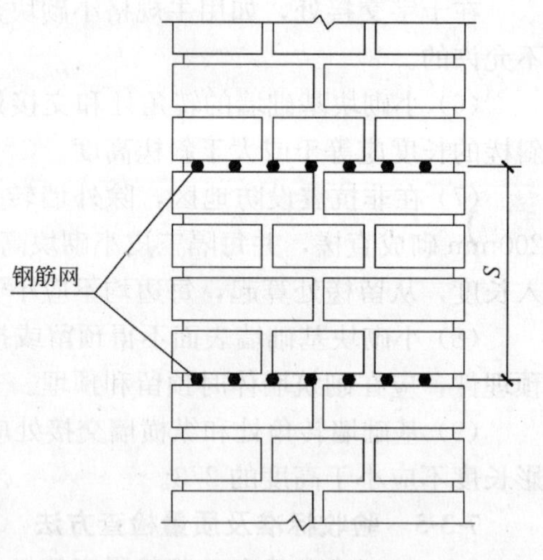

图 7-3　网状配筋砖柱

7-4-1-3　组合砖砌体受力钢筋宜采用 HPB235 级钢筋，对于混凝土面层，亦可采用 HRB335 级钢筋。受力钢筋的直径不应小于 8mm，钢筋的净间距不应小于 30mm。受力钢筋的保护层厚度，不应小于表 7-5 中的规定。受力钢筋距砖砌体表面的距离不应小于 5mm。

受力钢筋保护层厚度（mm）　　**表 7-5**

类别＼环境条件	室内正常环境	露天或室内潮湿环境
墙	15	25
柱	25	35

注：当面层为水泥砂浆时，对于柱，保护层厚度可减小 5mm。

箍筋的直径采用 4～6mm。箍筋的间距，不应大于 20 倍受压钢筋的直径及 500mm，并不应小于 120mm。

7-4-1-4 当组合砖柱、组合砖壁柱一侧的受力钢筋多于 4 根时，应设置附加箍筋或拉结钢筋，附加箍筋及拉结筋的直径、间距要求与箍筋相同。

7-4-1-5 对于组合砖墙基础，应采用穿通墙体的拉结钢筋作为箍筋，同时设置水平分布钢筋。拉结钢筋直径采用 6～8mm，水平方向间距不大于 500mm。水平分布钢筋直径不应小于 8mm，垂直方向间距不应大于 500mm。

7-4-1-6 组合砖砌体的基础底部，必须设置混凝土垫块，受力钢筋伸入垫块的长度，必须满足锚固要求。

7-4-1-7 配筋砌块砌体剪力墙，应采用专用的小砌块砌筑砂浆和专用的小砌块灌孔混凝土，若墙片采用烧结普通砖与砂浆砌筑，砖强度等级不低于 MU7.5，砂浆强度等级不低于 M5，墙厚至少为 115mm，混凝土强度等级不低于 C15。其竖向受力钢筋间距应符合设计要求，直径不应小于 10mm，水平分布钢筋直径不应小于 8mm，垂直方向间距不应大于 500mm。拉结钢筋直径可用 4～6mm，垂直方向及水平方向间距均不应大于 500mm，并不应小于 120mm。

7-4-1-8 构造柱一般不设基础或扩大底面积，构造柱埋置深度从室外地坪算起不应小于 300mm。当墙下有基础圈梁时，构造柱根部可与基础圈梁联结，无基础圈梁时，可在构造柱根部增设混凝土底脚，其厚度不应小于 120mm，并将构造柱的竖向受力钢筋锚固在混凝土底脚内，见图 7-4 所示。

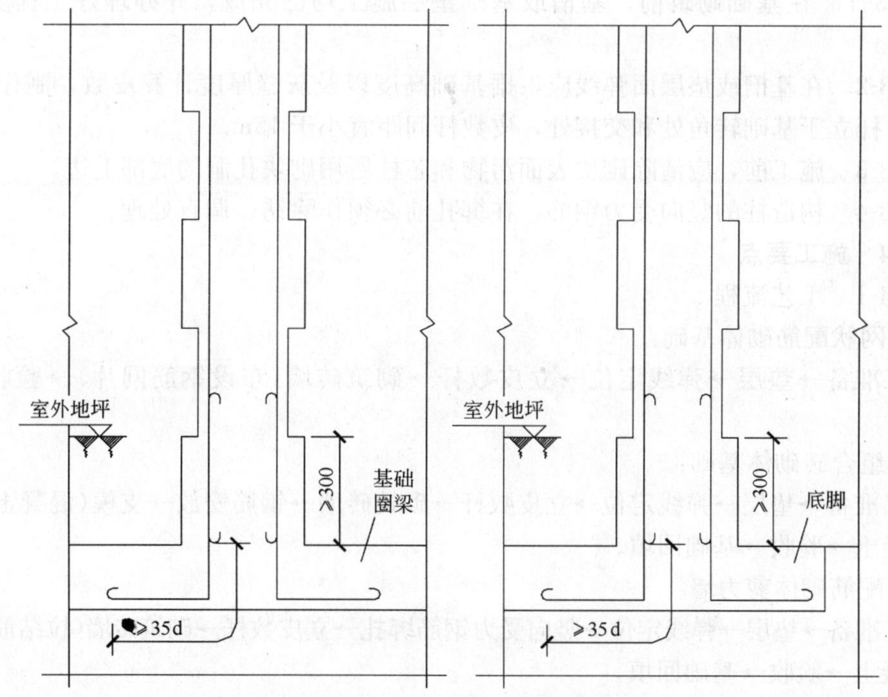

图 7-4 构造柱基础部位构造图

7-4-1-9 构造柱浇灌混凝土前，必须将砌体留槎部位和模板浇水湿润，将模板内的落地灰、砖渣和其他杂物清理干净，并在结合面处注入适量与构造柱混凝土相同的去石水泥砂浆。振捣时，应避免触碰墙体，严禁通过墙体传震。

7-4-1-10 设置在砌体水平灰缝中钢筋的锚固长度不宜小于 $50d$，且其水平或垂直弯折段的长度不宜小于 $20d$ 或 150mm；钢筋的搭接长度不应小于 $55d$。

7-4-2 材料和机具要求

7-4-2-1 材料

(1) 钢筋的品种、规格和数量应符合设计要求。钢筋进场时，应有出厂合格证明，并应按现行国家标准《钢筋混凝土用热轧带肋钢筋》(GB 1499—1998)等规定抽取试件作力学性能检验，其质量必须符合有关标准的规定。

(2) 构造柱、芯柱、组合砌体构件、配筋砌体剪力墙构件的混凝土或砂浆的强度等级应符合设计要求。

(3) 水泥：品种与强度等级应根据砌体部位及所处环境选择，一般宜采用 32.5 级普通硅酸盐水泥或矿渣硅酸盐水泥；应有出厂合格证明和试验报告方可使用；不同品种的水泥不得混合使用。

(4) 砂：中、粗砂，含泥量不超过 5%，使用前，用 5mm 孔径的筛子过筛。

7-4-2-2 机具

配筋砌体基础施工操作主要机具包括泥刀、齿式剪刀夹具、铁锹、小撬棒、U 形木制或铁制头缝夹板、托线板、线锤、麻线、木模、振动器等。

7-4-3 施工前准备

7-4-3-1 在基础砌筑前，基槽或基础垫层施工均已完成，并办理好工程隐蔽验收手续。

7-4-3-2 在基槽或垫层面弹线应根据基础高度以及灰缝厚度计算皮数，制作皮数杆，并将皮数杆立于基础转角处和交接处，皮数杆间距宜小于 15m。

7-4-3-3 施工前，应清除砌块表面污物和芯柱所用砌块孔洞的底部毛边。

7-4-3-4 构造柱的竖向受力钢筋，在绑扎前必须作除锈、调直处理。

7-4-4 施工要点

7-4-4-1 工艺流程

(1) 网状配筋砌体基础：

施工准备→垫层→弹线定位→立皮数杆→砌筑砖墙（布设钢筋网片）→验收→基础回填。

(2) 组合砖砌体基础：

施工准备→垫层→弹线定位→立皮数杆→砌筑砖墙→钢筋安放→支模（混凝土面层）→浇筑混凝土→验收→基础回填。

(3) 配筋砌体剪力墙：

施工准备→垫层→弹线定位→竖向受力钢筋绑扎→立皮数杆→砌筑砖墙（拉结筋布设）→浇筑混凝土→验收→基础回填。

(4) 砖砌体与钢筋混凝土构造柱组合墙基础：

施工准备→垫层→设置龙门板→立皮数杆→砂浆拌制→排砖摞底→砌筑→基础圈梁→构造柱→验收→基础回填。

7-4-4-2 主要施工工艺

1. 网状配筋砌体柱基础

(1) 网状配筋砖柱基础的砌筑施工技术要点与不配筋的砖柱一样。

(2) 配有钢筋网的水平灰缝厚度应保证钢筋上下至少各有2mm的砂浆层。例如：采用直径4mm的方格网，则该层水平灰缝厚度为2×2+4×2=12(mm)；若采用直径6mm的连弯网，则该层水平灰缝厚度为2×2+6=10(mm)。钢筋网应置于砂浆层中间，钢筋网边缘的钢筋的砂浆保护层应不小于15mm。

2. 组合砖砌体基础

(1) 先按常规砌筑砖砌体，在砌筑同时，按规定的间距，在砌体的水平灰缝内放置箍筋或拉结钢筋。箍筋或拉结钢筋应埋于砂浆层中，使其砂浆保护层厚度不小于2mm，两端伸出砖砌体外的长度相一致。

(2) 受力钢筋按规定间距竖立，与箍筋或拉结钢筋绑牢。组合砖墙中的水平分布钢筋按规定间距与受力钢筋绑牢。

(3) 面层施工前，应清除面层底部的杂物，并浇水湿润砖砌体表面(指面层与砖砌体的接触面)。

(4) 砂浆面层施工可不用支模板，只需从下而上分层涂抹即可，一般应两层涂抹，第一次主要是刮底，使受力钢筋与砖砌体有一定的保护层；第二次主要是抹面，使面层表面平整。

(5) 混凝土面层施工时应支设模板，每次支设高度宜为500～600mm。在此段高度内，混凝土还应分层浇筑，用插入式振动器或捣钎捣实混凝土。待混凝土强度达到设计强度30%以上才能拆除模板。

3. 钢筋混凝土填心墙

钢筋混凝土填心墙基础有两种施工方法。

(1) 低位浇筑混凝土法。先在基础垫层竖立受力钢筋，绑扎好水平分布钢筋，并临时固定，再同时砌筑两侧基础砖墙，视基础高度每次砌筑高度不超过600mm，砌筑时，按设计要求在砖墙水平灰缝中放置拉结钢筋，拉结钢筋与受力钢筋绑扎牢。当砌筑砂浆强度达到使墙片能够承受混凝土的侧向压力时，将落入两墙片之间的砂浆和砖渣等杂物清理干净，向墙片里侧浇水使其湿润。再分层浇筑混凝土，逐层振捣密实。这一过程反复进行，直至基础墙体全部完成。

(2) 高位浇筑混凝土法。先在垫层面竖立受力钢筋，绑扎好水平分布钢筋，并临时固定。再同时砌筑两墙片至基础全高，但不得超过3m。两墙片砌筑高度差不应大于墙内拉结钢筋的竖向间距，砌筑时，按设计要求在砖墙水平灰缝中设置拉结钢筋，拉结钢筋与受力钢筋绑牢。在一片砖墙的底部要预留若干清理洞，墙片砌完后，从清理洞口中掏出落入两墙片间砂浆和碎砖等杂物，清理干净后，再用同品种、同强度等级的砖和砂浆将洞口填塞。当砌筑砂浆强度达到使墙片能承受住混凝土产生的侧压力时(不少于3d)，浇水湿润墙片里侧，然后分层浇筑混凝土，逐层振捣密实。

4. 砖砌体与钢筋混凝土构造柱组合墙基础

(1) 构造柱的截面不应小于240mm×180mm(实际应用最小截面为240mm×240mm)。钢筋一般采用Ⅰ级钢筋，竖向受力钢筋一般采用4根，直径为12mm。箍筋采用直径 4～6mm，其间距不宜大于 250mm。

(2) 基础砖墙与构造柱应沿墙高每隔 500mm 设置 2 根直径 6mm 的水平拉结钢筋。拉结钢筋两边伸入墙内不应少于 1m。拉结钢筋穿过构造柱部位应与受力钢筋绑牢。在外墙转角处，如纵墙均为一砖半墙，则水平拉结筋应用 3 根。

(3) 构造柱必须与基础圈梁连接，在柱与圈梁相交的节点处应适当加密构造柱的箍筋，加密范围从圈梁上、下边算起均不应小于层高的 1/6 或 450mm，箍筋间距不宜大于 100mm。

(4) 构造柱的施工顺序应为：绑扎钢筋、砌砖墙、支模板、浇捣混凝土。

(5) 构造柱钢筋末端应作弯钩，底层构造柱的竖向受力钢筋与基础圈梁(或混凝土底脚)的锚固长度不应小于 35 倍竖向钢筋直径，并保证钢筋位置正确。

(6) 在逐层安装模板前，必须根据构造柱轴线校正竖向钢筋位置和垂直度。箍筋的间距应正确，并分别与构造柱的竖筋和圈梁的纵筋相垂直，绑扎牢靠。构造柱钢筋的混凝土保护层厚度一般为 20mm，并不得小于 15mm。

(7) 砌砖墙时，从每层构造柱脚开始，砌马牙槎应先退后进，以保证构造柱脚为大断面。马牙槎内的灰缝砂浆必须密实饱满，其水平灰缝砂浆饱满度不得低于 80%。

(8) 构造柱模板宜采用组合钢模或木模。构造柱和圈梁的模板都必须在砖墙面严密贴紧，支撑牢靠，堵塞缝隙，以防漏浆。

(9) 在浇筑构造柱混凝土前，必须将砖墙和模板浇水湿润(钢模板面不浇水，刷隔离剂)，并将模板内的砂浆残块、砖渣等杂物清理干净。为了便于清理，可事先在砌墙时，在构造柱底部(圈梁面上)留出二皮砖高的清扫洞口，杂物清除后立即用砖砌封闭洞口。

(10) 浇筑构造柱的混凝土，其坍落度一般以 50～70mm 为宜，以保证浇筑密实，亦可根据施工条件，气温高低，在保证浇捣密实情况下加以调整。

(11) 浇捣构造柱混凝土时，宜用插入式振动器，分层捣实。振动棒随振随拔，每次振捣层的厚度不得超过振捣棒有效长度的 1.25 倍，一般为 200mm 左右。振捣时，振捣棒应避免直接触碰钢筋和砖墙，严禁通过砖墙传振，以免砖墙鼓肚和灰缝开裂。

(12) 在新老混凝土接槎处，须先用水冲洗、湿润，再铺 10～20mm 厚的水泥砂浆(用原混凝土配合比去掉石子)，方可继续浇筑混凝土。

7-4-5 验收标准及质量检查方法

7-4-5-1 构造柱位置及垂直度的允许偏差应符合表 7-6 的规定。

构造柱尺寸允许偏差 **表 7-6**

项次	项目			允许偏差(mm)	检验方法
1	柱中心线位置			10	用经纬仪和尺检查或用其他测量仪器检查
2	柱层间错位			8	用经纬仪和尺检查或用其他测量仪器检查
3	柱垂直度	每层		10	用 2m 托线板检查
		全高	≤10m	15	用经纬仪、吊线和尺检查，或用其他测量仪器检查
			>10m	20	

抽检数量：每检验批抽 10%，且不应少于 5 处。

7-4-5-2 对配筋混凝土小型空心砌块砌体，芯柱混凝土应在装配式楼盖处贯通，不得削弱芯柱截面尺寸。

抽检数量：每检验批抽10%，且不应少于5处。

检验方法：观察检查。

7-4-5-3 设置在砌体水平灰缝内的钢筋，应居中置于灰缝中。水平灰缝厚度应大于钢筋直径4mm以上。砌体外露面砂浆保护层的厚度不应小于15mm。

抽检数量：每检验批抽检3个构件，每个构件检查3处。

检验方法：观察检查，辅以钢尺检测。

7-4-5-4 设置在砌体灰缝内的钢筋的防腐保护应符合本规范的规定。

抽检数量：每检验批抽检10%的钢筋。

检验方法：观察检查。

合格标准：防腐涂料无漏刷(喷浸)，无起皮脱落现象。

7-4-5-5 网状配筋砌体中，钢筋网及放置间距应符合设计规定。

抽检数量：每检验批抽10%，且不应少于5处。

检验方法：钢筋规格检查钢筋网成品，钢筋网放置间距局部剔缝观察，或用探针刺入灰缝内检查，或用钢筋位置测定仪测定。

合格标准：钢筋网沿砌体高度位置超过设计规定一皮砖厚不得多于1处。

7-4-5-6 组合砖砌体构件，竖向受力钢筋保护层应符合设计要求，距砖砌体表面距离不应小于5mm；拉结筋两端应设弯钩，拉结筋及箍筋的位置应正确。

抽检数量：每检验批抽检10%，且不应少于5处。

检验方法：支模前观察与尺量检查。

合格标准：钢筋保护层符合设计要求；拉结筋位置及弯钩设置80%及以上符合要求，箍筋间距超过规定者，每件不得多于2处，且每处不得超过一皮砖。

7-4-5-7 配筋砌块砌体剪力墙中，采用搭接接头的受力钢筋搭接长度不应小于35d，且不应少于300mm。

抽检数量：每检验批每类构件抽20%(墙、柱、连梁)，且不应少于3件。

检验方法：尺量检查。

7-5 石 砌 体

石砌体结构是以普通石材作为建(构)筑物的受力构件的砌体结构。石砌体基础主要包括毛石基础与料石基础。

毛石基础是用乱毛石或平毛石与水泥混合砂浆或水泥砂浆砌成。乱毛石是指形状不规则的石块；平毛石是指形状不规则，但有两个平面大致平行的石块。如图7-5所示。

料石基础是用毛料石或粗料石与水泥混合砂浆或水泥砂浆砌筑而成。

料石基础有墙下的条形基础和柱下独立基础等。依其断面形状有矩形、阶梯形等。阶梯形基础每阶挑出宽度不大于200mm，每阶为一皮或二皮料石。如图7-6所示。

7-5-1 一般规定

7-5-1-1 石砌体采用的石材应质地坚实，无风化剥落和裂纹。用于清水墙、柱表面的石材，尚应色泽均匀。

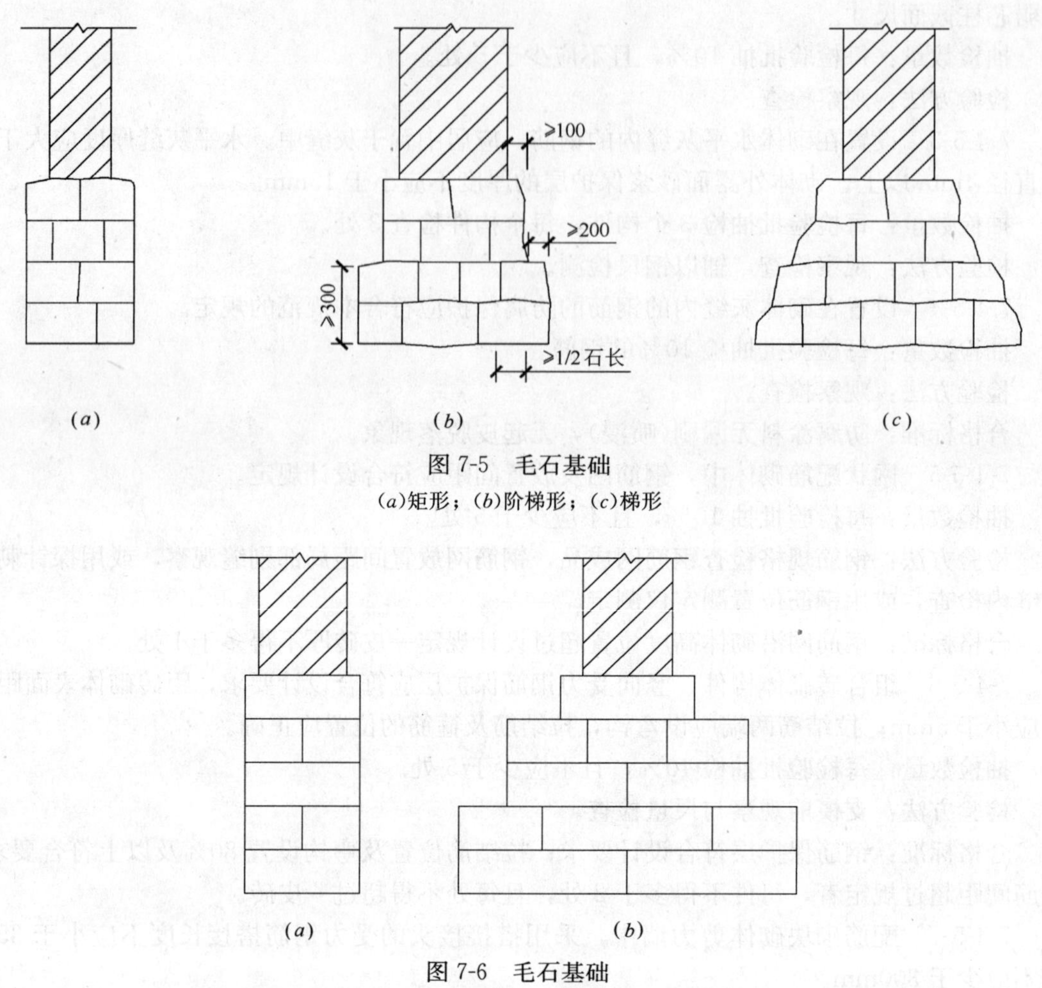

图 7-5　毛石基础

(*a*)矩形；(*b*)阶梯形；(*c*)梯形

图 7-6　毛石基础

(*a*)矩形；(*b*)阶梯形

7-5-1-2　石材表面的泥垢、水锈等杂质，砌筑前应清除干净。

7-5-1-3　石砌体的灰缝厚度：毛料石和粗料石砌体不宜大于 20mm；细料石砌体不宜大于 5mm。

7-5-1-4　砂浆初凝后，如移动已砌筑的石块，应将原砂浆清理干净，重新铺浆砌筑。

7-5-1-5　毛石基础按其断面形状有矩形、楼梯形和阶梯形等。基础顶面宽度应比墙基底面宽度大 200mm；基础底面宽度依设计计算而定。梯形基础坡角应大于 60°。阶梯形基础每阶高不小于 300mm，每阶挑出宽度不大于 200mm。

7-5-1-6　砌筑毛石基础的第一皮石块应坐浆，并将大面向下；砌筑料石基础的第一皮石块应用丁砌层坐浆砌筑。

7-5-1-7　毛石砌体的第一皮及转角处、交接处和洞口处，应用较大的平毛石砌筑。每个楼层(包括基础)砌体的最上一皮，宜选用较大的毛石砌筑。

7-5-1-8　砌筑毛石挡土墙应符合下列规定：

(1) 每砌 3～4 皮为一个分层高度，每个分层高度应找平一次；

(2) 外露面的灰缝厚度不得大于 40mm，两个分层高度间分层处的错缝不得小于 80mm。

7-5-1-9 料石挡土墙，当中间部分用毛石砌时，丁砌料石伸入毛石部分的长度不应小于 200mm。

7-5-1-10 挡土墙的泄水孔当设计无规定时，施工应符合下列规定：

(1) 泄水孔应均匀设置，在每米高度上间隔 2m 左右设置一个泄水孔；

(2) 泄水孔与土体间铺设长度各为 300mm、厚 200mm 的卵石或碎石作疏水层。

7-5-1-11 挡土墙内侧回填土必须分层夯填，分层松土厚度为 300mm。墙顶面应有适当坡度，使流水流向挡土墙外侧面。

7-5-2 材料和机具要求

7-5-2-1 材料

1. 石材

(1) 石砌体所用的材料应质地坚实、无风化剥落和裂纹的石块。用于清水墙、柱表面的石材，尚应色泽均匀。

(2) 石材表面的泥垢、水锈等杂质，砌筑前应清除干净。

(3) 毛石所用的材料应成块状，其中部厚度不宜小于 150mm。

(4) 料石应有产品质量证明书，且料石的宽度和厚度均不宜小于 200mm，长度不宜小于厚度的四倍。

2. 砂浆

(1) 同砖砌体工程对砂浆的原材料要求；

(2) 石砌体应采用铺浆法砌筑，所用砂浆稠度宜为 30～50mm，当气候变化时，适当调整。

7-5-2-2 机具

石砌体基础施工操作工具主要包括泥刀、齿式剪刀夹具、铁锹、小撬棒、U 形木制或铁制头缝夹板、托线板、线锤、麻线等。

7-5-3 施工前准备

7-5-3-1 石砌体用石应选质地坚实、无风化剥落和裂纹的石块，并按石块规格对各砌筑部位所用石块进行大小搭配，不可先用大块后用小块。

7-5-3-2 砌筑前，应清除石块表面的泥垢、水锈等杂质，必要时，用水清洗。

7-5-3-3 在砌筑部位放出石砌体的中心线及边线。

7-5-3-4 复核各砌筑部位的原有标高，如有高低不平，应用细石混凝土填平。

7-5-3-5 按石砌体的每皮高度及灰缝厚度等制作皮数杆，皮数杆立于石砌体的转角处和交接处。在皮数杆之间拉准线，依准线逐皮砌石。

7-5-3-6 准备脚手架。当石砌体砌高 1.2m 以上时就要搭设脚手架。

7-5-3-7 选用的石块，其强度等级应不低于 MU20。制备的砂浆应为水泥砂浆或水泥混合砂浆，用于石墙的砂浆强度等级应不低于 M2.5；用于石基础的砂浆强度等级应不低于 M5。

7-5-3-8 对于料石基础砌筑形式有丁顺叠砌和丁顺组砌。丁顺叠砌是一皮顺石与一皮丁石相隔砌成，上下皮竖缝相互错开 1/2 石宽；丁顺组砌是同皮内 1～3 块顺石与一块丁石相隔砌成，丁石中距不大于 2m，上皮丁石坐中于下皮顺石，上下皮竖缝相互错开至少

1/2 石宽。

7-5-4　施工要点

7-5-4-1　工艺流程

施工准备→定位放线→拉准线→坐浆→砌筑→验收→基础回填。

7-5-4-2　主要施工工艺

1. 毛石基础施工

(1) 砌毛石基础应双面拉准线。第一皮按所放的基础边线砌筑，以上各皮按准线砌筑。

(2) 砌第一皮毛石时，应选用有较大平面的石块，先在基坑底铺设砂浆，再将毛石砌上，并使毛石的大面向下。

(3) 砌每一皮毛石时，应分皮卧砌，并应上下错缝，内外搭砌，不得采用先砌外面石块后中间填心的砌筑方法，石块间较大的空隙应先填塞砂浆后用碎石嵌实，不得采用先摆碎石块后塞砂浆或干填碎石块的方法。

(4) 灰缝厚度宜为 20～30mm，砂浆应饱满，石块间不得有相互接触现象。

(5) 毛石基础的每皮毛石内每隔 2m 左右设置一块拉结石。拉结石宽度：如基础宽度等于或小于 400mm，拉结石宽度应与基础宽度相等；如基础宽度大于 400mm，可用两块拉结石内外搭接，搭接长度不应小于 150mm，且其中一块长度不应小于基础宽度的 2/3。

(6) 阶梯形毛石基础，上阶的石块应至少压砌下阶石块的 1/2，相邻阶梯毛石应相互错缝搭接。

(7) 毛石基础最上一皮，宜选用较大的平毛石砌筑。转角处、交接处和洞口处也应选用平毛石砌筑。

(8) 有高低台的毛石基础，应从低处砌起，并由高台向低台搭接，搭接长度不小于基础高度。

(9) 毛石基础转角处和交接处应同时砌起，如不能同时砌起又必须留槎时，应留成斜槎，斜槎长度应不小于斜槎高度，斜槎面上毛石不应找平，继续砌时应将斜槎面清理干净，浇水湿润。

(10) 毛石基础每天可砌高度为 1.2m。

2. 料石基础施工

(1) 砌筑料石基础应双面拉准线，第一皮按所放的基础边线砌筑，以上各皮按准线砌筑。可先砌转角处和交接处，后砌中间部分。

(2) 料石基础的第一皮应丁砌，在基底坐浆。阶梯形基础，上阶料石应至少压砌下阶料石的 1/3 宽度。

(3) 灰缝厚度不宜大于 20mm。砌筑时，砂浆铺设厚度应略高于规定灰缝厚度，一般高出厚度为 6～8mm。

(4) 料石基础的转角处和交接处应同时砌起，如不能同时砌起应留置斜槎。

(5) 料石基础每天砌筑高度应不大于 1.2m。

7-5-5　验收标准及质量检查方法

7-5-5-1　石材及砂浆强度等级必须符合设计要求。

抽检数量：同一产地的石材至少应抽检一组。砂浆试块的抽检数量同砖砌体基础。

检验方法：料石检查产品质量证明书，石材、砂浆检查试块试验报告。

7-5-5-2 砂浆饱满度不应小于80%。

抽检数量：每步架抽查不应少于1处。

检验方法：观察检查。

7-5-5-3 石砌体基础的轴线位置及垂直度允许偏差应符合表7-7的规定。

石砌体的轴线位置及垂直度允许偏差 表7-7

项次	项目		允许偏差(mm)							检验方法
			毛石砌体		料石砌体					
					毛料石		粗料石		细料石	
			基础	墙	基础	墙	基础	墙	墙、柱	
1	轴线位置		20	15	20	15	15	10	10	用经纬仪和尺检查，或用其他测量仪器检查
2	墙面垂直度	每层		20		20		10	7	用经纬仪、吊线和尺检查或用其他测量仪器检查
		全高		30		30		25	20	

抽检数量：外墙，按楼层(或4m高以内)每20m抽查1处，每处3延长米，但不应少于3处；内墙，按有代表性的自然间抽查10%，但不应少于3间，每间不应少于2处，柱子不应少于5根。

7-5-5-4 石砌体基础的一般尺寸允许偏差应符合下表7-8的规定。

石砌体的一般尺寸允许偏差 表7-8

项次	项目		允许偏差(mm)							检验方法
			毛石砌体		料石砌体					
			基础	墙	基础	墙	基础	墙	墙、柱	
1	基础和墙砌体顶面标高		±25	±15	±25	±15	±15	±15	±10	用水准仪和尺检查
2	砌体厚度		+30	+20 −10	+30	+20 −10	+15	+10 −5	+10 −5	用尺检查
3	表面平整度	清水墙、柱	—	20	—	20	—	10	5	细料石用2m靠尺和楔形塞尺检查，其他用两直尺垂直于灰缝拉2m线和尺检查
		混水墙、柱	—	20	—	20	—	15	—	
4	清水墙水平灰缝平直度		—	—	—	—	—	10	5	拉10m线和尺检查

抽检数量：外墙，按楼层(或4m高以内)每20m抽查1处，每处3延长米，但不应少于3处；内墙，按有代表性的自然间抽查10%，但不应少于3间，每间不应少于2处，柱子不应少于5根。

7-5-5-5 石砌体基础的组砌形式应符合下列规定：

(1) 内外塔砌，上下错缝，拉结石、丁砌石交错设置；

(2) 毛石墙拉结石每 0.7m^2 墙面不应少于 1 块。

抽检数量：外墙，按楼层(或 4m 高以内)每 20m 抽查 1 处，每处 3 延长米，但不应少于 3 处；内墙，按有代表性的自然间抽查 10%，但不应少于 3 间。

检验方法：观察检查。

8 地下防水施工与质量验收

8-1 一 般 规 定

(1) 地下防水工程是基础工程的一个子分部，它的分项工程见表1-1(地基与基础分部工程、分项工程划分表)。

(2) 对于地下防水工程，防水设计要给出地下工程的防水等级标准、地下结构自防水设计、结构外部和内部防水的设防、地下结构细部构造防水节点详图、地下工程的排水方式以及设计上对地下防水施工的特殊要求。

(3) 地下工程的防水等级分为4级，应按表8-1规定的标准组织施工，监理和建设单位根据此表防水等级标准进行检查验收。

地下工程防水等级标准　　表8-1

防水等级	标准
1级	不允许渗水、结构表面无湿渍
2级	不允许渗水、结构表面可有少量湿渍 工业与民用建筑：总湿渍面积不大于总防水面积(包括顶板、墙面、地面)的1/1000；任意$100m^2$防水面积的湿渍不超过1处，单个湿渍的最大面积不大于$0.1m^2$ 其他地下工程：总湿渍面积不大于总防水面积的6/1000；任意$100m^2$防水面积的湿渍不超过4处，单个湿渍最大面积不大于$0.2m^2$
3级	有少量漏水点，不得有线流和漏泥砂 任意$100m^2$防水面积的漏水点数不超过7处，单个漏水点的最大漏水量不大于2.5L/d，单个湿渍的最大面积不大于$0.3m^2$
4级	有漏水点，不得有线流和漏泥砂 整个工程平均漏水量不大于$2L/m^2 \cdot d$；任意$100m^2$防水面积的漏水量不大于$2L/m^2 \cdot d$

(4) 地下工程的防水设防应根据设计进行施工，或参考表8-2、表8-3进行施工。

(5) 地下工程的钢筋混凝土结构采用防水混凝土，在自防水的基础上根据防水设计等级的要求，进行其他防水措施的选用。

(6) 施工前，建设单位、监理单位组织设计单位、施工单位进行地下防水设计图纸技术交底会议，明确主体及细部构造的防水技术要求和对防水材料的要求。施工单位要根据地下防水工程设计图纸和设计技术交底记录进行施工方案编制，报监理工程师批准后实施。

(7) 地下防水工程必须由相应资质的专业防水施工单位进行施工，施工人员要持有建设行政主管部门或其指定单位颁发的岗位证书。

明挖法地下工程防水设防　　表 8-2

工程部位	地下结构主体						施工缝					后浇带				变形缝、诱导缝						
防水措施	防水混凝土	防水砂浆	防水卷材	防水涂料	塑料防水板	金属板	遇水膨胀止水条	中埋式止水带	外贴式止水带	外抹防水砂浆	外涂防水涂料	膨胀混凝土	遇水膨胀止水条	外贴式止水带	防水嵌缝材料	中埋式止水带	外贴式止水带	防水嵌缝材料	外涂防水涂料	外贴防水卷材	可卸式止水带	遇水膨胀止水条
防水等级 1	应选	应选一种至二种					应选二种					应选	应选二种			应选	应选二种					
防水等级 2	应选	应选一种					应选一种至二种					应选	应选一种至二种			应选	应选一种至二种					
防水等级 3	应选	应选一种					应选一种至二种					应选	应选一种至二种			应选	应选一种至二种					
防水等级 4	应选	—					宜选一种					应选	宜选一种			应选	宜选一种					

暗挖法地下工程防水设防　　表 8-3

工程部位	地下结构主体				内衬砌施工缝					内衬砌变形缝、诱导缝				
防水措施	复合式衬砌	离壁式衬砌、衬套	贴壁式衬砌	喷射混凝土	外贴式止水带	中埋式止水带	防水嵌缝材料	遇水膨胀止水条	外涂防水涂料	中埋式止水带	外贴式止水带	可卸式止水带	防水嵌缝材料	遇水膨胀止水条
防水等级 1	应选一种			—	应选二种					应选	应选二种			
防水等级 2	应选一种				应选一种至二种					应选	应选一种至二种			
防水等级 3	—	应选一种			应选一种至二种					应选	宜选一种			
防水等级 4	—	应选一种			宜选一种					应选	宜选一种			

(8) 地下防水工程上所使用的防水材料，要有产品合格证书和性能检测报告，材料的品种、规格、性能等要符合现行国家产品标准和设计要求。对进场的防水材料施工单位要及时通知监理单位，监理工程师对外观检查合格后与施工方取样员一起进行见证取样，送计量合格的检测中心进行防水材料复试，实验室提出的复试报告合格后才能进行防水施工；不合格的材料不能用在工程中。

(9) 地下防水工程施工过程中，施工单位要建立和完善各道工序的“三级”验收检查制度，要有完整地检查验收记录。自检合格后，报监理单位，监理工程师检查验收合格签字后，可以进入下一道工序施工。

(10) 在地下防水施工中要保证地下水位稳定在基底 0.5m 以下，对基底位置较低和地下水位较高的地方要采取降水措施，如用井点降水。

(11) 如结构刚度不高或易受振动作用的工程，如动力设备、发电设备，尽量采用卷材、防水涂料等柔性材料，防止防水层开裂。

(12) 如工程处于侵蚀的介质中时，要用耐侵蚀的防水混凝土、砂浆、卷材、防水涂料等防水方案。

(13) 地下防水工程施工要在合适的天气环境下施工，不能在雨天、大风天、雪天进行施工，也不能在过低、过高的温度下施工，见表 8-4。

防水层施工环境气温条件 **表 8-4**

防水层材料	施工环境气温条件
高聚物改性沥青防水卷材	冷凝法不低于 5℃，热熔法不低于 −10℃
合成高分子防水卷材	冷凝法不低于 5℃，热风焊接法不低于 −10℃
有机防水涂料	溶剂型 −5～35℃，水溶性 5～35℃
无机防水涂料	5～35℃
防水混凝土、水泥砂浆	5～35℃

8-2 地下工程防水层

地下工程防水层一般采用防水混凝土、水泥砂浆防水层、卷材防水层、涂料防水层、塑料板防水层、金属板防水层和细部结构防水。各种防水层都有其特点，适用的情况和要求不一样。

8-2-1 防水混凝土

在地下工程中结构一般多采用自防水钢筋混凝土，它以自身密实性而具有防水能力，且具有承重、围护和抗渗特性及材料来源丰富、工艺简单、造价低廉的特点。

防水混凝土是根据所需抗渗等级进行配制的，同时满足设计强度的要求，其中水泥砂浆除满足填充、粘结作用外，还需要在石子周围形成一定数量和浓度的砂浆保护层，将粗骨料充分隔开，有效地阻隔粗骨料间相互连通的渗水孔隙，从而起到混凝土的密实性和抗渗性。

防水混凝土种类较多，有普通防水混凝土、引气剂防水混凝土、减水剂防水混凝土和 UEA 膨胀水泥防水混凝土，可以根据工程特性来进行选用，见表 8-5。

防水混凝土的适用范围 **表 8-5**

种类		最高抗渗压力(MPa)	特点	适用范围
普通防水混凝土		>3.0	施工简便、材料来源广泛	适用于一般工业、民用建筑及公共建筑的地下防水工程
外加剂防水混凝土	引气剂防水混凝土	>2.2	拌合物流动性好	适用于钢筋密集或捣固困难的薄壁型防水构筑物，也适用于对混凝土凝结时间(促凝或缓凝)和流动性有特殊要求的防水工程(如泵送混凝土工程)

续表

种　类		最高抗渗压力(MPa)	特　点	适　用　范　围
外加剂防水混凝土	减水剂防水混凝土	>2.2	拌合物流动性好	适用于钢筋密集或捣固困难的薄壁型防水构筑物，也适用于对混凝土凝结时间(促凝或缓凝)和流动性有特殊要求的防水工程(如泵送混凝土工程)
	三乙醇胺防水混凝土	>3.8	早期强度高、抗渗等级高	适用于工期紧迫，要求早强及抗渗性较高的防水工程及一般防水工程
	氯化铁防水混凝土	>3.8		适用于水中结构的无筋少筋厚大防水混凝土工程及一般地下防水工程，砂浆修补抹面工程。在接触直流电源或预应力混凝土及重要的薄壁结构上不宜使用
	膨胀剂或膨胀水泥防水混凝土	3.6	密实性好、抗裂性好	适用于地下工程和地上防水构筑物、山洞、非金属油罐和主要工程的后浇缝

8-2-1-1　一般规定

(1) 防水混凝土所用的材料要满足设计和规范规定，防水混凝土配合比要按设计要求通过试验进行确定，其配料要按配合比精确称量。计量的误差控制在：水泥、水、外加剂、掺合料为±1%；砂、石料为±2%。

(2) 施工中采用的抗渗等级要比设计要求高一级(0.2MPa)。

(3) 采用的防水混凝土一般不能小于S6。对于Ⅳ、Ⅴ级围岩(土层及软弱围岩)，防水混凝土的抗渗等级可以参考表8-6。

防水混凝土抗渗等级　　**表8-6**

地下工程埋置深度(m)	抗渗等级	地下工程埋置深度(m)	抗渗等级
<10	S6	20～30	S10
10～20	S8	30～40	S12

(4) 防水混凝土的环境温度，不得高于80℃；处于侵蚀性介质中防水混凝土的耐侵蚀系数要大于0.8。

(5) 防水混凝土结构底板的混凝土垫层，其强度要大于C15等级，垫层厚度要≥100mm,在软土层中垫层厚度要≥150mm。

(6) 结构自防水的混凝土其厚度一般都大于250mm，迎水面钢筋保护层厚度要大于50mm。

(7) 建筑物长度超过规定的，混凝土应设置后浇带。

(8) 防水混凝土要求连续浇筑，中间不要停等。施工中需要留置施工缝的，必须在防水混凝土施工前在施工方案中，考虑设计施工缝的位置和施工缝的处理方法。在本节的施工要点中讲述施工缝的做法。

(9) 在大体积防水混凝土施工中，通常采取以下措施来保证防水混凝土的质量：

1) 在设计的许可情况下，采用混凝土60d或90d强度作为设计强度(控制强度增长速度)。

2）采用低热或中热水泥，掺加粉煤灰、磨细矿渣粉等掺合料。

3）控制水灰比，掺入减水剂、缓凝剂、膨胀剂等外加剂。

4）在高温季节施工时，采取降低原材料温度、减少混凝土运输途中吸收外界热量等降温措施。

5）在大体积混凝土中间，预埋钢管管道，进行通水降低混凝土内部的温度。

6）采取保温保湿养护措施。保证混凝土中心的温度与混凝土表面的温度差小于25℃以及混凝土表面温度与大气温度的差值不大于25℃。防水混凝土的养护时间不得少于14d。

8-2-1-2 材料要求

1. 水泥

(1) 水泥的强度等级要≥32.5MPa；

(2) 在有侵蚀的介质中，要按介质的性质选用相应的水泥；

(3) 在有冻融的环境中，要优先选用普通硅酸盐水泥，不宜采用火山灰质硅酸盐水泥和粉煤灰硅酸盐水泥；

(4) 在不受侵蚀的介质和冻融的环境影响时，宜采用普通硅酸盐水泥、硅酸盐水泥、火山灰质硅酸盐水泥、粉煤灰硅酸盐水泥、矿渣硅酸盐水泥，使用矿渣硅酸盐水泥时要掺加高效减水剂；

(5) 不能使用过期、受潮结块水泥，不能将未复试合格的水泥用到工程上，不能将不同品种或强度等级的水泥混合使用。

2. 砂、石料

(1) 砂宜采用中砂，含泥量不得大于3.0%，泥块含量要小于1.0%，具体可以见规范《普通混凝土用砂质量标准及检验方法》(JGJ 52—2000)；

(2) 石子粒径宜为5～40mm，不宜超过40mm，含泥量小于1.0%，泥块含量小于0.5%；采用泵送混凝土时，石子的最大粒径为输送管径的1/4；

(3) 石子不能采用碱活性骨料；

(4) 石子的吸水率小于1.5%；

(5) 石子的具体要求可以参看规范《普通混凝土用碎石或卵石质量标准及检验方法》(JGJ 53—2000)。

3. 水

拌制防水混凝土所用的水，与普通混凝土的要求一致，采用不含有害物质的洁净水，具体参看规范《混凝土拌合用水标准》(JGJ 63—89)。

4. 外掺剂

(1) 在防水混凝土中可以根据工程需要掺入减水剂、膨胀剂、防水剂、密实剂、引气剂和复合型外加剂等，具体外掺剂的品种和数量要经过试验来确定。

(2) 所有外加剂，要符合国家或行业标准一等品及以上的质量要求。

(3) 可以在防水混凝土中掺入一定数量的粉煤灰、磨细矿渣粉、硅粉等，粉煤灰的级别要高于二级，掺量不宜大于20%；硅粉掺量不大于3%；具体掺入量要根据试验来确定。

8-2-1-3 配合比要求

(1) 在防水混凝土中，水泥用量要大于320kg/m³；掺有活性掺合料时，水泥用量不得小于280kg/m³。实验表明，水泥用量对防水混凝土抗渗性能具有明显的影响，当保持混凝土的坍落度时，在一定范围内，防水混凝土的抗渗性随水泥用量的增加而提高，但水泥用量也不能过大，一般控制在400kg/m³以内，如水泥用量过大，会加大混凝土中内部的水化热，粗骨料容易产生不均匀沉降，硬化后混凝土均质性较差，收缩性大，抗渗性能下降。

(2) 水灰比要严格控制，要尽量小一点，以减小混凝土的收缩，水灰比不得大于0.55；水灰比过大，空隙率与空隙通路的增加会出现析水现象，混凝土的抗渗性能会随之下降，见图8-1；水灰比过小，造成施工困难，难以保证混凝土的密实性，从而影响防水混凝土的抗渗性能；因此，水灰比一般控制在0.55以下。

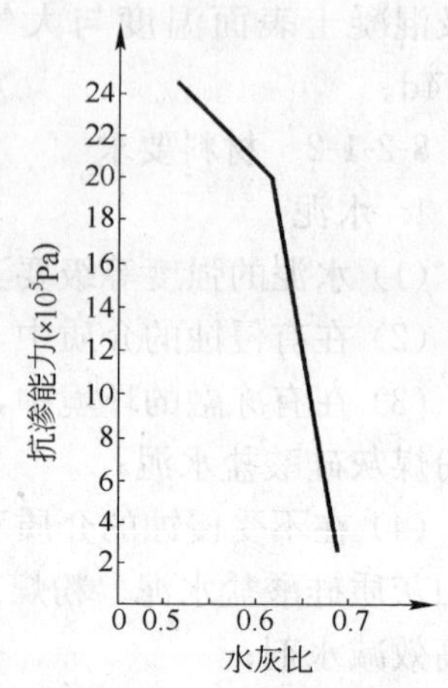

图8-1　水灰比与抗渗性关系

(3) 在防水混凝土中，砂率宜为35%～45%，灰砂比宜为1∶2～1∶2.5；采用较高的砂率，目的是保证砂子能填充石子的空隙、包裹石子表面和具有一定厚度的砂浆层，使得混凝土既有较高的强度，又有较高的抗渗性；但是砂率要与水泥用量相适应，砂率高而水泥量少，水泥浆不能包裹砂子表面，混凝土的密实性差，不仅降低了混凝土的强度，同时混凝土的抗渗性能大大下降。

(4) 普通防水混凝土(现场搅拌)坍落度控制在50mm。采用商品混凝土时，坍落度控制在120±20mm，缓凝时间宜为6～8h；坍落度过大，泌水率就高，混凝土中的骨料沉降加剧，在混凝土中的连通的毛细孔通路也增多，影响抗渗性能。

(5) 掺加引气剂或引气剂减水剂时，在防水混凝土中含气量要控制在3%～5%。

防水混凝土的配合比要根据工程需要进行设计，各种掺合料、外加剂的选择和数量要根据试验来确定。

在我国工程上常采用减水剂防水混凝土和UEA膨胀剂补偿收缩防水混凝土。

8-2-1-4　机具要求

防水混凝土必须采用机械搅拌，搅拌机械采用具有准确的计量控制和时间控制的电脑控制机械设备，搅拌时间要大于2min；掺加外加剂时，搅拌时间要根据外加剂的技术要求来确定搅拌时间。

8-2-1-5　施工准备

(1) 在防水混凝土施工前，需要确定混凝土生产厂家，混凝土生产厂商必须要有生产许可证，按许可的范围进行生产，生产厂家要靠近工程所在地，以利于运输和调度，同时保证在运输途中混凝土的质量；混凝土生产厂家要经监理或业主考察、审核同意。

(2) 在施工前，要编制详细的施工方案，在施工方案中要明确施工的范围、防水混凝土的强度和防水等级、现场的施工组织和管理(施工人员安排、分班情况、现场施工管理人员)、施工顺序(混凝土浇捣路线)、混凝土分层浇捣(厚度、间隔时间)方式、施工缝或后浇带位置和留置方式及处理、养护、温度控制方法和温度监控等，施工方案由项目工程师编制，经施工单位技术负责人审批，报监理工程师审核同意后实施。

（3）防水混凝土施工前，要做好基坑内的排水和降低地下水位工作，保持基坑内干燥，不能带水作业。

（4）基坑内要清理干净，不能留有杂物和垃圾。

8-2-1-6 施工方法

（1）防水混凝土用的模板质量要好，在制模时，要保证模板拼缝严密、支撑牢固。一般不宜采用螺栓或钢丝贯穿混凝土墙来固定模板，以防止由此引起渗漏水；如果要采用螺栓贯穿混凝土墙来固定模板时，则必须采取止水措施；在实际施工中可以采用如下方法：在工具式螺栓上加焊止水环，如图 8-2 所示；也可以采用螺栓加堵头方法，如图 8-3 所示，它是在螺栓贯穿的部位，在模板的内、外侧，各钉上一块小方木（50mm×20mm），模板拆除后使混凝土墙面留下凹槽，将外露的螺栓紧靠墙面处割掉后，用膨胀水泥砂浆（分二次）进行封堵，并在迎水面涂刷防水涂料。在螺栓中间焊接的止水环为 80～100mm 的方形钢板。要注意，在混凝土达到要求的强度后才能松开螺帽拆模，否则，会松动螺栓与混凝土的粘结。

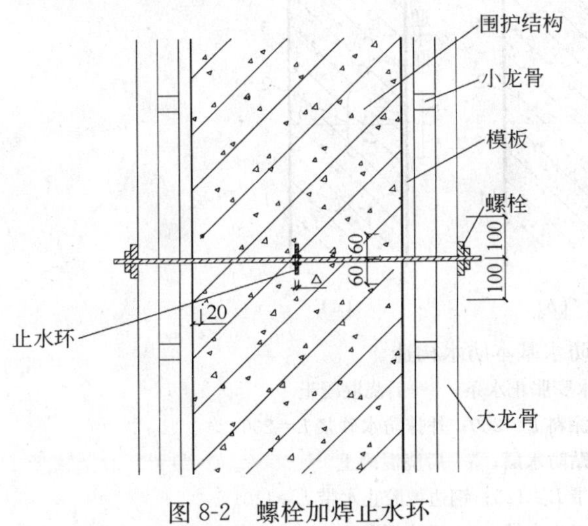

图 8-2 螺栓加焊止水环

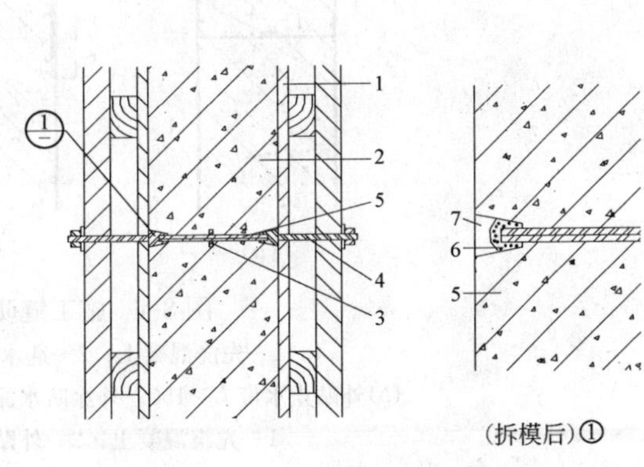

图 8-3 螺栓止水环加堵头

1—模板；2—结构混凝土；3—止水环；4—工具式螺栓；5—固定模板用螺栓；6—嵌缝材料；7—聚合物水泥砂浆

（2）为了保护钢筋和防止钢筋的引水作用，在混凝土中，严格禁止钢筋和钢丝接触模板和底板钢筋接触垫层。

（3）在混凝土搅拌时，要严格控制配合比和各材料的称量误差；混凝土搅拌时间要满足要求，搅拌时间不能过少；混凝土的坍落度要保持稳定且在允许的范围内；坍落度过大的混凝土或离析的混凝土要退回工厂，不得用在工程上。

（4）防水混凝土采用高频机械振捣密实，振捣时间宜为 10～30s，以混凝土泛浆和不冒气泡为准，应避免漏振、欠振和超振。

（5）防水混凝土浇筑时，自高处自由落下的高度，一般不应超过 2.0m，否则，要采用串筒、溜管或溜槽等工具进行辅助浇筑混凝土，以防止产生混凝土离析。混凝土应严格做到分层连续浇筑，两层浇筑时间间隔不得超过 2h，在天气炎热时，间隔时间要缩短。当浇筑竖向结构与大体积混凝土时，混凝土的坍落度要随浇筑高度的上升而逐步减少，以防止泌水过多。

(6) 在大体积混凝土施工中，要采取降温等措施(见“7-2-1-1 一般规定”)。

(7) 防水混凝土应连续浇筑，宜少留施工缝，当结构需要留时，施工缝留置应满足：

1) 墙体水平施工缝不能留在剪力与弯矩最大处或底板与侧墙的交接处，应留在高出底板表面不小于 300mm 的墙体上。拱(板)墙结合的水平施工缝，宜留在拱(板)墙接缝线以下 150～300mm 处。墙体有预留孔洞时，施工缝距孔洞边缘不小于 300mm；

2) 垂直施工缝要避开地下水和裂隙水较多的地段，并宜与变形缝相结合。

(8) 施工缝防水的构造形式可以采用图 8-4 中的一种：

1) 在施工缝中设置遇水膨胀止水条，见图 8-4(a)；

2) 在施工缝的迎水面外贴防水层，见图 8-4(b)；

3) 在施工缝中设置中埋式止水带，见图 8-4(c)。

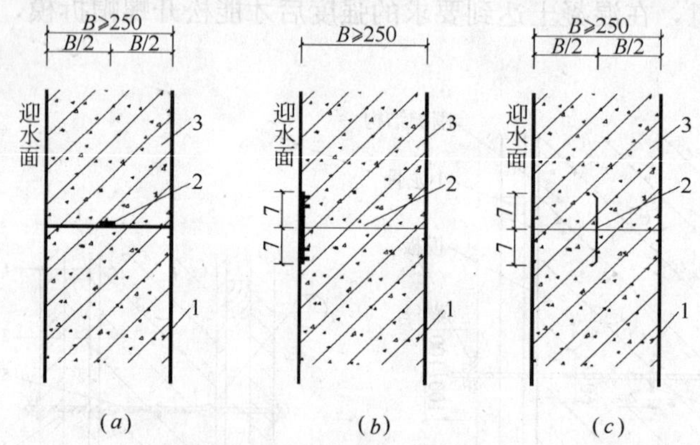

图 8-4　施工缝防水基本防水构造

(a)1—先浇混凝土；2—遇水膨胀止水条；3—后浇混凝土

(b)外贴止水带 $L≥150$；外涂防水涂料 $L=200$；外抹防水砂浆 $L=200$；

1—先浇混凝土；2—外贴防水层；3—后浇混凝土

(c)钢板止水带 $L≥100$；橡胶止水带 $L≥125$；钢边橡胶止水带 $L≥120$；

1—先浇混凝土；2—中埋止水带；3—后浇混凝土

(9) 施工缝的施工方法要求为：

1) 水平施工缝浇筑混凝土前，应将其表面浮浆和杂物清除，先铺净浆，再铺 30～50mm 厚的 1∶1 水泥砂浆或涂刷混凝土界面处理剂，并及时浇筑混凝土。

2) 垂直施工缝浇筑混凝土前，应将表面清理干净，并涂刷水泥净浆或混凝土界面处理剂，并及时浇筑混凝土。

3) 选用的遇水膨胀止水条(一般为 20mm×30mm)应具有缓胀性能，其 7d 的膨胀率不应大于最终膨胀率的 60%；遇水膨胀止水条应牢固地安装在缝表面或预留槽内。

4) 采用中埋式止水带时，应确保位置准确、固定牢固。

(10) 防水混凝土终凝后，要立即进行养护，养护时间不得小于 14d；防水混凝土的养护条件对其抗渗性能影响较大，这是因为防水混凝土中胶结材料用量较多，收缩性大，养护不良，会使混凝土表面和内部产生裂缝；在常温下，混凝土终凝后，就应在其表面覆盖麻袋等，并经常浇水养护，保持湿润，防止混凝土表面水分急剧蒸发，引起水泥水化不充分，使混凝土产生干裂，失去防水能力。防水混凝土的养护时间要求较长，这是因为防水混凝土抗渗能力增长较慢，自然养护 7d 时，抗压强度可达 28d 强度的 70%，而抗渗能力还不到 0.4MPa。

(11) 防水混凝土不能采用蒸汽养护法，因为蒸汽养护法会加速混凝土水分的蒸发，同时，毛细管受蒸汽压力作用产生扩张，降低了防水混凝土的抗渗能力。

(12) 防水混凝土在冬期施工时，要做到：

1) 混凝土入模温度不低于 5℃；

2) 宜采用综合蓄热法、蓄热法、暖棚法等保暖养护方法，并要保持混凝土表面湿润，防止混凝土早期脱水；

3) 采用掺化学外加剂方法施工时，要采取保暖保湿措施。

(13) 在防水混凝土拆模时，注意结构表面与周围气温的温差(不超过15℃)，拆模后，在做好防水层经自检合格后，报监理隐蔽验收，验收合格后及时进行回填；回填时，要注意回填土的质量，要保护好防水层。

8-2-1-7 施工要点

(1) 混凝土中各种材料的质量要合格，满足需用量；混凝土的配合比要根据试验来进行确定；生产拌制时，各材料重量的计量要准确；

(2) 混凝土生产厂家要有生产许可证；

(3) 混凝土的搅拌要采用机械设备，搅拌时间要大于 2min，掺外加剂时，搅拌时间要根据外加剂要求进行拌制，如加减水剂混凝土搅拌时间约为 2.5min，UEA 补偿混凝土的搅拌时间约为 3min；

(4) 现场浇筑的混凝土坍落度要满足普通防水混凝土不大于 50mm，泵送时为 100～140mm；

(5) 现场浇筑的混凝土不得出现离析现象；

(6) 大体积防水混凝土施工时要采取的保证措施；

(7) 现场施工缝的留置位置要准确、施工缝处理方法要正确；

(8) 施工中振捣要规范，不能漏振、欠振、过振；

(9) 防水混凝土的养护工作要规范。

8-2-1-8 质量验收标准、质量检验方法

(1) 防水混凝土的原材料、配合比及坍落度必须符合设计要求；检查方法为：检查混凝土出厂合格证、质量检验报告、生产厂家的设备计量方法，检查每班和每盘混凝土的电子计量纪录，允许误差见表 8-7，在现场进行坍落度的检测，每班至少检查两次，混凝土坍落度允许误差见表 8-8，混凝土坍落度检测方法要符合《普通混凝土拌合物性能试验方法》(GBJ 80)的有关规定。

混凝土组成材料计量允许误差(mm)　表 8-7

混凝土组成材料	每盘计量	累计误差
水泥、掺合料	±2	±1
粗、细骨料	±3	±2
水、外加剂	±2	±1

混凝土坍落度允许误差　表 8-8

要求坍落度(mm)	允许误差(mm)
≤40	±10
50～90	±15
≥100	±20

(2) 防水混凝土抗渗性能和强度：

1) 防水混凝土结构的抗渗性能，应以标准条件下养护的混凝土抗渗试件的试验结果来评定，其试验结果必须符合设计要求。

2) 抗渗试块的留置组数要根据结构的规模和要求而定，一般以每连续浇筑 500m^3 留置一组试块(一组为 6 个抗渗试块)，且每项工程不得少于两组。

3) 如使用的原材料、配合比有变化时，应另外留置抗渗试块；抗渗试块应在浇筑地点制作，其中一组在标准养护室中进行养护，另外一组在现场进行同条件情况下养护。

4) 抗渗性能试验应根据《普通混凝土长期性能和耐久性能试验方法》(GBJ 82)进行。

5) 防水混凝土的抗压强度试块制作、试验方法与第 6 章混凝土抗压试块相同，其抗压强度必须符合设计要求。

6) 防水混凝土的抗渗性能、抗压强度根据其相应的抗渗试块、抗压试块的试验报告来进行评定。

(3) 防水混凝土的施工质量检验：

1) 数量为每 100m^2 的混凝土外露面积抽查一处，每处 10m^2，且不得小于 3 处。

2) 防水混凝土结构表面应坚实、平整，不得有露筋、蜂窝等缺陷。

3) 结构中预埋件位置正确。

4) 防水混凝土结构表面的裂缝宽度不能大于 0.2mm，并不得贯通。检查方法：可用观察、尺量和用放大镜进行检查。

(4) 防水混凝土结构厚度不小于 250mm，其允许误差为＋15mm、－10mm；迎水面钢筋保护层厚度不应小于 50mm，其允许误差为±10mm。

检查方法：用尺量检查和检查隐蔽验收记录。

(5) 细部构造质量检验。对细部构造的施工质量要全数检查，对每个防水混凝土的变形缝、施工缝、后浇带、穿墙管道、预埋件等设置和构造，均要符合设计要求，严禁有渗漏。

检查方法：外观观察检查、检查隐蔽验收记录。

8-2-1-9 防水混凝土的裂缝控制

1. 防水混凝土裂缝类型

(1) 收缩裂缝

收缩裂缝有混凝土凝结过程中的收缩裂缝(凝结过程中表面水分蒸发较快产生收缩应力，而产生的表面龟裂裂缝)、混凝土凝结后的收缩裂缝(养护不当，早期失水而产生的干燥裂缝)和混凝土温度收缩裂缝(温度引起的体积变化受到限制)。

(2) 膨胀裂缝

有许多因素都能引起混凝土膨胀裂缝，如防水混凝土水泥用量偏高，衬砌偏厚，混凝土内水泥水化热过高，又不易散发，增大了混凝土表面和内部之间的温差等。

(3) 移动裂缝

模板强度或刚度不够，尚未凝固的混凝土在自重等压力作用下，引起变形而引起裂缝。模板拼缝漏水、漏浆，木模板吸水，也会使混凝土产生裂缝。

(4) 结构裂缝

在结构设计中考虑不周，如钢筋用量不足和配筋错误，造成地基不均匀下沉，超荷载等都会在混凝土内部产生较大的拉应力，而产生结构裂缝。

2. 防止裂缝措施

防止裂缝要从原材料控制、结构设计、配合比设计、模板支撑、混凝土浇筑质量控制和养护方面进行。

(1) 原材料控制

原材料要控制水泥、砂石料、水、外加剂、掺合料等材料的质量。

1) 水泥：水泥强度等级不应低于 R32.5 级；在不受侵蚀性介质和冻融作用时，宜采用普通硅酸盐水泥、火山灰质硅酸盐水泥、粉煤灰硅酸盐水泥；如采用矿渣硅酸盐水泥则必须掺用外加剂，以降低泌水率。在受冻融作用时，应优先选用普通硅酸盐水泥，不宜采用火山灰质硅酸盐水泥和粉煤灰硅酸盐水泥。不得使用过期或受潮结块的水泥，并不得将不同品种或强度等级的水泥混合使用。

2) 砂、石料：符合现行《普通混凝土用砂质量标准及检验方法》(JGJ 52—92)和《普通混凝土用碎石或卵石质量标准及检验方法》(JGJ 53—92)的规定；石子最大粒径不宜大于 40mm，泵送时，其最大粒径应根据输送管径决定。所含泥土不得呈块状或包裹石子表面，用于防水的商品混凝土其含泥量不应大于 1%；石子吸水率不应大于 1.5%；砂宜采用中砂，用于防水的商品混凝土含泥量不应大于 3%。

3) 水：采用不含有害物质的洁净水。

4) 外加剂：外加剂应符合国家或行业标准一等品以上的质量标准；根据需要掺入减水剂、膨胀剂、防水剂、引气剂、复合型外加剂等；外加剂可单掺，也可复合使用，其品种和掺量应经试验确定。

5) 掺合料：可掺入一定数量的磨细粉煤灰、磨细矿渣粉、硅粉等，磨细粉煤灰的级别不应低于二级，掺量不应大于 20%；硅粉掺量不应大于 3%；其他品种掺量应经试验确定。

6) 总碱量：每 $1m^3$ 防水混凝土中各类材料的总碱量(Na_2O 当量)不得大于 2kg。

(2) 配合比设计

1) 防水混凝土的配合比应通过试验确定，其抗渗等级应比设计要求提高 0.2MPa。在满足抗渗要求的前提下，尽量减少水泥用量，以提高防水混凝土的抗裂性。在设计允许前提下，大体积防水混凝土可采用后期强度(如 60d 或 90d)进行配合比设计。

2) 防水混凝土中水泥用量不得小于 $300kg/m^3$，掺有活性粉细料时，水泥用量不得小于 $280kg/m^3$；砂率宜为 35%～40%，灰砂比宜为 1∶2～1∶2.5；水灰比控制在 0.55 以下，用于防水的商品混凝土水灰比不得大于 0.6。普通防水混凝土坍落度不宜大于 5cm，用于防水的商品混凝土的坍落度宜控制在 12cm±2cm。

3) 掺引气剂的混凝土含气量应控制在 3%～5%。用于防水的商品混凝土的缓凝时间宜为 6～8h。

(3) 结构设计

1) 在结构设计中，要对防水混凝土裂缝开展进行验算。

2) 当防水混凝土裂缝宽度小于 0.1mm 时，一般不会渗水，混凝土发丝裂缝有自愈作用。所谓混凝土裂缝的自愈作用，就是水泥水化析出的游离氢氧化钙长期与空气中的二氧化碳接触，逐步转化成坚实致密的新生成物，将裂缝填实，从而使裂缝愈合。增加用钢量或改变钢筋配置也可控制防水混凝土裂缝的发展，其钢筋数量一般比普通混凝土增加20%。但是增加钢筋用量提高了造价，同时，由于钢筋密集造成振捣困难，混凝土质量下降，防水不能保证。

(4) 模板支撑

防水混凝土施工最好采用钢模板，钢模板散热快，失水少，振感灵敏，不易使混凝土产生裂缝。采用木模板时，支撑要牢固，浇筑混凝土要充分湿透，以减少木模板吸水，造成混凝土早期失水。模板拼缝要严密，最好在木模板上铺贴塑料纸以防漏浆。

(5) 混凝土浇筑

1) 要避免在炎热的夏天太阳直射下浇筑防水混凝土，混凝土初期暴晒，会因温度过高大量失水而开裂。

2) 在浇筑时还要注意控制施工温度。夏季施工时，宜将砂石预冷(如洒水)，加冰水拌合混凝土，混凝土入模温度宜控制在25℃以下。冬期施工时，应将拌合水适当加热，使混凝土入模温度能保持在5℃以上。

3) 防水混凝土必须采用机械搅拌，搅拌的时间不应小于2min；掺外加剂时，应根据外加剂的技术要求确定搅拌时间。

4) 混凝土运输过程中不得出现离析。在施工中要严格控制好坍落度。

5) 防水混凝土必须采用机械振捣，时间宜为10～30s，以混凝土开始泛浆和不冒气泡为准，并应避免偏振、欠振或超振。掺引气剂或引气型减水剂时，应采用高频插入式振捣器振捣。

(6) 养护要求

1) 养护要及时，要根据天气情况安排第一次浇水养护时间和以后养护的措施。混凝土在潮湿环境中养护，有利于降温散热，减少温差，减少和推迟因失水而产生的干缩，保证混凝土强度迅速增长。因此，规定防水混凝土至少养护14d，对防止产生有害裂缝是非常必要的。

2) 大体积防水混凝土施工应采取保温保湿养护，混凝土厚度内的中心温度与表面温度以及混凝土表面温度与大气温度的差值均不应大于25℃，且混凝土的降温速率每天不应大于2℃。

8-2-2 水泥砂浆防水层

水泥砂浆防水层是一种刚性防水层，它是依靠提高砂浆的密实性或改善砂浆的抗裂性来达到防水抗渗的目的。它具有就地取材、操作简便、易于维修、成本低廉等优点。

水泥砂浆防水层分“刚性多层作法防水层”和“掺外加剂水泥砂浆防水层”。刚性多层作法防水层(或称普通水泥砂浆防水层)是在迎水面上做5层交叉抹面，在背水面做4层交叉抹面的做法，它是利用细腻的水泥浆分层阻断砂浆层的毛细通路，并填塞砂浆层存在的毛细孔，从而切断水的渗透路线达到抗渗效果。掺外加剂水泥砂浆防水层，一般为在水泥砂浆中掺加无机盐类防水剂做成无机盐类水泥砂浆防水层；也可以掺加聚合物材料，改善提高水泥砂浆的抗拉强度和韧性，有效地增强防水层的抗渗性。

水泥砂浆刚性抹面防水层适用于埋置深度不大，承受一定静水压力的地下和地上钢筋混凝土，以及小型的混凝土和砖石砌体、道路及住宅小区内窨井、污水井、化粪池等结构的防水工程；对于一些结构易受反复冲击和较大振动、结构沉降，温度变化较大，以及易遭受腐蚀、冻融、高温(100℃以上)的结构防水，水泥砂浆刚性抹面防水层不太适用。聚合物水泥砂浆防水层可用于防腐、耐久、抗振以及抗渗要求高的结构防水工程。

8-2-2-1　一般规定

(1) 水泥砂浆防水层可用于结构主体的迎水面或背水面，为了保证防水抗渗效果，宜采用多层抹压法施工；防水层与结构之间的粘结必须牢固。

(2) 水泥砂浆防水层可以作为单独使用的防水层，也可以用作其他防水层的辅助防水层。

(3) 水泥砂浆防水层应在基础垫层、初期支护、围护结构以及内衬结构完成，经监理(或建设单位)检查验收合格后，方可进行施工。

(4) 水泥砂浆的品种和配合比以及粉刷厚度要严格根据设计要求进行确定。一般施工常采用聚合物水泥砂浆防水层，单层施工为6～8mm，双层施工为10～12mm，掺外加剂掺合料等的水泥砂浆防水层厚度为18～20mm。

(5) 水泥砂浆防水层的基层，其混凝土强度等级不小于C15，砌体结构砌筑用的砂浆强度等级不低于M7.5。

8-2-2-2　构造要求

(1) 结构的外形轮廓在满足生产工艺和使用要求下应力求简单，尽量减少阴阳角及曲折狭小不便施工的结构形式，因为在复杂结构外形处容易因沉降不均匀和温度变化而造成结构微动、应力集中现象，从而破坏水泥砂浆防水层。对于此类结构，宜采用复合防水层作法，尽量在结构异形部位采用柔性防水层。

(2) 对于采用水泥砂浆防水层进行防水的结构，结构的裂缝宽度要小于0.1mm。

(3) 刚性多层抹面水泥砂浆防水层在迎水面一般采用5层抹面，在背水面采用4层交叉抹面。地下结构除考虑地下水渗透外，要考虑地表水的渗透，因此，防水层的设置高度应高于外地坪150mm以上(图8-5)。

(4) 当采用复合防水做法时，水泥砂浆抹面防水层可作为一道防线设置或作为一道保护层设置。

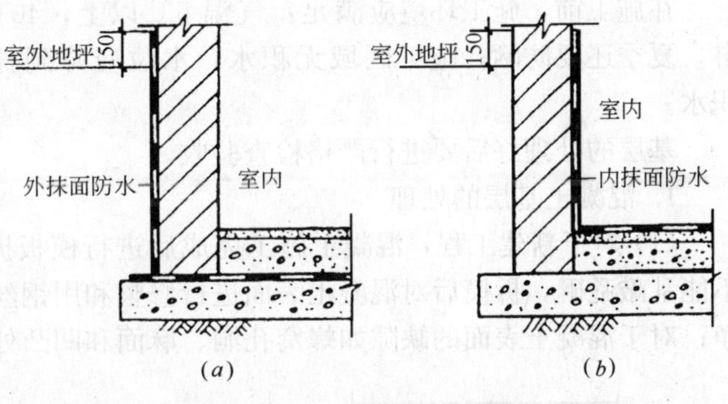

图8-5　水泥砂浆防水层

8-2-2-3　材料要求

(1) 水：一般采用洁净水，具体要求同“7-2-1 防水混凝土”。

(2) 水泥：强度等级不低于32.5MPa的普通硅酸盐水泥、硅酸盐水泥、特种水泥，经过复试合格后方能用在工程上，不得有受潮结块现象，库存超过三个月，需重新进行检验，质量合格才可继续使用。不同品种和强度不得混用。

(3) 砂：选用颗粒坚硬、粗糙洁净的中粗砂，含泥量小于1%，硫化物和硫酸盐含量小于1%。砂中不得含有垃圾、草根等有机杂质。

(4) 外加剂、掺合料：加入水泥砂浆防水层中的外加剂、掺合料的技术性能要符合国家或行业产品标准一等品以上质量要求，加入后对水泥砂浆进行改性，改性后的性能应满足表8-9的规定。聚合物乳液，外观应无颗粒、异物和凝固物，固体含量应大于35%，一般有专用产品，设计上常有说明。

改性后防水砂浆的主要性能　　表8-9

改性剂种类	粘结强度(MPa)	抗渗性(MPa)	抗折强度(MPa)	干缩率(%)	吸水率(%)	冻融循环(次)	耐碱性	耐水性(%)
外加剂、掺合料	>0.5	≥0.6	同一般砂浆	同一般砂浆	≤3	>D50	10%NaOH溶液浸泡14d无变化	—
聚合物	>1.0	≥1.2	≥7.0	≤0.15	≤4	>D50		≥80

8-2-2-4　机具要求

在水泥砂浆防水层施工中常用到清理工具、拌灰浆工具以及抹灰工具。

(1) 清洁工具。主要有钻子、铁锤、剁斧、扫帚、钢丝刷、胶皮管、水桶等，主要用于高层和结构异形等地方的处理上。

(2) 拌灰浆工具。主要采用灰浆搅拌机以及筛子、铁锹、灰桶等。

(3) 抹灰工具。主要采用一般抹灰工具以及毛刷、手套等。

8-2-2-5　施工要点

在施工水泥砂浆防水层前，应对基层表面进行整修和清理，凿掉浮渣，保证基层表面平整、坚实、粗糙、清洁，并充分浇水湿润和无积水，对所有基层上孔洞、缝隙，应使用与防水层相同的砂浆堵塞抹平；对有预埋件、穿墙管、预留槽等地方嵌填密封材料；等这些准备工作全部完成自检合格后，报监理进行隐蔽工程验收签字后，进行防水砂浆施工。

在施工前，施工环境应满足：气温5℃以上，40℃以下，风力在四级以下；防止雨淋，夏季还要防晒；施工区域无积水，水位应降到抹面层以下，施工过程中应保持无积水。

基层的处理好后要进行严格检查验收。

1. 混凝土基层的处理

(1) 对于新建工程，混凝土施工完成后进行模板拆除，拆模时，要保护混凝土表面，不能乱敲乱砸，拆模后对混凝土表面进行修整和用钢丝刷将混凝土表面刷毛，用水冲洗干净；对于混凝土表面的缺隙如蜂窝孔洞、麻面和凹凸处要进行处理，见图8-6。

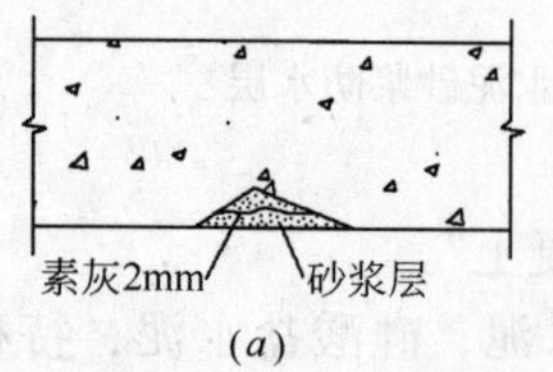

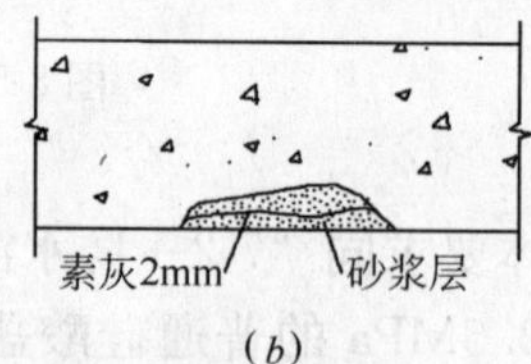

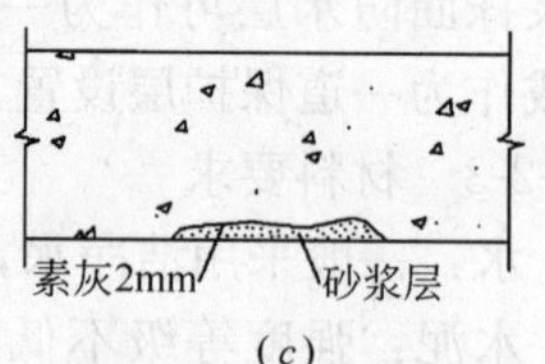

图8-6　蜂窝孔洞、麻面和凹凸处进行处理

(a)混凝土基层凹凸不平的处理；(b)混凝土基层蜂窝孔洞的处理；(c)混凝土基层蜂窝麻面的处理

(2) 对蜂窝孔洞，应将其松散的混凝土凿除干净后，浇水冲洗干净，后用素水泥灰和水泥砂浆交替抹到与基层相平。

(3) 对于蜂窝麻面，由于不深，粘结较牢固，只需用水冲洗干净后，用素灰打底，抹砂浆压实即可。

(4) 对于超过 10mm 的棱角、凹凸不平及胀模混凝土，应凿掉或凿成慢坡形。

(5) 结构施工缝要沿缝剔成八字形凹槽，见图 8-7。

2. 砌体基层处理

对于砌体表面，要求将其表面残留的砂浆等污物清除赶紧法；对于旧砌体则要将其表面松动的表皮及污物清理干净至坚硬的砖面，后浇水冲洗。

3. 石砌体基层处理

(1) 当表面不平时，清理完后做找平层。找平层做法为：在石砌体表面刷纯水泥浆(水灰比 0.5 左右)一道(1mm 厚)。再抹 10～15mm 厚的水泥砂浆(1∶2.5)，并将其表面扫成毛面。

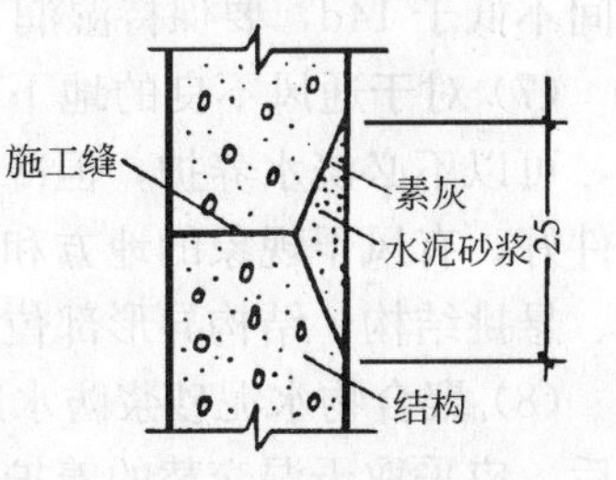

图 8-7 结构施工缝处防水层处理

(2) 对于用石灰砂浆或混合砂浆砌筑的砌体，应将灰缝剔深 10mm 后再进行粉刷。

(3) 普通水泥砂浆防水层的配合比要满足表 8-10 的规定。具体的施工做法为五层施工法。

普通水泥砂浆防水层的配合比 **表 8-10**

名称	配合比(质量比)		水灰比	适用范围
	水泥	砂		
水泥浆	1		0.55～0.60	水泥砂浆防水层的第一层
水泥浆	1		0.37～0.40	水泥砂浆防水层的第三、五层
水泥砂浆	1	1.5～2.0	0.40～0.50	水泥砂浆防水层的第二、四层

第一层 素灰层，厚 2mm，先抹一层 1mm 厚素灰，用铁抹子往返用力刮抹，使素灰填实基层表面孔隙，然后再抹一道厚 1mm 的素灰找平层，抹完后用湿毛刷在素灰层表面按顺序轻轻地涂刷一遍。

第二层 水泥砂浆层，厚 4～5mm。在素灰初凝时抹第二层水泥砂浆层，要注意不能让素灰层过软或过硬，因为过软将素灰层破坏，过硬则粘结不牢；抹完以后，在水泥砂浆初凝时用扫帚或粗刷子扫出横向条纹。

第三层 素灰层，厚 2mm，在第二层凝固并有一定强度后进行(常温下间隔 12～24h)，适当洒水湿润后进行第三层施工。

第四层 为水泥砂浆层，厚 4～5mm，其方法同第二层，抹后在水泥砂浆凝固前水分蒸发过程中，用铁抹子压实多次(3～4 次)，最后再压光。

第五层 用毛刷均匀地将水泥砂浆刷在第四层表面，随第四层抹实压光。

(4) 水泥砂浆防水层施工时，结构的阴阳角应做成圆弧形或钝角，其圆弧半径阳角为 10mm，阴角为 50mm。防水层的各层施工应连续不留施工缝，必须中断时，施工缝应留坡阶梯形槎，槎子的搭接要依照层次操作顺序层层接槎(图 8-8)留槎的位置宜在地面上、墙面上，槎子需离开阴阳角 200mm 以上。

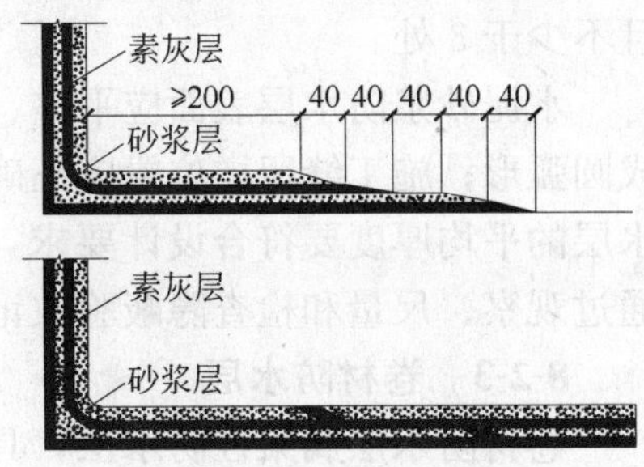

图 8-8 防水层接槎处理

(5) 聚合物水泥砂浆拌合后应在 1h 内用完，在施工中不能任意加水。

(6) 普通水泥砂浆防水层终凝后，应及时进行养护，养护的温度不能低于 5℃，养护时间不低于 14d，要保持湿润，不能承受静水压力。

(7) 对于通风不良的地下建筑(如地下室等)，如防水层施工后表面出现大量冷凝水时，可以不必浇水养护，但冷凝水干后，要进行养护。对于出入口、地上防水工程等通风条件好，有风干现象的地方和部位要常浇水养护，可以盖麻袋等物进行湿润养护。对于水池、悬挑结构、结构异形部位的防水要更加仔细，千万不能出现风干现象。

(8) 聚合物水泥砂浆防水层未达到硬化状态时，不得浇水养护或直接受雨水冲刷，硬化后，应采取干湿交替的养护方法。在潮湿环境下，可在自然条件下养护。

(9) 使用特种水泥、外加剂、掺合料的防水砂浆，养护要根据有关产品说明进行。

(10) 防水层施工后，要防止践踏，做好产品的保护工作。

8-2-2-6　施工质量监督与控制

(1) 在施工前，要检查所用的材料是否满足规范要求，如水、水泥、砂的质保资料、现场检查和见证取样复试，检查复试结果是否合格。

(2) 在施工前，检查基层清理是否彻底，结构细部处理是否完成，浇水是否充分。

(3) 检查施工过程中的拌合机械是否合格，检查砂浆拌制时间及拌合后砂浆质量；要控制好砂浆的配合比，检查施工中计量器具和各种材料计量控制情况。

(4) 防水层的层次要清楚，保证各层厚度，施工缝的留置和做法是否符合规范要求和设计要求。

(5) 防水层的阴阳角必须做或圆角或圆弧形。

(6) 对于有空鼓开裂情况要将此部位返工重新修补。

(7) 养护必须仔细，要保持湿润且时间不少于 14d。

8-2-2-7　质量验收标准、质量验收方法

1. 主控项目

(1) 水泥砂浆防水层的原材料及配合比必须符合设计要求。

检查方法：检查原材料及外加剂、掺合料等的出厂合格证、质量检验报告、计量措施和现场材料复试试验报告是否有效、合格。

(2) 水泥砂浆防水层各层之间必须结合牢固，无空鼓现象。

检验方法：观察和用小锤轻击检查。

2. 一般项目

水泥砂浆防水层的施工质量检验数量，按施工面积每 $100m^2$ 抽查一处，每处 $10m^2$，且不少于 3 处。

水泥砂浆防水层表面应平整、密实，不得有裂纹、起砂、麻面等缺陷；阴阳角处要做成圆弧形；施工缝留槎位置应正确，接槎应按层次顺序操作，层层搭接紧密；水泥砂浆防水层的平均厚度要符合设计要求，最小厚度不得小于设计值的 85%；以上质量情况可以通过观察、尺量和检查隐蔽验收记录而得出。

8-2-3　卷材防水层

卷材防水层属柔性防水层，具有良好的韧性和延伸性，可以适应一定的结构微动和微小变形，同时，它还具有耐老化性好、适应范围广等特点，防水效果较好，可以冷作业，

也可以采用热熔法进行施工，工序简单，施工速度快，在地下防水工程中应用较广。

8-2-3-1 一般规定

(1) 卷材防水层应铺设在混凝土结构主体的迎水面上。

(2) 卷材材料应根据设计要求进行选择，细部构造及一些特殊部位的处理都要有设计图纸、设计说明和节点防水详图予以表示。

(3) 卷材防水层用于建筑物地下室时，应铺设在结构主体底板垫层至墙体顶端的基面上，在外围形成封闭的防水层。

(4) 在实际施工中，卷材防水层为一层或二层。高聚物改性沥青防水卷材厚度不应小于3mm，单层作为防水施工时，卷材厚度应大于等于4mm，若采用双层卷材作为防水层时，总卷材厚度要大于等于6mm；若采用合成高分子防水卷材时，单层施工时，厚度要大于等于1.5mm，双层使用时，总厚度要大于等于2.4mm。

(5) 结构的细部处理要根据设计进行施工，阴阳角处应做成圆弧形或45°的折角。在转角处，阴阳角等特殊部位，要增贴1～2层相同的卷材，卷材宽度要≥500mm。

(6) 地下结构防水层不采用石油沥青卷材。

8-2-3-2 材料要求

(1) 在地下结构卷材防水层中一般选用高聚物改性沥青类或合成高分子类防水卷材。

在工程中常用的几种高聚物改性沥青类卷材为：APP、SBS等材料。常用的合成高分子类防水卷材有：三元乙丙、氯化聚乙烯、聚氯乙烯防水卷材，各种卷材的外观质量、品种规格应符合现行国家标准或行业标准；卷材施工一般采用热熔法或粘贴法进行施工。若采用粘贴法，其粘贴用的胶粘剂必须与卷材材性相容。胶粘剂一般由卷材厂生产，胶粘剂的质量应满足下列要求：

1) 高聚物改性沥青卷材间的粘结剥离强度不小于8N/10mm；

2) 合成高分子卷材胶粘剂的粘结剥离强度不小于15N/10mm，浸水168h后的粘结剥离强度保持率不小于70%。

(2) 合成高分子防水卷材的辅助材料主要为：基层处理剂、基层胶粘剂、卷材接缝胶粘剂、卷材接缝密封剂和二甲苯。

1) 基层处理剂。一般以聚氨酯-二甲苯溶液或氯丁胶橡胶乳液等组成。它们的作用是隔绝地层渗透来的水分和提高卷材与基层之间的粘结力，用量为0.2～0.3kg/m²；

2) 基层胶粘剂。用于卷材与基层表面间的粘贴，选用与合成高分子卷材相容的胶粘剂，如404胶、氯丁橡胶乳液配成的胶粘剂，用量为0.4～0.5kg/m²。

3) 卷材接缝胶粘剂。它是卷材接缝专用胶粘剂，要求粘结强度大，浸水168h后粘结剥离强度保持率不小于70%，用量为0.5～0.6kg/m²。

4) 卷材接缝密封剂。用量为0.05kg/m²。

5) 二甲苯。基层处理剂的稀释剂和施工机具的清洗剂，用量为0.25～0.3kg/m²。

(3) 聚合物防水卷材的辅助材料主要为基层处理剂及胶粘剂，一般选用橡胶或再生橡胶改性沥青的汽油溶液用作基层处理剂或胶粘剂，用于热熔法施工。汽油，用作机具的清洗剂，汽油喷灯的燃料。

8-2-3-3 机具要求

(1) 施工高聚物改性沥青防水卷材一般采用机具有：

1）基层处理。小平铲、扫帚、钢丝刷，高压吹风机(功率 300W)；

2）火焰加热器。热熔焊接卷材，为了保证不间断连接施工，一般准备多个。在施工中常采用液化气火焰加热器；

3）铁压棍；

4）其他工具，如剪刀、钢卷尺、嵌缝挤压枪。

(2) 施工高分子卷材时，使用机具有：

1）清理基层用：小平铲、扫帚、钢丝刷、铁抹子、高压吹风机；

2）测量定位用：皮卷尺、钢卷尺等；

3）胶粘剂涂刷用：电动搅拌器或搅拌木棍、铁桶、油漆刷(50～100mm)、滚刷(ϕ60×300mm)、橡皮刮板等；

4）铺贴卷材用：铁管(展铺卷材)、铁压棍(压实卷材，ϕ40×50mm)、嵌缝挤压枪(嵌缝密封材料)。

8-2-3-4 施工技术要点

1. 找平层施工

(1) 卷材防水层应铺贴在水泥砂浆找平层上，在整体混凝土垫层上采用水泥砂浆做找平层，在水泥砂浆中常掺入水泥用量的10%无机铝盐防水剂。在施工中，也常在水泥砂浆中加入微量的膨胀剂。加这种防水剂拌制的防水砂浆可隔绝地下水的渗透，使得基层较干燥，易于地下建筑防水层施工。

(2) 找平层厚度一般为20～25mm，不能太薄，太薄容易起壳空鼓和爆皮。

(3) 施工程序为：基底清理→测量定标高、冲筋→浇水湿润→扫浆→做水泥砂浆找平层。

(4) 找平层应符合下列要求：

1）表面应平整清洁、牢固，不得有疏松、尖锐棱角等凸起物。

2）找平层应保持基本干燥，含水量小于9%。在施工现场的找平层表面上铺设1m×1m的卷材，静置3h后掀开找平层表面及卷材表面均无水印为好。

3）找平层的阴阳角部位，要做成圆弧形，不同卷材防水层，其圆弧形半径要求不一样，对于合成高分子卷材防水层，圆弧形半径要≥20mm，高聚物防水卷材的圆弧形半径要≥50mm。

4）找平层潮湿未干燥前和在下雨天，不能进行防水层施工。

(5) 在进行防水卷材施工前，要进行基层处理和基层验收。

2. 合成高分子防水卷材的铺贴

(1) 基层处理。包括基层清理和局部变形缝、细部构造处理。基层处理好后，进行涂布基层处理剂。基层处理剂一般采用聚氨酯防水材料的甲料：乙料：二甲苯按1：1.5：3配比混合搅拌而成。用滚刷均匀地涂布在基层表面上，干燥4h以上再进入下一道工序施工；也可以用阳离子氯丁胶乳作为基层处理剂，采用喷浆机均匀地喷涂在基层上，干燥12h以后再进入下一工序施工。

(2) 复杂部位的加强处理。对于地下工程最容易发生渗漏的薄弱部位是地下室的阴阳角和穿墙管根部，对于这些部位，在卷材铺贴前，采用聚氨酯涂膜防水材料或常温自硫化的丁基橡胶粘带进行加强处理。采用聚氨酯涂膜防水材料处理的方法是将聚氨酯甲料：乙料=1∶1.5配合料，均匀涂刷在阴阳角或穿墙管的根部，涂刷宽度要距中心200mm以上，涂刷膜厚度1.5mm以上，涂膜固化24h以上后，才能进行卷材铺贴施工。采用丁基橡胶粘带进行加强，加强的方法为剪200mm×200mm大小的胶粘带，粘贴在阴阳角和穿墙管根部，然后用压棍滚压使其粘贴密实、牢固。

(3) 胶粘剂涂布。将胶粘剂的铁桶打开，用木棍或电动搅拌机搅拌胶粘剂，搅拌均匀后就可以进行涂布施工。在防水卷材摊铺在平整干净的基层上，用滚刷将胶粘剂均匀刷在卷材表面上。注意，在搭接缝部位不涂胶(按缝宽度要大于100mm)。涂胶后待胶膜基本干燥、接触不粘手后(常温下大约20min)，可以进行铺贴。

(4) 在基层上刷涂胶粘剂。(基层已经过处理和刷过基层处理剂)，静置一定时间后，待手接触基本不粘手后，可以进行卷材铺贴施工。

(5) 卷材的铺贴。在卷材铺贴前，要先进行弹线定位，将卷材一边对准基准线向外铺展卷材。铺贴采用将已涂胶粘剂的卷材卷成圆筒形(刷胶的一面朝外)，在圆筒中心插入一钢管或木棍(ϕ30×1500)，由两人握住沿基准线滚动铺贴，后面的施工人员用干净松软的长把滚刷横向从一边向另一边用力滚刷和用铁压棍压实卷材。注意，铺贴时不能拉伸卷材，也不能有折皱。

(6) 平面与立面相交处理。平面与立面相连的卷材，应由下向上铺贴，要保证卷材紧贴阴阳角，不允许有空鼓现象存在，卷材的接缝要留在平面上，距立面距离要大于600mm。在转角处的阴阳角部位，增贴1～2层相同的卷材，宽度不小于500mm，(即每边不小于250mm)。

(7) 卷材接缝的处理。干粉子卷材的接缝宽度不小于100mm，要用材性相容的密封材料封严。施工做法为在卷材接缝部位每隔1m左右，涂刷少许胶粘剂，作临时粘结固定。待胶基本干燥后，翻开接缝部位用接缝专用胶粘剂刷在卷材接缝的两个粘结面上(涂胶量大约为0.55kg/m^2)。待胶基本干燥不粘手时，用手一边压合一边驱除空气，粘合后再用手持压棍顺序滚压一遍。如遇三层卷材重叠接头处，要用建筑密封胶封闭。

采用多层卷材时，上下两层和相邻两幅卷材的接缝应错开1/3幅宽，且两层卷材不得相互垂直铺贴。

(8) 卷材接缝部位的加强处理。由于防水卷材铺好后，最容易在卷材搭接缝处发生漏水，因此，常常在接缝处进行加强处理，方法为在接缝部位加贴120mm宽的附加卷材胶条，进行附加补强处理。

(9) 油毡保护层。在防水卷材铺贴好隐蔽验收合格后，在其上面虚铺一层油毡保护层，铺时可用少许胶粘剂予以花点粘牢，防止在浇细石混凝土保护层时发生移动。

(10) 细石混凝土保护层施工。在铺好的油毡上浇筑40～50mm厚的细石混凝土保护层。注意施工时不能损坏油毡的防水卷材层。若有损坏，用接缝专用粘胶粘补一块卷材进行修复。

(11) 绑扎钢筋和浇筑结构混凝土。待细石混凝土保护层养护固化后，即可按照设计要求和施工规范规定绑扎结构钢筋及浇筑结构混凝土底板和墙体。

(12) 外墙防水保护层的施工。对于地下室外墙防水层，待混凝土结构外墙拆模、基层处理好后，在干燥平整的混凝土墙外侧直接粘贴防水卷材，施工方法同平面做法。外墙防水层施工好后，进行隐蔽工程验收。验收合格后，在其表面做保护层。保护层做法为粘贴5～6mm厚的聚乙烯泡沫塑料片材或40mm厚聚苯乙烯泡沫板材，粘贴方法为花点固定。保护层完成后，根据设计要求进行回填，如回填素土或二八灰土等。

3. 高聚物防水卷材施工

(1) 基层处理。将基层表面的杂物、松散物清理干净，并涂布基层处理剂(改性沥青胶粘剂：工业汽油=1：0.5)。干燥8h以后进行防水卷材施工。

(2) 改性沥青卷材的铺贴。采用热熔法。铺设前，将卷材展开铺设在预定的部位，确定具体的位置。正式铺贴前，要进行试铺，确定铺贴效果。热熔法铺贴方法如图8-9所示。火焰加热器的喷嘴距卷材面约350mm，以卷材表面的热熔胶开始熔化至呈光亮黑色时，可边加热边缓慢向前滚铺卷材。卷材的搭接宽度为80～100mm以上，如为单层(厚度为4mm以上)防水，宜在接缝处进行补强处理(加一条120mm宽的改性沥青盖缝条，采用热熔法熔接)，见图8-10。施工时，应边熔焊边用压棍滚压，使其与基层等粘结牢固。

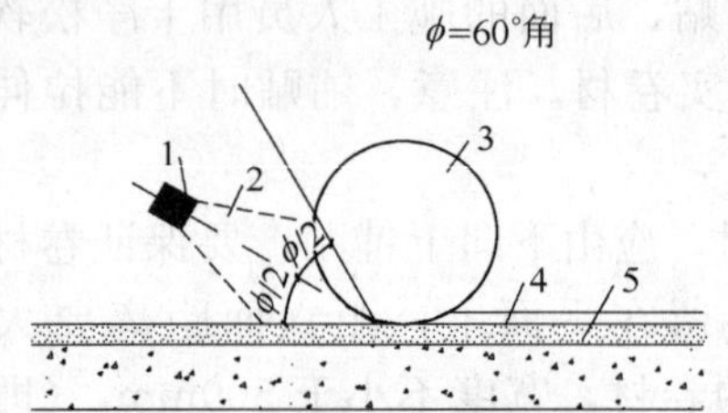

图8-9　热熔法铺贴方法

1—喷嘴；2—火焰；3—防水卷材；4—水泥砂浆找平层；5—混凝土垫层

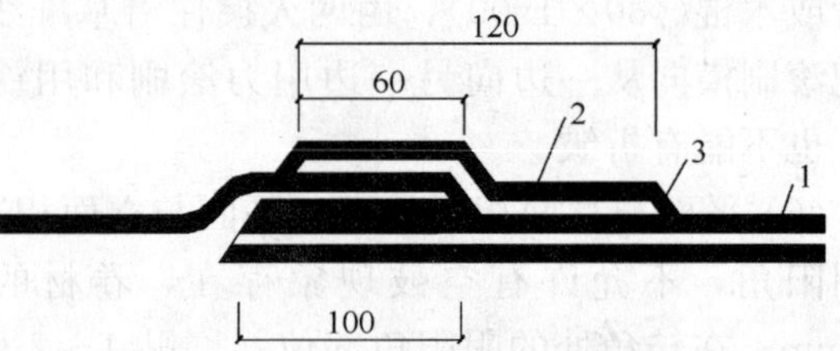

图8-10　卷材的接缝处理

1—改性沥青卷材；2—附加补强卷材胶条；3—熔焊滚压找坡

(3) 如采用3mm改性沥青防水卷材，不能采用热熔法，使用冷粘法进行施工。

(4) 如为两层卷材防水，在铺设第二层卷材时，其接缝应与第一层卷材的接缝错开1/3～1/2幅宽。第二层铺贴方法同第一层。

4. 外防外贴法，外防内贴法

(1) 外防外贴法施工　外防外贴法是在混凝土底板和结构墙体浇筑前，先在墙体外侧的垫层上用单砖砌筑高为1m左右的永久性保护墙体。平面部位的防水层铺贴在垫层上，立面部位的防水层在永久性保护墙上，待结构墙体浇筑后，再直接铺贴在结构墙体的外表面(迎水面)上。“外防外贴法”铺贴的防水层能随着结构的变形而同步变形，受保护层变形和基层沉降变形的影响较小。施工时，便于目测混凝土结构及卷材防水层的施工质量，发现问题，可以及时修补，防水层的整体质量容易得到保证，见图8-11。

(2) 外防内贴法施工　当围护结构墙体的防水施工受现场条件限制，外防外贴法难以实施时，方可采用外防内贴法施工。

外防内贴法平面部位的卷材铺贴芳法与外防外贴法相同立面部位，先按设计要求的高度完成永久性保护墙体上，最后完成钢筋混凝土底板和围护墙体的施工。

外防内贴法虽然能一次性地完成全部防水层的施工，工序简单、工期较短、节省占地、土方量较小，可节约模板用量。但是，墙体防水层难以和混凝土结构同步变形，受结构沉降变形的影响大，防水层容易被撕裂。另外，在浇筑完围护结构后，防水层及结构的抗渗质量不易检查，防水层因破损、断裂等原因而发生渗漏，是难以修补的。所以，除非

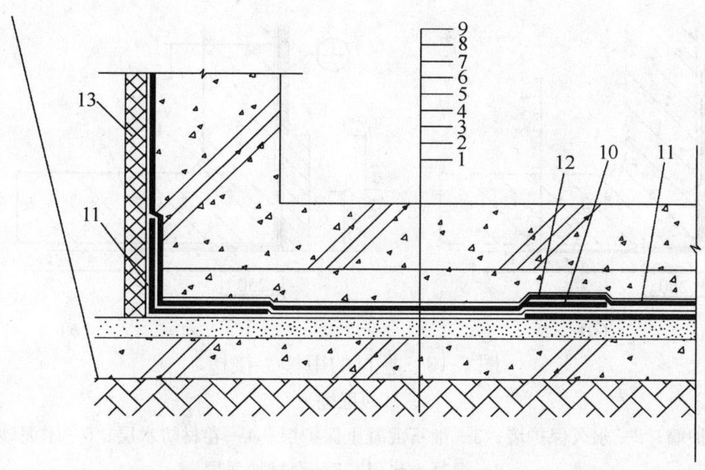

图 8-11 地下室工程外防外贴法

1—素土夯实；2—混凝土垫层；3—水泥砂浆找平层；4—基层处理剂；5—基层胶粘剂；6—卷材防水层；7—油毡保护隔离层；8—细石混凝土保护层；9—钢筋混凝土结构；10—卷材搭接缝；11—卷材附加层；12—嵌缝密封膏；13—5mm 厚聚乙烯膜保护层

条件受限制，才不得不采用外防内贴法外，一般都采用外防外贴法施工，见图 8-12 。

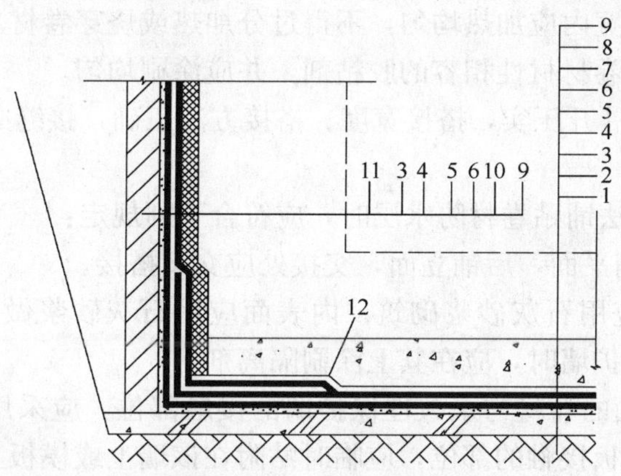

图 8-12 地下室工程外防内贴法

1—素土夯实；2—混凝土垫层；3—水泥砂浆找平层；4—基层处理剂；5—基层胶粘剂；6—卷材防水层；7—油毡保护隔离层；8—细石混凝土保护层；9—钢筋混凝土结构；10—5mm 厚聚乙烯膜保护层；11—永久性保护墙；12—填嵌密封膏

5. 卷材的甩槎、接槎。

做法见图 8-13。

8-2-3-5 施工质量控制

(1) 卷材防水层的基面应平整牢固、清洁干燥。

(2) 卷材的材料质量符合设计要求和施工验收规范要求，进场材料质保资料齐全，材料复试报告合格。

(3) 铺贴卷材严禁在雨天、雪天施工，气温低于 5℃时，不能进行冷粘法施工；低于 −10℃时，不能进行热熔法施工；风力大于 5 级时，不能施工。

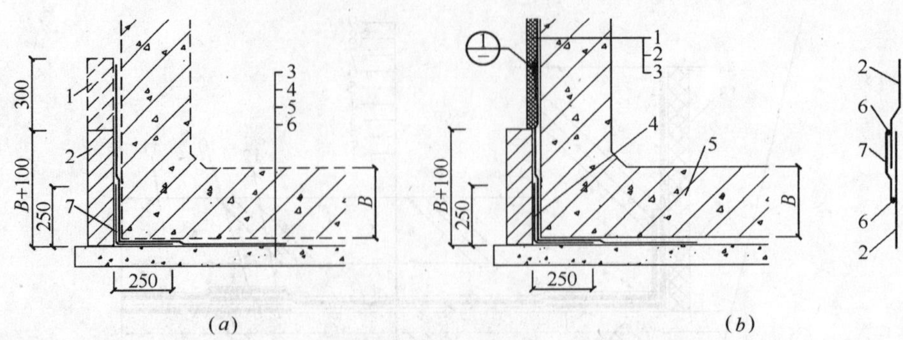

图 8-13　卷材的甩槎、接槎

(a)甩槎

1—临时保护墙；2—永久保护墙；3—细石混凝土保护层；4—卷材防水层；5—水泥砂浆找平层；6—混凝土垫层；7—卷材加强层

(b)接槎

1—结构墙体；2—卷材防水层；3—卷材保护层；4—卷材加强层；5—结构底板；6—密封材料；7—盖缝条

(4) 基层处理剂应与卷材及胶粘剂的材性相容，喷涂应均匀，不露底，待表面干燥后方可铺贴卷材。

(5) 高聚物改性沥青卷材 4mm 以上采用热熔法施工，而高分子卷材采用冷粘法施工。采用热熔法施工时，幅宽内应加热均匀，不得过分加热或烧穿卷材。采用冷粘法铺合成高分子卷材时，要采用与卷材材性相容的胶粘剂，并应涂刷均匀。

(6) 卷材铺贴时应展开压实，搭接宽度、搭接方法正确，接缝必须粘贴封严，接缝留位正确。

(7) 采用外防外贴法铺贴卷材防水层时，应符合下列规定：

1) 铺贴卷材应先铺平面，后铺立面，交接处应交叉搭接。

2) 临时性保护墙应用石灰砂浆砌筑，内表面应用石灰砂浆做找平层，并刷石灰浆。如用模板代替临时性保护墙时，应在其上涂刷隔离剂。

3) 从底面折向立面的卷材与永久性保护墙的接触部位，应采用空铺法施工。与临时性保护墙或围护结构模板接触的部位，应临时贴附在该墙上或模板上，卷材铺好后，其顶端应临时固定。

4) 当不设保护墙时，从底面折向立面的卷材的接槎部位应采用可靠的保护措施。

5) 主体结构完成后，铺贴立面卷材时，应先将接槎部位的各层卷材揭开，并将其表面清理干净，如卷材有局部损伤，应及时进行修补。卷材接槎的搭接长度，高聚物改性沥青卷材为 150mm，合成高分子卷材为 100mm。当使用两层卷材时，卷材应错槎接缝，上层卷材应盖过下层卷材。

(8) 采用外防内贴法铺贴卷材防水层，应符合下列规定：

1) 主体结构的保护墙内表面应抹 1∶3 水泥砂浆找平层，然后铺贴卷材，并根据卷材特性选用保护层；

2) 卷材宜先铺立面，后铺平面。铺贴立面时，应先铺转角，后铺大面。

8-2-3-6　施工质量验收标准、质量检验方法

(1) 防水及配套材料必须符合设计要求和施工规范要求；要检查出厂合格证、质量检

验报告和检查材料复试试验报告。

(2) 卷材的施工方法和卷材厚度要满足设计与施工规范要求，见表8-11。

防水卷材厚度 **表8-11**

防水等级	设防道数	合成高分子卷材	高聚物改性沥青卷材
1	三道或三到以上设防	单层：不应小于1.5mm； 双层：每层不应小于1.2mm	单层：不应小于4mm； 双层：每层不应小于3mm
2	二道设防		
3	一道设防	不应小于1.5mm	不应小于4mm
	复合设防	不应小于1.2mm	不应小于3mm

(3) 防水层的施工符合设计要求；要根据设计图纸和设计说明进行施工，包括阴阳角、变形缝等细部防水做法；卷材防水层的基层应牢固，基面应平整、洁净，不得有空鼓、松动、起砂和脱皮现象；基层阴阳角处做成圆弧形。

检查方法：检查施工现场质量，检查施工日记和隐蔽工程验收记录。

(4) 通过观察检查卷材防水层的搭接缝质量：粘结牢固、密封严密，不得有折皱、翘边和鼓泡等缺陷。

(5) 通过观察检查和尺量检查：侧墙卷材防水层的保护层与防水层应粘结牢固，结合严密，厚度均匀；卷材的搭接宽度满足(允许误差为−10mm)。

(6) 卷材防水层的施工质量检验数目为：每铺贴100m^2检查1处，每处10m^2，整个工程不少于3处。

8-2-4 涂料防水层

(1) 涂料防水层包括无机防水涂料和有机防水涂料。无机防水涂料可选用水泥基防水涂料、水泥基渗透结晶型涂料。有机防水涂料选用反应型、水乳型、聚合物水泥防水涂料。

(2) 无机防水涂料一般用在结构主体的背水面，有机防水涂料宜用在结构主体的迎水面，如要求用在结构背面，则要求有机防水涂料具有较高的抗渗性，且与基层有较强的粘结性。

(3) 涂膜防水层是在结构表面涂刷防水涂膜而形成的防水层，属于冷作业施工。涂膜与基层表面粘结较牢、封闭严密，但其拉伸强度较低，因此，只适用于建筑地下室结构外临时性外涂的防水施工做法，不宜涂刷在永久保护墙上的外防内涂施工做法。

(4) 防水涂料的厚度应根据设计要求进行确定，对于不同的防水等级和不同的防水涂料，涂料防水层的厚度是不同的，见表8-12。

防水涂料厚度(mm) **表8-12**

防水等级	设防道数	有机涂料			无机涂料	
		反应型	水乳型	聚合物水泥	水泥基	水泥基渗透结晶型
1	三道或三道以上设防	1.2～2.0	1.2～1.5	1.5～2.0	1.5～2.0	≥0.8
2	二道设防	1.2～2.0	1.2～1.5	1.5～2.0	1.5～2.0	≥0.8
3	一道设防	—	—	≥2.0	≥2.0	—
	复合设防	—	—	≥1.5	≥1.5	—

（5）防水涂料品种的选择应符合下列规定：

1）潮湿基层宜选用与潮湿基面粘结力大的无机涂料或有机涂料，或采用先涂水泥基类无机涂料而后涂有机涂料的复合涂层；

2）冬期施工宜选用反应型涂料，如用水乳型涂料，施工温度不得低于5℃；

3）埋置深度较深的重要工程、有振动或有较大变形的工程宜选用高弹性防水涂料；

4）有腐蚀性的地下环境宜选用耐腐蚀性较好的反应型、水乳型、聚合物水泥涂料并做刚性保护层。

（6）采用有机防水涂料时，在阴阳角及底板增加一层胎体增强材料，并增涂2～4遍防水涂料。

8-2-4-1　材料要求

（1）作为涂料防水层所采用的材料（涂料）要满足以下要求：

1）具有良好的耐水性、耐久性及耐菌性。

2）无毒、难燃、低污染。

3）无机防水涂料具有良好的湿干粘结性、耐磨性和抗刺穿性；有机防水涂料具有较好的延伸性及较大适应基层变形能力。

（2）对于施工中使用的防水涂料可根据表8-13（无机防水涂料）和表8-14（有机防水涂料）性能要求来进行品种和品质选择。

无机防水涂料的性能指标　　**表8-13**

涂料种类	抗折强度（MPa）	粘结强度（MPa）	抗渗性（MPa）	冻融循环
水泥基防水涂料	＞4	＞1.0	＞0.8	＞D50
水泥基渗透结晶型防水涂料	≥3	≥1.0	＞0.8	＞D50

有机防水涂料的性能指标　　**表8-14**

涂料种类	可操作时间（min）	潮湿基面粘结强度（MPa）	抗渗性（MPa）			浸水168h后拉伸强度（MPa）	浸水168h后断裂伸长率（%）	耐水性（%）	表干（h）	实干（h）
			涂膜（30min）	砂浆迎水面	砂浆背水面					
反应型	≥20	≥0.3	≥0.3	≥0.6	≥0.2	≥1.65	≥300	≥80	≤8	≤24
水乳型	≥50	≥0.2	≥0.3	≥0.6	≥0.2	≥0.5	≥350	≥80	≤4	≤12
聚合物水泥	≥30	≥0.6	≥0.3	≥0.8	≥0.6	≥1.5	≥80	≥80	≤4	≤12

注：1. 浸水168h后的拉伸强度和断裂延伸率是在浸水取出后，只经擦干即进行试验所得的值；

2. 耐水性指标是指材料浸水168h后取出擦干即进行试验，其粘结强度及抗渗性的保持率。

（3）防水涂料使用前要求其质保资料齐全，并进行送样复试，复试报告合格后进行施工。

（4）聚氨酯是双组分化学反应固化型防水涂料，甲组分以聚醚树脂等原料组成，其用量为1kg/m² 左右；乙组分以固化剂、催化剂、增粘剂等材料组成，其用量为1.5kg/m² 左右；甲、乙二组根据材料使用说明进行配制使用（一般为1∶1.5～1∶1.2）。

（5）无机铝盐防水剂由无机铝盐等多种无机盐类的水溶液配制而成，为找平层水泥砂浆的添加剂，目的是使找平层降低透湿率，使基层含水率（≤9%）较快地达到施工要求。

(6) 涤纶无纺布：由涤纶纤维加工制成，规格为 60g/m² 左右，用于底板与立墙之间的阴角作增强材料。

(7) 聚乙烯泡沫塑料片材，厚度为 5～6mm，宽度为 800～900mm，密度为 40kg/m³ 左右，主要用作地下室外墙防水涂料层的软保护层。

(8) 其他辅助材料为二甲苯(稀释剂和机具清洗剂)等。

8-2-4-2 机具要求

施工防水涂料的机具较为简单，主要有以下几种：

(1) 小平铲和扫帚。用在清理基层；

(2) 铁桶和电动搅拌器。搅拌和装防水涂料；

(3) 油漆刷和滚动刷。防水涂料施工；

(4) 干粉灭火器。安全保护。

8-2-4-3 施工要点

1. 施工前准备工作

(1) 在地面垫层上，做 20 厚无机铝盐防水砂浆(配合比为 1：3：0.1)，以防地下水的渗透；在外立面上，对蜂窝麻面等缺陷，采用水泥腻子(108 胶水＋水泥)填充刮平。

(2) 遇有穿墙套管部位，套管两端应带法兰盘，并要安装牢固，收头圆滑。

(3) 需要做涂膜防水的混凝土基层，必须基本干燥，当基层表面均匀泛白无水印时(含水量≤9%)，方可进行防水施工。

(4) 基层表面清理干净。

2. 聚氨酯防水涂料施工

(1) 聚氨酯防水涂料在施工固化前是一种不定形的黏稠状液态物质。它对于任何形状复杂、管道纵横和变截面的部位，都容易施工；对阴阳角、管道根以及防水层的末端收头，施工后封闭严密；聚氨酯防水涂料施工是冷施工，工序简单，操作技术易学，施工方便，施工时无空气污染；聚氨酯防水层，具有很高的弹性和很大的延伸能力，它对基层伸缩或开裂变形的适应性强，能较好地保证防水工程质量；聚氨酯防水层没有接缝，能形成一个连续、弹性、整体的防水层，便于提高建筑工程防水抗渗能力。因此，聚氨酯防水涂料在国内外使用较广。

(2) 聚氨酯防水涂料施工工艺流程为：基层处理→底胶施工→涂料防水层施工→隔离层施工→混凝土保护层→结构钢筋绑扎、混凝土施工→外立面防水涂料施工→回填土。

1) 清扫基层：必须把要做防水施工的基层表面上的尘土、杂物等彻底清扫干净。

2) 涂布底胶：将聚氨酯甲组分、乙组分和二甲苯按材料使用说明的比例配合搅拌均匀，再用长把滚刷蘸满这种混合材料，均匀涂布在基层表面上，涂布量一般以 0.3kg/m² 左右为宜。涂布底胶后应干燥 4h 以上，方可进行下一工序的施工。

3) 防水材料涂料的配制：防水材料涂料应随用随配，配制好的混合料最好在 2h 内用完。配制方法是将聚氨酯甲组分、乙组分和二甲苯按材料使用说明或 1：1.5：0.3 的重量比比例配制，用电动搅拌器搅拌均匀备用。

4) 涂料防水层的施工：

① 用滚刷蘸满已配制好的涂料防水混合材料，均匀涂布在涂过底胶和干净的基层表面上，涂布时要求厚度均匀一致，对平面基层以涂刷 3～4 度为宜，每度涂布量为 0.6～

0.8kg/m²；对立面基层以涂刷 4～5 度为宜，每度涂布量为 0.5～0.6kg/m²。涂膜的总厚度以不小于 1.5mm 为合格。

② 涂完第一度后一般需固化 6h 以上至基本不粘手时才可按上述方法涂布第 2、3、4、5 度涂膜。但对平面的涂布方向，后一度应与前一度的涂布方向相垂直。凡遇底板下部水平的阴角，均需铺设涤纶纤维无纺布进行增强性处理，详见图 8-14。具体做法是在涂布第 2 度涂膜后，立即铺贴涤纶纤维无纺布，铺设时使无纺布均匀平坦地粘接在涂膜上，并滚压密实，不能有空鼓和皱折现象存在。经过 6h 以上的固化后，才可涂布第 3 度，这样做的目的是防止增强后的涂层有空鼓等缺陷出现。

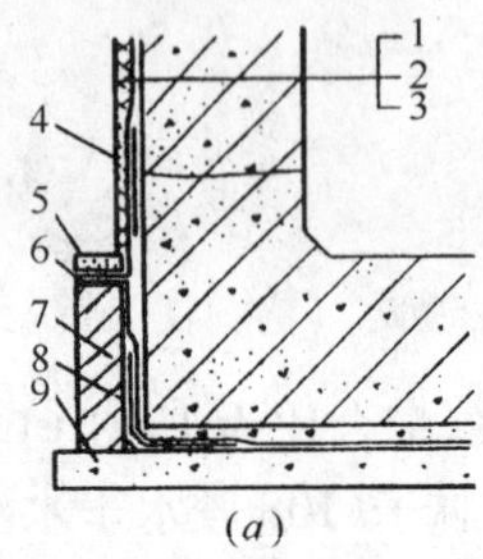

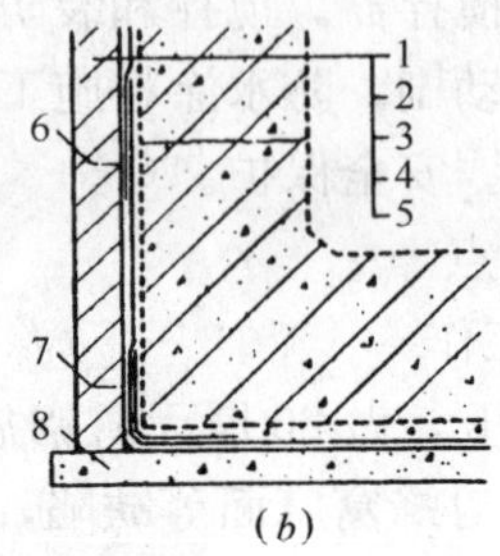

图 8-14　地下室涂料防水层做法

(a)防水涂料外防外涂做法

1—结构墙体；2—涂料防水层；3—涂料保护层；4—涂料防水加强层；5—涂料防水层搭接部位保护层；6—涂料防水层搭接部位；7—永久保护墙；8—涂料防水加强层；9—混凝土垫层

(b)防水涂料外防内涂做法

1—结构墙体；2—砂浆保护层；3—涂料防水层；4—砂浆找平层；5—保护墙；6—涂料防水加强层；7—涂料防水加强层；8—混凝土垫层

5）平面铺设油毡保护隔离层：当平面的最后一度聚氨酯涂膜完全固化，经过检查验收合格后，即可虚铺一层纸胎石油沥青油毡作保护隔离层，铺设时，可用少许聚氨酯混合料花粘固定，以防止在浇筑细石混凝土时发生位移。

6）浇筑细石混凝土保护层：对平面部位可在石油沥青油毡保护隔离层上浇筑 30～50mm 厚的细石混凝土保护层，施工时切勿损坏油毡和涂料防水层，如有损坏，必须立即涂刷聚氨酯的混合材料修复，再浇筑细石混凝土，以免留下渗漏水的隐患。

7）在完成细石混凝土保护层的施工和养护固化后，即可根据设计要求和施工规范绑扎钢筋并进行结构混凝土的施工。

8）外立面防水涂料保护层：对立墙部位，可在聚氨酯涂膜防水层的外侧直接粘贴 5～6mm 厚的聚乙烯泡沫塑料片材作为保护层。施工方法是在涂完第 4 度防水涂膜，完全固化和经过认真的检查验收合格后，再均匀涂布第 5 度涂膜，在该度涂膜未固化前，应立即粘贴聚乙烯泡沫塑料片材作保护层。粘贴时，要求片材拼缝严密以防止在回填灰土时损坏防水涂膜；也可第 5 度未固化前，应立即粘贴麻袋片，等涂料层彻底固化后，在麻袋片上粉刷防水砂浆作为保护层。

9）回填：完成聚乙烯泡沫塑料保护层施工后或防水砂浆保护层施工完成后，经自检合格和经建设单位、监理单位复验合格后，即可按照设计要求或施工规范的规定，分步回填(素土或灰土)并分步夯实。

3. 溶剂型SBS改性沥青防水涂料施工

(1) 将含有SBS 20%左右的改性沥青溶解于适量的有机溶剂中，制成的防水涂料层具有延伸率大、弹性好、耐低温等特点。因此，该涂料适用于地下室作外防外涂的防水施工做法。

(2) SBS改性沥青防水涂料的主要物理性能应符合表8-15的规定。

溶剂型SBS改性沥青防水涂料主要物理性能 **表8-15**

项目	技术要求	性能指标
外观	肉眼观察样品均匀程度	黑色黏稠液体
含固量		48%
耐热性	85℃，烘5h	合格
低温柔性	−20℃，5h，绕ϕ10mm轴棒	合格
延伸率		>200%
不透水性	涂膜厚1mm，20±2℃，0.1MPa，30min不渗水 20±2℃，7d无渗水	合格 合格
粘结强度		≥0.2MPa
耐酸性	在10%的硫酸液中浸泡15d，无变化	通过
耐碱性	在饱和$Ca(OH)_2$水溶液中浸泡15d，无变化	通过

(3) SBS改性沥青防水涂料的施工要点为：

1) 基层处理。把基层表面的尘土、杂物彻底清扫干净；

2) 底层处理。将SBS改性沥青防水涂料用溶剂稀释成含固量为10%的冷底子油涂刷在基层表面上；

3) 局部加强处理。对穿墙管、阴阳角等特殊部位做一布二涂加强层；

4) 防水涂料施工。大面积防水涂料施工时，可单独涂刷也可与聚酯无纺布或玻纤网格布配合涂刷，形成两布六涂的涂膜防水层，每次涂刷的间隔时间不应小于12h，每层涂膜表干后才可进行下道涂膜的施工，涂料防水层总厚度以不小于3mm为宜；

5) 其余部分与聚氨酯涂料施工要求的做法基本相同。

4. 硅橡胶涂料防水层施工

以硅橡胶乳液及其他乳液的复合物为主要基料，加入适量的无机填料及多种助剂配制成的涂料称为硅橡胶防水涂料。该涂料兼有涂膜防水和浸透性防水材料两者的性能，具有良好的防水性、渗透性、成膜性、弹性、粘结性和耐高温性。该涂料失水固化后能形成网状结构的高分子聚合物防水涂料层，适合于建筑地下室作为外防水层使用，具体施工要点为：

(1) 基层处理。把基层表面清扫干净；

(2) 底层布涂。用1号硅橡胶涂料在基层上均匀刷一道，满刷；

(3) 涂料防水层施工。等第一道防水涂膜固化后，用2号硅橡胶涂料刷第2、3道涂料，用1号硅橡胶涂料刷第4、5道涂料，每一道涂料均应在前一道涂料固化干燥后进行刷涂；

(4) 刷好固化后进行质量验收（外观、厚度），验收合格后进行保护层施工（地面用细石混凝土，立面用聚乙烯泡沫塑料保护层或防水砂浆保护层）。

8-2-4-4　施工质量控制

(1) 防水涂料材料的技术性能指标应满足设计规定和材料产品标准要求，并应附有材料质保书和现场监理见证取样复试报告。

(2) 施工防水涂料层的基层要平整，各个局部地方要进行加强处理，清理要干净；对聚氨酯防水涂料层和SBS改性沥青防水涂料层基层要干燥；基层表面的气孔、凹凸不平、蜂窝、缝隙、起砂等，应修补处理，基面必须干净、无浮浆、无水珠、不渗水；涂料施工前，基层阴阳角应做成圆弧形，阴角直径宜大于50mm，阳角直径宜大于10mm；涂料施工前应先对阴阳角、预埋件、穿墙管等部位进行密封或加强处理。

(3) 防水层的涂料层厚度要满足设计要求。

(4) 防水涂料层应为一个封闭的整体，不能有开裂、漏涂、翘边等缺陷存在。

(5) 涂料的配制及施工：

1) 必须严格按涂料的技术要求进行；

2) 防水涂料每一道施工要在前一道施工完并固化后才能进行；

3) 涂层必须均匀不得漏刷漏涂，每遍涂刷时应交替改变刷涂的方向，同层涂膜的先后搭槎宽度为30～50mm；

4) 涂料的施工缝应特别注意保护，同时施工缝接缝宽度不应小于100mm，接槎前，应做好其甩槎表面处理干净。

(6) 铺贴胎体材料时，应使胎体层充分浸透防水涂料，不得有白槎及折皱；胎体材料铺贴在同层相邻的搭接宽度要大于100mm，上下层要错开1/3幅宽。

(7) 有机防水涂料施工完后应及时做好保护层，保护层应符合下列规定：

1) 底板、顶板应采用20mm厚1∶2.5水泥砂浆层和40～50mm厚的细石混凝土保护，顶板防水层与保护层之间宜设置隔离层；

2) 侧墙背水面应采用20mm厚1∶2.5水泥砂浆层保护；

3) 侧墙迎水面宜选用软保护层或20mm厚1∶2.5水泥砂浆层保护。

(8) 注意产品保护工作，防水涂料施工好后，在后续施工中(如保护层施工)不得损坏涂料层。

8-2-4-5　施工质量验收标准和检验方法

1. 主控项目

(1) 涂料防水层所用材料及配合比必须符合设计要求。

检验方法：检查出厂合格证、质量检验报告、计量措施和现场抽样试验报告。

(2) 涂料防水层及其转角处、变形缝、穿墙管道等细部做法均须符合设计要求。

检验方法：观察检查和检查隐蔽工程验收记录。

2. 一般项目

涂料防水层的施工质量检验数量，应按涂层面积每100m^{2}抽查1处，每处10m^2，且不得少于3处。

(1) 涂料防水层的基层应牢固，基面应洁净、平整，不得有空鼓、松动、起砂和脱皮现象；基层阴阳角处应做成圆弧形。

检验方法：观察检查和检查隐蔽工程验收记录。

(2) 涂料防水层应与基层粘结牢固，表面平整、涂刷均匀，不得有流淌、皱折、鼓泡、露胎体和翘边等缺陷。

检验方法：观察检查。

(3) 涂料防水层的平均厚度应符合设计要求，最小厚度不得小于设计厚度的80%。

检验方法：针测法或割取20mm×20mm实样，用卡尺测量。

(4) 侧墙涂料防水层的保护层与防水层粘结牢固，结合紧密，厚度均匀一致。

检验方法：观察检查。

8-2-5 塑料排水板防水层

塑料防水板可选用乙烯-醋酸乙烯共聚物(EVA)、乙烯-共聚物沥青(ECB)、聚乙烯(PE)、聚氯乙烯(PVC)类或其他性能相近的材料。由于塑料板防水层表面光滑，不仅起到防水作用，而且还起到减少喷射混凝土与二次衬砌模注混凝土之间约束应力的作用，能够避免模注混凝土产生裂缝。

1. 材料要求

(1) 塑料防水板应符合下列规定：

1) 幅宽宜为2～4m；

2) 厚度宜为1～2mm；

3) 耐刺穿性好；

4) 耐久性、耐水性、耐腐蚀性、耐菌性好；

5) 塑料防水板物理力学性能和材料性能应符合表8-16的规定。

塑料防水板材料性能 **表8-16**

性能指标	防水板名称							
	ECB		EVA		ILDPE		LDPE	
	纵向	横向	纵向	横向	纵向	横向	纵向	横向
比重(g/cm³)	0.04±0.05		>0.925		>0.925		>0.915	
拉伸强度(MPa)	>18	>16	>18.5	>20.5	>20.5	>21.5	>13	>13.5
断裂伸长率(%)	>710	>725	>645	>690	>630	>815	>520	>570
直角撕裂强度(kN/m)	>77	>74	>79	>71	>115	>95	>70	>55
低温膜性温度(℃)	<−30		<−70		<−76		<−30	
收缩性(%)	<1							
不透水性(0.2MPa)	24h							

注：1. EVA—乙烯醋酸乙烯；ECB—乙烯共聚物沥青；PE—聚乙烯；

2. 拉伸强度、断裂伸长测试条件为250mm。

(2) 缓冲层采用厚度为2.6～3.2mm的无纺布，其抗张强度、伸长率、重量及渗水系数等性能指标应符合要求。

(3) 锚固材料：塑料胀管、热熔塑料垫圈、钢垫圈及木螺丝钉等。

2. 机具要求

热塑自动焊接机和充气检测仪，以及冲击钻、压焊器(220V/150W)和放大镜(10倍)、电烙铁、剪刀、螺刀等。

机具必须完好，不能在施工中不稳定。对热塑自动焊接机和充气检测仪要求较高，它关系到塑料排水板接缝的质量。

3. 构造要求

塑料排水板防水层的铺设构造如图 8-15 所示。

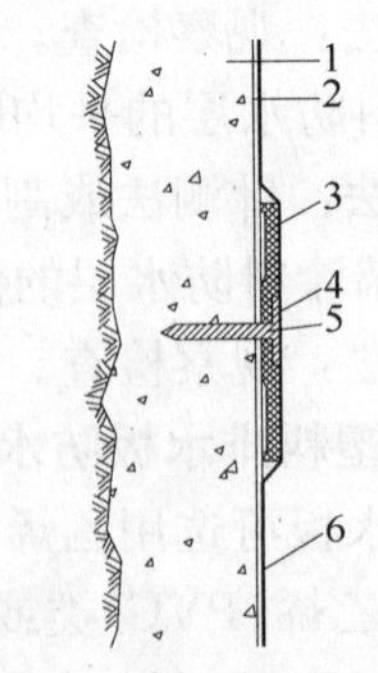

图 8-15 塑料排水板缓冲层的铺设

1—初期支护；2—缓冲层；3—热塑性圆垫圈；4—金属垫圈；5—射钉；6—防水板

4. 施工准备

(1) 施工方案

对采用塑料排水板防水层的铺设构造、材料选择、施工机具、施工工艺流程、施工技术要点、劳动力组织及施工时间等进行编制。

(2) 基面准备

1) 施工基面不能有严重漏水，如漏水严重必须经注浆封堵漏水后方可施工。

2) 混凝土基层表面不得有锚杆头或钢筋断头外露。

3) 混凝土基层局部凹凸尺寸大于下述要求时，应进行处理。墙：$D/L=1/6\sim D/L=1/8$。

4) 在断面变化或转弯处的阴角，应用水泥砂浆抹成 $R\geqslant15$cm 的圆弧；阳角抹成 $R\geqslant5$cm 的圆弧。

(3) 定位划线

为方便施工，无纺布、防水板均分拱部、边墙、底板四段铺设，按照施工断面尺寸下料。采用特种铅笔在防水板边缘离板边 10cm 处画接缝搭接线，并画出无纺布、防水板横向中线以及结构中线。

5. 施工工艺流程和施工要点

(1) 防水塑料板的施工工艺流程为：基层处理→划线定位→铺设无纺布→铺设防水板→产品保护。

(2) 其施工技术要点有：

1) 基层处理。按照工艺要求对基层进行处理，基层处理好后进行隐蔽工程验收，做好记录。

2) 划线定位。在基层上进行测量定位，并报施工质量员和监理进行验收，做好测量定位记录。

3) 铺设无纺布：

① 先将无纺布横向中线同基层铺贴中线对齐重合定位，由中向两侧进行铺设；

② 铺设时接缝搭接宽度为 5cm，采用＋80 型专用塑料垫圈压在无纺布上，使用冲击钻钻孔，下塑料胀管，用木螺丝锚固，木螺钉应用螺丝刀上紧，不得用铁锤敲打，并不得超出圆垫片平面，以防止破坏防水板；

③ 锚固点应垂直于基面，锚固点呈梅花状布置，在凹凸处应适当增加锚固点。

4) 铺设防水板。先将防水板横向中线同无纺布中线对齐重合定位，铺设时用压焊器将防水板热合于塑料垫圈上，防水板搭接宽度 10cm，接缝采用热塑焊接机双焊缝焊接，焊缝宽度为 1cm。

5) 焊接机的操作要点：

① 焊接前，先将防水板欲焊部位擦拭干净，然后检查电源电压，焊接机电压(220V)

符合要求时，方可给焊接机接通电；

② 控制好焊接温度至塑料排水板材料要求的焊接温度(如 PE 板为 260℃)，按照焊接机要求的程序进行焊接施工；

③ 每焊完一个循环要清理焊接机电烙铁上的粘结物，以保证下一循环焊接质量。

6. 塑料防水板防水层的质量控制

(1) 防水板应在初期支护基本稳定并经验收合格后进行铺设。

(2) 铺设防水板的基层宜平整、无尖锐物。基层平整度应符合 $D/L=1/6\sim1/10$ 的要求。式中：

D——初期支护基层相邻两凸面凹进去的深度；

L——初期支护基层相邻两凸面间的距离。

(3) 塑料板的主要物理性能应符合表 8-15 的要求。

(4) 铺设防水板前，应先铺缓冲层。缓冲层应用暗钉圈固定在基层上铺设防水板时，边铺边将其与暗钉圈焊接牢固。两幅防水板的搭接宽度应为 100mm，下部防水板应压住上部防水板，搭接缝应为双焊缝，焊接严密，单条焊缝的有效焊接宽度不应小于 10mm，不得焊焦焊穿。环向铺设时，先拱后墙。

(5) 防水板的铺设应超前内衬混凝土施工，其距离不小于 5m，并设临时挡板防止机械损伤和电火花灼伤防水板。

(6) 铺设质量检查及处理。铺设后应采用放大镜观察，当两层经焊接在一起的防水板呈透明状，无气泡，即熔为一体，表明焊接严密。要确保无纺布和防水板的搭接宽度，并着重检测焊缝质量。检测内容包括：

1) 焊缝拉伸强度，应不小于防水板本身强度的 70%。

2) 焊缝抗剥离强度，根据实验建议值为 7kg/cm。

3) 采用充气法检查，用 5 号注射用针头插入两条焊缝中间空腔，用人工气筒打气检查。当压力达到 0.10～0.15MPa 时，保持压力时间不少于 1min，焊缝和材料都不发生破坏，表明焊接质量良好。

(7) 内衬混凝土施工时应符合下列规定：

1) 振捣棒不得直接接触防水板；

2) 浇筑拱顶时，应防止防水板绷紧。

(8) 局部设置防水板防水层时，其两侧应采取封闭措施。

7. 塑料防水板防水层质量验收标准和检验方法

(1) 主控项目

1) 防水层所用塑料板及配套材料必须符合设计要求。

检验方法：检查出厂合格证、质量检验报告和现场抽样试验报告。

2) 塑料板的搭接处必须采用双焊缝焊接，不得有渗漏。

检验方法：双焊缝间空腔内充气检查，以 0.25MPa 充气压力保持 15min 后，下降值不小于 10%为合格。

(2) 一般项目

塑料板防水层工程的施工质量检验数量，应按铺设面积每 $100m^2$ 抽查 1 处，每处 $10m^2$，但不小于 3 处。焊缝的检验应按焊缝数量抽查 5%，每条焊缝为 1 处，但不小于

3处。

1）塑料板防水层的基面应坚实、平整、圆顺，无漏水现象；阴阳角处应做成圆弧形。

检验方法：观察和尺量检查。

2）塑料板的铺设应平顺并与基层固定牢固，不得有下垂、绷紧和破损现象。

检验方法：观察检查。

3）塑料板接缝的搭接宽度允许偏差应为10mm。

检验方法：尺量检查。

8-2-6　金属防水层

金属防水层重量大、工艺繁、造价高，一般地下防水工程采用较少。金属防水层以钢材为主，主要用于一些要求抗渗性较高的构筑物，例如机械和冶金行业的构筑物。

1. 材料要求

（1）金属防水层应按设计规定选用材料。所用材料应有出厂合格证，抽样检验，其各项性能指标应符合国家标准的规定。

（2）金属防水层所用的连接材料，如焊条等，要具有质量证明书，并符合设计及国家标准的规定。

（3）固定材料（如角钢）性能要满足设计和国家标准规定。

2. 机具要求

电焊机，用于金属防水层的连接（焊接）。要求性能稳定，保养良好。

3. 构造要求

（1）金属防水层一般设在构筑物外壁的内侧，可为整体式或装配式。图8-16为金属防水层的构造结构图。

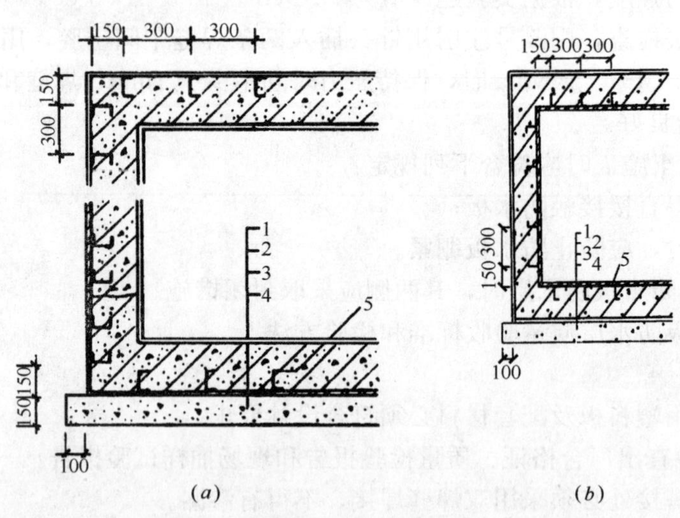

图8-16　金属防水层的构造结构

(a)1—砂浆防水层；2—结构；3—金属防水层；4—垫层；5—锚固筋

(b)1—金属防水层；2—结构；3—砂浆防水层；4—垫层；5—锚固筋

（2）设置金属防水层时，拼接好的金属防水层应与结构内的钢筋焊牢，或在金属防水层上焊接一定数量的锚固件，金属板防水层应用临时支撑加固。

(3) 金属板防水层底板上应预留浇捣孔，并应保证混凝土浇筑密实，待底板混凝土浇筑完后再补焊严密。

4. 施工技术要点

(1) 金属板的拼接应采用焊接，拼接焊缝应严密。竖向金属板的垂直接缝，应相互错开。

(2) 铺设金属防水层时，金属板应焊在混凝土或砌体的预埋件上。金属防水层经焊缝检查合格后，应将其与主体结构间的空隙用水泥砂浆灌实。

(3) 如金属板防水层先焊成箱体，再整体吊装就位，应在其内部加设临时支撑，防止箱体变形。

(4) 金属板防水层应采取防锈措施。

(5) 金属防水层有整体式金属防水层和装配式金属防水层，它们的施工有下面工艺流程。

1) 整体式金属防水层。多用于体积不太大的构筑物，其施工步骤为：

① 按设计要求浇筑混凝土垫层(如 100mm 厚 C15 混凝土)。

② 按设计规定在垫层四周砌好保护墙。

③ 在垫层和保护墙上做水泥砂浆找平层。

④ 在坑底和四壁的找平层上铺设改性沥青卷材或高分子防水卷材。

⑤ 将预先按设计尺寸拼装好并焊成箱体的金属防水层(包括型钢埋设件)连同装好的四壁模板一起，整体吊装至设计位置固定牢靠，箱体内可设临时支撑加固，以防吊装时及以后的施工中箱体产生变形；进行隐蔽工程验收，合格后进行混凝土浇筑。

⑥ 先浇筑底板防水混凝土，再浇筑四壁防水混凝土。

⑦ 拆除四周模板，补焊底板浇筑振捣孔，焊好钢盖板。

2) 装配式金属防水层。多在已做好构筑物之后进行拼装施工，施工步骤为：

① 浇筑混凝土垫层。

② 制作安装基础、底板及侧壁结构钢筋。

③ 在支模的同时将焊好埋设件的钢板防水层作为坑壁和基础的内侧模板固定牢靠，必要时可在坑内支设临时支撑，以防施工时钢板防水层变形。

④ 将底板预埋件(根据设计确定规格、大小等)预埋固定，固定完成后进行隐蔽工程验收。

⑤ 浇筑底板、侧壁、基础混凝土(混凝土等级根据设计)。

⑥ 焊好底板上的钢板防水层。

⑦ 焊接周边角钢，用以将底板与侧壁钢板联成封闭的金属防水层。

⑧ 金属防水层验收合格后在钢板防水层上砌耐火砖。

5. 施工质量控制

(1) 控制好原材料。金属防水层所用的金属板和焊条的规格及材料性能应符合设计要求和国家标准规定。

(2) 金属防水层的位置固定。要保证金属防水层固定的稳定性，同时确保防水层位置准确不偏位。

(3) 金属防水层的焊接人员要有专门的技术上岗证书，焊缝要饱满、连续，不得有漏焊等发生，焊接好后要进行焊缝检验。

(4) 要按施工步骤进行施工，每一步工序都要进行验收，验收合格后，才能进行下一道工序施工。

6. 施工质量检查标准和检验方法

金属板防水层工程的施工质量检验数量，应按铺设面积每 $10m^2$ 抽查 1 处，每处 $1m^2$，但不少于 3 处。焊缝检验应按不同长度的焊缝各抽查 5%，但均不少于 1 条。长度小于 500mm 的焊缝，每条检查 1 处；长度 500～2000mm 的焊缝，每条检查 2 处；长度大于 2000mm 的焊缝，每条检查 3 处。

(1) 金属板防水层所采用的金属材料和保护材料应符合设计要求。金属材料及焊条、焊剂的规格、外观质量和主要物理性能应符合国家现行标准的规定。

(2) 金属板的拼接及金属板与建筑结构的锚固件连接应采用焊接。金属板的拼接焊缝应进行外观检查和无损检验。

(3) 当金属板表面有锈蚀、麻点或划痕等缺陷时，其深度不得大于该板材厚度的负偏差值。

(4) 工程质量检验的主控项目应符合以下规定：

1) 金属防水层所采用的金属板材和焊条必须符合设计要求。

检验方法：检查出厂合格证或质量检验报告和现场抽样试验报告。

2) 焊工必须经考试合格并取得相应施焊条件的执业资格证书。

检验方法：检查焊工执业资格证书和考核日期。

(5) 工程质量检验的一般项目应符合以下规定：

1) 金属板表面不得有明显凹面和损伤。

检验方法：观察检查。

2) 焊缝不得有裂纹、未熔合、夹渣、焊瘤、咬边、烧穿、弧坑、针状气孔等缺陷。

检验方法：观察检查和无损检验。

3) 焊缝的焊波应均匀，焊渣和飞溅物应清除干净；保护涂层不得有漏涂、脱皮和 反锈现象。

检验方法：观察检查。

检查金属防水层抗渗的严密性，可用 X 射线或超声波进行检验。

8-3 细部构造处的防水施工

在地下工程中，细部构造处的防水非常重要，据统计，在实际工程中发生渗水的绝大部分都发生在细部构造处。细部构造主要包括变形缝、施工缝、后浇带、预埋件、桩顶、穿墙管和孔口等，这些部位是工程防水的薄弱环节，地下工程的渗漏水，除结构本身有缺陷外，大多是由于这些薄弱部位防水处理不当所引起。在细部构造防水中，变形缝防水是重点。

8-3-1 变形缝的防水施工

8-3-1-1 变形缝的分类

1. 按变形缝所承受的变位分类

(1) 伸缩缝。设置伸缩缝的目的是为适应构筑物由于温度、湿度作用及混凝土收缩、徐变对构筑物的变形影响而产生的水平变位。

(2) 沉降缝。设置沉降缝的目的是为适应构筑物不同部分的不均匀沉降而设置的。沉降缝可承受由于地基不均匀沉降而产生的垂直变位。

(3) 防震缝。设置防震缝的目的是为适应地震作用导致构筑物的变形影响而设置的。防震缝可吸收地震作用引起的水平及垂直两个方向的变位。

(4) 伸缩缝(引发缝)，可根据设计及施工的需要设置收缩缝，有埋入式止水带收缩缝(图 8-17)和外贴式止水带收缩缝(图 8-18)。

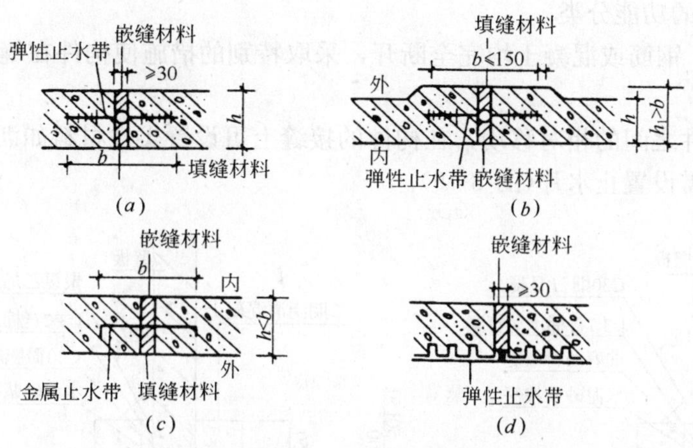

图 8-17 埋入式变形缝示意图

(a)中埋式 1(适用于 $h \geqslant b$)；(b)中埋式 2(适用于 $h < b$)；(c)中埋式 3(不宜用于墙内)；(d)底埋式(不适用于墙内)；

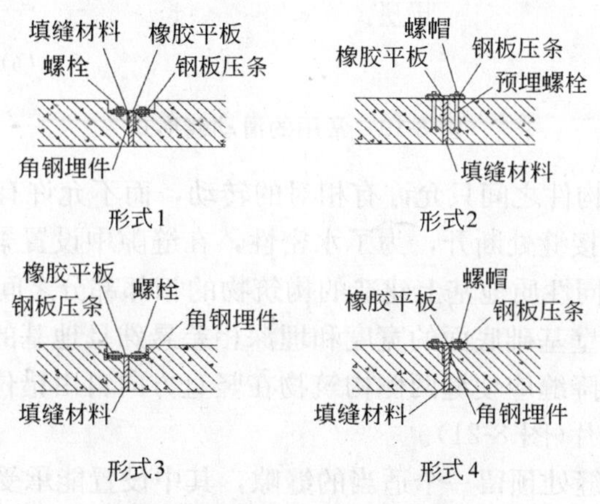

图 8-18 外贴式变形缝示意图

收缩缝两侧的混凝土一般不连续浇筑。

收缩缝分完全收缩缝与不完全收缩缝两种，完全收缩缝构件内的纵向钢筋不连续配置(全部切断)；不完全收缩缝构件内的纵向钢筋连续或部分连续配置(不切断或部分切断)，前者不能传递弯矩及拉力；后者可以传递弯矩及拉力，但应布置在内力较小的断面上。

有时将缝两侧混凝土不同时浇筑时称为收缩缝，缝两侧混凝土同时浇筑时才称为引发缝(诱发缝)(在混凝土发生收缩变形时)。当混凝土本身不足以承担此收缩造成的拉力时，混凝土从人为造成的构造薄弱处裂开，故称引发缝。这样，就需要制造一个人为的“薄弱环节”，有些资料要求，在引发缝处混凝土断面消弱的比例(缺损率)为 20%～30%，否则，将不一定从引发缝处裂开。

要形成削弱的断面，有几个措施：1)使用带有尖劈的止水带；2)断面中填加塑料板(或金属板、木板)；3)上下表面作凹槽(后填装密封料)。

2. 按变形缝的形式分类

(1) 埋入式变形缝。

(2) 外贴式变形缝。

3. 按变形缝的功能分类

(1) 滑动缝。钢筋或混凝土均完全断开，采取特别的措施使构件在缝的平面内易于发生相对的移动。

为了保证构件之间的相对移动，在构件的接缝上可设置柔性材料如沥青、油毡等，为保证水密性，尚需设置止水片(图 8-19)。

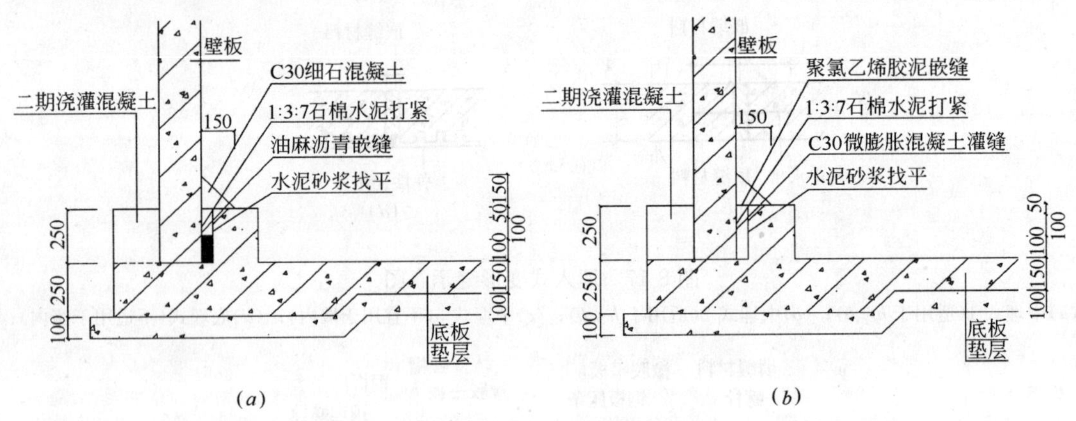

图 8-19　常用的滑动缝形式

(2) 铰接缝。相连构件之间只允许有相对的转动，而不允许有相对移动，钢筋在接缝处连续，允许混凝土在接缝处断开，为了水密性，在缝隙中设置柔性填料(图 8-20)。

(3) 沉降缝。在不同性质地基上建造的构筑物的相邻部分之间，在原有构筑物与新建构筑物之间，当相邻墙壁基础底面的宽度和埋深相差悬殊且地基的计算变形差别超过规定时，应设置沉降缝。沉降缝应使缝两侧构筑物在竖直方向自由错位，做好止水措施，必要时，应设置适当的止水片(图 8-21)。

(4) 膨胀缝。在接缝处预留一个适当的缝隙，其中设置能承受挤压的填缝料，为保证水密性应设止水带。为了使构件能在膨胀时移动，对于底板须在垫层与构件之间做成滑动面，如设油毡等(图 8-22)。

1) 膨胀缝的典型构造。结构的连续性在设缝处完全中断，膨胀缝将结构分隔成若干独立的结构单元；缝有一定的宽度，能适应缝侧结构单元的膨胀变形；缝中设止水片，止水片与嵌缝料的性能及断面设计能适应规定范围的拉伸、压缩或横向错位不致开裂或松脱而形成渗漏；一般应有作为第 2 道止水屏障的嵌缝料及填充膨胀缝间隙的填缝板，作为嵌缝料的支托，填缝板应有足够的压缩性，在规定的压缩范围内不致压坏并能恢复到原来的

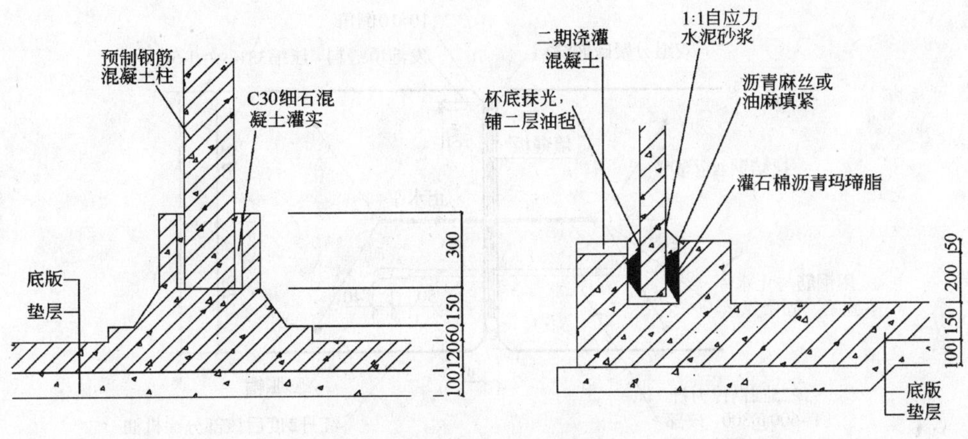

图 8-20 铰接缝

注：二期浇灌混凝土待预应力钢筋张拉完毕后浇灌。弹性构造形式

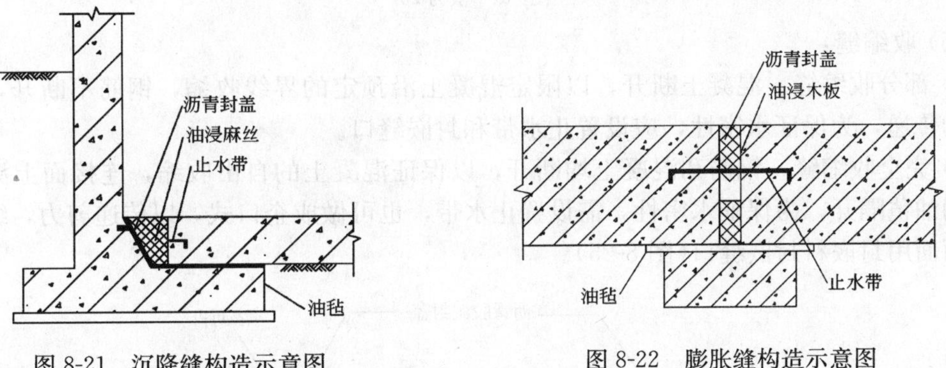

图 8-21 沉降缝构造示意图　　　　图 8-22 膨胀缝构造示意图

形状。止水片周围的混凝土要振捣密实并与止水片咬合紧密。

2）为了消除膨胀缝两侧的结构单元的错位及其危害，在膨胀缝中加设可以防止错位的“键”。“键”有 2 种基本形式，即企口式和传力杆式。

① 企口式：企口中，上下表面的填缝板有一定的厚度，使较大的错位得以发生(图 8-23)。

② 传力杆式：在道路设计中，为保持路面的横向整体性，广泛采用了安设钢传力杆的作法。我国的《公路水泥混凝土路面设计规范》（JTJ 012)规定，在邻近结构物处、刚柔性路面交接处、板厚改变处及转弯半径较小处均应采用传力杆型的膨胀缝，当混凝土板厚为 210～300mm 时，钢传力杆的直径为 25～30mm、间距为 300mm(图 8-24)。

地下混凝土贮液结构物膨胀缝止水片周围的混凝土浇捣不密实、混凝土与止水片的咬合不良，是目前贮液结构物发生渗漏的另一普遍原因。

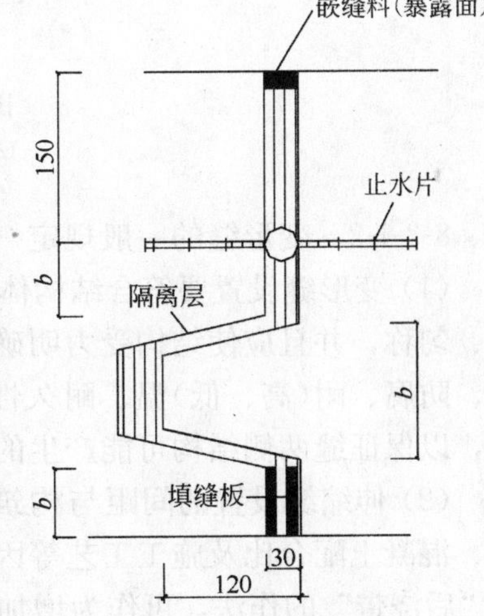

图 8-23 企口式膨胀缝

注：b 值根据计算决定

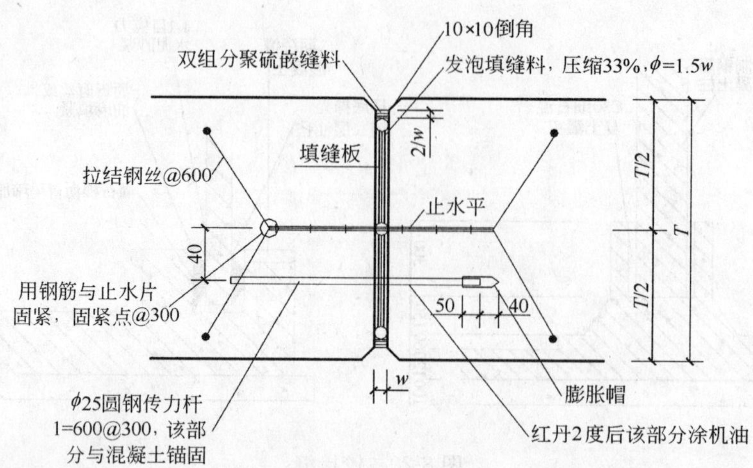

图 8-24　传力杆式膨胀缝

注：w 一般为 20

(5) 收缩缝：

1) 部分收缩缝。混凝土断开，以限定混凝土沿预定的界线收缩，钢筋不断开，以保证力的传递，为保证水密性，应设置止水带和封嵌缝口。

2) 完全收缩缝。钢筋和混凝土均断开，以保证混凝土的自由收缩，连接面上涂以沥青或用油毡隔开，为保证水密性，需设置止水带，也可做成企口式，以传递剪力，缝的一面或两面用封嵌料封嵌缝口(图 8-25)。

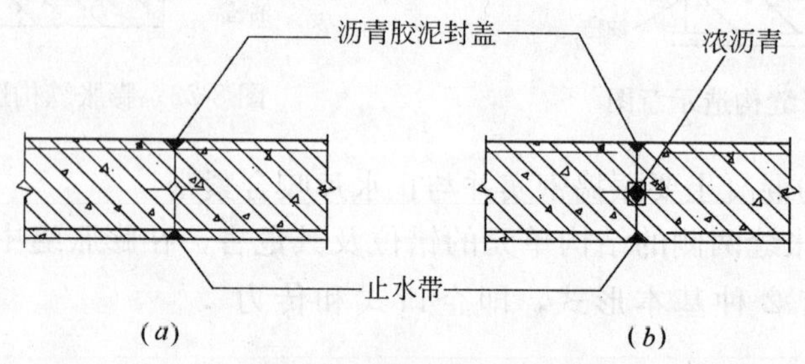

图 8-25　收缩缝构造示意图

(a)部分收缩缝；(b)完全收缩缝

8-3-1-2　变形缝的一般规定

(1) 变形缝设置要符合结构体系的合理布局。被变形缝分开的不同部分，应该体形规整、匀称，并且应使结构受力明确、施工方便。在工作状态下，接缝处的局部强度、水密性、防腐、耐(高、低)温、耐久性应满足设计要求。一条变形缝应布置在一个垂直平面内，以保证缝两侧结构可能产生的自由变形。

(2) 伸缩缝设置的间距与构筑物埋设条件、温度、湿度、结构形式、结构构件配筋率、混凝土配合比及施工工艺等因素有关。混凝土中掺加合适的外加剂、合理地采用混凝土“后浇带”的作法，可作为增加伸缩缝间距、减少伸缩缝数量的措施。对于隧道工程，在其上面一般都有较厚的覆盖层，同时有较长的通道，因此，洞室内的温度一年四季变化较小，产生的收缩较小，所以，伸缩缝的间距可以适当加大，一般取 50～70m。在靠近洞口和明挖段，间距要适当缩小，通常取 30～40m。

(3) 如果地下工程中不允许设置变形缝，而实际长度又超过允许长度时，可采用后浇缝的作法，最长约为 70m。

(4) 沉降缝及防震缝应按下列原则设置：

1) 设置在构筑物相邻部位荷载有较大差异处；

2) 设置在结构形式发生变化处；

3) 设置在构筑物相邻部位的地基有较大差异处。

(5) 构筑物的伸缩缝或沉降缝应做成贯通式，在同一剖面上连同基础或底板断开。变形缝是地下工程中防水的薄弱部位，由于它在构造和施工上都比较复杂，极容易发生渗漏，因此，要特别仔细。在建筑设计上，要尽可能减少变形缝的数量，特别要避开不易施工的部位，同时，尽量要求在建筑物的沉降基本稳定以后，再进行变形缝的施工。

(6) 从防水构造上看，变形缝需要具备以下性能：

1) 能够承受一定的水压力；

2) 具有足够的耐久性；

3) 和主体结构的防水层四面相互衔接，形成一个整体以防渗漏；

4) 能适应结构的变形或下沉，在一定的外力作用下不致破坏。

(7) 根据规范要求，对于变形缝防水施工要满足：

1) 变形缝应满足密封防水、适应变形、施工方便、检修容易等要求；

2) 用于伸缩的变形缝宜不设或少设，可根据不同的工程结构类别及工程地质情况采用诱导缝、加强带、后浇带等替代措施；

3) 变形缝处混凝土结构的厚度不应小于 300mm。

8-3-1-3 变形缝构造要求

(1) 用于沉降的变形缝其最大允许沉降差值不应大于 30mm。其构造要求为：

1) 用于沉降的变形缝的宽度宜为 20～30mm，用于伸缩缝的变形缝的宽度宜小于此值。伸缩缝的宽度依照结构的伸缩变形量确定，一般可取 20～30mm。预制构件间的接缝宽度一般如图 8-26 所示。

构筑物的伸缩变形量主要取决于混凝土固结温度与固结后使用温度的温差，温差可按当地的气温年温差计算。

2) 沉降缝的宽度与结构单元间的沉降差有关，在沉降差为 50、40、30mm 时，缝宽可依次采用 50、40、30mm，沉降差应等于缝宽。

防震缝的宽度应依据结构变形计量的变形量、并根据有关抗震设防的规定执行，一般可采用 30～50mm。

变形缝的宽度，尚应根据结构断面尺寸确定，当断面尺寸小于或等于 300mm 时，缝宽不应小于 20mm；在断面尺寸大于 300mm 时，缝宽不应小于 30mm。因当混凝土断面较大时，若缝宽太小，施工不易控制。

3) 变形缝的防水措施可根据工程开挖方法、防水等级按现行《地下工程防水技术规范》规定选用。变形缝的几种复合形式防水构造，见图 8-27。

(2) 在预定设置变形缝的部位，要先构筑地梁，尤其是在软土中的地下工程更为必

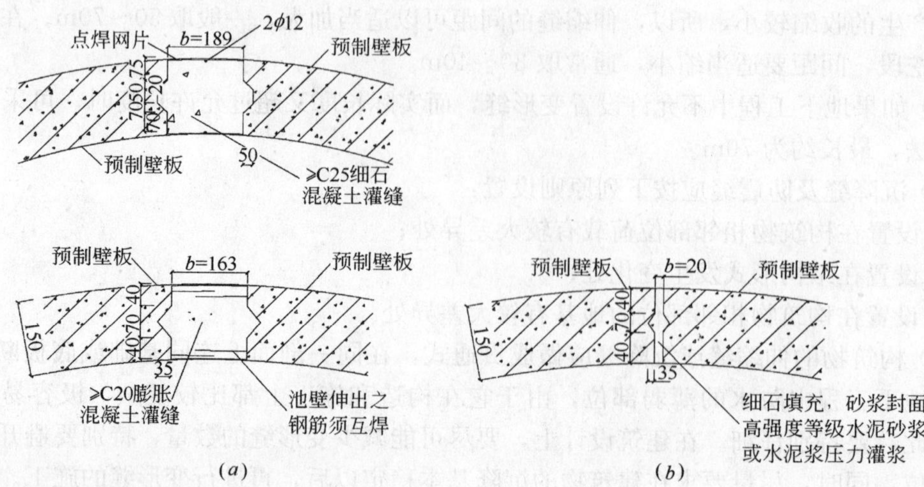

图 8-26　预制件间的接缝构造

(a)宽缝的二种形式(缝宽 b 一般采用 100～200mm 左右)；

(b)窄缝形式(缝宽 b 一般采用的尺寸不宜大于 200mm)

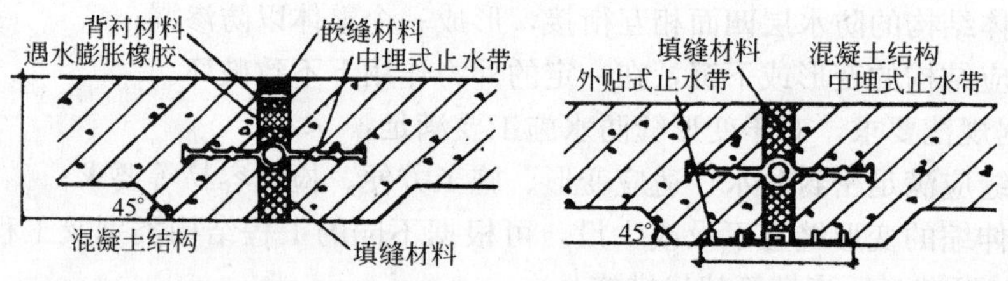

图 8-27　变形缝的复合形式防水构造

要。地梁采用钢筋混凝土预制构件，设置在垫层的上面，这样，可以使两边的结构在地梁处保持均匀沉陷，以免止水结构遭到破坏。

(3) 金属止水片的变形槽，不宜做成折线形，需要做成圆弧形。当采用柔性差的止水片时，圆弧的半径应适当加大。

(4) 变形缝的做法很多，一般分柔性和刚性两种做法。柔性变形缝，是利用橡胶类止水带的弹性来适应结构物的变形需要，止水性较好，但造价较高；刚性变形缝，是在缝的两边预埋型钢，待沉降稳定后，再用带有伸缩的钢板焊死，也可以与柔性做法结合使用。

(5) 变形缝应由止水带、填缝板、密封料三部分组成。止水带的放置方式一般分为埋入式及外贴式两种，外贴式止水带一般用于地下构筑物的底板或墙壁。密封料应放置在迎水(构筑物内水或地下水)面。

1) 在变形缝产生变形时，止水带应具有在混凝土中锚固、止水及适应变形的性能。

2) 变形缝的填缝板应具有一定的适应变形缝变形的能力，用于填充变形缝并起到对止水带及密封料的支撑或背衬作用。

3) 变形缝的密封料，应对变形缝起到止水密封的作用，应该有适应变形缝变形的能力，并应嵌置在迎水面。

4) 变形缝的设计，在需要时应考虑缝表面的装饰要求，其装饰的构造应具有适应变形缝变形的能力。

(6) 若在变形缝处不设密封料，防渗全部依靠止水带，一旦止水带发生问题，造成渗水，修补工作十分困难，所以，把密封材料作为第一道防线，作为变形缝的一个组成部分。

8-3-1-4　变形缝的材料要求

1. 止水带

(1) 止水带的形式

通常止水带可分为刚性止水带及弹性止水带两类。

1) 刚性止水带。由刚性材料如钢、不锈钢、紫铜、青铜、铅等材料制造。

2) 弹性止水带的材料。弹性止水带有橡胶、塑料(PVC)、橡塑(如氯乙烯合成橡胶)材料，塑料及橡塑止水带因外观尺寸误差较大和其物理力学性能不如橡胶，使用较少。橡胶材料质量稳定，适应变形能力强，在工程中使用较普遍。

3) 装配式止水带变形缝。可拆式的装配式止水带的变形缝，其止水带可拆卸更换，在工程中有所应用，但效果不甚理想，使用场合也不多。

4) 钢边止水带。在弹性止水带的两边加钢板，其作用是增加止水带的长度和止水带的锚固力。多用在重要的地下工程。

(2) 止水带的物理力学性能

1) 塑料止水带的技术性能应符合设计要求；

2) 当需要有卫生要求时，应采用无毒性的止水带。

弹性止水带的形式较多，在工程中使用较多的是BC、SC(埋入式)型和BE、SE(外贴式)型弹性止水带(图 8-28)。

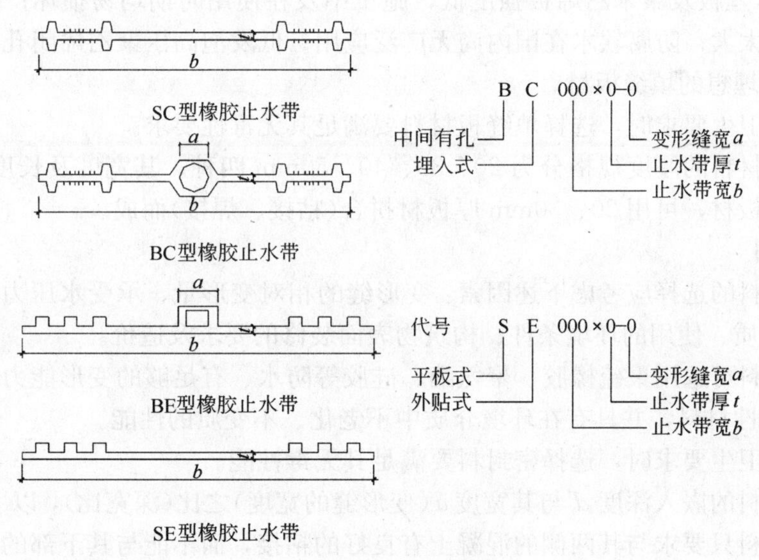

图 8-28　止水带的表示形式

(3) 止水带的选择原则

1) 止水带的选择，应根据构筑物及基础的重要性等级、变形缝、变形量及水压、止水带的工作环境、经济因素以及结构特点等条件综合考虑确定。

2) 止水带材质的选择可按下列规定：接触腐蚀介质(如酸、碱、油等)时，宜选用氯丁橡胶止水带；当遇有霉菌侵蚀的可能时，宜选用橡胶止水带(防霉)，其等级应达到≥2 级。止水带材质的选择要考虑到使用条件，如温度的影响、紫外线及臭氧老化、多次重复变形的因素等；在低温的情况下，宜选用三元乙丙橡胶止水带。

3) 止水带形式的选择可按下列规定：BC 型止水带适用于伸缩缝、沉降缝及防震缝；SC 型止水带适用于伸缩缝及变形量不大的沉降缝、防震缝；BE 型止水带适用于水压较小的伸缩缝及水压、变形量较小的沉降缝、防震缝；SE 型止水带适用于水压、变形量均很小的伸缩缝、沉降缝、防震缝。SC 型及 SE 型止水带更适合于引发缝使用。

4) 止水带的宽度与厚度的选择考虑：变形缝的水平及垂直方向的变形量，地下水压力，结构断面尺寸。

5) 当结构断面尺寸大于 500mm 时，止水带的宽度要≥300mm。

实际止水带的使用范围是根据使用经验、构造要求等来确定。对于重大工程需要进行试验研究来进行确定。

2. 填缝材料

(1) 填缝材料材质的选择应考虑下列因素：变形缝处的相对变形量、承受水压力的大小、与填缝板接触的介质、使用的环境条件、构筑物表面装修的要求、混凝土断面的尺寸及造价。

(2) 填缝材料可选用聚乙烯泡沫塑料板、防腐软木板、纤维板等能满足工程需要的各种板材。

1) 在工程中填缝材料已应用过多种材料，如沥青木丝板、沥青木板、聚苯乙烯泡沫塑料板、防腐软木、聚乙烯泡沫塑料板等。

2) 沥青木丝板及聚苯乙烯板强度低，施工中及在使用时期均易损坏；使用沥青木丝板、木材耗量太大；防腐软木在国内尚无广泛应用；低发泡高压聚乙烯闭孔型泡沫塑料板材是一种比较理想的填缝板材。

(3) 当有卫生要求时，选择填缝板材料要满足其无毒性要求。

(4) 填缝材料的厚度规格分为 20、30、40、50mm 四种。其宽度及长度按需要确定。40、50mm 厚板材，可用 20、30mm 厚板材拼合(粘接、焊接)而成。

3. 密封料

(1) 密封料的选择应考虑下述因素：变形缝的相对变形量、承受水压力的大小、与密封料接触的介质、使用的环境条件、构筑物表面装修的要求及造价。

(2) 密封料可选用聚硫橡胶、聚氨酯、硅胶等防水、有足够的变形能力与混凝土具有良好粘结的柔性材料，并具有在环境介质中不老化、不变质的性能。

(3) 当有卫生要求时，选择密封料要满足其无毒性能。

(4) 密封料的嵌入深度 d 与其宽度 a(变形缝的宽度)之比(深宽比)，以 2∶3 为宜。

(5) 密封料只要求与其两侧的混凝土有良好的粘接，而不能与其下部的填缝板发生粘接(一般采取隔离措施)。

(6) 密封料与混凝土表面应留有一定的距离，此值在低温嵌缝时宜为 5mm，高温嵌缝时宜为 10mm。

8-3-1-5　变形缝的施工技术要求

1. 施工准备

(1) 熟悉设计要求，包括设计图纸和设计交底要求，特别是变形缝节点做法，根据设计要求编制详细的变形缝的施工方案，其中包括结构施工方法、变形缝的防水施工方法和质量保证措施。在结构施工设计时，要注意：变形缝处的混凝土断面的厚度不得小于止水带的宽度，止水带距混凝土表面的距离不得小于止水带宽度之半；变形缝处混凝土断面的配筋应保证结构的整体强度及局部强度，配筋形式可参考图 8-29，变形缝处混凝土断面内配置的箍筋直径不易过粗，以 $\phi6\sim\phi10$ 为宜，其间距可与纵向钢筋相同；对设置引发缝地方，钢筋不切断，基本保证结构的整体性，引发缝的两侧混凝土可涂刷隔离剂或不涂刷隔离剂，制造一个人为的薄弱环节。

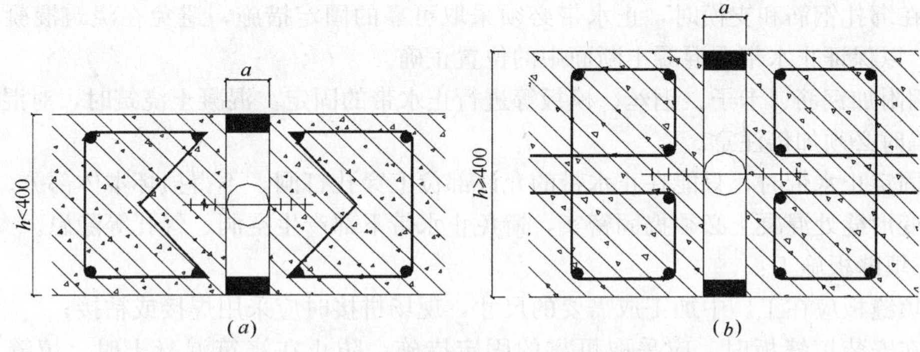

图 8-29 变形缝处混凝土断面的配筋形式

(2) 进行防水材料的采购与复试。根据设计要求进行防水材料的选择和采购，材料供应商和材料品质要经过业主、监理单位的确认，材料的各项质保资料齐全，材料到场后进行验收，必要时，要求进行复试。

(3) 进行施工组织。安排有防水施工上岗证书的工人进行施工。

2. 变形缝施工的技术要求

(1) 止水带弯曲设置时，其转弯半径不得小于下列数值：BC 型止水带 300mm；SC 型止水带 200mm；BE 型止水带 900mm；SE 型止水带 900mm。转弯半径太小，会造成孔壁的局部扭曲变形。

(2) L、T、十字形等各种接头配件，其每一支的长度(从接头连接点到端点)，不宜小于 500mm。小于 500mm 时，现场连接操作困难。

(3) 对于外贴式止水带，在填土时应采取可靠的保护措施，以防损坏。可用砖砌或浇混凝土保护，这在设计时应加以注明。

1) 填筑密封料的凹槽的形成，可用小压条稳固在填缝板(如用粘结带)或模板上，混凝土浇筑后拉出压条形成凹槽；不得将整体的填缝板浇筑在混凝土内之后，再剔凿出凹槽。

2) 实际施工操作时，将整体填缝板浇筑在混凝土内再剔出凹槽，填缝板上表面将很不平整，缝的深浅不一，造成密封料大量的浪费；并且很容易使密封料和填缝板粘结在一起，一般采取贴粘结带措施来进行隔离。

(4) 止水带施工，应按以下几点要求进行：

1) 在满足制造、运输、安装要求前提下，止水带应尽量在工厂中连接成整体。

2) 止水带的各种交叉连接节点(L、T、十字形及不同型号、不同规格的连接等)应在工厂中做成配件，以保证在施工现场的连接只在直线段进行。在现场连接止水带的各种交叉部位，往往是很困难。

3）在现场连接的接头宜采用热压机硫化胶合（橡胶止水带）或焊接（塑料止水带），不宜采用冷粘接；其接头外观应平整光洁，其抗拉强度不应低于母材的90%。

4）止水带的施工现场连接接头往往是止水带的薄弱环节，连接不好容易出现质量问题，因此，在施工中要十分小心。

5）橡胶止水带宜用热压机硫化胶合，PVC塑料止水带应用焊接。连接后接头处的厚度应与母材厚度基本相同，接头强度不应低于母材的90%。

6）在绑扎钢筋和支模时，止水带必须采取可靠的固定措施，避免在浇筑混凝土时发生移位，以保证止水带在混凝土断面中的位置正确。

利用附加钢筋、卡子、钢丝、模板等进行止水带的固定。混凝土浇筑时，对混凝土入模、振捣时必须加倍注意。

7）固定止水带时，只能在止水带的允许部位上穿孔打洞，不得损坏本体部分。

8）变形缝处混凝土必须捣固密实，避免止水带下部产生空洞、气孔等隐患。

（5）填缝板施工：

1）填缝板应在工厂中加工成需要的尺寸，现场拼接时应采用焊接或粘接；

2）在安装填缝板时，应采取可靠的固定措施，防止在浇筑混凝土时，填缝板发生挪位；

3）变形缝两侧的混凝土一般分两次浇筑，填缝板应在第一侧混凝土浇筑前安装在模板内侧，而不应在浇筑第一侧混凝土之后粘贴在混凝土上。

在实际的地下构筑物中，填缝板、止水带、密封料三者相对位置关系及其在混凝土结构中的正确位置是变形缝正常发挥其功能的关键，必须注意填缝板的尺寸和位置的准确性。

（6）密封料施工：

1）密封料的填嵌时间，应尽可能的拖后，在构筑物完成部分沉降之后，可减少密封料所负担的变形量；

2）填装密封料时，必须保证缝内混凝土干净、干燥；

3）密封料的填装宜用专用工具进行。

（7）地下工程的地面变形缝施工：

在施工前，对变形缝的构造做法进行节点设计，按照设计要求进行组织施工，可以采用如图8-30的地下工程地面变形缝的构造做法和地下工程楼面变形缝各种构造做法。

1）整体面层的变形缝在施工时，先在变形缝位置安放与缝宽相同的木条，木条应刨光后涂沥青煤焦油，待面层施工并达到一定强度后，将木条取出。

2）变形缝一般填以沥青麻丝或其他富有弹性的材料，变形缝表面可用沥青胶泥嵌缝，或用钢板、硬聚氯乙烯塑料板、铝合金板等覆盖，并应与面层齐平。

3）伸缩缝施工：

①缩缝。室内纵向缩缝的间距，一般为3～6m，施工气温较高时宜采用3m；室内横向缩缝的间距，一般为6～12m，施工气温较高时宜采用6m。室外地面或高温季节施工时宜为6m。室内水泥混凝土地面工程分区、段浇筑时，应与设置的纵、横向缩缝的间距相一致。

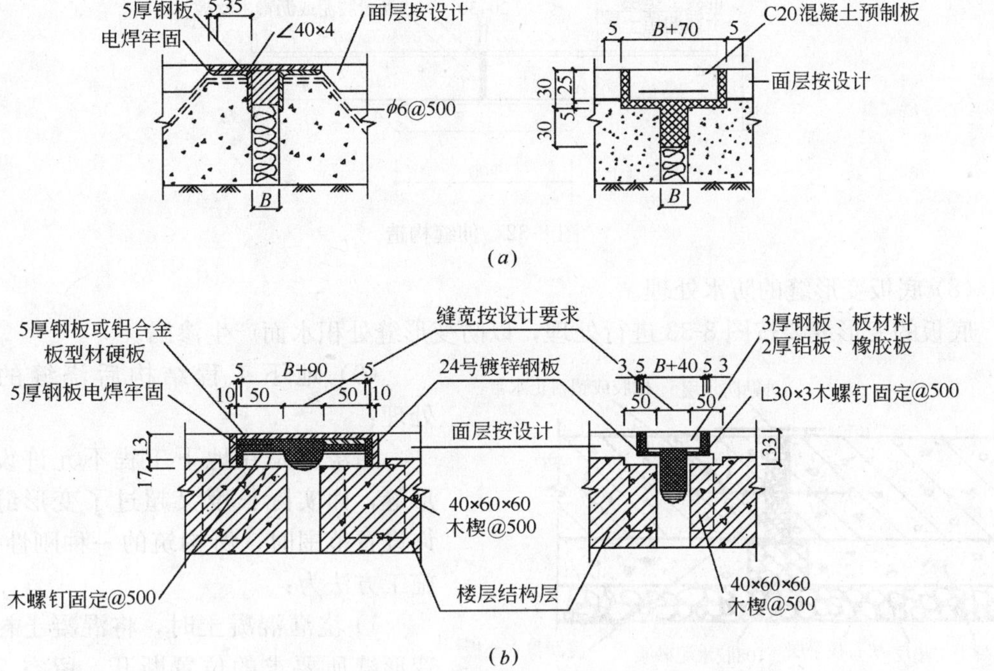

图 8-30 地下工程的楼面变形缝各种构造做法

(a)地下工程的地面变形缝各种构造做法；(b)地下工程的楼面变形缝各种构造做法

B—缝宽按设计要求

纵向缩缝应做成平头缝。当垫层板边加肋时，应做成加肋板平头缝。当垫层厚度大于150mm时，亦可采用企口缝。横向缩缝应做成假缝(图 8-31)。

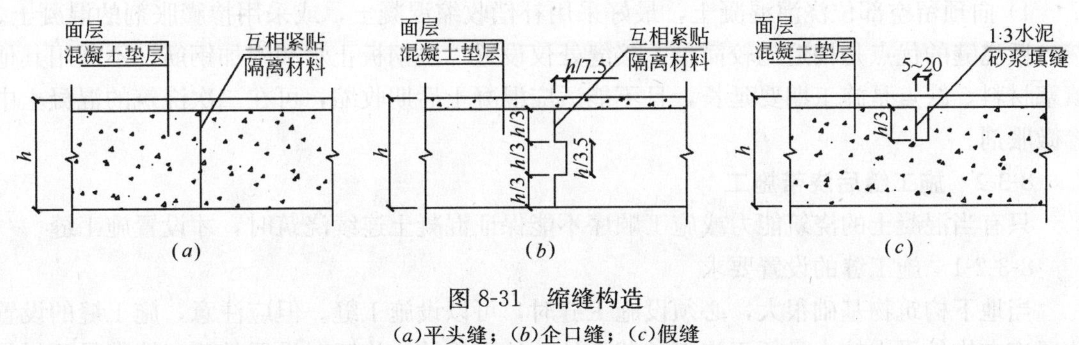

图 8-31 缩缝构造

(a)平头缝；(b)企口缝；(c)假缝

平头缝和企口缝的缝间不应设置任何隔离材料，浇筑时要互相紧贴。企口缝尺寸亦可按设计要求，拆模时的混凝土抗压强度不宜低于 3MPa。

假缝应按规定的间距设置吊模板；若在浇筑混凝土时，将预制的木条埋设在混凝土中，并在混凝土终凝前取出；亦可采用在混凝土强度达到一定要求后用锯割缝。假缝的宽度宜为 5～20mm，缝深度宜为垫层厚度的 1/3，缝内应填水泥砂浆。

② 伸缝。室外伸缝的间距一般为 30m，伸缝的宽度一般为 20～30mm，上下贯通。缝内应填嵌沥青类材料。当沿缝两侧垫层板边加肋时，应做成加肋板伸缝。见图 8-32。

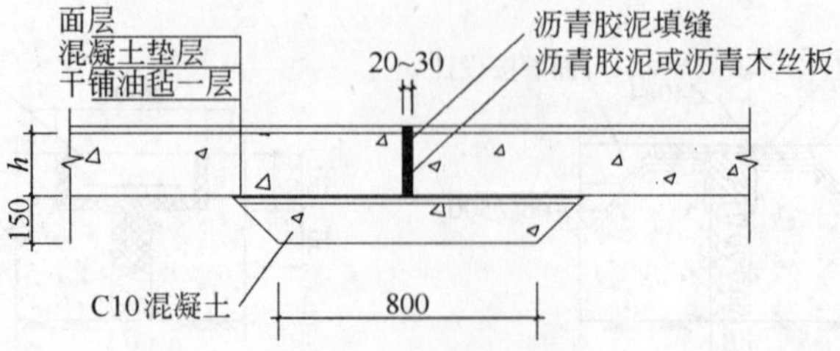

图 8-32　伸缩构造

(8) 底板变形缝的防水处理。

底板的变形缝要按图 8-33 进行处理，以防变形缝处积水而产生渗漏。

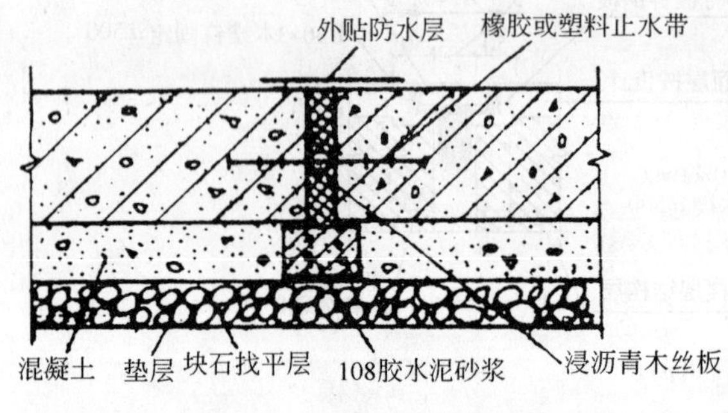

图 8-33　底板的变形缝做法

(9) 地下工程结构后浇缝的防水处理：

后浇缝是在地下工程不允许设置变形缝，而实际长度又超过了变形缝的允许设置范围时，所构筑的一种刚性接缝。施工方法为：

1) 浇灌混凝土时，将混凝土衬砌按变形缝所要求的位置断开，留空 70cm，预埋钢板。

2) 待两侧已浇的混凝土收缩或沉降基本稳定后（约三个月），再在留空位置浇灌混凝土。

3) 浇灌前，将接碴处的混凝土表面凿毛，清除松动石子，用水冲洗洁净，并保持充分润湿。

4) 向预留空部位浇灌混凝土，最好采用补偿收缩混凝土，或采用掺膨胀剂的混凝土。

后浇缝的优点是构造比较简单，接缝处仅设置二块钢板止水和附加钢筋，不须用其他填塞材料，缺点是施工期要延长，且不能适应混凝土后期收缩，可在二次浇筑的混凝土中掺微胀剂。

8-3-2　施工缝后浇带施工

只有当混凝土的浇筑能力或施工顺序不能保证混凝土连续浇筑时，才设置施工缝。

8-3-2-1　施工缝的设置要求

当地下构筑物基础很大，必须设施工缝时，可以设施工缝。但应注意，施工缝的设置位置应在构件受力较小且便于施工的截面处。地下构筑物施工时设置的施工缝数量要尽量少，必须设置时，其位置应按以下要求进行设置：

(1) 和板连成整体的大断面梁，设置在板底面以下 20～30mm 处。当板下有梁托时，设在梁托下部。

(2) 单向受力板，设置在平行于板的短边的任何位置。

(3) 双向受力板、厚大结构、拱、薄壳、蓄水池、斗仓、多层刚架及其他结构复杂的地下工程，施工缝的位置应按设计要求设置。

(4) 尽量避免留置竖向施工缝。因竖缝处靠新浇混凝土的侧向压力来保证两者的良好结合，效果较差，不如水平施工缝有保证。

(5) 施工缝是防水薄弱部位之一，应不留或少留施工缝。顶板、底板不宜留施工缝；墙体必须留设时，只准留水平施工缝，并且应留在距底板表面以上大于 200mm，距穿墙孔洞边缘大于 300mm 处；拱墙结合的水平施工缝宜留在起拱线以下 150～300mm 处。垂直方向如需留设施工缝，应尽量与变形缝结合，并按变形缝处理。即除满足防水要求外，还应能适应接缝两端结构产生的差异沉降及纵向伸缩。

8-3-2-2　施工缝的防水混凝土施工前准备

(1) 水平施工缝浇筑混凝土前，应将其表面浮浆和杂物清除，铺水泥砂浆或涂刷混凝土界面处理剂并及时浇筑混凝土。

(2) 垂直施工缝浇筑混凝土前，应将其表面清理干净，涂刷混凝土界面处理剂并及时浇筑混凝土。

(3) 施工缝采用膨胀橡胶止水条时，应将胶条牢固地安装在缝表面预留槽内。

(4) 施工缝采用中埋式止水带时，应确保止水带位置准确、固定牢靠。

8-3-2-3　施工缝处防水混凝土的浇筑要求

施工缝处应有可靠的措施保证先后浇筑的混凝土间良好固结，必要时宜加设止水带构造。在施工缝处继续浇筑混凝土时，应按下列要求进行：

(1) 已浇筑混凝土的抗压强度不应小于 1.2～2.5MPa，继续浇筑混凝土前，应清除已硬化混凝土表面上的垃圾、水泥薄膜，松动的砂石和软弱混凝土层，同时还应加以凿毛，用水冲洗干净并充分湿润，残留在混凝土表面的积水应予清除。

(2) 在施工缝位置附近有回弯钢筋时，应做到钢筋周围的混凝土不受松动和损坏。钢筋上的油污、水泥砂浆及浮锈等杂物应清除。

(3) 在浇筑前，施工缝处宜先铺 2cm 左右厚的水泥砂浆一层，其配合比与混凝土内的砂浆成分相同。

(4) 从施工缝处继续浇筑混凝土时，应避免直接靠近缝边浇筑。振捣时，宜向施工缝处逐渐推进，并距缝 80～100cm 处停止振捣，但应细致地加强捣实，使新、旧混凝土紧密结合。

(5) 承受动力的设备基础的施工缝应按以下要求施工：

1) 标高不同的两个水平施工缝，其高低结合处应留成台阶形，台阶的高宽比不得大于 1。

2) 在水平施工缝上继续浇筑混凝土前，应对地脚螺栓进行观察校正。

3) 垂直施工缝处应补插钢筋，其直径为 12～16mm，长度为 50～60cm，间距为 50cm。在台阶式施工缝的垂直面上亦应补插钢筋，使其增强。

8-3-2-4　施工缝的防水处理要求

施工缝常用的止水措施是采用遇水膨胀橡胶条或膨胀止水条对施工缝进行防水处理。

1. 遇水膨胀定型密封材料

遇水膨胀定型密封材料是以改性橡胶为主要原料而制成的一种新型条状防水止水材料。改性后的橡胶除了保持原有橡胶防水制品优良的弹性、延伸性、密封性外，还具有遇水膨胀的特性。当结构变形量超过止水材料的弹性复原时，结构和材料之间就会产生一道微缝，膨胀止水条遇到缝隙中的渗漏水后，其体积能在短时间内膨胀，将缝隙胀填密实，阻止渗漏水通过。所以，膨胀止水条能在其膨胀倍率范围内起到防水止水的作用。

2. 防水施工要求

(1) 用遇水膨胀橡胶对施工缝进行防水处理

1) 清理混凝土施工缝基层。

2) 涂刷胶粘剂。将粘结膨胀橡胶的胶粘剂均匀地涂刷在清理干净的待粘结基层部位。

3) 在遇水膨胀橡胶止水条表面涂刷缓膨剂。

4) 固定遇水膨胀橡胶条。用水泥钢钉将其钉压固定，水泥钢钉的间隔宜为1m左右。

5) 遇水膨胀橡胶条的连接。遇水膨胀橡胶条用重叠的方法进行搭接连接，搭接处应用水泥钢钉固定。安装路径应沿施工缝形成闭合环路，不得留断点。

(2) 膨润土止水条或BW膨胀橡胶止水条施工缝防水处理

1) BW膨胀橡胶止水条是由聚氨酯和膨润土等材料混合加工制成，其横截面宽为30mm，高为20mm。当抗水压力指标为1.5MPa时，吸水膨胀率大于300%。

2) BW膨胀橡胶止水条的施工方法：

① 清理基层。与遇水膨胀橡胶清理基层方法相同。清理后露出坚硬的基底。

② 粘贴止水条。将BW膨胀橡胶止水条沿施工缝伸展方向展开，有包装隔离纸的一面朝上，通过隔离纸向止水条均匀施压，利用其自身的黏性直接粘贴在清洁干净的基面上。粘贴应牢固，且每隔1m左右加钉一个水泥钢钉。

③ 止水条连接方法。止水条的连接应采用搭接的方法，搭接长度在50mm以上，搭接头应用水泥钉钉牢。止水条应沿施工缝回路方向形成闭合环路，不得有断点处。

④ 浇筑混凝土。BW止水条安装完毕后，即可浇筑混凝土。止水条四周被混凝土覆盖的宽度应在50mm以上。如覆盖宽度能得到保证时，也可将两条止水条紧靠在一起用拼接的方法进行连接，两个拼接头分别用水泥钉固定。

(3) 施工注意事项

应在晴天无雨、无雪的天气施工。混凝土的浇筑应在止水条未受雨水、地下水浸泡的条件下进行。

8-3-2-5　后浇带(缝)施工要求

后浇缝是一种刚性接缝，适用于不允许留柔性变形缝的工程。设计施工时应按下列要求进行。

(1) 后浇带应设在受力和变形较小的部位，间距宜为30～60m，宽度宜为700～1000mm。

(2) 后浇带可做成平直缝，结构主筋不宜在缝中断开，如必须断开，则主筋搭接长度应大于45倍主筋直径，并应按设计要求加设附加钢筋。后浇带的防水构造，见图8-34。

(3) 后浇带需超前止水时，后浇带部位混凝土应局部加厚，并增设中埋式止水带。

(4) 后浇带的施工应符合下列规定：

1) 后浇带应在其两侧混凝土龄期达到42d后再施工，但高层建筑的后浇带应在结构顶板浇筑混凝土14d后进行。

2) 后浇带的接缝处理应符合下列规定：

① 水平施工缝浇灌混凝土前，应将其表面浮浆和杂物清除，先铺净浆，再铺30～

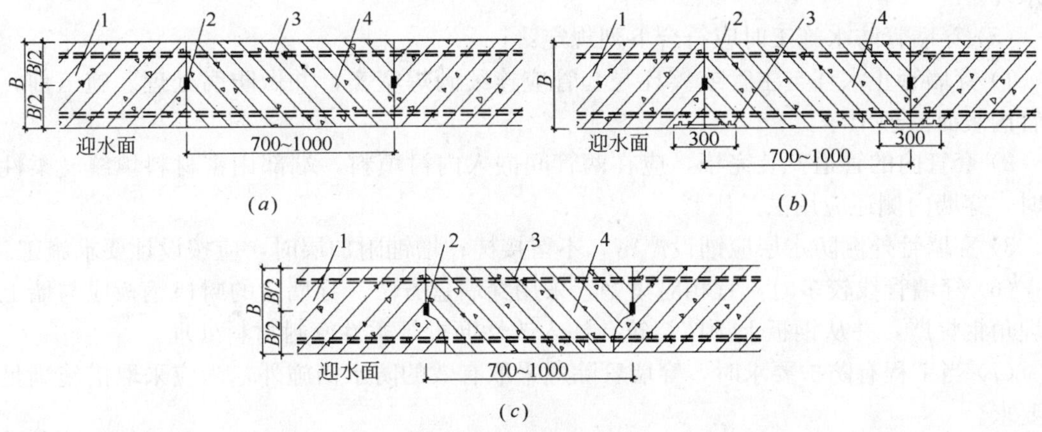

图 8-34　后浇带的防水构造

(a)1—先浇混凝土；2—遇水膨胀止水条；3—结构主筋；4—后浇补偿收缩混凝土

(b)1—先浇混凝土；2—结构主筋；3—外贴式止水带；4—后浇补偿收缩混凝土

(c)1—先浇混凝土；2—遇水膨胀止水条；3—结构主筋；4—后浇补偿收缩混凝土

50mm 厚的 1：1 水泥砂浆或涂刷混凝土界面处理剂，并及时浇灌混凝土；

② 垂直施工缝浇灌混凝土前，应将表面清理干净，并涂刷水泥净浆或混凝土界面处理剂，并及时浇灌混凝土；

③ 选用的遇水膨胀止水条应具有缓胀性能，其 7d 的膨胀率应不大于最终膨胀率的 60%；

④ 遇水膨胀止水条应牢固地安装在缝表面或预留槽内；

⑤ 采用中埋止水带时，应确保位置准确、固定牢靠。

3) 后浇带混凝土施工前，后浇带部位和外贴式止水带应予以保护，严防落入杂物和损伤外贴式止水带。

4) 后浇带应采用补偿收缩混凝土浇筑，其强度等级不应低于两侧混凝土。

5) 后浇带混凝土的养护时间不得少于 28d。

(5) 后浇带(缝)应优先选用补偿收缩混凝土浇筑，其等级应与两侧混凝土相同。施工温度应低于两侧混凝土施工时的温度，且宜选择气温较低(但不能结冰)的季节施工。浇筑前，应将接缝处的混凝土表面凿毛、清洗干净，并保持湿润。

8-3-3　地下穿墙管和预埋件的细部构造防水施工

管线、管沟和预埋件引入地下建(构)筑物内，必须穿过结构墙、板，穿破这些部位的防水层，往往造成整个结构防水最薄弱的部位。必须采用构造上和封闭上的技术措施来进行防水处理，以保证工程的安全使用。

8-3-3-1　地下穿墙管构造防水的基本要求

(1) 穿墙管(盒)应在浇筑混凝土前预埋。

(2) 穿墙管与内墙角、凹凸部位的距离应大于 250mm。

(3) 结构变形或管道伸缩量较小时，穿墙管可采用主管直接埋入混凝土内的固定式防水法，并应预留凹槽，槽内用嵌缝材料嵌填密实。

(4) 结构变形或管道伸缩量较大或有更换要求时，应采用套管式防水法，套管应加焊止水环。

(5) 穿墙管防水施工时应符合下列规定：

1) 穿墙管止水环与主管或翼环与套管应连续满焊密实，并做防腐处理。施工前，将套管内表面清理干净。

2) 套管内的管道安装完毕，应在两管间嵌入内衬填料，端部用密材料填缝。柔性穿墙时，穿墙内侧还应用法兰压紧。

3) 穿墙管外侧防水层应铺设严密，不留接槎；增铺附加层时，应按设计要求施工。

(6) 穿墙管线较多时，宜相对集中，采用穿墙盒方法。穿墙盒的封口钢板应与墙上的预埋角钢焊严，并从钢板上预留浇筑孔注入改性沥青等柔性密封材料处理。

(7) 当工程有防护要求时，穿墙管除应采取有效的防水措施外，尚应采取措施满足防护要求。

(8) 穿墙管伸出外墙的部位应采取有效措施防止回填时将管损坏。

8-3-3-2　单管穿过刚性防水层的构造要求

(1) 单管穿过刚性防水层时，有两种处理方法，一种是固定法，一种是预留孔法。固定法适用于水压较小的地方，一般是在墙体内预埋一段钢管，钢管上焊一止水环。预留孔法适用于水压较大的地方，其构造如图 8-35 所示。

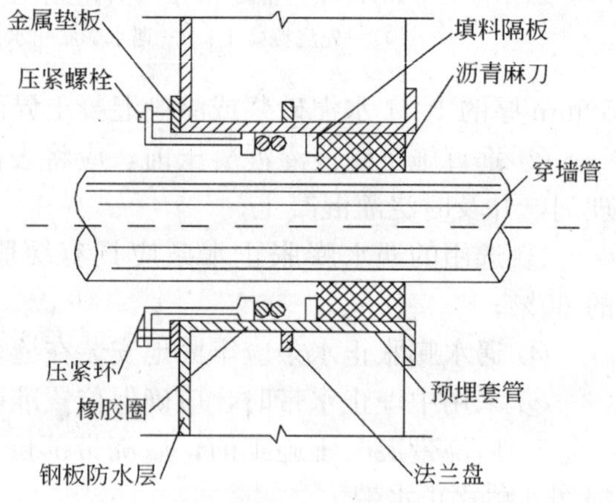

图 8-35　单管穿过刚性防水层构造

(2) 固定法施工方便，但不能适应变形，不能更换，在有震动和变形的工程中，不宜采用。

(3) 预留孔法防水较好，但焊接手续麻烦，更换修补比较困难。施工步骤如下：

1) 浇灌混凝土时，按管道尺寸预留孔洞，并在孔洞四周预埋套管及止水法兰盘；

2) 拆模后，安装管道，待校正位置后，管道的出入口处用钢板封口，管道、钢板和预埋件间均焊牢，防止铁件和混凝土间产生缝隙；

3) 在管道出口处钢板上开孔，灌热沥青玛琋脂，然后将孔口焊接封闭；

4) 在浇灌混凝土前，按图示埋设带法兰的套管；

5) 混凝土硬化后，将穿墙管插入预留孔，在填料隔板的迎水面管缝间填嵌柔性填料，在背水面一侧安装橡胶圈，然后套上支座压紧环；

6) 均匀拧紧螺栓，使橡胶圈充分挤实。

8-3-3-3　单管穿过柔性防水层的构造要求

(1) 单管穿过柔性防水层时，有固定式结合和活动式结合两种。固定式结合方法适用于无沉陷的结构中。活动式适用在结构变形较大，或因温度变化影响使管道有较大的伸缩的结构中。如穿墙部位系砖结构，则预埋管的附近应用混凝土浇筑。

(2) 如果是热力管道，则必须考虑其伸缩时不致拉坏防水层，一般采用加套管的方法，利用两管间隙中填塞的柔性防水材料调剂管道的伸缩，由于这种防水构造很复杂，施工时特别要保证质量。

(3) 卷材防水层与穿过防水层的管道连接处，如预埋套管带有法兰盘，粘贴宽度至少为100mm，并用夹板将卷材压紧。粘贴前，应将金属配件表面的尘垢和铁锈清除干净。夹紧卷材的压紧板或夹板下面应用软金属片、石棉纸板、再生胶油毡或沥青玻璃布油毡衬垫。卷材防水层与管道预埋件的连接方法见图 8-36。

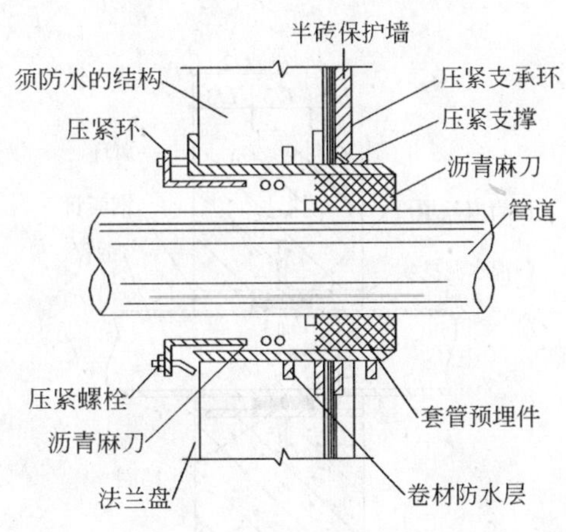

图 8-36 单管穿过柔性防水层构造

(4) 卷材防水层与穿过防水层的管道的连接处，如预埋套管无法兰盘时，应逐层增设卷材附加层。在铺贴卷材前，必须将预埋套管上的铁锈、杂物清理干净。在第一层卷材铺贴后，随即铺贴一层圆环形及长条形卷材附加层，并用沥青麻丝缠牢，照此铺贴第二层及以后各层卷材和卷材附加层。最后一层卷材和卷材附加层做完后，应缠上沥青麻丝，并涂上一层热沥青。穿墙管与套管之间封口可用铅捻口或石棉水泥打口。

(5) 铁件外防腐根据设计要求施工。

8-3-3-4 单管穿过混凝土自防水墙的套管构造防水要求

1. 构造防水要求

(1) 预埋钢套柔性做法常用于可能有结构变形或可能有振动或可能有介质温度为40～100℃的穿墙管。

(2) 穿墙管的铁件外边缘距离墙角、凹槽或凸起应大于 250mm，穿墙管接口距墙面应大于等于 1000mm 套管内的管段不应有接口。

(3) 金属埋件安装前应涂防锈漆不少于 2 道，安装后用热沥青将缝填充密实，最后满涂沥青 1～2 道。

(4) 全部的焊缝应焊接牢固、密实，无遗漏，焊缝高度应大于 5mm。

(5) 穿墙管与套管间的填充材料一般用沥青麻丝，填料的温度大于 40℃时应改用沥青石棉绳，填料应紧密捣实。

(6) 石棉水泥的配比用重量配比，即石棉：水泥：水 ＝0.5：9.5：(1.0～1.2)。

2. 预埋套管柔性做法

见图 8-37。

3. 预埋钢套管刚性做法

见图 8-38。

4. 钢管加翼环直接穿墙的构造防水要求

管材采用防锈处理过的钢管或镀锌钢管。穿墙管两侧靠墙的预留长度和技术要求应根据设计要求进行施工。

8-3-3-5 铸铁管和非金属管穿墙构造防水要求

(1) 铸铁管和非金属管穿墙时，应先做铸铁套管或钢管加翼环套管。但应根据所采用管材的壁厚修正有关尺寸，套管一次浇固在墙内，套管内应紧密捣实(图 8-39)。

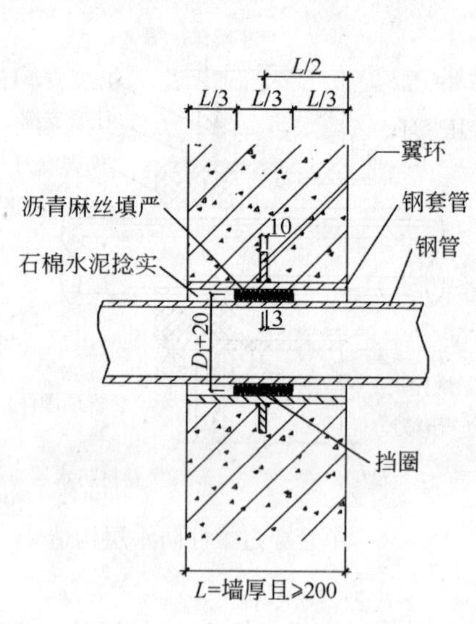

图 8-37 穿混凝土自防水墙的柔性构造

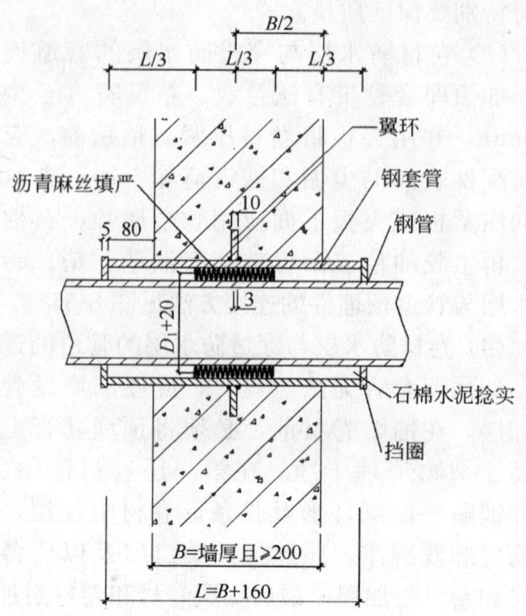

图 8-38 穿混凝土自防水墙的刚性防水构造

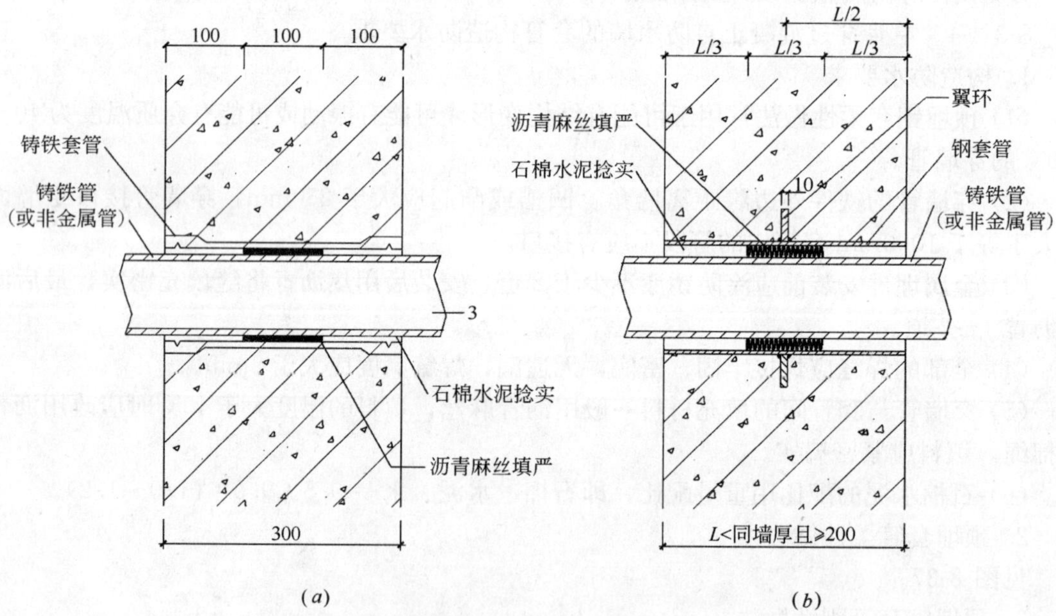

图 8-39 铸铁管或非金属管穿墙构造防水构造

(a)铸铁套管；(b)钢管加翼环套管

(2) 采用铸铁管套管穿墙防水时，墙厚不足 300mm 时，应加厚至 300mm。

(3) 采用钢管加翼环套管穿墙防水时，可为任意墙厚。

8-3-3-6 群管穿墙构造防水要求

1. 群管用钢板封口的构造要求

(1) 群管钢板封口的构造如图 8-40 所示。

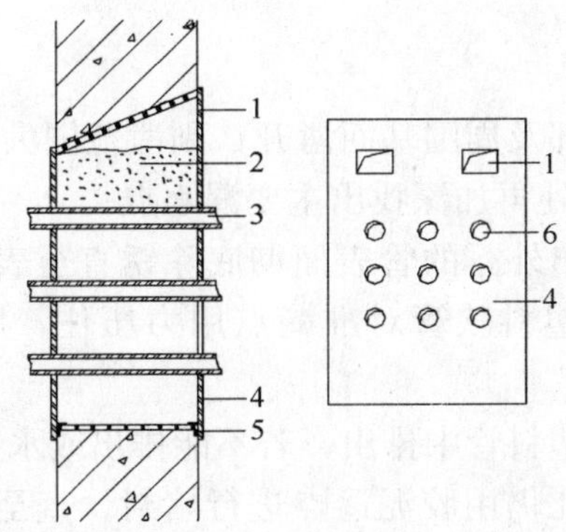

图 8-40　群管穿墙构造防水(钢板封口)构造

1—浇筑孔；2—柔性材料或细石混凝土；3—穿墙管；4—封口钢板；5—固定角钢；6—预留孔

(2) 其施工步骤如下：

1) 浇灌混凝土时，先预埋角钢；

2) 将封口钢板焊接在角钢上；

3) 将管道分别穿过封口钢板上的预留孔，并加焊管圈固定；

4) 向封口钢板的预留孔中灌注沥青玛瑅脂，以填塞麻刀间的空隙。

2. 群管用金属箱封口的构造要求

金属箱封口法，是在群管的出口处焊一金属箱，群管穿过金属箱时，群管间的空隙用沥青麻丝填塞，或用沥青油膏灌实，适用于电缆封口处。

3. 群管集中放在管沟中穿墙构造要求

当管道比较集中时，单个处理每根管的穿墙将很复杂，这时可以将各种管道放在管沟中，这样只要集中处理好沟与墙交接处的防水即可，做法与单管穿墙做法或与主体工程和连接通道间的变形缝做法相同。

8-3-3-7　地下穿墙管渗漏水处理方法

在地下建筑的泵房、操作室和大型水池工程中，穿墙套管渗漏水的现象比较普遍。据资料介绍，穿墙管不同程度的渗漏率在85%以上，直接影响地下建筑的正常使用。由于穿墙管外形多以圆形为主，其材质以钢、铸铁管为主。钢管外壁密实光滑，与混凝土不易紧密粘结，当混凝土在水化中出现微量收缩时，产生的微缝隙便形成渗漏水的通道。穿墙管渗漏的主要原因是：穿墙管的安装未预埋止水套管，直接将管线埋入墙内；由于线路位置更改或设计不周，施工时未将套管一同浇筑，而是在防水层施工后重新凿洞开孔埋设，新旧接触处出现裂缝；止水套管预埋不正，管线穿过时不平行，间隙不匀，无法打接口，直接焊在套管上；大直径管线安装未加设支墩，出墙后较长距离管线的自然下沉、运行液体重量及回填土重量，使穿墙管处接口松动裂开；安装后未预压即浇筑混凝土，使其粘结成一体，在穿墙段没有丝毫的适应变形的能力，投运后产生的不均匀下沉导致渗漏。

1. 对套管处渗漏的常规处理

(1) 渗漏处常规处理的施工工序是：首先凿除基层混凝土 30～40mm，剔除范围以管线漏水处为中心，在周围 100mm 内查找该处最大漏水点。然后，注浆堵漏或采用水玻璃类掺合水泥拌成胶泥，快速堵住漏水点，再涂刷防水涂料，最后，用防水砂浆做表面保护层。

(2) 补漏处理：

1) 首先，将穿墙套管底部及周围基面凿开，剔凿范围大于管周围 100mm，深度大于 50mm，在套管与混凝土接触处再加深找出主要漏水点；

2) 用水冲洗干净，对凿出外露的管表面彻底除锈直至表面见金属光泽，对集中漏水点底下部位继续加深，用一塑料软管对准漏点用力压住，用水玻璃快凝胶泥将其迅速封住；

3) 观察漏水是否可以从塑料管中排出，若不能排出或水量大，则需重新凿开再堵；

4) 对漏水点周围的毛细孔仍用胶泥逐点进行堵封，直至周围全部封住。这种作法的施工难度很大，成功率也不高，特别是接缝处的渗水，只有认真处理确无渗漏后方可进行下道工序；

5) 对堵后不平的表面用水泥浆和砂浆各刷一道。待砂浆初凝后在其上涂刷二道防水涂料，厚度大于 2mm；

6) 完成整个堵漏工序后，经检查若仍有个别地方堵后漏水，这时可将外侧土方挖掉，挖土深度比穿墙管底低 500mm 左右，人工或机械排出外部水，使穿墙处周围露在干燥环境下，内外同时用胶泥补打堵漏。

2. 套管渗漏的综合防治法。

(1) 根据地下水位高、压力大和穿墙套管位置及渗水特点，采取综合防治的措施是在内侧疏通漏水孔洞、排水减压，在渗漏基面上涂刷速凝防水材料，涂抹柔性和刚性防水材料，最后封堵，减压，用速凝浆补排水孔。

(2) 施工程序及处理方法：采用止水橡胶带和聚乙烯涂料作为柔性止水材料。用速凝水玻璃胶泥和刚性防水材料层处理表面。

1) 疏引漏水。对漏水严重点沿管周围凿开基面，凿剔范围及深度视具体情况而定，但一般凿深大于 100mm，清除剔掉表面松动层及浮浆并清扫干净，按凿开宽度裁一条宽度大于 60mm 的膨胀止水胶带，绕管线一周，在接口处朝下端连接一根塑料引水管对准漏点，使漏水从管内排出。

2) 喷涂封水。经过疏通引水，膨胀胶带在水浸润下已达到膨胀状态，漏水点已基本封住。但周围局部缝隙和穿管外混凝土毛细孔仍有渗水，对这些轻微渗漏采取喷涂速凝水玻璃和水泥浆处理，厚度 1～2mm。

3) 柔性防水。沿凿开面涂刷 4～6 遍聚乙烯防水涂料，厚度 3～5mm，涂刷重点是橡胶带与混凝土的接缝处，涂刷范围要比已凿面和未补面周围扩大 $100mm^2$。

4) 在表面作刚性防水。在柔性防水层上面涂刷刚性防水材料。选用不低于强度等级 32.5MPa 的普通硅酸盐水泥和洁净中砂，按 1：1.5～1：2 的比例配制，另加占水泥重量 5%的拒水粉拌制防水砂浆，采用刚性防水材料 5 层进行抹面，每层厚度小于 5mm，以保证防水质量。当刚性防水层达到强度后，及时拔出引水管，立即将准备好的速凝水玻璃胶泥迅速填入排水孔内，2s 后即可堵严，然后用 1：2 水泥砂浆抹平洞口。

8-3-4　预埋件、预留槽的构造防水施工

1. 预埋件、预留凹槽构造防水的基本要求

(1) 围护结构上的埋设件宜预埋，并应预留凹槽，槽内用嵌缝材料嵌填密实。

(2) 埋设件端部或预留孔(槽)底部的混凝土厚度不得小于 250mm；当厚度小于 250mm 时，必须局部加厚或采取其他防水措施，见图 8-41。

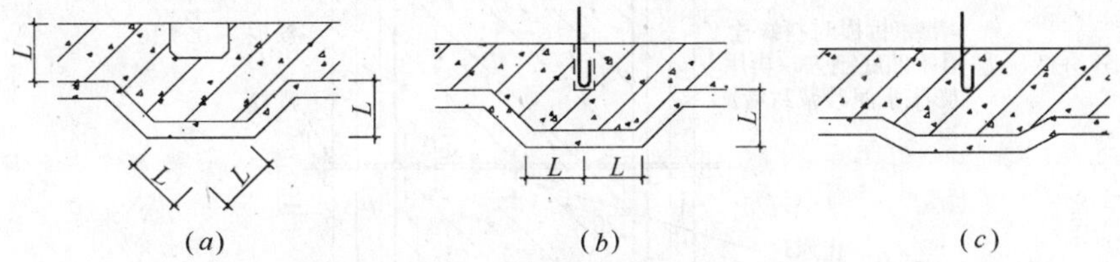

图 8-41 预埋铁件、预留凹槽的防水构造要求示意图

(a)预留槽；(b)预留孔；(c)预埋件

注：$L \geqslant 250$mm

(3) 预留孔(槽)内的防水层，应与孔(槽)外的结构防水层保持连续。

(4) 埋设件的防水施工应符合下列规定：

1) 预留地坑、孔洞、沟槽内的防水层，应与孔(槽)外的结构防水层保持连续。

2) 固定模板用的螺栓必须穿过混凝土结构时，螺栓及套管应满焊止水翼环；采用工具式螺栓或螺栓加堵头做法，拆模后，应采取加强防水措施将留下的凹槽封堵密实。

(5) 密封材料的防水施工应符合下列规定：

1) 检查粘结基面的表面情况、干燥程度以及接缝的尺寸，接缝内部的杂物、灰砂应清除干净，对不符合要求的接缝两边粘结基层应进行处理。

2) 热灌法施工应自下向上进行并尽量减少接头，接头应采用斜槎；密封材料熬制及浇灌温度应按不同材料要求严格控制。

3) 冷嵌法施工应先分次将密封材料嵌填在缝内，用力压嵌密实并与缝壁粘结牢固，密封材料与缝壁不得留有空隙，防止裹入空气。接头应采用斜槎。

4) 接缝处的密封材料底部应嵌填背衬材料，外露密封材料上应设置保护层，其宽度应不小于 100mm。

2. 地下室内预埋件防水做法

(1) 室内预埋件做法如图 8-41 所示。

(2) 设备基础的尺寸、螺栓位置及混凝土强度等级应按设计要求准确施工。

(3) 室内楼梯应在防水层施工后进行。

3. 螺栓固定模板防水做法

(1) 防水混凝土结构内部设置的各种钢筋或绑扎钢丝，不得接触模板，固定模板用的螺栓必须穿过混凝土结构时，按图 8-42 方法施工。

(2) 止水翼环孔径为套管(螺栓)外径增加 2mm。

(3) 膨胀水泥砂浆配比为：膨胀剂：水泥 ＝1：2。

4. 预埋铁件防水施工要求

(1) 认真清除预埋件表面侵蚀层，使预埋铁件与混凝土粘结严密。

(2) 预埋件周围，尤其是预埋件密集处混凝土浇筑困难，振捣必须密实。

(3) 在施工或使用时，防止预埋件受振松动，与混凝土间不应产生缝隙。

5. 预埋铁件渗漏水处理方法

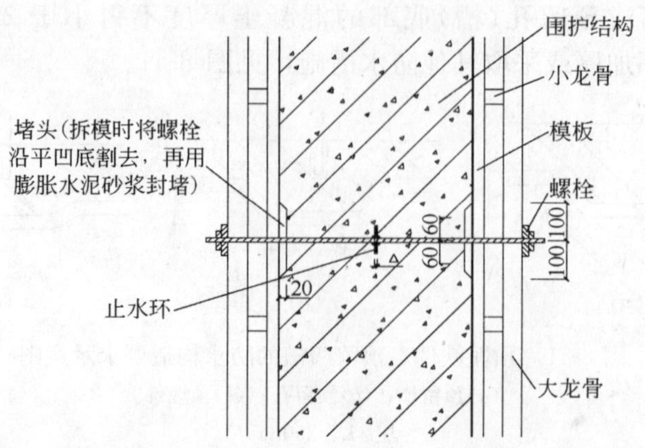

图 8-42　螺栓固定模板防水做法

(1) 对预埋件周围出现的渗漏，可将预埋件周边剔成环形沟槽并洗净后，将水泥胶浆槎成条形，待胶浆开始凝固时，迅速填入沟槽中，用力向槽内和沿沟槽两侧将胶浆挤压密实，使之与槽壁紧密结合。如果裂缝较长，可分段堵塞。堵塞完毕后经检查无渗漏，用素浆和砂浆把沟槽找平并扫成毛面，待其达一定强度后，再做好防水层。

(2) 因受振使预埋件周边出现的渗漏，处理时需将预埋件拆除，并剔凿出凹槽供埋设预埋块，将预埋件制成预埋块(其表面抹好防水层)。埋设前，在凹槽内先嵌入快凝砂浆(水泥：砂＝1：1和水：促凝剂＝1：1)，再迅速将预埋块填入。待快凝砂浆具有一定强度后，周边用胶浆堵塞，并用素浆嵌实，然后再分层抹防水层补平。

(3) 若预埋件密集，大多渗漏水，在剔除预埋件后渗漏水增多，这是因该部位混凝土振捣不实引起。可采用水泥压浆法处理。

8-3-5　防水质量验收

(1) 防水混凝土结构的变形缝、施工缝、后浇带等细部构造，应采用止水带、遇水膨胀橡胶腻子止水条等高分子防水材料和接缝密封材料。

(2) 变形缝的防水施工应符合下列规定：

1) 止水带宽度和材质的物理性能均应符合设计要求，且无裂缝和气泡；接头应采用热接，不得叠接，接缝平整、牢固，不得有裂口和脱胶现象。

2) 中埋式止水带中心线应和变形缝中心线重合，止水带不得穿孔或用铁钉固定。

3) 变形缝设置中埋式止水带时，混凝土浇筑前应校正止水带位置，表面清理干净，止水带损坏处应修补；顶、底板结构止水带的下侧混凝土应振实，边墙止水带内外侧混凝土应均匀，保持止水带位置正确、平直、无卷曲现象。

4) 变形缝处增铺的卷材或涂料防水层应按设计要求施工并粘贴严密。

5) 止水带在满足制造、运输、安装的要求的前提下，止水带应尽量在工厂中连接成。

(3) 施工缝的防水施工应符合下列规定：水平施工缝浇筑混凝土前，应将其表面浮浆和杂物清除，铺水泥砂浆或涂刷混凝土界面处理剂并及时浇筑混凝土。

(4) 细部构造防水施工：

1) 垂直施工缝浇筑混凝土前，应将其表面清理干净，涂刷混凝土界面处理剂并及时浇筑混凝土。

2）施工缝采用遇水膨胀橡胶腻子止水条时，应将止水条牢固地安装在缝表面预留槽内。

3）施工缝采用中埋止水带时，应确保止水带位置准确、固定牢靠。

4）后浇带的防水施工应符合下列规定：

① 后浇带应在其两侧混凝土龄期达到 42d 后再施工。

② 后浇带的接缝处理应符合第(3)条的规定。

③ 后浇带应采用补偿收缩混凝土，其强度等级不得低于两侧混凝土。

④ 后浇带混凝土养护时间不得少于 28d。

5）穿墙管道的防水施工应符合下列规定：

① 穿墙管止水环与主管或翼环与套管应连续满焊，并做好防腐处理。

② 穿墙管处防水层施工前，应将套管内表面清理干净。

③ 套管内的管道安装完毕后，应在两管间嵌入内衬填料，端部用密封材料填缝。柔性穿墙时，穿墙管内侧应用法兰压紧。

④ 穿墙管外侧防水层应铺设严密，不留接槎；增铺附加层时，应按设计要求施工。

6）埋设件的防水施工应符合下列规定：

① 埋设件端部或预留孔(槽)底部的混凝土厚度不得小于 250mm。

② 当厚度小于 250mm 时，必须局部加厚或采取其他防水措施。

③ 预留地坑、孔洞、沟槽内的防水层，应与孔(槽)外的结构防水层保持连续；

④ 固定模板用的螺栓必须穿过混凝土结构时，螺栓或套管应满焊止水环或翼环；

⑤ 采用工具式螺栓或螺栓加堵头做法，拆模后，应采取加强防水措施将留下的凹槽封堵密。

7）密封材料的防水施工应符合下列规定：检查粘结基层的干燥程度以及接缝的尺寸，接缝内部的杂物应清除干净；热灌法施工应自下向上进行并尽量减少接头，接头应采用斜槎；密封材料熬制及浇灌温度，应按有关材料要求严格控制。

8）冷嵌法施工应分次将密封材料嵌填在缝内，压嵌密实并与缝壁粘结牢固，防止裹入空气。接头应采用斜槎；接缝处的密封材料底部应嵌填背衬材料，外露密封材料上应设置保护层，其宽度不得小于 100mm。

(5) 防水混凝土结构细部构造的施工质量检验应按全数检查。

1）主控项目

① 细部构造所用止水带、遇水膨胀橡胶腻子止水条和接缝密封材料必须符合设计要求。

检验方法：检查出厂合格证、质量检验报告和进场抽样试验报告。

② 变形缝、施工缝、后浇带、穿墙管道、埋设件等细部构造作法，均须符合设计要求，严禁有渗漏。

检验方法：观察检查和检查隐蔽工程验收记录。

2）一般项目

① 中埋式止水带中心线应与变形缝中心线重合，止水带应固定牢靠、平直，不得有扭曲现象。

检验方法：观察检查和检查隐蔽工程验收记录。

② 穿墙管止水环与主管或翼环与套管应连续满焊，并做防腐处理。

检验方法：观察检查和检查隐蔽工程验收记录。

8-4　地下工程排水

8-4-1　一般要求

有自流排水条件的地下工程，应采用自流排水法；无自流排水条件且防水要求较高的地下工程，可采用渗排水、盲沟排水或机械排水，但应防止由于排水危及地面建筑物及农田水利设施。通向江、河、湖、海的排水口高程，低于洪(潮)水位时，应采取防倒灌措施。

8-4-2　渗排水与盲沟施工

渗排水适用于地下水为上层滞水且防水要求较高的地下防水工程。渗排水层设置在地下结构的周围及底部。盲沟排水一般适用于地基为弱透水性土层、地下水量不大、排水面积较小、常年地下水低于地下结构底板或丰水期短期内地下水位稍高于地下结构底板的地下防水工程。

8-4-2-1　材料要求

(1) 砂、石。应洁净，不得有杂质，盲沟反滤层用石子粒径为 5～10mm，含泥量≤1%，砂子粒径为 0.1～2mm，含泥量≤2%。渗排水层采用砂石铺设，石料粒径以 20～40mm 为宜，砂用中砂，砂石必须洁净，含泥量不应大于 2%。

(2) 混凝土管。采用无砂混凝土管，作透水盲管。出场混凝土管要求有出厂合格证等资料。

(3) 水泥。水泥砂浆隔浆层等使用要求与防水混凝土一样。

(4) 卷材。作隔浆层用，需要有出厂合格证和满足设计要求。

(5) 塑料管。作透水盲管，需要有出厂合格证和满足设计要求。

8-4-2-2　机具要求

渗排水与盲沟施工机具较简单。拌制水泥砂浆采用机械拌合机，石砂分层铺填采用手推车和平板振动器，标高、轴线控制采用水准仪和经纬仪。

8-4-2-3　构造要求

(1) 渗排水层设置在工程结构底板下面，渗排水层的构造见图 8-43。

1) 渗排水层采用砂石铺设，渗排水层总厚度一般不应小于 300mm。与基坑土层接触处，宜采用 5～15mm 的细石或粗砂作滤水层，滤水层厚度一般为 100～150mm。

2) 在渗排水层的上部、地下结构周围散水以下宜铺设细砂层、粗砂层及小碎石层，各层厚度均为 300mm。

3) 地下结构底板下部的渗排水层顶面应作隔离层，隔离层可铺设沥青卷材或抹 30～50mm 厚的 1∶3 水泥砂浆。

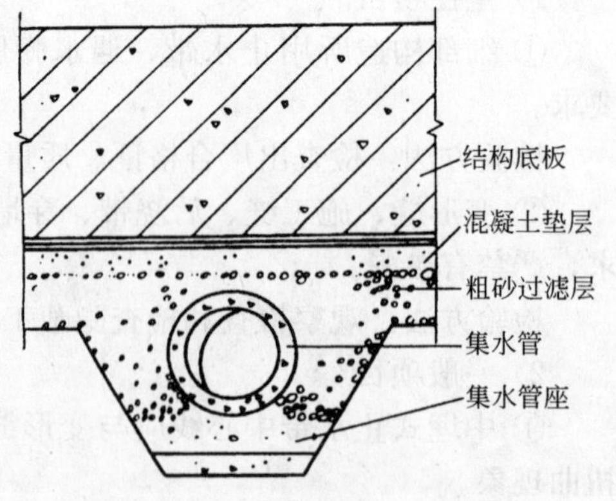

图 8-43　渗排水层构造示意图

4) 在地下结构周围的渗排水层顶面应做混凝

土地坪或混凝土散水，散水外缘应超过渗排水层外边缘不小于400mm。

5）渗排水层中埋设渗水管时，相邻管端之间应间隔10～15m，使水向管内汇集后再行排走。渗水管的坡度一般为1%。

6）地下结构周围的渗排水层外侧应砌筑保护墙，保护墙可用MU7.5普通黏土砖砌成。

（2）盲沟排水构造应符合下列要求：

1）宜将基坑开挖时施工排水明沟与永久盲沟结合。

2）盲沟的构造类型、与基础的最小距离等应根据工程地质情况由设计选定。盲沟设置见图8-44。

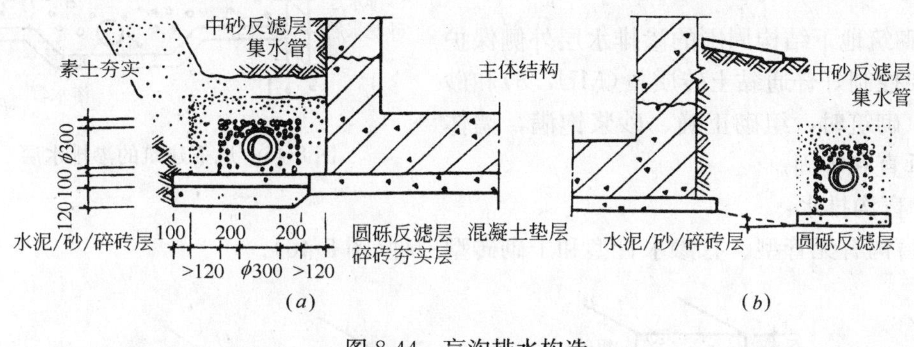

图8-44 盲沟排水构造
(a)贴墙盲沟；(b)离墙盲沟

3）盲沟反滤层的层次组成应符合表8-17的规定。

盲沟反滤层的层次和粒径组成 **表8-17**

反滤层的层次	砂性土($I_p<3$)	黏性土($I_p>3$)
第一层(贴天然土)	用0.1～2mm粒径砂子组成	用2～5mm粒径砂子组成
第二层	用1～7mm粒径小卵石组成	用5～10mm粒径小卵石组成

4）渗排水管宜采用无砂混凝土管。

5）渗排水管在转角处和直线段设计规定处应设检查井。

8-4-2-4 渗排水与盲沟排水施工要求

（1）渗排水、盲沟排水应在地基工程验收合格后进行施工。地基应按设计要求进行整平、压实，地基施工完后进行验收，验收合格后，可以进行渗排水与盲沟排水施工（图8-45）。

（2）渗排水施工时应注意以下几点：

1）渗排水层用砂、石应洁净，不得有杂质。

2）粗砂过滤层总厚度宜为300mm。渗排水层如较厚时应分层铺填，每层300mm。各层施工应严格按设计要求进行，一边铺设一边振实。过滤层与基坑土层接触处应用厚度为100～150mm、粒径为5～10mm的石子铺填。铺好后进行对厚度、标高进行检测和验收。

3）集水管应设置在粗砂过滤层下部，坡度不宜小于1%，且不得有倒坡现象。集水管之间的距离宜为5～10m，并与集水井相通。

4）工程底板与渗排水层之间用1∶3水泥砂浆做隔浆层，同时，建筑周围的渗排水层顶面要做散水坡，要控制好水泥砂浆的配合比和水泥砂浆的拌合质量和隔浆层和散水坡施工质量。

5）在渗排水层的上部、地下结构周围散水以下应根据设计铺设细砂层、粗砂层及小碎石层。

6）铺设隔离层时，应控制好沥青卷材的质量和铺贴施工质量；用水泥砂浆作隔离层时，要控制好配合比(1∶3)和水泥砂浆的施工质量。

7）砌筑地下结构周围的渗排水层外侧保护墙时，要控制好普通黏土砖质量(MU7.5)和砂浆质量。砌筑时，组砌正确、砂浆饱满，墙体平整、垂直和牢固。

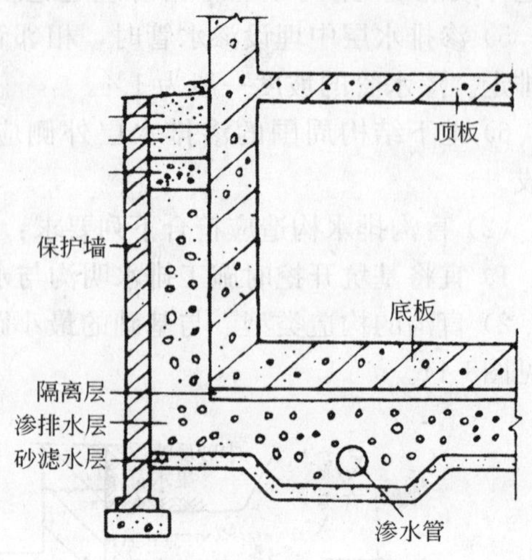

图 8-45　地下建筑的渗排水层

(3) 盲沟排水：

1）盲沟有无管型、有渗水管型和干砌砖型三种(图 8-46)。

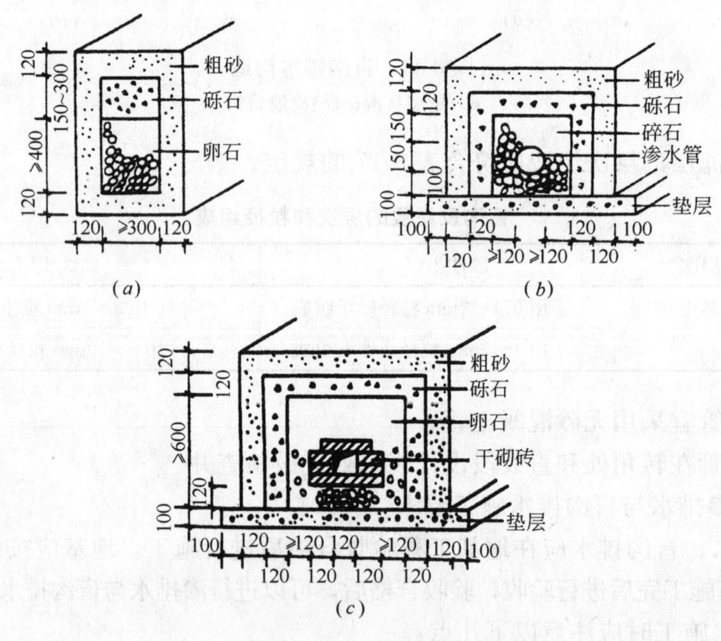

图 8-46　盲沟排水

(a)无管型；(b)有渗水管型；(c)干砌砖型

① 无管型盲沟的中部为砾石滤水层和卵石滤水层，四周为粗砂滤水层。砾石滤水层厚度为 150～300mm，宽度应不小于 300mm；卵石滤水层厚度应大于 400mm，宽度应大于 300mm。粗砂滤水层厚度为 120mm。也可以用无纺布作为滤水层。

② 干砌砖型盲沟的正中为干砌黏土砖，留 120mm×120mm 方孔；干砌砖外围为地下室渗排水层构造卵石滤水层，卵石滤水层外围为砾石滤水层，砾石滤水层外围为粗砂滤水

层，盲沟底部应做 C10 混凝土垫层。卵石、砾石及粗砂滤水层的厚度应不小于 120mm。

③ 有渗水管型盲沟正中为渗水管，渗水管外围为卵石滤水层，卵石滤水层外围为砾石滤水层，砾石滤水层外围为粗砂滤水层。盲沟底部为混凝土垫层。卵石、砾石及粗砂滤水层的厚度应不小于 120mm。渗水管可采用无砂混凝土管、陶土管等，管接口可以为平接式或承插式。

2) 盲沟排水施工应注意以下几点：

① 盲沟成形尺寸和坡度应符合设计要求。

② 盲沟用砂、石应洁净，不得有杂质，符合规范要求。

③ 反滤层的砂、石粒径组成和层次应符合设计要求。

④ 盲沟在转弯处和高低处应设置检查井，出水口处应设置滤水篦子。井底距渗排水管底应留深 200～300mm 的沉淀部分，井盖应封严。

8-4-2-5 渗排水与盲沟排水施工质量验收标准和检验方法

1. 主控项目

(1) 反滤层的砂、石粒径和含泥量必须符合设计要求和本规范规定。

检验方法：检查砂、石试验报告。

(2) 集水管的埋设深度及坡度必须符合设计要求和本规范规定。

检验方法：观察和尺量检查。

2. 一般项目

(1) 渗排水层的构造应符合设计要求。

检验方法：检查隐蔽工程验收记录。

(2) 渗排水层的铺设质量应做到分层、铺平、拍实。

检验方法：检查施工记录。

(3) 盲沟的构造应符合设计要求。

检验方法：检查隐蔽工程验收记录。

8-5 注 浆 防 水

8-5-1 注浆防水分类

8-5-1-1 按含水岩土地层揭露前后进行注浆施工分类

注浆包括预注浆（含高压喷射注浆）、后连浆（衬砌前围岩注浆、回填注浆、衬砌内注浆、衬砌后围岩注浆等）。

(1) 预注浆。当井筒、隧道、地下室等构筑物在开挖前所进行的注浆工程，称之为预注浆。常见的有地面预注浆、工作面预注浆。

(2) 后注浆。当井筒、隧道、地下室等构筑物掘砌以后，用注浆法进行地层加固和堵水处理称之后注浆。

8-5-1-2 按注浆使用的浆液材料进行分类

(1) 水泥注浆。浆液材料以水泥为主，包括添加其他附加剂。

(2) 黏土注浆。浆液材料以黏土为主，包括黏土-水泥浆。

(3) 化学注浆。注浆材料以化学药液为主剂。

8-5-1-3　按浆液进入地层产生能量方式进行分类

(1) 静压注浆。浆液用注浆泵输送，使浆液压入或渗透入受注地层，称为静压注浆。

(2) 高压喷射注浆。浆液利用高压泵输送，并通过特殊的喷嘴产生具有巨大动能的喷射流，切削地层，与土、砂颗粒搅拌混合、凝结，称为高压喷射注浆。

8-5-1-4　按浆液在地层中运动的方式进行分类

(1) 充填注浆。浆液充填大裂隙、洞穴等，称为充填注浆。

(2) 挤压注浆(或劈裂注浆)。依靠注浆压力迫使浆液在地层中压开各种各样的通道来挤入地层，浆液多呈现脉络状或树枝状固结，这种浆液可以使松软地层挤压密实，所以，在地基加固中也称为压密注浆。

(3) 置换注浆。通过一定的方法把受注地层中的土、砂逼放出来，形成的空间用浆液充填，称之为置换注浆。

(4) 高压喷射注浆。利用喷射流的动能进行注浆。

8-5-1-5　常用注浆法

(1) 钻杆注浆。机理为充填、压密。特点为方便、廉价、适用于深度较小的、操作场地小、填充型注浆。一般用后退式注浆，浆液分布呈团块状不均匀。主要使用在充填隧道衬砌和土层之间的空隙、充填并堵塞大量渗漏水造成的空洞、充填道路面板下由于砂土流失造成的空隙等。

(2) 双层管注浆法。机理为充填、挤密、劈裂渗透并能通过钙钠离子交换实现化学加固。特点为能适用于各种土层条件，可任选注浆土层，反复用多种材料注浆；浆液分布较钻杆注浆均匀，能有效提高土体整体强度。使用目的为提高土体抗剪强度、承载力等，不适于提高土体的抗渗性能。

(3) 高压喷射注浆。机理为先破坏原有的土体结构强度，再将注浆材料和土体均匀混合，建立新的强度体系，可用浆液部分或全部置换土体。特点为均匀、高强，在管线等地下障碍物下时，对于加固范围没有影响，抗渗效果好。主要使用在土体挡墙、止水帷幕、抗渗帷幕、桩基础加固。

(4) 搅拌注浆。机理为搅拌并注入浆液，并不置换土体。特点为较均匀、高强，但在有地下障碍物时加固体无法连续，抗渗性较好。主要使用在挡墙、止水帷幕、抗渗帷幕和桩基础下加固。

8-5-2　一般规定

8-5-2-1　应根据工程地质及水文地质条件，按下列要求选择注浆方案：

(1) 在工程开挖前，预计涌水量大的地段、软弱地层，宜采用预注浆。

(2) 开挖后有大股涌水或大面积渗漏水时，应采用衬砌前围岩注浆。

(3) 衬砌后渗漏水严重的地段或充填壁后的空隙地段，宜进行回填注浆。

(4) 衬砌后或回填注浆后仍有渗漏水时，宜采用衬砌内注浆或衬砌后围岩注浆。

8-5-2-2　注浆施工前应进行调查，搜集下列有关资料：

(1) 工程地质、水文地质资料，如围岩孔隙率、渗透系数、节理裂隙发育情况、涌水量、水压和软土地层颗粒级配、土壤标准贯入试验值及其物理力学指标等。

(2) 工程开挖中工作面的岩性、岩层产状、节理裂隙发育程度及超、欠挖值等。

(3) 工程衬砌类型、防水等级等。

(4) 工程渗漏水的地点、位置、渗漏形式，水量大小、水质、水压等情况。

8-5-2-3 注浆实施前应符合下列规定：

(1) 预注浆前，应先施作止浆墙(垫)，且其在注浆时应达到设计强度。

(2) 回填注浆应在衬砌混凝土达到设计强度的 70% 后进行。

(3) 衬砌后围岩注浆应在回填注浆固结体强度达到 70% 后进行。

8-5-2-4 在岩溶发育地区，注浆防水应从勘测、选料、布孔、注浆施工等方面作出专业设计。

8-5-2-5 在注浆施工期间及工程结束后，应对水源进行取样检查，如有污染，应及时采取相应措施。

8-5-3 材料和设备要求

8-5-3-1 材料要求

(1) 注浆材料应根据下列原则进行选择：

1) 原料来源广，价格适宜；

2) 具有良好的可灌性；

3) 凝胶时间可根据需要调节；

4) 固化时收缩小，与围岩、混凝土、砂土等有一定的粘结力；

5) 固结体具有微膨胀性，强度能满足开挖或堵水要求；

6) 稳定性好，耐久性强；

7) 具有耐侵蚀性，无毒、低污染；

8) 注浆工艺简单，操作方便、安全。

(2) 注浆材料选用应考虑工程地质、水文地质情况和注浆目的、注浆工艺、设备和成本等因素。

1) 预注浆和衬砌前围岩注浆，宜采用水泥浆液、水泥-水玻璃浆液，超细水泥浆液、超细水泥-水玻璃浆液等，必要时可采用化学浆液；

2) 衬砌后围岩注浆，宜采用水泥浆液、超细水泥浆液、自流平水泥浆液等；

3) 回填注浆宜选用水泥浆液、水泥砂浆或掺有石灰、黏土、膨润土、粉煤灰的水泥浆液；

4) 衬砌内注浆宜选用水泥浆液、超细水泥浆液、自流平水泥浆液、化学浆液。

(3) 水泥。一般用强度等级不低于 32.5MPa 的普通硅酸盐水泥。在特殊条件下也可使用矿渣水泥、火山灰水泥或抗硫酸盐水泥，水泥要求新鲜无结块，使用前要复试合格。

(4) 水。采用一般饮用淡水，但不应用含硫酸盐大于 0.1%、氯化钠大于 0.5%以及含过量悬浮物质、碱类的水。

(5) 水玻璃。主要控制两项指标：模数和浓度。

(6) 附加剂。为了使浆液的凝胶时间能够满足注浆要求，要在有的浆液中加入速凝剂或缓凝剂，调节凝胶时间，以便取得最好的注浆效果。这些产品的性能需要满足设计和规范要求。

(7) 浆液的配合比。要符合设计要求，同时，必须在现场进行试验进行确定。

(8) 配制好的浆液应满足以下要求：

1）制成的浆液应能在设计要求的时间内凝固，并能根据要求调节其凝结时间。其本身的防渗性和耐久性应能满足设计要求。

2）浆液的稳定性好，在常温常压下，长期存放不改变性质，不发生任何化学反应。

3）浆液应对注浆设备、管路、混凝土结构物、橡胶制品等无腐蚀性，并容易清洗。

4）浆液固化时，体积不应有较大的收缩率，一般应小于3‰体积收缩量。

8-5-3-2　设备要求

注浆防水施工主要设备是压浆泵。其选用原则是能满足注浆压力的要求，一般为实际注浆压力的1.2～1.5倍；应满足岩土吸浆量的要求；压力稳定，能保证安全可靠的运转；机身轻便，结构简单，易于组装、拆卸和搬运。

配套的机具有钻孔机、搅拌机、注浆机、阀门、压力表等。

(1) 空气压缩机。检验裂缝封闭质量、清洗缝内积尘和注浆都要依靠压缩空气助压。一般习惯采用供喷漆用的小型空压机，有0.6MPa以上的压缩空气即可。

(2) 贮气罐。设置在空压机和料罐之间，由皮管将二者连通。气罐的功用是接受来自空压机之压缩空气，维持注浆时的恒压状态，故其容积宜为料罐容积之数10倍。罐上除装有压力表外，尚装有进出气控制阀门。

(3) 料罐。底端设有出浆口，通过输浆皮管与粘贴在裂缝上的注浆钢嘴连接。罐的上端设有带气门芯的进气口与贮气罐连通，顶部设有加料口专供加料兼进气用。料罐应力求构造简单，清洗方便，避免使用阀门。

(4) 钢嘴与插头。有两种连接方法，一种是有丝扣的钢嘴靠套接螺母将嘴子与插头接合一起，另一种是不带丝扣的钢嘴，通过胶管与插头相接。

(5) 皮管。输气输浆的管子，最好选用内径ϕ10mm、壁厚1mm以上能耐高压的纤维增强塑料管(如用不透明质胶管时，宜连接一段透明有机玻璃管，便于观察浆液走动情况)。

(6) 双液齿轮计量泵、注浆泵。主要用于灌注高黏度双组分注浆材料用。化学注浆材料多数是由甲、乙两液构成，采用双液双系统的注浆方式。一般存在着带有腐蚀性的化学试剂。隔膜计量泵，是专为适应双液注浆而设计的，它有两个泵缸头，用隔膜驱动，与浆液接触的构件是采用耐腐蚀性的材料制作的，它的两个缸可以输送同一种浆液，也可以分别送甲液与乙液。此泵最大排量50L/min，最大工作压力3.92MPa。主要用于后注浆和浅薄流砂层的预注浆，输送化学浆液、水泥-水玻璃浆液和其他浆液等。YSB-250/12型液力调速注浆泵，最大排量250L/min，最大工作压力11.76MPa。主要用于井筒地面预注浆、工作面注浆。YSB-300/20注浆泵，最大排量300L/min，最大工作压力20MPa。应用于深度750m左右的井筒地面预注浆和高压喷射注浆。

注浆流量计能够自动记录和显示注浆压力和浆液注入量。

(7) 混合器。要求具有逆止阀机构。

(8) 止浆塞。当注浆深度较大，注浆孔穿过较多的含水岩层，为了使浆液在各个含水岩层中均匀扩散，进而保证注浆质量，应当实行分段注浆。要实现分段注浆，就必须有止浆塞。有外径为90～130mm，耐压5.88～9.8MPa的多种单管止浆塞。

(9) 注浆专用钻机。要满足钻孔的需要。

(10) 注浆搅拌机。注浆搅拌机有立式、卧式两种。一般要求主轴转速为每分钟40～

80 转。最好选用放浆速度快，使用方便的立式搅拌机。

(11) 其他工具。钢板、电炉、铲刀、毛刷、泥刀、量杯、量筒等工具。

8-5-4 注浆防水的构造要求

(1) 预注浆孔。根据地质情况、设备能力、浆液有效扩散半径和注浆效果等进行分析后，确定注浆孔数、布孔方式及钻孔角度。

(2) 预注浆的分段长。根据地质和水文情况、钻孔设备及工期要求等进行确定。

(3) 注浆孔的布置。注浆孔的布置原则，应能使被加固土体在平面和深度范围内连成一个整体。用作防渗的注浆至少应设置三排注浆孔，注浆孔间距可选在 1.0～1.5m 范围内。

(4) 高压喷射注浆帷幕。宜插入不透水层。

(5) 衬砌前围岩注浆的布孔。根据下列规定进行布孔：

1) 应在软弱地层或水量较大处布孔；

2) 大面积渗漏，布孔宜密，钻孔宜浅；

3) 裂隙渗漏，布孔宜疏，钻孔宜深；

4) 大股涌水，布孔应在水流上游，且从涌水点四周由远到近布设；

(6) 回填注浆。回填注浆孔的孔径一般大于 40mm，注浆孔的间距为 2m，注浆孔按梅花形排列。

(7) 衬砌后围岩注浆。衬砌后围岩注浆孔深钻入围岩不应小于 1m，注浆孔径宜大于 40mm，注浆孔距根据渗漏水的情况进行确定。

(8) 衬砌内注浆钻孔。根据衬砌渗漏水情况布置，注浆孔深宜为衬砌厚度的 1/3～2/3。

(9) 注浆量。注浆量取决于地基土性质和浆液的渗透性等因素。在大规模注浆施工时，宜在现场进行试验性注浆以确定注浆量。一般黏性土地基中的浆液注入率为 20％。

(10) 注浆压力。所需的注浆压力值与地基土的密度、强度、钻孔深度、位置及注浆次数等因素有关，而这些因素又难于准确地预知，因而宜通过现场注浆试验来确定。

1) 对压密注浆，注浆压力主要取决于浆液材料的稠度，如采用水泥砂浆的浆液，注浆压力应选在 1～7MPa，坍落度较小时，注浆压力可取为上限值，如采用水泥水玻璃双液快凝浆液，则注浆压力应小于 1MPa；

2) 对劈裂注浆，在浆液注浆范围内应尽量减少注浆压力。

8-5-5 施工要点及质量控制

8-5-5-1 施工准备工作

(1) 注浆开始前，应作好充分的准备工作，包括机械设备、仪表、管路、注浆材料、水和电的检查及必要的试验。注浆芯管的聚氨酯密封圈使用前要进行检查，所有注浆管接头螺纹均应保持有充分的油脂。

(2) 通过试验来确定注浆段长度、注浆孔距、注浆压力等有关技术参数。注浆长度根据岩土裂隙发育程度、松散情况、渗透性以及注浆设备能力等技术条件选定。在一般地质条件下，注浆防水段长多控制在 5～30m；在土质严重松散、渗透性强的情况下，宜为3～20m。

（3）施工前，必须注意附近地下管线分布情况。对废管要事先开挖阳洞使之暴露，并采用水泥浆等方法封堵。

（4）注浆范围和建筑物的水平距离很近时，应加强对临近建筑物和地下埋设物的现场监控；注浆点距离饮用水源或公共水域较近时，注浆施工如有污染应及时采取相应措施。

8-5-5-2　施工要点及质量控制

（1）注浆施工的一般程序是先在岩土中按规定的位置用钻机或手钻钻孔到要求的深度，孔径一般为55～100mm，并探测地质情况。注浆前，应进行压水试验，测定注浆孔吸水率和地层吸浆速度。岩石地层或衬砌内注浆前应将钻孔冲洗干净。

（2）浆体必须经过搅拌机充分搅拌均匀后才能开始压注，并应在注浆过程中不停的缓慢搅拌，搅拌时间应小于浆液初凝时间。浆体在泵送前，应经过筛网过滤。

（3）施工过程中还应经常抽查浆液的配比。

（4）注浆后应立即拔管，若不及时拔管，浆液会把管子凝住而增加拔管的难度。拔管时宜使用拔管机。用塑料阀管注浆时，注浆芯管每次上拔高度为330mm；花管注浆时，花管每次上拔或下钻的高度宜为500mm。拔出管后，应及时冲洗注浆管，以便保持通畅洁净。拔出管后留下的孔洞，应用水泥砂浆或土料填塞。

（5）如果注浆过程中出现冒浆现象，要根据不同原因造成的冒浆进行处理。若是由于注浆深度较浅而导致浆液上抬较多，则可采取加强注浆孔密闭效果的方法，即采用间歇注浆法，亦即让一定数量的浆液注入土中后，暂停工作，让浆液凝固，几次反复，就可把上抬的通道堵死；若是由于地层灌注不进，则应结束注浆。

（6）回填注浆时，对岩石破碎、渗漏水量较大的地段，宜在衬砌与围岩间采用定量、重复注浆法分段设置隔水墙。回填注浆、衬砌后围岩注浆施工顺序，应符合下列要求：

1）沿工程轴线由低到高，由下往上，从少水处到多水处；

2）在多水地段，应先两头，后中间；

3）对竖井应由上往下分段注浆，在本段内应从下往上注浆。

（7）注浆过程中应加强监测，当发生围岩或衬砌变形、堵塞排水系统、串浆、危及地面建筑物等异常情况时，可采取下列措施：

1）降低注浆压力或采用间歇注浆，直到停止注浆；

2）改变注浆材料或缩短浆液凝胶时间；

3）调整注浆实施方案。

（8）高压喷射注浆的工艺参数应根据试验确定，也可按表8-18选用，并在施工中进行修正。

高压喷射注浆工艺参数　　**表8-18**

项目	压力(MPa)						输浆量(L/min)	喷嘴直径(mm)	提升速度(mm/min)
	单管法	双重管法		三重管法					
	浆液	浆液	空气	水	空气	浆液			
指标	20～30	20～30	0.7	20～30	0.7	2～3	40～150	2.0～3.0	50～200

（9）单孔注浆结束的条件，应符合下列规定：

1）预注浆各孔段均达到设计终压并稳定10min，且进浆速度为开始进浆速度的1/4

或注浆量达到设计注浆量的80%；

2）衬砌后回填注浆及围岩注浆达到设计终压；

3）其他各类注浆，满足设计要求。

（10）预注浆和衬砌后注浆结束前，应在分析资料的基础上，采取钻孔取芯法对注浆效果进行检查，必要时，进行压（抽）水试验。当检查孔的吸水量大于1.0L/min·m时，必须进行补充注浆。

8-5-5-3 地面预注浆

（1）地层开挖前，在地面进行预注浆，把浆液压入地层，待其凝结和硬化后，在工程所经过的地段，形成隔水帷幕，以改善被注地段的地质条件，加快施工速度，保证工程质量。适用在涌水量大的裂隙性岩土层、断层破碎带和流砂层或土层中的构筑竖井以及用矿山法构筑的隧道工程。

（2）地面注浆堵水常采用水泥或水泥-水玻璃为主的浆液材料。浅表土中碰到流砂时，才考虑注入化学浆液胶结固砂。

1）确定注浆深度。注浆深度取决于含水层的埋藏条件，以及地下工程的埋置深度。

2）确定注浆段的高度应考虑：裂隙等级相同的岩层划分在同一段高度内，力求使浆液均匀扩散；涌水量大，裂隙较宽时，段高要小，反之要大；段高须与注浆泵的供浆能力适应，以保证有足够的扩散半径。

3）注浆方式的选择。根据浆液的压注形式不同，注浆方式分为压入式注浆和循环式注浆：

① 压入式注浆是将浆液直接压入注浆孔充填裂隙。这种注浆方式，由于注浆速度快，压力高，浆液能填塞致密，结石体强度高，易注入细小裂隙内，使用较广；

② 循环式注浆是在注浆孔内放入回浆管和在适当部位放入止浆塞，以控制浆液的扩散范围，减少浆液的消耗量。

4）注浆孔的合理布置。竖井注浆孔一般按同心圆等距离布置。根据岩土层裂隙大小、裂隙分布条件和注浆泵的能力等因素确定注浆孔的数目。

5）合理确定注浆压力。注浆压力是使浆液获得扩散、充塞、压实的能力。浆液沿裂隙扩散，路程越长，阻力越大，此时要加大注浆压力，使充塞物有一定的强度，形成不透水的结石体，达到阻截涌水的目的。合理的注浆压力，须根据静水压力、覆盖层厚度、注浆深度、地质条件、注浆方式和浆液黏度等确定和计算。

8-5-5-4 预注浆施工

（1）注浆有单液和双液注浆两种，双液注浆又分为双液单注和双液双注两种。单液注浆法是将注浆材料全部混合搅拌均匀后，用一台注浆泵注浆的系统。这种方法适用于凝胶时间大于30min的注浆。

（2）双液单注法是用两台注浆泵或一台双缸注浆泵，按一定比例分别压送甲、乙两种浆液，在孔口混合器混合后，再注入到岩土层中。采用这种方法，浆液凝胶时间可缩短些（一般为几十秒到几分钟）。

（3）双液双注法是将两种浆液通过不同管路注入钻孔内，使其在钻孔内混合。这种方法，适于胶凝时间非常短的浆液。将甲、乙浆液分别压送到相邻的两个注浆孔中，然后进入岩土层或砂粒之间孔隙混合而成凝胶。

(4) 注浆施工程序：

1) 钻孔。严格按照设计的钻孔方向、角度和孔径进行钻进。将钻机固牢，清水钻进。应记录钻进深度，钻孔速度快慢，涌水情况。注浆工程中，由于钻孔数量多，钻孔消耗时间较多，可采用多台钻机同时钻进。

2) 测定涌水量。如钻孔过程中，遇到涌水，应停机，测定涌水量，以决定注浆方法。

3) 设置注浆管。应根据钻孔出水位置和岩土好坏，确定注浆管上的止浆塞塞在钻孔内的位置。

4) 注水试验。一般是利用注浆泵压注清水，经注浆系统进入受注岩土层裂隙。注入量及注入压力须自小到大。大裂隙约 10～20min，中、小裂隙约 15～30min 或更长些。

5) 注浆准备。注浆准备应做好下列工作：

① 备料，注浆站应存放足够的水泥和要使用的外加剂；

② 安装设备，在钻注浆孔的同时，将注浆所需注浆泵、搅拌机、贮浆槽等设备固定在适当位置建立注浆泵站，保证注浆泵正常运转；

③ 选择注浆参数，如浆液的凝胶时间、进浆量、注浆压力、注浆方式与分段长度等。

6) 制浆。浆液凝结时间可控制和调节。水泥浆在搅拌机内制备，先加水，后放水泥和外加剂，搅拌均匀后放入浆池。水玻璃等按设计要求掺加。

7) 注浆。采用水泥-水玻璃浆液时，一般采用先单液后双液，由稀浆到浓浆的交替方法。要先开水泥浆泵，用水泥浆把钻孔中的水压回裂隙，再开水玻璃泵，进行双液注浆。注浆时，要严格控制两种浆液的进浆比例。一般水泥与水玻璃浆的体积比为 1∶1～1∶0.6。注浆初期，孔的吸浆量大，采用水泥-水玻璃双液注浆，缩短凝结时间，控制扩散范围，以降低材料消耗和提高堵水效果。到注浆后期，可采用单液水泥浆，以保证裂隙充堵效果。当注浆压力和进浆量达到设计要求时，则可停止注浆，压注一定量的清水，然后拆卸注浆管，用水冲洗各种机械进行保养。

8-5-5-5　后注浆施工

后注浆有固结注浆、回填灌浆和堵水注浆。在渗水、涌水严重，经回填注浆仍不能解决问题时，可进行固结注浆。固结注浆是将钻孔深入岩土 3m 左右，然后注入浆液，固结细小裂隙，减少渗漏水。而回填灌浆主要应用在竖井、岩层中隧道和地道和土层中隧道和地道中因回填不密实、塌陷，长期渗漏水携带大量泥砂形成空洞的填充。堵水注浆用在开挖以后有渗漏水的地方。

(1) 后注浆材料

1) 固结注浆。对于岩层裂隙发育、渗漏水量较大的地段，可采用水泥-水玻璃双液注浆(如水灰比 2∶1，水泥浆与水玻璃体积比是 1∶1)。对于岩层裂隙不甚发育，渗漏水较少地段，可采用水泥浆注入。

2) 回填注浆。充填大空隙时，一般采用水泥砂浆(如水泥∶砂 ＝1∶2，水灰比是 1∶1)，也可采用水泥黏土砂浆(水泥∶黏土∶砂∶水＝1∶15∶15∶1.5)。在漏水量比较大的部位可用水泥砂浆与水玻璃双液浆，水泥砂浆与水玻璃体积比约 1∶1。

3) 堵水注浆。注浆材料一般可采用超细水泥、水泥-水玻璃类，丙凝、聚氨酯等。

(2) 后注浆施工

1) 固结注浆与其他类型的注浆施工相同。

2）回填注浆施工：

① 注浆孔的埋设。为了使浆液不直冲土壁，影响注浆效果，将伸向壁外一端钢管口焊死，在钢管上钻几排小槽或小孔。为了注浆时能较确切地反映注浆压力，钢管上开槽或孔的面积应大于或等于钢管总面积。

② 注浆设备和工艺流程。回填注浆设备有搅拌机、注浆泵、注浆管、胶管、作业台等。

③ 注浆压力。回填注浆压力不宜过高，压力一般不超过 0.5MPa。

3）后注浆施工要注意：

① 在注浆之前，清理注浆孔，安装好注浆管，保证其畅通，必要时应进行压水试验。

② 注浆是一项连续作业，不得任意停泵，以防砂浆沉淀，堵塞管路，影响注浆效果。

③ 注浆顺序是由低处向高处，由无水处向有水处依次压注，以利于充填密实，避免浆液被水稀释离析。当漏水量较大时，应分段留排水孔，以免多余水压抵消部分注浆压力，最后处理排水孔。

④ 注浆时，必须严格控制注浆压力；在注浆过程中，如发现少量跑浆，可以采用快凝砂浆勾缝堵漏后继续注浆，当跑浆严重时，应关泵停压，待 2～3d 后进行第 2 次注浆。

⑤ 在用料石或砖垒砌的井或地道内注浆前应先做水泥砂浆抹面防水，以免注浆时到处漏浆。

⑥ 在某一注浆管注浆时，邻近各浆管都应开口，让壁外地下水从邻近管内流出，当发现管内有浆液流出时，应马上关闭。

⑦ 注浆结束标准为当达到设计压力，稳定一段时间后不进浆或进浆量很少时，即可停止注浆，封孔拆除和清洗管路，待砂浆初凝后，再拆卸注浆管，并用高强度等级水泥砂浆将注浆孔填满捣实。

8-5-5-6　各种注浆材料特点

（1）单液水泥浆注浆材料

水泥注浆是通过一定的注浆压力，使浆液在介质中，发挥充填和水化作用，从而达到堵塞空隙、截断水路的目的。

单液水泥浆系指用单液注浆系统进行注浆的水泥浆液。这种单液水泥浆具有较多优点，但也存在明显的不足，由于水泥是颗粒性材料，相对于非颗粒性注浆材料来说，其可灌性较差，在粉砂、细砂及小于 1mm 宽度的裂隙内难以注入。水泥浆液初、终凝时间长，凝胶时间不能准确控制，浆液早期强度低，强度增长慢，易沉淀析水等。因此，使用范围受到一定限制。

因此，用各种化学附加剂来提高水泥浆的可灌性和缩短凝固时间，提高注浆体的早期强度及稳定性。

许多复合附加剂对水泥浆有速凝早强性质，以便达到控制水泥浆扩散范围，缩短注浆堵水工期和提高注浆效果的目的。

水泥浆复合速凝早强剂常用的有三乙醇胺和食盐，三异丙醇胺和食盐，三异丙醇胺和硫酸亚铁，三乙醇胺、亚硝酸钠和石膏，石膏和氯化钙等。

在实际应用中，在地面预注浆、工作面预注浆等封堵裂隙涌水的工程中，水泥浆中加人复合附加速凝早强剂，注浆 16h 后取芯检查，水泥浆注浆体强度很好，岩芯采取率也有提高，岩芯的裂隙宽度在 1mm 以上的均充填饱满密实。在煤炭系统的单液水泥注浆工程中，大多数都使用复合速凝早强剂。

在充填注浆中，为了节约水泥，同时使水泥颗粒能较长时间悬浮于水中，须加入悬浮剂。常用的悬浮剂有膨润土和高塑黏土等。为了降低水泥浆的黏度，提高浆液的流动性，增加可注性，往往需要加入塑化剂，常用的塑化剂有食糖、硫酸钠和亚硫酸盐纸浆废液。

当地下工程的渗漏不大时，可在浆液中掺入惰性材料，以充填过水通道，缩小过水断面，增加浆液流动阻力，减少跑浆，提高注浆效果。常用的惰性材料有粉煤炭、矿渣粉、石灰粉、膨润土和石棉粉等。当地下水渗流速度较大时，可掺入水泥用量的2%石膏和7%碳酸钙或2%～5%水玻璃。

地下工程注浆的目的是为了防止或减少衬砌的渗漏，减少混凝土受水侵蚀，提高衬砌的耐久性，同时，也可使衬砌与岩层结合紧密，改善结构受力情况。因此，可根据不同要求，对衬砌背后局部或全部进行注浆。注浆工作可分为初次注浆及检查注浆。初次注浆用水泥砂浆，若无渗漏，即可不再进行检查注浆。检查注浆用纯水泥浆，适用于初次注浆后衬砌尚有渗漏以及地下水丰富、岩层破碎的情况。

(2) 水泥-水玻璃类注浆材料

水泥作为注浆材料具有注浆体强度高、抗渗性能好、材料来源广、价格低廉、注浆工艺简单等特点，但其凝结时间较长，所以，一般需在水泥浆液中加入水玻璃以控制其初凝速度。此外，通常还根据具体工程对加固区强度的不同要求在浆液中掺入一定量的粉煤灰。

水泥-水玻璃浆液又称为C-S浆液，C表示是水泥浆，S表示是水玻璃浆。C-S浆液是将水泥配成一种浆，将水玻璃配成另一种浆，两种浆液按一定的体积比例，通过双液注浆系统，经混合器混合后注到地层中形成注浆体结石，以达到堵水或加固的目的。

C-S浆液不仅具备水泥浆液的优点，而且兼有化学浆液的某些性能。例如，凝胶时间快，可从几秒到几十分钟内较准确地控制，结石率一般为100%，可注性也有明显提高。除可在基岩裂隙和较大含水层中堵水外，还能在中粗砂层或砾石层内进行堵水或加固。

在地面预注浆、工作面预注浆，特别在井壁注浆、透水事故处理工程中广泛使用C-S浆液，该浆液已成为注浆防水最重要、最广泛采用的注浆材料之一。

C-S浆液结石体的抗压强度较高，特别是早期强度增长很快，7d左右几乎达到终期强度的90%。

(3) 丙烯酸胺(MG-646)类注浆材料

丙烯酸胺类浆材在国内又称丙凝(MG—646)，丙烯酸胺是一种性能优良的注浆材料。它是以有机化合物丙烯酸胺为主剂、配合其他外掺剂组成，以水溶液状态注入地层中，浆液在地层中发生聚合反应，生成具有一定弹性、不溶于水的高分子聚合体，起到堵水或加固地层的作用。

丙烯酸胺系注浆材料，在已研制出的各种注浆材料中，它黏度最低，渗透性最好，胶凝时间能准确控制，是一种比较实用的防渗堵漏材料。广泛用来处理大坝和隧道的基岩破碎带涌水。这种材料在国内应用广泛，如用来处理水工建筑物的裂缝堵漏，大坝基础的帷幕注浆和矿井的防水堵漏等。丙烯酸胺类浆材在国内又称丙凝(MG-646)有一定的毒性，使用时应尽量降低毒性。

(4) 铬木素类注浆材料

铬木素浆液是由亚硫酸盐纸浆废液为主剂，重铬酸盐(常用重铬酸钠)为胶凝剂所配成的化学注浆材料。为了加快凝胶速度和提高注浆结石体抗压强度，往往加入促进剂。铬木素浆液的优点是黏度低，渗透性好，凝胶时间可以控制，注浆结石体有较高的抗压强度和抗渗性能，原料来源丰富，价格低廉。因此，被广泛用于隧道、大坝、地下建筑和矿井的防渗漏处理和地基加固。

在使用时，要注意铬木素浆材中的铬离子会污染地下水，铬木素正离子的浓度不得超过0.05mg/L，这就限制了这种浆材的使用。因此，在工程中尽量使用低毒铬木素浆。

(5) 水玻璃与水玻璃类注浆材料

水玻璃即硅酸钠溶液，是一种胶体溶液。水玻璃注浆就是将水玻璃溶液和胶凝剂同时注入地层，与土混合后产生化学凝胶反应，将土(砂)中的孔隙或岩石裂隙充填满，生成固结体，以达到防渗堵漏或加固补强的目的。

以水玻璃为甲液，选用另一种材料作乙液，采取双液注浆方式构成溶液型注浆材料称为水玻璃类浆液。在实际应用的主要有水玻璃铝酸钠浆液和水玻璃乙二醛浆液。

水玻璃浆液材料货源广、价格低、凝胶体强度高，凝胶时间变化可控制范围大，且对环境几乎没有污染，因此，应用范围较为广泛。它可用于地下建筑的防渗漏处理，也可以用来处理大面积微量渗水的治理。

(6) 聚氨酯注浆材料

聚氨酯注浆材料(又名氰凝)，是以多异氨酸酯与聚酯、聚醚作用生成的聚氨基甲酸酯(通常称为预聚体)与增塑剂、催化剂、表面活性剂、泡沫稳定剂等外加剂配制成的一种高分子注浆材料。

聚氨酯浆液遇水时会发生化学反应而放出气体，使注浆材料发泡膨胀，渗入构筑物或地基裂隙中形成不透水的凝胶物质，最终注浆体的容积大、强度高、抗渗性好。聚氨酯浆液遇水才反应，因此稳定性良好。它同水反应速度，可用促进剂加以调节。同水反应速度应根据裂缝渗水量的大小来确定。

(7) 环氧树脂注浆材料

环氧树脂作为注浆材料，价格比较昂贵，而且对于注浆来说，也嫌太稠了。环氧树脂在未加固化剂前，它的黏度随温度的增高而变低。因此一般在树脂中掺入稀释剂降低其黏度以方便注浆施工。

8-5-6 验收标准及质量检查方法

1. 预注浆钻孔误差要求

(1) 注浆孔深小于10m时，孔位最大允许偏差为100mm，钻孔偏斜率最大允许偏差为1%；

(2) 注浆孔深大于10m时，孔位最大允许偏差为50mm，钻孔偏斜率最大允许偏差为0.5%；

(3) 注浆完成后注浆孔应封填密实。

2. 注浆的施工质量检验数量

应按注浆加固或堵漏面积每100m^2抽查1处，每处10m^2，且不得少于3处。

3. 主控项目

(1) 配制浆液的原材料及配合比必须符合设计要求。

检验方法：检查出厂合格证、质量检验报告、计量措施和试验报告。

(2) 注浆效果必须符合设计要求。

检验方法：采用钻孔取芯、压水(或空气)等方法检查。

4. 一般项目

(1) 注浆孔的数量、布置间距、钻孔深度及角度应符合设计要求。

检验方法：检查隐蔽工程验收记录。

(2) 注浆各阶段的控制压力和进浆量应符合设计要求。

检验方法：检查隐蔽工程验收记录。

(3) 注浆时，浆液不得溢出地面和超出有效注浆范围。

检验方法：观察检查。

(4) 注浆对地面产生的沉降量不得超过 30mm，地面的隆起不得超过 20mm。

检验方法：用水准仪测量。

9　建筑地基基础工程质量检测方法

9-1　常用建筑材料质量检测

9-1-1　建筑砂浆

9-1-1-1　检验内容

建筑砂浆的常规检测项目是立方体抗压强度试验。对预拌砂浆还应进行现场稠度试验；对有抗渗要求的砂浆还应根据设计要求检验砂浆的抗渗指标。

9-1-1-2　取样方法

1. 试件尺寸

砂浆立方体抗压强度试验的试件尺寸为70.7mm×70.7mm×70.7mm立方体。

2. 取样规则

(1) 砂浆应在搅拌机出料口处随机取样、制作。一组试样应在同一盘砂浆中取样制作，同盘砂浆只应制作一组试样。

(2) 对每一楼层或每250m^3砌体中各种类型及强度等级的砂浆，每台搅拌机至少应检查一次，每次至少应制作砂浆立方体抗压试件一组共六块。当砂浆强度等级或配合比有变更时，还应另作试件。基础砌体可按一个楼层计。

(3) 预拌砂浆的稠度应每车取样检验。

3. 试件制作

砂浆立方体抗压强度试验的试件应根据《建筑砂浆基本性能试验方法》(JGJ 70—90)规定的标准成型方法进行制作。试件制作后应在20±5℃的温度环境下静置一昼夜(24±2h)，当温度较低时，可适当延长时间，但不应超过两昼夜，然后拆模。试件制作后应在终凝前用铁钉刻上制作日期、工程部位、设计强度等内容，不允许在试件终凝后用毛笔书写。

4. 试件的标准养护条件

拆模后的试件应在标准养护条件下，继续养护至28d，然后进行试压。标准养护的条件是：

(1) 水泥混合砂浆温度应为20±3℃，湿度应为60%～80%；水泥砂浆和微沫砂浆温度应为20±3℃，湿度应为90%以上。

(2) 养护期间，试件彼此间隔不少于10mm。

9-1-1-3　结果判定

1. 砂浆强度代表值的确定

检验评定砂浆强度用的试件，其标准成型方法、标准养护条件及强度试验方法均应符合标准规定的要求；试件的龄期必须为28d，超过或不到28d龄期的试件不得作检验评定砂浆强度的依据。砂浆立方体抗压试件经强度试验后，其强度代表值按下列规定确定：

(1) 以六个试件强度的算术平均值作为该组试件的强度代表值；

(2) 当一组试件中强度的最大值或最小值与平均值之差超过20%时，以中间四个试件的平均值作为该组试件的抗压强度代表值。

2. 砂浆强度的评定

砂浆试块强度应按下列公式进行评定：

$$f_{2,m} \geqslant f_2$$

$$f_{2,min} \geqslant 0.75 f_2$$

式中　$f_{2,m}$——同一验收批中砂浆立方体抗压强度各组平均值，MPa；

f_2——验收批砂浆设计强度等级所对应的立方体抗压强度，MPa；

$f_{2,min}$——同一验收批中砂浆立方体抗压强度最小值，MPa。

当施工中出现下列情况时，可采用非破损和微破损检验方法对砂浆和砌体强度进行原位检测，以此来判定砂浆的强度：

(1) 砂浆试块缺乏代表性或试块数量不足；

(2) 对砂浆试块的试验结果有怀疑或有争议；

(3) 砂浆试块的试验结果已判定为不能满足设计要求，需要确定砂浆或砌体强度。

9-1-2　普通混凝土

9-1-2-1　检验内容

对于工业与民用房屋和一般构筑物，检查混凝土质量应进行立方体抗压强度试验。有抗折、抗渗和抗冻要求的混凝土，尚应进行抗折强度、抗渗和抗冻性能试验。预拌混凝土还应进行现场坍落度试验。

9-1-2-2　取样方法

1. 试件尺寸

(1) 立方体抗压强度和抗冻性能试件

普通混凝土立方体抗压强度和抗冻性能的试验采用立方体试件，试件的最小尺寸应根据骨料的最大粒径按表 9-1 采用，每组 3 块。当采用 100mm×100mm×100mm 和 200mm×200mm×200mm 的非标准试件时，应将其抗压强度值分别乘以系数 0.95 和 1.05，以折算成标准试件的抗压强度值。

混凝土抗压强度试件允许最小尺寸表　　表 9-1

骨料最大直径(mm)	试件尺寸(mm)
31.5	100×100×100(非标准试件)
40	150×150×150(标准试件)
60	200×200×200(非标准试件)

(2) 抗折强度试件

普通混凝土抗折强度的试验采用 150mm×150mm×600mm(或 550mm)的小梁作为标准试件，制作标准试件所用混凝土中骨料的最大粒径不应大于 40mm。必要时，可采用 100mm×100mm×400mm 的试件，此时混凝土中骨料的最大粒径不应大于 31.5mm。

(3) 抗渗性能试件

普通混凝土抗渗性能的试验采用顶面直径(d)为 175mm，底面直径(D)为 185mm，高度(h)为 150mm 的圆柱体或直径与高度均为 150mm 的圆柱体试件，每组 6 块。

2. 取样规则

(1) 对现场搅拌混凝土立方体抗压强度的试样，应在混凝土浇筑地点随机抽取，且取样应符合下列规定：

1) 每拌制 100 盘但不超过 $100m^3$ 的同配合比的混凝土，其取样次数不得少于一次；

2) 每工作班拌制的同一配合比的混凝土不足 100 盘时，其取样次数仍不得少于一次；

3) 当一次连续浇筑超过 $1000m^3$ 时，同一配合比的混凝土每 $200m^3$ 取样不得少于一次；

4) 每一楼层、同一配合比的混凝土，取样不得少于一次；

5) 每次取样应至少留置一组标准试件(即在标准养护条件下的试件)。现场同条件养护试件的留置组数，可根据施工设计规定按拆模、施加预应力和施工期间临时荷载等需要确定。

(2) 对预拌(商品)混凝土立方体抗压强度试样，除应在预拌混凝土厂内按规定留置试件外，混凝土运至施工现场后，还应按以下规定取样：

1) 用于交货检验的混凝土试样应在交货地点采取。每 $100m^3$ 相同配合比的混凝土，取样不少于一次；一个工作班拌制的相同配合比的混凝土不足 $100m^3$ 时，取样也不得少于一次；当在一个分项工程中连续供应相同配合比的混凝土量大于 $1000m^3$ 时，其交货检验的试样为每 $200m^3$ 混凝土取样不得少于一次；

2) 用于出厂检验的混凝土试样应在搅拌地点采取，按每 100 盘相同配合比的混凝土取样不得少于一次；每一工作班相同的配合比的混凝土不足 100 盘时，取样亦不得少于一次；

3) 对于预拌混凝土拌合物的质量，每车应目测检查；混凝土坍落度检验的试样，每 $100m^3$ 相同配合比的混凝土取样检验不得少于一次，当一个工作班相同配合比的混凝土不足 $100m^3$ 时，也不得少于一次。

(3) 对抗渗试样，应按以下规定取样：

1) 连续浇筑混凝土量为 $500m^3$ 以下时，应留两组抗渗试件；每增加 250～$500m^3$ 应增留两组。如使用的原材料、配合比或施工方法有变化时，均应另行留置试件；

2) 试件应在浇筑地点制作，其中一组应在标准条件下养护，另一组应与现场相同情况养护。试件养护期不得少于 28d。

3. 试件制作

混凝土试件应根据《普通混凝土力学性能试验方法》(GBJ 81—85)规定的标准成型方法进行制作。试件成型后应覆盖表面，以防止水分蒸发，并应在室温为 20±5℃情况下静置 1～2 昼夜(同条件养护除外)，然后拆模。另外，根据上海市建设委员会《上海市建设工程施工现场标准养护室管理规定》的要求，混凝土试件制作后应在终凝前用铁钉刻上制作日期、工程部位、设计强度等内容，不允许在试件终凝后用毛笔书写。

4. 施工现场养护室

拆模后的混凝土试件应立即放在温度为 20±3℃、湿度为 90%以上的标准养护条件下养护(简称“标养”)。因此，施工现场必须设置符合下列要求的养护室：

(1) 根据工程规模的大小确定养护室的面积，最小不少于 $5m^2$。

(2) 房屋要求保温隔热，并配置冷暖空调，使室内温度控制在 20±3℃。

(3) 有条件的工程应设置标准养护室，即配置加湿装置(避免用水直接冲淋试件)，保持室内湿度为 90%以上；试件应放在架上，彼此间隔应为 10～20mm。

(4) 混凝土试件也可在20±3℃的不流动水中养护，水的pH值不应小于7。为此，须在养护室内设置体积相仿的两个水池(一个作为预养水用)，并配置水温调节控制装置；在拆模前的静置期间，室内温度须控制在20±5℃。

(5) 养护室内须配置监测室温、室内湿度(水池养护不需要)和水池温度(标准养护不需要)的计量器具，并由专人每天记录两次(上午、下午各一次)。

(6) 必须建立养护室管理制度，并严格执行。

同条件养护的试件，成形后即应覆盖。试件的拆模时间可与实际构件的拆模时间相同。拆模后，试件仍需保持同条件养护。

9-1-2-3　结果判定

1. 混凝土强度代表值的确定

(1) 评定混凝土强度用的混凝土试件，其标准成型方法、标准养护条件及强度试验方法均应符合标准规定的要求。除设计有特殊要求外，评定混凝土强度用的混凝土试件的龄期必须为28d，超过或不到28d龄期的试件不得作为评定混凝土强度的依据。

(2) 混凝土立方体抗压试件经强度试验后，其强度代表值按下列规定确定：

1) 取三个试件强度的算术平均值作为每组试件的强度代表值；

2) 当一组试件中强度的最大值或最小值与中间值之差超过中间值的15%时，取中间值作为该组试件的强度代表值；

3) 当一组试件中强度的最大值或最小值与中间值之差均超过中间值的15%时，该组试件的强度不应作为评定的依据。

2. 混凝土强度验收批的划分

混凝土强度应分批进行评定。一个验收批的混凝土应由强度等级相同、龄期相同以及生产工艺条件和配合比基本相同的混凝土组成。对施工现场的现浇混凝土，应按单位工程的验收项目划分验收批，每个验收项目应按国家有关标准确定。

3. 混凝土强度的检验评定

(1) 预拌混凝土工厂、预制混凝土构件厂和采用现场集中搅拌混凝土的施工单位，应按统计方法评定混凝土强度。

1) 当混凝土生产条件在较长时间内能保持一致，且同一品种混凝土的强度变异性基本保持稳定时，应由连续的三组试件组成一个验收批，其强度应同时满足下列要求：

$$m_{f_{cu}} \geqslant f_{cu,k} + 0.7\sigma_0$$

$$m_{cu,min} \geqslant f_{cu,k} - 0.7\sigma_0$$

当混凝土强度等级不高于C20时，强度最小值应满足：$f_{cu,min} \geqslant 0.85 f_{cu,k}$

当混凝土强度等级高于C20时，强度最小值尚应满足：$f_{cu,min} \geqslant 0.90 f_{cu,k}$

式中　m_{cu}——同一验收批混凝土立方体抗压强度的平均值，MPa；

$f_{cu,k}$——混凝土立方体抗压强度标准值，MPa；

σ_0——验收批混凝土立方体抗压强度的标准差，MPa。其值应根据前一个检验期内(不超过三个月)同一品种混凝土试件的强度数据(总批数不得少于15)计算确定；

$f_{cu,min}$——同一验收批混凝土立方体抗压强度的最小值，MPa。

2) 当混凝土生产条件在较长时间内不能保持一致，且混凝土强度变异性不能保持稳定性时，或在前一个检验期内的同一品种混凝土没有足够的数据用以确定验收批混凝土立方体抗压强度的标准差时，应由不少于10组的试件组成一个验收批，其强度应同时满足下列公式的要求：

$$m_{f_{cu}}-\lambda_1 S_{f_{cu}}\geqslant 0.9 f_{cu,k}$$

$$f_{cu,min}\geqslant \lambda_2 f_{cu,k}$$

式中 $S_{f_{cu}}$——同一验收批混凝土立方体抗压强度的标准差，MPa。当其值小于 $0.06f_{cu,k}$ 时，取 $S_{f_{cu}}=0.06f_{cu,k}$；

λ_1，λ_2——合格判定系数，按表 9-2 取用。

混凝土强度的合格判定系数取用表 **表 9-2**

试件组数	10～14	15～24	≥25
λ_1	1.70	1.65	1.60
λ_2	0.90	0.85	

(2) 对零星生产的预制构件的混凝土或现场搅拌的批量不大的混凝土，按非统计方法评定，则其强度应同时满足下列要求：

$$m_{f_{cu}}\geqslant 1.15 f_{cu,k}$$

$$f_{cu,min}\geqslant 0.95 f_{cu,k}$$

4. 混凝土强度的合格性判定

(1) 当混凝土强度能满足上述规定时，则该批混凝土强度判为合格；当不能满足上述规定时，该批混凝土强度判为不合格。

(2) 由不合格批混凝土制成的结构或构件应进行鉴定；对不合格的结构或构件必须及时处理。

(3) 当对混凝土试件强度的代表性有怀疑时，可采用从结构或构件中钻取试件的方法或采用非破损检验方法，并按有关标准的规定对结构或构件中混凝土的强度进行推定。

(4) 结构或构件拆模、出池、出厂、吊装、预应力筋张拉或放张，以及施工期间需短暂负荷的混凝土，应满足设计要求或现行国家标准的有关规定。

9-1-3 钢筋

9-1-3-1 检验内容

(1) 除在钢筋的检测中发现脆断、焊接性能不良或机械性能显著不正常时，以及在使用进口钢材时需进行钢材的化学分析外，其余情况一般只进行钢筋的机械性能检测。

(2) 常规的钢筋机械性能检验中，主要做钢筋的拉伸试验和弯曲试验。在拉伸试验中包括测定钢筋的屈服点、抗拉强度和延伸率三个指标。

9-1-3-2 取样方法

1. 试件尺寸

钢筋试件长度可参照表 9-3 选取。

钢筋试件长度选取参考表 **表 9-3**

钢筋直径(mm)	拉伸试样长度(mm)	弯曲试样长度(mm)	反复弯曲试样长度(mm)
6.5～20	400	250	150～250
22～32	500	300	

2. 取样规则

钢筋应按批进行检查和验收，并按以下规定的要求进行：

(1) 钢筋混凝土用热轧光圆钢筋、热轧带肋钢筋、余热处理钢筋和低碳钢热轧圆盘条，则每批由重量不大于 60t 的同一牌号、同一炉罐号、同一规格的钢筋组成。

(2) 冷拉钢筋每批由重量不大于 20t 的同级别、同直径的冷拉钢筋组成。

(3) 冷轧带肋钢筋每批由重量不大于 50t 的同一牌号、同一规格和同一级别的钢筋组成。

(4) 冷轧扭钢筋每批由重量不大于 10t 的同一牌号、同一规格尺寸、同一台轧机、同一班的钢筋组成。

3. 试件数量

拉伸和弯曲试验的试样可在每批材料中任选两根钢筋切取，并按以下规定的要求进行：

(1) 热轧带肋钢筋、热轧光圆钢筋、余热处理钢筋和冷拉钢筋每批应做 2 个拉伸试验，2 个弯曲试验。

(2) 低碳钢热轧圆盘条每批应做 1 个拉伸试验，2 个弯曲试验。

(3) 用《碳素结构钢》(GB 700—88)验收的直条钢筋每批应做 1 个拉伸试验，1 个弯曲试验。

(4) 低碳钢热轧圆盘条每批应做 1 个拉伸试验，2 个弯曲试验。

(5) 冷轧带肋钢筋逐盘或逐捆做 1 个拉伸试验，每批做 2 个弯曲试验。

(6) 冷轧扭钢筋每批应做 2 个拉伸试验，1 个弯曲试验。

9-1-3-3　结果判定

1. 热轧带肋钢筋

热轧带肋钢筋的机械性能和工艺性能应符合表 9-4 的规定。当按表中规定的弯心直径弯曲 180°后，钢筋受弯曲部位表面不得产生裂纹。

热轧带肋钢筋力学性能和工艺性能　**表 9-4**

牌　号	公称直径 a (mm)	屈服点 σ_s(或规定非比例伸长应力 $\sigma_{p0.2}$)(MPa)	抗拉强度 σ_b (MPa)	伸长率 δ_5 (%)	180°弯曲试验的弯心直径 (mm)
		不　小　于			
HRB 335	6～25 28～50	335	490	16	3d 4d
HRB 400	6～25 28～50	400	570	14	4d 5d
HRB 500	6～25 28～50	500	630	12	6d 7d

2. 热轧光圆钢筋

热轧光圆钢筋的机械性能和工艺性能应符合表 9-5 的规定。按表中规定的弯心直径弯曲 180°后，钢筋受弯曲部位外表面不得产生裂纹。

热轧光圆钢筋力学性能和工艺性能　**表 9-5**

表面形状	钢筋级别	强度等级代号	公称直径 a (mm)	屈服点 σ_s (MPa)	抗拉强度 σ_b (MPa)	伸长率 δ_5 (%)	180°弯曲试验的弯心直径(mm)
				不　小　于			
光圆	Ⅰ	R235	8～20	235	370	25	d

3．低碳钢热轧圆盘条

低碳钢热轧圆盘条的机械性能和工艺性能应符合表9-6的规定。弯曲试验后试样弯曲外表面应无肉眼可见的裂纹。

低碳钢热轧圆盘条力学性能和工艺性能 **表9-6**

牌号	屈服点 σ_s (MPa)	抗拉强度 σ_b (MPa)	伸长率 δ_{10} (%)	弯曲试验180° d=弯心直径 a=试样直径
	不小于			
Q215	215	375	27	$d=0$
Q235	235	410	23	$d=0.5a$

4．余热处理钢筋

余热处理钢筋的机械性能和工艺性能应符合表9-7的规定。按表中规定的弯心直径弯曲90°后，钢筋受弯曲部位外表面不得产生裂纹。

余热处理钢筋的力学性能和工艺性能 **表9-7**

表面形状	钢筋级别	强度等级代号	公称直径 a (mm)	屈服点 σ_s (MPa)	抗拉强度 σ_b (MPa)	伸长率 δ_5 (%)	90°弯曲试验的弯心直径(mm)
				不小于			
光圆	Ⅲ	KL 400	8～25 28～40	440	600	14	$3d$ $4d$

5．冷拉钢筋

冷拉钢筋的机械性能和工艺性能应符合表9-8的规定。按表中规定的弯曲角度和弯心直径弯曲后，不得产生裂纹、起层等现象。

冷拉钢筋的力学性能和工艺性能 **表9-8**

钢筋级别	钢筋直径 d (mm)	屈服强度 σ_s (MPa)	抗拉强度 σ_b (MPa)	伸长率 δ_{10} (%)	弯曲试验	
		不小于			弯曲角度	弯曲直径
Ⅰ	≤12	280	370	11	180°	$3d$
Ⅱ	≤25	450	510	10	90°	$3d$
	28～40	430	490	10	90°	$4d$
Ⅲ	8～40	500	570	8	90°	$5d$
Ⅳ	10～28	700	835	6	90°	$5d$

6．冷轧带肋钢筋

冷轧带肋钢筋的机械性能和工艺性能应符合表9-9的规定。当进行冷弯试验时，受弯曲部位表面不得产生裂纹。

冷轧带肋钢筋的力学性能和工艺性能 **表9-9**

级别代号	屈服强度 $\sigma_{0.2}$ (MPa)	抗拉强度 σ_b (MPa)	伸长率(%) δ_{10}	伸长率(%) δ_{100}	冷弯180° D—弯心直径 d—钢筋公称直径	应力松弛 $\sigma_{con}=0.7\sigma_b$ 1000h不大于(%)	应力松弛 $\sigma_{con}=0.7\sigma_b$ 10h不大于(%)
	不小于						
LL550	500	550	8	—	$D=3d$	—	—
LL650	520	650	—	4	$D=4d$	8	5
LL800	640	800	—	4	$D=5d$	8	5

7. 冷轧扭钢筋

冷轧扭钢筋的机械性能和工艺性能应符合表 9-10 的规定。当进行冷弯试验时，受弯曲部位表面不得产生裂纹。

冷轧扭钢筋的力学性能和工艺性能　　表 9-10

抗拉强度 σ_b (MPa)	伸长率 σ_{10} (%)	冷弯 180° D=弯心直径 d=钢筋标志直径
≥580	≥4.5	$D=3d$

8. 碳素结构钢

碳素结构钢的拉伸试验和弯曲试验应符合表 9-11 和表 9-12 的规定。弯曲试验后，试样弯曲外表面应无肉眼可见的裂纹。

碳素结构钢的拉伸试验　　表 9-11

牌号	等级	拉伸试验												
		屈服点 σ_s(MPa)						抗拉强度 σ_b(MPa)	伸长率 δ_5(%)					
		钢材厚度(直径)(mm)							钢材厚度(直径)(mm)					
		≤16	>16~40	>40~60	>60~100	>100~150	>150		≤16	>16~40	>40~60	>60~100	>100~150	>150
		不小于							不小于					
Q195	—	(195)	(185)	—	—	—	—	315~390	33	32	—	—	—	—
Q215	A	215	215	195	185	175	165	325~410	31	30	29	28	27	26
	B													
Q235	A	235	225	215	205	195	185	375~460	26	25	24	23	22	21
	B													
	C													
	D													
Q255	A	255	245	235	225	215	205	410~510	24	23	22	21	20	19
	B													
Q275	—	275	265	255	245	235	225	490~610	20	19	18	17	16	15

碳素结构钢的弯曲试验　　表 9-12

牌号	试样方向	冷弯试验 $B=2a$，180°		
		钢材厚度(直径)(mm)		
		60	>60~100	>100~200
		弯心直径 d		
Q195	纵	0	—	—
	横	$0.5d$		
Q215	纵	$0.5d$	$1.5d$	$2d$
	横	$1.0d$	$2d$	$2.5d$
Q235	纵	$1.0d$	$2d$	$2.5d$
	横	$1.5d$	$2.5d$	$3d$
Q255		$2d$	$3d$	$3.5d$
Q275		$3d$	$4d$	$4.5d$

注：B 为试样宽度，d 为钢材厚度(直径)。

对上述 8 种钢筋而言，任何检验如有一项试验结果不符合上述要求，则从同一批中再任取双倍数量的试样进行不合格项目的复验。复验结果(包括该项试验所要求的任一指标)即使只有一个指标不合格，则整批材料不得交货。

9-1-4 钢筋焊接及机械连接接头

9-1-4-1 检验内容

钢筋焊接及机械连接接头的检验一般只进行机械性能试验。在常规的机械性能检验中，主要做拉伸试验，但闪光对焊接头还应做弯曲试验。拉伸试验中，主要是测定抗拉强度指标。

9-1-4-2 取样方法

1. 试件尺寸

可参照表 9-11 中关于钢筋试件长度选取的参考值。预埋件钢筋 T 形接头试件的钢筋长度应大于或等于 200mm，钢板的长度和宽度应大于或等于 60mm。

2. 焊接接头取样规则和试件数量

(1) 闪光对焊

1) 在同一台班内，由同一焊工完成的 300 个同级别、同直径钢筋焊接接头应作为一批。当同一台班内焊接的接头数量较少时，可在一周之内累计计算；累计仍不足 300 个接头，应按一批计算；

2) 应从每批成品中切取 6 个试件，3 个做拉伸试验，3 个做弯曲试验。外观检查的接头数量，应从每批接头中抽查 10%，且不得少于 10 个。

(2) 电阻点焊(骨架)

1) 凡钢筋级别、直径及尺寸均相同的同一类型制品，每 200 件为一批；一周内不足 200 件的亦应按一批计算；

2) 对热轧钢筋点焊应作抗剪试验，试件为 3 件；冷拔低碳钢丝焊点，除作抗剪试验外，还应对较小钢丝作拉伸试验，试件各为 3 件。外观检查的接头数量，应从每批接头中抽查 10%，且不得少于 10 个。外观检查应从每批中抽查 5%，且不得少于 3 件。

(3) 电弧焊

1) 钢筋电弧焊包括帮条焊、搭接焊、坡口焊、窄间隙焊、熔槽帮条焊、预埋件穿孔塞焊、钢筋与钢板搭接焊和预埋件 T 形角焊八种接头形式。在工厂焊接条件下，以 300 个同接头形式、同钢筋级别的接头作为一批。在现场安装条件下，每一楼层中以 300 个同接头形式、同钢筋级别的接头作为一批；不足 300 个时，仍作为一批；

2) 在一般构筑物中，应从每批成品中切取 3 个接头做拉伸试验；在装配式结构中，可根据生产条件制作模拟试件，应在清渣后逐个进行外观检查。

(4) 预埋件钢筋 T 形接头

同焊接接头。

(5) 电渣压力焊

1) 在一般构筑物中，每 300 个同钢筋级别接头作为一批。在现浇钢筋混凝土多层结构中，应以每一楼层或施工区段中 300 个同级别钢筋接头作为一批；不足 300 个接头仍应作为一批；

2) 从每批接头中随机切取 3 个试件做拉伸试验，并应逐个进行外观检查。

(6) 钢筋气压焊

1) 在一般构筑物中，以 300 个接头作为一批。在现浇钢筋混凝土房屋结构中，同一楼层中以 300 个接头为一批；不足 300 个接头仍为一批；

2) 从每批接头中随机切取 3 个接头做拉伸试验，在梁、板的水平钢筋连接中还应另切取 3 个接头做弯曲试验。同时，应逐个进行外观检查。

3. 机械连接接头取样规则和试件数量

常见的钢筋机械连接有锥螺纹连接、带肋钢筋套筒挤压连接和镦粗直螺纹连接三种形式。

1) 对同一施工条件下的同一批材料的同等级、同形式、同规格接头，以 500 个为一个验收批进行检验与验收；不足 500 个也作为一个验收批；

2) 对接头的每一验收批，应在工程结构中随机截取 3 个试件做单向拉伸试验。当在现场连续检验十个验收批后，全部单向拉伸试验一次抽样均合格时，验收批接头数量可扩大一倍。每一验收批中应随机抽取 10%作外观检验。

9-1-4-3　结果判定

1. 焊接件

(1) 闪光对焊

1) 闪光对焊的外观检查应符合下列要求：

① 接头处不得有横向裂纹；

② 与电极接触处的钢筋表面，Ⅰ～Ⅲ级钢筋焊接时不得有明显烧伤；Ⅳ级钢筋焊接时不得有烧伤；负温闪光对焊时，对于Ⅱ～Ⅳ级钢筋，均不得有烧伤；

③ 接头处的弯折角不得大于 4°；

④ 接头处的钢筋轴线偏移不得大于 0.1 倍的钢筋直径，同时不得大于 2mm；

⑤ 当外观检查结果有 1 个接头不符合上述要求时，应对全部接头进行检查，并在切除热影响区后重新焊接。

2) 闪光对焊的拉伸试验结果应符合下列要求：

① 3 个试件的抗拉强度均不得低于该级别钢筋规定的抗拉强度；余热处理Ⅲ级钢筋接头试件的抗拉强度均不得小于 HRB400 钢筋抗拉强度 570MPa；

② 至少有 2 个试件断在焊缝之外，并呈延性断裂。

当拉伸试验结果有 1 个试件的抗拉强度小于上述规定值，或有 2 个试件在焊缝或热影响区发生脆性断裂时，应再取 6 个试件进行复验。复验结果如仍有 1 个试件的抗拉强度小于规定值，或有 3 个试件断于焊缝或热影响区，并呈脆性断裂，则应确认该批接头为不合格品。

3) 闪光对焊的弯曲试验结果应符合下列要求：

① 做弯曲试验时，应将受压面的金属毛刺和镦粗变形部分消除，且与母材的外表面齐平；

② 在规定的弯心直径下弯曲至 90°时，至少有 2 个试件不得发生破断。

当弯曲试验结果有 2 个试件发生破断时，应再取 6 个试件进行复验。复验结果如仍有 3 个试件发生破断，应确认该批接头为不合格品。

(2) 电阻点焊

1) 电阻点焊的外观检查应符合下列要求：

① 焊点处融化金属应均匀；

② 压入深度应符合《钢筋焊接及验收规范》（JGJ 18—2003）中的相关规定；每件制品的焊接脱落、漏焊数量不得超过焊点总数的4%，且相邻两焊点不得有漏焊及脱落；

③ 应测量焊接骨架的长度和宽度，并应抽查纵、横方向3～5个网格的尺寸，其允许偏差应符合《钢筋焊接及验收规范》（JGJ 18—2003）中的相关规定。

2）当外观检查结果不符合上述要求时，应逐件检查，并剔出不合格品。对不合格品经整修后，可提交二次验收。

3）焊点的抗剪试验结果，应符合表9-13中规定的数值。

钢筋焊点抗剪指标（N） **表 9-13**

钢筋级别	较小一根钢筋直径(mm)								
	3	4	5	6	6.5	8	10	12	14
HPB235	—	—	—	6640	7800	11810	18460	26580	36170
HRB335	—	—	—	—	—	16840	26310	37890	51560
冷拔低碳钢丝	2530	4490	7020						

焊点的拉伸试验结果，应不低于冷拔低碳钢丝乙级所规定的抗拉强度（参见《混凝土结构工程施工及验收规范》（GB 50204—2002）中的相关规定）。

（3）电弧焊

1）电弧焊的外观检查应符合下列要求：

① 焊缝表面应平整，不得有凹陷或焊瘤；

② 焊接接头区域不得有裂纹；

③ 咬边深度、气孔、夹渣等缺陷允许值及接头尺寸的允许偏差应符合《钢筋焊接及验收规范》（JGJ 18—2003）中的相关规定；

④ 坡口焊、熔槽帮条焊和窄间隙焊接头的焊缝余高不得大于3mm。

对外观检查不合格的接头，经修补或补强后可提交二次验收。

2）电弧焊的拉伸试验结果应符合下列要求：

① 3个试件的抗拉强度均不得低于该级别钢筋的规定抗拉强度值；余热处理Ⅲ级钢筋接头试件的抗拉强度均不得小于HRB400钢筋抗拉强度570MPa；

② 3个试件均应断于焊缝之外，并应至少有两个试件呈延性断裂。

当拉伸试验结果有1个试件的抗拉强度小于上述规定值，或有1个试件断于焊缝，或有2个试件发生脆性断裂时，应再取6个试件进行复验。复验结果当有1个试件的抗拉强度小于规定值时，或有3个试件呈脆性断裂时，应确认该批接头为不合格品。

（4）预埋件T形接头

1）预埋件钢筋手工电弧焊接头的外观检查应符合下列要求：

① 角焊缝焊脚K应符合《钢筋焊接及验收规范》（JGJ 18—2003）中的相关规定；

② 穿孔塞焊焊缝表面平顺，局部下凹不得大于1mm；

③ 焊缝不得有裂纹；

④ 焊缝表面不得有3个直径大于1.5mm的气孔；

⑤ 钢筋咬边深度不得超过0.5mm；

⑥ 钢筋相对钢板的直角偏差不得大于4°；

⑦ 钢筋间距偏差不应大于10mm。

2）预埋件钢筋埋弧压力焊接头的外观检查应符合下列要求：

① 四周焊包凸出钢筋表面的高度应大于或等于4mm；

② 钢筋咬边深度不得超过0.5mm；

③ 与钳口接触处钢筋表面应无明显烧伤；

④ 钢板应无焊穿，根部应无凹陷现象；

⑤ 钢筋相对钢板的直角偏差不得大于4°；

⑥ 钢筋间距偏差不应大于10mm。

对上述2种预埋件的外观检查结果，当有1个接头不符合要求时，应逐个进行检查，并剔出不合格品。不合格品经焊补后可提交二次验收。

3）预埋件T形接头3个试件的拉伸试验结果，其抗拉强度均应符合下列要求：

① Ⅰ级钢筋接头均不得低于350MPa；

② Ⅱ级钢筋(HRB335)接头均不得低于490MPa。

4）当预埋件T形接头的拉伸试验结果有1个试件的抗拉强度小于上述规定值，应再取6个试件进行复验。复验结果如仍有1个试件的抗拉强度小于规定值时，应确认该批接头为不合格品。对于不合格品采取补强焊接后，可提交二次验收。

（5）电渣压力焊

1）电渣压力焊的外观检查应符合下列要求：

① 四周焊包应均匀，凸出钢筋表面的高度应大于或等于4mm；

② 钢筋与电极接触处应无烧伤缺陷；

③ 接头处的弯折角不得大于4°；

④ 接头处的钢筋轴线偏移不得大于0.1倍的钢筋直径，同时不得大于2mm。

2）外观检查不合格的接头应切除重焊，或采取补强措施。

3）对电渣压力焊焊头的拉伸试验，则3个试件的抗拉强度均不得低于该级别钢筋的规定抗拉强度值。如试验结果有1个试件的抗拉强度小于上述规定值，则应再取6个试件进行复验。复验结果如仍有1个试件的抗拉强度小于规定值时，则应确认该批接头为不合格品。

（6）钢筋气压焊

1）钢筋气压焊的外观检查应符合下列要求：

① 接头的偏心值不得大于钢筋直径的0.15倍，并不得大于4mm；当不同直径的钢筋相焊接时，按较小钢筋的直径计算。如超过此限量时，应切除重焊；

② 两钢筋轴线的弯折角不得大于4°。如超过此限量时，应重新加热矫正；

③ 镦粗直径不得小于钢筋直径的1.4倍。如小于此限量时，应重新加热镦粗；

④ 镦粗长度不得小于钢筋直径的1.2倍，且凸起部分平缓圆滑。如小于此限量时，应重新加热镦长；

⑤ 压焊面偏移值不得大于钢筋直径的0.2倍。

2）对钢筋气压焊的拉伸试验，则3个试件的抗拉强度均不得低于该级别钢筋规定的抗拉强度，并应断于焊压面之外，呈延性断裂。拉伸试验结果若有一个试件不符合要求时，应切取 6 个接头进行复验；复验结果若仍有一个接头不符合要求，则该批接头判定为不合格品。

3）对钢筋气压焊的弯曲试验，则在规定的弯心直径下弯曲至 90°时，试件不得在压焊面发生破断。弯曲试验结果若有一个试件不符合要求，应切取 6 个接头复验；复验结果若仍有一个接头不符合要求，则该批接头判定为不合格品。

2. 机械连接件

（1）锥螺纹连接件

1）锥螺纹连接件的外观检查应满足钢筋与连接套的规格一致，接头丝扣无完整丝扣外露。

2）用质检的力矩扳手按表 9-14 规定的接头拧紧力矩值抽检接头的连接质量。梁、柱构件的抽检数量按接头数的 15%，且每个构件的接头抽验数不得少于 1 个接头；基础、墙、板构件的抽检数量按各自接头数每 100 个接头作为一个验收批，不足 100 个也作为一个验收批，每批抽检 3 个接头。抽检的接头应全部合格，如有 1 个接头不合格，则该验收批接头应逐个检查，对查出的不合格接头应进行补强。

接头拧紧力矩值 **表 9-14**

钢筋直径(mm)	16	18	20	22	25～28	32	36～40
拧紧力矩（N·m）	118	145	177	216	275	314	343

3）接头的静力单向拉伸强度：对 A 级接头抗拉强度的实测值应达到或超过母材抗拉强度的标准值；对 B 级接头抗拉强度的实测值应达到或超过母材屈服强度标准值的 1.35 倍。每组 3 个试件中，如有 1 个试件的单向拉伸强度不符合上述要求，应再取 6 个试件进行复验；复验后如仍有 1 个试件不符合要求，则该验收批评为不合格。

（2）带肋钢筋挤压连接件

1）带肋钢筋挤压连接件的外观检查应符合下列要求：

① 挤压后套筒长度应为原套筒的 1.10～1.15 倍，或压痕处套筒的外径波动范围为原套筒外径的 0.80～0.90 倍；

② 挤压接头的压痕道数应符合型式检验确定的道数；

③ 接头处弯折不得大于 4°；

④ 挤压后的套筒不得有肉眼可见裂缝。

2）如外观质量不合格数少于抽检数的 10%，则该批接头外观质量评为合格。当不合格数超过抽检数的 10%时，应对该批接头逐个进行复验，并对不合格的接头采取补救措施；不能补救的接头应作标记。在外观检查不合格的接头中抽取 6 个试件作抗拉强度试验，若有一个试件的抗拉强度低于规定值，则该批外观检查不合格的接头应会同设计单位商定处理。

3）带肋钢筋挤压连接件的接头静力单向拉伸强度应符合以下规定：

① A 级接头抗拉强度的实测值应达到或超过母材抗拉强度的标准值，且大于等于 0.9 倍母材抗拉强度的实测值；

② B 级接头抗拉强度的实测值应达到或超过母材屈服强度标准值的 1.35 倍。

4）每组 3 个试件中，如有 1 个试件的单向拉伸强度不符合上述要求，应再取 6 个试件进行复验；复验后如仍有1个试件不符合要求，则该验收批评为不合格。

(3) 镦粗直螺纹钢筋接头

1) 镦粗直螺纹钢筋接头的外观检查应符合下列要求：

① 丝头牙形饱满，牙顶宽超过0.6mm，秃牙部分累计长度不应超过一个螺纹周长；

② 套筒表面无裂纹和其他缺陷，套筒两端应加塑料保护塞；

③ 接头拼接时用管钳扳手拧紧，应使两个丝头在套筒中央位置相互顶紧；

④ 拼接完成后，套筒每端不得有一扣以上的完整丝扣外露；加长型接头的外露丝扣数不受限制，但应另有明显标记，以检查进入套筒的丝头长度是否满足要求。

2) 当外观检查的合格率小于95%时，应加倍抽检；复检中合格率仍小于95%时，应对该批逐个检验，合格者方可使用。

3) 3个镦粗直螺纹钢筋接头的抗拉强度均应大于等于母材抗拉强度标准值，或大于等于母材屈服强度标准值的1.15倍，且尚应大于等于母材抗拉强度实测值的0.95倍。如有1个试件的抗拉强度不符合上述要求，应再取6个试件进行复验；复验后如仍有1个试件不符合要求，则该验收批评为不合格。

9-1-5　墙体材料

9-1-5-1　检验内容

常规检验内容如下：

(1) 烧结普通砖——抗压强度；

(2) 烧结多孔砖——抗压强度、抗折荷重；

(3) 普通混凝土小型空心砌块——抗压强度；

(4) 轻骨料混凝土小型空心砌块——抗压强度、表观密度；

(5) 蒸压加气混凝土砌块——抗压强度、干体积密度。

9-1-5-2　取样方法

1. 烧结普通砖

(1) 在一致条件下生产的、原料及配料比例相同的、强度等级和质量等级相同的砖构成检验批。按15万块为一检验批(不得超过一条生产线的日产量)；不足15万块时亦按一批计。

(2) 随后，用随机抽样法从外观质量和尺寸偏差检验合格的样品中抽取15块，其中10块进行抗压强度试验，5块备用。

2. 烧结多孔砖

(1) 在一致条件下生产的、原料及配料比例相同的、强度等级和质量等级相同的砖构成检验批。按每5万块为一检验批；不足5万块时亦按一批计。

(2) 随后，用随机抽样法从外观质量和尺寸偏差检验合格的样品中抽取15块，其中用于抗压强度、抗折荷重试验各5块，备用5块。

3. 普通混凝土小型空心砌块

(1) 以同一种原材料配制成的相同外观质量等级、强度等级和同一工艺生产的1万块为一验收批，每月生产数量不足1万块者亦按一批计。用于多层以上建筑基础的砌块抽检数量不应少于2组。

(2) 随后，用随机抽样法从外观质量和尺寸偏差检验合格的样品中抽取5块做抗压强度试验。

4. 轻集料混凝土小型空心砌块

(1) 以用同一品种轻集料配制成的相同密度等级、相同强度等级、质量等级和同一生产工艺制成的1万块为一验收批，每月生产数量不足1万块者亦按一批计。用于多层以上建筑基础的砌块抽检数量不应少于2组。

(2) 用随机抽样法从外观质量和尺寸偏差检验合格的样品中抽取8块，其中5块用于抗压强度试验，3块用于表观密度试验。

5. 蒸压加气混凝土砌块

(1) 以同品种、同规格、同等级的1万块为一验收批，不足1万块者亦按一批计。

(2) 用随机抽样法从外观质量和尺寸偏差检验合格的样品中抽取3组9块分别进行立方体抗压强度和密度试验。每组试件按《加气混凝土性能试验方法总则》(GB/T 11969—97)的规定加工成标准试件。

9-1-5-3 结果判定

1. 烧结普通砖

烧结普通砖强度的试验结果如符合表9-15的规定，则判强度合格，且定相应等级；否则判不合格。

烧结普通砖强度等级(MPa) **表9-15**

强度等级	抗压强度平均值 $\bar{f}\geqslant$	变异系数 $\delta\leqslant0.21$	变异系数 $\delta>0.21$
		强度标准值 $f_k\geqslant$	单块最小抗压强度值 $f_{min}\geqslant$
MU30	30.0	22.0	25.0
MU25	25.0	18.0	22.0
MU20	20.0	14.0	16.0
MU15	15.0	10.0	12.0
MU10	10.0	6.5	7.5

2. 烧结多孔砖

烧结多孔砖强度的试验结果如符合表9-16的规定，则判强度合格，且定相应等级；否则判不合格。

烧结多孔砖强度等级 **表9-16**

产品等级	强度等级	抗压强度(MPa)		抗折荷重(kN)	
		平均值不小于	单块最小值不小于	平均值不小于	单块最小值不小于
优等品	30	30.0	22.0	13.5	9.0
	25	25.0	18.0	11.5	7.5
	20	20.0	14.0	9.5	6.0
一等品	15	15.0	10.0	7.5	4.5
	10	10.0	6.0	5.5	3.0
合格品	7.5	7.5	4.5	4.5	2.5

3. 普通混凝土小型空心砌块

普通混凝土小型空心砌块强度的试验结果如符合表 9-17 的规定，则判强度合格，且定相应等级；否则判不合格。

普通混凝土小型空心砌块强度等级　表 9-17

强度等级	砌块抗压强度(MPa)	
	平均值不小于	单块最小值不小于
MU3.5	3.5	2.8
MU5.0	5.0	4.0
MU7.5	7.5	6.0
MU10.0	10.0	8.0
MU15.0	15.0	12.0
MU20.0	20.0	16.0

4. 轻集料混凝土小型空心砌块

轻集料混凝土小型空心砌块强度和密度的试验结果如符合表 9-18 的规定，则为优等品或一等品；密度等级范围不满要求者为合格品。

轻集料混凝土小型空心砌块强度等级　表 9-18

强度等级	砌块抗压强度(MPa)		密度等级范围(kg/m^3)
	平　均　值	最　小　值	
1.5	≥1.5	1.2	≤800
2.5	≥2.5	2.0	
3.5	≥3.5	2.8	≤1200
5.0	≥5.0	4.0	
7.5	≥7.5	6.0	≤1400
10.0	≥10.0	8.0	

5. 蒸压加气混凝土砌块

(1) 蒸压加气混凝土砌块的抗压强度应符合表 9-19 的规定。

蒸压加气混凝土砌块抗压强度　表 9-19

强度级别	立方体抗压强度(MPa)	
	平均值不小于	单块最小值不小于
A1.0	1.0	0.8
A2.0	2.0	1.6
A2.5	2.5	2.0
A3.5	3.5	2.8
A5.0	5.0	4.0
A7.5	7.5	6.0
A10.0	10.0	8.0

(2) 蒸压加气混凝土砌块的干体积密度应符合表 9-20 的规定。

蒸压加气混凝土砌块的干体积密度 表 9-20

体积密度级别		B03	B04	B05	B06	B07	B08
体积密度（kg/m³）	优等品（A）≤	300	400	500	600	700	800
	一等品（B）≤	330	430	530	630	730	830
	合格品（C）≤	350	450	550	650	750	850

（3）蒸压加气混凝土砌块的强度级别应符合表 9-21 的规定。

蒸压加气混凝土砌块的强度级别 表 9-21

体积密度级别		B03	B04	B05	B06	B07	B08
强度级别	优等品（A）≤	A1.0	A2.0	A3.5	A5.0	A7.5	A10.0
	一等品（B）≤			A3.5	A5.0	A7.5	A10.0
	合格品（C）≤			A2.5	A3.5	A5.0	A7.5

9-1-6 基础回填材料

9-1-6-1 检验内容

主要通过检测换填或回填材料的密度、含水量或贯入度，为控制垫层或回填质量提供依据。

9-1-6-2 取样方法

1. 依据《建筑地基基础工程施工质量验收规范》（GB 50202—2002）取样

（1）柱基回填：抽取柱基总（个）数的 10%，但不少于 5 个。

（2）基槽和管沟回填：每层按长度 20～50m 取样 1 组，但每层不少于 1 组。

（3）基坑和室内回填：每层按 100～500m² 取样 1 组，但每层至少 1 组。

（4）场地平整填方：每层按 400～900m² 取样 1 组，但每层不少于 1 组。

如采用灌砂法或灌水法进行基础回填，则取样数量可较环刀法适当减少。

2. 依据《地基处理技术规范》（JGJ 79—2002）取样

（1）整片垫层

1）当整片垫层的面积≤300m² 时，如采用环刀法，则 30～50m² 布置一个；如采用贯入法，则为 10～15m² 布置一个；

2）当整片垫层的面积>300m² 时，如采用环刀法，则 50～100m² 布置一个；如采用贯入法，则为 20～30m² 布置一个。

（2）条形基础下垫层

可参照整片垫层的要求。如采用环刀法，则每 20m 至少布置一个；如采用贯入法，则每 5m 至少布置一个。

（3）单独基础下垫层

可参照整片垫层的要求，或每个单独基础下垫层不少于两个测点。

3. 击实试验

一般按同一类、同一批土做一组击实试验。每个击实试验，应取代表性土（或砂）样 20～30kg。

9-1-6-3　结果判定

1. 换填法垫层

(1) 垫层必须分层压实，每层虚铺厚度见表 9-22。分层施工的质量指标是密实度，对于砂垫层，其干密度应满足：中砂 $\rho_d \geqslant 1.6\times10^3 kg/m^3$，粗砂 $\rho_d \geqslant 1.7\times10^3 kg/m^3$；对于粉煤灰垫层，应满足压实系数 $\lambda_c \geqslant 0.90$；对于干渣垫层，同一测点前后二次的压陷差应小于 2mm。

换填法垫层分层压实虚铺厚度　　**表 9-22**

压实机具	每层铺土厚度/mm	每层压实遍数/遍
平　碾	200～300	6～8
羊足碾	200～350	8～16
蛙式打夯机	200～250	3～4
推土机	200～300	6～8
拖拉机	200～300	8～16
人工打夯	不大于 200	3～4

注：人工打夯时，土块粒径不应大于 50mm。

(2) 对于某些不宜做现场密实度(环刀压入法或钢筋贯入法等)试验的垫层，应设置纯砂检查点进行检查。垫层的质量检验亦必须分层进行，每夯压完一层应检查该层的平均压实系数。当压实系数符合设计要求后，才能铺填上层。

2. 回填土

填方和柱基、基坑、基槽、管沟的回填必须分层夯压密实。取样测定压实以后的干土质量密度，其合格率不应小于 90%；不合格干土质量密度的最低值与设计值的差不应大于 $0.08kg/m^3$，且不应集中。

回填土工程的质量可用压实系数(λ_c)来鉴定，其值为土的控制(实际)干密度(ρ_d)与最大干密度(ρ_{dmax})的比值。土的最大干密度由室内击实试验确定；压实系数一般由设计单位根据工程结构性质、使用要求及土的性质确定，如果未作规定可参考表 9-23 选定。

压实填土地基质量控制值　　**表 9-23**

结构类型	填土部位	压实系数(λ_c)
砌体承重结构和框架结构	在地基主要持力层范围内	≥0.96
	在地基主要持力层范围以下	0.93～0.96
简支结构和排架结构	在地基主要持力层范围内	0.94～0.97
	在地基主要持力层范围以下	0.91～0.93
一般工程	基础四周或两侧的一般回填土	0.90
	室内地坪、管道地沟的回填土	0.90
	一般堆放物件场地的回填土	0.85

9-1-7　防水材料

9-1-7-1　防水混凝土

1. 检验内容

除进行常规的混凝土抗压强度的试验，主要还应有原材料、配合比、坍落度的检验以及抗渗试验。

2. 取样方法

(1) 防水混凝土的抗渗性能应采用标准条件下养护混凝土抗渗试件的试验结果评定，试件应在浇筑地点制作。取样时，连续浇筑混凝土每 500m^3 应留置一组抗渗试件(一组为6个抗渗试件)，且每项工程不得少于两组；采用预拌混凝土的抗渗试件，留置组数应视结构的规模和要求而定。

(2) 拌制防水混凝土所用材料的品种、规格和用量，每工作班检查不应少于两次；防水混凝土在浇筑地点的坍落度，每工作班至少检查两次。

3. 结果判定

防水混凝土所用材料和配合比应符合规范的要求；各组成材料计量结果和坍落度的允许偏差应符合表 9-24 和表 9-25 的规定；抗渗等级应不小于 P6，且应比设计值提高一个等级(0.2MPa)。

混凝土组成材料计量结果的允许偏差(%) **表 9-24**

混凝土组成材料	每盘计量	累计计量
水泥、掺合料	±2	±1
粗细骨料	±3	±2
水、外加剂	±2	±1

混凝土坍落度允许偏差 **表 9-25**

要求坍落度(mm)	允许偏差(mm)
≤40	±10
50～90	±15
≥100	±20

作为防水混凝土首先必须满足设计的抗渗等级，同时适应强度要求，而一般能满足抗渗要求的混凝土，其强度往往会超过设计要求。

9-1-7-2 防水卷材

1. 检验内容

常规检验内容包括卷材的规格、尺寸、外观质量和物理性能的检验，其中外观质量检验是看有否断裂、皱折、孔洞、剥离、折痕、凹痕以及每卷卷材的接头等，物理性能检验有拉伸强度、延伸率、低温柔度(弯折)以及不透水性等。

2. 取样方法

先进行规格、尺寸和外观质量的检验，取样数量按下列规定：100 卷以下抽 2 卷；100～499 卷抽 3 卷；500～100 卷抽 4 卷；大于 1000 卷抽 5 卷。然后，在外观质量检验合格的卷材中，任取一卷作物理性能的检验。

3. 结果判定

(1) 高聚物改性沥青防水卷材不允许有断裂、皱折、孔洞和剥离；不允许胎体未浸透、胎体露白；撒布材料的粒度、颜色应均匀；边缘应较为整齐。合成高分子防水卷材的折痕每卷不超过2处，总长度不超过20mm；不允许有大于0.5mm的杂质颗粒；胶块每卷不超过6处，每处面积不大于$4mm^2$；缺胶每卷不超过6处，每处不大于7mm，深度不超过本身厚度的30%。

(2) 高聚物改性沥青防水卷材与合成高分子防水卷材的主要物理性能应符合表9-26和表9-27的要求。

高聚物改性沥青防水卷材主要物理性能要求　　表9-26

项　目		性能要求		
		聚酯毡胎体卷材	玻纤毡胎体卷材	聚乙烯膜胎体卷材
拉伸性能	拉力(N/50mm)	≥800(纵横向)	≥500(纵向) ≥300(横向)	≥140(纵向) ≥120(横向)
	最大拉力时延伸率(%)	≥40(纵横向)		≥250(纵横向)
低温柔度(℃)		≤−15		
		3mm厚，$r=15mm$；4mm厚，$r=25mm$；3s，弯180°，无裂纹		
不透水性		压力0.3MPa，保持时间30min，不透水		

合成高分子防水卷材主要物理性能要求　　表9-27

项　目	性能要求				
	硫化橡胶类		非硫化橡胶类	合成树脂类	纤维胎增强类
	JL_1	JL_2	JF_3	JS_1	
拉伸强度(MPa)	≥8	≥7	≥5	≥8	≥8
断裂伸长率(%)	≥450	≥400	≥200	≥200	≥10
低温弯折性(℃)	−45	−40	−20	−20	−20
不透水性	压力0.3MPa，保持时间30min，不透水				

9-1-7-3　防水涂料

1. 检验内容

常规检验内容包括外观质量和物理性能的检验。对有机防水涂料和无机防水涂料，其外观质量检验是对包装、名称、生产日期、生产厂家及产品有效期的检验；对沥青基防水涂料，其外观质量检验是观测防水涂料在水溶液中的状态。防水涂料的物理性能检验有固含量、耐热度、拉伸强度、抗折强度、粘结强度、延伸率、柔性以及不透水性等。

2. 取样方法

(1) 沥青基防水涂料，每工作班生产量为一批抽样。

(2) 无机防水涂料，每10t为一批，不足10t按一批抽样。

(3) 有机防水涂料，每5t为一批，不足5t按一批抽样。

3. 结果判定

(1) 沥青基防水涂料应搅匀并分散在水溶液中，无明显的沥青丝团；有机防水涂料和无机防水涂料应包装完好无损，且标明涂料的名称、生产日期、厂家以及有效期。

(2) 沥青基防水涂料、无机防水涂料和有机防水涂料的主要物理性能应符合表9-28、表9-29和表9-30的要求。

沥青基防水涂料主要物理性能要求 表 9-28

项目	性能要求	项目		性能要求
固体含量(%)	≥50	不透水性	压力(MPa)	≥0.1
耐热度(80℃，5h)	无流淌、起泡和滑动		保持时间(min)	≥30
柔性(10±1℃)	4mm 厚，绕 ϕ20mm 圆棒，无裂纹、断裂	延伸(20±2℃拉伸)(mm)		≥4.0

有机防水涂料主要物理性能要求 表 9-29

涂料种类	可操作时间(min)	潮湿基面粘结强度(MPa)	抗渗性(MPa)			浸水 168h 后断裂伸长率(%)	浸水 168h 后拉伸强度(MPa)	耐水性(%)	表干(h)	实干(h)
			涂膜(30min)	砂浆迎水面	砂浆背水面					
反应型	≥20	≥0.3	≥0.3	≥0.6	≥0.2	≥300	≥1.65	≥80	≤8	≤24
水乳型	≥50	≥0.2	≥0.3	≥0.6	≥0.2	≥350	≥0.5	≥80	≤4	≤12
聚合物水泥	≥30	≥0.6	≥0.3	≥0.8	≥0.6	≥80	≥1.5	≥80	≤4	≤12

无机防水涂料主要物理性能要求 表 9-30

涂料种类	抗折强度(MPa)	粘结强度(MPa)	抗渗性(MPa)	冻融循环
水泥基防水涂料	>4	>1.0	>0.8	>F50
水泥基渗透结晶型防水涂料	≥3	≥1.0	>0.8	>F50

9-1-7-4 密封材料

1. 检验内容

常规检验内容包括外观质量和物理性能的检验。其中，外观质量检验主要是观察膏体的形状，物理性能检验有拉伸强度、拉伸粘结性、柔性以及施工度等的检验。

2. 取样方法

每 2t 为一批，不足 2t 按一批抽样。

3. 结果判定

(1) 改性石油沥青密封材料应为黑色均匀膏状，无结块和未浸透的填料；合成高分子密封材料应为均匀膏状物，无结皮、凝结或不易分散的固体团块。

(2) 改性石油沥青密封材料和合成高分子密封材料的主要物理性能应符合表 9-31 和表 9-32 的要求。

改性石油沥青密封材料主要物理性能要求 表 9-31

项目		性能要求	
		Ⅰ类	Ⅱ类
耐热度	温度(℃)	70	80
	下垂值(mm)	≤4.0	
低温柔性	温度(℃)	−20	−10
	粘结状态	无裂纹和剥离现象	
拉伸粘结性(%)		≥125	
浸水后拉伸粘结性(%)		≥125	
挥发性(%)		≤2.8	
施工度(mm)		≥22.0	≥20.0

合成高分子密封材料主要物理性能要求　　表 9-32

项　目		性能要求	
		弹性体密封材料	塑性体密封材料
拉伸粘结性	拉伸强度(MPa)	≥0.2	≥0.02
	延伸率(%)	≥200	≥250
柔性(℃)		−30，无裂纹	−20，无裂纹
拉伸-压缩循环性能	拉伸-压缩率(%)	≥±20	≥±10
	粘结和内聚破坏面积(%)	≤25	

9-2　结构混凝土的检测

评定结构构件的混凝土强度应采用标准试件的混凝土强度，即按标准方法制作的边长为 150mm 的立方体试件，在温度为 20±3℃、相对湿度为 90%以上环境或水中的标准条件下，养护至 28d 龄期时，按标准试验方法测得的混凝土立方体抗压强度。检测和评定混凝土的强度应按国家标准《混凝土结构工程施工质量验收规范》(GB 50204—2002)、《建筑工程施工质量验收统一标准》(GB 50300—2001)、《混凝土强度检验评定标准》(GBJ 107) 等执行。但是，当混凝土试件没有或缺乏代表性或对混凝土试件强度代表性有怀疑时，要反映结构混凝土的真实情况，往往要采取非破损检测方法或半破损方法来检测混凝土的强度。主要的方法有回弹法、超声回弹综合法、钻芯法等。

9-2-1　回弹法

1. 检测目的

通过回弹仪测定混凝土表面硬度继而推定其抗压强度。

2. 检测数量

(1) 按批检测。

适用于相同的生产工艺条件、相同的混凝土强度等级，原材料、配合比、成型工艺、养护条件基本一致且龄期相近的同类结构或构件。抽检数量不得少于该批构件总数的 30%，且构件数量不得少于 10 件。

(2) 按单个构件检测：

1) 适用于单个结构或构件的检测。

2) 每一结构或构件测区数不应少于 10 个；对某一方向尺寸小于 4.5m，且另一方向尺寸小于 0.3m 的构件，其测区数量可适当减少，但不应少于 5 个。当检测条件与测强曲线的适用条件有较大差异时，可采用同条件试件或钻取混凝土芯样进行修正，试件或钻取芯样数量不应少于 6 个。

3. 检测方法

(1) 回弹法检测混凝土强度的前提是要求被测结构或构件的混凝土内外质量基本一致。检测前，应全面、正确地了解被测结构或构件的情况，如果发现现场混凝土表层与内部质量有明显差异，如遭受化学腐蚀或火灾、混凝土硬化期间遭受冻伤等内部存在缺陷时，不允许使用此方法。若水泥的安定性不合格，也不能采用回弹法检测。

(2) 检测面应为原状混凝土面。检测前应检查混凝土表面是否清洁、平整，不应有疏松、浮浆、油垢以及蜂窝、麻面等，必要时，可用砂轮清除疏松层和杂物，且不应残留粉末或粉屑。泵送混凝土制作的结构或构件的混凝土强度的检测应符合规范要求。

(3) 检测用回弹仪必须有制造厂的产品合格证和检定单位的检定合格证书，并按要求进行常规保养。检测前，需在5～35℃且干燥的条件下对回弹仪按标准方法在钢砧上进行率定，其率定平均值应符合80±2的要求。回弹仪使用时的环境温度为－4～＋40℃。

(4) 测区的面积不宜大于0.04m^2，大小以能容纳16个回弹测点为宜。相邻两测区的间距应控制在2m以内，测区离构件端部或施工缝边缘的距离不宜大于0.5m，且不宜小于0.2m。构件或结构受力部位及宜产生缺陷的部位(如梁与柱相接的节点处)需布置测区。测区应选在使回弹仪处于水平方向检测混凝土的浇筑侧面，否则，可选在混凝土浇筑的表面或底面，但表面、底面或非水平方向测得的回弹值都须加以修正。测区须避开位于混凝土保护层附近设置的钢筋和埋入铁件；对弹击时产生颤动的薄壁或小型构件以及测试部位的厚度小于100mm的构件，应设置支撑加以固定。

(5) 回弹测点宜在测区范围内均匀分布，相邻两测点的净距一般不小于20mm，测点距构件边缘或外露钢筋、预埋件的距离一般不小于30mm。测点不应在气孔或外露石子上，同一测点只允许弹击一次，每一测区应记取16个回弹值，每一测点的回弹值读数精确至1度。

(6) 回弹法测定简便，能适用于不同形状和尺寸的物体，但测定部位只限于混凝土的表层，且在同一部位不能再次进行打击。

4. 结果判定

(1) 计算测区平均回弹值时，应从该测区的16个回弹值中剔除3个最大值和3个最小值，再将余下的10个回弹值按公式计算：

$$R_m = \frac{\sum_{i=1}^{10} R_i}{10}$$

式中 R_m——测区平均回弹值，计算精确至0.1；

R_i——第i个测点的回弹值。

(2) 混凝土强度换算值可采用统一测强曲线、地区测强曲线和专用测强曲线，各检测单位应按专用测强曲线、地区测强曲线、统一测强曲线的次序选用。如采用全国统一测强曲线计算混凝土强度换算值时，被测混凝土应符合下列条件：

1) 普通混凝土用材料、拌合用水符合现行国家有关标准；

2) 不掺外加剂或仅掺非引气型外加剂；

3) 采用普通成型工艺(加压、离心等不适用)；

4) 采用符合现行国家标准《混凝土结构工程施工质量验收规范》(GB 50204—2002)规定的钢模、木模及其他材料制作的模板；

5) 龄期为14～1000d；

6) 自然养护或蒸汽养护出池后，经自然养护7d以上，且混凝土表层为干燥状态；

7）设计混凝土抗压强度为10～60MPa；

8）强度误差值满足平均相对误差$\delta \leqslant \pm 15.0\%$，相对标准差$\Delta\gamma \leqslant 18.0\%$的规定。

（3）经查表求得混凝土强度换算值后，再通过计算可得出结构或构件混凝土的强度平均值和最小强度值；如测区数不少于10个时，还应计算强度标准差。

1）当该结构或构件的测区数少于10个时，以该构件测区中最小强度值作为该构件的混凝土强度推定值：

$$f_{cu,e}=f_{cu,min}$$

2）当该结构或构件的测区强度值中出现小于10.0MPa时：

$$f_{cu,e} \leqslant 10.0\text{MPa}$$

3）当该结构或构件测区数不少于10个或按批量检测时，应按下列公式计算：

$$f_{cu,e}=mf_{cu}^{c}-1.645Sf_{cu}^{c}$$

式中　$f_{cu,e}$——结构或试件混凝土强度推定值(MPa)，精确至0.1MPa；

mf_{cu}^{c}、Sf_{cu}^{c}——试件混凝土强度平均值和标准差，MPa，精确至0.1MPa。

（4）对按批量检测的构件，当该批构件混凝土强度标准差出现下列情况之一时，则该批构件应全部按单个构件检测：

1）当该批构件混凝土强度平均值小于25MPa，且$Sf_{cu}^{c}>4.5$MPa时；

2）当该批构件混凝土强度平均值不小于25MPa，且$Sf_{cu}^{c}>5.5$MPa时。

5. 报告审核

应按规范要求审核报告的基本格式，其中较为重要的是审阅平均强度值、标准差、最小测区强度值(必要时，需要求列出构件测区布置示意图及其强度值)以及强度推定值。

9-2-2　超声回弹综合法

超声回弹综合法检测混凝土强度是目前使用较广的一种结构混凝土强度非破损检测方法，它是建立在超声波传播速度和回弹值同混凝土抗压强度之间相互联系的基础上，以声速和回弹值综合反映混凝土的抗压强度。综合法比单一方法精度高，适应范围广。

1. 检测目的

当对结构的混凝土实际强度有疑义时，采用此方法以推定混凝土强度，并作为处理混凝土质量的一个依据。

2. 检测数量

（1）按批检测

适用于相同的生产工艺条件、混凝土强度等级，原材料、配合比、成型工艺、养护条件、龄期基本一致的同类构件。其抽样数量不应少于同批构件数的30%，且不少于10件。

（2）按单个构件检测

适用于单个结构或构件的检测。

构件上应均匀布置不少于10个测区；对长度小于或等于2m的构件，其测区数量可适当减少，但不应少于3个。当结构所用材料与制定的曲线所用材料有较大差异时，须用同条件试块或从结构构件测区内钻取混凝土芯样的方法进行修正，并按公式算出修正值；芯样试件不少于3个。

3. 检测方法

(1) 超声回弹综合法采用超声仪和回弹仪两种设备，在结构混凝土同一测区分别测量声时值和回弹值，前者是以整个断面的动弹性来反映混凝土强度，而后者主要以表层砂浆的弹性性能来反映混凝土强度。两者既可内外结合，又能在较低或较高的强度区间相互弥补各自的不足，从而能较全面地反映结构混凝土的实际质量。

(2) 测区间距不宜大于 2m，且应避开钢筋密集区和预埋件(对声速有影响)，避开蜂窝、麻面；表面要平整、干燥，不应有接缝、饰面层浮浆和油垢，必要时可用砂轮片清除杂物，并磨平、擦净。

(3) 超声测点应布置在回弹测试的同一测区内，且必须布置在构件混凝土浇筑方向的侧面，其他方向须修正；应保证换能器与混凝土耦合良好，且发射和接受换能器的轴线应在同一直线上。每个测区内的相对测试面上应布置 3 个测点。

(4) 检测时，应先进行回弹测试，后进行超声测试(要给超声波换能器上耦合油)。根据声时、测距按规范的公式算出声速值，再根据规范规定的普通混凝土和预拌混凝土两条测强曲线算出强度换算值。

(5) 超声仪必须经过检定并具有合格证，其在使用前必须先通电预热 10min 以上，并根据仪器的实际功能测读或扣除声时的初读数。有关回弹仪的使用规定、回弹值的测量与计算方法参照回弹法中的相关内容。

(6) 超声回弹综合法测定比较简单，能适用于测定不同形状和尺寸的对象，但难以建立强度判断式。

4. 结果判定

计算测区平均声速值时，先对测试后得到的每个试件的 3 个声时值取平均值，然后去除声通路的距离 l(即试件两测试面间的距离)可得到声速值(km/s)：

$$v=\frac{l}{(t_1+t_2+t_4)/3}$$

根据获得的超声声速值和回弹值等参数，按已确定的综合法相关曲线进行测区强度计算，然后按测强曲线公式计算出构件混凝土强度。

当按单个构件检测时，单个构件强度推定值取该构件各测区中最小的混凝土强度换算值；当按批抽样检测时，该批构件的混凝土强度推定值按第 9-2-1 条两个公式计算，取其中的较大值。

当属同批构件按批抽样检测时，若全部测区强度标准差出现下列情况时，则该批构件应全部按单个构件检测：

(1) 若全部测区混凝土强度平均值低于或等于 20MPa，且 $Sf^{c}_{cu}>4.5$MPa 时；

(2) 若全部测区混凝土强度平均值高于 20MPa，且 $Sf^{c}_{cu}>5.5$MPa 时。

5. 报告审核

应按规范要求审核报告的基本格式，报告必须反映出结构或构件名称、混凝土设计强度(C10～C60)、检测时混凝土的龄期、环境情况(综合法对环境要求较高)等。现场温度条件应在－10～＋40℃之间，相对湿度≤90％；超声仪器应连续工作 4h 以上以保证稳定性；测试现场电压波动不可太大，无明显噪声、振动。

对国家某些重要或特殊要求的建筑物检测时，可采用两种以上方法进行验证。在对老建筑进行检测时，对长龄期混凝土需采取钻芯取样方法进行校核、修正。

9-2-3　钻芯法

钻芯法是从结构混凝土中钻取芯样以直接检测混凝土强度或观察混凝土内部质量的方法，无需进行某种物理量(如回弹值、声时值等)与强度之间的换算，因而较为准确和直观。由于它对结构混凝土造成局部损伤(属于半破损的现场检测手段)，而且成本很高，不一定能够随机选点钻取，因此，根据芯样试验结果作出的决策在统计学上其正确性是有疑问的。

1. 检测目的

(1) 对试块抗压强度的测试结果有怀疑时；

(2) 因材料、施工或养护不良而发生混凝土质量问题时；

(3) 混凝土遭受冻害、火灾、化学侵蚀或其他损害时；

(4) 需检测经多年使用的建筑结构或构筑物中混凝土强度时；

(5) 需对其他检测方法进行修正时；

(6) 对施工有特殊要求的结构或构件。

2. 检测数量

(1) 按单个构件检测。

构件的钻芯数量不应少于3个，对较小构件可取2个。

(2) 按局部区域检测。

钻芯数量视这一区域的大小而定，要求检测的单位提出钻芯位置、钻芯数量。这时的检测结果仅代表钻芯位置的质量，而不能据此对整个构件或结构强度作出整体评价。

3. 检测方法

(1) 钻芯前，应根据混凝土的配合比、龄期等情况对混凝土的强度予以预测，以保证钻芯工作的顺利进行和检测结果的准确性。钻芯需使用技术可靠、质量合格的钻芯机、锯切机、研磨机等，其中钻头的采用应符合国家专业标准的《人造金刚石薄壁钻头》的要求，否则会影响钻芯质量。为较准确地测定混凝土内的钢筋及其金属预埋件的位置，还需使用混凝土保护层测定仪(上海 $\phi7.5$ 标准介绍)。

(2) 钻芯应尽量选择在结构受力较小的部位，以避免对结构安全造成影响；避开主筋、预埋件和管线；钻机安放平稳牢固。由于受到施工条件、养护情况及不同位置的影响，各部分的强度并不是均匀一致，因此，需注意取芯位置对混凝土强度应具有代表性。在有条件时，应先进行非破损检测(如回弹或超声的测试)，再根据检测目的与要求来确定钻芯位置。

(3) 芯样直径一般不宜小于骨料最大粒径的3倍，在任何情况下不得小于骨料最大粒径的2倍；芯样的高度和直径之比应在1～2倍的范围内，优先控制在1～1.2倍的范围内。钻取的芯样内不应含有钢筋，如不能满足，每个试件最多只允许有二根直径小于10mm的钢筋，且钢筋应与芯样轴线基本垂直并不得露出端面。在钻取芯样后，尚需对芯样进行切割、端面加工等，规范对有关事宜均作了具体规定。

(4) 钻芯法适宜于检测混凝土强度等级大于C15的结构。

4. 结果判定

(1) 芯样试件的抗压强度按规范规定公式经换算成为相应于测试龄期的、边长为

150mm 的立方体试块的抗压强度值(此处是换算值，不是“推算值”)，并根据不同的高径比选择不同的换算系数。芯样试件的混凝土强度换算值(MPa)按下式计算：

$$f_{\mathrm{cu}}^{\mathrm{c}}=\alpha\frac{4F}{\pi d^2}$$

式中 α——不同高径比芯样试件混凝土换算强度的修正系数；

F——芯样试件抗压试验测得的最大压力，N；

d——芯样试件的平均直径，mm。

(2) 在外力作用下，结构混凝土的破坏一般都是首先出现在最薄弱的区域，因此，为了推定结构混凝土强度，对于单个构件或单个构件的局部区域，可取芯样试件混凝土强度换算值中的最小值作为其代表值。

5. 报告审核

应按规范要求审核报告的基本格式。审核报告中反映的混凝土的设计强度、成型日期、原材料情况、混凝土试块情况、结构在施工中的记录、钻芯样的原因等，并审核芯样的数量和钻取部位、芯样试验时与结构混凝土的状况(干、湿等)、最后的抗压强度、换算强度是否满足设计要求。

9-3 现场砌筑砂浆检测

砂浆的强度是指在标准养护条件下 28d 龄期的试块抗压强度，检测和评定砂浆的强度应按国家标准《砌体工程施工质量验收规范》(GB 50203—2002)、《建筑工程施工质量验收统一标准》(GB 50300—2001)、《砌体基本力学性能试验方法标准》(GBJ 129)等执行。施工中进行砂浆试样取样时，应在搅拌机出料口、砂浆运送车或砂浆槽中的不同部位随机集取。但当砂浆试块缺乏代表性或试件数量不足，对砂浆试块的试验结果有怀疑或有争议，需要确定实际的砌体抗压、抗剪强度；发生工程事故，或对工程质量有怀疑和争议，需要进一步分析砂浆的强度；已建砌体工程需要进行可靠性鉴定时，可采用现场检测的非破损或微破损检验方法来推定砂浆的强度。主要的方法有推出法、筒压法、回弹法和射钉法等。

9-3-1 推出法

1. 检测目的

推定 240mm 厚普通砖墙中的砌筑砂浆强度，但所测砂浆的强度等级宜为 M1～M15。

2. 检测数量

将建筑物划分为一个或若干个结构单元，再将每一个结构单元划分为若干个检测单元。在每一个检测单元内随机选择 6 个构件(单片墙体)作为 6 个测区；如一个检测单元不足 6 个构件时，应将每个构件作为一个测区。每个测区测点数不少于 5 个。测点宜均匀布置在墙上，并应避开施工中的预留洞口。

3. 检测方法

(1) 在墙体测点位置选择一丁砖，将其上面两块顺砖取出并锯切两侧的竖向灰缝至下皮砖顶；

(2) 用推出仪将该砖推出，记录丁砖与砌体之间发生相对位移时的推力并测试被推出丁砖的砂浆饱满度；

(3) 被推丁砖的承压面可用砂轮磨平，并应清理干净；

(4) 被推丁砖下的水平灰缝厚度应为8～12mm；

(5) 测试前，被推丁砖应编号，并详细记录墙体的外观状况；

(6) 推出仪由钢制部件、传感器、推出力峰值测定仪等组成，推出仪的力值应每年校验一次；

(7) 推出法属原位检测，能直接在墙体上测试，且测试结果综合反映了施工质量和砂浆质量，直观性强，设备较轻便，但检测部位有局部破损。当水平灰缝的砂浆饱满度低于65%时，不宜选用该方法。

4. 结果判定

根据测区推力平均值及测区砂浆饱满度平均值计算测区砂浆强度平均值，而每一检测单元的砌筑砂浆抗压强度等级应分别按下列规定进行推定。

(1) 当测区数 n 不小于 6 个时：

$$f_{\mathrm{m}}>f$$

$$f_{\min}>0.75f$$

式中　f_{m}——同一检测单元中按测区统计的砂浆抗压强度平均值，MPa；

f——砂浆推定强度等级所对应的立方体抗压强度值，MPa；

$f_{\min}$——同一检测单元中测区砂浆抗压强度的最小值，MPa。

(2) 当测区数 n 小于 6 个时：

$$f_{\min}>f$$

(3) 当检测结果的变异系数大于0.35时，应检查检测结果离散性较大的原因；若检测单元划分不当，则应重新划分后再推定。

5. 报告审核

应按规范要求审核报告的基本格式，其中较为重要的是审阅测区推力平均值、测区砂浆强度平均值、标准差、测区砂浆抗压强度的最小值及砂浆强度等级推定值。

9-3-2　筒压法

1. 检测目的

推定烧结普通砖墙中的砌筑砂浆强度。

2. 检测数量

将建筑物划分为一个或若干个结构单元，再将每一个结构单元划分为若干个检测单元。每一个检测单元内随机选择6个构件(单片墙体)作为6个测区；当一个检测单元不足6个构件时，应将每个构件作为一个测区。每个测区测点数不少于1个，且应从距墙表面20mm以内的水平灰缝中凿取砂浆约4000g，砂浆片(块)的最小厚度不得小于5mm。各个测区的砂浆样品应分别放置并编号，不得混淆。

3. 检测方法

(1) 使用手锤击碎样品，筛取5～15mm的砂浆颗粒3000g，在105±5℃的温度下烘干至恒重。每次取烘干样品1000g，置于孔径5、10、15mm的套筛中；

(2) 经机械摇筛2min或手工摇筛1.5min后，称取粒级5～10mm和10～15mm的砂浆颗粒各250g，混合均匀后即为一个试样，共制备三个试样；

(3) 将试样按规定数量放入承压筒试压后再倒入由孔径 5mm 和 10mm 的套筛中，经机械摇筛 2min 或手工摇筛 1.5min 后，称取各筛筛余试样的重量；

(4) 承压筒可用普通碳素钢或合金钢自行制作，也可用测定轻骨料筒压强度的承压筒代替。其他设备和仪器包括压力试验机或万能试验机、砂摇筛机、干燥箱、标准砂石筛、托盘天平等。

(5) 筒压法所测试的砂浆品种及其强度范围应符合下列要求：

1) 中、细砂配制的水泥砂浆，砂浆强度为 2.5～20MPa；

2) 中、细砂配制的水泥石灰混合砂浆，砂浆强度为 2.5～15MPa；

3) 中、细砂配制的水泥粉煤灰砂浆，砂浆强度为 2.5～20MPa；

4) 石灰质石粉砂与中、细砂混合配制的水泥石灰混合砂浆和水泥砂浆，砂浆强度为 2.5～20MPa。

(6) 筒压法属取样检测，仅需利用一般混凝土试验室的常用设备，取样部位局部破损，且测点数量不宜太多。该法不适用于推定遭受火灾、化学侵蚀等砌筑砂浆的强度。

4. 结果判定

根据孔径 5、10mm 筛的分计筛余量和底盘中的剩余量，计算出标准试样筒压比及测区砂浆强度平均值，每一检测单元的砌筑砂浆抗压强度等级应分别按下列规定进行推定：

(1) 当测区数 n 不小于 6 个时：

$$f_{m}>f$$

$$f_{min}>0.75f$$

式中 f_{m}——同一检测单元中按测区统计的砂浆抗压强度平均值，MPa；

f——砂浆推定强度等级所对应的立方体抗压强度值，MPa；

f_{min}——同一检测单元中测区砂浆抗压强度的最小值，MPa。

(2) 当测区数 n 小于 6 个时：

$$f_{min}>f$$

(3) 当检测结果的变异系数大于 0.35 时，应检查检测结果离散性较大的原因；若检测单元划分不当，则应重新划分后再推定。

5. 报告审核

应按规范要求审核报告的基本格式，其中较为重要的是审核孔径 5、10mm 筛的分计筛余量和底盘中的剩余量、筒压比及测区砂浆强度平均值、标准差、测区砂浆抗压强度的最小值及砂浆强度等级推定值。

9-3-3 回弹法

1. 检测目的

推定烧结普通砖砌体中的砌筑砂浆强度，并适宜于砂浆强度的均质性普查。

2. 检测数量

将建筑物划分为一个或若干个结构单元，再将每一个结构单元划分为若干个检测单元。每一个检测单元内随机选择 6 个构件(单片墙体)作为 6 个测区；当一个检测单元不足 6 个构件时，应将每个构件作为一个测区。每个测区测点(测位)数不少于 5 个。测位宜选在承重墙的可测面上，并避开门窗洞口及预埋件等附近的墙体，墙面上每个测位的面积宜大于 $0.3m^2$。

3. 检测方法

(1) 检测时，应用回弹仪测试砂浆表面硬度，用酚酞试剂测试砂浆碳化深度，以此两项指标来换算砂浆强度。每一测位内均匀布置 12 个弹击点，相邻两弹击点的间距不应小于 20mm；弹击点应避开砖的边缘、气孔或松动的砂浆。在每一个弹击点上使用回弹仪连续弹击 3 次，第 1～2 次不读数，仅记录第 3 次回弹值，精确至 1 度。测试过程中，回弹仪应始终处于水平状态，其轴线应垂直于砂浆表面，且不得移位。在每一测位内选择 1～3 处灰缝，用游标尺和 1%的酚酞试剂测量碳化深度，读数应精确至 0.5mm。

(2) 砂浆回弹仪应每半年校验一次，且在工程检测前后均应对回弹仪在钢砧上做率定试验。测位处的粉刷层、勾缝砂浆、污物等应清除干净；弹击点处的砂浆表面应仔细打磨平整，并除去浮灰。

(3) 回弹法属原位无损检测，测区选择不受限制；设备性能稳定，操作简便；检测部位的装修面层仅局部损伤，但砂浆强度不应小于 2MPa。该法不适用于推定高温、长期浸水、化学侵蚀、火灾等情况下的砂浆强度。

4. 结果判定

从每一测位的 12 个回弹值中分别剔除最大值和最小值，并将剩余的 10 个回弹值计算平均值；再根据测强曲线计算测区砂浆强度平均值。每一检测单元的砌筑砂浆抗压强度等级应分别按下列规定进行推定：

(1) 当测区数 n 不小于 6 个时：

$$f_m > f$$

$$f_{min} > 0.75f$$

式中　f_m——同一检测单元中按测区统计的砂浆抗压强度平均值，MPa；

f——砂浆推定强度等级所对应的立方体抗压强度值，MPa；

f_{min}——同一检测单元中测区砂浆抗压强度的最小值，MPa。

(2) 当测区数 n 小于 6 个时：

$$f_{min} > f$$

(3) 当检测结果的变异系数大于 0.35 时，应检查检测结果离散性较大的原因；若检测单元划分不当，则应重新划分后再推定。

5. 报告审核

应按规范要求审核报告的基本格式，其中较为重要的是审核回弹平均值、碳化深度及测区砂浆强度平均值、标准差、测区砂浆抗压强度的最小值及砂浆强度等级推定值。

9-3-4　射钉法

1. 检测目的

推定烧结普通砖和多孔砖砌体中 M2.5～M15 范围内的砌筑砂浆强度，并适宜于砂浆强度的均质性普查。

2. 检测数量

将建筑物划分为一个或若干个结构单元，再将每一个结构单元划分为若干个检测单元。每一个检测单元内随机选择 6 个构件(单片墙体)作为 6 个测区；当一个检测单元不足 6 个构件时，应将每个构件作为一个测区。每个测区测点(测位)数不少于 5 个，每个测区的测点在墙体两面的数量宜各半。

3. 检测方法

（1）检测时，采用射钉枪将射钉射入墙体的水平灰缝中，根据射钉的射入量来推定砂浆的强度；

（2）在各测区的水平灰缝上标出测点位置，测点处的灰缝厚度不应小于 10mm；在门窗洞口附近和经修补的砌体上不应布置测点；

（3）清除测点表面的覆盖层和疏松层，将砂浆表面修理平整；

（4）将事先测得长度的射钉射入测点砂浆中，并量测射钉外露部分的长度。射入砂浆中的射钉应垂直于砌体面，且无擦靠块材的现象，否则应舍去和重新补测；

（5）射钉、射钉器和射钉弹每使用 1000 发或半年应作一次计量校验，且在检测前应先用标准靶检校；经配套校验的射钉、射钉器和射钉弹必须配套使用；

（6）射钉法属原位无损检测，测区选择不受限制，设备较轻便，其墙体装修面层仅局部损伤；

（7）该法宜与其他检测方法配合使用，砂浆强度不宜小于 2MPa。

4. 结果判定

先计算射钉射入量，再根据射钉射入量和射钉常数计算测区砂浆强度平均值。每一检测单元的砌筑砂浆抗压强度等级应分别按下列规定进行推定。

（1）当测区数 n 不小于 6 个时：

$$f_{\mathrm{m}}>f$$

$$f_{\min}>0.75f$$

式中 f_{m}——同一检测单元中按测区统计的砂浆抗压强度平均值，MPa；

f——砂浆推定强度等级所对应的立方体抗压强度值，MPa；

$f_{\min}$——同一检测单元中测区砂浆抗压强度的最小值，MPa。

（2）当测区数 n 小于 6 个时：

$$f_{\min}>f$$

（3）当检测结果的变异系数大于 0.35 时，应检查检测结果离散性较大的原因；若检测单元划分不当，则应重新划分后再推定。

5. 报告审核

应按规范要求审核报告的基本格式，其中较为重要的是审核射钉的射入量及测区砂浆强度平均值、标准差、测区砂浆抗压强度的最小值及砂浆强度等级推定值。

9-4 桩基础和地基加固工程质量检测

桩基础工程和地基加固工程主要是指目前常用的钢筋混凝土预制桩、钢桩、混凝土灌注桩等桩基以及针对软土地基所进行的地基加固，如高压喷射注浆桩地基、土和灰土挤密桩地基等复合地基和预压地基、粉煤灰地基等非复合加固地基。针对以上这些桩基工程及地基处理工程所进行的质量检测，主要有静载荷试验、静力触探试验、标准贯入试验、十字板剪切试验、轻便触探试验、基桩的动力测试等。

质量检测的目的主要是通过现场试验来确定桩基、复合地基、非复合加固地基（如强夯地基、粉煤灰地基等）的极限承载力以及桩体质量的检测，从而为提供工程设计参数、对工程设计进行校验和对施工工艺能否达到设计要求进行评价。

(1) 承载力检验的数量应按下列规定：

1) 复合地基的检验数量为总数的0.5%～1%，但不应少于3处；其中有单桩强度检验要求时，为总数的0.5%～1%，但不应少于3根。

2) 非复合地基的检验数量每单位工程不应少于3点；1000m^2以上工程，每100m^2至少应有1点；3000m^2以上工程，每300m^2至少应有1点；每一独立基础下至少应有1点；基槽每20m应有1点。

3) 对工程桩中的混凝土灌注桩，检验桩数不宜少于总桩数的1%，且不应少于3根；当工程总桩数少于50根时，不应少于2根。

(2) 桩身质量检验的数量应按下列规定：

1) 混凝土灌注桩的检验数量不应少于总数的30%，且不应少于20根；混凝土预制桩及地下水位以上且终孔后经过核验的灌注桩，检验数量不应少于总数的10%，且不得少于10根。

2) 其他桩基工程的检验数量不应少于总数的20%，且不应少于10根。

3) 每个柱子承台下不得少于1根。

(3) 试验完毕须进行试验资料的整理、绘制试验成果曲线，并最终确定基桩或地基土的极限承载力，一般当参加统计的试验点实测值的极差不超过平均值的30%时，可取此平均值作为该土层的承载力特征值或基桩的极限承载力。有关部门还应对试验报告进行审核，审核中应注意以下几点。

1) 掌握设计要求。在检测要求上，设计往往会提出较为详细的试验方案，如采用锚桩反力架试验时，设计会对试桩和锚桩在配筋、桩顶混凝土强度、桩距等方面作出特别的设计；有时会指定试桩桩位，有时会根据施工记录选择有怀疑的桩或请建设、监理、检测方提出。质监人员需审核检测报告是否满足类似以上的一些要求。

2) 对照规范规定。除了设计要求外，质监人员尚需对照有关规范，看检测过程是否满足规范规定。目前，由于一些设计人员、建设方或出于不了解规范、或是仅从工期、节省费用等短期利益出发，有时会减少试桩数量、缩短龄期等。发现此类情况时，需及时指出，并请设计核定。

3) 审核检测过程和结论。

① 根据报告内容审核检测过程中的设备配置、加载量、加载方法、加卸载分级、测读周期、终止条件等是否符合规范要求；

② 审核相关参数是否符合结果评定的要求、计算方法的适用性、实测值与设计值的对比等；

③ 审阅报告中应附的Q-S曲线，S-lg$t$曲线、S-lg$Q$曲线、波形图等，再结合检测结论中所做的实际极限承载力，作出最终合格与否的判定。

9-4-1　静载荷试验

静载荷试验包括单桩竖向抗压静载荷试验、单桩竖向抗拔静载荷试验、单桩水平静载荷试验以及地基土的静载荷试验。

静载荷试验主要是采用千斤顶加压，通过反力装置来对桩基或地基土进行加载；荷载通过放置于千斤顶上的应力环、应变式压力传感器直接测定，也可采用联结于千斤顶上的标准压力表测定油压后换算出实际荷载值；沉降、上拔量或水平位移一般采用百分表或电子位移装置来测定。规范对试桩的制作、观测仪表的安装、加载与卸载的分级、位移的测读时间、终止加载的条件均做了详细规定；同时，对从成桩到开始试验的间歇时间也作了相应规定。

9-4-1-1 单桩竖向抗压静载荷试验

对大多数建筑而言，其中的桩基础是以承受竖向下压荷载为主的，因此试验显得十分必要。

1. 检测目的

单桩竖向抗压静载荷试验的目的是确定单桩竖向抗压极限承载力；当埋设有桩底反力和桩身应力、应变测量元件时，可测定桩周各土层的侧摩阻力和桩端土的端阻力。

2. 检测方法

（1）加载装置一般选用单台或多台同型号的千斤顶并联加载，千斤顶加载的反力装置可根据现场实际条件采取锚桩横梁反力装置、压重平台反力装置或锚桩压重联合反力装置三种形式。荷载测试用的压力表精度等级一般为0.4。沉降测量时，对于大直径桩，应在桩的两个正交直径方向对称安装4个位移测试仪表；中、小直径桩可安装2个或3个。

（2）试桩的顶部一般应予以加强，试桩顶部露出地面高度不宜小于50cm，其倾斜度不应大于1%。从预制桩打入和灌注桩成桩到开始试验的时间间隔，在桩身强度达到设计要求的前提下，砂类土不应少于7d；一般黏性土不应少于15d；黏土和砂交互的土层可取中间值；淤泥或淤泥质土不应少于25d。

（3）加载方式有慢速法、快速法、等贯入速率法和循环法等。

（4）当试验过程中出现下列情况之一时，即可终止加载：

1）试桩在某级荷载作用下的沉降量大于前一级荷载沉降量的5倍；

2）试桩在某级荷载作用下的沉降量大于前一级的2倍，且经24h尚未稳定；

3）达到设计要求最大加载量且沉降达到稳定或已达到桩身材料的极限强度以及试桩桩顶出现明显的破损现象；

4）按总沉降量控制：若桩长小于等于40m时，总沉降量宜按100mm控制；若桩长大于40m，可按桩长每增加10m，总沉降量相应增加10mm；

5）对于灌注桩，当满足1）、2）的条款但未达到最大加载量且总沉降量小于100mm时，宜继续加荷至满足总沉降量控制标准为止。

3. 结果判定

（1）通常根据荷载(Q)和沉降量(S)的曲线图（通常称Q-S图）、沉降量(S)与时间的对数($\lg t$)的曲线图（通常称S-$\lg t$图）以及沉降量(S)与荷载的对数($\lg Q$)的曲线图（通常称S-$\lg Q$图）等确定抗压极限承载力Q_u。典型的单桩竖向抗压静载荷试验曲线如图9-1所示。

（2）当以沉降随荷载的变化特征确定极限承载力时，对于陡降型Q-S曲线，取相应于陡降起点的荷载；对于缓变型Q-S曲线，一般可取S=40～60mm对应的荷载。当以沉降随时间的变化特征确定极限承载力时，取S-$\lg t$曲线尾部出现明显向下弯曲的前一级荷载值。

（3）对于细长桩($L/D>80$)和超细长桩($L/D>100$)，一般可取桩顶沉降$S=2QL/3E_cA_p+$

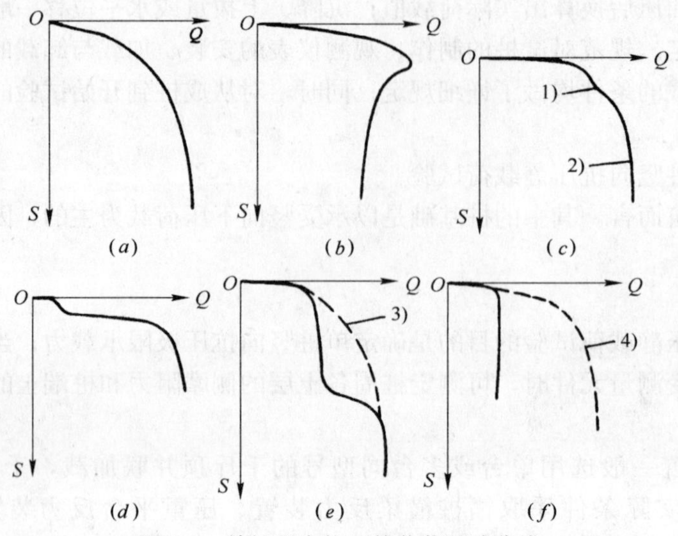

图 9-1　单桩竖向抗压静载荷试验曲线

(a)软至半硬黏土中或松砂中的摩擦桩；(b)硬黏土中的摩擦桩；(c)桩端支承在软弱而有孔隙的岩石上；(d)桩端开始离开了坚硬岩石，当被试验荷载压下后又重新支承在岩石上；(e)桩身的裂缝被试验的下压荷载闭合；(f)桩身混凝土被试验荷载剪断

1—桩端下岩石结构的破损；2—岩土的总剪切破坏；3，4—正常曲线

20mm 所对应的荷载或取 $S=60\sim80$mm：①对于摩擦型灌注桩，取 S-lg$Q$ 曲线出现陡降直线段的起始点所对应的荷载值；②对于大直径钻孔灌注桩，取桩端沉降 $S_b=0.03D\sim0.06D$ 所对应的荷载(大直径取低值，小直径取高值)；③对于钢桩，桩长不超过 40m 时，可取 $S=100$mm 所对应的荷载为极限承载力；桩长超过 40m 时，可以桩长每增加 10m，沉降量相应增加 10mm 所对应的荷载为极限承载力；④当桩顶沉降量尚小，但因受荷条件限制而提前终止试验时，其极限承载力一般取最大加荷值；在桩身材料破坏的情况下，其极限承载力可取破坏前一级的荷载值。

（4）通过对 Q-S 曲线的线形研究后，在不同的数学模型基础上还提出了用解析法求单桩竖向抗压极限承载力的方法，如《波兰桩基规范》法、斜率倒数法和灰色预测法等，也取得了很好的效果。

4. 单桩竖向抗压静载荷试验结果举例

（1）合格静载荷试验

合格单桩竖向抗压静载试验结果汇总表，见表 9-33。

合格单桩竖向静载试验结果汇总表　　**表 9-33**

桩号：SH1　　测试日期：1999-07-20

序　号	荷载(kN)	历时（min）		沉　降（mm）	
		本　级	累　计	本　级	累　计
0	0	0	0	0.00	0.00
1	400	90	90	0.34	0.34
2	600	90	180	0.35	0.69
3	800	90	270	0.64	1.33
4	1000	90	360	0.68	2.01

续表

序号	荷载(kN)	历时(min)		沉降(mm)	
		本级	累计	本级	累计
5	1200	90	450	0.68	2.69
6	1400	90	540	0.87	3.56
7	1600	90	630	0.81	4.37
8	1800	120	750	1.07	5.44
9	2000	120	870	1.36	6.80
10	1600	60	930	−0.83	5.97
11	1200	60	990	−0.97	5.00
12	800	60	1050	−1.12	3.88
13	400	60	1110	−1.21	2.67
14	0	240	1350	−1.27	1.40
最大沉降量：6.80mm，最大回弹量：5.40mm，回弹率：79.41%					

试验：　　　　记录：　　　　校核：

合格曲线图见图9-2～图9-4。

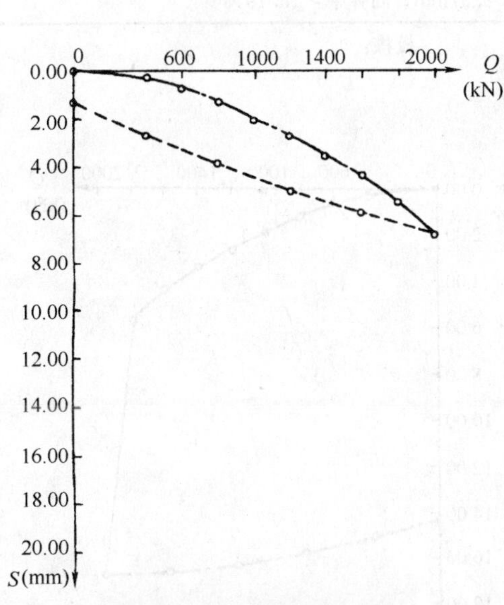

图9-2 合格 Q-S 曲线

注：桩号SH1，桩长38.5m，桩径600mm，测试日期1999-07-20

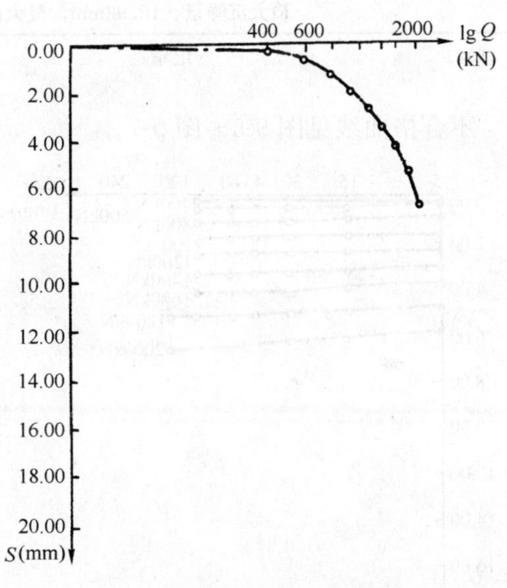

图9-3 合格 S-lg$Q$ 曲线

注：桩号SH1，桩长38.5m，桩径600mm，测试日期1999-07-20

（2）不合格静载荷试验

不合格单桩竖向抗压静载试验结果汇总表，见表9-34。

不合格单桩竖向静载试验结果汇总表 **表9-34**

桩号：SH2　　　　测试日期：1999-07-20

序号	荷载(kN)	历时(min)		沉降(mm)	
		本级	累计	本级	累计
0	0	0	0	0.00	0.00
1	400	90	90	0.34	0.34

续表

序　号	荷载(kN)	历　时　(min)		沉　降　(mm)	
		本　级	累　计	本　级	累　计
2	600	90	180	0.35	0.69
3	800	90	270	0.64	1.33
4	1000	90	360	0.68	2.01
5	1200	90	450	0.68	2.69
6	1400	90	540	0.87	3.56
7	1600	120	660	0.93	4.49
8	1800	150	810	1.29	5.78
9	2000	45	855	11.14	16.92
10	1600	60	915	−0.18	16.74
11	1200	60	975	−0.31	16.43
12	800	60	1035	−0.63	15.80
13	400	60	1095	−0.60	15.20
14	0	240	1335	−0.85	14.35

最大沉降量：16.92mm，最大回弹量：2.57mm，回弹率：15.19%

试验：　　　　记录：　　　　校核：

不合格曲线见图 9-5～图 9-7。

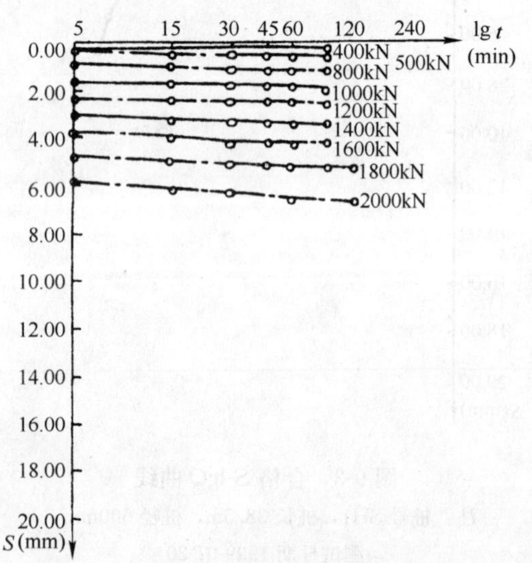

图 9-4　合格 S-lg$t$ 曲线

注：桩号 SH1，桩长 38.5m，桩径 600mm，测试日期 1999-07-20

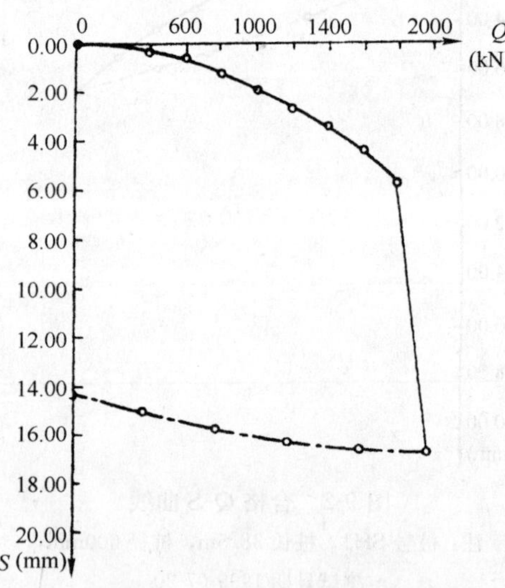

图 9-5　不合格 Q-S 曲线

注：桩号 SH2，桩长 38.5m，桩径 600mm，测试日期 1999-07-20

9-4-1-2　单桩竖向抗拔静载荷试验

高耸建(构)筑物往往要承受较大的上拔荷载，而桩基础是其抵抗上拔荷载的重要基础形式。迄今为止，在理论计算还未得到很好解决的情况下，单桩竖向抗拔静载荷试验的作用就显得尤为重要。

1. 检测目的

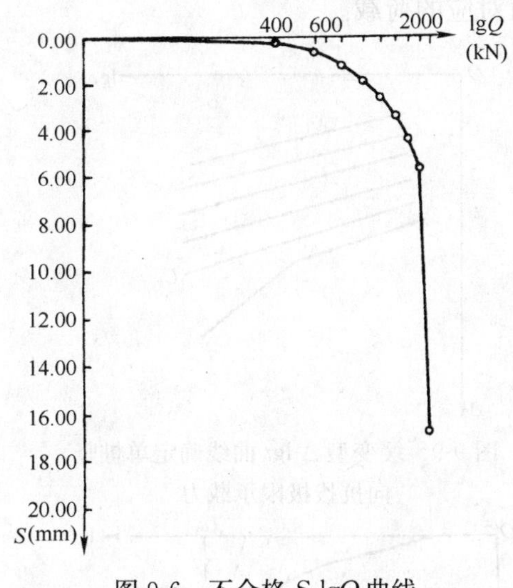

图 9-6　不合格 S-lgQ 曲线

注：桩号 SH2，桩长 38.5m，桩径 600mm，测试日期 1999-07-20

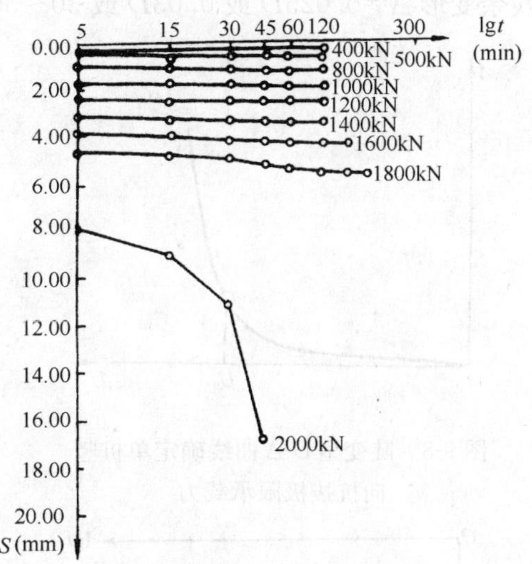

图 9-7　不合格 S-lgt 曲线

注：桩号 SH2，桩长 38.5m，桩径 600mm，测试日期 1999-07-20

单桩竖向抗拔静载荷试验的目的是采用接近于竖向抗拔桩实际工作条件的试验方法，确定单桩竖向抗拔极限承载力。在条件允许时，可埋设桩身应力应变测量元件，以实测桩周各土层的抗拔承载力。

2. 检测方法

(1) 加载装置一般采用油压千斤顶，加载反力装置应尽量利用工程桩为反力锚桩。加载方式一般采用慢速法，也可结合工程桩的实际受荷情况采用多循环加卸载法。

(2) 从成桩到开始试验的时间间隔，在桩身强度达到设计要求的前提下，砂类土不应少于 10d；粉土和黏性土不应少于 15d；淤泥或淤泥质土不应少于 25d。

(3) 变形观测时，除了要对上拔量进行观测外，尚应对锚桩的上拔量、桩周地面土的变形情况以及桩身外露部分裂缝开展情况进行观测记录。

(4) 当试验过程中出现下列情况之一时，即可终止加载：

1) 桩顶荷载为桩受拉钢筋总极限承载力的 0.9 倍；

2) 某级荷载作用下，桩顶上拔位移量为前一级荷载作用下的 5 倍；

3) 对预制桩、预应力桩及灌注桩，试桩的累计上拔位移量超过 30mm；对钢桩，试桩的累计上拔位移量超过 100mm；

4) 达到设计要求的预计最大上拔荷载。

3. 结果判定

通常根据荷载(U) 和上拔量(Δ) 的曲线图(通常称 U-Δ 图) 、上拔量(Δ) 与时间的对数($\lg t$) 的曲线图(通常称 Δ-$\lg t$ 图) 等确定抗拔极限承载力 U_u。

对于陡变形的 U-Δ 曲线，取其第三段直线起始点对应的荷载值(图 9-8)；对于缓变形的 U-Δ 曲线，一般取 Δ-$\lg t$ 曲线尾部显著弯曲的前一级荷载(图 9-9)。如根据 $\lg U$-$\lg\Delta$ 曲线来确定极限承载力，可取该曲线第二拐点所对应的荷载值(图 9-10)；如根据 Δ-$\lg U$ 曲线来确定极限承载力，可取该曲线的直线段的起始点所对应的荷载值(图 9-11)。也可取桩

顶残余变形 $\Delta=0.025D$ 或 $0.03D$ 或 30～50mm 所对应的荷载。

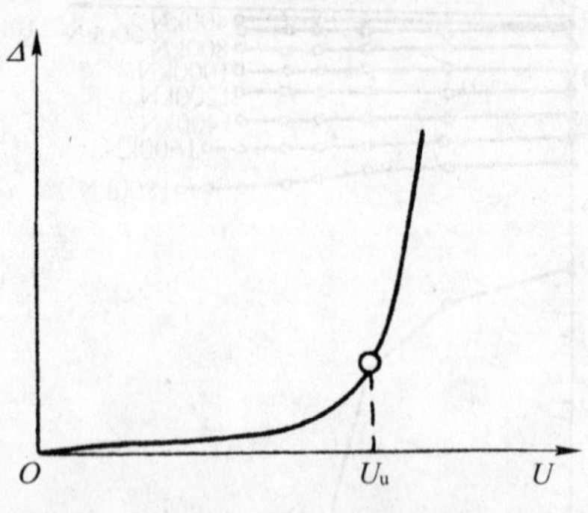

图 9-8　陡变型 U-Δ 曲线确定单桩竖向抗拔极限承载力

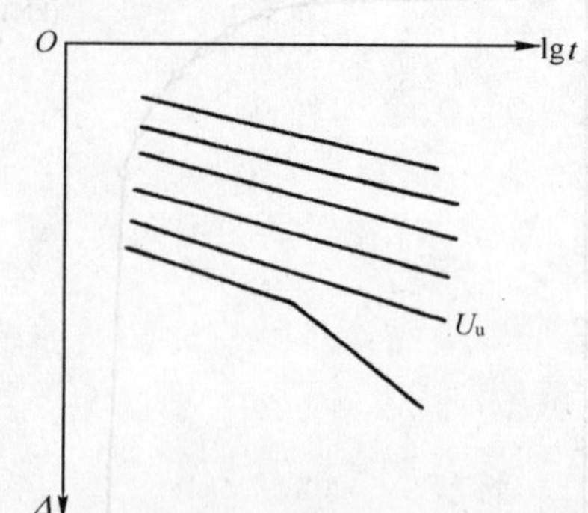

图 9-9　缓变型 Δ-lg$t$ 曲线确定单桩竖向抗拔极限承载力

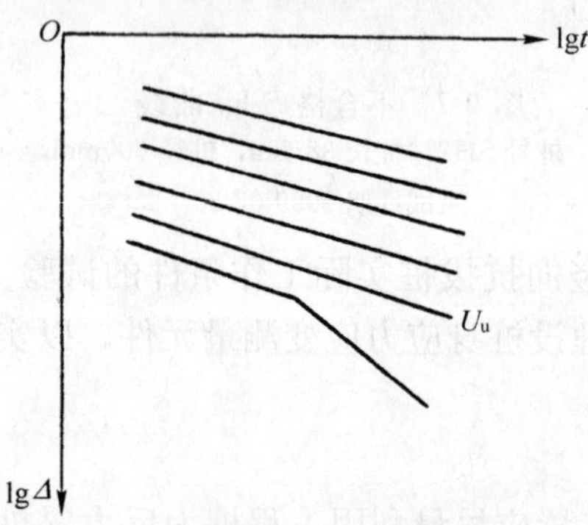

图 9-10　根据 lg$U$-lgΔ 曲线确定单桩的竖向抗拔极限承载力

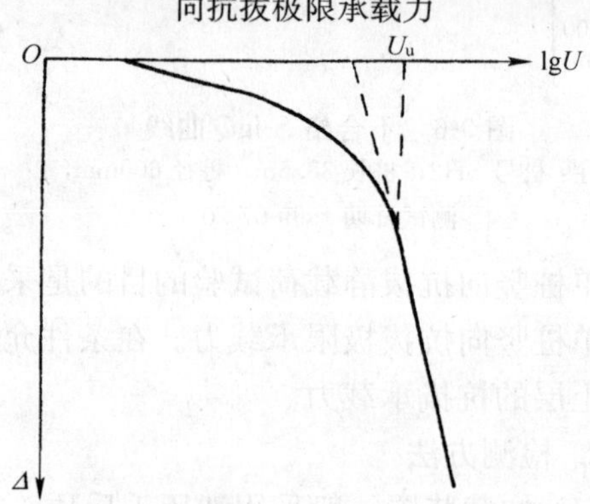

图 9-11　根据 Δ-lg$U$ 曲线确定单桩竖向极限抗拔承载力

9-4-1-3　单桩水平静载荷试验

单桩水平静载荷试验一般以桩顶自由的单桩为对象，采用接近于水平受荷桩实际的工作条件。

1. 检测目的

单桩水平静载荷试验的目的除用以确定试桩的水平承载力外，还可以通过在桩身粘贴应变量测元件和桩内预埋测斜管，确定在各级水平荷载作用下桩身的弯矩分布规律和弹性地基系数，并能得到桩侧土的水平抗力和桩身挠度之间的关系曲线。

2. 检测方法

(1) 加载装置一般采用卧式千斤顶，并有较大的引程；对往复式循环试验可采用双向往复式油压千斤顶；反力装置常利用试桩周围的工程桩或竖向静载荷试验用的锚桩，也可利用周围现有结构物；千斤顶与试桩接触处应安置一球形铰座，以保证施加的作用力能水平通过桩身轴线。在桩身荷载作用点处一般需用钢块进行局部加强；

(2) 加载时间应尽量缩短，测量位移的时间间隔应准确，试验也不得中途停息，检测数量不宜少于 2 根。

(3) 从成桩到开始试验的时间间隔，砂性土中的打入桩不应少于 3d；黏性土中的打入桩不应少于 14d；钻孔灌注桩，从灌注混凝土到试桩的时间间隔一般不少于 28d。

(3) 加载方式常用的有单向多循环加卸荷法和双向多循环加卸荷法。当试验过程中出现下列情况之一时，即可终止加载：

1）桩身折断；

2）已达到试验要求的最大荷载或最大位移量；

3）桩身水平位移超过 30～40mm(软土中取大值)；

4）在恒定荷载作用下，桩身位移急剧增加，位移速率逐渐加快。

3. 结果判定

通常根据荷载(H)、时间(t)和水平位移(X)的曲线图(通常称 H-t-X 图)等确定水平极限承载力 H_u。

可取 H-t-X 曲线明显陡降的前一级荷载(图 9-12)；也可取 H-$\Delta X/\Delta H$ 曲线第二直线段的终点所对应的荷载(图 9-13)；也可取桩身折断或钢筋应力达到流限的前一级荷载(图 9-14)。如有特殊要求，可根据相应的方法来确定水平极限承载力。

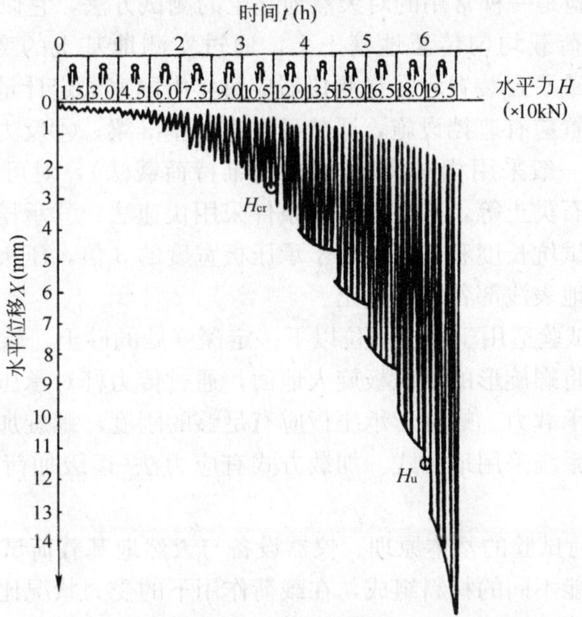

图 9-12　单桩水平静载荷试验 H-t-X 曲线

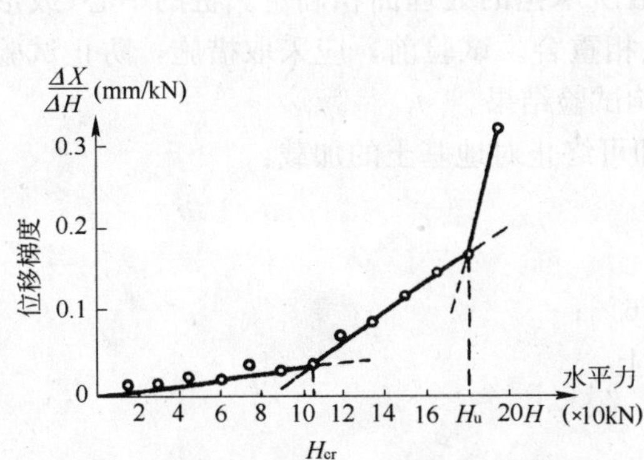

图 9-13　单桩水平静载荷试验 H-$\Delta X/\Delta H$ 曲线

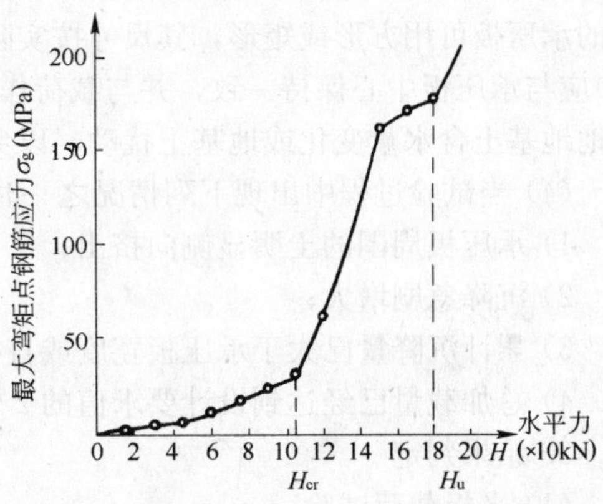

图 9-14　根据 H-σ_g 确定单桩的水平临界荷载

当作用于桩顶的轴向荷载达到或超过其竖向极限荷载的0.2倍时，单桩水平极限荷载将有一定程度的提高，因此，当条件许可时，可模拟实际荷载情况，进行桩顶同时施加轴向压力的水平静载荷试验，以更好地了解桩身的受力情况。

9-4-1-4　地基土静载荷试验

地基土静载荷试验是各种原位测试方法中开展得比较早的测试技术，包括平板载荷试验、螺旋板载荷试验和复合地基载荷试验。

1. 检测目的

地基土静载荷试验基本上能够模拟建筑物地基的实际受荷条件，比较准确地反映地基土受力状况和变形特征，是直接确定地基土承载力、变形模量和竖向基床反力系数等参数的最可靠方法，也是其他原位测试方法测得的地基土力学参数建立经验关系的主要依据。

2. 检测方法

(1) 平板载荷试验是一种常用的对天然地基土的测试方法，它以刚性平底承压板模拟建筑物基础，将竖向荷载均匀传至地基土上，通过实测地基土的变形从而确定承载力。①加荷装置宜采用压重平台装置；②量测仪器应每年由国家法定计量单位进行率定，并出具合格证；③试验装置应有遮挡设施，严禁日光直射基准梁；④反力系统可采用地锚式或撑壁式；⑤加载方式一般采用相对稳定法(慢速维持荷载法)，对可塑状、坚硬状的黏性土、粉土、砂土、碎石类土等，可根据具体条件采用快速法；⑥承压板底高程应与基础底面设计高程相同；⑦试坑长度和宽度应大于承压板宽度的3倍，压板下宜铺设中、粗砂找平；⑧该试验适用于地表浅部各类地基土。

(2) 螺旋板载荷试验适用于地下水位以下一定深度处的砂土、软黏土和硬黏土层等天然地基土的测试，它将螺旋形的承压板旋入地面，通过传力杆对承压板施加荷载，由得到的地基土变形来确定承载力。螺旋形承压板应有足够的刚度，螺旋加工准确。加载装置采用油压千斤顶，反力系统采用地锚式。加载方式有应力法(逐级加荷)和应变法(等沉降速率加荷)。

(3) 复合地基载荷试验的基本原理、仪器设备与天然地基载荷试验基本相同，但由于复合地基是由两种性能不同的材料组成，在载荷作用下的受力状况比较复杂，因此，在实际试验时，可通过对承压板条件的改变来真实地反映地基的实际受力状况。单桩复合地基载荷试验的承压板可用圆形或方形，面积为一根桩承担的处理面积；多桩复合地基载荷试验的承压板可用方形或矩形，其尺寸按实际桩数所承担的处理面积确定。桩的中心(或形心)应与承压板中心保持一致，并与载荷作用点相重合。试验前，应采取措施，防止试验场地地基土含水量变化或地基土扰动，以免影响试验结果。

(4) 当试验过程中出现下列情况之一时，即可终止对地基土的加载：

1) 承压板周围的土明显侧向挤出；

2) 沉降急剧增大；

3) 累计沉降量已大于承压板宽度或直径的6%；

4) 总加载量已经达到设计要求值的2倍以上。

3. 结果判定

(1) 平板载荷试验

由载荷试验 P-S 曲线确定地基土允许承载力时，可采用强度和变形双重安全度控制的方法。按 P-S 曲线的线型可分为拐点法、相对沉降法和极限荷载法。

拐点法适用于硬塑-坚硬的黏性土、粉土、砂土、碎石土等拐点明显或可确定的情况，一般取第一拐点所对应的荷载。相对沉降法是在经过校正后的 P-S 曲线上取 S/b（b 为刚性承压板的宽度或直径）一定比值所对应的荷载：太沙基取 $S/b=0.02$，斯坎普顿取 $S/b=0.03$；一般黏性土、粉土宜采用 $S/b=0.02$，砂土宜采用 $S/b=0.01\sim0.015$。采用极限荷载法时，取 S-$\lg t$ 曲线上尾部明显向下曲折的前一级荷载；当用 P-S、$\lg P$-$\lg S$、S-$\lg P$、P-$\Delta S/\Delta P$、P-$\Delta S/\Delta t$ 等曲线时，取第二拐点所对应的荷载；当载荷试验未做到破坏荷载，则可用外插作图法确定其极限荷载。

（2）螺旋板载荷试验

其评定地基土承载力的方法与常规载荷试验基本相同，只不过在螺旋板载荷试验中已考虑了上覆自重压力的因素。

（3）复合地基载荷试验

当压力-沉降曲线上极限荷载能确定，而其值不小于对应比例界限的 2 倍时，可取比例界限；当其值小于对应比例界限的 2 倍时，可取极限荷载的一半。当压力-沉降曲线是平缓的光滑曲线时，可按相对变形值确定：

1）对砂石桩、振冲桩复合地基或强夯置换墩：当以黏性土为主的地基，可取 S/b 或 S/d 等于 0.015 所对应的压力（当 b 值或 d 值大于 2m 时，按 2m 计算）；当以粉土或砂土为主的地基，可取 S/b 或 S/d 等于 0.01 所对应的压力。

2）对土挤密桩、石灰桩或柱锤冲扩桩复合地基，可取 S/b 或 S/d 等于 0.012 所对应的压力；对灰土挤密桩复合地基，可取 S/b 或 S/d 等于 0.008 所对应的压力。

3）对水泥粉煤灰碎石桩或夯实水泥土桩复合地基，当以卵石、圆砾、密实粗中砂为主的地基，可取 S/b 或 S/d 等于 0.008 所对应的压力；当以黏性土、黏土为主的地基，可取 S/b 或 S/d 等于 0.01 所对应的压力。

4）对水泥土搅拌桩或旋喷桩复合地基，可取 S/b 或 S/d 等于 0.006 所对应的压力。

5）对有经验的地区，也可按当地经验确定相对变形值。

按相对变形值确定的承载力特征值不应大于最大加载压力的一半。

9-4-2 静力触探试验

静力触探这项原位测试技术自其问世以来，无论是在测试设备的研制和生产、测试方法的改进和完善，还是在测试成果的解释和应用方面，都取得了很大的进展，因而目前很多国家都把静力触探列入国家规程或规范中。该试验包括单桥探头静力触探（测定比贯入阻力 p_s）、双桥探头静力触探（测定锥尖阻力 q_c 和侧壁摩阻力 f_s）和带侧孔压的单、双桥探头静力触探，适用于黏性土、粉性土、砂土、素填土、冲填土和新加固的复合地基。

9-4-2-1 检测目的

静力触探是用准静力将内部装有传感器的探头匀速压入土中，由贯入过程中受到的阻力转换成电信号，再通过贯入阻力与土的工程性质之间的相关关系以及统计关系，来实现取得土层剖面、提供浅基承载力、检验桩身施工质量、选择桩端持力层、预估单桩承载力等的目的。该方法对于地层变化较大的复杂场地以及不易取得原状土样的饱和砂土、高灵敏度的软黏土地层和桩基工程的勘察，具有独特的优越性。

9-4-2-2 检测方法

(1) 静力触探的主要设备由探头、压力装置、反力装置和测试仪器等四部分组成。探头分单桥和双桥两种；将探头压入地层的加压装置常用的有液压传动式、手摇链条式和电动丝杆式三种；反力装置主要采用地锚抗拔或重物加压；常用的电测仪器有电阻应变仪、数字测力仪和自动记录仪三种。

(2) 在探头匀速贯入土层的过程中记录仪器读数、核对贯入实际深度和记录深度。如遇到薄的坚硬层时，可以用钻探穿透坚硬层或用动力触探锤击穿坚硬层；也可抽出单桥探头内的顶柱后试穿透坚硬层。如贯入深度超过 30m，或穿过厚层软土后再进入硬土层时，应配装测斜装置以测读探头偏斜角进行深度修正；也可采取导向护壁。

(3) 当贯入到预定深度或出现下列情况之一时，可终止试验：

1) 触探机的负荷达到额定负荷的 120％；

2) 探头贯入阻力达到额定荷载的 120％；

3) 探杆丝扣部分的应力超过容许强度；

4) 反力装置失效。

典型的静力触探曲线如图 9-15 所示。

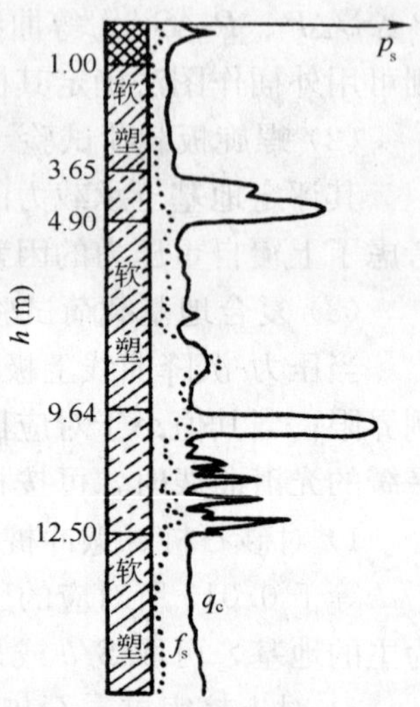

图 9-15　静力触探曲线

9-4-2-3　结果判定

在长期的实践过程中，用静力触探技术确定地基土极限承载力 f_0 时，结合不同地区、不同类型土的具体条件已形成了许多地区性的经验公式，如表 9-35 所示。

评定地基土承载力 f_0 的经验关系　　**表 9-35**

公式来源	经验关系	适用范围 p_s(MPa)	适用地区和土类
武汉联合试验组	$0.104p_s+25.9$	0.3～6	淤泥质土、一般黏性土、老黏土
	$0.083p_s+54.6$	0.3～3	淤泥质土、一般黏性土
	$0.097p_s+76$	3～6	老黏土
	$5.25\sqrt{p_s}-103$	1～10	中、粗砂
	$0.02p_s+59.5$	1～15	粉、细砂
铁道部《静力触探技术规则》	$5.8\sqrt{p_s}-46$	0.35～5	$I_p>10$ 一般黏性土
	$0.89p_s^{0.63}+14.4$	≤24	$I_p\leqslant10$ 一般黏性土及饱和砂土
	$0.112p_s+5$	<0.9	软土
	$1.4817p_s^{0.602}$	0.5～6	$I_p>10$ 新近沉积土
	$0.9993p_s^{0.629}$	0.5～10	$I_p\geqslant10$ 新近沉积土
	$0.05p_s+65$	0.5～5	新黄土(东南带)
	$0.05p_s+35$	1～5.5	新黄土(西北带)
	$0.04p_s+40$	1～6.5	新黄土(北部边缘)
同济大学等	$0.075p_s+42$		上海硬壳层
	$0.070p_s+37$		上海淤泥质黏性土
	$0.075p_s+38$		上海灰色黏性土
	$0.055p_s+45$		上海粉土
陕西省综勘院	$0.070p_s+50.8$		黄土(关中、郑州)

注：表中承载力的单位为 kPa。p_s—比贯入阻力；I_p—塑性指数。

而在确定单桩极限承载力时，根据规范对单桥和双桥探头采用不同的方法：

(1) 单桥探头(圆锥底面积 15cm^2，底部带 7cm 高的滑套，锥角 60°)确定混凝土预制桩极限承载力标准值的计算公式：

$$P_{uk}=u\Sigma q_{sik}l_i+\alpha p_{sk}A_p$$

式中 u——桩身周长，m；

q_{sik}——桩周第 i 层土的极限侧阻力标准值，kPa；可依据土的类别、埋藏深度、排列次序来确定；

l_i——桩穿越第 i 层土的厚度，m；

α——桩端阻力修正系数，与桩入土深度有关；

p_{sk}——桩端附近静力触探比贯入阻力标准平均值，kPa；

A_p——桩端面积，m^2。

(2) 双桥探头(圆锥底面积 15cm^2，摩擦套筒高 21.85cm，侧面积 300cm^2，锥角 60°)确定混凝土预制桩极限承载力标准值的计算公式

$$P_{uk}=u\Sigma l_i\beta_i f_{si}+\alpha q_c A_p$$

式中 u——桩身周长，m；

f_{si}——第 i 层土的探头平均侧阻力，kPa；

l_i——桩穿越第 i 层土的厚度，m；

β_i——第 i 层土桩侧阻力综合修正系数，与土的类别有关；

α——桩端阻力修正系数，与土的类别有关；

q_c——桩端平面上(4d 范围内按土层厚度的探头阻力加权平均值)、下(1d 范围内探头阻力值)平均值(kPa)；

A_p——桩端面积，m^2。

用静力触探检验水泥土桩等桩身质量应在成桩 7d 左右进行。对于粉桩，由于施工工艺的原因，触探点位置应位于桩径方向 1/4 处。桩身质量较好的 p_s 曲线和桩身质量不均匀的 p_s 曲线如图 9-16 所示。

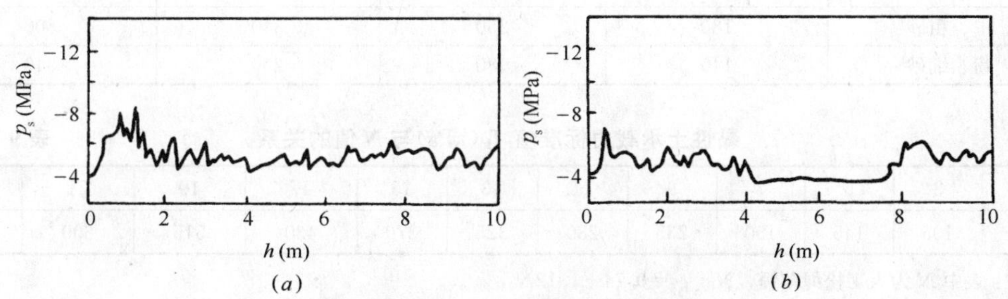

图 9-16　桩身质量不同时的静力触探曲线

(a)桩身质量较好时的 p_s 曲线；(b)搅拌不均匀时的 p_s 曲线

9-4-3　标准贯入试验

标准贯入试验是动力触探的一种，具有设备简单、操作方便、土层适用性广等优点，适用于难以采取不扰动土样的砂土和粉性土，也可用于一般黏性土。该试验一般结合钻探进行，贯入阻力的大小用贯入器贯入土中 30cm 的锤击数 $N_{63.5}$ 来表示。

由于影响标准贯入试验的因素很多，如机具设备、落锤方式、试验方法等，这些可通

过标准化方法使它们统一，但另外一些因素如杆长、地下水、上覆土压力等的影响无法人为地加以控制。因此就目前的试验水平而言，应通过杆长的修正、上覆土压力的修正和地下水位的修正而对标贯击数进行修正。

9-4-3-1　检测目的

标准贯入试验是利用一定的锤击能量（锤重 63.5±0.5kg，落距 76±2cm，钻杆直径 42cm），将一定规格的对开管式贯入器打入钻孔孔底的土中，根据打入土中的贯入阻力大小来判别土层的变化情况和土的工程性质，如评定砂土的密实度、估算砂土的内摩擦角和压缩模量、评定地基土的极限承载力、估算单桩极限承载力等。利用贯入器中的扰动土样，还可直接对土进行鉴别描述和颗粒分析。

9-4-3-2　检测方法

标准贯入试验设备比较简单，主要由探杆、穿心锤、贯入器三部分组成。试验时，应采用自动脱钩的落锤法，并设法减小导向杆与锤间的摩阻力，以保持锤击能量的恒定。为保证试验的钻孔质量，要求采用回转钻进；为保持孔壁稳定，必要时可用泥浆或套管护壁；为保证穿心锤中心施力、贯入器垂直打入，应保持导向杆、探杆和贯入器的垂直度；为保持钻杆受锤击后不产生侧向晃动、影响测试精度，钻杆相对弯曲应小于 1/1000 且接头牢固。

在地下水位以下钻进时或遇承压含水砂层时，孔内水位或泥浆面应始终高于地下水位足够高度；下套管时要防止套管下过头。当土层较硬时，若累计击数已达 50 击而贯入度未达 30cm 时，应终止试验，并记录实际贯入度以及累计锤击数 n，按相应的公式换算成贯入 30cm 时的贯入度。

9-4-3-3　结果判定

根据规范，利用锤击数 $N_{63.5}$（简计为 N）确定砂土和黏性土承载力标准值 f_k（kPa）时，可按照表 9-36 和表 9-37 进行。

砂土承载力标准值 f_k（kPa）与 N 值的关系　　表 9-36

N	10	15	30	50
中、粗砂	180	250	340	500
粉、细砂	140	180	250	340

黏性土承载力标准值 f_k（kPa）与 N 值的关系　　表 9-37

N	3	5	7	9	11	13	15	17	19	21	23
f_k	105	145	190	235	280	325	370	430	515	600	680

注：表中 N 为人工松绳落锤，$N_{(人工)}=0.74+1.12N_{(自动)}$。

利用标准贯入试验确定地基土承载力标准值 f_k（kPa）的经验关系有：

(1) Terzaghi 提出的经验关系（安全系数为 3）

1) 对条形基础　　$f_k=12N$

2) 对独立方形基础　　$f_k=15N$

(2) 日本住宅公团提出的经验关系

$$f_k=8N$$

(3) 日本 Yukitake 和 Shioi 考虑地震时提出的经验关系如表 9-38 所示。

考虑地震作用时地基承载力 f_k(kPa)与 N 的经验关系　　表 9-38

土　类		地基承载力 f_k		N
		正　常	地　震	
砂　土	密　实	300	450	30～50
	中　密	200	300	15～30
黏性土	极　硬	200	300	15～30
	硬	100	150	8～15
	中　等	50	75	4～8

而在利用标准贯入试验结果确定单桩极限承载力时，一般有以下一些方法：

(1) Schmerfman 的经验数值如表 9-39 所示。

N 值预估桩端和桩侧阻力　　表 9-39

土　名	标准贯入试验结果	
	桩侧阻力(kPa)	桩端阻力(kPa)
各种密度的砂土	$2.03N$	$342.4N$
粉土、粉砂及泥炭土	$4.28N$	$171.2N$
可塑黏土	$5.35N$	$74.9N$
含贝壳的砂、泥质灰岩	$1.07N$	$385.2N$

(2) 北京市勘察院提出的钻孔灌注桩单桩极限承载力 P_u(kN)的计算公式：

$$P_u=2.78N_pA_p+3.3N_sA_s+3.1N_cA_c-181h+17.33$$

式中　A_p、A_s、A_c——分别为桩的截面积、桩在砂土中的面积和桩在黏土中的面积，m^2；

N_p、N_s、N_c——分别为桩端附近土层的标贯击数、桩周砂土的标贯击数和桩周黏土的标贯击数平均值；

h——孔底虚土的厚度，m。

(3) 上海地区预制打入桩单桩极限承载力 P_u 的计算公式：

$$P_u=428N_pA_p+2.14N_sA_s+mN_cA_c$$

式中　m——与黏土性质有关的系数：一般及硬黏土，$m=10$，但 $mN_c\leqslant100$；灰色淤泥质黏性土，$m=20$，但 $mN_c\leqslant30$；浅层粉土 $mN_c=30$。

(4) Meyerhof 建议的单位面积桩端极限承载力 q_p(kPa)的估算公式

打入桩　　$q_p=4ND_b/D\leqslant4N$

灌注桩　　$q_p=1.2ND_b/D\leqslant1.2N$

式中　D、D_b——分别为桩端直径和桩端进入持力层的深度(m)；

N——桩端附近土层的标贯击数。

上式适用于持力层为砂质土或砂砾；而在无黏性土中，q_p 的最大值为 $3N$。

9-4-4　十字板剪切试验

十字板剪切试验是一种原位测定饱和软黏土抗剪强度的方法，按照力的传感方式分为电测十字板试验和机械十字板试验两种，对淤泥质黏性土宜采用后者。该试验适用于饱和黏性土，而对夹粉砂或粉性土薄层、或含有粗粒、或含有植物根茎的饱和黏性土不宜采用，但严格地讲，只适用于内摩擦角 $\phi=0$ 的饱和黏性土。试验所测得的抗剪强度值相当于天然土层试验深度处在上覆压力作用下的固结不排水抗剪强度，在理论上它相当于室内三轴不排水剪总强度或无侧限抗压强度的一半。

由于影响十字板剪切试验的因素较多，如存在排水可能性、软土中含有杂物、不同的试验方式等，因此，在实际使用测试结果前，应进行相应的修正。

9-4-4-1　检测目的

十字板剪切试验是将具有一定高与直径之比的十字板插入土层中，通过钻杆对十字板头施加扭矩使其等速旋转，根据土的抵抗扭矩求算饱和黏性土的抗剪强度、确定饱和黏性土的灵敏度、评估饱和黏性土的极限承载力等。该试验能很好地模拟地基土排水条件和天然受力状态，对试验土层扰动性小、测试精度高。

9-4-4-2　检测方法

十字板剪切仪主要由十字板头、传力系统、施力装置和测力装置等组成，目前国际上通用的矩形十字板头采用直径与高度的比例为 1∶2。机械式十字板力的传递和计量均依靠机械的能力，需配备钻孔设备，成孔后下放十字板进行试验，常用的有离合式、牙嵌式和轻便式；电测式十字板试验不需钻孔设备，直接将十字板头以静力压入，采用传感器将土抗剪破坏时力矩大小转变成电信号，并用仪器量测出来，常用的为轻便式十字板、静力触探两用，效率比前者提高 5 倍以上。在试验之前必须先进行十字板头的率定。

9-4-4-3　结果判定

利用十字板剪切试验确定软土地基承载力标准值 f_k(kPa)一般按下式计算：

$$f_k=2(c_u)_{F_V}+\gamma h$$

式中　$(c_u)_{F_V}$——扰动十字板不排水抗剪强度，kPa；

h——基础埋置深度，m。

而估算单桩极限承载力时，美国石油协会 API-RP2A 规程建议分别按下式估算桩侧极限阻力 p_f(kPa)和桩端极限阻力 p_b(kPa)：

桩侧极限阻力　$$p_f=\alpha_s(c_u)_F$$

桩端极限阻力　$$p_b=9(c_u)_F$$

式中　α_s——折减系数，当$(c_u)_F\leqslant 25$kPa，$\alpha_s=1.0$；当$(c_u)_F\geqslant 75$kPa，$\alpha_s=0.5$；当 25kPa$<(c_u)_F<75$kPa，则 α_s 在 0.5～1.0 之间线性内插。

另外，对于振冲加固饱和软黏土的小型工程，可用桩间土十字板抗剪强度来计算复合地基承载力的标准值 $f_{ps,k}$(kPa)：

$$f_{ps,k}=3[1+m_c(n_c-1)](c_u)_{F_V}$$

式中　n_c——桩土应力比，无实测资料时可取 2～4，原状土强度高时取低值，反之取高值；

m_c——面积置换率。

在对软土地基进行预压加固处理时，可用十字板剪切试验探测加固过程中强度变化，用以控制施工速率和检验加固效果。此时应在 3～10min 内将土剪损，单项工程剪切试验孔不少于 2 个，试验点间距为 1.0～1.5m，软弱薄夹层应有试验点，每层土的试验点不少于 3～5 个。

9-4-5　轻便触探试验

轻便触探试验的基本原理和标准贯入试验相同，一般适用于深度小于4m的土层。

9-4-5-1　检测目的

轻便触探试验主要是通过轻型动力触探装置来检测加固后的地基承载力，也是检验水泥土桩质量行之有效的一种方法。在对天然地基基础基槽检测时，如遇到下列情况之一时，应在基坑底普遍进行轻便触探试验：

(1) 持力层明显不均匀；

(2) 浅部有软弱下卧层；

(3) 有浅埋的坑穴、古墓、古井等，直接观察难以发现时；

(4) 勘察报告或设计文件规定应进行轻便触探试验时。

9-4-5-2　检测方法

轻便触探试验的主要设备由探头、触探杆和穿心锤三部分组成，其中穿心锤重10kg，触探杆直径25mm。其操作过程主要为：

(1) 先用轻便钻具钻至试验土层标高，然后对所需试验土层连续进行触探；

(2) 试验时穿心锤落距为50cm，使其自由下落，将探头竖直打入水泥土中，每打入土层30cm的锤击数记为N_{10}；

(3) 试验过程中若需对土层情况描述时，可将触探杆拔出，取下探头，换以轻便钻头进行取样；

(4) 检测应在施工后7d内进行。

9-4-5-3　结果判定

根据规范，利用轻便触探击数N_{10}确定地基承载力标准值f_k(kPa)和基本值σ_0(kPa)如表9-40和表9-41所示。

一般黏性土承载力标准值f_k与N_{10}的关系　　**表9-40**

N_{10}(击/30cm)	15	20	25	30
σ_0(kPa)	100	140	180	220
f_k(kPa)	105	145	190	230

素填土承载力标准值f_k与N_{10}的关系　　**表9-41**

N_{10}(击/30cm)	10	20	30	40
σ_0(kPa)	80	110	130	150
f_k(kPa)	85	115	135	160

注：确定f_k时，$N_{10}=N'_{10}-1.645\sigma$，$N_{10}$为修正后击数，$N_{10}$为实测击数平均值，$\sigma$为实测击数的标准差。

为检测水泥土桩的质量，在成桩7d内，用轻便触探器中附带的钻头在搅拌桩身中钻孔，取出水泥土桩芯，观察其颜色是否一致，是否存在水泥浆富集的“结核”或未被搅匀的土团。水泥土无侧向抗压强度与轻便触探击数N_{10}之间的关系如表9-42所示。另一方面，沿桩长范围内作出随桩长的变化曲线，也可以形象地反映桩身的均匀性和强度变化情况，如图9-17所示。

水泥土无侧限抗压强度与N_{10}的关系　　**表9-42**

N_{10}(击/30cm)	15	20～25	30～35	>40
q_u(kPa)	200	300	400	500

9-4-6　基桩的动力测试

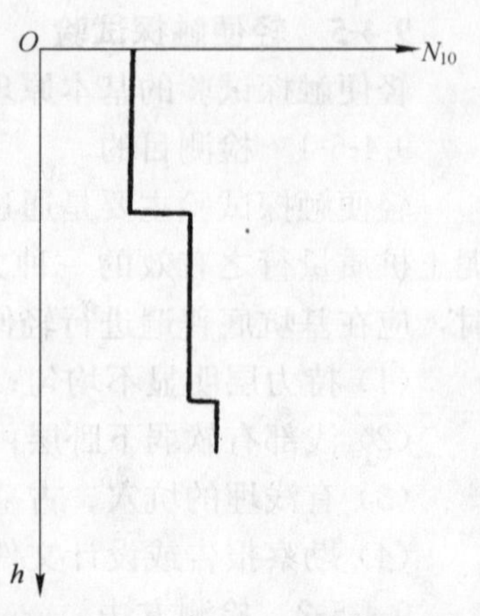

图 9-17　N_{10}沿桩长的分布情况

基桩的动力测试一般是在桩顶施加一激振能量引起桩身的振动，利用特定的仪器记录下桩身的振动信息并加以分析，从中提取能够反映桩身性质的信息，以确定桩身材料强度、检查桩身的完整性、评价桩身施工质量和桩身的承载力等。与传统的测试手段相比，基桩的动力测试具有费用低廉、快速准确等优点，适用于预制桩、预应力桩、钢桩及各种类型的灌注桩。

按照测试时桩身和桩周土所产生相对位移大小的不同，基桩的动力测试可分为高应变法和低应变法。

9-4-6-1　高应变动测

高应变动测是指采用重锤冲击桩顶，使桩身产生较大的位移、桩周土进入塑性状态，进而对基桩进行判断。在确定地基土对单桩竖向极限支承力时，应采用实测曲线拟合分析程序进行分析计算，且使用的参数必须在工程经验的合理范围内；在检测桩身质量时，宜采用实测力波与实测速度波的波形相比较或分离上、下行波的方法。

高应变动测宜作为验收依据，不宜作为设计依据；而静载荷试验宜作为设计依据。

1. 检测目的

高应变动测可以用于确定单桩竖向承载力、检测桩身结构完整性和桩身锤击应力，进行桩锤效率的监测、选择沉桩设备与工艺参数，选择合理的桩型和桩长；在采用实测曲线拟合分析时，可以得到桩侧与桩端阻力分布，模拟静载荷试验的 Q-S 曲线。

2. 检测方法

高应变动测常用的方法有锤击贯入法、波动方程法和 Case 法三种，其测试设备主要由锤击装置、锤击力量测和记录设备、贯入度量测设备(Case 法中不需要)三部分组成。

检测前必须检查仪器的使用状态，所用的量测仪器必须是经过计量行政主管部门授权的检定单位检定合格的仪器，包括力传感器和加速度传感器每年均应进行率定。试验用锤击设备必须具备足够的锤击能量，试验时所选用的落锤重量不宜小于预估的试桩极限承载力的 1/10(Case 法中宜取为 1%)；锤击方向必须与桩的纵轴线重合；锤与桩顶之间应设置有效垫层。

对于灌注桩，一般要求桩身强度达到设计要求后再作测试；对于预制桩，当桩周土为碎石类土、砂土、粉土、非饱和黏性土和饱和黏性土时，从沉桩至试验的时间间隔分别为 3、7、10、15d 和 25d。桩头宜高出地面 0.5m 左右。为避免试验对桩头的破坏，须凿除桩顶顶部混凝土强度较低部分、损坏部分或浮浆部分，并将桩接长至地坪以上 1.5～2 倍桩径处，所有主筋均需接至桩顶保护层以下并对桩顶进行加强保护，桩顶混凝土强度≥C30。

在桩身两侧应对称安装两只加速度传感器和应变传感器，它们与桩顶之间的距离应不小于 1.5 倍的桩径。在进行高应变动测时，必须同时量测每次锤击下桩的最终贯入度。为使桩周土产生塑性变形，单击贯入度不宜小于 2.0mm。在检测过程中要不断比较桩身材料实测阻抗与理论阻抗的关系，锤击时实测力与速度峰值应成正比，如果不符应立即停锤检查。应力和加速度必须随时间连续测定和采样。

高应变动测的检测数量不宜少于总桩数的5%，并不少于5根；当采用实测曲线拟合分析确定Case阻尼系数值时，拟合计算桩数不宜少于试桩总数的30%，并不少于5根。在试验过程中应随时绘制桩顶最大锤击力与累计贯入度($Q_{max}-\Sigma e$)的关系曲线。

当出现下列情况之一时，即可停止锤击：

(1) 开始数击的Q_{max}-Σe基本上呈直线按比例增加，随后数击Q_{max}值增加变缓，而e值增加明显乃至徒然急剧增加；

(2) 单击贯入度大于2mm，且累计贯入度Σe大于20mm；

(3) Q_{max}已达到力传感器的额定最大值；

(4) 桩头已严重破损，或桩头发生摇摆、倾斜，或落锤对桩头发生明显的偏心锤击时；

(5) 其他异常现象发生时。

3. 结果判定

(1) 锤击贯入试验

若采用锤击贯入试验，则确定单桩承载力的方法有两种：

1) Q_d-Σe曲线法。

根据试验原始记录表的计算结果作出的锤击力与累计贯入度曲线Q_d-Σe上的第二拐点或$\log Q_d$-Σe曲线上陡降起始点所对应的荷载即为试桩的动极限承载力Q_{du}(kN)，则静极限承载力Q_{su}(kN)为：

$$Q_{su}=Q_{du}/C_{dsc}$$

式中 C_{dsc}——动、静极限承载力对比系数，与桩周土、桩型、桩长等因素有关，可由桩的静载荷试验与动力测试结果的对比得到。

2) 经验公式法：

$$Q_{su}^{f}=\frac{1}{m}\sum_{i=1}^{m}Q_{sui}^{f}=\frac{1}{m}\sum\frac{1}{C_{ds}^{f}}\frac{Q_{di}}{1+e_{di}}$$

式中 Q_{su}^{f}——经验法确定的试桩静极限承载力；

Q_{sui}^{f}——经验法确定的试桩第i击次的静极限承载力，在确定该值时，参加统计的单击贯入度不小于2.0mm的击次不得少于3击，并取其中极差不超过平均值20%的数值；

Q_{di}、e_{di}——第i击次的实测桩顶锤击力峰值和贯入度；

C_{ds}^{f}——经验法中动、静极限承载力对比系数；

m——单击贯入度不小于2.0mm的锤击次数。

锤击贯入法与静载荷试验的对比曲线如图9-18所示。

由于锤击贯入法对桩身缺陷，尤其是对桩身深部的轻度缺陷反映并不敏感，而且这种方法对确定灌注桩缺陷类型、规模时的适用性远不如其他检测方法，因此，在检测桩身缺陷时需十分谨慎。在总结地区经验的基础上可以借鉴的作法有：

① 当落距较小，锤击力不大而贯入度较大时(即大于2mm)，可以判定桩身浅部(5m以内)有明显质量问题，比较多的情况为桩身断裂；

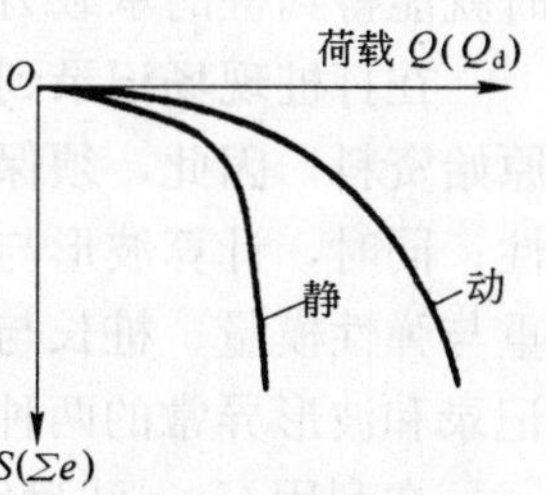

图9-18 锤击贯入法和静载荷试验对比曲线

② 当落距小，贯入度不大，但当落距增加到某一值时，贯入度突然增大（大于3mm），这种情况可能性大的是桩身缩颈；

③ 随落距的增大，贯入度和力基本上都有增加，但单击贯入度比正常桩偏大，力比正常桩增加的幅度小，这种情况比较多的可能是混凝土松散。

（2）波动方程法

考虑到打桩过程不是简单的刚体碰撞问题，而是一个复杂的应力波传播过程，因此在忽略桩侧土阻力的影响和径向效应下，采用一维波动方程加以描述，从而提出了能在严密的力学模型和数学计算基础上分析复杂的打桩问题的手段。但是该方法也仅仅是经验地将动、静阻力联系起来，完全忽略了土体质量的惯性力对桩的反作用，一些参数也只是经验性和地区性的，因此使用时应注意适用范围。

根据不同的极限打入阻力得到相应的最终贯入度或打入单位深度所需锤击数，并绘制出打桩反应曲线，如图9-19所示。由打桩时实测的最终贯入度或锤击数在反应曲线上找到对应的打入阻力，再考虑土中孔隙水压力消散、土的挤密固结和受扰动的触变恢复等因素，可以得到桩的极限承载力；或用桩休止后进行复打的贯入度所对应的打入阻力来评定极限承载力。

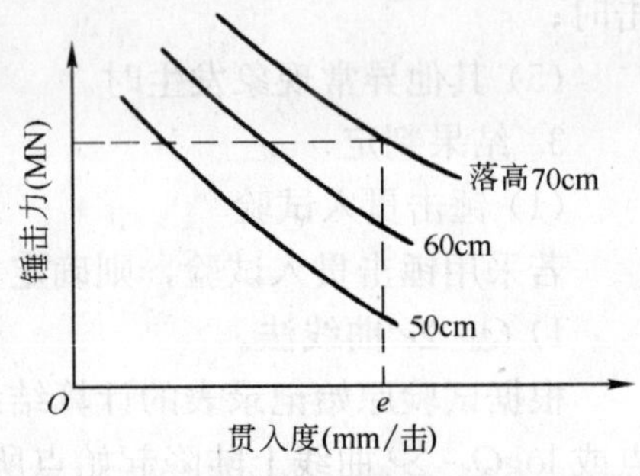

图 9-19　桩身贯入阻力-贯入度曲线

在上海地区用波动方程法估算打入时的极限承载力 P_{ud} 和静载荷试验得到的极限承载力 P_{us} 之间的统计关系为：

$$P_{us}=\psi P_{ud}$$

式中　ψ——桩的极限承载力增长系数，在黏性土中，ψ 值与土的灵敏度和打桩时扰动程度有关，砂土中的 ψ 值一般取0.9～1.0。

在预估沉桩的可能性方面，波动方程法是最为准确可靠的。图9-20是上海某工程预制桩沉桩分析曲线。参照一般的规范，如果以贯入度5mm/击为沉桩控制标准，可见当桩端进入深度40m左右黄色细砂层后就可以停止贯入了；此时总的锤击数为2000击，这一结果与实际情况比较接近。

（3）Case法

Case法的实质是以波动方程行波理论为基础的动力量测分析方法，考虑了桩侧和桩端土阻力的作用，并利用能在现场实时分析的PDA打桩分析仪，使现场每一次锤击的同时就能得到桩的承载力等参数。

在打桩现场记录到的力波曲线和速度波曲线是进行现场实时分析和室内进一步分析的原始资料，因此，须保证所采集波形的质量，将异常的波形剔除，以保证检测结果的可靠性；同时，计算波形与实测波形拟合的一致性效果如何，还取决于各参数（桩身材料的容重与弹性模量、桩长与桩径等）的取值及其分布的合理性。图9-21是典型的Case法波形记录和波形异常的两种情况。

在利用Case法确定单桩极限承载力时，应满足桩身材料均匀、截面处处相等、无明显缺陷的要求，且应采用同一根桩的动测和静载荷试验对比资料或实测曲线拟合法确定阻尼系数值。

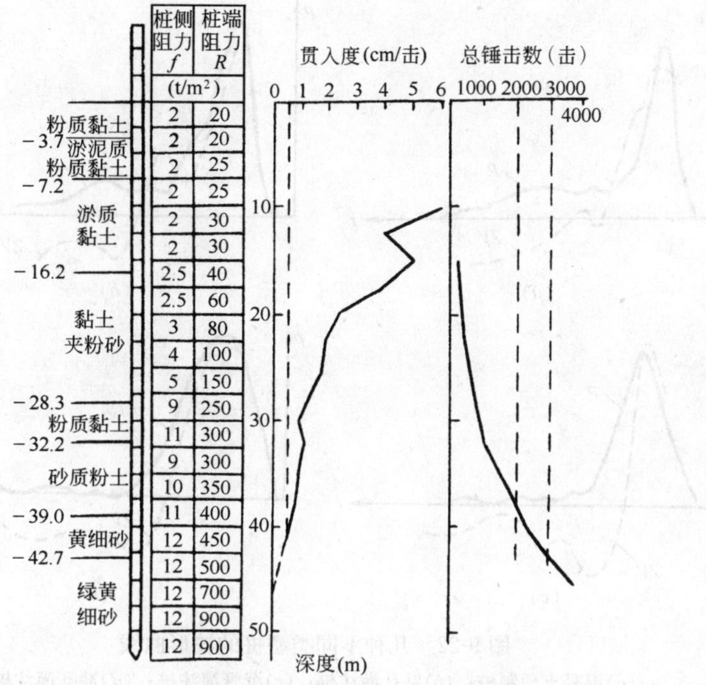

图 9-20　预制桩沉桩可能性分析曲线

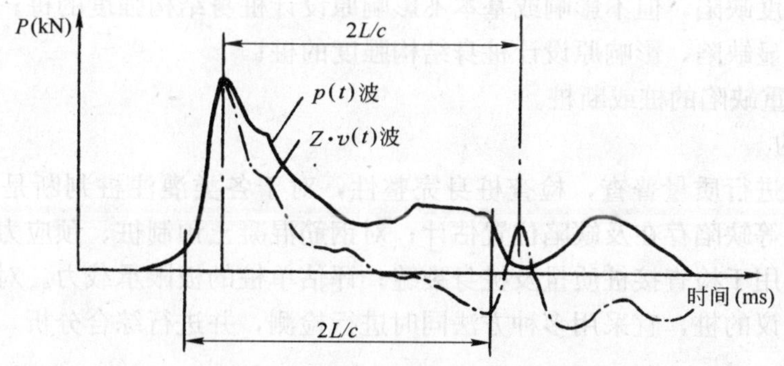

图 9-21　典型的 Case 法波形记录

在检验桩身质量时，Case 法首先要从记录信号上对力和速度波作定性分析，以观察桩身缺陷的位置和数量以及连续锤击情况下缺陷的扩大或闭合情况，几种常见缺陷桩的波形曲线如图 9-22 所示。利用 Case 法还可从波形曲线上对桩身材料的质量进行检查。

9-4-6-2　低应变动测

低应变动测是通过对桩顶施加激振能量，引起桩身及周围土体的微幅振动而产生应力波，应力波沿桩身传播，当遇到波阻抗存在差异的界面，就会产生反射信号，再用仪表量测和记录桩顶的振动速度和加速度，利用波动理论或机械阻抗理论对记录结果加以分析，进而对基桩进行判断。低应变动测技术主要适用于预制桩、预应力桩以及各种类型的灌注桩的桩身质量检测，对于任何类型的超长桩宜慎用。

采用低应变动测检测桩身质量时，其评定等级宜分四级：

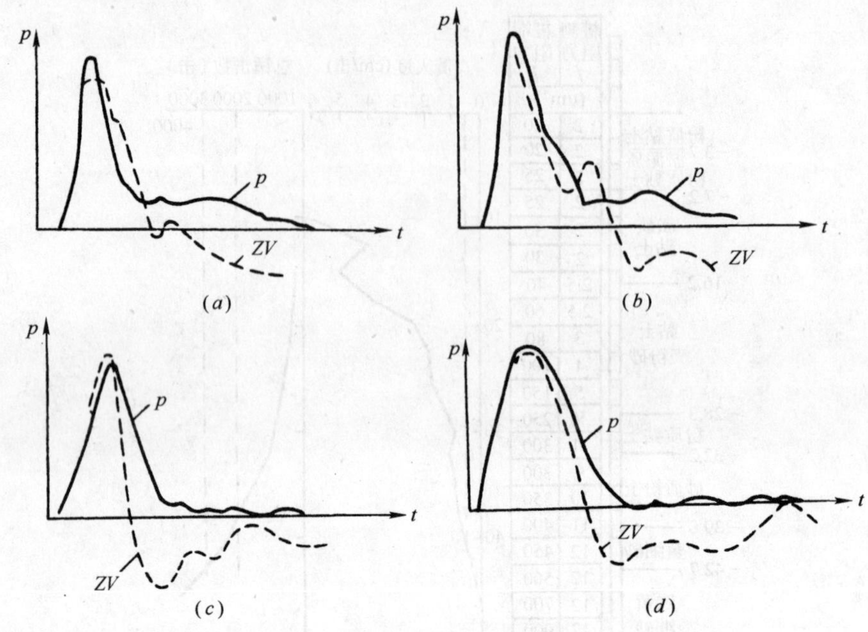

图 9-22　几种不同类型桩的波形曲线

(a)混凝土预制桩；(b)钻孔灌注桩；(c)沉管灌注桩；(d)冲孔灌注桩

Ⅰ级：无缺陷的完整桩；

Ⅱ级：有轻度缺陷，但不影响或基本不影响原设计桩身结构强度的桩；

Ⅲ级：有明显缺陷，影响原设计桩身结构强度的桩；

Ⅳ级：有严重缺陷的桩或断桩。

1. 检测目的

主要对基桩进行质量普查，检查桩身完整性，对于各类灌注桩判断是否有断桩、夹泥、离析、缩颈等缺陷存在及缺陷位置估计；对钢筋混凝土预制桩、预应力混凝土桩、钢管桩等桩，主要用于检查接桩质量及桩身裂缝；评估单桩的极限承载力。对同一工程中的同一批桩中有异议的桩，宜采用多种方法同时进行检测，并进行综合分析。

2. 检测方法

低应变动测的方法很多，但在工程中应用比较广泛、效果较好的有反射波法、机械阻抗法和动力参数法等。

低应变动测中主要的设备包括激振装置、量测装置(传感器、放大器)和数据处理装置三大部分。检测仪器应具有防尘、防潮性能，并可在－10～50℃的环境温度下正常工作；测试仪器每年进行一次全面检查和调试，长期不使用时应定期通电；测试仪器长途搬运时，必须有防振保护。检测前，应选定合适的测试方法和仪器参数；对于灌注桩，检测前须先进行截桩处理至设计标高，凿去疏松部分后用砂轮磨平。

根据桩身材料和桩周土强度的变化规律，从成桩到进行测试的时间间隔，钻孔灌注桩不应少于 28d；打入桩的间隔时间可适当缩短，但砂土中不应少于 3d，黏土中不应少于 14d。

低应变试验的检测数量，对于多节打入桩或压入桩，不应少于总桩数的 20％～30％，并不得少于 10 根；对于灌注桩，必须大于 50％；对于采用独立承台形式的桩基工程、桥梁工程、一柱一桩形式的工程以及重要建筑的桩基工程，必须增加比例直至100%；当动测评定的质量不合格的桩比例过大时(占抽检总数5%以上)，宜以相同的百分比进行扩大抽检；设计单位也可以根据结构的重要性和可靠性要求决定增加桩的检测比例直至普测。

3. 结果判定

(1) 反射波法

反射波形特征是桩身质量的反应，利用反射波曲线进行桩身完整性判定时，应根据波形、相位、振幅、频率及波至时刻等因素综合考虑，桩身不同缺陷反射波特征如下：

1) 完整性好的基桩反射波波形规则、波列清晰；桩底反射波明显，反射波至时间容易取读；桩身混凝土平均纵波波速较高；同一场地完整桩反射波形具有较好的相似形，如图9-23所示。

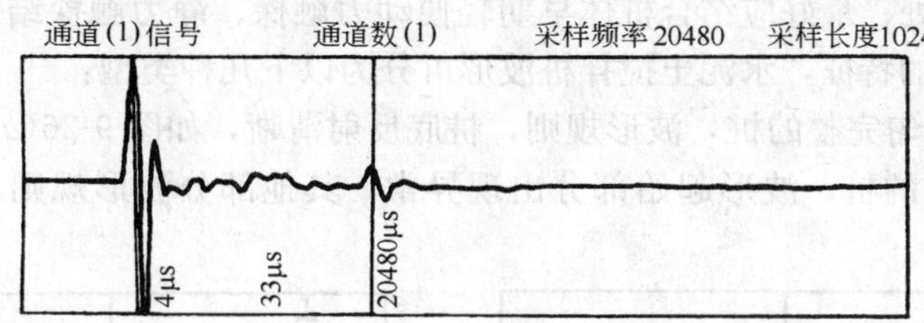

图9-23　完整桩的波形特征

2) 离析和缩颈桩桩身混凝土纵波波速较低，反射波幅减少，频率降低，如图9-24所示。

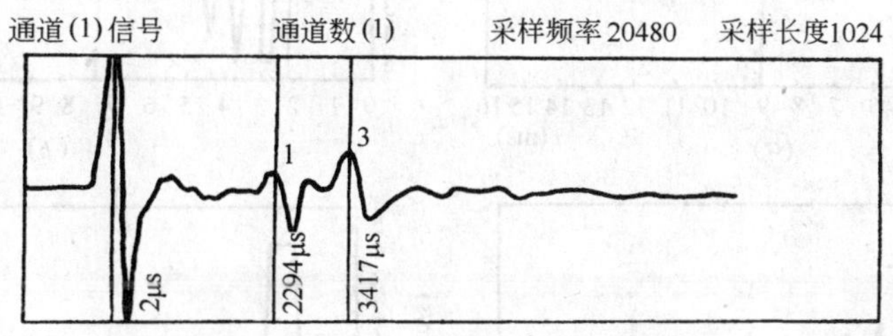

图9-24　离析和缩颈桩的波形特征

3) 桩身断裂时其反射波到达时间小于桩底反射波到达时间；波幅较大，往往出现多次反射，难以观测到桩底反射，如图9-25所示。

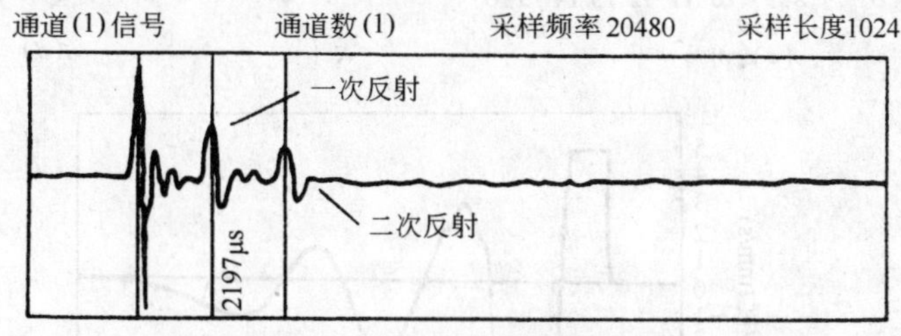

图9-25　断裂桩的波形特征

推求桩身混凝土强度是反射波法的重要内容。由于桩身纵波波速与桩身混凝土强度之间的关系受施工方法、检测仪器的精度、桩周土性等因素的影响，根据实践经验，采用表9-43中的关系比较符合实际，效果也较好。

混凝土纵波波速与桩身强度关系 **表 9-43**

混凝土纵波速度(m/s)	混凝土强度(等级)
>4100	>C35
3700～4100	C30
3500～3700	C25
2700～3500	C20
<2700	<C20

用反射波法检测水泥土桩质量时，由于水泥土桩的成桩工艺不同、桩身材料强度较低，因此在进行水泥土搅拌桩、粉喷桩、高压旋喷桩质量检测时，应注意从成桩到检测时间间隔应大于 28d；注意水泥土搅拌桩的变掺入量、变截面的施工工艺；粉喷桩的锤击点应选择在桩径 1/4 处；最好应结合桩体早期轻便动力触探、静力触探结果进行综合分析。按照桩身反射波形的特征，水泥土搅拌桩波形可分为以下几种类型：

① 桩身结构均匀完整的桩，波形规则，桩底反射清晰，如图 9-26(*a*)所示。

② 桩头有松动的桩，波形起始部分出现异常，其他部分波形规则，柱底反射清晰，如图 9-26(*b*)所示。

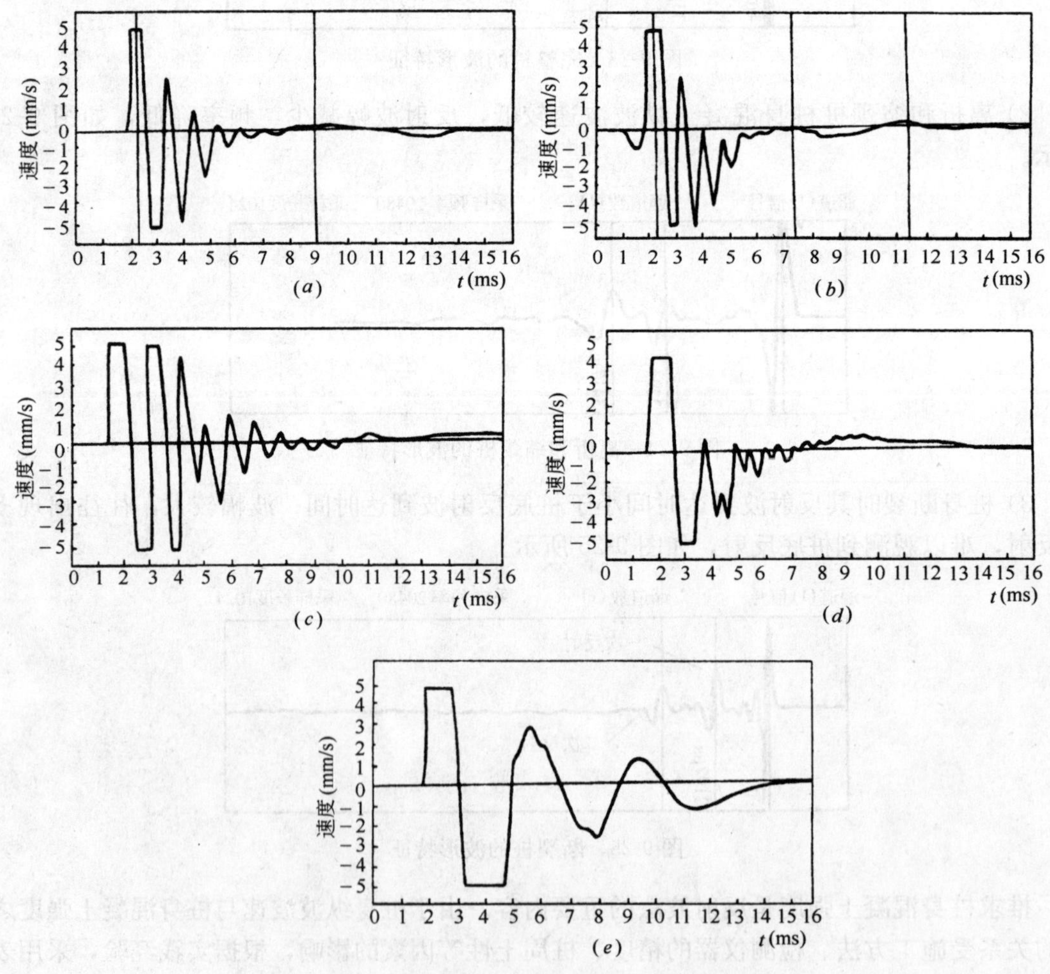

图 9-26 典型水泥土搅拌桩的反射波波形

③ 桩身各段强度有差异或有较薄夹泥层时，波形不规则，但柱底反射清晰，如图 9-26(c)所示。

④ 桩身强度极不均匀时，波形极不规则，柱底反射不清晰，如图 9-26(d)所示。

⑤ 断桩时，出现一个较大的低频，如图 9-26(e)所示。

(2) 机械阻抗法

根据记录到的桩的导纳曲线，计算出导纳的几何平均值、完整桩的桩身纵波波速和桩身的动刚度等参数，再结合导纳曲线的形状，可以判断桩身混凝土的完整性、确定桩身缺陷类型、计算缺陷出现的部位，详细的判别方法可参照表 9-44 所示。

机械阻抗法判定桩身缺陷的方法 **表 9-44**

测量桩长 L_m 施工桩长 L	实测导纳 N_m 计算导纳 N_c	动刚度 K_d	完整性
$L_m \approx L$	$N_m \approx N_c$	一般	完整性
$L_m \approx L$	$N_m > N_c$	低	缩颈或低质混凝土
$L_m < L$	$N_m \gg N_c$	很低	断桩
$L_m < L$	$N_m < N_c$	很高	扩颈
$L_m \approx L$	$N_m < N_c$	高	扩底桩
$L_m \approx L$	$N_m \approx N_c$	高	桩端嵌固好的完整性
$L_m \approx L$	$N_m \approx N_c$	低	桩端嵌固差的完整性
多种 L_m	$N_m < N_c$	高	断面不规则(扩大)
多种 L_m	$N_m > N_c$	低	断面不规则(缩小)

用机械阻抗法评估单桩的极限承载力时，主要采用低频段求刚度的方法，但在实际工作中，是将整个导纳曲线上各点的动刚度 K_d 都计算出来，然后除以动、静测试刚度的对比系数 η，将动测刚度转换成桩的静测刚度，最后再乘以桩的允许沉降量 [S] (mm)得到单桩的允许承载力 P_a，即

$$P_a = [S]\frac{K_d}{\eta}$$

η 值一般为 0.9～2.0，通常应通过本地区的动-静刚度测试对比试验求取；[S] 的取值需综合考虑桩型、桩周土层的性质等因素来选取，在有条件的场地，最好能借鉴类似土层中同一类型桩的静载荷试验 P-S 曲线上极限荷载所对应的沉降量。上海地区各类桩的 [S] 取值为：预制桩 14～18mm；钻孔灌注桩 7～15mm；钢管桩 28～34mm；预应力混凝土管桩 24～32mm。

(3) 动力参数法

动力参数法检测桩基承载力的实质是用敲击法测定桩的自振频率，或同时测定桩的频率和初速度，用以换算基桩的各种设计参数。按测试方法和测试数据结果的不同，可分为频率-初速度法和频率法。

在频率-初速度法中，单桩竖向承载力的标准值 R_k(kN)为：

$$R_k = \frac{f_r^2(1+\varepsilon)W_0\sqrt{H}}{KV_0}\beta_v$$

式中　f_r——桩-土体系的固有频率；

W_0、ε、H、V_0——分别为穿心锤重量(kN)、碰撞系数、穿心锤落距(m)和桩头振动的初速度；

β_v——调整系数，与仪器性能、冲击能量的大小、桩长、桩底支承条件及成桩方式等有关，应预先积累动、静对比资料经统计分析加以调整；

K——安全系数，一般取为2；对沉降敏感的建筑物及在新填土中，该值可酌情增加。

在频率法中，单桩竖向容载力标准值 R_k(kN)为：

对于端承桩　　$R_k = P_{cr} = \eta K_z$

对于摩擦桩　　$R_k = P_{cr}/K = \eta K_z/K$

式中　K_z——单桩竖向抗压刚度，kN/m；

η——静测临界荷载与动测抗压刚度之间比例系数，可取0.004；

P_{cr}——单桩的临界荷载；

K——安全系数，一般取为2，对新近填土，可适当增大。

9-5　基坑工程的监测

基坑工程中支护结构的变形、受力、位移由于受地质条件、荷载条件、材料性质、施工条件和外界因素的复杂影响，很难单纯从理论上准确计算，而这些特征值又是影响基坑安全、施工安全的重要标志。因此，对基坑工程的监测既是检验基坑设计理论正确性和发展设计理论的重要手段，同时又是及时指导正确施工、避免基坑工程事故发生的必要措施。

城市地下管线密如蛛网、地面道路纵横交织，基坑开挖规模的扩大和开挖围护深度的不断增加，使得复杂的周围环境对围护结构的工作状态和位移提出越来越严格的要求。利用基坑开挖前期监测成果来指导后继工程施工的方法，已发展成为一种新的信息化施工技术，监测工作因而也成为基坑开挖工作的重要组成部分而在工程实践中得到了高度重视。

根据基坑的具体情况和设计要求，因地制宜地选择经济合理的开挖方式，以保证基坑开挖和周围环境的安全是基坑工程的一个重要内容。虽然在基坑围护结构设计和基坑开挖过程中人们采取了一系列的技术措施来保证基坑的安全，但实际工程中仍有不少基坑发生事故。这些事故主要表现为围护体系崩溃，基坑大面积滑坡；围护结构过分倾斜，水平位移过大；围护结构和被围护土体达到破坏状态；基坑周边土体变形过大，邻近建(构)筑物倾斜、开裂，甚至倒塌；基坑底回弹、隆起过大等。

造成基坑工程事故的原因有以下几个方面：

(1) 基坑及周围土体物理力学性质、埋藏条件、水文地质条件十分复杂，勘察所得的数据离散性大，很难比较准确地反映土层的总体情况；

(2) 基坑周围复杂的施工环境，如邻近的建(构)筑物、道路和地下管线等设施，都会对基坑围护结构产生不良影响；

(3) 基坑周围侧向土压力计算和围护结构受力简化计算的假定都与工程实际状况有着

一定差别，因此，对基坑稳定性和变形问题的预测很难做到比较精确；

（4）围护结构施工质量的优劣直接影响到围护结构及被围护土体变形量的大小、稳定性以及邻近建（构）筑物及设施的安全；

（5）连续的降雨及暴雨等引起的墙后土体应力增加，冲刷、浸泡、地下水渗透都会引起支护结构失稳；

（6）基坑开挖施工过程中的一些人为因素，如施工顺序不当、支撑安装不及时、坑周边堆载过多、排水不畅等，都会对支护造成不良影响。

基坑工程事故一旦发生，不仅会给国家和人民的生命财产带来巨大的损失，而且还会产生不良的社会影响。为了减少工程事故、保证施工质量和安全、提高工程的综合效益，在基坑开挖过程中进行现场监测具有十分重要的意义。

9-5-1　监测目的

深基坑开挖监测是指在深基坑开挖施工过程中，借助仪器设备和其他一些手段对支护结构、周围环境（土体、建筑物、构筑物、道路、地下管线等）的应力、位移、倾斜、沉降、开裂及对地下水位的动态变化、土层孔隙水压力变化等进行综合监测。

根据前段开挖期间监测到土体变位动态等各种行为表现，提取大量的岩土信息，及时比较勘察、设计所预期的性状与监测结果的差别，对原设计成果进行评价，并判断现行施工方案的合理性；通过反分析方法计算和修正岩土力学参数，预测下阶段施工过程中可能出现的新动态，为优化和合理组织施工提供可靠信息，对后期开挖方案与开挖步骤提出建议，对施工过程中可能出现的险情进行及时的预报；当有异常情况时，立即采取必要的工程措施，将问题消灭于萌芽状态，以确保工程安全。

9-5-2　监测内容

1．支护结构监测

支护结构的监测主要有以下一些内容：

（1）支护结构完整性及强度监测；

（2）支护结构顶部水平位移监测；

（3）支护结构倾斜监测；

（4）支护结构沉降监测；

（5）支护结构应力监测；

（6）支护结构受力监测。

2．周围环境监测

周围环境的监测主要有以下一些内容：

（1）邻近建筑物沉降、倾斜和裂缝发生时间及发展过程的监测；

（2）邻近构筑物、道路、地下管网等设施变形的监测；

（3）表层土体沉降、水平位移以及深层土体分层沉降和水平位移的监测；

（4）桩侧土压力测试；

（5）坑底隆起监测；

（6）土层孔隙水压力测试；

（7）地下水位监测；

（8）基坑渗漏、周围地表超载、地表开裂的监测；

(9) 气温、降雨等气象变化的监测。

具体监测项目的选定应视设计要求、工程地质和水文地质条件、周围建筑物及地下管线、施工进度和基坑工程安全等级情况综合考虑。按基坑安全等级进行监测的项目可根据表 9-45 进行选取；根据地基基础设计等级进行监测的项目可参考《建筑地基基础设计规范》(GB 50007—2002)。

各级基坑工程监测项目表 **表 9-45**

监测项目	基坑工程安全等级			监测项目	基坑工程安全等级		
	一级	二级	三级		一级	二级	三级
支护结构水平位移	△	△	△	坑底隆起和回弹	○	×	×
支护结构沉降	△	○	×	墙后土体侧压力	○	×	×
支护结构应力应变	○	○	×	墙后土体孔隙水压力	○	×	×
支护结构裂缝	△	△	○	周围建(构)筑物沉降	△	△	△
基坑周围地表沉降	△	○	×	周围建(构)筑物水平位移	○	×	×
基坑周围地表裂缝	△	△	○	周围建(构)筑物倾斜	△	○	×
支撑与锚杆应力轴力	△	○	×	周围建(构)筑物裂缝	△	△	○
地下水位变化	△	○	×	管线等地下设施的变位与破损	△	△	△
边坡土体顶部水平位移	△	△	△	自然环境(雨水、气温、洪水等)	△	△	△
边坡土体顶部垂直位移	△	○	×	基坑渗、漏水及周围地面超载	△	△	△

注：△—必测项目；○—宜测项目；×—可不测项目。

9-5-3 监测仪器

基坑监测时所使用的仪器主要有：

(1) 水准仪和经纬仪：主要用于测量支护结构、地下管线和周围环境的沉降和变位；

(2) 测斜仪：用于支护结构和土体水平位移的监测；

(3) 深层沉降标：用于量测支护结构后土体位移的变化，以判断支护结构的稳定状态；

(4) 土压力计(盒)：用于量测支护结构后土体的压力状态(主动、被动和静止)、大小及变化情况，以检验设计计算的准确程度和判断支护结构的位移情况；

(5) 孔隙水压力计：用于监测支护结构后孔隙水压力的变化情况，以判断坑外土体的松密和移动；

(6) 水位计：用于量测支护结构后地下水位的变化情况，以检验降水效果；

(7) 钢筋应力计：用来量测支撑结构的轴力、弯矩等，以判断支撑结构是否稳定；

(8) 温度计：温度计一般和钢筋应力计一起埋设在钢筋混凝土支撑中，用来计算由于温度变化引起的应力；

(9) 混凝土应变计：用以测定支撑混凝土结构的应变，从而计算相应支撑断面内的轴力；

(10) 低应变动测仪和超声波无损检测仪：用来检测支护结构的完整性和强度。

应变计、应力计、孔隙水压力计、土压力盒等各类传感器在埋设前都应从外观检验、防水性检验、压力率定和温度率定等几方面进行检验和率定；水准仪、经纬仪、测斜仪等除须满足设计要求外，也应每年由国家法定计量单位进行检验、校正，并出具合格证。

由于监测仪器设备的工作环境大多在室外甚至地下，而且埋设好的元件不能置换，因此，在选用时还应考虑其可靠性、坚固性、经济性以及测量原理和方法、精度和量程等方面的因素。

9-5-4 监测方法

施工前，应对周围建筑物和有关设施的现状、裂缝开展情况等进行调查，并作详细记录；也可拍照、摄像作为施工前的档案资料。对于同一工程，监测工作应固定监测人员和仪器，采用相同的监测方法和监测线路，在基本相同的情况下施测。

水准点应在施工前埋设，经监测确定其已稳定时方可投入使用；水准点一般不少于2个，并设在施工影响范围外，监测期间应定期联测以检验其稳定性；在整个施工期内，应采取有效保护措施，确保其在整个施工期间正常使用。

在施工之前应进行初始监测，初始监测不宜少于两次。支护结构施工期间、基坑开挖期间一般每天监测一次，当监测值相对稳定时，可适当降低监测频率；当达到报警指标或监测值变化速率加快或出现危险事故征兆时，应加密监测。

监测点布设时，为验证设计数据而设的测点应布置在设计中的最不利位置和断面；为指导施工而设的测点应布置在相同工况下的最先施工部位；表面变形测点的位置既要考虑反映监测对象的变形特征，又要便于采用仪器进行监测，还要有利于测点的保护；深埋测点不能影响和妨碍结构的正常受力，不能削弱结构的变形刚度和强度；深埋测点的埋设应有一定的提前量，一般不少于30d，以便监测工作开始时测量元件已进入稳定的工作状态。在实施多项内容测试时，各类测点的布置在时空上应有机结合，力求使同一监测部位能同时反映不同的物理变化量。若测点在施工过程中遭破坏，应尽快在原来位置或尽量靠近原来位置补设测点，以保证该点监测数据的连续性。

1. 支护结构顶部水平位移监测

支护结构顶部水平位移是支护结构变形最直观的体现，因此，支护结构顶部水平位移的监测也就成了深基坑监测工作中最重要的一个监测项目。监测点沿基坑周边布置，一般埋设于支护结构圈梁顶部，支撑顶部宜适当选择布点，监测点精度为2mm。监测时，测点的布置和监测间隔应遵循下面的原则：

(1) 一般间隔10～15m布设一个监测点；在基坑转折处、距周围建筑物较近处等重要部位应适当加密布点。

(2) 基坑开挖初期，可每隔2～3d监测一次；随着开挖过程进行，可适当增加监测次数，以1d监测一次为宜；当位移较大时，每天监测1～2次。

考虑到基坑开挖时，施工现场狭窄，测点常被阻挡等实际情况，可采用下列多种方法进行监测：

(1) 采用铟钢丝、钢卷尺两用式位移收敛计进行监测

该法测点布设灵活方便，仪器结构不复杂，具有操作方便、读数可靠、测量精度高的优点，可准确地捕捉支护结构的细微变位。

(2) 采用精密光学经纬仪进行监测

1) 在有条件的场地，采用视准线法比较方便。在基坑长直边延长线两端静止的构筑

物上设监测点和水准点，并在监测点位置旋转一定角度方向上设置校正点，然后监测基坑长直边上若干测点水平的位移。

2）当场地条件限制不能采用视准线法时，可采用前方交会法。在距基坑一定距离的稳定地段设置一条交会基线，或者设两个或多个工作基点，以此为基准，用交会方法测出各测点位移量。

2. 支护结构倾斜监测

(1) 支护结构倾斜监测一般用测斜仪进行。根据支护结构受力特点及周围环境等因素，在关键地方钻孔布设测斜管，用高精度测斜仪进行监测，根据支护结构在各开挖施工阶段倾斜变化及时提供支护结构沿深度方向水平位移随时间变化的曲线，测量精度为1mm。

(2) 设置在支护结构中的测斜点间距一般为20～30m，每边不宜少于2个。测斜管埋置深度一般为2倍基坑的开挖深度，如埋设于支护墙内时，应与支护墙深度相同；如埋设于土体内时，宜大于支护墙埋深5～10m。埋入的测斜管应保持竖直，并使一对定向槽垂直于基坑边。测斜管放置于支护结构后，一般用中细砂回填支护结构与孔壁之间的孔隙（最好用膨胀土、水泥、水按1：1：6.25的比例混合回填）。正式测试前，应对测斜孔进行连续监测，取其稳定值作为初读数。目前工程中使用最多的是滑移式测斜仪，其测点间距一般就是探头本身的长度，因而可以认为量测结果沿整个测斜孔是连续的。

(3) 在基坑开挖过程中及时在支护结构侧面布设测点，用光学经纬仪监测支护结构倾斜。

3. 支护结构沉降监测

(1) 用精密水准仪按常规方法对支护结构关键部位进行沉降监测。水准点应设置在距支护结构边缘基坑开挖深度5倍以外（或3倍打桩深度以外）且不小于50m的稳定处。监测点除了埋设在支护结构的转角处外，无支撑的每隔20m左右布置一点，有支撑的应在支撑端头及每一立柱顶面都设置。

(2) 因工地条件限制，一些监测点不能做到前后视距相等，因而水准仪的i角一般不应大于±10″。对于面积不大的基坑，只要组成单一水准线路即可，一般要求线路上的最远测点相对于起始点的高程中误差不应大于±1.0mm。首次监测时，应按同一水准线路同时监测两次，每个测点的两次高程之差不宜超过±1.0mm，取中数作为初始值。

4. 支护结构应力监测

(1) 支护结构应力监测就是用钢筋应力计对桩身钢筋和锁口梁钢筋中较大应力断面处应力进行监测，以防止支护结构的结构性破坏。支撑轴力应在主撑跨中部位，每道支撑应选择有代表性的截面进行测量；支护墙（桩）弯矩测点应选择基坑每边中心处布置，深度方向一般以2～3m为宜，并在支护体迎土、迎坑面呈对称布置。

(2) 在运用钢筋应力计时，必须做好钢筋计传感器部分和信号线的防水处理，信号线需用金属屏蔽线以减少外界因素对信号的干扰；仪器安装前，须做好钢筋计与信号线的编号，且一一对应；钢筋应力计对焊必须保证焊接质量，若绑扎应牢靠；钢筋计安装好后在浇捣混凝土前测出初期值，基坑开挖前再测一次初期值。对直接根据测量数据计算出的弯矩值，应考虑温度的补偿，以便完全反映实际支护结构的受力状态。

5. 支护结构完整性和强度检测

(1) 以灌注桩为支挡结构时，可用低应变动测法对桩身缩颈、离析、夹泥、断裂等缺陷程度和缺陷部位以及桩身强度进行检测；

(2) 以旋喷桩、水泥土搅拌桩为支挡结构时，可用低应变动测法或轻便触探法检测桩身强度和均匀性；

(3) 对于地下连续墙，可用超声检测仪分段对墙体混凝土缺陷分布、均匀性和墙体混凝土强度进行非破损检测；

(4) 对于有缺陷的桩，根据检测结果确定它们对支护结构稳定性的影响程度，并采取必要的处理措施。

6. 支撑结构受力监测

支撑结构受力监测就是对锚杆和钢筋混凝土及钢管内支撑受力状况进行监测。

(1) 对锚杆，施工前应进行锚杆现场拉拔试验以求得锚杆容许拉力，再在施工过程中用锚杆测力计监测锚杆实际受力情况；

(2) 对于钢筋混凝土支撑杆件，主要采用钢筋应力计测量钢筋的应力和采用混凝土应变计测量混凝土的应变，然后通过钢筋与混凝土的共同工作、变形协调条件算出支撑的轴力；

(3) 若对钢管支撑，可用压应力传感器或应变计等监测其受力状态变化，测试截面应选择在不产生拉应力的截面位置；

(4) 支撑结构受力监测应考虑温度变化、构件受力状态的影响。对混凝土支撑，尚应考虑混凝土收缩、徐变以及裂缝开展对监测结果的影响。

7. 邻近建(构)筑物沉降监测

(1) 在被监测建(构)筑物四周的适当位置(基坑开挖影响范围以外处)埋设 2～3 个沉降监测专用水准点，其深度宜与基础埋设深度相同，并应定期进行联测以检验其稳定性；

(2) 监测点的位置和数量应根据建(构)筑物的体形特征、基础型式、结构类型及地质条件等因素综合考虑，一般应埋设在沉降差异较大的地方，同时考虑施工便利和不易损坏；

(3) 在沉降监测前，应根据建筑物的重要性、使用要求、基础类型、工程地质条件及预估建筑物沉降大小等因素综合确定沉降水准测量等级。鉴于沉降监测资料连贯性的要求，严禁任意改用水准点和更改其标高。

8. 邻近建(构)筑物水平位移监测

(1) 当邻近建(构)筑物产生水平位移时，应在其纵横方向上设置监测点及控制点，如可判断其位移方向，则可只监测此方向上的位移。每次监测时，仪器必须严格对中，平面监测测点可用红漆画在墙(柱)上；亦可利用其沉降监测点，但需要凿出中心点或刻出十字线，并对所使用的控制点进行检查，以防止其变化。

(2) 水平位移监测可根据现场通视条件采用视准线法或小角度法。

9. 邻近建(构)筑物倾斜监测

倾斜监测是对建(构)筑物的倾斜度、倾斜方向和倾斜速率进行测量，可根据不同的监测条件和要求选用下列不同的方法。

(1) 当被测的建(构)筑物具有明显的外部特征点和宽敞的监测场地时，宜选用投点法和测水平角法；

(2) 当被测的建(构)筑物内部有一定的竖向通视条件时，宜选用垂吊法和激光铅直仪监测法；

(3) 当被测的建(构)筑物具有较大的结构刚度和基础刚度时，可选用倾斜仪法和差异沉降测定法。

10. 邻近建(构)筑物裂缝监测

(1) 对监测裂缝统一编号，每条裂缝至少应布设两组(两侧各一个标志为一组)监测标志，同时还应对裂缝监测日期、部位、长度、宽度进行详细记录。

(2) 裂缝宽度的测量分为一般测量和精密测量。一般测量可用裂缝监测仪(可精确至0.1mm)、小钢尺(可精确至0.5mm)监测，或用裂缝宽度板来对比；裂缝监测标志可用油漆平行性标志或用建筑胶粘贴金属标志，也可采用在主要裂缝部位粘贴骑缝石膏条。精密测量应采用仪表进行测量，可在裂缝两侧粘贴几对手持式应变计头子，用手持式应变计测量；也可粘贴安装千分表的支座，用千分表测量；当需要连续监测裂缝变化时，还可采用测缝计或传感器自动测计的方法监测。

(3) 裂缝深度的测量分为浅层裂缝测量和深层裂缝测量，前者可采用凿出法和单面接触超声波法，后者可采用取芯法和钻孔超声波法。

11. 邻近道路、管线变形监测

(1) 基坑开挖过程中应同时对邻近道路、管线等设施进行水平位移和沉降监测。基坑开挖时，水平方向影响范围为1.5～2倍开挖深度，因此用于水平位移及沉降的控制点一般应设置在基坑边2.5～3.0倍开挖距离以外，水平位移控制点后方向可更远一些。

(2) 监测垂直位移的测点设置方式有抱箍式、直接式和模拟式，其中抱箍式和直接式也可用于水平位移的测点设置。

1) 抱箍式测点主要用于一些次要的干道和十分重要的管道，检测精度高，但埋设时必须开挖；

2) 直接式测点适用于埋设浅、管径较大的地下管线，开挖量小，但易受地下水位或地面积水的影响，从而影响测量精度；

3) 模拟式则适用于地下管线排列密集且管底标高相差不大，或因种种原因无法开挖的情况，简便易行，精度较低。

(3) 监测点位置和数量应根据管线走向、类型、埋深、材料、直径以及管道每节长度、管壁厚度、管道接头形式和受力要求等布置。

1) 开挖过程中，每天监测一次；

2) 变化较大时，应上、下午各监测一次；

3) 混凝土底板浇完10d以后，每2～3d监测一次，直到地下室顶板完工，其后可每周监测一次，直到回填土完工；

4) 用钢板桩作支护时，起拔钢板桩时，应每天跟踪监测，直到钢板桩拔完、地面稳定。

(4) 由于水平方向位移监测一般只有单一方向位移，因此一般不必建立统一控制网，而只要建立独自方向的监测线即可。水平方向位移监测方法很多，一般采用小角度法和视准线法。小角度法适用于监测点零乱、不在同一条直线的情况；视准线法适用于直线管线的水平位移监测。

(5) 沉降监测方法可采用精密水准测量，一个测区一般应设置3个以上水准点，水准点要设置在3倍基坑开挖深度距离之外。由于基坑开挖周期一般较短，因此水准点可采用长1～1.5m的ϕ15mm的钢筋打入地下，地面用混凝土加固。

12. 基坑周围土体位移监测

(1) 对基坑周围土体位移监测一般应包括对表层土体水平位移、沉降和深层土体分层沉降及倾斜的监测。监测范围重点为基坑边开挖深度 1.5～2.0 倍范围内。对基坑周围土体位移监测可及时掌握基坑边坡的稳定性，查明土体中潜在滑移面的位置。

(2) 基坑周围表层土体水平和沉降的位移监测可采用与临近道路、管线变形监测相类似的方法进行，但布点数量可适当；基坑周围土体分层沉降监测旨在测量各层土的沉降量和沉降速率，采用分层沉降仪。

(3) 分层沉降仪安装时，需先在土里钻孔，再将磁铁环埋入孔中预先设置的位置，并在孔中注入由膨润土、细砂、水泥等按比例制成的砂浆将分层沉降测管与孔壁之间的空隙填实。一般情况下，每层土体里应设置一个磁铁环。分层标埋好后，至少要在 5d 之后才能进行监测，并与基坑其他监测同时进行。分层沉降监测点相对于邻近工作基点的高差中误差应小于±1.0mm；每次监测结束都应提供时间-深度-沉降的曲线。

13. 孔隙水压力和桩侧土压力监测

(1) 桩侧土压力是支护结构设计计算中的重要参数，在开挖过程中对桩侧土压力进行监测，可以掌握桩侧土压力发展过程，并对设计中可能存在的问题及时加以解决。孔隙水压力的监测对控制各种打入桩引起的地表隆起、基坑工程开挖导致的地表沉降等方面起着十分重要的作用，并为控制沉桩速率和开挖、掘进速度等提供可靠依据；同时，结合桩侧土压力的监测，可以进行土体有效应力分析，从而作为土体稳定计算的依据。

(2) 水压力和土压力的监测点应在坑外 2～3m 的范围内布置，一般每坑外布设一孔。根据支护结构的开挖深度常采用一孔多只方式埋设多个传感器，以测定不同深度内应力的变化规律。为取得稳定读数，一般应在基坑开挖或降水前 2 周埋设完毕。

(3) 桩侧土压力可采用钢弦式和电阻应变式压力盒，其量程应满足一定的要求，精度应小于 1%。在平面上，土压力盒应紧贴监测对象布置；在立面上，应考虑计算土压力的图形，在不同性质的土层中布置土压力盒。土压力盒的埋设方法有多种，如挂布法、顶入法、弹入法、插入法等。

(4) 孔隙水压力计的埋设方法与土压力盒基本相同，但在细节上要求有所不同。采用的测量方法有电测法、液压法和气压法。

14. 基坑底部隆起监测

(1) 引起基坑隆起的因素有三个方面：卸荷产生的回弹变形；基坑底部土体吸水膨胀；挡墙根部产生塑流变形或不可逆侧移。基坑隆起监测点的布设要由设计、施工、监测人员共同确定，根据基坑形状及地质条件，以最少的点数测出所需各纵横断面隆起为原则进行。由于隆起变形具有近似对称的特点，因此可根据下列要求在代表性位置和方向线上布设监测点：

1) 在基坑中央和距底边缘的 1/4 坑底处及其他变形特征位置必须设点。方形、圆形基坑可按单向对称布点；矩形基坑可按纵横向布点；复合矩形基坑可多向布点。场地地层情况复杂时，应适当增加点数；

2) 基坑外监测点应在坑内方向线的延长线上一定距离(基坑深度 1.5～2.0 倍)布置；

3) 监测点应避开地下管线与其他构筑物；

4) 监测路线应组成起始于工作基点的闭合或附合路线等具有检核条件的图形。除特殊情况外，应避免布设支线形式。

(2) 监测水准点应选择在基坑开挖深度3倍以外的稳定位置。回弹监测标采用钻孔法埋设，深度应在开挖面以下0.3～0.5m，以免开挖时被挖去，回弹标上部钻孔内回填1m高的白灰后再填砂、土。开挖前回弹标的高程可用磁锤式和测杆式分层沉降标的测量方法；开挖后回弹标的高程可采用高程传递法进行测量；开挖中则可将两种方法结合起来应用。

(3) 由于基坑隆起对精度要求比较高，一般采用辅助测杆和钢尺锤测。在使用辅助杆施测时，事先必须精确测定辅助测杆长度和线膨胀系数，并需进行温度修正；如采用钢尺锤测，在监测前后都应对钢尺进行尺长检定。隆起监测采用几何水准法，监测次数不小于三次：第一次监测在基坑开挖之前，第二次在基坑开挖好之后，第三次在浇灌基础底板混凝土之前。

9-5-5　基坑变形控制保护等级

为了保护周围环境，必须根据周围建(构)筑物和管线的允许变位，确定基坑开挖引起的地层位移及相应支护结构的水平位移、周围地表沉降的允许值，以此作为基坑设计的控制标准。

(1) 一般根据基坑工程的重要性将基坑工程分为三级。符合下列情况之一时，属于一级基坑工程：

1) 重要工程或支护结构作为主体结构的一部分时；

2) 基坑开挖深度大于10m时；

3) 与临近建筑物、重要设施的距离在开挖深度以内的基坑；

4) 基坑范围内有历史文物、近代优秀建筑、重要管线等需要严加保护时。

(2) 对开挖深度小于7m，且周围环境无特别要求时，属三级基坑工程。除一级和三级以外的均属二级基坑工程。当周围已有的设施有特殊要求时，尚应符合上述要求。

9-5-6　基坑监测项目的警戒值和允许值

在基坑工程中，确定各监测项目的警戒值和允许值是一项十分严肃的工作，它不仅是设计计算的重要基础，同时也是确定合理施工流程、保证周围环境安全的主要依据。

监测项目的警戒值应根据基坑自身的特点、监测目的、周围环境的要求，结合当地工程经验并和有关部门协商综合确定。一般情况下，每个项目的警戒值应由累计允许变化值和变化速率两部分控制，累计变化量的报警指标不应超过设计限值。管线报警指标一般以总变化量和单位长度内差异变形值两个量控制；周围建筑物报警指标应以累计沉降量、沉降速率、差异沉降量并结合裂缝监测进行控制。

对于不同等级的基坑，应按不同的变形标准进行设计和监测。表9-46给出了一二级基坑的变形控制标准。三级基坑通常宜按二级基坑的标准进行控制，当环境条件许可时可适当放宽。

一二级基坑变形设计和监测的控制标准　　　　**表9-46**

基坑级别	墙顶位移(cm)		墙体最大位移(cm)		地面最大沉降(cm)	
	监控值	设计值	监控值	设计值	监控值	设计值
一级基坑	3	5	5	8	3	5
二级基坑	6	10	8	12	6	10

此外，确定变形控制标准时，应考虑变形的时空效应，并控制监测值的变化速率，一级工程宜控制在 2mm/d 之内，二级工程应控制在 3mm/d 之内。根据上海地区的经验，一些项目警戒值的取值如下：

(1) 如果监测支护结构变形的目的只是为了保证基坑自身的安全，支护结构的最大水平位移一般为 80mm，位移速率为 10mm/d。当周围有需要严格保护的建(构)筑物时，应根据保护对象的要求来确定。

(2) 煤气管道的变形沉降或水平位移不得超过 10mm，位移速率不超过 2mm/d。

(3) 自来水管道的变形沉降或水平位移不得超过 30mm，位移速率不超过 5mm/d。

(4) 坑内降水或基坑开挖引起的坑外地下水位下降不得超过 1000mm，下降速率不得超过 500mm/d。

(5) 基坑开挖所引起的立柱桩隆起或沉降不得超过 10mm，发展速率不得超过 2mm/d。

(6) 根据设计计算书，一般将弯矩及轴力的警戒值控制在 80%的设计允许最大值内。

9-5-7 监测结果的分析与评价

通过监测获得准确的数据之后，应进行定量分析与评价，从而及时对基坑安全作出安全与否的评判，以指导下一步的施工。一旦发生险情，可及时进行预报，并提出合理化的建议和措施，直至解决问题。对监测结果的分析评价主要包括以下内容：

(1) 对支护结构侧向位移进行细致的定量分析，包括位移速率和累计位移最大值及其所处位置，并及时绘制测斜变化曲线形态；对引起位移速率增大的原因如开挖、超挖、支撑不及时、渗漏、管涌等情况进行记录和深入分析。

(2) 对沉降与沉降速率进行分析，区分其沉降原因是由于支护结构水平位移引起还是由于地下水位下降等引起，并与支护结构的侧向位移进行比较。一般来说，因基坑开挖引起的坑外沉降约为侧向位移最大值的 0.8～1.0 倍。

(3) 对各项监测结果进行综合分析，并相互验证和比较。用新的监测结果与原设计预期情况进行分析对比，判断现有设计、施工方案的合理性。必要时，及早采用相应预案对策或及时调整现有施工设计方案。

(4) 根据监测结果，全面分析基坑开挖对周边环境的影响和支护效果，并通过反分析查明工程施工的技术原因。

(5) 用数值模拟法分析基坑施工期间各种情况下支护结构的位移变化规律和进行稳定性分析；用反分析法推算土体的特性参数，检验原设计计算方法的适宜性；采用各类预测手段预测后期施工中可能出现的新动态。

9-5-8 监测资料

监测资料包括监测方案、监测数据、监测日记、监测报表、监测报告、监测工程联系单以及监测会议纪要。监测数据应认真计算整理、仔细核对，及时提交当日报表；施工周期较长时，尚应提供阶段性报告。在报表和报告中，应结合施工工况、天气情况、周围环境变化进行综合分析和判断，及时提出工程建议；当监测值达到报警指标时，应及时签发报警通知。

对仪器质量和采集质量的控制可从五方面着手：确定量测水准点的稳定性；定期检验仪器设备；保护好现场测点；严守操作规程；做好误差分析工作。

监测工作结束时应编写完整的监测报告，其内容包括工程概况（开挖深度、地质情况、支护结构形式及布置等），全部监测项目监测值全过程的发展和变化情况及相应的工况、天气情况、周围环境情况，监测期采取的有关措施及效果，监测资料整理方式，监测最终结果及分析评述。